Infanterie greift an

歩兵は攻撃する

エルヴィン・ロンメル 著

浜野喬士 訳　田村尚也・大木毅 解説

作品社

序言

わたしがこの本で描くのは、一九一四年から一八年の第一次世界大戦において、若年の歩兵連隊付き士官として自分が経験した多くの戦闘である。ほとんどの戦闘描写には、それぞれ短い考察を付け加えておいた。これは当該の戦闘行動から戦訓を引き出すためである。

兵役に就くドイツの青年たちは、戦闘直後に書かれたこれらの記録から、ドイツの兵士、とりわけ歩兵が、どれほどのかぎりなき献身と勇敢さをもって、四年半にわたる戦争をドイツのために戦ったか、目の当たりにするに違いない。そして装備や数の点で劣っていようとも、ドイツ歩兵が敵を前にしていかに巨大な成果を挙げることができたかということ、そしてドイツの下級指揮官が、いかに敵よりも卓越していたかということを、これらの記録は示すはずである。

この本は、困難を極めた戦時、しばしば多大な犠牲と喪失のもとで得られた経験が忘れさられぬよう、その一助となるべきものである。

エルヴィン・ロンメル

Erwin Rommel
Infanterie greift an: Erlebnis und Erfahrung,
Potsdam: Voggenreiter, 1937.

目次

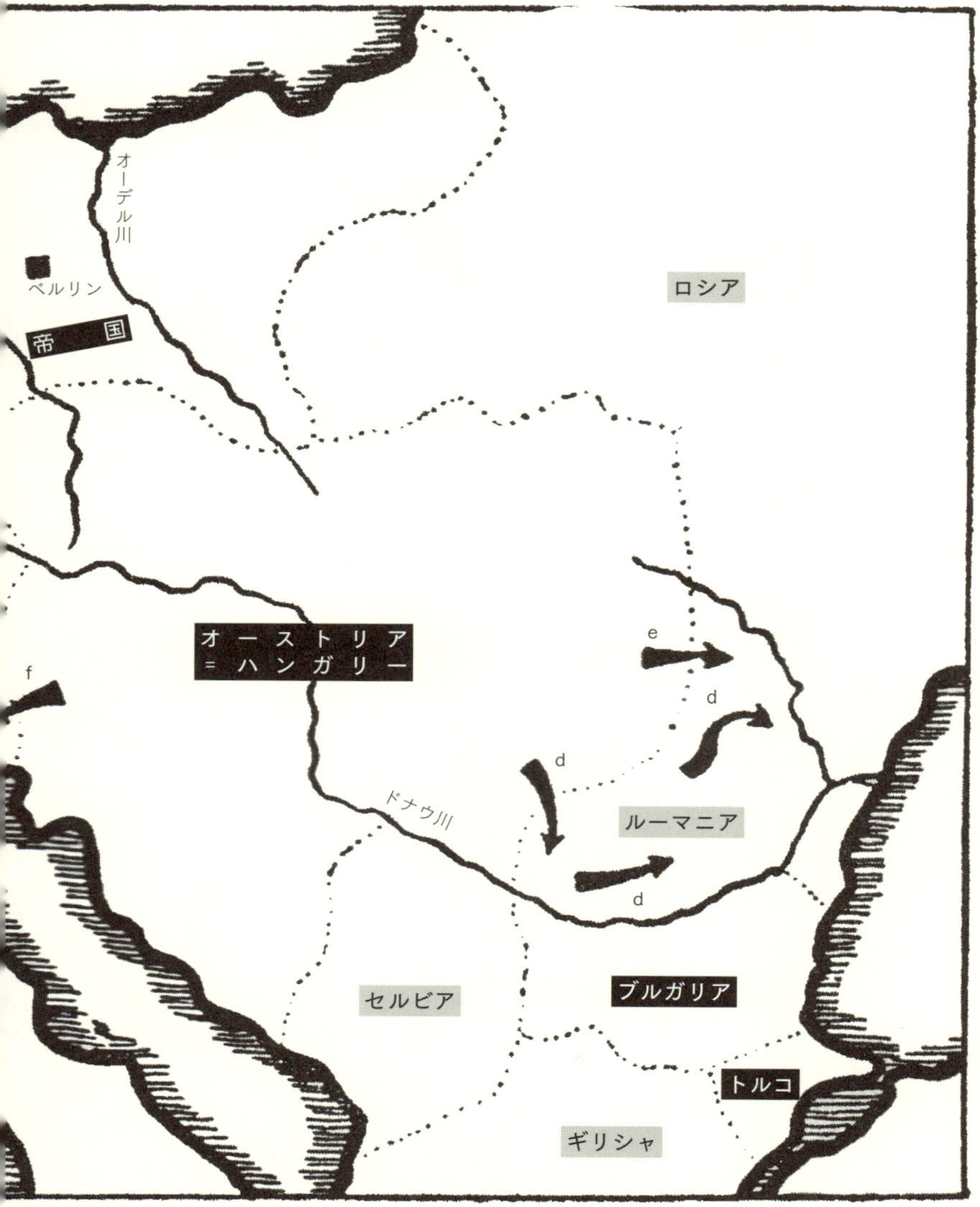
オーデル川
ベルリン
帝　国
ロシア
オーストリア
＝ハンガリー
e
f
d
d
ドナウ川
ルーマニア
d
セルビア
ブルガリア
トルコ
ギリシャ

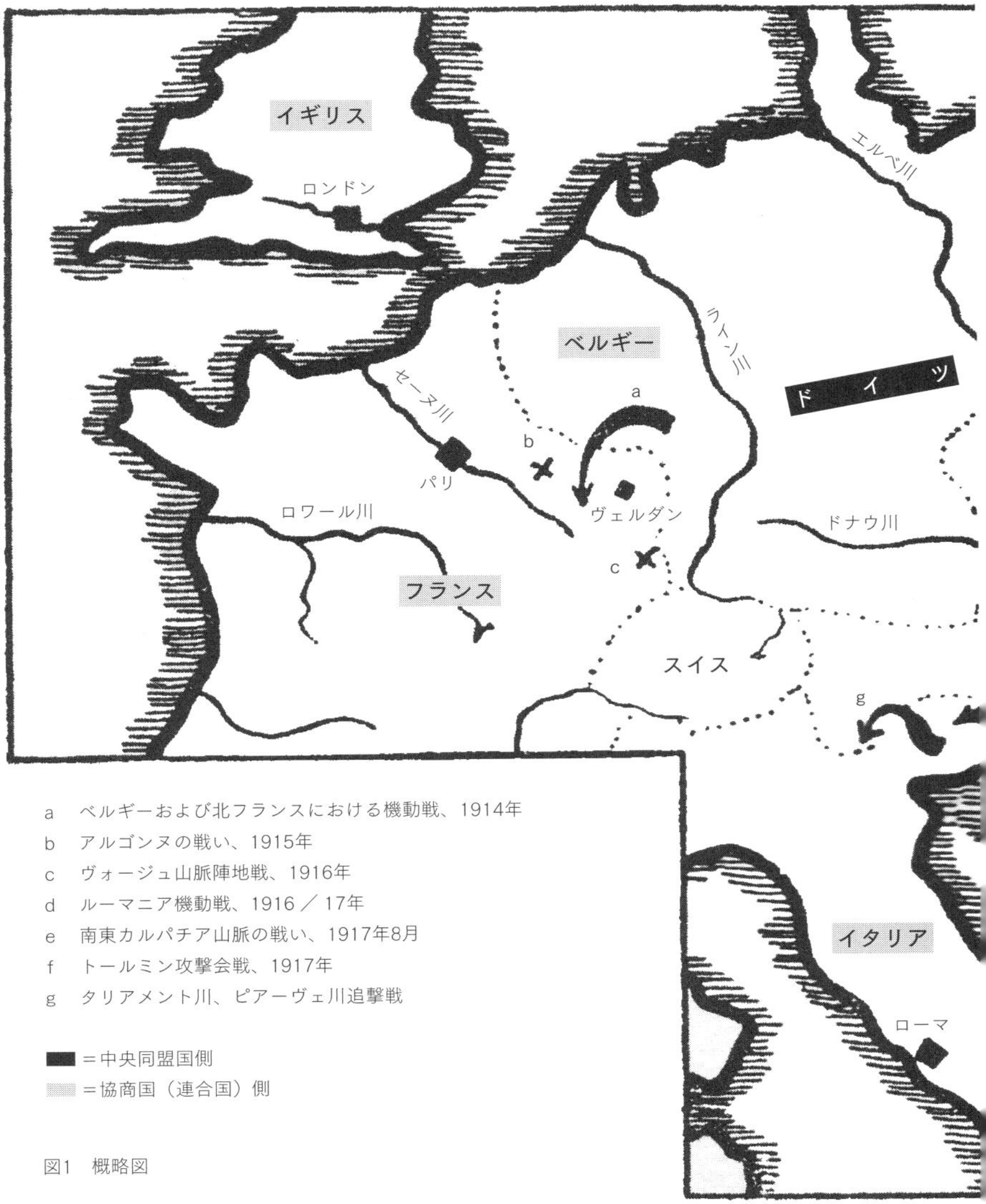

a　ベルギーおよび北フランスにおける機動戦、1914年
b　アルゴンヌの戦い、1915年
c　ヴォージュ山脈陣地戦、1916年
d　ルーマニア機動戦、1916／17年
e　南東カルパチア山脈の戦い、1917年8月
f　トールミン攻撃会戦、1917年
g　タリアメント川、ピアーヴェ川追撃戦

■＝中央同盟国側
▒＝協商国（連合国）側

図1　概略図

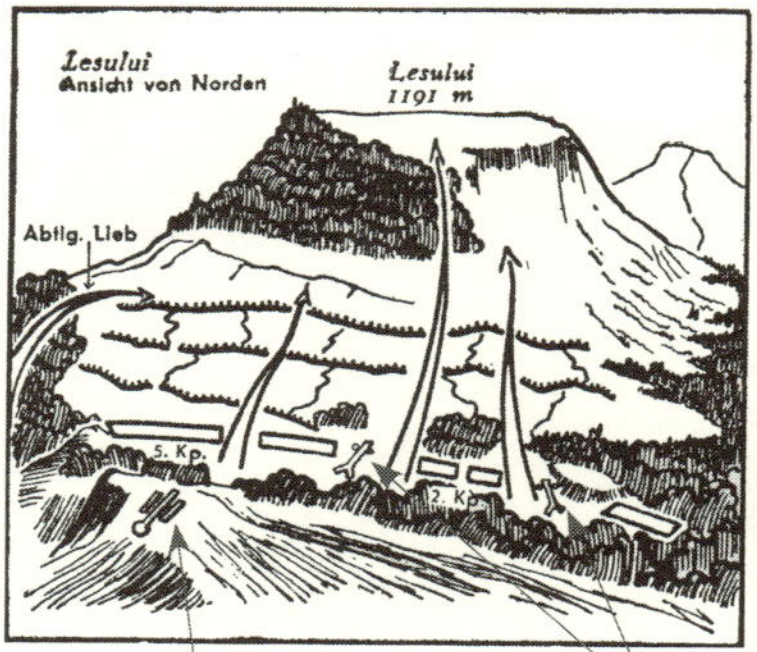

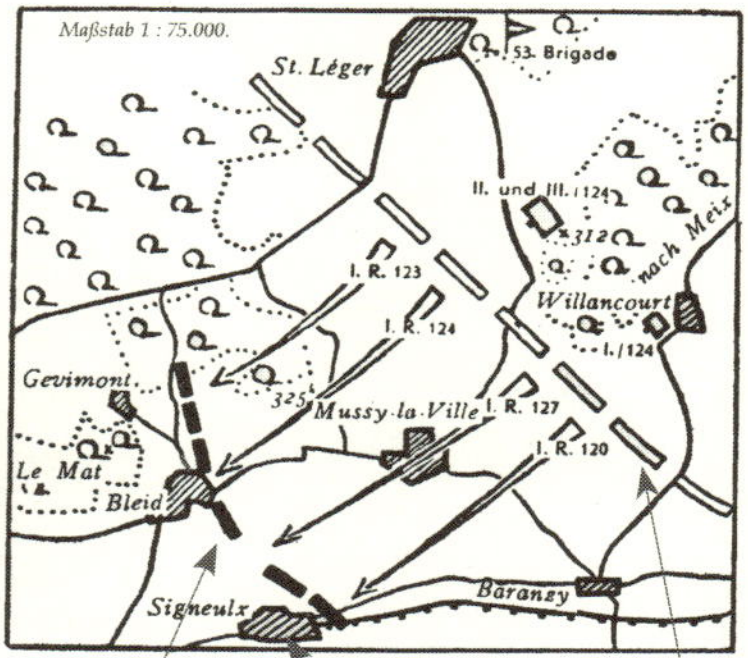

火砲　（重）機関銃　敵軍　街　自軍・友軍

凡例

一、本書は、Erwin Rommel, *Infanterie greift an: Erlebnis und Erfahrung*, Potsdam: Voggenreiter, 1937 の翻訳である。

二、原書に関連して、独語リプリント版に加えて、英訳版、仏訳版、伊訳版などの各国語版が存在する。これら諸版の内容および異同については、「訳者あとがき」に示した。

三、図はすべて原書のものである。

四、図には通し番号を付した。この番号は訳者が便宜上設定したものであり、原書の図に番号はない。なお、原書においては、図の参照をロンメル自身が本文で指示している場合と、指示はなく関連する頁の前後に図が入れられている場合の二種が存在する。

五、図に付されたキャプションはすべて原書のものである。キャプションがない図については、原書にもそれが存在しないということを意味する。また、「第12師団」など、「師団」のみの表記は、主に「歩兵師団」を指す。

六、丸括弧（）は原書に存在する補足ないし原註、角括弧［］は訳者ないし解説者による訳註である。

七、本文中の写真は、日本版向けに編集部が付した。

I. Bewegungskrieg 1914 in Belgien und Nordfrankreich

第一部　ベルギーおよび北フランスにおける機動戦、一九一四年

出陣、一九一四年

ウルム、一九一四年七月三一日。戦争の危機が不気味にドイツを覆っている。深刻で不安げな表情がいたるところで見られる。信じがたい噂が駆けめぐり、猛烈な速度で拡散していく。空が白み始めてからというもの、広告塔のまわりにはどこもかしこも人だかりができている。号外が出たかと思えば、また別の号外が続くといった具合である【図1参照】。

ウルム、この古い帝国都市を、第四九野砲兵連隊第四砲兵中隊は、早朝のうちに通過していく。『ラインの守り』《ディー・ヴァハト・アム・ライン》の歌が、小路に力強く鳴り響く。窓が開く。老いも若きも歌を口ずさみ、熱狂した面持ちで連れ立って歩いていく。

わたしは歩兵少尉として、そして整然たる〝狐〟《フクセン》砲兵中隊《バテリー》の小隊長として騎乗していた。三月一日以来、この砲兵中隊に配属されていたのである。わたしたちは馬に跨り、まばゆい朝の光のなかを速足で駆け、いつもと同じように教練を行い、それがすむと一〇〇〇人にも届こうかという熱狂的な群衆に見送られつ

◀1914年、ブランデンブルク門をくぐり戦地に赴くドイツ兵たち

▼1914年、街行く人びとの歓声を聞きながら進軍

◀熱狂する群集に見送られる

▼1914年、戦線に赴くドイツ帝国の兵士たち

つ、また兵営へと戻ってくる。

午後、営庭で馬の買付が行われているときに、砲兵連隊からの引き揚げを告げる通知を受け取る。目下の状況は深刻の度を増しているように映っている。わたしは大急ぎで自分の原隊であるヴィルヘルムI世王連隊（ヴュルテンベルク第六歩兵連隊）に、すなわち［ドイツ帝国軍］第一二四歩兵連隊第七中隊に復帰することになったのである。自分が二年間、新兵係教官として教育を行った第七中隊の兵士たちのもとに戻るのである。

自分の身の回りの品といってもたいしてあるわけではない。それを兵士ヘーンレの手を借りつつ、急いで詰め込む。ヴァインガルテンの駐屯地に到着したときにはもう夜更けとなっている。

一九一四年八月一日、ヴァインガルテンの古く大きな修道院に置かれた中隊の兵営は大わらわである。戦闘装備の試着が行われるのである。わたしは司令部に原隊復帰報告をし、そして自分が戦場で率いることになる第七中隊に閲兵する。若者たちの顔は、喜び、そして興奮、さらには今にも打って出ようとする衝動、これらが織りなす光で輝いている。こうした兵士たちの先頭に立ち、敵の待つ地へ進撃すること、これに勝るものなどあるだろうか。

一八時、連隊点呼が行われる。灰緑色の制服に身を包んだ連隊の兵士たちを、ハース大佐は徹底的に点検する。しかるのち、大佐は訓示を与える。これは聞く者に強い印象を与えるものとなる。そして解散の合図が出される。そこに突如動員令が飛び込んでくる。決断が下されたのである。歳月を重ね、くすんだ色となった修道院の建物を、武器をとることをいとわぬドイツ青年たちの歓声が貫く。

一九一四年八月二日。物々しい日曜日である。燦々と太陽が輝くなか、連隊の出陣のミサが執り行われる。

夕刻、誇り高きヴュルテンベルク第六連隊は、軍楽に見送られつつ、堂々たる歩調で駐屯地をあとにし、鉄道でラーヴェンスブルクへ向かうべく行進する。連れ立って進む住民たちの数は数千にもなる。軍用列車は短い時間間隔で延々と連なり、危機の迫っている西方の国境へ向けて走っていく。日が暮れはじめるころ、果てしなく続く万歳と拍手喝采のなか、連隊は出発する。わたし自身は非常に残念なことに補充兵の追送を行うため、引き続き何日間か駐屯地にとどまらねばならず、それにより初陣に間にあわないのでは、と心配する。

八月五日、ふるさとの美しい谷や草地を、同郷のひとびとの声援を受けて戦場へ向かう。それは筆舌に尽くしがたいほどすばらしいものである。部隊の面々は歌い続ける。休止のたびに、果物やチョコレート、小丸パンが惜しみなく振る舞われる。わたしはコルンヴェストハイムにて、わずかな時間ではあったが、母そして兄弟姉妹と面会する。しかし機関車の鋭い警笛が、別れを急きたてる。

夜、ライン川を横断する。サーチライト《シャインヴェルファー》が敵の航空機と飛行船を警戒して、空に探りを入れている。歌声はすでに聞こえない。兵たちのうちには座席に腰かけている者もいれば、床に横になっている者もいる。わたしは機関車内で、ゆらゆらと燃える火室を見つめている。そして、ふと漆黒の、蒸し暑い夏の夜のざわめき、ささやきに目を移す。これからの数日間、それはわれわれに、いったい何をもたらすのだろうか。

八月六日夕刻、ディーデンホーフェン近くのケーニヒスマッヘルンに到着する。輸送列車の狭さから解放されることがうれしい。さらにわれわれは、ディーデンホーフェンを抜けて、ルクスヴァイラーに向かう。ディーデンホーフェンの風景は、美しいものではない。家も通りも汚く、住民たちは友好的というにはほど遠いといった具合である。わが故郷、シュヴァーベンとの違いといったらない。

行軍は続く。夜になるや、猛烈な豪雨に襲われる。われわれはたちまち全身ずぶ濡れとなり、背嚢は水を吸って重くなる。まったく素敵な出だしである。遠くでは散発的に銃声が響いている。行軍は六時間に及ぶ。真夜中になって隊列は、落伍者を出すことなくルクスヴァイラーに入る。待っていたのは中隊長のバンメルト予備中尉と、ワラの上の狭い寝床である。

国境にて

続く数日のあいだ、中隊は厳しい訓練を受け、強靭な集団へと鍛え上げられる。小隊、中隊単位での訓練に加えて、ショベルの運用法を含む、ありとあらゆる種類の戦闘訓練が実施される。

雨のなか、わたしは自分の小隊を引き連れ、ボーリンゲン近隣地帯の小哨として数日を過ごす。とりたてて何も起こらない。しかしそのかわりに、自分と小隊の兵たちは、脂っこい野外炊事車の食事と焼きたてのパンから来る胃の不調に悩むはめになる［欧米では、焼きたてのパンは大量の水分を含んでいるため、消化に悪いとされる］。

八月一八日、北を目指して大部隊での前進が始まる。わたしは中隊長の替え馬に騎乗する。凛々たる歌声とともに、われわれはドイツ・ルクセンブルク国境を通過する。住民は友好的であり、行軍縦隊に果物や飲みものを届けてくれる。わが軍はブーダースベルクの宿舎に到着する。

八月一九日早朝、ロンウィ要塞からの砲火を潜りつつ北西へ移動する。午後、ダーレム付近で露営する。

夕刻、連隊付軍楽隊の奏でる音楽が天幕のあいだを流れる。沈みゆく陽とともに軍歌が口ずさまれる。初陣は間近であると、みなが感じているのである。

それにしても胃が思わしくない。ビスケットとチョコレートだけで栄養を摂るが、よくはならない。かといって軍医のところには行きたくない。臆病風に吹かれたかと、痛くもない腹を探られるのはしゃくだからである。

八月二〇日。非常に暑いなかの行軍を経て、われわれはベルギーのメ・ル・ティージュに到達する。第一大隊は前哨に就く。第二大隊（前哨予備）は周辺警戒にあたる。住民の態度は非常によそよそしく、無愛想である。青い空に二、三機の敵の飛行機が姿を見せる。それに対してこちらは射撃を加えるが、無駄に終わる。

対ロンウィ偵察と最初の戦闘への準備

われわれは、続く数日間を休息とする旨の指示を受ける。早朝、わたしは他の仲間とともにハース大佐に出頭を命ぜられ、そこで任務を受領する。それは、屈強な五名の斥候兵を引き連れ、バランズィ＝ゴルシーを横切り、一三キロメートル離れたロンウィ近郊のコスヌを偵察のうえ、敵の位置と勢力を確認せよ、との命令である。迅速な前進のためには、前哨のところまで農業用の馬車を使って移動することが望ましい。しかし、馬車につないでいた鉱山上がりのベルギーの駄馬は、メ・ル・ティージュ通過の時点で暴れて逃げ出してしまい、これを停止させることにも失敗する。最終的に、損害を被ることなく堆肥の積み上げられた地点まで着くが、ばらばらに荷車は壊れており、徒歩で行軍することになる。

必要な細心さは平時の演習の比ではない。兵たちの命に対して抱えている責任が、わたしの頭をよぎる。道路の側溝を使ったり、茂みや畑を抜けたりしつつ、バランズィへ前進する。このバランズィは前日、少数の敵勢力により占拠されたとの報告が入っていた場所である。しかしわれわれは、目下この集落が敵から自由になっていることを確認する。さて、道を離れ、田畑を抜けて前進を続けるなかで、ベルギー・フランス国境を越える。そしてミュッソンの森の南の外れに進出し、ゴルシーへ向けて下降する。ゴルシーを通過する際には、私の後から来たキルン少尉が、高地上からこちらの前進を掩護してくれる。

　ゴルシーからコスヌへ抜けるほこりの多い道の上で、コスヌ方面へと移動したと思われるフランス軍歩兵および騎兵の、まだ真新しい足跡が発見される。これにより一層の警戒が必要となる。道路より数メートル上方、濃く茂ったやぶへと隊を進める。この間、道路へは、つねに鋭い目を光らせておく。そして、コスヌの西方五〇〇メートルの森の外れに到達する。この地点からわたしは双眼鏡を用いて、地形全体、とくに道路周辺を徹底的に捜索する。しかしフランスの部隊はどこにも見当たらない。さらに平野を前進すると、平和に働いている一人の老女に出くわす。彼女がドイツ語で言うには、フランス軍の部隊は小一時間ほど前に、コスヌからロンウィに向けて移動してしまっており、もう今は、コスヌとその近くに軍隊はいない、ということである。はたして、この老女の話は正しいのだろうか。

　われわれは穀物畑と果樹園を抜け、集落へと注意深く忍び寄る。銃は着剣し、指は引き金にかける。そして、すべての窓と戸口から目を離さぬようにしつつ、コスヌに侵入する。しかし思いのほか、住民たちは友好的な態度を示してくれる。これにより、畑で会った老女の話が正しいものであったことが裏づけられる。住民たちは、強いられるでもなく、食べ物、飲み物を持ってきてくれる。わたしたちはまだ疑いの念を抱いていたので、自分たちの腹に入れる前に、食事を持ってきてくれた者たち自身に口にさせる。

　この間、わたしは、村長が見つからないので、代わりに村の役人を使い、軍票と引き換えに六台の程度のよい自転車を調達してくる。これは連隊へ迅速に報告を行うためである。さて、この調達した自転車で、ロンウィ方面に約一・五キロメートル前進する。目下、ロンウィの外堡《アウセンヴェアク》には、ドイツ軍の重砲の砲撃が着弾している。敵の部隊はどこにも見当たらない。こうして斥候隊の任務は達成されたことになる。われわれは兵と兵の間隔を大きくとりつつ、ゴルシーを通過し、バランズィへ谷を下るかたちで疾走する。手に抱えた銃の安全装置は外しておく。そして一刻も早く報告を入れるべく、バランズィからは、みずから部下の先頭に立って進む。

わたしは折よくメ・ル・ティージュの村道で連隊長と出会い、報告を行う。そしてそれがすむと、疲労と空腹を覚えつつ野営地に入る。ともかくも、数時間は休憩をとれるそうだと喜ぶが、この期待は空振りに終わる。わたしの所属大隊は、野営地前で、出撃準備を整えて整列する。有能なヘーンレは、すでにわたしの装備品をまとめ、馬に鞍を置いてくれている。食事をする時間は残されていない。大隊の出発である。

われわれは、サン・レジェール、一キロメートル南東の高地へと進軍する。空は曇ってくる。南の方角からときおり小銃の発砲音と、散発的な砲撃の音が聞こえてくる。ヴィヤンクールで前哨に就いていた第一大隊の一部が、正午過ぎに、ミュシー・ラ・ヴィル付近で敵と遭遇したとの知らせが入る。

日没のころ、連隊本部、第二大隊および第三大隊は、サン・レジェール南、二・五キロメートルの三一二高地へと降り、小銃を抱えつつ、露営で夜を過ごす。歩哨線を約一キロメートル南西に出しておく。明日の活力を取り戻すべく、睡眠をとらなければならない。わたしは自分の小隊のそばで、燕麦のワラの上に身を横たえる。しかしその矢先、五〇メートルほど離れた連隊戦闘指揮所に呼び出される。ハース大佐はこちらに、森を通過しヴィヤンクールの第一大隊に向かう気力がまだあるか、と尋ねる。これに対し、コスヌ偵察により自分は消耗しつくしています、などという言い訳がありうるだろうか。否、いったん敵との接触が生じたからには、尋常ならざることであろうと、断固としてやりとげねばならないのである。自分に課せられた任務は、第一大隊に対し、サン・レジェール南、約二、五キロメートルの三一二高地まで、最短の経路を辿って即時移動せよという連隊命令をただちに伝えることである。またわたし自身は大隊に先行しこれを先導せよとのことである【図2参照】。

わたしは下士官のゲルツと第七中隊の兵二名を連れて出発する。そうこうするうちにあたりは漆黒に包

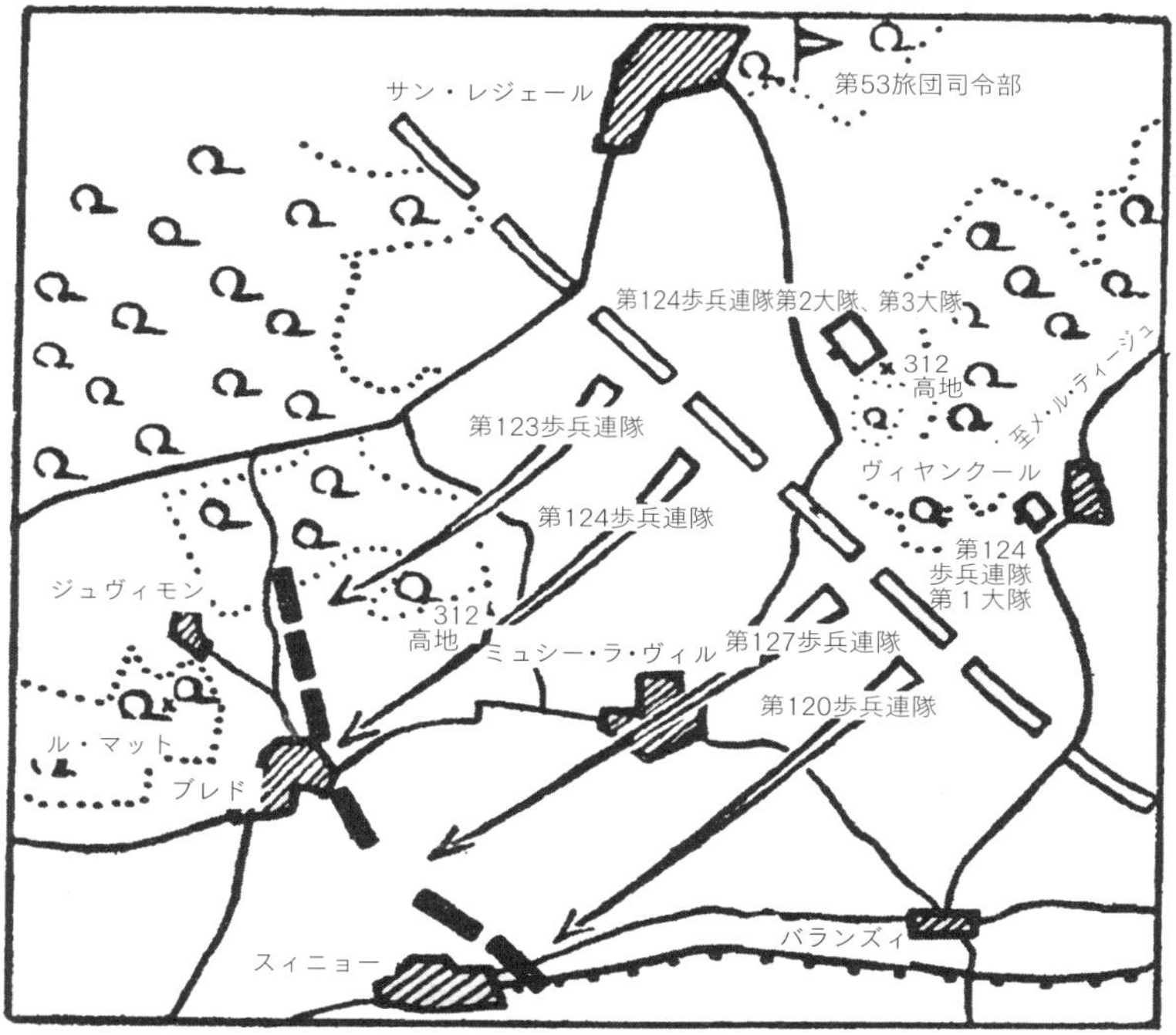

図2　ブレド

まれる。われわれはコンパスを頼りに谷間の草原を抜けて、三一二高地の南東方向へ進む。斜め右前方では自軍哨兵の誰何《アンルーフエン》の声、そしてときおり射撃音が聞こえる。密集した森のなかは、次第に切り立った上りとなってくる。何度か停止を挟みつつ、張り詰めた空気のなかで、夜の物音に注意深く耳を澄ます。苦労しつつ手さぐりで登り、ようやく樹木の茂る高地の稜線部、ヴィヤンクール西方に到達する。南東方向を見ると、砲撃を受け、炎に包まれたロンウィ要塞が紅い輝きを放っている。われわれは密生するやぶを漕いで、ヴィヤンクールへ降りていくが、突如、至近距離より歩哨から誰何を受ける。「止まれ《ハルト》！　誰か《ヴエーア、ダー》？」。この男はドイツ兵なのか、それともフランス兵なのか。われわれは、フランス兵がしばしばドイツ語で誰何してくることを知識として知っていたので、ただちに地面に伏せる。

さらに「合言葉《パロール》は？」と声がする。それを知る者はわれわれのうちにいない。ままよ、とばかりに、わたしは自分の名前と階級を叫ぶ。すると哨兵はこちらが何者であるかを認識してくれる。彼らは森の外れに立っていた第一大隊の歩哨であったのである。

ヴィヤンクールまではもう遠くない距離まで来ている。われわれは、同集落から五〇〇メートル南の地点、ミュシー・ラ・ヴィルに通じる道路沿いで、密集して休息をとっている第一大隊所属の中隊に出合う。大隊長のカウフマン少佐に、連隊命令を下達する。だがカウフマン少佐は、自分の大隊はランガー旅団麾下となっており、連隊命令を遂行できないと言うのである。そこで、ヴィヤンクール南西一キロメートルの高地に陣を張る、ランガー将軍の戦闘指揮所に案内してもらい、そこで自分に委託された命令をくりかえす。これに対しランガー将軍は、自旅団の部隊がまだヴィヤンクールに到着しておらず、それゆえ第一二四歩兵連隊第一大隊を一時的にも欠くわけにはいかないと、わたしから連隊長に伝えるよう命令してくる。自分に課された使命を果たせなかったことに意気消沈し、また肉体的にも非常に消耗していたが、それでも三名の部下とともに三一二高地への後退を開始する。

連隊指揮所に着いたのは、もう夜中の一二時を過ぎたころである。わたしは連隊副官ヴォルター大尉を起こし報告をする。ハース大佐も一緒になってわたしの報告をじっと聞く。大佐は如実に不満げな様子である。彼はわたしに徒歩あるいは騎馬でただちにサン・レジェールの第五三旅団へ向かい、フォン・モーザー将軍に直々に会い、そしてヴィヤンクールのランガー旅団から第一二四歩兵連隊第一大隊を切り離してもらえないことを報告せよと命じる。わたしは命令を復唱する。それにしても、この任務はおそらくわたしの力を超えています、もう一八時間も絶えず動き通しで、今、心底疲れ果てているのです、などと言うべきだろうか。そんなことはできない。たとえどんなに任務が厳しかろうとも、断固としてやり遂げねばならないのである。

わたしは中隊長の第二馬に乗り、手さぐりで進む。馬の腹帯を締め、まだ眠っている中隊の面々のあいだを抜けて、北へと出発する。モーザー将軍には、サン・レジェール南東至近の高地に張られた天幕のなかで面会する。将軍はわたしの報告にひどく不機嫌な様子である。彼はわたしに、もう一度馬で連隊戦闘指揮所を経由してヴィヤンクールに行き、そして、第一二四歩兵連隊第一大隊を、どんな事情があろうとも夜明け前には連隊に合流させるようランガー将軍に伝える、という任務を与える。

暗闇のなか、深い森を登り降りしつつ進む。八キロメートルの道のりを、あるところでは馬に乗ったまま、またあるところでは馬から降りて徒歩で、しゃにむにヴィヤンクールへと向かい、任務を果たす。三一二高地の連隊に帰投したとき、すでに空は白んでいる。中隊は戦闘準備体勢のままである。コーヒーはすでに支給が終わり、野外炊事車も片付けられてしまっている。わたしの有能な従卒、ヘーンレが自分の水筒を貸してくれたので、それを一口ぐいと飲む。しだいにあたりは明るくなる。しっとりとした濃霧がわれわれを包む。その間に連隊戦闘指揮所では命令が下される。

考察

敵前において斥候隊隊長は、自分が人員に対して負っている責任の重さを自覚することになる。どのようなミスでも損害の発生に結びつく可能性があり、場合によっては兵員の命が代償となる。それゆえ次のことが重要である。すなわち、最大の注意と熟慮を重ねたうえでの敵への接近、遮蔽物の徹底利用、道路脇を利用した前進、双眼鏡による地形偵察の反復徹底、斥候隊における縦深隊形の採用、そして遮蔽物のない地帯を横断する前の掩護射撃である。また、集落への侵入にあたっては、一部を家屋右手に、もう一部を左手に前進させること、そして指は引き金にかけておくことも重要である。また、迅速な報告作業も求められる。どのような遅延であっても、それは報告の価値を下げてしまうからである。

夜、道もないような鬱蒼とした厳しい地形においても、夜間用コンパスを用いて充分に行動できるよう、平時のうちに訓練をしておくことも忘れてはならない。

戦争は、兵士たちの能力、気力を、極度の水準まで要求する。そのため平時においても、兵士たちには多くを求めて訓練しておくべきである。

ブレドでの戦い

五時ごろ、第二大隊は、ブレドの北東約二キロメートルの三二五高地方面へと出撃を開始する。濃く低い霧が、露に濡れた平野の上で、波のようにゆらゆらと動いている。視界はかろうじて五〇メートルといったところである。大隊長バーダー少佐は、三二五高地への道の先発隊にわたしを指名する。二四時間以上、ほとんど休むことなく行動を続けているため疲労がひどく、鞍上で自分の体を保つのもやっとである。わたしが先陣を切る野道の両側は、多くの生垣と、柵で囲まれた牧草地が入り混じった地形になっている。地図とコンパスを使い三二五高地を探す。大隊は後を追って前進し、高地の北東斜面に展開する。

その直後、霧に包まれた三二五高地の南斜面、西斜面のあちこちで、先頭の警戒部隊が敵部隊と接触する。複数の場所で短時間の銃撃戦が発生する。

散発的に小銃弾がわれわれの頭上をヒュッと音を立てて飛んでいく。なんとも独特な音である。敵方向に一〇〇メートル弱ほど先を騎乗していた士官が、至近距離から撃たれる。兵がそちらの方向へ急行し、逃げる赤ズボン［第一次世界大戦開戦時のフランス軍は、迷彩に対する認識が薄く、青上着に赤ズボンという目立つ軍服を採用していた］のフランス兵へ銃撃を加え、これを無力化し捕虜にとる。

そのとき、後方半ば左、霧中を突き破って、「半ば左向け、前進！」、「散開せよ！」とのドイツ軍の号令が響く。散兵線が急に姿を現す。第一大隊の右翼である。わたしは中隊長より、小隊を散開し、第一大隊の右へと連携して、ブレド村南東の出入口方向へ前進せよとの命令を受ける。

わたしは黒馬をヘーンレに引き渡し、また自分のブローニング［拳銃］を彼の銃剣と交換する。そして小隊を散開させたうえで、前進させる。散兵線を広く取り、ジャガイモ畑、野菜畑を抜け、ブレドに面する三二五高地の南東斜面へ進出する。靄は野の上を流れ、今や高くなりつつある太陽と争っている。視界は約五〇〇メートルから八〇〇メートルといったところである。

そのとき、突如、至近距離から一斉射撃を受ける。そのため伏せの体勢をとり、ジャガイモの葉のなかへ、うまいこと隠れる。斉射された銃弾が頭上高くを通過していく。わたしは双眼鏡で近くの敵を探すが見つからない。敵は遠くないところにいるのかもしれないので、小隊を突撃に向けた隊伍に組む。しかしフランス兵たちは、こちらの視界に入る前に逃げてしまう。しかし野菜畑には、はっきりと敵の足跡が残っていたため、われわれはブレド方面へ追跡する。戦いへと勇み立つなかで、左手の方向との連携は失われてしまう。

小隊はなおも数度にわたり、霧のなかから射撃を受ける。しかし、こちらが突撃すると、敵は即座に退却してしまう。そのあと、われわれは、敵から妨害されることなく八〇〇メートル進む。すると目の前に、高い生垣が霧のなかから出現する。右手後方には農家の屋敷の輪郭がくっきりと浮かび上がり、左手前方には高い木々が連なっているのが視界に入ってくる。ここで追跡してきた敵の足跡は右に曲がり、そして斜面を上がっている。自分たちはすでにブレドの前にいるのであろうか。わたしは小隊を生垣の陰に待機させつつ、左翼にいる近隣部隊、そして自分の中隊との連絡を再構築するべく、斥候隊を送る。これまでのところ小隊に損害は発生していない。

眼前に広がる農家の屋敷を捜索するため、わたしはオスタータータク上級伍長と二人の測距員を連れて前進する。敵については何も見えず、何も聞こえない。われわれは屋敷の東側に着く。狭い畑道は、ここで左側の道路へ下っていく。向こう側では、霧のなかに第二の屋敷が姿を現す。間違いなく自分たちは、ミュシー・ラ・ヴィル側のブレド村出入口にいる。用心して通りに近づく。わたしは屋敷の角を偵察する。いる、あそこだ。右に二〇歩ほどいった道の真ん中で、一五人から二〇人のフランス兵が、無造作に小銃を抱えつつ、コーヒー片手に雑談をしながら立っている。彼らはこちらの姿に気づいていない（これはちょうどそのとき到着したフランス第一〇一歩兵連隊第五中隊であり、ブレドの南東口に配置されていたのである）。

屋敷裏の遮蔽物の陰に戻る。小隊を呼ぶべきだろうか。いや、この任務は四人で充分達成可能である。わたしは急いで自分の兵たちに、この急襲射撃の意図を周知する。音を立てずに小銃の安全装置を外す。そして建物の角に踊り出るや、近くの敵に立射で攻撃を加える。敵の一部はその場で死亡、あるいは負傷する。しかし敵の大部分は四散し、家屋の階段や庭の壁、積み上げられた薪の山を手近な遮蔽物として用いつつ、反撃してくる。ごく至近距離で、非常に激しい銃撃戦がくり広げられる。わたしは材木の積み重なった場所で射撃姿勢をとる。敵は、二〇メートル前方、家屋の階段の陰で、しっかりと身を守っている。見えるのは体の一部だけである。わたしと敵はお互いに狙いを定め、ほぼ同時に引き金を引くが、双方とも外れる。敵の銃弾が、耳すれすれをかすめてヒュッと飛んでいく。今必要なのは、素早い装塡、冷静かつ迅速な照準、正しい姿勢の維持である。しかし二〇メートルの距離を四〇メートルの照尺《ヴィズィーア》で狙うことは決して容易なことではない。そんなことは平時には決して行ってこなかったことだからである。——わたしの銃が轟音を立てる。敵の頭が、前方の階段へ、ごろりと転がり落ちる。

まだ約一〇名のフランス兵がわれわれと相対しており、そのうち何人かは、完全に遮蔽物の陰にいる。わたしは自分の兵に突撃の合図を送る。われわれは叫びながら村道へと突進する。しかし、この瞬間、すべての窓、戸口にフランス兵が現れ、銃撃を加えてくる。敵のこの優勢には、なすすべがない。われわれは全速力で後退し、小隊が掩護しようと待機していた生垣のところまで戻る。四人とも無傷である。こうなった今、掩護は必要なくなってしまったので、わたしは小隊をふたたび遮蔽物の後ろに戻す。注意深く観察すると、霧中、依然として激しい射撃を加えてきているのは、道の向こうにある屋敷からだということが確認できる。銃弾がヒュンと音を立てて飛んでくるものの、こちらのはるか頭上を通り過ぎていく。距離およそ六〇メートル、敵は屋敷一階からだけではなく、屋上からも銃撃していることを双眼鏡で確認する。屋根瓦の下には、多数の銃身が突き出ている。この配置だと、敵は照門《キンメ》、照星《コルン》を使って狙いを定めることができないのだろう。敵の銃弾が、われわれのはるか頭上を通過していくのも無理のない話である。わたしは後続する別の部隊を待つべきか、それともただちに小隊を連れてブレド村入口を急襲するべきか。自分には後者が正解と思われる。

敵のなかでもっとも強力なものは道の向こうにある屋敷のなかにいる。このため、この屋敷を真っ先に押さえねばならない。攻撃計画は、第二分隊が生垣のところから、屋敷の二階と屋根裏部屋にひそむ敵に射撃を加え、第一分隊が右翼に展開、屋敷を包囲しつつ急襲、これを奪取するというものである。

突撃隊《シュトゥルムトルップ》はあたりに散らばる角材を拾い上げ、装備とする。こうした角材は戸や門扉の突破に便利なのである。さらにワラのほうきも何本か持ってくる。これは敵の伏兵を燻し出すのに役に立つはずである。

第二分隊は生垣の地点で射撃準備の態勢をとる。その間、突撃隊は完全な掩護下で準備をすませる【図3

参照】。こうして、戦闘を始める手筈が整う。

合図により第二分隊が射撃を開始する。わたしは第一分隊とともに右翼に突撃する。数分前に自分が少数の兵を連れて通ったのと同じ経路である。そして道を横断する。二階および屋根裏にひそむ敵は、主として生垣の第二分隊を狙って速射を仕掛けてくる。この時点で突撃隊自体は、防御となる屋敷の壁の地点まで到達している。屋敷の敵守備隊は、突撃隊に銃撃を加えて、これを捕捉することができない。両軍の兵の激烈な銃撃により、建物の戸が大きな音を立てて粉々に崩れ落ちる。納屋の戸の半分は、蝶番から吹き飛ぶ。穀物と飼料でいっぱいの三和土《たたき》に、火のついたワラぼうきが投げ込まれる。屋敷はぐるりと包囲されているため、脱出しようとする者は、われわれの銃剣のなかに飛び込むことになる。まもなく屋根の棟のところから、炎が赤々と立ち上る。生き残った敵兵は武器を捨てて降伏する。こちらの損害は軽傷者数名である。

ここからは屋敷から屋敷へと突撃する。第二分隊が呼び戻される。敵はわれわれと遭遇すると、たいていただちに降伏するか、あるいは屋敷内の身を隠せるところに潜りこんでしまう。しかしこちらの兵は、こうした場合にも敵の居場所を嗅ぎつける。そしてまったく恐れというものを知らずに、次々とフランス兵を潜伏場所から引きずりだしてしまうのである。第二大隊の別部隊は第一大隊の一部と合流し集落に突入する。今やあちこちで、火の手が上がっている。隊形は入り乱れた状態である。四方八方で銃撃があり、損害は増えていく。

わたしは脇道に入り、壁に囲まれた教会に向け突進する。この場所からこちらに対し、激しい銃撃がなされているのである。遮蔽物を利用し、家から家へと飛び移りながら、敵へと前進する。しかし、われわれが突撃に移ろうとすると、敵は西へと退避し、しばらくすると霧のなかに入ってこちらの銃撃から逃れてしまう。

ル・マット
ジュヴィモン
325高地
第123擲弾兵連隊
f
e
d
第1小隊
a
ブレド
c
b
至ミュシー・ラ・ヴィル
a＝小隊の突進
b＝第一の屋敷の奪取
c＝市街戦
d＝ブレド北高地への攻撃
e＝穀物畑に潜む敵隊列に対する奇襲射撃
f＝ジュヴィモン＝ブレド道沿いに茂る灌木群の確保

図3　ブレドでの戦闘

すると今度は左手、ブレド南側の地区から、非常に激しい銃撃を受ける。そして損害が増えていく。いたるところで衛生兵を呼ぶ悲痛な声が響いている。洗濯場の裏に救護所が設置されるが、その光景たるや、ぞっとするような恐ろしいものである。大部分がひどい銃創を負っており、何名かの兵は痛みのあまり叫んでいる。別の者たちは、間近に迫った死を、静かに、英雄のような面持ちで沈着に見据えている。

　ブレドの北西部、南部は依然としてフランス軍の手中にある。今われわれの背後では、村が炎々と燃え盛っている。この間、太陽は霧に打ち勝っている。もはや、ブレド村でなしうることは何もない。それゆえ自分に可能な範囲で部隊を再編成し、負傷者を収容させ、北東へ向け出発する。わたしは大窯と化した火災の中心から脱出し、元の中隊ないし第二大隊と連絡を取ろうと考える。しかし、炎に加え、息が詰まるほどの濃い煙、倒壊した建物の赤く燻る梁、解き放たれて興奮状態のまま燃え盛る火元のあいだを跳ね回る家畜、これらが行く手を塞ぐ。半ば窒息しかけながら、やっとの思いで空いた場所に辿り着く。まず多数の負傷兵の手当てをする。次いでわたしは、約一〇〇名の兵を再編成する。そして彼らをブレド北東三〇〇メートルにある窪地へ移動させる。そこで小隊を西を正面にした状態で配置し、そのうえで分隊長たちを引き連れ、すぐ近くの波状地《ボーデンヴェレ》に偵察に向かう【図3参照】。

　右手上方、三二五高地のあたりは、まだ靄が包んでいる。三二五高地の南斜面に広がる、穂の茂った穀物畑には、友軍も敵軍も見当たらない。半ば右、距離約八〇〇メートルの深い窪地の向こう、真新しい土塁の背後には、黄色い穀物畑が広がっているのだが、その前方の端のところでは、中隊規模での散兵線を形成しているフランス兵の、赤いズボンが輝いて見える。左手下方では、炎に包まれたブレド村をめぐり、依然として激しい戦闘状態が荒れ狂っている。

　第二大隊は、そしてわれわれの中隊はいったいどこにいるのだろうか。一部はまだブレド村に、そして大多数はより後方にいるのだろうか。わたしは何をするべきなのか。ともかく自分の小隊を連れて、無為に立ち止まっているわけにもいかないので、さしあたりこちらの近くで対峙している敵に対し、これは第二大隊の対峙している敵でもあるはずだと考え、攻撃を加えることを決意する。稜線を防御用に使った部隊の展開、布陣、そして小隊の射撃開始と、これらを練兵場で行われる平時の演習のような冷静さと正確さでもって、実行に移していく。まもなく、梯形に組んだ分隊の一部は、ジャガイモの葉のなかや、燕麦のワラ束の陰に隠れつつ、慌てずによく狙いを定めて掩護射撃を浴びせる。それはまさに平時の訓練で教わったとおりである。敵は小隊の先頭が配置に就いたところで、すでに激しい射撃を加えてくる。しかし敵の集中射《ガルベ》は非常に高いところにある。ごくわずかの弾丸のみが、われわれの前方や横の地点に着弾する。こうした状況にも、ひとはすぐに慣れてしまう。一五分間の銃撃戦のあと、記録すべき唯一の損害といえば、銃撃で穴だらけになった飯盒だけである。そのとき、右手八〇〇メートル後方、三二五高地上に、自軍の散兵線が姿を現す。右翼との連携はこれで確保できたので、小隊は心配することなく攻撃に移ることができる。分隊ごとに相互に掩護射撃をしつつ、前進する。これはまさに平時において、飽きるほど訓練してきたことである。われわれは、敵の銃撃がこちらを捕捉できない窪地を選んで通過していく。わたしは向こう側の斜面の死角となる場所に、小隊全体をひとまとめに移動させる。敵の射撃の技量が拙いことも幸いして、小隊はこれまでのところ、戦闘で一人の脱落者も出していない。銃剣を装着し、上りの斜面を、敵陣地への突撃ができる距離まで、そっと前進する。この行動中、敵の銃火にじゃまされることはない。敵の狙いは、はるかに後方に位置する小隊の一部であり、銃弾はわれわれの頭上高くを通過していくからである。そのとき突然、敵が銃撃を中止する。敵は、高地から自分たちのいる方へ降下し、突撃してくるつもりなのだろうか。そこで、あえてわれわれのほうから突撃を開始する。しかし、敵陣地に着いてみると、そこは何体かの死体を残して放棄されてしまっている。退却した敵の足跡は、人の背丈ほどの穀草が茂る畑を抜けて、西の方角へと通じている。今わたしが小隊とともにいる地点は、自軍の戦列のはるか前方である。

わたしは、右翼の近隣部隊が前進するのを待とうと考える。小隊は奪取した敵陣地を確保する。次いで、第六中隊第一半小隊長（軍曹）と、下士官ベンテレとの三人で、西に広がる背の高い穀草地帯を抜けて、斥候へと向かう。確認したいのは、敵がどの方向へ退却したのか、ということである。小隊は連絡を維持する。われわれは、敵と接触することなく、ブレド村北約四〇〇メートルの地点で、ジュヴィモン＝ブレド道に到達する。北に向かって上りとなっているこの道は、ここで斜面に対し、右に切れ込んでいる。道の両側には潅木が群生しており、それが北西および西への視界をひどく遮っている。道の上方の、潅木の茂みの一か所から、われわれは全方位を注意深く探索する。奇妙なことに、退却した敵に関し、何も痕跡らしきものは見当たらない。そのとき、突然ベンテレが、手で右の方向（すなわち北）を示す。ベンテレの指示する方向、一五〇メートル足らずの距離で、麦の穂先が揺れている。すると、太陽のぎらぎらと照りつける光のなか、フランス兵が背負う背嚢の上でピカピカの飯盒が輝いているのが目に飛び込んでくる。こちらからは三二五高地より、丘の頂を西に薙ぎ払うように銃撃がなされているが、向こう側の敵は、それを身を屈めて逃れる。およそ一〇〇人にはなろうかというフランス兵が、縦隊でまっすぐにわれわれのほうへ接近してくる。背丈ほどの高さの穀草から頭を出そうとする敵は、一名たりともいない。

至急、小隊を呼び寄せるべきだろうか。いや、小隊が現在の位置にとどまる方が、われわれ三人の後詰めとして、はるかにうまく機能する。わたしは小銃弾の威力を念頭に置く。この距離なら二人か三人というところだ。そこでまず敵縦隊の先頭目掛け、立射で素早く銃撃を加える。敵は瞬く間に畑の穂のなかに潜りこむが、それでも方向を変えることはなく、隊形を崩さずに前進を続けてくる。相手からすればわれわれは、突然至近距離に現れた新しい敵であるわけだが、この敵をのぞき込もうとして頭を出すようなことをしでかすフランス兵は、一人もいない。

今度は、三人で射撃を加えてみる。しかし瞬く間に敵の縦隊は姿を消し、いくつかの小集団に分かれてしまう。敵はジュヴィモン＝ブレド道を目指し、西の方向に急いでいる。われわれは逃げる敵の縦隊へ速射を加える。驚くべきことだが、このとき、自分たちは立射のためまっすぐに立っており、敵からはごく容易に見つかる状態であったにもかかわらず、敵がこちらに発砲してくることはない。道路左、自分たちが立っている灌木の茂みの向こう側のところに、逃げるフランス兵が走ってくる。距離はおよそ一〇メートル、茂みの隙間から容易に撃つことができる。われわれは敵の各隊に銃弾をお見舞いする。多数のフランス兵が、われわれの三丁の小銃の前に戦闘力を喪失する。

　そのとき、第一二三擲弾兵連隊が右手上方の斜面上に進出してくる［擲弾兵《グレナディアー》は、その名のごとく、手投げの爆裂弾《グラナータ》（イタリア語が語源とされる）を使う兵科であった。だが、手投げ爆裂弾が兵器として時代遅れになるにつれ、それを使うために大柄の兵士が集められていた擲弾兵部隊は、一種の選抜精鋭隊の機能を果たすようになり、名のみが残った］。わたしは手で合図をして小隊を呼び寄せ、そして小隊とともに、ジュヴィモン＝ブレド道の両側から北へ向けて突進する。その際、驚いたことに、道すがらの茂みのいたるところに、フランス兵がいる。この敵に武器を捨てさせ、そして隠れている場所から出てこさせるには、長い説得が必要となる。彼らは、ドイツ軍はすべての捕虜を処刑する、と吹き込まれていたのである。われわれは灌木の茂み、そして上方にある穀物畑から、五〇人を超えるフランス兵を引きずりだす。また、彼らと合わせて二人のフランス軍将校も降伏する。一人は大尉、もう一人は腕に軽傷を負った少尉である。わが軍の者が、捕虜たちにタバコを差し出すと、目に見えて彼らの信頼が改善される。

　右手の高地では、第一二三擲弾兵連隊も同様にジュヴィモン＝ブレド道へ到達する。ブレド村北西一五〇〇メートルにある、ル・マット高木林の方向から、われわれに向けて銃撃がなされている。わたしは、ル・マットへの攻撃を継続するという意図で、小隊を右手上方の、身を隠せる切り通しのところへ移動させる。しかしそのとき、突然、目の前が真っ暗になり、意識を失う。昼夜を通してのこれまでの労苦、ブレド村をめぐる戦闘、北側の斜面での戦闘、そして何より胃の悲惨な状態が、わたしの力を完全に奪い取ってしまったのである。

長いこと意識を失ったまま横たわっていたのだろう。意識を取り戻したとき、世話してくれていたのは下士官のベンテレであった。周囲では、フランス軍の榴弾《グラナーテ》、榴散弾《シュラップネル》が、散発的に着弾している。歩兵連隊のいくつかが、ル・マットの森から三二五高地方向へ戻ってくる。これは退却なのだろうか。わたしはこの散兵線の一部を自分の指揮下に置き、ジュヴィモン＝ブレド道に面した斜面を確保のうえ、塹壕構築を命ずる。兵たちから聞くところでは、前方、ル・マットの森に進出していた部隊が甚大な損害を被り、指揮官も喪失した、そして、上からの命令により退却したという話である。とりわけフランス軍の砲兵隊から大損害を受けたということである。一五分後、ラッパ兵が「連隊呼集《レギメンツルーフ》」、「集合《ザンメルン》」を伝達する。連隊の各隊が、四方八方からブレド西の一帯を目指して集まってくる。わたしも自分の抱える小集団を連れて、そちらへ撤退する。次々と各中隊が到着するが、その隊列は、クシの歯が欠けたように、ひどく隙間だらけの状態である。連隊はこの日の初陣で、将校現員の四分の一、そして下士官および兵現員の七分の一を、死亡あるいは負傷というかたちで喪失してしまったのである。わたしにとって、とくに身を切るようにつらかったのは、最高の戦友のうち二人の戦死を経験したことである。しかし残念ながら、彼らの最後のミサに立ち会うことは叶わない。大隊は再編成を終え次第、ブレド村の南を通過して、ただちにゴメリーへの進軍を開始する。

ブレド村は戦慄すべき様相を呈している。廃墟となった建物群がくすぶるあいだには、兵士と民間人の死体が横たわり、射撃や砲撃で死んだ家畜が転がっている。この間、部隊には、ドイツ第五軍が対峙していた敵が全戦線にわたって撃破され、撤退に追い込まれたとの一報が入る。しかし戦死した戦友への悲しみによって、最初の勝利の喜びは、完全に曇ってしまう。われわれは南に向けて進むが、しばしば行軍は中断を余儀なくされる。離れたところで敵の縦隊が移動しているのである。第四九砲兵連隊所属の砲兵中隊が前駆し、行軍する道路右に陣地を構築する。しかしこちらの砲兵中隊の最初の一発が着弾したときには、遠くにいた敵の縦隊はすでに姿を消してしまっている。

そして日没となる。死にそうなほどの疲労のなか、ようやくリュエット村に到着する。この村はすでに自軍の別部隊でいっぱいになっている。そのため野外で露営することになる。しかしワラがもう手に入らない。またワラを長い時間かけて探し回ったために、部隊はさらに疲れ果てる。眠りは生気を取り戻させるものだが、畑の地面が冷たく湿っているために、そもそも眠ることができない。明け方近くになると、次第に冷え込みがきつくなる。われわれはみなひどく震えるはめになる。同じ境遇にいる多くの仲間と同様、自分の弱った胃は、夜明け前のあいだ、絶えずわたしを苦しめる。こうしてやっと夜が明ける。野にはふたたび濃い霧が立ち込めている。

考察

霧のなかで連絡を維持することは困難である。ブレドでの霧中戦においては、敵との衝突後、連絡が分断されてしまった。連絡線を再構築することは当面うまくいかなかった。この点、コンパスの数値を頼りに霧のなかを前進する訓練を実施しておかねばならない。今日、人工的な煙幕は非常によく研究されている。霧中での相手との接触に際して優位に立つのは、衝突の瞬間に、もっとも強力な火力を浴びせることができる側である。それゆえ、機関銃を発射準備態勢の状態にして前進することが重要である。

さて、ブレド村での戦闘のように、敵とわずか数メートルの距離で対峙するような、集落での戦闘がしばしば発生する。この場合、手榴弾と短機関銃《マシーネンピストーレ》の使用が重要である。攻撃に移る前に、機関銃、ミーネンヴェルファー、大砲による掩護射撃を活用することも肝要である。もっとも、集落での戦闘は、少なからぬ場合、多数の損害が出るものなので、可能なかぎり回避せねばならない。集落内にいる敵に銃撃を加え、頭を地面から上げさせないこと、人工の煙幕を張り、目を眩ませること、そして集落の外で攻撃を加えることが重要である。

背の高い穀草はいい遮蔽物となってくれる。また、装備品のうち、銃剣や飯盒のような光沢のあるものは、部隊の位置を露見させかねないので注意が必要である。さて、ブレド村出入口におけるフランス軍部隊の警戒は機能しなかった。同様に、穀物畑を抜けての退却、および、それに続く戦闘の際にも、フランス軍は、戦場一帯を監視することに失敗した。

ドイツの兵士たちは、最初の銃撃戦を経て、フランス軍歩兵に対する大きな精神的優位を得た。

マース河畔――モンおよびデュルコンの森での戦闘

ロンウィでの戦闘後の数日間、はじめは南西に、次いで西に敵を追って、追撃戦が行われる。シェ＝オテン区間では、短時間だが激しい戦闘が発生する。フランス軍の砲兵隊は、非常に強力かつ臨機応変な砲撃によって、フランス軍歩兵部隊の退却を掩護するが、その際、砲兵隊の一部にも犠牲が出る。八月二八日から二九日にかけての夜、第一二四歩兵連隊第七中隊は、ジャメッツ南で前哨に立つ。すべての前哨と野戦警戒線の兵は塹壕構築作業を行う。

八月二九日、マース川に向けた進撃が継続される。ジャメッツ西にて休憩中、行軍縦隊のはるか前方に進出していた第一三工兵部隊が、近くの森にひそんでいた強力な敵から伏撃を受ける。激しい白兵戦が展開され、工兵はショベルと斧で敵に肉薄し、結果、両陣営に多大な損害が発生する。第一二三擲弾兵連隊と第一二四歩兵連隊第三大隊がこれに加わる。戦闘は、モンメディ要塞の司令官および二〇〇〇人の守備隊を捕虜とし、終結する。この二〇〇〇人は、ヴェルダンに向けて敵中突破しようとしていた部隊である。われわれはこの血塗られた戦場を通過していく。

ミュルボー東、マース川西岸のフランス軍が、榴散弾で攻撃を仕掛けてくる。ただほとんど損害は発生しない。これは榴散弾の炸裂地点が高すぎるためである［当時の榴散弾は、時限信管によって、敵陣頭上で炸裂、多数の破片をまきちらす仕組みになっていた。この場合は、時限信管の設定に失敗し、ドイツ軍のはるか上空で炸裂しているため、効果が発揮できなかった］。正午、焼けつくような日差しのなか、マース川沿いの町、デュンに向け行進する。フランス軍の砲撃は激しさを増す。デュン東方、距離一五〇〇メートルの森には大隊が展開している。各中隊は、背の高い広葉樹林のなかで縦隊を組む。その直後、中隊がいるあたりの森が、フランス軍の砲撃により薙ぎ払われる。最初に遠くから、発射音がはっきりと聞こえ、それに続いて榴弾が轟音を立てて近づくのが分かる。数秒後、榴弾は、木の葉が折り重なって屋根状になっている森を貫き、一部は木々へと、一部は地面深くめり込むかたちで、激しい爆音を立て、炸裂する。砲弾の破片は、激しい音を立てて空中に散らばり、土くれと枝葉が巻き上がっては、こちらの頭上にパラパラと落ちてくる。榴弾の落達地点は、ごく近くかと思えば、遠く離れたところの場合もある。弾着の度に、われわれはびくりと震え、地面に伏せる。絶え間ない危険がわれわれの心を磨り減らす。大隊は夕方まで同一地点にとどまることを強いられる。ただ、驚くべきことに損失は少なくてすむ。

われわれの前方の森の端、デュン南東九〇〇メートルの地点で、自分が一か月前まで勤務していた第四九野砲兵連隊第四中隊が、防御態勢の不充分ななか、激しい戦闘に巻き込まれる。同中隊は、兵員の数でも砲の口径［一般に砲身の直径、すなわち口径が大きいほど、砲の威力は高まる］という点でも、フランス軍の火砲に優位に立つことができず、人員および装備の双方に損害を出す。薄暮の迫るなか、第二大隊はミュルボーへと退却する。われわれは野外で一夜を過ごす。胃がぐるぐると音を立てている。この日わたしは、穀物一掴み以外何も栄養を摂っていないのだから、これももっともである。とにかくパンが不足している。

八月三〇日午前、ミュルボーで執り行われていた戦場ミサは、フランス軍の擾乱射撃《シュテールングスフォイアー》により、慌ただしい撤収を余儀なくされる。マース川沿いでの砲撃戦は激しさを増している。われわれを喜ばせたのは、ゴム付き車輪を備えた二一センチ重臼砲中隊が急速前進のうえ陣地に入り、轟音とともに敵に強力な砲撃を加えたことである。

八月三一日夜、われわれはミュルボーの窮屈な宿営で一夜を過ごす。朝、第二大隊はミリを経由しサセへと移動を始める。工兵により架された舟橋によりマース川を渡河する。そして第五三旅団の前衛として、モン＝ドゥヴァン＝サセ方面への行軍の先を行く。また集落への侵入直前に行われた個別の家屋捜索では、第一二四歩兵連隊（われわれの連隊番号と同じである）に属する、二六名の現役フランス兵が地下室から引き出される。

モン南西出口のところで、歩兵連隊の先頭が、モン西部の依然としてフランス軍の支配地域である木の茂った高地から、激しい銃撃を受ける。その直後、サセ南西高地のドイツ軍砲兵隊からも、モンに向けて砲撃が行われ、自軍に損害が発生してしまう。この砲撃は、三〇分ほど前に、モンから発砲を受けた騎兵斥候隊の報告に基づいて行われたものである。この点につき誤解が解消し、砲兵中隊が砲撃を止めるまでには、しばし時間がかかる。

同じころ、モン西部の高地に陣取る敵を攻撃すべく、第七中隊所属の一小隊が投入される。しかし敵の火力が強力なため、攻撃は停滞を余儀なくされる。そのため、さらに別の小隊を投入するも不首尾に終わる。ドイツ軍は険しく切り立った斜面を登り、なんとか攻撃を試みるが、敵は地の利を有する陣地を確保しており、きわめて優位な状態にあるため、ドイツ軍に反撃の余地を与えず、先手を打って攻撃してくる。その結果、こちらにはひどい損害が発生する【図4参照】。

第七中隊は攻撃失敗後、呼び戻され、新たな任務を命ぜられる。それはモンの二キロメートル南にあるデュルコンの森で、敵から激しく攻め立てられている第一二七歩兵連隊の応援に向かうというものである。中隊はモン村を通過し、南東に進軍する。そして間隔をもたせた複列縦隊を組み、モン西方の敵視界を免れるため、垣根沿いを通って二九七高地に登る。しかし中隊がまだモン村の森にほとんど侵入できていない段階で、さらには行軍縦隊の隊形での集結も未了のうち、フランス軍の榴散弾が飛んでくる。そのため中隊は地面に伏せることになる。われわれは木々の背後や、地面の窪んだところを利用して身を守る。第一二七歩兵連隊については、何の情報も入ってこない。

中隊長命令で、わたしは二、三名の兵を引き連れ、デュルコンの森の南端へ進む。目的は連隊との連絡確保である。途中、何度も敵の榴散弾に捕捉されつつも、われわれは森の南端に抜ける。しかし自軍の部隊はどこにも見当たらない。左手下方、マース川沿いの谷では、デュンがフランス軍の激しい砲火にさらされている。砲撃の方向から察するに、フランスの砲兵隊は、デュンの脇を流れるマース川西の高地後方に陣取っているものと考えられる。ただ、自軍の歩兵も敵軍の歩兵も見当たらない。

さて、わたしが帰還したあと、中隊は林道を西に進む。一〇〇メートルほどの幅のある林間の空地の端に、四方へ向けて警戒を配置し、行軍縦隊を維持したまま、休憩に入る。この間、中隊長は、第一二七歩兵連隊の所在を確認すべく、各方角に斥候隊を送る。しかし斥候隊が少しも行かないうちに――中隊のとれた休息は五分ほどであった――空地は、榴散弾によるフランス軍の激烈な砲撃にさらされる。鉛の砲弾

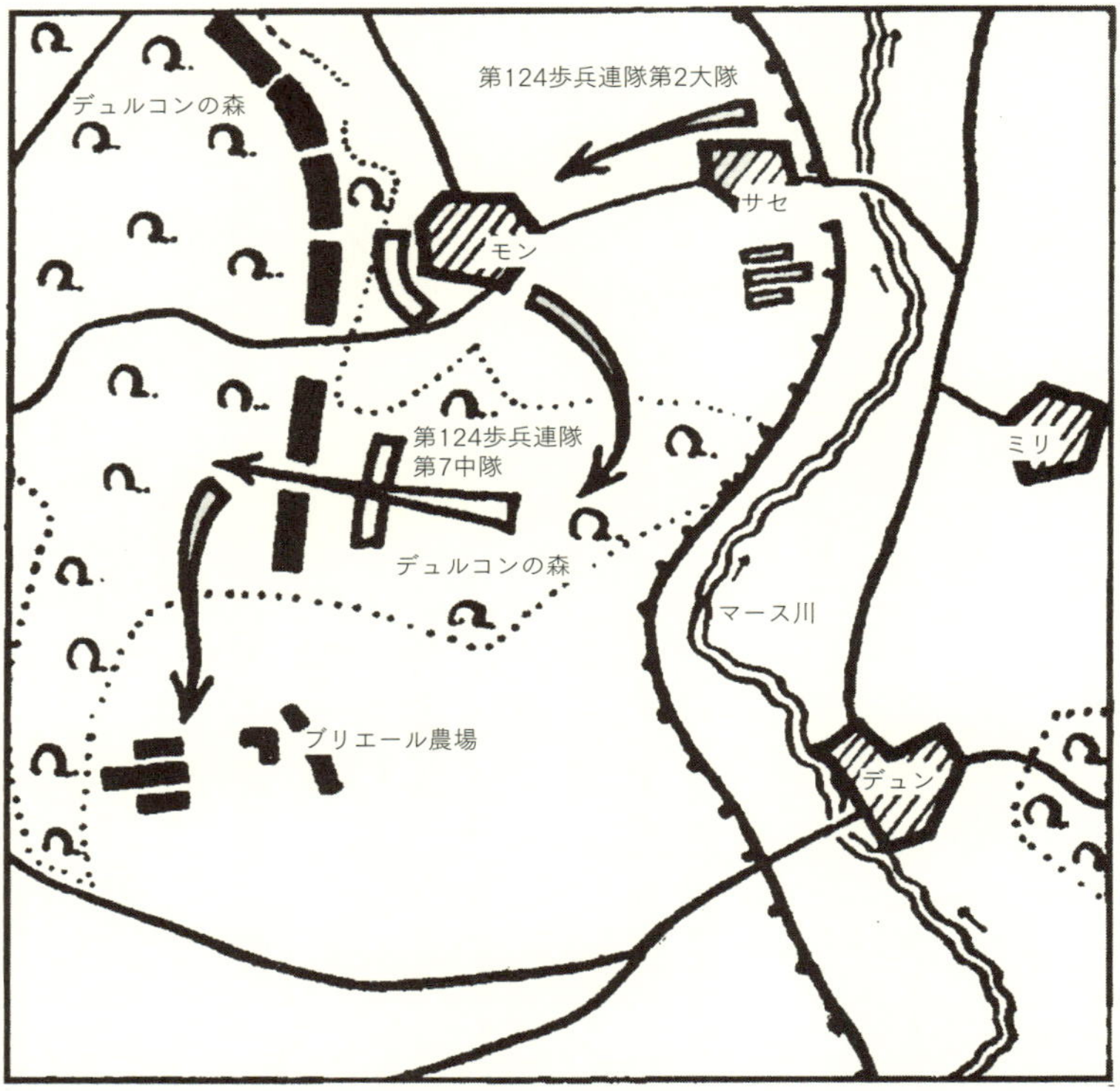

図４　モンからデュルコンの森へ

は、雷雨が始まるときのように、突然頭上に轟音を立てて降り注ぐ。われわれは背嚢を急いで下ろし、ひとまとめにする。そしてその背嚢やあたりの木々を遮蔽物とし、身を隠す。このように無数の弾着がある砲弾の嵐のなかでは、脇に飛び退くことも、前方にひと飛びすることも不可能である。この急襲砲撃《フォイアーイーバーファル》は数分にわたり続く。しかしながら損害は出ない。置かれた背嚢は、複数の砲弾の破片が突き刺さっている。装備に着けていた中隊を示すふさ飾りが、ずたずたに破れてしまった兵が出るが一名だけである。しかし全員にとって不可思議だったのは、フランスの砲兵隊がどのような手を使い、かくも迅速に森のなかでわれわれの所在を探し当てたのかということ、そしていかにして、このように短時間のうちに、われわれに砲撃の照準を合わせることが可能であったのか、ということである。これらはたんなる偶然なのであろうか。

そのとき、われわれの斥候隊の一人が、第一二七歩兵連隊の重傷者一名を連れて帰還する。この負傷兵の話によると、同連隊はすでに数時間前に森から退却し、前方には、死傷者以外、もうドイツ軍の兵士は誰もいないとのことである。そしてフランスの大隊の大多数は、約二時間前に森を通り、北方向へと通過していったが――その際この兵士は道のかたわらに横たわっていた――おそらく森のなかには、まだフランス兵がひそんでいるだろう、という話である。

現在の状況下、この広大な森のなかに、掛け値なしに唯一の中隊としてとどまるというのは、正直、気乗りするものではない。われわれも後退すべきなのだろうか。あれこれと思案していると、背後に延びる自分たちが進んできた道にドイツ軍の歩兵大隊が姿を見せ、この問題について考えこんでいる場合ではなくなる。大隊長との短い協議の結果、第七中隊が森林内での前衛を務め、西に向け進軍することになる。わたしは小隊を連れて先頭を行く。

五分も行軍しないうちに、森の半ば右方向より、激しい銃声、そして万歳の声が聞こえる。戦闘が行われている地点までの距離の測定が難しい。わたしは約一キロメートルと推定する。われわれは狭い小道を、戦闘音のする方に向かう。道の両側には、背の高い幹の広葉樹林が並び、そのあいだをぬうように下草が鬱蒼と繁っている。道が一直線になっているところ、距離にして約一〇〇メートル前方の地点に、何か黒い点のようなものが見える。フランス兵だろうか。そのとき、その黒い点のあるところから、ピュンと弾が飛んできてわれわれの耳元を掠める。そのため道の脇の茂みのなかに身を隠す。中隊は道の両側に散開する。その間、敵はこちらの前面に展開して、一斉射撃《ザルヴェ》を加えてくる。敵の集中射が――大半は流れ弾だが――下草を突き抜けてピシッ、ピシッと音を立てる。われわれは反撃の射撃を行わず、この見えない敵に、匍匐により近づく。また短い距離は、陰から陰へと跳び移るようにしてゆっくりと接近する。敵まで一五〇メートルまで来たと思われるところではじめて、鬱蒼とした茂み越しに、見えない敵へ射撃を開始する。この間も前進は続ける。小隊長としてわたしが自分の脇に置き、掌握している兵はわずかしかいない。これ以外の兵士は一切姿が見えない。

前方の森の茂り具合がまばらなものになる。銃声の様子からして、今われわれは、敵と距離にして一〇〇メートル以下で対峙しているに違いない。わたしは小隊とともに突撃を仕掛ける。そして森のなかの、空地状の地点に到達する。敵は、空地の向こうより、こちら目掛けて速射を仕掛けてくる。次第に分かってきたのは、この横に五〇メートルほど広がった空地は、一面鬱蒼とクロイチゴの茂みで覆われているということである。そのため、ここを突破するというのは考えられないように思われる。われわれは荒れ狂う敵の銃弾の前に、伏せているしかない状態である。空地のこちら側の端からも、銃撃戦を仕掛ける。敵はもう近距離にいるはずなのだが、鬱蒼とした緑の草木に遮られて、敵の姿は少しも見えない。そのとき、中隊の別の二個小隊が、現在のこの戦線に集団で移動してくる。そして共同で、二、三歩間隔の分厚い防御線を形成する。そこに「射撃を継続しつつ塹壕を掘れ」との命令が飛ぶ。

わたしの右前方数メートル、太いオークの木のところでは、バンメルト中尉が伏せている。こうした猛烈な銃撃下では、横に跳ぶのも後ろに戻るのもまったく不可能であるように見える。幸運なのは、敵の銃撃の大半が高すぎることである。それでも次第に損害が出始める。

一部の兵が緩慢に掩護射撃を継続しながら、残りの兵は、ぴったりと地面に伏せつつ塹壕を掘る。草木から伸びる根のために、この作業は極度の困難をともなう。撃たれてちぎれた枝葉が、ひっきりなしにパラパラとわれわれの頭上に落ちてくる。そのとき、自分のすぐ近くに着弾がある。弾は後ろから来ている。土が弾け飛び、わたしの顔にかかる。いったい何が起きたというのか。後ろからも攻撃を受けているとでもいうのか。すると、左にいる男が突然大声を上げ、痛みなのか、のた打ち回り始める。彼はかかとから肩にいたる全身を、後ろから撃たれてしまったのである。このあわれな男は「助けてくれ、衛生兵、俺は出血多量で死んでしまう」と大声を上げる。この無我夢中の絶望的な叫びは、痛みのためもあり非常に激しい。体は血まみれである。前方からの銃撃は激しさを増している。わたしはこの負傷兵のほうへ匍匐前進を行うが、いかんせん彼の救助はもはや不可能である。男の顔は苦痛で歪み、手は痙攣して地面を掻きまわる。次第に男は静かになっていく。そして全身ががくんと揺れたあと、この勇敢な兵士の命は消えてしまう。

われわれは前後から遮蔽物もなしに敵の銃撃にさらされ、半狂乱状態に追い込まれる。どうやら後方では、後続の大隊の一部が、こちらに銃撃を浴びせている敵の勢力範囲に入り、戦闘状態に突入した模様である。いずれにしてもこのように下草が鬱蒼と茂っている状態では、相手がこちらを敵軍と勘違いしても、その誤りを正すことができない。右手奥では戦闘音が激しくなる。この音に反応してか、われわれの対峙している相手は速射を仕掛けてくる。ピシッと音がする。一発の弾丸が、塹壕を構築するわたしのショベルの歯に命中したのである。その直後、今度はバンメルト中尉が大腿部に一発喰らってしまう。このため中隊指揮はわたしが引き継ぐ。

そのとき、右手で突撃が敢行される。太鼓の乱打、ラッパの合図、万歳の叫び声、そしてその合間にはフランス軍の機関銃のタタタタというゆっくりとした音が響く。われわれはほっと息をつく。わたしは第七中隊にも、空地を迂回し、左翼からの突撃を行うよう命令する。兵士たちは果敢に突進する。今あるのは、ひどく恐ろしいこれまでの状況から、ようやく脱出できることの喜びである。しかしわれわれと対峙している敵は、こちらの突撃を正面から待ち受けるといった選択はしない。彼らは突進してくるこちらに、数発撃ち返してくるだけである。そしてわれわれが空地の向こうの端に着いたときには、もうやぶのなかに隠れてしまっている。

さて、鬱蒼と繁っている下草を抜けて敵を追う。わたしは中隊を連れ、手始めにデュルコンの森南端まで敵を追跡しようと考える。そこでわれわれは開豁地を通って退却した敵に、もう一撃喰らわせることができるかもしれない。中隊の本体はすぐあとから来ているはずだと信じて、わたしは最前列の部隊とともにできるだけ速度を上げて先行する。しかし敵と接触することはできないまま、デュルコンの森南端に到達してしまう。われわれから見て南方、いちばん近くの波状地には、牧草に覆われた広い谷間が広がっているが、さらにその向こうにはブリエール農場がある。同じ波状地の後方、こちらからすると半ば右の方向には、フランス軍の砲兵中隊が陣取っており、デュン付近のマース渓谷に一斉射撃をくりかえしている。驚くべきことに、敵歩兵の姿はどこにも見当たらない。敵はおそらく森を西へと逃げてしまったらしい。

この間、中隊内の連絡線が完全に寸断されてしまっていることが判明する。わたしの配下の兵は、全部集めてもわずか一二名である。このとき、左手より第一二七歩兵連隊付の捜索隊が現れる。その報告によると、同連隊はまもなく左手より森を出て、ブリエール農場方面へ攻撃を仕掛ける予定とのことである。ほどなくして左手より、散兵線が前進していく。わたしは中隊の集結を待つべきだろうか。それとも、わずかな手勢の兵とともに、波状地の背後にあるフランス軍の砲兵中隊を攻撃すべきだろうか。わたしは後者の選択肢を採る。ここには中隊がきっと後から到着するだろうという期待がある。われわれはひと跳びに低地に進出し、そして農場西約六〇〇メートルの地点まで来ると、今度はフランス軍砲兵中隊のいるところを目指して登っていく。発射音から判断するに、敵砲兵中隊の位置は一〇〇メートル足らずの地点である。左手奥では、第一二七歩兵連隊の最前列の部隊が農場に侵入する。あたりでは日が沈み始めている。そのとき突然、農場から小銃による銃撃を受ける。間違いなくこれは、第一二七歩兵連隊がわれわれをフランス兵と勘違いしているのである。

射撃は激しさを増し、地面に伏せざるをえなくなる。われわれは兜とハンカチを使い、なんとか誤解を解こうと合図を送るが、失敗に終わる。付近にはどこにも遮蔽物として使えるような物は見当たらない。こちらのすぐそば、周囲の草むらには味方の銃弾が飛んでくる。このためわれわれは地面にぴったりと伏せ、わずか数時間の内に味方の部隊から二度も銃撃を受けるという厳しい運命に身をゆだねる。数秒が永遠に感じられる。銃弾が近くを通過するたびに、わたしの勇敢な兵たち——大半は予備役兵［当時のドイツ軍は現役（二〇～二二歳）、予備役（二二～二七歳）、第一後備役（二八～三二歳）、第二後備役（三二～三九歳）から成っていた。後備部隊は、主として、この第一および第二後備役の将兵から構成される］である——はうめき声を上げる。われわれは伏せの状態で微動だにせず、ただひたすらあたりが暗くなることを待つ。暗くなれば助かる目も出てくるからである。そして、ようやく銃撃が止む。ただし、新たに相手の注目を引きつけてしまわないように、もうしばらくのあいだ、動かずに伏せた状態を保つ。そのあと、匍匐で後方の窪地へと後退する。こうして戦闘からの離脱は成功する。わたしは、自分の一二人の兵全員が無傷ですんだことを喜ぶ。

さて、フランスの砲兵中隊を攻撃するには遅い時間となってしまっている。またわたしとしてもその気が失せてしまっている。薄くかかった雲の合間から、月が微かな光を恵んでくれる。われわれは午後の戦場であったデュルコンの森へ向け退却する。こちらの中隊は影もかたちもない。これはあとになって分かったことだが、デュルコンの森への突撃の際、なんとわたしが戦死したとの報告があったのだという。そしてその報告に基づき、ある曹長が突撃直後に全中隊を集合させ、モンへの最短距離を通って、これを大隊まで退却させていたとのことである。

デュルコンの森を通過する際、自分たちのすぐ近くから、負傷兵の弱々しいうめき、悲痛な声が聞こえてくる。その声は静かな夜の闇のなかに、それこそぞっとするような調子で響く。すぐ近くの茂みからは「おおい、仲間か、おおい」と、か細くひとを呼ぶ声がする。すると胸を撃たれた第一二七歩兵連隊の若い兵士が、ごつごつした岩の上に震えながら横たわっている。このあわれな男は、われわれが手当てをしてやると、すすり泣く。死にたくないのである。われわれは彼を外套と天幕で包んでやり、もとの状態よりは多少はましなかたちで寝かせる。そして、水筒を出し水を飲ませてやる。とにかく四方八方から負傷兵のうめきが聞こえてくる。ある者は胸塞がるような声で母の名を呼び、ある者は大声で祈りをささげ、またある者は痛みで悲鳴を上げている。そこに「おおい、負傷した戦友がここにもいるぞぅ！（Des blessés camarades!）」と、フランス語の叫びも混じる。苦しみそして死んでいく者たちのこうした悲嘆の声が戦慄すべき調子で響いている。われわれは敵味方の区別をすることなく、自分たちが持っている最後のパン、水筒に残った最後の一滴を与えてやる。だが重傷者たちを担架もない状態で、鬱蒼たるやぶを抜け、暗闇のなか野越え山越え運ぶというのは不可能である。もしそれを強行すれば、重傷者たちは耐えがたい痛みに苦しみながら途中で死んでしまうことだろう。

疲労困憊のなか——朝以降、われわれはほとんど何も食べていない——真夜中より少し前にモンに到着する。集落は午後の戦闘でひどく破壊されている。何軒かの家は砲撃でばらばらに崩れおちている。道には死んだ馬たちが転がっている。われわれは一軒の屋敷で衛生中隊に遭遇する。わたしはその中隊長に、デュルコンの森で負傷兵を発見した場所を図で示し、救助を要請する。また、部下の一名が、救助の案内を自分から買って出る。これがすむと、わたしは今夜の寝床を見て回る。自分の所属大隊について、手掛かりとなるような情報は入ってこない。

一軒の家の鎧戸の向こうで、明かりが瞬いているのが見える。われわれはその家に踏みこむ。そこには何十人もの婦人、少女がいる。彼らは当初、こちらの姿に怯えた様子を見せる。わたしはいくつかのフランス語の単語を使い、われわれに何か食べ物を分けてもらえまいか、そして今夜の宿舎を用意してもらえまいかと頼む。この二つの願いとも聞き入れてもらえ、ほどなくして清潔な敷布団の上で眠りつくことができる。さて、夜が明け、わたしは目を覚ます。われわれは第二大隊を探しに向かう。そしてモンの東で露営中の同大隊を発見する。

われわれが現れると、彼らはたいへん驚いてこちらを迎える。というのも、われわれは全員、とうに死んだものと思われていたのである。そのため第七中隊はアイヒホルツ中尉が引き継いでいた。夕刻、われわれはモンの宿営に入る。中隊は南西の出入口に警戒部隊を配置する。宿営を提供したフランス人が、わたしとヘーンレに二本のワインを不承不承出してくれる。それを飲むと、わたしは本物のベッドですばらしい眠りにつく。しかし残念ながら、このベッドには南京虫が巣食っており、その噛み傷は数日間にわたり、この豪華な寝床のことを思い出させてくれる。

考察

主力の先頭で休んでいた工兵が敵の伏撃を受けた事例が示しているのは、主力部隊の中にいるといっても、休憩中には、各部隊は、各自で警戒を固めておかねばならない、ということである。とりわけ見通しの悪い作戦地域の場合、また敏速な敵部隊との接触が予測される場合には、このことはとくに重要である。

デュン東方の森では、第七中隊が縦列の状態のまま、長時間にわたり、フランス軍の砲撃にさらされた。もし榴弾が縦隊を直撃していたら、一個ないし二個分隊が一度に全滅していただろう。今日では、兵器の性能が向上しているので、より徹底した部隊の分散と、兵士個別の塹壕構築が要求されねばならない。敵が仕掛けてくる最初の火力急襲より先に塹壕構築を開始すること、これが重要である。ショベルでの作業は、足らないよりは、やり過ぎるぐらいのほうがまし、と心得ることである。この作業が流れる血の量を減らすのである。

モンの事例が示すように、敵支配下地域において前進するにあたっては、通過する集落を徹底して捜索すべきである。二六人のフランス軍兵士は、責任を果たさず、戦闘を放棄した者たちだったのかもしれない。あるいは戦闘がモンのすぐ西で発生した場合、ドイツの部隊に襲撃を加えるという任務を帯びていた可能性もある。

三〇分ほど前にモンから砲撃を受けたという騎兵捜索隊の報告に基づいて、ドイツ軍はモンに対する砲撃を開始した。しかしこれはこの間モンに侵入していた第一二四歩兵連隊に対する砲撃となってしまい、損害が発生した。砲兵隊と歩兵部隊のあいだで連絡を維持しておくことはきわめて重要である。砲兵隊は戦場を絶えず観察しておかなくてはならない。デュルコンの森でのフランス軍砲兵隊の急襲射撃の事例は、敵砲兵隊の射撃区域内で、行軍縦隊のまま進撃あるいは停止することが誤りであるということを示している。今日のような能力の大砲であれば、非常に甚大な損害が出たと思われる。

デュルコンの森の戦いは、まさしく森林戦の難しさを教えてくれるものである。敵の姿はまったく見えない。銃弾は大きな音を立てて、木々や枝に激しく当たる。数えきれないほどの流れ弾が空気を切り裂き、鋭い音を放つ。敵がどの方向から撃ってきているか、言い当てることは困難である。さらに、部隊の進行方向や部隊間の連携を維持することも難しい。前線で指揮官が自分の影響を及ぼしうるのは、自分のごく近くにいる者のみである。すなわち、残りの者は、たやすく指揮官が掌握不可能なものとなってしまうということである。銃砲撃の続くなかで塹壕を掘ることは、草木の根が邪魔することもあって、非常に難しい。さて、後方の自軍の一部が銃撃を開始すると――デュルコンの森で生じた事例である――前線部隊は位置を維持できなくなる。その場合、前線部隊が二つの射線のあいだに入ってしまうからである。森林内での移動、戦闘にあたっては、可能なかぎり多くの機関銃を最前列に装備させることが肝要である。会敵および突撃の際には、移動しながら機関銃により攻撃を加えることが望ましい。

ジャンヌの戦い

一九一四年九月二日早朝。大隊はヴィレ＝ドゥヴァン＝デュンに向けて移動する。われわれは同所で短時間の休憩をとる。直後、大隊は連隊に合流する。そして、焼けつくような日差しのなか、アンドヴィル、ラモンヴィルを経由し、ランドルへ行進する。今やマース川はわれわれの背後に見える。敵は離れた地点にいる。この数日の戦闘の苦労にもかかわらず、部隊の士気は上々である。軍楽隊の奏でる音楽が、まるで演習下であるかのように流れている。南に離れた地点、ヴェルダンの方向に、大砲の発射光、そして榴弾の着弾が見える。われわれは西へ進む。暑さ、そして路上を舞うちりが、行軍を厳しいものにする。

午後、ランドルにさしかかったところで、突如、進撃方向が南東へ変更となる。第一二四歩兵連隊は、激しく敵に押し込まれている第一一予備師団を救出すべく、鬱蒼とした森林地帯を抜け、状態の悪い道の上を急ぐ。しかし、ジャンヌ北西一・五キロメートル地点の森林内で、フランス軍砲兵隊の榴散弾の雨にさらされ、大隊は停止を余儀なくされる。

わたしは、ジャンヌ方面に続く道で、砲火に対し身を隠せるような経路がないか偵察するため、先行して送り出される。一名の下士官とともに、森の南端に向け鬱蒼とした茂みを抜けていく。右手からは森の縁を薙ぎ払うように、榴散弾の激しい砲撃があり、われわれは数分間にわたり物陰にとどまることを強いられる。左に折れたところで、まずまず身を隠せる場所のある道を見つける。それからわれわれは部隊に戻るが、すでに大隊はもといたところを離れてしまっている。いるのは黒馬を連れて待っていてくれたヘーンレ一人である。彼の報告によると、大隊は縦隊を組み、ここから見て半ば右の方向へ出発したとのことである。向かった先の方向の森の端には、多数の榴弾、榴散弾が弾着しているのが見える。これは大隊を狙っているのだろうか。

わたしは大隊に追いつくべく、自分がさきほど偵察した道を馬に乗って進む。ヘーンレと下士官がこれに同行する。しかし森の端を出たところに来ても、大隊は姿もかたちも見えない。すでにジャンヌへ続く途中の高地を越えてしまったとでもいうのだろうか。第一一予備師団のうち、指揮官を失った一つの中隊が、わたしに指揮を引き継ぐよう頼んでくる。まもなく同じように全将校を喪失した三つの中隊がこれに続いてやってくる。これにより自分の率いる戦力は、堂々たる規模のものになる。わたしは、まずこれらの部隊を敵の火砲によりとりわけ危険な状態になっている森の端の一帯から脱出させたうえで、ジャンヌ方面へと前進させる。そして、ジャンヌ北西一二〇〇メートルの斜面にて部隊を再編成し、新しい区分を導入する。再編成された部隊は、高い戦闘能力を備えたものとなる。われわれの前方に広がる高地の尾根筋は、フランス軍の小銃や機関銃、大砲により攻撃を受けている。ドイツ軍の各部隊は、高地前面の一帯で、戦闘状態に入っているように見える。新部隊の編成が進められているあいだ、わたしは騎馬で先行する。自軍の散兵線のすぐ後ろ、隠れる場所のある斜面上の灌木に馬をつないでおく。前方、ジャンヌの南および南西の高地では、第一二四歩兵連隊第一大隊の一部と第一二三擲弾兵連隊の兵が、敵と激しい戦闘を行っているのが見える。しかし敵歩兵と砲兵隊の強力な火力を前に、わが軍の攻撃は立ち往生してしまい、部隊はすぐに塹壕を掘ることになる。

敵歩兵は双眼鏡を使っても、目で捉えることができない。敵は非常に巧みに陣地を構築しているのである。またさまざまな口径のフランス軍大砲がわれわれをひどく悩ませる。第二大隊については情報を得られない。まだ後方の森のなかで立ち往生しているとでもいうのだろうか。ともかく馬を駆り、後退する。その途中で第一二三擲弾兵連隊長と出会う。わたしは彼に、高地上の状態、および自分の指揮下に入った大隊の配置場所について報告する。だが、この大隊はわたしから取り上げられ、第一二三歩兵連隊の先任将校がこの指揮を引き継ぐことになってしまう。これは沈痛なことだった。さて、森の端を西に進み、第一二四歩兵連隊第二大隊の捜索を続ける。その際、しばしばフランス軍の榴散弾一斉射撃に脅かされる。しかし、どこにも第二大隊の痕跡らしきものは見当たらない。

わたしはジャンヌ北西一二〇〇メートルの高地上に設定された前線まで馬で戻り、そこにいる第一二四歩兵連隊第一大隊の部隊を集め、編成を行う。まもなく人数は、約一〇〇人となる。

そのときフランス軍の砲兵中隊が速射を始め、われわれを追い立ててくる。周囲には轟音が響き、破片が飛び散る。それが数分間にわたり続く。敵の砲は段階的に砲撃を止め、最後にすべて沈黙する。そして日が暮れる。小銃の発砲も一時的に静かになり、散発的な銃火がときどきあちこちで見えるのみとなる。わたしは第一二四歩兵連隊第二大隊を捜して、ジャンヌ西方のいくつかの高地を深夜まで捜索するが、失敗に終わる。結局、わたしは再編成した部隊のところに戻る。兵員たちは疲労困憊状態で腹を空かせている。早朝より何も食べ物を受け取っていないのである。しかし悲しいかな、彼らに渡せるものが何もない。野外炊事車がジャンヌの森を突破ずみであるかは不確かである。われわれは麦粒でなんとか腹を満たそうと頑張る。このあと、わたしは数時間の休憩を命ずる。休憩のあと、夜が白み始めるのを待って、西方、すなわち連隊がいるはずのエグゼルモン方面へ移動を開始しようという腹である、

何事もなく夜は過ぎる。朝になり、肌寒いほど気温が下がる。わたしの弱りきった胃袋が、じつに信頼できる目覚まし時計となる。コーヒーは切れている。

空の薄明とともに、正面方向ではフランス軍の小銃、機関銃が、タタタタと音を立て始める。われわれはエグゼルモンの方向に移動し、同所北東二キロメートルの窪地で連隊戦闘指揮所を見つける。このすぐそばでは、第一二四歩兵連隊第二大隊が、連隊予備として塹壕を構築ずみである。この第一二四歩兵連隊第二大隊は、夜間の騎行で副官が負傷した関係で、わたしが代役を務めねばならないことになる。ここにも何も食べ物はない。また麦粒で空腹を鎮めることになる。

ときおり前方で、歩兵部隊の銃撃が勢いを取り戻す。敵の砲兵隊は沈黙している。九時ごろ、わたしは大隊長とともに、前方へ騎馬で斥候に出る。第一大隊と第二大隊は、エグゼルモン＝ジャンヌ間で高地を確保している。われわれは、二日前に戦死したラインハルト大尉とホルマン予備中尉のかたわらを通る。彼らはそれぞれの中隊の先頭に立って突撃中に、敵の銃撃の犠牲となったのである。前日夜の戦闘による損害は相当なものであり、部隊はクシの歯が欠けたような状態になっている。目下、自軍の前線では塹壕を構築中である。トロンソル農場を挟んで対峙しているはずの敵については、ほとんど何も見当たらない。

偵察から帰還すると、今度は、大隊の野外炊事車を捜しこちらへ案内して連れてくるように、と命令を受け、ふたたび送り出される。われわれはモンを出発して以来、まったく糧食を受け取っていない。もう三〇時間になる。多少ましな部隊の場合でも、ヴィレ＝ドゥヴァン＝デュン以来、こうした状況におかれ

ている。野外炊事車がいる可能性がある場所は、誰も分からない。わたしは手始めに、ジャンヌの森とロマーニュの森を馬でめぐる。それがすむとロマーニュに向かう。ロマーニュは、第二予備師団の車両でいっぱいである。しかし大隊の野外炊事車については、どこにも手掛かりが見つからない。そこで今度は、馬でジャンヌへ向かう。というのも、数日前の戦闘に先立ち、野外炊事車はエグゼルモンを越えてジャンヌへ向かうよう命令されていたからである。ただ、これは不可能であるように思われたので、わたしは自分の勘に従い、自軍の前線より前方の、ジャンヌの先の地点で、この野外炊事車を見つけることができるのではないか、と考えたのである。

　しかしジャンヌは、もぬけの殻である。まったく敵は見当たらない。そこでわたしは二つの前線のあいだを走る谷を抜け、エグゼルモンへ馬で疾走する。高地の両側で行われていた銃撃戦は完全に停止している。そして、ジャンヌ南西一キロメートルの地点で、わたしは第二大隊の全輜重隊《ゲフエヒツシュトロース》に遭遇する。予想は当たり、野外炊事車を含む輜重兵は連隊の前線より前方にいたのである。そのあとすぐ斥候隊が現れ、連隊は一五分以内に出発すると報告する。この状況下では、炊事車は今いる場所に置いていくしかない。

　われわれはトロンソル農場を囲む高地に到着する。その際戦闘は発生しない。何人かの死んだ兵を残して、敵は南方へ撤退してしまったようである。連隊は農場のまわりにぐるりと天幕を張り、露営する。わたしの黒馬は、農場の小屋によい場所をもらう。馬も、緊張を強いられる日中や、寒い夜間をくぐり抜けてきている。きちんと面倒を見てやる必要がある。

アルゴンヌ追撃戦、プレの戦い

九月四日。ひどい蒸し暑さのなか、ほこりが舞う道を、エグリーズフォンテーヌ、エピノンヴィル、ベリ、シェピー、ヴァレンヌと経由してブルイユへ進む。この区間中、フランス軍が非常にあわてて撤退した痕跡がいたるところに残っている。道には投棄された小銃や背嚢、乗り捨てられた車両などが転がっている。そして路上やその脇には、暑さで激しく膨張した、おびただしい数の馬の死体が横たわっている。行軍は困難を極めるものとなる。夜更けになってようやくブルイユに到着し、露営する。睡眠は何よりも不可欠であるが、夜も続く胃袋の不調のため、わたしは寝ることができない。

翌日、灼熱の太陽のもと、われわれはアルゴンヌを抜け、クレルモン、レ・ズィレットを経由し、ブリソーへ向かう。同所への到着は深夜になる。見渡すかぎり、敵はいない。フランス軍の後衛《ナーハフート》は、われわれの到着一時間前に移動ずみである。フランスのヴェルダン要塞は、現在の地点から北東方向に二八キロメートルの場所にある。ブリソーの宿舎は上々である。とりたてて特別な要求を訴える者は誰もいない。敷布団とちょっとした食事があれば、それで充分である。ウレリッヒ大尉が第二大隊の指揮を執る。

九月六日夜明け。派遣していた騎兵捜索隊が、ブリソー南至近の森から銃撃を受ける。九時ごろ、連隊はブリソーを出発し、散開して南東方向に進撃する。ロングの森で最前列の部隊が敵と衝突する。第一大隊は攻撃に移り、トリオクール＝プレ道をまもなく占拠する。その際、数名のフランス兵を捕虜とする。

次いで第一大隊はプレへ通じる道路へ進出する。第二大隊がこれに続く。道の両側には喬木林が茂っている。道の左手奥では、激しい戦闘が行われている。森の南端に着いたところで、突然第一大隊は、さきほどの敵より強力な部隊と、ふたたび交戦状態に入る。わずか一〇〇メートルの距離で、激烈な戦闘が行われる。またもやフランスの砲兵隊がこちらを苦しめる。敵が相当な量の弾薬を自由に使えるということを別にしても、フランス軍砲兵隊の砲撃の機動性は尋常ならざるものがある。このとき第二大隊は、トリオクール＝プレ道の両側の森に急速前進していたが、この場所もフランス軍の榴弾により危険な状態となる【図5参照】。

正午、第二大隊は、プレ西方二キロメートルに位置する森の南西端に進出し、第一大隊の右翼から攻撃を加え、さらに二六〇高地を占領せよ、との下命を拝する。

大隊は警戒部隊を配置して出発する。キルン少尉が先頭に立つ。わたしは彼の横を馬で行く。われわれは会敵せずに二四一高地に到達する。このとき、高く茂ったエニシダのやぶを通り抜ける。エニシダは、それこそ狭い道を完全に覆い尽くさんばかりに、一面に生えている。あと一〇〇メートルで森を出るというところで、突然、前方すぐのところに、強力なフランス軍斥候隊が出現する。数メートルもない距離で、短時間の銃撃戦が発生する。フランス兵は逃げていく。こちらの陣営に損害は出ない。

この直後、後方にいる大隊との連絡が途絶えてしまったことが分かる。とにかく連絡線を再構築しなくてはならない。部隊の先頭は停止し、わたしは馬で戻る。そして大隊が森の脇にいるのを見つける。わたしは戦闘部隊が敵と交戦したこと、そのあと、敵は退却したことを報告する。次いで二四一高地へと進撃する。しかし一〇〇メートル足らず進んだところで、榴散弾によるフランス軍の攻撃があり、大隊は地面に伏せることを強いられる。ひょうが降るときのように、数分間にわたり、砲弾と破片がわれわれの頭上に降り注ぐ。この砲撃の嵐のなかでは、まったく身動きが取れない。部隊の面々は、非常に小さな窪みや、木の陰、積み上げられた背嚢の裏で少しでも身を隠そうとするが、それでも損害は発生する。

砲撃の勢いが弱まってきたとき、わたしは森を左へ抜けて、第一大隊との連絡線を構築するために馬で疾走する。しかし森の地面があまりにぬかるんでいることに気づく。このため、目的を果たせぬまま、ふたたび方向転換を余儀なくされる。そこで徒歩によりひそかに森の東端に接近するが、森の端から三〇〇

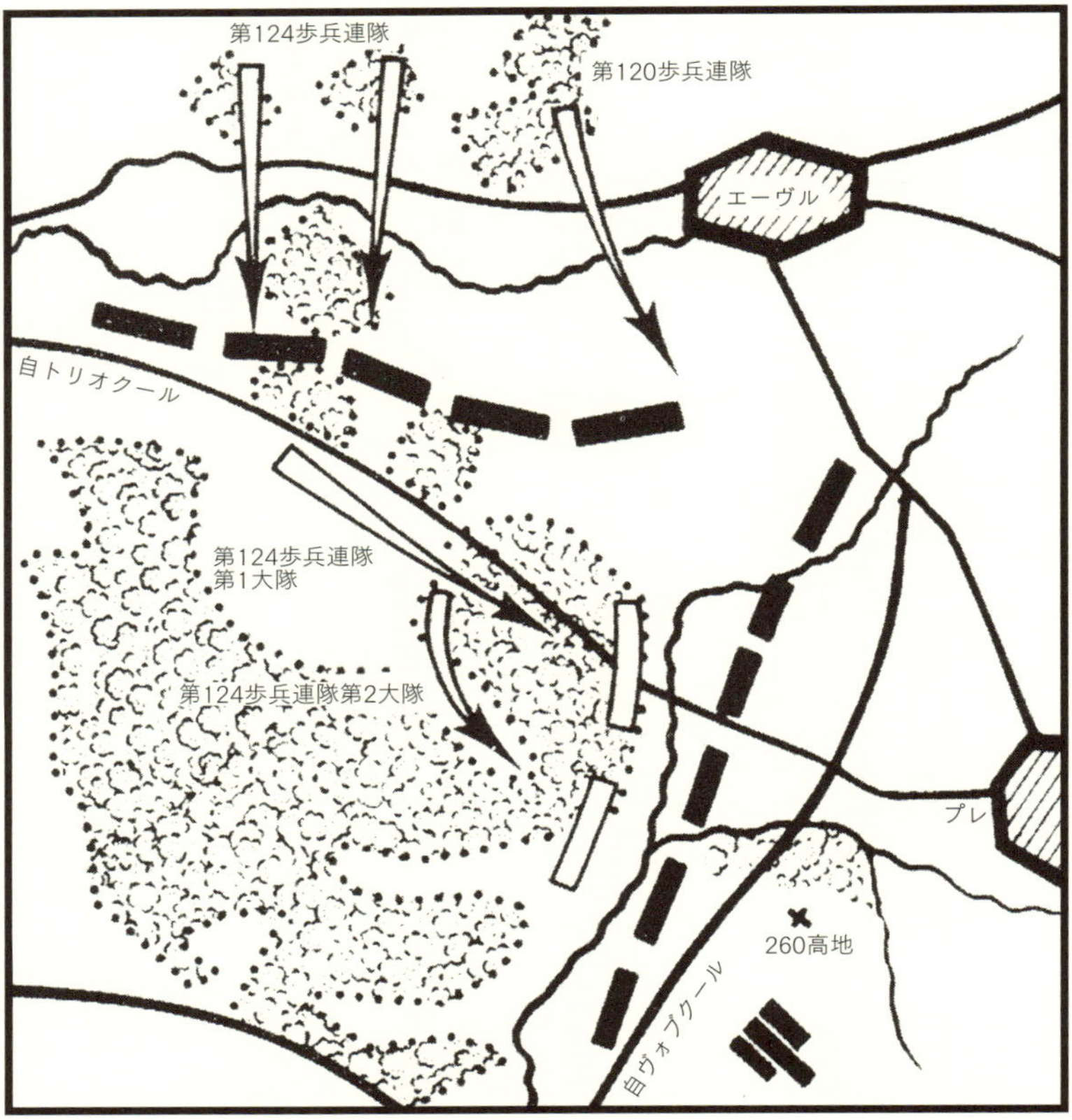

図５　プレ（縮尺約１：5,000）

メートル東にある高地を占拠している敵から、数度にわたり銃撃を受ける。そして、ようやく第三中隊を発見する。同中隊は第二大隊の参加を待ち、自身の攻撃を控えていたのである。

わたしの帰還後、ただちに大隊は攻撃を開始する。前線の第六、第七中隊が二六〇高地方向へ突撃急襲を敢行すると、フランスの歩兵部隊はさしたる抵抗も見せず陣地を放棄し、後退してしまう。一日中、猛烈に攻撃を続けていたフランス軍砲兵隊も、今や目立った攻撃をしてこない。われわれは二六〇高地を占拠し、後退する敵に追撃射撃《フェアフォルグングスフォイアー》を浴びせる。夜になり、まもなく戦闘が終わる。斥候隊が送られる。中隊はまわりに土を盛り、守りを固める。右手前方には、放棄された砲兵陣地に、砲弾の山が積まれている。わたしは連隊に報告を行い、野外炊事車を大隊に誘導するために、馬で後方へ戻る。ブリソーを出発してからというもの、部隊は糧食を受け取れない状態がまた続いている。

ハース大佐は第二大隊の成果を大いに賞賛する。

わたしは、トリオクール＝プレ道の路上で、野外炊事車に遭遇する。炊事車の大隊到着は二一時ごろになる。飢えた兵士たちに食事が与えられる。

このとき、連隊戦闘指揮所に電話線が接続される。真夜中すぎ、翌日の命令が届く。あたりでは自軍の斥候隊が行き来している。敵の攻撃に煩わされることもないが、休息のために残された時間も、ごくわずかしかない。

ドゥフュイの森への攻撃

夜間、斥候隊は、敵が三キロメートル離れたドゥフュイの森に、新たに陣地を構築したことを確認する。

連隊は第二大隊に対して、六時にヴォブクール＝プレ道を横断し、ドゥフュイの森を占拠するよう下命する。また、第一二三擲弾兵連隊の各隊は、第二大隊の右に前進せよとのことである。

命令の時刻になり、大隊は第六、第七中隊を第一列（幅約六〇〇メートル）に、そして第五、第八中隊を左翼の後方、第二列に配し、攻撃を開始する。われわれは銃砲撃を受けることなく、約一五〇〇メートル先の雑木林のところまで前進する。左翼はドゥフュイの森北東の角に進む。わたしは第六中隊と第七中隊のあいだを馬で進む。われわれの右翼の隣接部隊は隊伍を組んでいない。そのとき、後方より「第二大隊、前進止め、停止せよ」との連隊命令が発せられる。

わたしはまずこの命令を各中隊に伝達する。そして、停止理由と停止時間を問い合わせるため、二六〇高地の連隊戦闘指揮所まで急いで馬で後退する。そこでハース大佐が言うには、同高地の右手に擲弾兵が展開するまでは攻撃を差し控えるつもりであり、またこれがどれぐらい続くかについては予想できないとのことである。

この間にフランス軍砲兵隊は活動を始めてしまう。フランス軍の砲火は、前線のなかでも、遮蔽物のない地点にいる部隊と、まだ密集した状態にある予備中隊に向けられている。ドゥフュイの森北端は依然としてフランス軍の支配下にあるが、フランス軍の着弾観測員《アルティレリーベオーバハター》は、同地点から、すばらしい視界を確保している。

前線部隊は、野菜畑やジャガイモ畑にうまく身を隠しつつ塹壕を構築せよとの大隊命令が下る。わたしはこの命令を携えて、馬で疾走するが、フランス軍砲兵中隊の榴散弾が襲う。砲弾が畑に着弾するが、これを道の脇に避け、またジグザグに走行しながら進む。これらの措置により、この砲撃をどうにかくぐり抜ける。それでもフランス軍の砲撃は刻々と激しさを増す。中口径の大砲が唸りを上げる。まだ行軍縦隊の列にとどまっていた第五中隊に一発の榴弾が直撃し、一度に二個分隊が全滅する。

これとは対照的に、うまく遮蔽物を利用し、すぐに深めの塹壕を構築していた前線の中隊は、この砲撃でもほとんど損害を出さずにすむ。このとき、二六〇高地から攻撃に参加していた第四九砲兵連隊の中隊の一つが、フランス軍の重榴弾砲により激しく攻め立てられる。

ヴォブクール北東二キロメートルにある道路の切り通し《シュトラーセンアインシュニット》には、大隊と連隊のそれぞれの戦闘指揮所がぴったりと隣りあって設置されている。しかし、ほどなくして、フランス軍砲兵中隊数個はこの切り通しに狙いを定め、強力な砲撃を開始する。もっとも、こうした敵の対応にはなんの驚きもない。むしろ当然である。この場所に向けて放射線状に頻繁に出入りしている数多くの伝令や騎兵、そして数か所に設置された監視所。これらが戦闘指揮所の位置を露見させてしまっているのである。榴弾に次ぐ榴弾が唸りを上げて着弾する。砲弾の破片、土くれ、石が巻き上がり、われわれの頭上付近を舞う。こうした砲撃が続くなか、数時間が経過する。もはや攻撃を継続することは不可能である。

わたしは疲れ切った状態で、道路脇の側溝に身を横たえ、夜眠りそこねた分をなんとか取り戻そうと頑張ってみる。至近距離に榴弾が炸裂しても、もはや心が動くことはない。われわれの心は無感覚になってしまっている。周囲の道路沿いに立つ木々の大半は、日中の砲撃でめちゃくちゃになってしまうが、切り通しでの損害は少なくてすむ。

日が傾きかけるころ、ドゥフュイの森への攻撃を続行せよとの命令が来る。この命令がわれわれを、無為で鬱々とした状況から解放してくれる。第三大隊は第二大隊の右翼に前進し、さらにその右には第一二三擲弾兵連隊が来るという配置である。この間にフランス軍砲兵隊の砲撃の勢いは目に見えて弱まり、まもなく沈黙してしまう。

わたしは騎乗して先行し、大隊を移動させる。驚くべきことに、フランス軍の砲兵も歩兵も攻撃を仕掛けてこない。敵はふたたび陣地を撤収してしまったのだろうか。

最前線――約四歩間隔の散兵線――は、ドゥフュイの森北西五〇〇メートルの地点で低地を横切り、森の端あたりで上りになっている。このとき右手の方向では、擲弾兵と第三大隊が同じ高地にいる。また前線後方一〇〇メートル足らずの距離に、予備として第一大隊と機関銃中隊が控えている。

左翼に陣取る第七中隊が形成する散兵線のすぐ後ろに、わたしは馬で進む。すでに日は暮れている。

森まで一五〇メートルの地点へ接近すると、フランス軍はこちらに速射を仕掛けてくる。この攻撃はわれわれの頭になかったものである。一瞬のあいだに激しい銃撃戦が開始される。中隊予備が密集した隊形で前線に飛んでいく。今や遮蔽物もないまま、お互いに対峙している状況である。敵の猛烈な銃撃から身を守るべく、連隊の一部は後方の低地に活路を求める。そのとき機関銃中隊が、戦闘用車両《ゲフェヒツファールツォイク》に隣接する陣地から、一〇〇メートル先にある自軍前線の頭越しに、森の縁へ向けて連続射撃を開始してしまう。前線部隊は大声で、「機関銃中隊が撃っているのはわれわれだ」と叫ぶ。

これらすべてはわずか数秒間のうちに起こったことである。わたしは騎乗したまま、依然として大隊左翼に陣取っていたが、全速力で機関銃のところへ急行し、銃撃を止めさせる。そして自分の馬をいちばん近くにいた男に預けてから、機関銃中隊を第七中隊の左翼に移動させる。

そこでは勇敢な兵士たちが、激しい銃撃戦を行っている最中である。状況は、いわば死の刈り入れの季節といった様相を呈している。重機関銃小隊の発砲開始直後に、突撃に移る。右手の近隣部隊がこれに続く。この瞬間、心身の疲労や消耗を感じている者は皆無である。すべての筋肉は緊張で引き締まる。戦闘への士気は今まで以上に高まり、決然たるものになる。われわれは敵を捕らえようと血気盛んになる。敵は小銃による銃撃を仕掛けてくる。そしてそれにより、密集していた隊列に穴ができていく。だがわれわれの突撃を止めることはできない。数千名の口から鬨の声が発せられ、森の端一帯に響きわたる。勝利の兆しが見えはじめる。

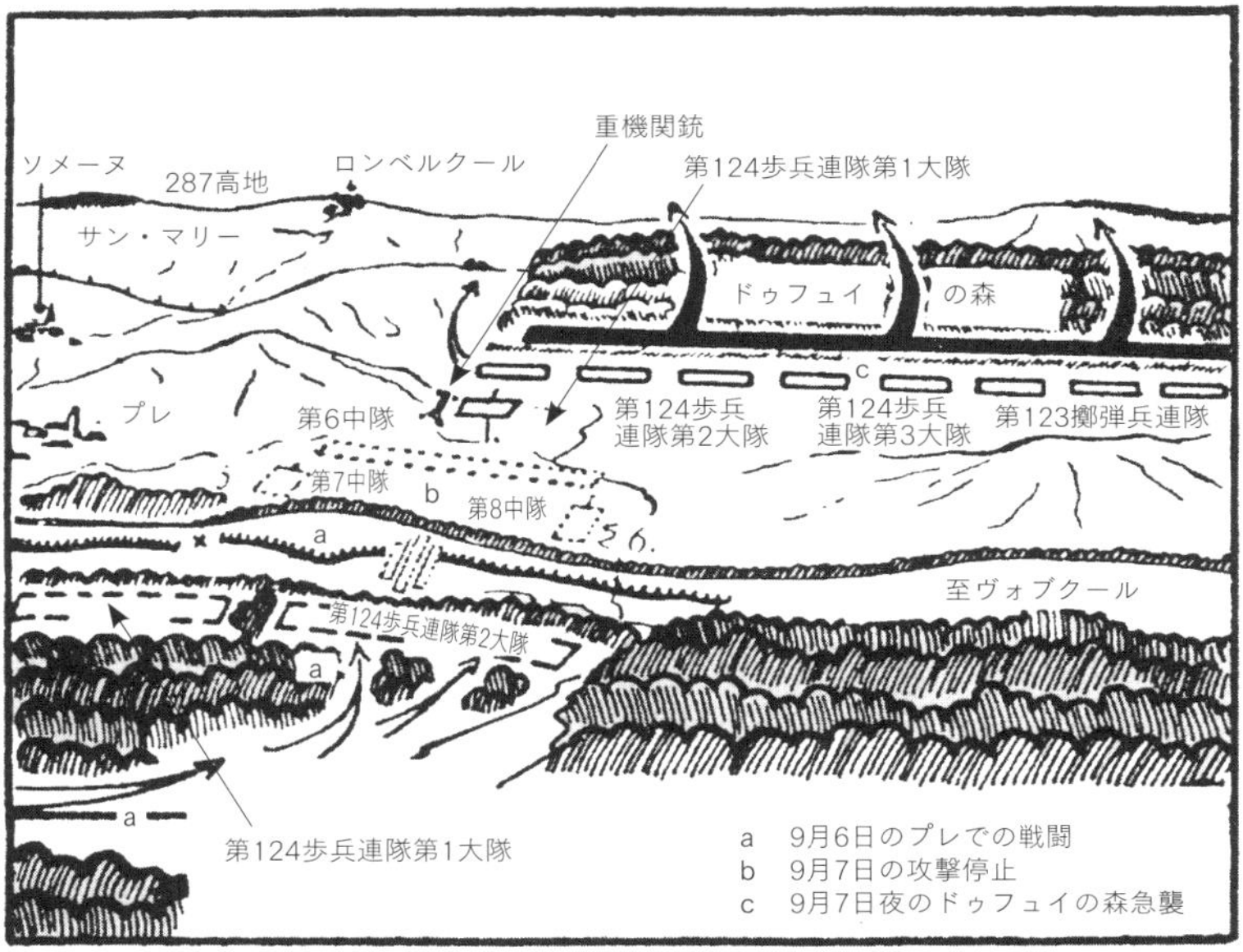

図6　プレ―ドゥフュイの森――北西からの眺望

万歳の声とともにわれわれは森に突入する。しかし敵はまたもや、最後の最後のところで陣地を放棄し、鬱蒼と繁る下草のなかに紛れ込み、白兵戦を回避してしまう。ここを通り抜けるのは困難である。連隊は、攻撃にあたり、森を通過し南端へ突破せよと命じていたはずだが、この命令を実行に移すとなれば、かなりの時間がかかるだろう。いっそ左手へと進み、森の外に出て、敵を追い越すかたちで追撃を行うべきではないだろうか。わたしは即座に決断する。重機関銃小隊二個分隊が同行する。息を切らしながら森の端の斜面を登る。ここまで来れば行く手をはばむ茂みもない。われわれは非常に急いで先回りしているので、敵が森を抜けて、後方に逃げ切ってしまうということは、もはや不可能である【図6参照】。

疲労困憊のなか、われわれはドゥフュイの森の東端に達する。この位置からであれば、数一〇〇メートルの距離で森の南端を掃射することができる。射撃のために充分なだけの明るさはまだある。大急ぎでわれわれは重機関銃の発射準備を行う。兵士は森の端と、森の東の角近くの大きな茂みのなかに陣地を構築する。敵は今にも森から飛び出してくるかもしれない。森の右手後方から、ドイツ軍の合図が聞こえてくる。

数分が経過する。敵は姿を現さない。次第に攻撃のために必要な明るさがなくなっていく。左手の向こうでは、ロンベルクールで何軒かの屋敷が炎に包まれているのが見える。炎は束となり、天を紅く染めている。敵の物音はまるでしない。何の痕跡も見当たらない。

わたしは自分が連隊長の許可なく重機関銃小隊を連れてきてしまったことに、呵責の念を抱く。もう当面、戦闘について計算に入れなくてよいので、小隊をそれぞれの中隊に戻すことにする。

小隊がこちらをちょうど離れたところで、一人の兵士がわたしに向こうを指し示す。炎上するロンベルクールが紅く光るなか、一〇〇メートルから一五〇メートルという距離で、草木のなくなってしまった高地上を隊列が進んでいるのが見える。フランス軍である。双眼鏡を使うと、そのケピ帽と銃剣がはっきり見て取れる。間違いない、敵は密集した隊形で移動している。わたしは機関銃小隊を戻してしまうのが数分早かったと後悔する。しかしやってしまったことはどうにも変えようがない。

わたしの号令で、近くの敵に向け、小銃一六挺の速射が火を吹く。しかし予想に反して、速射の攻撃を受けたあとでも、フランス兵はバラバラになって逃亡することがない。「前進せよ《オンナヴァン》！」の号令とともに、われわれのほうへ突進してくる。叫び声の様子からして、敵は一個中隊ないし二個中隊というところで間違いない。われわれは、弾が出るかぎり小銃を撃ちまくる。敵はどんどん接近してくる。自分の判断で、陣地の割りあてられた持ち場を離れようとする兵が数名出る。わたしはそうした兵を前に連れ戻す。敵はこちらの銃撃によって地面から頭を上げられないように見える。前方の草が茂る一帯にいるはずの敵は、炎上するロンベルクールの光ぐらいでは、まわりの物に姿が溶けこんでしまい、まったく見分けがつかない。この時点で最前列の部隊は、おそらくわれわれの三〇メートルから四〇メートル前方にいる。わたしは銃剣による白兵戦が発生しそうな様子になったら、その直前に、数の上で優勢な敵の前から、部隊を思いきって撤退させようと決心する。

しかし結局白兵戦にはいたらない。われわれの速射が敵の突撃意欲をそいでしまったのである。フランス語の「前進」の号令はすっかり聞こえなくなる。突撃を仕掛けたのは二挺の機関銃を載せた、機関銃運搬馬五頭だけである。馬たちは森の端まで走っていってしまい、そこで捕獲される。われわれの前線は静かになる。敵はロンベルクールまで退却したようである。斥候隊が前線のすぐ前で、十数名の捕虜を収容する。またおよそ三〇名のフランス軍死傷者を確認する。

それにしても、いったいどこに第二大隊はいるのか。命令されたとおりにドゥフュイの森を突破したということは、おそらくない。とにかく同隊と連絡を取るべく、わたしはフランス兵捕虜と、駄馬を連れた二、三人の男とともに、ドゥフュイの森の北東の角へと後退する。自分の指揮下にある二個分隊の残りの兵力については、陣地に残す。

途中でわたしは連隊長に出会う。ハース大佐は、森の端で生じた出来事について喜ぶ素振りをまるで見せない。大佐は、わたしが撃った相手がフランス軍ではなく、こちらの擲弾兵連隊の一部だったと完全に思いこんでいる様子である。そのため、獲得した捕虜や、機関銃を付けた駄馬を示しても、彼は納得してくれない。

考察

一九一四年九月七日に行われたドゥフュイの森への攻撃は、三キロメートルにわたる、開けた、そして遮蔽物もほとんどないような地形において行われねばならなかった。ただ、右翼の近接部隊が位置についていないため、連隊命令により攻撃は延期された。それと時を同じくして、フランス軍砲兵隊が強力な砲撃により急襲を開始した。散開した第二大隊の部隊は、ただちにジャガイモ畑に身を隠せるところを見つけ、砲撃から身を守るためにショベルで深い穴を掘った。こうして、終日にわたり続いた猛烈な砲撃にもかかわらず、彼らに損害は発生しなかった。これに対して、密集した隊形をとっていた予備中隊は、敵の直撃弾で手痛い損失を蒙った。このことがあらためて教えてくれるのは、敵の大砲の射程内において密集した隊形をとることは許されない、ということである。またさらにこの事例は、ショベルの重要性についても再度示してくれている。

連隊戦闘指揮所と第二大隊戦闘指揮所は、道の切り通しの非常に近いところに、隣り合うかたちで設置されていた。しかし四方からこの地点に集まってくる多数の伝令、騎兵の存在が、敵に指揮所の場所を暴露してしまっており、そのため敵はこの戦闘指揮所を強力な砲撃で叩くことができたのである。ここから言えることは、こうした場合にも密集した状態にとどまらないことが重要だということである。敵が目前にいる場合、伝令などが戦闘指揮所を目指してかたまってしまい、そのため敵に戦闘指揮所の位置が露見するといった事態を避けねばならない。したがって人目に付く高地を戦闘指揮所の場所として選ぶことは慎まねばならない。

夜間に継続して攻撃を行った際、フランス軍の砲兵隊が砲撃してくることはなかった。敵砲兵隊はすでに陣地を離れていたのである。ひょっとしたら敵は、夜襲を受け、ドイツ軍の手に落ちることを警戒していたのかもしれない。フランス軍の歩兵は、ドイツ軍の攻撃部隊を、一五〇メートル地点までは反撃もせず、ただ来るにまかせたうえで、そのあと数分間にわたり連続射撃を加えた。彼らは、森という地形と夕暮れという時刻をうまく守りに利用して戦闘を中止し、離脱したのである。一方、ドイツ軍の側ではこの短時間の戦闘で、大きな損害が発生した。この一九一四年九月七日の一日で、第一二四歩兵連隊では、五人の士官と二四〇人の下士官、兵が死傷したのである。

戦闘の混乱が広がるなか、機関銃中隊の一部は、森の五〇〇メートル離れた地点にいる敵を捕捉するため、深めに構えた陣地から、三五〇メートル前方の上り斜面に陣取る自軍歩兵部隊の前線を飛び越すかたちで、射撃を行った。この行為により機関銃中隊は、自軍の前線を、非常に深刻な危険にさらしたのである。

ドゥフュイの森へ向かって前進する際、わたしは日が沈むとともに、もう強力な敵の抵抗はないものと思いこんでしまい、絶対に維持すべきであった縦深隊形《ティーフエングリーデルング》を徐々に解いてしまった。また予備部隊と機関銃中隊は、前線にあまりに近づき過ぎており、しかも部隊間の間隔も狭かった。これらのことは、敵による突然の急襲射撃を受けるというかたちで、その代償を払うことになった。

しばしばこうした状況下では、平静さを失い、安全なところに隠れようとする兵士が、何人か出てくるものである。指揮官は断固とした姿勢で、こうした兵に対処せねばならず、場合によっては武器を使ってでもそうせざるをえない。

ドゥフュイの森

連隊命令により、第三大隊は、ドゥフュイの森南端、同森林東の角に左翼を接して陣地につく。また第二大隊は、これに連なりつつ、さらにその左の森の外に、防御を考え配置につく。第一大隊はドゥフュイの森の北、第二線に入る。連隊戦闘指揮所は第一大隊の左翼に設置される。

第二大隊に割り当てられた戦区――草木もなく遮蔽物も存在しない長い区間――からはあまりよい印象を受けない。こうした高地に設定された陣地が、フランス軍の猛烈な砲火にさらされるのは目に見えているからである。これならば第三大隊に割り振られた、西の森林の作戦地域のほうが望ましかった。

予想される敵の砲撃から生じる被害を可能なかぎり小さくするには、これまでの経験からして一つの方法しかない。とにかく深く塹壕を掘ることとである。各中隊にはそれぞれの正面が割り振られる。中隊長たち――三つの中隊の指揮を執っているのは、みな若い少尉である――が念を押されたのは、とにかく部隊の疲労などはこの際度外視し、全精力を費やして塹壕構築に邁進するということとである。真夜中になる前に、主要な作業を片付けてしまわねばならない。その後、数時間の休憩をとるにしても、いずれにせよ夜明け前まで、各陣地での作業が継続されねばならない。求められる深さは一六〇センチメートルである。

まもなく大隊全体が息を切らして作業に取りかかる。過去数日に受けた敵の猛烈な砲撃により、どの兵士もショベルによる塹壕構築作業の価値を、心の底からはっきりと認識している。大隊長、副官、四人の伝令からなる大隊本部も、前方右手に配置された第八中隊の中央後ろに長さ六メートルほどの塹壕を構築する。作業は尋常ではない苦労に見舞われる。地面は石のように硬いことが分かり、短い柄のショベルではどうにもならないほどである。ところがツルハシを持っているのは、ほんの数人だけである。各自、極限まで力を振り絞ってみても、地面を掘る作業は、非常にのろのろとしたペースでしか進まない。

そうこうするうちに時刻は二二時三〇分となる。部隊は朝五時から一切の糧食を受け取っていない。わたしは大隊長により、野外炊事車を誘導するためにプレ方面に送られ、真夜中過ぎに、野外炊事車とともに大隊に帰還する。野戦郵便《フェルトポスト》――戦争の勃発以来、はじめてである――も到着する。

数時間にわたる作業の結果、各連隊が掘り進めた深さは、地中五〇センチメートルというところである。この結果は、われわれを非常に不安にさせる。夜が明けるまでには、とにかくもっと深く掘り進めねばならない。さもなければ、敵の砲撃により、深刻な損害が出ることは避けられない。

時刻は真夜中である。部隊は力を完全に使い果たしている。まず何か食べさせる必要がある。それがすんだら、最低でも数時間休息をとらせなければならない。そこに各中隊のもとへと野外炊事車がやってくる。食事が支給され、また軍曹たちにより郵便物も配布される。狭い塹壕の穴ぐらのなかで、兵たちはロウソクの明かりを頼りに、家から届いた手紙を読む。手紙は数週間前に投函されたものであるが、それを読むと、文面がまるで別の世界から届いたもののように響く。われわれは自分たちが故郷を離れて以来、いったいどれぐらいの時が流れたのだろうと考えこむことになる。それこそ一年も経ったように感じる。しかし実際には、数週間にすぎない。ただしその数週間は、あまりに多くのことが起きた数週間であったわけである。

野外炊事車のこってりとしたスープを平らげたあと、ツルハシとショベルでの作業を再開する。大隊本部の人員が横になって休むことができたのは、塹壕が約一メートルの深さまで掘られた明け方になってのことである。タコだらけの手が痛む。死ぬほど疲れた体は、畑の硬い土も、ようやく明けようとする九月の朝の冷たさも感じない。

この時間帯になると、すでに各中隊は作業に戻っている。夜明けの薄明かりのなか、ドゥフュイの森の東端、すなわち第三大隊と第二大隊の接続箇所に、第四九砲兵連隊の砲兵一個小隊が配置される。最前線後方約三〇メートルにある、掩蔽が不充分な陣地である。このため、土を掘り、大砲陣地を構築中であるが、大砲の掌砲員《ベディーヌング》を保護するためには満足できる段階とは言えない。

九月八日早朝。戦闘行動はない。双眼鏡を使うと、二六七高地および二九七高地（ロンベルクール西方および北東方向）の谷の向こうに、敵の防御施設があるのが見える。一方、ドゥフェイの森北東一キロメートル、二八五高地上に展開している左翼の近隣部隊（第一二〇歩兵連隊）とは、視認により連絡が取れる。両翼のあいだには隙間が五〇〇メートルあるが、掃射される可能性がある。第二大隊の正面に、重機関銃一個小隊が配置される。前線には第八中隊、第五中隊が投入される。第六中隊の場所は右翼後方である。また第七中隊は、左翼後方に梯形で配置される。大隊長はわたしとともに巡察に出る。いたるところで精力的に作業が行われている。塹壕の深さは、いくつかの場所で一三〇センチメートルに達する。

六時ごろ、突如としてフランス軍のあらゆる口径の大砲が火を吹き始める。この砲撃は、これまでのすべての砲撃の激しさを、はるかに凌駕するほどのものである。連続して一斉射撃の音が響きわたる。まわりをぐるりと取り囲むように、砲弾が轟音をたてて炸裂する。大地が激しく揺れ、小刻みに振動を続ける。榴弾の大半は時限信管《ブレンツンダー》のものであり、斜面の上方で炸裂するが、一部、着発信管《アウフシュラークツンダー》のものもある。われわれが身を屈めて座っているのは、非常に貧弱な塹壕の底である。このため、時限信管により炸裂する砲弾の破片の前には、当面、防御するすべがない。それらは頭上から垂直に、あるいはやや斜めに飛んできて、塹壕の底にまで届くのである。頭上には、土と石がひっきりなしに雨と降り注ぎ、鋭利な破片は音を立てて空中を飛び回る。砲撃は変わらぬ激しさのまま、数時間続く。あるとき、一発の榴弾が、塹壕の穴のごく近く、上手側に着弾し、それがわれわれのただなか、塹壕の底に転がり落ちる。しかし幸いなことに、不発弾である。

とにかく地面をより深くまで掘り進めようと、ショベル、ツルハシ、ナイフ、果ては手をまで駆使して、猛烈な勢いで作業を進める。一日中、近くでは榴弾が炸裂している。そのたびに、体が何千回もびくりと反応する。正午近くになり、敵の砲撃はいくぶん弱まる。ようやくこのとき、伝令兵を中隊に送ることが可能になる。前方について、とくに問題はない。フランス軍の歩兵部隊の姿はどこにも見当たらない。幸運なことに損害は、われわれが事前に恐れていた数値（二パーセントから三パーセント）よりも少ない。しかし、まもなく敵は、激烈な砲撃を再開する。敵は攻撃のため、莫大な量の砲弾を自由に使える状態にしているに違いない。それにひきかえ、こちらの砲兵は、この日の日中、ほとんど完全に沈黙している。これには、ドイツ軍砲兵部隊が厳しい弾薬不足に悩まされているということ、さらには、敵陣を観測可能な場所が、ドゥフュイの森南端と、第八、第五中隊の陣地しかない、という事情がある。

午後のあいだ、短い中断を挟んでフランス軍の砲撃が続く。このとき、われわれの陣地の深さは一七〇センチメートルに到達する。一部の兵士は塹壕前部の壁に、タコツボ《フクスロッホ》を掘る。この内部にまでは、時限信管のついた榴弾の破片といえども届かない。また、これらのタコツボが、五〇センチメートルほど穴の縁に盛り上げた硬い土を、それこそ掩蓋のように利用できるなら、着発信管の榴弾に対しても耐えることができるだろう。

日が傾くころ、敵の砲撃は途方もない激しさになる。敵は砲身から飛び出す物なら、何でも撃ち込んでくるといった勢いである。斜面は地獄そのものと化す。中口径砲から立ち昇る濃い黒煙が、われわれの陣地の上を流れていく。斜面には着弾が相次ぐ。それにしてもこの砲撃は、フランス軍の歩兵攻撃に向けた準備砲撃なのだろうか。いずれにせよ、来るなら来い、である。われわれは一日中フランス軍の歩兵攻撃を待ち続ける。

しかしフランスの砲兵隊は、砲撃開始時と同じような急激さで、砲撃を中断してしまう。歩兵の攻撃は結局行われない。われわれは地面の穴から這い出す。わたしは四個中隊がおかれている前線を巡察する。幸い、いずれの箇所でも損害は少なく（大隊全体で一六名）、神経をすり減らすような我慢を強いられたにもかかわらず、兵員たちの士気は非常に高い。敵火が続くなかで精力的に行われた、昨晩の塹壕構築作業が充分に報われたかたちである。

沈みゆく太陽の最後の光が、戦場を紅く染める。森の端の右手には、第四九砲兵連隊の二門の大砲が放置され、その下には掌砲員の死体が転がっている。重傷者も地面に横たわっている。防御がこうした状態であったため、この部隊はまったく砲撃に参加することができなかったのである。森の右手の第三大隊も、同じく凄惨な状態である。第三大隊の陣地では、草木の根が地中で縦横無尽に伸びていたために塹壕構築作業がうまくいかなかったのである。またフランス軍の、とくに側面から行われた集中砲火は大量の倒木を招き、砲撃の威力を倍加させ、各中隊を大いに苦しめたのである。

さて、わたしは命令受領のため連隊におもむく。ハース大佐は、自分の第三大隊が出した多大な損害に強い衝撃を受けている様子である。とにかく第三大隊を森から退却させねばならない。第二大隊は、右翼、左翼どちらからも直接支援を受けることができない状態ではあるが、同大隊には、それでもドゥフュイの森東の高地を単独で死守せよ、との命令が下る。命令伝達の最後にハース大佐が言う。「第一二四連隊はおのれの陣地で死ぬのだ」。

わたしは大隊に帰還する。第八中隊の右翼は後方に移動となる。第六中隊はドゥフュイの森東端を正面として展開し、新たに塹壕を掘る。大隊の残りの部隊は、夢中で陣地の拡張作業を続ける。作業は、真夜中少し前、野外炊事車が到着するまで続く。野外炊事車は郵便物も届けてくれる。部隊はこれまでの夜のように、むき出しの畑の上で数時間の休憩をとる。ワラはいたるところで不足している。

翌日、九月八日と同時刻に、フランス軍砲兵隊の砲撃が始まる。だが、われわれは巧みに構築された地中深い陣地にいるので、さして影響を受けない。連隊とはときどき電話が繋がるものの、榴弾によって再三にわたり回線は切断されてしまう。わたしは長時間、第五中隊の陣地に滞在し、一年志願制下士官《アインイエーリヒ・ウンターオフィツィーア》であるベンテレ（第七中隊）とともに、敵の配置状況を観察する。フランス軍の砲兵隊は、その大部分が、むき出し状態の射撃陣地に配備されており、歩兵も相当油断した様子で行動している。こうした観察の結果を、スケッチとともに大隊から連隊へ送る。そして、あわせて味方砲兵隊の観測将校を、第二大隊の前線に送るよう依頼する。

左手奥、約五〇〇メートル離れたところの二八五高地南斜面に、第一二〇歩兵連隊の左翼が配置されている。これに向き合うかたちで、フランス軍が線路沿いに陣を構えている。ヴォー・マリー駅の西六〇〇メートルの切り通しには、フランス軍の予備隊が固まっている。われわれの陣地のすぐ左にある高地からであれば、側面から重機関銃により敵部隊を捉えることが可能であるだろう。ここで攻撃を仕掛けないという手はない。

わたしは大隊の戦区に投入されていた重機関銃小隊の隊長に、攻撃の提案をする。しかしこの小隊長は疑念を示し、作戦を実施する気がない。こうなればわたしは、この小隊を自分の指揮下に置くしかない。もちろんこの作戦に対して、フランスの砲兵隊が報復してくることは目に見えている。そのためわれわれは無事に離脱できるよう、迅速に事を進めなくてはならない。

数分後、小隊の連続射撃が開始される。これにより、密集していたフランス軍は大混乱におちいる。そして相当な損害が出た様子が見られる。目的は達成されたので、わたしは急いで撤収を開始し、武器を持って全速力で右手にある遮蔽物の陰に隠れる。まもなく開始された敵の報復射撃は、空になったわれわれの元の陣地に向かうばかりである。作戦はこちらに損害を出すことなく終了する。

この間、重機関銃小隊の隊長は、こちらの独断専行について連隊に報告をしており、そのためにわたしは連隊に呼び出される。もっとも、作戦の経過について報告を終えると、この件は不問に付される。

日中、何人もの着弾観測員が大隊の戦区にやってくる。彼らに敵砲兵隊の配置図が渡される。しかし彼らが所属している砲兵中隊の弾薬量は乏しく、その火力は弱いため、フランス軍の砲兵部隊に脅威を与えることができない。例外は、ロンベルクールの敵砲兵中隊を沈黙させた重砲兵中隊一個のみである。

前日同様、夕方になると、膨大な弾薬を消費しながら、フランス軍の「夕べの祈り《アーベントゼーゲン》」が始まる。それが終わると、敵の砲撃はふたたび完全に沈黙状態に入る。観察できたかぎり、フランス軍砲兵隊は、かなり前方に突き出たかたちで設置されていた陣地から撤退するようである。

われわれは自分たちの陣地に、破片対策のための掩蓋を追加する作業に取りかかる。伐採のための分遣隊がドゥフュイの森の中に移動する。この日発生した損害は、幸いにも前日より少ない。ただ第六中隊だけは側面からの砲撃により被害を出してしまう。

二二時ごろ、野外炊事車が到着する。第七中隊のローテンホイスラー曹長が赤ワイン一瓶とワラ一束を持ってきてくれる。夜中の一二時少し前、わたしは大隊戦闘指揮所のすぐそばでワラの上に横になり、休息をとる。

考察

九月七日から八日にかけての夜、第三大隊が、長く延びたドゥフュイの森南端の脇に陣取ったことは非常に高くついた。この陣地で第三大隊は深刻な損害をこうむり、九月八日夕には戦場からの離脱を強いられたのである。森の端や森のなかにおいて、ただかたちだけ適当に塹壕を掘っていた部隊(たしかに硬い地面と無数の根に阻まれ、地中へ掘り進めることには大きな困難がともなったのだが)は、強力なフランス軍の砲撃を前に、壊滅的な被害を受けた。はるか後方の、草木もない高地で爆発するはずだった多くの榴弾が、森の手前側の木々に当たり、まさに部隊が密集している地点で炸裂した。森の端の一帯は、砲弾の的である射垜《しゃだ》のようになってしまった。フランスの砲兵隊にとって、森の端目掛けて砲撃を実施することはとてもたやすいことであった。今日であれば、大砲の砲弾の信管ははるかに精密になっているので、同じような状況でも損害はより甚大なものとなることだろう。

これとは反対に、第二大隊の場合、草木のない高地でショベルを用いて行われた塹壕構築作業がおおいに報われたかたちとなった。敵が大量の弾薬を消費して、数時間にわたり砲撃を行ったにもかかわらず、損害は許容限度内にとどまった。もちろん時限信管の榴弾がまったくもっていやらしいものであったことに変わりはない。この種類の榴弾の一部は、その破片がまっすぐ掩壕のなかに飛び込んでくるからである。第二大隊正面の地面は、それこそ石のように硬く、それが塹壕を掘り進めることを困難にした。九月七日から八日にかけての夜、張り詰めた緊張のなか、あらゆる階級の指揮官は、懸命に自ら範を示しつつ、疲れ果て腹を空かした兵たちに塹壕掘りを継続させねばならなかったのである。

九月七日、八日そして九日におけるフランス軍の弾薬消費量は、膨大なものであった。彼らは砲弾をふんだんに使うことができたが、これは大きな集積所を備えた兵站基地がすぐ近くにあったためである。逆にドイツ軍では弾薬が不足し、その結果、戦闘に際して歩兵部隊が支援を受けられた箇所はごくわずかであった。

今日における防御陣の構成は、一九一四年のものとはまったく別物である。当時は、前線の第一列がまずあり、そして第二列に予備という構成であった。今日、大隊の陣地は、戦闘前哨《ゲフェヒツフォアポスト》と、戦力が縦深に配置された主戦闘地帯《ハウプトカンプフフェルト》から構成されている。約一キロメートルないし二キロメートルの幅、および同程度の深さを持った区域に、多数の小規模な拠点が分散して配置される。すなわち小銃、軽機関銃、重機関銃からなる火網《ネスト》、さらに歩兵砲および対戦車砲であり、これらが相互に支援するかたちで置かれている。このような防御態勢をとることで、敵火は分散され、他方、自軍の火力は、後方から密度を増すことになる。こうして、優勢な火力に対しても、局地的にそれを回避することが可能となる。また敵がある一箇所で、主戦闘地帯に侵入してしまった場合にも、防御を続けることが可能となる。その場合、陣地突破を試みる敵は、きわめて厳しい長い道を通ることになるからである。

一九一四年九月九日、一〇日の夜襲

わたしは敷き詰めたワラの上で熟睡していたに違いない。真夜中、半ば左前方から聞こえてくる激しい戦闘音に飛び起きる。雨は土砂降りとなっている。すでに全身ずぶ濡れの状態である。左手方向では、暗い雨の夜を抜けて、照明弾の光が揺れている。小銃のパタパタパタパタという音がひっきりなしに響いている。伝令の話によると、大隊長は長いこと連隊のほうに出ているとのことである。

銃砲撃の音が、危機感を覚えるほど近づき、大きくなってくる。フランス軍が夜襲を仕掛けているのだろうか。何が起きているのかを確認するために、一人の伝令を連れて、戦闘音がする方向に向かう。突然、わたしは五〇から八〇メートル前方に人影があり、それが速度を上げながらこちらに近づいてくることに気づく。二個の複列縦隊である。フランス軍に間違いない。彼らが、第一二四歩兵連隊と第一二〇歩兵連隊のあいだの隙間を突破してきたこと、そして今、第二大隊を側面および背後から捕捉しようとしていることは、確実であるように思われる。不気味な群れは刻一刻と接近を続けている。いったい何をすべきだろうか。

まず右翼にいる第六中隊のもとに向かい、中隊長のフォン・ランバルディ伯爵に急いで報告をする。そのうえで、一個小隊を自分の指揮下に置くことを要請する。わたしはこの小隊を連れて、散開した状態を維持しつつ敵の方向に向かう。遠くの照明弾の光により、敵の縦隊の姿が識別可能となったところで、各員を配置に就け、安全装置を解除させる。しかし彼らが本当にフランス軍の兵であるかどうか、完全な確信が持てない。そのため、発砲許可を出す前に、五〇メートルの距離まで来たところで誰何する。するとこちらの誰何に返事がある。第七中隊である。同中隊の隊長は若い中尉であったが、彼は中隊を割り当てられた陣地（大隊左翼後方の第二線、梯形で配置）から退かせ、そのうえで新たに約四〇〇メートル後方に配置しようとしていたのである。彼によれば、まもなく戦闘が始まる見通しだという。そしてそのような状況であるにもかかわらず、依然として第七中隊が第二線に置かれていたため、こうした措置をとったのだという。これに対しては、彼の理解が誤っていることを無愛想に指摘するしかない。わたしは、自分が育てたかつての新兵たちを、一歩間違えれば自分の手で射殺していたのかと、あとになってから背筋が凍る思いをする。

　この直後、大隊長が連隊から戻り、夜襲との連隊命令を伝達する。連隊のうち、前線に位置するわれわれの大隊は、ロンベルクール北約五〇〇メートルにある二八七高地を急襲し占拠せよとの下命を拝する。隣接する連隊――右手には第一二三擲弾兵連隊が、左手には第一二〇歩兵連隊がいる――も同時に攻撃を行うことになる。攻撃開始時刻はまだ未確認である。いずれにせよ大隊はただちに準備に取りかかる必要がある。

　この命令は、フランス軍の榴弾射撃という地獄からの救いの手である。目標は確かにそう遠くない。われわれは、ロンベルクール近隣の高地上のフランス軍砲兵陣地も占領してしまえばいいのにと考える【図7参照】。

　真っ暗闇の夜、滝のように雨が降りしきるなか、大隊はこれまでの担当作戦地域の左翼にて、攻撃のため待機する。銃を再装塡し、銃剣を装着する。合言葉は、「勝利をさもなくば死を《ジーク・オーダー・トート》」である。左翼の近隣部隊では、すでに少し前から戦闘が始まっているようである。そこでの戦闘が沈黙すると、また今度は別

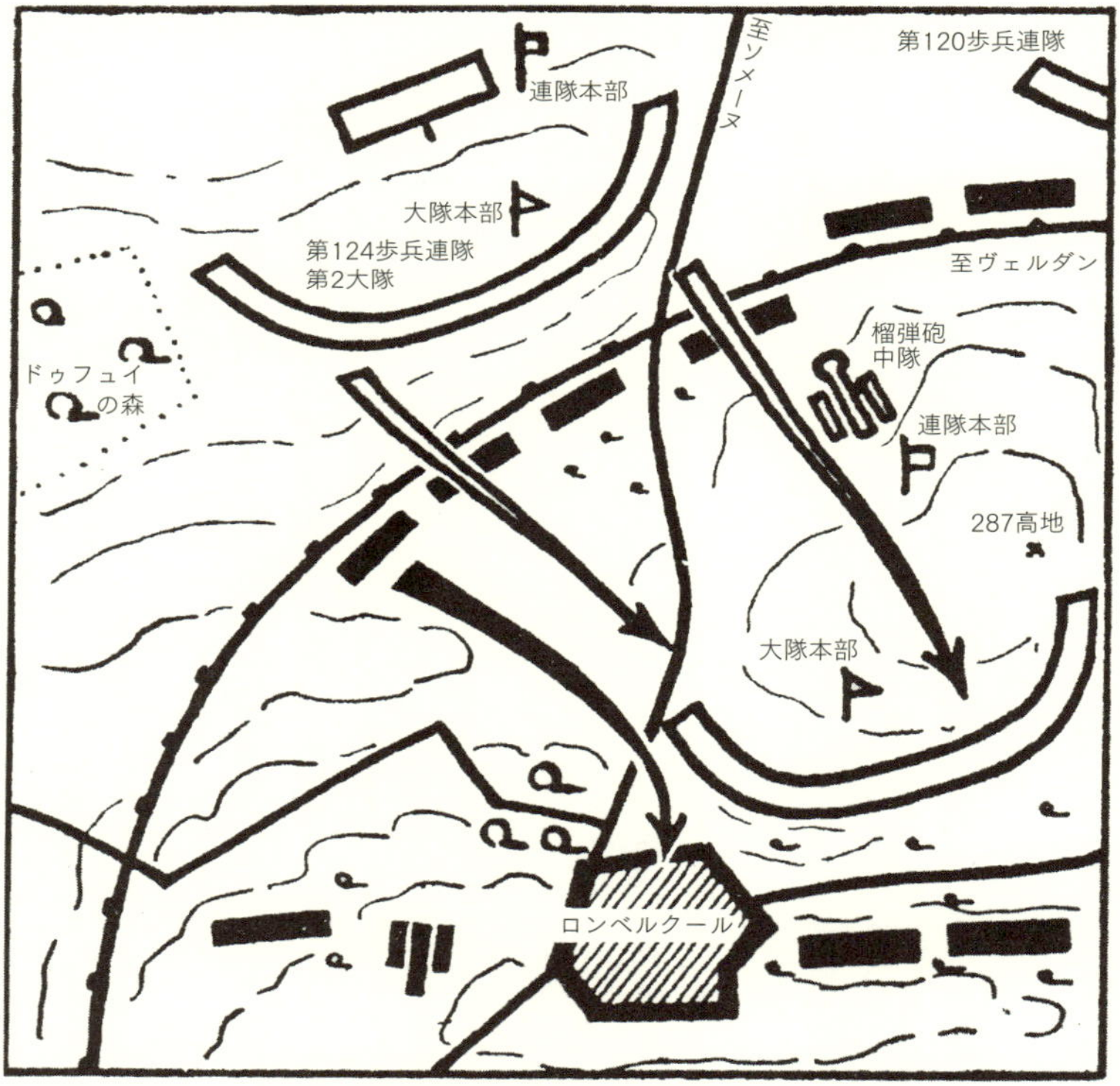

図7　夜襲（縮尺約 1：20,000）

のところで戦闘状態になる。

第一大隊が集結を済ませる。連隊長は第二大隊のところにいる。敵は、線路沿いおよび線路南のソメーヌ＝ロンベルクール道の切り通しに陣地を置いていることが判明する。われわれの部隊は攻撃開始を今か今かと待ちかまえている。部隊はもうずぶ濡れの状態であり、寒さに震えている。数時間が経過する。午前三時ごろ、ようやく作戦開始命令が下る。

大隊はぴったりと密集した隊形をとり、線路沿いの敵へ続く斜面を全力で駆け下りて、敵陣地を急襲する。そしてまず、ソメーヌ＝ロンベルクール道沿いの切り通しを奪取する。さらに一気に二八七高地も攻略する。抵抗する敵は銃剣で片付ける。この間、大隊の主力は、右翼と左翼に分かれ、敵の脇をすり抜けて突撃を加える。

大隊は、前線の四個中隊すべてを連れて、二八七高地を占領する。右翼でも左翼でも連携が途絶しているので、両翼とも引き下げられる。隊形は入り乱れてしまっている。再配置しようにも、ゆっくりと進めることしかできない。すでに夜は白み始め、雨は弱くなりつつある。各中隊は、まもなく予想されるフランス軍の砲撃から身を守るべく、精力的に作業を行う。しかし、濡れた粘土質の土を相手にした作業は、非常に骨の折れるものである。ショベルには、何度も粘土が厚くべっとりと張り付いてしまい、これを除去しなくてはならなくなる。

この時分になると、夜明けの弱い光のなかに、ロンベルクール周辺の高地の輪郭がはっきりと認識できるようになる。それらの高地はわれわれの新しい陣地よりも高いところに位置している。突然、警報が発令される。塹壕構築作業の警戒のため前哨に就いていた部隊が、低いところに位置しているロンベルクール北入口に、密集した状態のフランスの軍勢がいることを確認したのである。

警報発令時、わたしの位置は、大隊右翼の第六中隊（大尉フォン・ランバルディ伯爵の指揮）のところである。

そこからは、密集したフランス軍部隊が、北西からロンベルクールに侵入していくのをはっきりと認めることができる。第六中隊、および第七中隊の一部が発砲を開始する。まもなく三〇〇メートルから四〇〇メートルほどの距離で、非常に激しい戦闘が展開される。一部のフランス兵は、ロンベルクールの上りになっている村道のところでなんとか身を隠そうとしているが、大半の兵はこちらに発砲してくる。われわれは、ようやくフランスの歩兵に対して照準を合わせることができることに、気持ちを高ぶらせる。わが軍の小銃兵たちの大部分は、立射で攻撃を仕掛けていく。約一五分後、敵の銃撃が明らかに弱まってくる。前方のロンベルクール北出口のところには、敵の多数の死傷者が転がっている。しかし不注意な行動のために、ドイツ軍の隊列の側にも損害が発生し、部隊はクシの歯が欠けたような状態になってしまう。結果、夜明けの薄明のなかで行われたこの戦闘は、夜襲のときよりも多くの損害を出したかたちになる。

われわれは、ロンベルクール村とその両側の高地に突撃許可が出ないことに憤る。兵士たちの士気は、これまでの戦闘の困難にもかかわらず、不屈のものがある。それどころか、これまでの全戦闘を通じて、その弱さを曝け出したフランス軍歩兵ともう一戦交えることを心より願っているのである。

ロンベルクールでの銃撃戦が終わったあと、中隊はまた塹壕構築作業を継続する。だが三〇センチも掘る前に、いつものようにフランス軍砲兵隊の砲撃が活動を開始する。塹壕構築は身を隠せるものがない状況下で行われているため、敵の速射はこの作業の継続の妨げとなる。

ここまで大隊本部は、最低限の遮蔽物を用意する時間も見いだせていない。二八七高地への大隊投入、ロンベルクール北出口の敵との戦闘と、全部隊が息つくひまもなく動き続けてきたわけである。このときフランス軍の砲兵中隊が、ロンベルクール西、約一〇〇〇メートル離れた高地上のむき出しの射撃陣地から、われわれに絶え間なく猛砲撃を仕掛けてくる。幸いなことに地面がぬかるみ、緩んでいるので、不発弾が多数発生する。われわれは敵の榴弾から身を守るべく、畑の畝に身を隠そうと試みる。また、少しでも敵の観測員の目を逃れるために、燕麦のワラ束を自分たちの上にかぶせる。

　まもなく、雨がまたしても土砂降りになる。畑の畝に水が溜まる。フランス軍の榴弾が、われわれのひそむ燕麦のワラ束至近に着弾する。そこで、伏せたままショベルで塹壕を構築しようと試みるも、それは無理だと分かる。というのも、ショベルの歯が、たちまち粘土の塊にまみれてしまうのである。また、体のほうも、たちまち頭のてっぺんからつま先まで、粘土で一面ドロドロになってしまう。われわれは濡れた装備を身に着けながら、ひどい状態で凍えることになる。これらに加えて、自分の弱った胃袋が明らかに不調を訴えてくる。おかげでわたしは、三〇分ごとに近くの榴弾孔に駆けこまねばならないというざまである。

　さて、近隣の地帯での攻撃は、こちらのような成果を挙げることができなかったとの一報が入る。すなわち第二大隊は、師団の前線のはるか前方にまで出てしまっていることになる。一〇時ごろ、第四九砲兵連隊所属の榴弾砲中隊が、大隊の作戦地域のかなり後方にある陣地から、われわれを助けようと試みる。しかし、同中隊では、圧倒的に優勢な敵火力と渡り合うことができず、それどころかむしろ砲弾は、まったくありがたくないことに、われわれの頭上に降ってくるようなありさまである。前日までと同じように、フランス軍歩兵を視認しうることはほとんどない。ただ、こちらが銃撃を受けることもごくまれである。

　こうした苦痛をおぼえるような状況のなかで、一日は緩慢に、無限に緩慢に経過していく。平時であれば、これほどの負担が可能だなどとは、だれもまったく考えないだろう。われわれが切に望んでいるのは、こうした拷問状態からなんらかのかたちで解放されることである。よっぽど、もう一度攻撃を仕掛けたいほどである。

　この日はフランス軍の砲撃が、一日中休みなく続く。敵は夕方まで、二八七高地の陣地を虱潰しに追い立ててくる。ふたたび「夕べの祈り」が始まる。われわれはそれをなんとかしのぐ。すると、フランス軍の砲兵中隊が、砲を前車に接続し、後退を始めているのがはっきりと確認できる。どうやら夜のあいだの安全を確保しようという算段のようである。

九月一〇日にわれわれが被った損害は甚大なものである。将校四名、下士官および兵四〇名が死亡。将校四名、下士官および兵一六〇名が負傷。下士官および兵八名が行方不明である。

夜襲後、フランス軍のヴェルダン要塞は、ほぼ包囲される。ヴェルダンの南側正面、幅一四キロメートル弱の細長い土地だけが、トロワイヨン要塞東の第一〇師団と、西から攻撃している第一三軍団、第一四軍団麾下の各師団を分けている。マース川沿いの谷間を走る、ヴェルダンに通じる唯一の鉄道路は、ドイツ軍の砲撃下にある。

急に日が沈む。大隊は陣地構築に精を出す。真夜中の一二時ごろ、野外炊事車がやってくる。気遣いの男ヘーンレが、乾いた衣服、下着、毛布を届けてくれる。ただ、食事は遠慮する。一日中、不調の胃袋がわたしを苛み続けたのである。こうなれば、体調不良の申告をするべきか。しかし足が動く以上、そして自分のつとめを果たしうるかぎり、そんなことは問題外である。乾いた衣服に身を包み、わたしは恐ろしい悪夢にうなされながら数時間まどろむ。早朝、またツルハシとショベルを持って作業に取りかかる。

前日までと同様、九月一一日もフランス軍砲兵隊は砲撃を続ける。しかし今回は、各中隊とも粘土質の地面に塹壕を深く掘っているので、損害も軽微ですむ。ただ、絶え間なく雨が降り続いていることと、気温が相当下がってきたことにより、陣地内にとどまることが非常に厳しい状態になる。野外炊事車の到着は、またもや夜中の一二時前後となる。

考察

夜襲の際には、自軍の部隊同士が撃ち合ってしまうという事態が、非常に容易に発生する。第二大隊においてこうした友軍誤射が回避できたのは、ほんの紙一重の出来事であった。第二大隊は、九月九日の夜襲により、師団の前線の約一〇〇〇メートルの地点へと移動することになった。自軍にわずかな損害は出たが、目標は達成された。さらに前進を敢行しても、激烈な抵抗にあうということはおそらくなかったように思われる。雨も攻撃に有利に働いた。多くの損害が発生したのは、密集してロンベルクールへ撤退するフランス軍との戦闘の際、およびフランス軍砲撃下で行われた塹壕構築の際である。もし各部隊が、フランス軍の砲撃開始時に、三〇センチほどでも掘り進んでいなかったならば、損害はさらに甚大なものになっていたであろう。それゆえ夜明け前に、ショベルを使ってしっかり作業をしておくことが非常に重要であったわけである。

九月一〇日、一一日と、自軍の砲兵隊の支援は、弾薬不足のために非常に乏しかった。このためフランス軍砲兵隊は、こちらの報復射撃を受けることもなく、むき出しの陣地からこちらの隊列目掛けて速射を浴びせることができたのである。

これらの戦闘が発生した日においては、強力な敵火のため、野外炊事車が中隊陣地後方にやってくることができるのは、夜間のみであった。日中、野外炊事車は、前線より数キロメートル後方にいた。もっともこうした食事の状況にも、みなすぐに慣れてしまったわけである。

アルゴンヌの森退却戦

九月一二日、午前二時ごろ――まだあたりは真っ暗である――わたしは命令受領のため連隊に出頭する。

第二大隊の後方一〇〇メートル足らずの地点、戸板や床板を急場しのぎの掩蓋として利用した塹壕のなかで、ロウソクの光に照らされながら、ハース大佐が命令を下す。すなわち、「夜明け前に陣地を撤収し、トリオクールへの退却を開始せよ、その際第二大隊は後衛として、午前一〇時までソメーヌ南一キロメートルの高地を二個中隊で確保し、その後、連隊のあとを追え」という内容である。

われわれは、一方では、このいわば魔女の大窯《ヘクセンケッセル》と化した、地獄のような状況から抜け出せることを心から喜ぶ気持ちがあるのだが、他方では、なぜ自分たちが退却せねばならないのか、納得がいかないものがある。こちらの見るところでは、敵の圧力が続いているわけではない。ただ、われわれの左手後方三二キロメートルに位置するヴェルダン要塞は、フランス国内に繋がる鉄道網をもはや利用できない状態になっていたのだが、残念なことに、この要塞がふたたび息を吹き返したのである【図8参照】。

ともかく、全体の状況を見渡すことのできる最高司令部は、この退却という措置をとるにあたっての根拠を持っているはずである。おそらくわれわれは、別の地点で、より緊急に必要とされているということなのだろう。

夜明け前、第二大隊は敵に気づかれぬように離脱する。乾いた泥で分厚く覆われた軍服を身に纏い、衰弱しきった心身の状態で行われる行軍は、尋常ならざる努力を要するものとなる。

ロンベルクールより二キロメートル北方にある高地には、二個中隊が後衛としてなお数時間残される。昨日までと同様、フランス軍砲兵隊は夜明けとともに猛烈な砲撃を仕掛けてくる。しかし着弾する先はこちらがすでに放棄した陣地である。われわれはみな、これを大いに喜ぶ。各中隊のひょうきん者たちにすれば、また格好の話のたねができた、というところである。

第二大隊はプレの西の森で集結したあと、トリオクールにて前哨に立つ。配備の状況を視察するべく、ウレリッヒ大尉はわたしとともに騎馬で先行する。土砂降り雨がまた降り始める。ふたたび馬で行けるこ

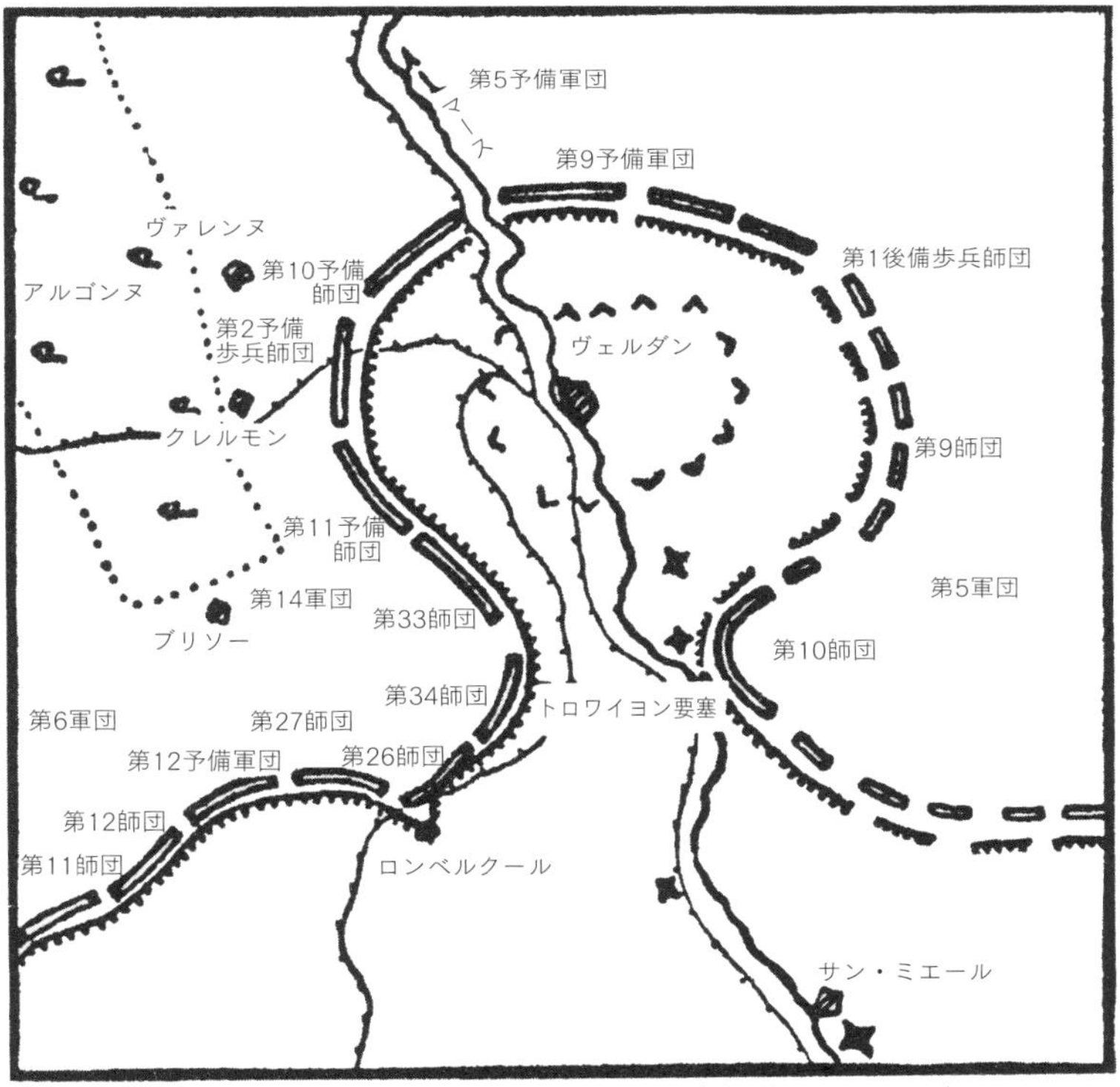

図８　夜襲終了後——1914年９月９日、10日（縮尺約１：1,000,000）

とがうれしい。第五中隊、第七中隊は前哨の作戦地域の警戒にあたる。大隊の残りは、前哨予備としてトリオクールに配置される。わたしは午後、前哨中隊の陣地を再度馬で視察したあと、司令部の宿営に帰還する。しかし、その直後、死んだように眠り込んでしまう。大隊長が呼びかけても、揺さぶっても、目を覚まさない。このため前哨の配置について、スケッチを交え書面で報告することなど、当然できない。九月一三日朝になり、わたしはこの件について釈明を求められる。だが、まわりが自分を起こそうとしていたことについて、なに一つ覚えていないのである。

九月一三日午前六時。われわれはさらに連隊での退却を続ける。命令では、ブリソーを経由し、アルゴンヌの森を抜けよということである。太陽がまぶしく照っている。これはここ最近では初めてのことである。道は、雨のあいだに、補給部隊が頻繁に使用したことで、底なしのぬかるみになってしまっている。このため、ブリソーの一キロ半北方、アルゴンヌの森への入口地点で、退却の列が立ち往生する。大砲および縦列の大部分がぬかるみにはまってしまったのである。そのためこの地点では、二頭で引いている馬車のそれぞれに替え馬を追加したり、また兵士たちが手助けをしたりすることで通過することを余儀なくされる。幸いなことに、敵は追撃を仕掛けてこない。また、長距離砲を使って、アルゴンヌの森入口を砲撃してくるということもない。

およそ三時間ほど、待機と救援活動が続いたあと、ようやく行軍を継続することができる。再三にわたり立ち往生する砲兵隊のあとにつき、ぬかるんだ林道を進むというのは、極度に疲弊するものである。何度も兵士たちは車輪を手で押すことを強いられる。夕方になってやっと、レ・ズィレットに到着する。そこで食事のための短い休憩をとる。それが終わると、北へ向け、アルゴンヌの森を抜けての行軍が継続される。すでに一二時間にわたる行軍を続けており、加えて道も悪いため、部隊はほとんど力を使い果たした状態になっている。しかしそれにもかかわらず、真っ暗な夜のなかを、まだ非常に遠いはずの目的地目指して進んでいく。疲労困憊により脱落していく人数が増える。行軍が停滞して止まるたび、兵士たちは疲れのあまり、立っているその場で倒れ込んでしまう。そして次の瞬間には深く眠り込んでいるような状態である。そのため、ふたたび前進する際には、兵士を一人ひとり揺さぶって、叩き起こさねばならなくなる。進軍、停止、進軍がくりかえされる。行軍の最中、わたし自身何度も眠り込み、再三再四、馬からずり落ちてしまう。

真夜中ごろ、われわれはヴァレンヌへ接近する。役所は炎に包まれている。戦慄するほど美しい、そうした光景である。わたしはモンブランヴィルの宿営の様子を確認するため、騎馬で先行せよとの命令を受ける。この小さな集落には寝台がごくわずかしかなく、ワラにいたってはまったく見当たらない。

九月一四日早朝六時半。まだ薄暗い路地を、疲れ果てた連隊が押し黙って縦隊を組み、体を揺らしながらのそのそと進んでいく。宿営の接収手続きはあっという間に進む。ものの十数分後には、モンブランヴィルはふたたび死んだように静かになる。みなが眠っている。寝床の硬さを感じる者は皆無である。

同日、ザルツマン少佐が大隊を引き継ぐ。午後、われわれはエグリーズフォンテーヌへ向けて、さらに行進を続ける。エグリーズフォンテーヌには狭く汚い宿舎がある。大隊本部は、害虫がうようよしている小部屋に置かれる。もっとも、それでも今また雨が強く降り出した外よりはましである。わたしの胃袋は、昼も夜も、完全に荒れ果てた状態になっている。そのためわたしは頻繁に気を失ってしまう。

続く数日、フランス軍砲兵隊は、昼夜を問わず前線の後ろにあるすべての集落目掛けて砲撃をしてくる。もちろんそこに、エグリーズフォンテーヌも含まれている。われわれはエグリーズフォンテーヌの集落近くに塹壕を掘り、土を盛る。九月一八日、われわれは数日の休息をとるため、ソムランス方面へ向かう。到着後、ベッドのある宿営に入る。わたしは自分の胃がいくぶんでもよくなるようにと願う。洗濯、髭剃り、洗い立ての下着。そんなものがこの上なくありがたいもののように感じられる。

宿営に入って最初の夜（九月一八日から一九日にかけての夜）、四時ごろに警報が発令される。われわれはフレヴィルへ向けて出発する。土砂降りのなか、大隊はフレヴィルにて、三時間を予備部隊として過ごす。それが終わるとまた宿営に戻る。九月二〇日は真の休息日となる。部隊は武器、装備の整備を行う。

考察

戦闘中止は、九月一一日から一二日にかけての夜間に、敵に気づかれぬように実行された。また、翌九月一三日も敵は追撃をかけてこなかった。もし敵の追撃があれば、アルゴンヌの森への侵入はたいへんなものとなっていたかもしれない。九月一三日の退却により、前日夜に前哨を務めていた部隊にとっては、四五キロメートルもの行軍を強いるかたちになってしまった。この行軍においては、たび重なる渋滞が発生し、またぬかるみに嵌り立ち往生した隊列の救援活動も行わねばならず、非常に困難なものとなった。大隊は、二四時間を超えて不眠不休で行動し続けたのである。

出撃、モンブランヴィル――ブゾンの森攻略戦

九月二一日午後、新たに警報が発令される。われわれはアプレモンへ移動する。そこで大隊は、日が暮れるのを待って、モンブランヴィル西方一・五キロメートルの高地上の前線にいる第一二五歩兵連隊の大隊と交替せよとの任務を受け取る。ただ、説明を受けた引き継ぎ予定陣地の状況は、まったく気乗りするものではない。すなわちこの陣地は、「前面が傾斜した陣地であり、全箇所が敵から視認可能で、塹壕は

水が多く湿っており、さらには強力な銃砲撃により毎日損害が発生しているうえに、後方への交通は夜間のみ可能」だというのである。

明かり一つない夜、ふたたび土砂降り雨となるなか、交替する部隊から派遣された案内要員の誘導に従って、ぬかるんだ畑を抜け、道なき道を前進する。真夜中前にわれわれは交替を実施する。引き継いだ箇所の陣地は、深さ五〇センチメートルの、相互連携が確立されていない塹壕である。壕内は、ふちのところまで水がいっぱいになっている。守備兵は外套と天幕を体に巻き付け、手に銃剣を持ち、塹壕の後ろにいる。説明によると、敵はほんの一〇〇メートル前方におり、われわれと対峙しているとのことである。兵士たちはこの状況にすぐ順応していく。まず食器を使って、塹壕から水を汲み出す。それから壕を深くし、拡張するために精力的に作業を行う。兵士たちはドゥフュイの森で、陣地の価値を覚えたのである。地面が緩んでいることが幸いして、作業はすみやかに進んでいく。数時間後、塹壕の構築物の大半が相互に結合される。これで大隊は、次の日を心穏やかに待ち受けることができる。

九月二二日、ようやく太陽が照る。早朝、大隊のすべての作戦地区は、いたって平穏である。敵の位置はアルゴンヌの東端半ば右、森の突出部、距離にして、約四〇〇から五〇〇メートルの地点である。われわれの眼前を走るモンブランヴィル＝セルボン道沿いには、敵の影は見えない。一方、われわれの半ば左方向、同じ道沿いにある木立の地点は敵に押さえられている。もっとも、かなり近い距離ではあるが、撃たれることなく壕の外で行動することはできる。そのため、陣地脇の木になっているよく熟れたスモモなどは、あっという間に摘み取られてしまう。

九時ごろ、フランス軍砲兵隊は、われわれが新しく構築した陣地の設備目掛けて砲撃を開始する。しかし、夜間の作業の甲斐あって、この砲撃の損害はわずかですむ。三〇分もすると、敵の砲撃はまた止んでしまう。ただその後も、ときおりわれわれの陣地目掛けて、短時間の擾乱射撃がなされる。

正午ごろになっても、フランス軍歩兵は姿を現さない。そのため、敵がわれわれの半ば右前方の森のなかにいるのか、いるとしたらそれはどこかを確認するべく、斥候隊が送られる。

ところが森の端から五〇メートル離れた地点で、斥候隊は激しい銃撃を受けてしまう。そのため、何名かの重傷者を残して退却を余儀なくされる。戦闘のあいだ、われわれは自陣から斥候隊のために掩護射撃を行う。銃撃戦が終わると、フランス軍の小銃兵と衛生兵が、彼らの前線すぐ近くに横たわっている重傷者に近づいていく。負傷兵を救助するつもりのようにも見える。ならば、それができるようにと、こちらのほうでも発砲を完全に停止する。しかしフランス軍の兵士は、ドイツ軍の負傷者のもとに到着すると、この無防備な者たちを射殺してしまう。この非道な振る舞いに、みな震えるほどの怒りを覚える。われわれは即座に銃撃を開始する。できることなら、森に突撃して仲間のかたきを討ちたい。だが、一日のうちには、まだ必ずやその機会があるに違いない［この段落は英訳版では削除されている。同箇所には「フランス軍歩兵が、戦場に横たわるドイツ軍負傷兵を殺すという本箇所の記述は、ロンメルの責任で削除された」との註記がある］。

午後、陣地から八〇〇メートル北方の窪地に野外炊事車がやってくる。食糧班は、榴弾、榴散弾、小銃の一斉射撃と、非常に激しい擾乱射撃を受けながらも、前線部隊へ食事を届けることに成功する。

一五時ごろ、わたしはモンブランヴィル北西約一・五キロメートル、一八〇高地近くに置かれた連隊戦闘指揮所におもむく。わたしは状況について報告を行い、第二大隊の出撃命令を拝する。

ブゾンの森、モンブランヴィル＝セルボン道沿いでは、木製鹿砦《アストフエアハウ》の背後に陣地が構築され、強力な敵が待ち構えている。われわれの右手にいる第五一旅団の大隊がこの陣地に対して行った正面攻撃は、これまでのところすべて失敗している。アルゴンヌ東方、すなわちわれわれの左手では、第一二四歩兵連隊第一大隊により強化された第一二二歩兵連隊が、モンブランヴィルを経由し、同地南方一キロメートルの連丘へ攻撃を加え、成果を挙げている。

これから第二大隊は、モンブランヴィル゠セルボン道沿いの森のなかで、鹿砦の背後に陣取る敵を、黄昏に紛れて側面から攻撃し、西へと包囲せねばならない。なんとすばらしく、またなんと困難な任務だろうか。

大隊に戻る際に、わたしは戦闘地域を注意深く観察し、どのようにすればこの攻撃をもっともうまく指揮できるだろうかと考え込む。既存の陣地から、たとえばモンブランヴィル゠セルボン道の獲得を第一目標として突撃するというのは、賢明とはいえない。こうした攻撃では、敵の不意をつくことはできない。それどころか、森から側面に攻撃を喰らい、目標の道路に着くより前に大損害を出すのがおちである。またそもそも、これでは敵の側面を突くことができない。

わたしはこうしたことを考え合わせ、連隊から課された任務を大隊長に伝達したうえで、次のような提案をする。すなわち最初に、モンブランヴィル西方一・五キロメートルの高地上にある陣地を撤収し、遮蔽物となるものがある同高地の北斜面に大隊を集結させる。次いで、縦長に陣を取り、これまでの陣地のすぐ東方の窪地を前進する。そして、モンブランヴィル西六〇〇メートルにある小さな森を奪取する、という案である。

この小さな森は、少し前にドイツ軍砲兵隊から激しい砲撃を受けており、そのため、外から見るかぎりでは、敵は森から撤退しているようである。われわれは地形のおかげで、対峙する敵から見られずに移動することが可能である。

森に到達すれば、その地点で大隊は、道路南にて正面を西に取りつつ、アルゴンヌの森東端へ向けて攻撃の用意を行うことができる。この攻撃により、今度はモンブランヴィル゠セルボン道沿いの敵の側面を突くことができるはずである。既存陣地の撤収を即座に開始することができれば、攻撃を黄昏の薄明があるうちに実行することが可能となる。さて、こうしたわたしの提案は認められ、計画は実行に移されることになる。各部隊は斜面を駆け戻り、小隊単位で次々と南斜面の陣地を撤収していく。その際、敵歩兵部隊の非常に激しい銃撃があり、軽傷者が何名か発生する。まもなく大隊全体が北斜面に集結をすませる。しかし敵は撤収ずみの元の陣地に銃撃を続けている。この瞬間を見計らい、大隊本部を皮切りに縦隊を組み、モンブランヴィル西六〇〇メートルの小さな森へ向けて、起伏のある地形のなかを前進する。われわれが対峙してきた敵は、こちらの放棄した陣地目掛けて、なおも銃撃を続けている。敵はこちらの動きを察知できていないようである。

こうして敵と衝突することなく、われわれは小さな森へと進出する。膝射用の散兵壕は北端に向けて走っている。壕内には、背嚢や水筒、武器といった装備品が残されている。おそらく守備隊は、午後行われたドイツ軍の砲撃のために、この小さな森を撤退したのであろう。われわれは正面を西に取り、森の端にいる敵に向けた攻撃の準備をする。なおも敵は、こちらの存在に気づかない様子である。なにしろ少なくとも森の端から銃弾は飛んでこないのである。

攻撃目標の森の端は四〇〇メートル離れている。戦闘地域はいくぶん上りになっている。道の五〇〇メートル南では、森の端に垂直となるかたちで窪地が続いており、接近のために非常に適した地形となっている。第五中隊はここを伝い、完全に姿を隠しながら、森の端まで一〇〇メートルの地点へと前進する。その間、第七、第八中隊は、道路と窪地に挟まれた地点で準備を終了したと報告する。第六中隊は第五中隊の予備としてこれに続く。大隊本部は前方で第五中隊とともに行動する【図9参照】。

攻撃計画とそれぞれの任務が、各中隊に対して迅速に伝達される。頭にあるのは、左前方へと梯形に構えることで、道路沿いの敵を包囲しようというもくろみである。

ザルツマン少佐が作戦開始の合図を送る。あたりはすでにかなり暗くなっている。物音を立てず、大隊は森の端へと接近する。まもなく第五中隊の先頭の小銃兵が、窪地のなかを茂みから茂みへと忍び足で前

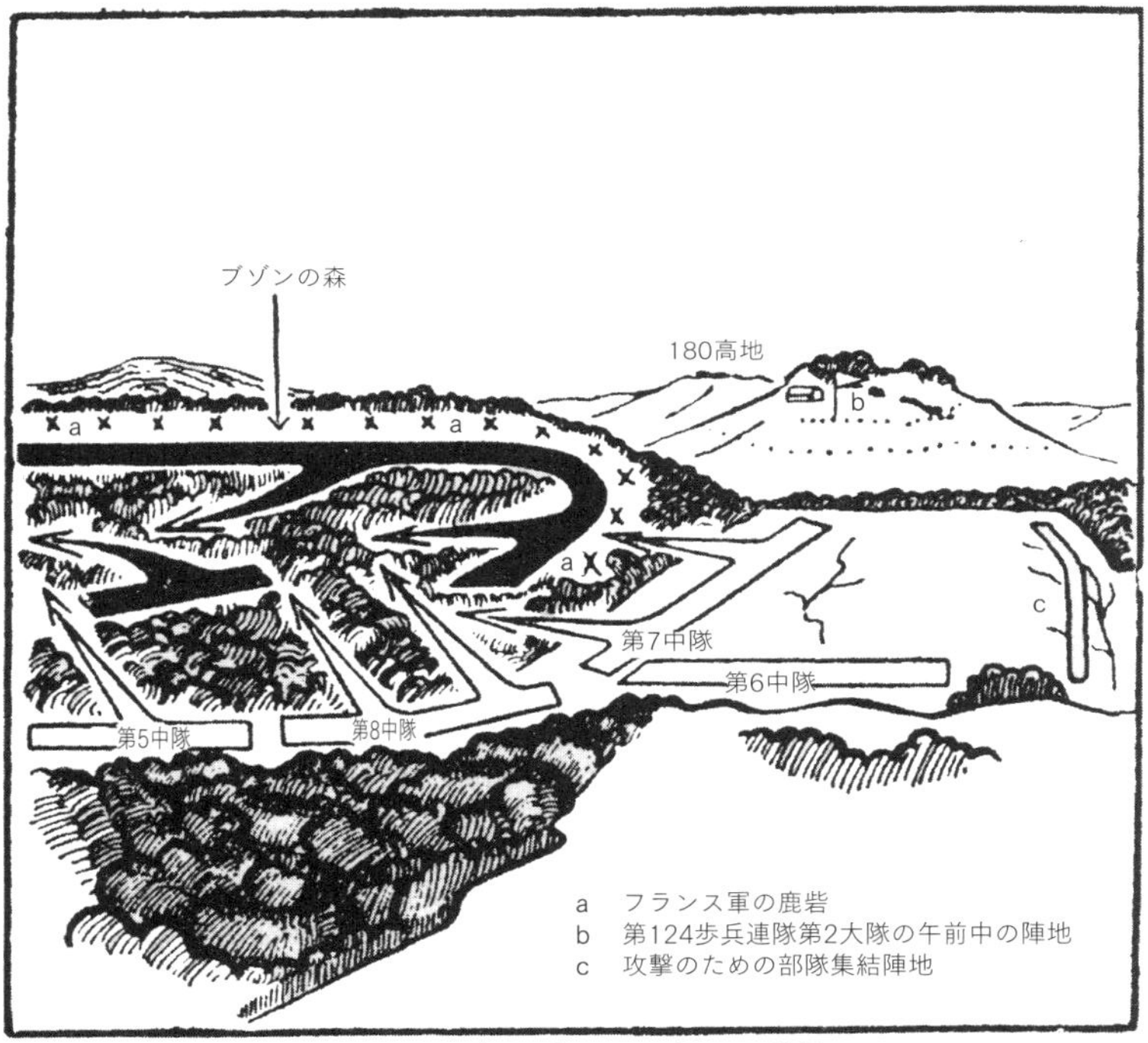

図9　モンブランヴィル――南からの眺望

進して、喬木林へともぐりこむ。第七中隊と第八中隊は、森の端まで二五〇メートルの地点へ接近する。敵の動きは見られない。敵の注意はすべて、道の北にある、われわれが放棄した陣地に引きつけられているようである。

第五中隊は、これまでの方向を維持しつつ、下草を掻き分けて前進する。第五中隊全体と大隊本部が喬木林のなかに姿を消す。そのとき道路上では第七中隊が、敵と八〇メートルの距離で接触する。瞬く間に非常に激しい戦闘が生じる。しかしこれは短時間で終わる。第五中隊と大隊本部が右に、そして第八中隊と第七中隊の左翼が半ば右に迂回したところで、突撃の合図が出される。それとともに、全大隊が猛烈な雄叫びを上げて、敵に突進する。

敵正面にある鹿砦はまったく機能しない。敵の側面、および背後を急襲するかたちとなったわれわれの猛攻は、敵に痛烈な打撃を与える。敵の予備隊、鹿砦の守備隊はパニックにおちいる。こちらの兵の銃弾、銃剣、銃の床尾の餌食をまぬがれた者は、一目散に西へと逃げ出す。午後の戦闘の際、だまし討ちのようなかたちで射殺されたこちらの重傷者の復讐が、荒々しく実行される［この一文は英訳版では削除されている］。夜の訪れが、ようやくこの大殺戮に終止符を打つ。五〇名のフランス兵が捕虜となり、機関銃数挺、弾薬車一〇両が鹵獲《ろかく》される。さらに、フランス軍の調理ずみの温かい夕食が、直火に掛けられた飯盒の状態で押さえられる。一方、われわれは自軍に生じた損失を嘆き悲しむ。パレット少尉と三名の兵が戦死する。負傷者は将校一名、下士官および兵が一〇名である。

この突撃はさらに別の効果ももたらす。敵右翼で発生したパニックは、フランス軍の師団全体に波及し、混乱が生じる。敵師団は、鹿砦背後の強固な陣地を過早《かそう》に放棄してしまう。また、夜間、離脱を図る多数の敵兵が、モンブランヴィル＝セルボン道とローマ街道の交差点のところで、敵師団の向かい側にいた第五一（ヴュルテンベルク）旅団の手に落ちる【図10参照】。

大隊は戦場で露営する。涼しい九月の夜、地面は湿り、ワラも無く、ただ外套に包まっている状態のため、かなりの寒さを覚える。これに対してわれわれの馬のほうは、鹵獲された燕麦を満腹になるまで貪っている。

九月二三日、夜明けとともに、わたしはハース大佐に同行し、ローマ街道方面への騎馬捜索に出る。その後、第二大隊は、アルゴンヌの森東端に沿って南へ行き、レゼスコンポルト農場まで前進せよ、という命令を受ける。しかし大隊は、わたしが連隊本部に引きとどめられているあいだに、連隊の命令とは異なり、森を横切るかたちで出発してしまう。馬で大隊のあとを追おうとするが、足跡が見つからない。また、

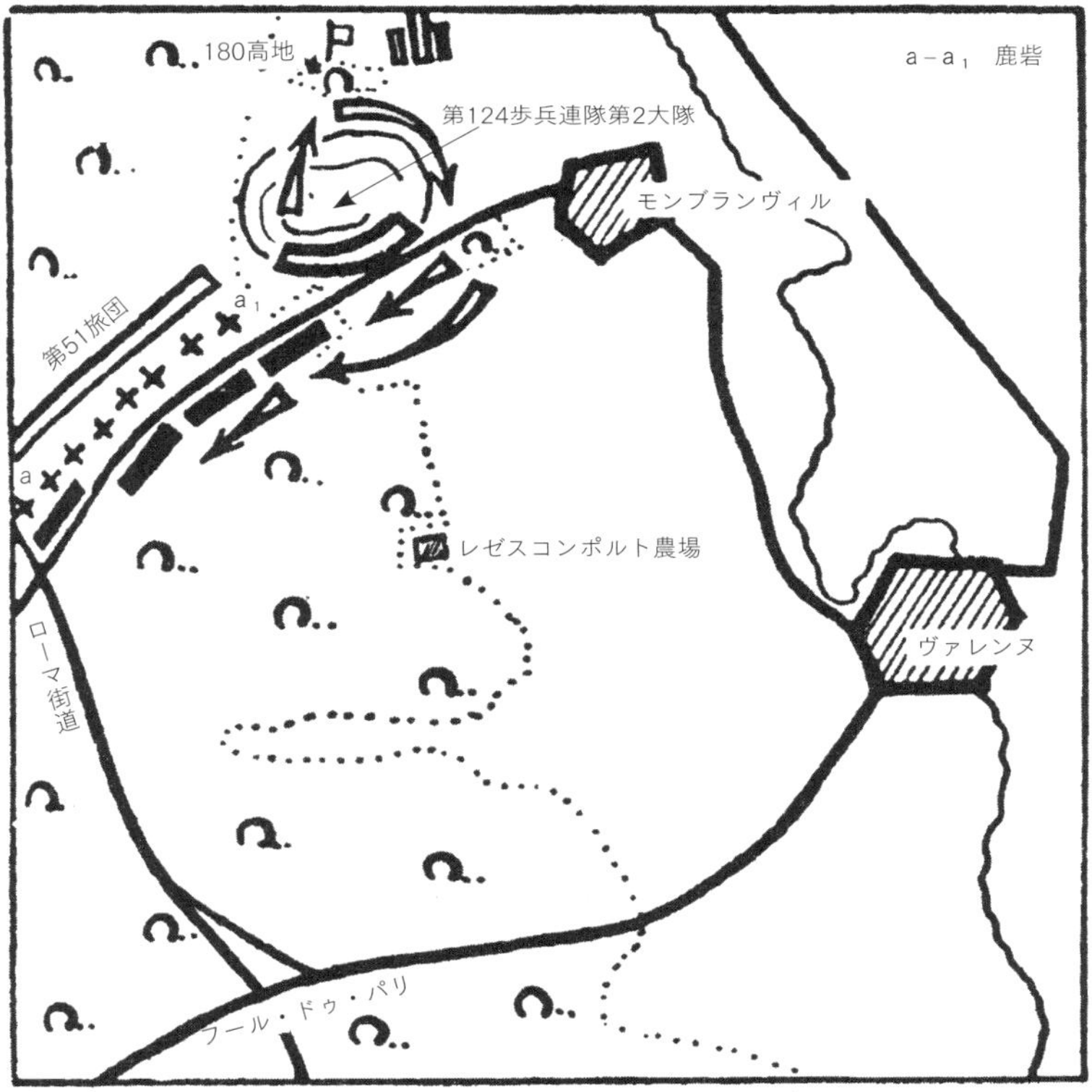

図10　モンブランヴィル（縮尺約1：50,000）

アルゴンヌの森東端に沿ってレゼスコンポルト農場へ進出しようにも、機関銃を備えたフランス軍がまだいないか、まだ確認しなくてはならない。午後になり、ようやく大隊を発見する。大隊は午前中、レゼスコンポルト農場に立ち寄ることなく、森を通って、農場の一キロメートル南にある高地に到達し、そこにいた敵の前哨を駆逐していたのである。さて、わたしの到着と時を同じくして、敵の榴弾が大隊のいる地点に着弾する。しかしフランス砲兵隊は、どのようなやり方で、森のただなかにいる大隊の位置情報をつかんでいるのか。また、どのようにして、このような正確な砲撃の準備を進めているというのか。ふたたび謎が深まる。

空腹と疲労のなか、兵士たちは、木の下や、フランス軍が木の枝で即席に作った雨風をしのぐ場所で横になる。早朝に出撃して以来、またもやわれわれは食べ物を一切受け取っていない。アプレモンで立ち往生しているという話の野外炊事車を回収するために、わたしは馬で戻る。そして、モンブランヴィルから北に一キロメートルの地点で、野外炊事車の部隊がいるのを発見する。しかし、地面がぬかるみと化しているため、酷使により疲れ果てた馬では、炊事車を大隊まで引かせることができない。結局、レゼスコンポルト農場の東四〇〇メートルの地点で、炊事車は立ち往生してしまう。そのため、夜中の一二時から三時のあいだ、中隊は班ごとに自分たちの食事を取りに行く。

このあいだに、連隊から命令が届く。それによれば、第二大隊は五時までにレゼスコンポルト農場に到着せよとのことである。こうした事情のために、睡眠時間は非常に削られてしまう。

考察

前線の大隊との交替は夜間に行われた。こうした場合、案内役となる先遣隊が前に出ることになる。

交替は物音ひとつ立てず実施されねばならない。さもなくば、敵の銃砲撃による妨害に遭い、多くの場合損害を出すはめになるだろう。

第二大隊はこのときもまた、夜明け前にショベルで懸命に作業をしておいたので、敵の砲撃に対しても、わずかな損害で乗り切ることができた。

戦闘時の斥候について。九月二二日の午前中のような種類の斥候に際しては、強力な掩護射撃を用意しておくことが適切である。こうした準備により、損害が発生するのを避けることができる。状況によっては、斥候隊そのものに掩護射撃用の軽機関銃を持たせておき、それにより一地点から他の一地点への秘密裏の移動を監視させるというのも手である。

九月二二日の日中に第二大隊により行われた、前面が傾斜している陣地での撤収作業は、敵との距離がわずか五、六〇〇メートルだったにもかかわらず、わずかな損害を出しただけで成功を収めた。その際、兵士たちは、個別に高地を駆け戻るという方法をとった。わたしの考えるところでは、今日の兵器が持つ威力や性能を前にしても、こうした離脱は可能である。ただしその場合、敵を大砲と重歩兵兵器により火制しておく必要があるのは言うまでもない(これまで見てきたような当時のケースでは、この必要が生じなかった)。さらに煙幕を使用すれば、こうした撤収、離脱行動の困難は軽減されるだろう。

九月二二日夜、アルゴンヌの森のなかで強力な防御陣地を整えて立てこもる敵に対し行われた側面および背後からの攻撃は、わずかな損害を自軍にも出したものの、大きな成功を収めたと言える。部隊配置の時点で地の利を活かし、連隊の左翼を大きく前に出して梯形に構えることができたこと、これが敵との接触に際して非常に有効に機能した。森のなかにいた敵の右翼は蹴散らされ、逃げ出した兵たちのパニックはフランスの師団全体に伝播した。そしてそれは、陣地の放棄という結果を引き起こしたのである。

なお、機動戦において部隊の糧食を確保し続けることがいかに難しいかは、九月二三日から二四日にかけての夜の出来事が、はっきりと示してくれている。

ローマ街道沿いの森林戦

九月二四日午前五時、命令どおり第二大隊は、レゼスコンポルト農場に到着し、同地で停止のうえ休息をとる。暗く狭い部屋でハース大佐はザルツマン大隊に命令を下す。それは、アルゴンヌの森を横断し、フール・ドゥ・パリ＝ヴァレンヌ道とローマ街道の交差点を占拠のうえ、これを確保せよ、というものである【図10参照】。

これにより疲労のことも、弱った胃や消耗した気分のことも、すべて頭から消え去ってしまう。新しい任務が全身の力を漲らせるのが分かる。

大隊が進発するあいだ、朝もやのなかから、真紅の火球のように太陽が昇る。「なんという朝焼けだろう」と、わたしはふと想う。鬱蒼とした下草のなか、道なき道を交差点目指して横切っていく。わたしはコンパスで方位を維持しつつ、複列縦隊の先頭に立ち、徒歩で行軍する。ときおり、あまりにもやぶが濃く、通り抜けができない地点にぶつかると、そこで進行方向を変えて、これを回避することを余儀なくされる。われわれ第一二四歩兵連隊の青年将校たちは、戦争前、平和だった最後の数年間に、夜間であってもコンパスを使い、方位を維持しながら駐屯地周囲に広がる森林地帯を横断するという訓練を受けてきた。それが今、報われる。

一時間の行軍のあと、われわれはローマ街道に到達する。目標の地点にはまだ一キロメートルほど離れている。行軍側衛を置いたうえで、われわれは南に移動する。連隊本部は、先頭のすぐ後ろを馬で行く。六本の林道が集まる交差点にある、朽ちて倒れかけの避難小屋の脇に、一名の重傷を負ったフランス兵が倒れている。彼は喚き声を上げ、寒さと不安で震えている。このあわれな男は、モンブランヴィルの戦闘のあと、ずっとここにいたのだという。男の仲間は、撤退するにあたり、彼を置いてけぼりにしてしまったという話である。衛生兵は、この男の傷に包帯を巻き、手当てをしてやる［この段落は英訳版では削除されている］。

このとき、フール・ドゥ・パリ＝ヴァレンヌ道から戻ってきた斥候隊が、この道路沿いに敵が塹壕を構築していると報告する。これには警戒が必要である。第五中隊、第六中隊が、それぞれ別の径路を通り、フール・ドゥ・パリ＝ヴァレンヌ道に送りこまれる。前衛が各中隊に先行する。高い樹木こそまばらになったが、下草はこれまでと同様、非常に鬱蒼と繁っている。大隊長が第七、第八中隊とともに、避難小屋の近くにいるあいだ、わたしは右翼で前進している第六中隊の先頭に同行する。道の脇には、何人かのフランス兵の死体が転がっている。

突然、大地に、疾走する馬のひづめの音が轟く。馬は前方から急速接近してくる。自軍なのか、それとも敵なのか。道が草木で覆われているために、視界がわずか七〇メートル程度しかない。先頭部隊は大急ぎで左右の灌木を確保する。次の瞬間、誰も騎乗していない馬の群れが、猛スピードで角を曲がってくる。馬の群れはわれわれを見ると、驚いて立ち止まり、そして右へと走り去っていく。

その後、第六中隊には、取り立てて何事も起らず、大きな通りに出る。左手向こうの第五中隊のところでは、激しい戦闘が発生している。わたしは馬を全速力で駆り、大隊本部に戻る。同じとき、第五中隊から報告が入る。それによると、同中隊は避難小屋の南五〇〇メートルの地点で、鹿砦の背後に陣取る敵と接触したが、敵は増強されており、そのためこれ以上前進することができず、至急援軍が必要とのことである。この直後、第五中隊の二名の将校が、重傷を負った状態で運ばれてくる。また第五中隊がいる一帯の戦闘の騒音が大きくなってくる。このとき、第六中隊のところにも着弾がある。無数の弾丸が森の中を抜けてピシッという音を立てている。狙撃兵だろうか。しかし何も見えない。

ザルツマン少佐は、第八中隊を第五中隊の左手に配置する。両中隊は同時に敵に攻撃を加え、フール・ドゥ・パリ＝ヴァレンヌ道の向こうにまで撃退することを命ぜられる。第八中隊が出発するかしないかのうちに、第五、第八猟兵大隊の先頭部隊が避難小屋に到着する［十六世紀、いかなる地形をも踏破する機動力を持ち、射撃に長けた軽歩兵部隊を編成する必要に迫られたドイツの諸侯は、領内の猟師たちを集め、一種の特殊部隊を創設した。彼らは、その平時の職業にちなんで、猟兵と呼ばれた。時代が下っても、この起源に従い、狙撃や側面掩護、後衛にあたる軽歩兵部隊は「猟兵《イエーガー》」と呼称されたのである。ただし、第一次世界大戦のころになると、その本来の機能は薄れ、機動力に優れた歩兵ぐらいの役割になっている］。彼らも、第一二四歩兵連隊第二大隊と同じ任務に就く。ザルツマン少佐は、まず状況について、概略的に説明する。その後、第五猟兵大隊に、第一二四歩兵連隊第五中隊と第七中隊の左手に移動して攻撃を行い、この両中隊とともに敵を通りの向こうへ駆逐せよ、と任務を課す【図11参照】。

しかしこの攻撃も、およそ四五分後には、多大な損害を出して失敗に終わる。多くの負傷兵の話を総合すると、敵は無数の鹿砦の背後に構築された強力な陣地に立てこもり、複数の機関銃を配備しているようである。この間、第六中隊の隊長、フォン・ランバルディ伯爵が、軽傷を負い戻ってくる。伯爵の報告によれば、フール・ドゥ・パリ＝ヴァレンヌ道の第六中隊は、二〇〇メートル東方にいる同程度の兵力の敵と対峙しているという。また、中隊の西には森があるが、そちらに敵が不在であるかどうかは、まだ確認できていないとのことである。これらを踏まえて、わたしは状況をさらに把握するために、第六中隊に出

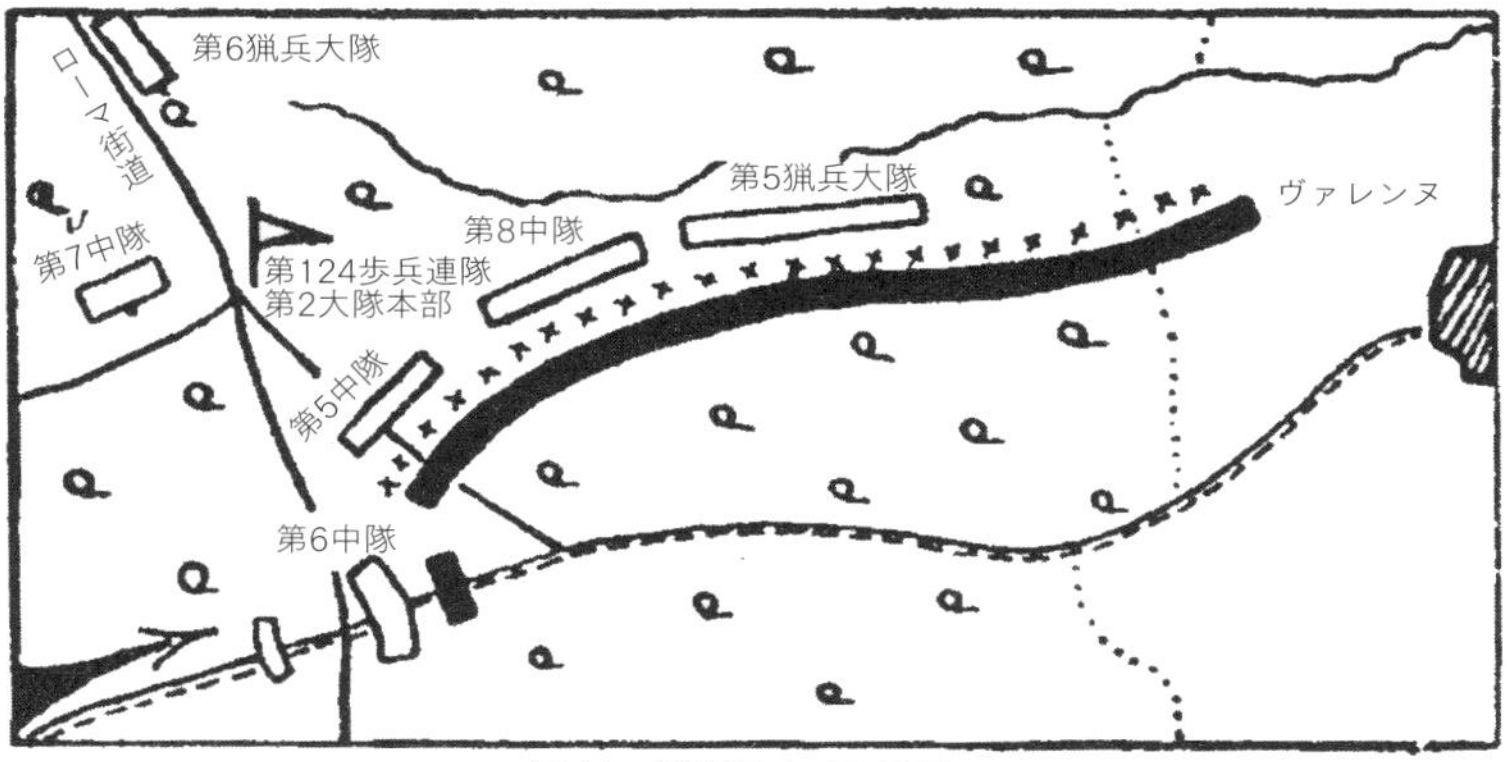

図 11 （縮尺約 1：50,000）

向く。そして、第六中隊の強力な斥候隊を連れていく。フール・ドゥ・パリ＝ヴァレンヌ道のすぐ南を通過し、第六中隊の全周陣地《イーゲルフエルミゲ・シュテルング》の南、五〇メートルのところで、敵と接触する。一定時間この敵と撃ち合ってみて得た印象とは、今、対峙している相手は、たんに強力な哨兵にすぎないのではないか、ということである。

大隊に帰還し、わたしが提案した計画は、第七中隊と第六猟兵大隊で、通り沿いの第六中隊のところまで前進し、ヴァレンヌへ通じる道路の両側から攻撃を加える、またその際、第八中隊、第五中隊、第五猟兵大隊と対峙している敵を、側面から捕捉する、というものである。

この作戦について決定が下される前に、騎馬伝令から連隊命令が届く。それによると、第一二四歩兵連隊第二大隊は、隷下となった第五、第六猟兵大隊と協力してヴァレンヌへ続く道路を迂回し、敵を掃討せよ、とのことである。これと同時に第六中隊より報告が入る。密集したフランス軍部隊が、フール・ドゥ・パリの方向からこちらに接近中とのことである。こうした状況を踏まえれば、東へ向けて突破口を開く好機が来ているとも考えられる。

ともかく可能なかぎり急いで、攻撃準備を行う。第六猟兵大隊は道路の南側に出て、道路沿いに左翼から前進するよう命ぜられる。第七中隊は道路の北側に配置される。第六中隊は第七中隊の左で攻撃を行わねばならないが、その際、フール・ドゥ・パリ方面に向かう道路上に置いた強力な警戒部隊については、そのままにしておくよう命令を受ける。

全部隊が準備完了を報告し、攻撃が開始される。大隊本部は第七中隊に続く。最初の一〇〇メートルのところで、早くもわれわれは、強力な敵の速射により、地面に伏せることを強いられる。そこは下草が密集しており、二〇メートル先が見通せるか見通せないかといった場所である。敵兵そのものについては何も見えない。こちらからも、各中隊が発砲を開始する。そして各自、匍匐や短距離の突進をまじえながら、見えない敵に向けて接近していく。耳を劈《つんざ》くばかりの銃声、爆発音が響く森のなかで、敵までの距離を概算でも測定することは不可能に近い。敵の銃撃が激しさを増す。こちらの攻撃は遅々として進まない。

ザルツマン少佐とわたしは、第七中隊を、強引にでもふたたび前進させるべく、最前線に向かう。わたしは一名の負傷兵から小銃と弾薬を取り上げ、およそ二個分隊の指揮を引き継ぐ。この森のなかでこれ以上の規模の部隊を掌握し、動かすことは無理である。われわれは何度か雄叫びを上げながら、至近距離にいると思われる敵を狙って、やぶのなかに飛び込むが、敵を捕捉することはできない。しかし敵のほうは、こちら目掛け、再三にわたり速射を仕掛けてくる。これに対しては地面に伏せるしかない。刻々と損害は増え続けている様子である。それは、周囲から聞こえてくる衛生兵を呼ぶ悲鳴と怒号ではっきりと分かる。

われわれは、ぴったりと地面に伏せ、あるいはアルゴンヌの森に立ちならぶ太いオークの木に隠れつつ、敵の銃弾の雨をなんとかやり過ごそうとする。狙いは、敵の銃撃が弱まる最初の機会に合わせて、ただちに敵方向の地域を再獲得することである。しかし、今の状態では、自軍の兵を前進させることは難しい。ただゆっくりとした速度でしか、前進できない。戦闘の響きからすると、近隣部隊は、自分たちと同じぐらいの高度の一帯にいるようである。

わたしはもう一度、前方のやぶのなかにいる敵に突撃を仕掛けてみる。下草をかき抜けてともに走るのは、かつて自分が鍛えあげた新兵たちである。敵は再度、猛然と銃撃を加えてくる。そこだ。敵をついに発見する。前方二〇歩足らずのところに、五名のフランス兵が、立射で攻撃しているのが見える。わたしはただちに銃床を肩に当てて構える。こちらの小銃が猛烈な音を立てると、前後に並ぶかたちで立っていた二人のフランス兵は、地面に崩れ落ちる。しかし、わたしの率いる兵たちは、このとき遮蔽物の後ろに下がってしまったらしく、こちらを支援することができない状態にある。ふたたび発砲する。しかし銃弾が発射されない。慌てて薬室を開ける。薬室は空である。敵の近さからして、再装塡のための時間はない。近くに隠れることのできるような場所もない。後退することなど、問題外である。唯一の活路は銃剣しかない。平時から、わたしは熱心に銃剣術の稽古をしており、かなりの腕前である。目下、一人で三人の敵を相手にせねばならない不利な状況ではあるが、それでも銃剣という武器と自分の腕前に、揺るぎない自信をもっている。そこで突撃を試みるが、しかし敵が撃ってきた弾の一発が命中し、わたしはもんどり打って倒れこむ。敵の足元からほんの数歩しか離れていない距離である。流れ弾が、左の大腿部をずたずたに引き裂いてしまっている。血が、握りこぶし大の傷口から吹き出す。このままでは、銃なり、銃剣なりのとどめの一撃がくるにちがいない。そこでわたしは、右手で傷口を圧迫止血しつつ、オークの木の後ろまで、転がって移動しようとする。しかし両軍の前線のあいだに、数分間にわたり倒れこんでいるという状態が続く。そこにようやく自軍の兵が雄叫びを上げながらやぶを突破して現れる。敵は逃げていってしまう。

ラオホ一等兵と一年志願兵ルッチュマンがわたしの手当てをしてくれる。まず外套のベルトを止血帯として利用し、次いで傷口に包帯を巻いて塞いでいく。この処置のあと、彼らはわたしを天幕用の布に乗せ、やぶのなかをぬって後退し、避難小屋まで運ぶ。

敵は鹿砦および森から駆逐されたとの知らせが、前方より入る。二〇〇人の捕虜が、われわれの手に落ちる結果となる。しかし、こちらの損害も非常に甚大なものとなる。死亡三〇名、うち、将校二名。負傷八一名、うち、将校四名。第二大隊だけで損害はこれだけの数に達したのである。しかし、ともかくも第二大隊は――後の連隊史には次のように記されることとなった――三日間のうちに三度にわたり、見事に自分たちの任務を果たしたわけである。

勇気ある男たちとの別れがつらい。沈みゆく太陽のなか、わたしは二人の兵により、一本の棒に固定した天幕用の布の上に乗せられて、五キロメートル後方のモンブランヴィルまで運ばれていく。痛みはほとんど感じない。しかし、おそらく失血がひどいのだろう、意識を失ってしまう。

夜間、モンブランヴィルの納屋で目を覚ます。ちょうど、軍医大尉シュニッツァー博士が、わたしの手当てをしてくれているときである。勇敢なヘーンレが、彼を連れてきてくれたのである。包帯を巻き直してもらう。それから救急用の車に乗せられる。わたしのまわりには同じように苦しんでいる者が三名おり、うめき声を上げながら横たわっている。野越え山越え、車は速度を上げて野戦病院へと向かう。道路は榴弾によってめちゃくちゃになっている。車が横滑りすると、その衝撃で強い痛みが走る。真夜中近くになり、われわれはようやく車から降ろされる。だが、自分のそばにいた者のうち一人は、すでに息絶えてしまっている。

野戦病院は満杯である。負傷者は、毛布に包まれた状態で列をなし、道に横たわっている。二人の軍医が必死に働いている。わたしももう一度診察を受ける。そしてそれが終わると、広めの部屋で、ワラの上に横になる。

夜が明けると、衛生隊の車両に乗せられ、ストゥネの兵站病院まで運ばれる。数日後、このストゥネにて、自分宛てに二級鉄十字章が届く。手術に耐えたあと、一〇月中旬、わたしは軍に献納された車に乗せられ、故郷に送られる。

考察

フール・ドゥ・パリ＝ヴァレンヌ道の敵は、第二大隊の任務遂行を非常に難しくした。最終的には三個大隊が森林での攻撃に投入されたわけだが、この鬱蒼とした森に陣取る敵の排除は、各大隊の甚大な、それこそ血塗られた犠牲と引き換えでのみ達成されたのである。大きな損害は、森林戦の開始後すぐに発生した。なかでも三名の将校が脱落したことが痛手であった。この戦闘の際、フランス軍の狙撃兵が効果を発揮したのかについては、評価が難しい。というのも、誰一人狙撃兵の発見にもいたらなければ、これを引きずり出すこともできなかったからである。

多数の損害を出したこの戦闘を通じて、兵員を前進させることの難しさが、あらためて明らかになった。指揮官がみずから手本を示そうにも、こうした密集した森のなかでは、自分のすぐ近くにいる部隊にしか影響をおよぼすことができないのである。また、互角の敵と一対一の戦闘になる場合、勝つのは弾倉に一発でも多く弾薬を持っているほうである、ということも確認された。

野外炊事車

1915年、アルゴンヌの戦い――ドイツ軍の歩兵攻撃

1915年、アルゴンヌの戦い――フランス軍

II. Kämpfe in den Argonnen 1915

第二部　アルゴンヌの戦い、一九一五年

シャルロッテの谷における中隊作戦地区

わたしはクリスマスの少し前に、陸軍病院から退院させられる。傷はまだ癒えておらず、歩行の妨げになる。また補充大隊での仕事も、自分の性に合うものではなく、そのため直近の便で戦場に戻る。

一九一五年一月中旬、アルゴンヌ西部の陣地にいる連隊に合流する。ビナルヴィルから連隊戦闘指揮所へ向かう非常にぬかるんだ道は、アルゴンヌの森のなかの状態を予想させるものである。

わたしは、ちょうどこのとき指揮官を失っていた第九中隊の指揮を任せられる。連隊戦闘指揮所から前方へかけては、約八〇〇メートルにわたり、細い丸太道が歩く者のために敷き詰められている。散発的に小銃弾が冬の森を抜けて飛んでくる。ときどき榴弾が轟音を立てて着弾すると、われわれは急いで身を隠す。人間の背丈ほどの深さがある交通壕が、身を隠す場所を提供してくれることに感謝する。この深い塹壕のどろどろした粘土であれ、喜んで我慢することができる。もっともこのため、わたしが中隊に到着したとき、こちらの着ている服を見て、この男が故郷から帰還したばかりの者だと思った者はいないだろう。

わたしは、髭を蓄えた戦士たち約二〇〇名の指揮と、前線の幅約四〇〇メートルほどの中隊作戦地区を引き継ぐ。フランス軍によるこちらの復帰祝いというわけでもなかろうが、敵の「ブムラッチュ《どんどんびりびり》」――砲兵中隊の一つ――はこちらに擾乱射撃を仕掛けてくる。さて、ドイツ軍の陣地は、多数の胸壁を備えた前線の塹壕が連続したものである。そこから後方にかけて、何本かの交通壕が走っている。有刺鉄線が不足しているため、正面にはまだ障害物がない。陣地の構築状況はまったく不充分である。湧き出る地下水のために、陣地はところどころで地表からわずか一メートルの浅さにとどまっている。八人から一〇人の収容を見積もっている掩蔽部のほうも、多くの箇所では地下水の関係で深さが足りず、上部の掩蓋のところが地表に突き出てしまっている。これでは、まるで射垜《しゃだ》である。この掩蔽部の掩蓋は、オークの木の幹の部分をいくらか重ねたものであり、砲弾の破片から身を守るだけのものにすぎない。自分が中隊長としての活動を始めてからものの数時間で、一発の榴弾が満員の状態だった掩蔽部に落ち、九名が重傷を負う。これを受けてわたしは、危険な掩蔽部の守備隊に対し、急襲射撃の際には、大至急、掩蔽部を撤収し、散兵壕に分散して身を隠すように指示する。散兵壕のなかであれば、一発の榴弾で一度に一つの集団すべてがやられてしまうようなことはない。あわせてわたしは、すべての掩蓋を野戦砲の榴弾にも耐えられるようにするべく、夜間補修作業の準備をさせる。また、陣地のすぐ脇に立っている太いオークの木々も非常に危険であるということが見えてくる。というのも、オークの木々に命中した榴弾は、木の破片を塹壕の底にまで撒き散らすことになるからである。そのため何本かのオークを伐採させる。

さて、わたしは数日のうちに、急速に中隊に馴染んでいく。二三歳の将校である自分にとって、中隊長の役割を務めること以上にすばらしい任務などありえない。細心さ。明瞭な指示。信頼して仕事を委ねた部下に対する絶えまない気遣い。自分自身に対する厳しさ。不足ばかりが目立つ条件下でも同じように共同生活を行うこと。こうしたことによって指揮官は、短期間のうちに自分の部下の信頼を勝ちとることができる。いったん信頼を勝ちとることができれば、指揮官と部隊は、それこそ艱難辛苦をともにすることができるようになるのである。

作業が毎日山のようにある。多くのものが不足している。足りないものを羅列するならば、板、釘、鎹《かすがい》、掩蓋用の板紙《ダッハパッペ》、鉄線、そして工具である。わたしが一名の小隊長と共有している高さ約一四〇センチメートルの待避壕は、針金と紐で結ばれたブナの丸太でできている。壁には遮蔽用の突っ張りが入っていないので、水が壁を伝ってチロチロと絶え間なく流れ落ちている。湿気の多い天気の際には、二重にしたオーク材と盛り土でできた掩蓋からもひっきりなしにしずくがぽたぽたと落ちてくる。待避壕に溜まる水は、四時間ごとに汲み出さねばならない。そのようにしないと壕が水没してしまうからである。火を起こせるのは夜間のみである。雨の多い冬の天気のなか、一日中、冷え込みは相当厳しい。

われわれの正面には鬱蒼と下草が広がっているため、対峙している敵陣地の姿を見ることはできない。こちらとは対照的に、フランス軍は、前線地域の木々をいちいち伐採する必要がない。なぜなら彼らは、陣地構築のために必要な資材を自国から持ってきているからである。また、ドイツ軍の弾薬が甚だしく不足していることに加えて、フランス軍の陣地は、深い森のなかに巧みに隠れるかたちで構築されている。そのためこちらが擾乱射撃を行っても、フランス軍の損害は軽微である。

こちらの陣地前方の地形は、敵方向に向けて、一〇〇メートルから一五〇メートルほど、わずかな傾斜で下りになっている。敵の陣地は、眼前に広がる窪地の向こう、距離約三〇〇メートルの地点と推測される。その地点から敵は、昼夜にわたり、われわれの塹壕後方の一帯を、ときおり小銃と機関銃により薙ぎ払う。これによって、遮蔽物の外で行われるこちらの作業は激しく妨害されるかたちとなる。これにも増してわれわれを苦しめるのが、「ブムラッチュ」の砲撃である。「ブムラッチュ」の砲撃では、どんどんという発射音と、びりびりという着弾音が重なり合う。壕外にて、この「ブムラッチュ」の急襲を受けた者はその場でただちに、それこそ電光石火の勢いで地面に伏せなければならない。これは、四方八方から襲い掛かってくる尖った破片に対して、的となる面積をできるかぎり小さくするためである。

一九一五年一月末、雨と雪が交替で降る。一月二三日から二六日まで、中隊は、前線後方一五〇メートルの予備陣地に入る。ここの待避壕は他にもまして、いっそう状態が劣悪である。また敵の砲撃もより執拗である。毎日発生する損害は、前線と比べても遜色ない。中隊は、物資輸送、掩蔽部の構築、交通壕の清掃、丸太道の敷設等の仕事に従事する。さて、ふたたび前方の旧陣地に移った際、われわれは心から喜びを覚える。そして、また新たな熱意を奮い起こし、作業に取りかかる。部隊の士気、結束力は高い。故郷を敵の侵攻から守り、戦争を勝利のうちに終結させるためならば、将校と兵はすべてのことを喜んでともに耐え忍ぶ覚悟がある。

一月二七日、わたしは数名の手勢を引き連れ、中隊の作戦地域の左翼部分のうち、敵方向へ伸びている塹壕の斥候へ出かける。われわれが今いるのは、一九一四年一二月三一日に連隊が攻略、占拠した、かつてのフランス軍陣地である。塹壕のところにある鹿砦を通り抜け、あたりに注意しつつ忍び足で前進すると、約四〇メートルほど進んだところで、数体のフランス兵の遺体を発見する。これはおそらく一二月末のドイツ軍の突撃以降、埋葬されぬまま両前線のあいだに置き去りにされていたものであろう。しばらく進むと、塹壕の左手に、フランス軍の小さな埋葬場所があるのを発見する。さらには、塹壕の端、中隊の陣地から約一〇〇メートル前方の、窪地のいちばん深くなった地点では、救護所として使用されていたのであろうフランス軍の掩蔽部が放棄されているのを見つける。この掩蔽部は念入りに掩蓋が構築してあり、二〇名はゆうに眠ることができるほどのものである。

こうして結局この斥候は、生きた敵に出会うことがないまま終わる。他方で敵は、この間も、小銃、機関銃による擾乱射撃をいつものように続けている。発射音から判断するに、敵は、窪地の向こう、およそ一〇〇メートルから一五〇メートルの距離にあるはずの陣地から攻撃しているものと思われる。だがやぶがあまりにも茂っているため、敵の陣地を確認することはできない。わたしは自分が現在いるこの掩蔽部を、前方の拠点として拡張することに決め、午後には作業に掛からせる。この地点にいると、向かい合って陣取っているフランス軍兵士の話し声が何度となく聞こえてくる。こうした状況もあり、斥候隊を前方へ送るというのは賢明ではない。枯れ枝がパキッと音を立てれば、こちらが任務を果たすより早く、注意深い敵に居場所を教えてしまうことになるだろう。そして斥候隊は、やぶのなかに構築された敵陣地についてなんらかの情報を得る前に、そのまま射殺されてしまうだろう。

一九一五年一月二九日の突撃

一九一五年一月二九日、可能なかぎり多くの敵兵力をアルゴンヌの森に拘束するべく、第二七師団の全連隊は小規模の陽動作戦を命ぜられる。われわれの連隊は、第二大隊（右翼）の戦闘地域において、フランス軍の対壕《ザッペ》が先行して爆破されるのを待ってから、突入を予定している。その際、連隊戦区の中央、第三大隊のところで、第一〇中隊（前方右手）および第九中隊（前方左手）の正面にいる敵を、砲撃により火制しておくことが求められる。この点、第四九砲兵連隊は、一月二七、二八日の時点ですでに射撃修正《アインシーセン》をすませている。第一〇中隊のために陣地の移動が予定されるが、その間、第九中隊は前進を行わず、側面へ迂回する敵を要撃することが命ぜられる［このころになると、のちの「浸透戦術」につながる、敵陣そのものを叩くよりも、敵陣地に突進、側面を顧慮することなく後方に突入、通信や兵站を混乱させて、攻撃の成果をあげる戦術が芽生えている］。

一九一五年一月二九日、空が白み始める。寒い冬の一日である。地面は凍てついている。作戦開始にあたり、わたしは三個分隊を引き連れ、中隊本来の陣地前方一〇〇メートルの地点に新しく設置された拠点の銃眼《シースシャルテ》に立つ。何発かの榴弾がわれわれを飛び越えて行き、一部は木々を直撃し、これを薙ぎ倒す。また一部は、われわれの背後に着弾する。続いて右手の向こうで爆発が起こる。地面が震え、土くれ、枝、石が雨あられと降る。小銃による銃撃が始まる。手榴弾が炸裂し、爆音が響く。孤立してしまった一名のフランス兵が、右手からわれわれの拠点の前に身を躍らせ、そして射殺される。

数分後、第三大隊の副官がやってくる。彼の伝えるところでは、右翼の突撃はかなりの成功を収めているとのことである。またこの副官は、第九中隊がこの前進に続く用意があるかどうかを、大隊長の代理として尋ねてくる。言うまでもない。われわれはそうするつもりである。とにかくこの吐き気を催させるような散兵壕から出ていくのだ。身を隠す作業を際限なく反復せねばならないこの状況から抜け出すのだ。

それにしても、中隊が横いっぱいに広がって陣地を駆け上がるというのは、わたしには得策とは思えない。敵の機関銃と大砲は、こちらの中隊陣地を充分射程に捉えられる距離に来ている。そしてこの陣地の様子は、樹木にひそむ敵の観測員により、おそらく筒抜けである。われわれが素直に前進したとしても、それは瞬く間に察知され、銃弾を浴びせられるのは確実である。このためわたしは兵たちを、中隊陣地右翼の地点、前方に伸びる対壕のところから匍匐で進ませる。そのあと、散兵線を左方向に匍匐前進させる。約一五分後、中隊はこれまでの陣地の八〇メートルほど前方、敵の方向へ下る斜面のところで、攻撃準備態勢をとる。われわれは、葉を落とした下草のあいだを匍匐で注意深く進み、敵へと接近する。

しかしわれわれが前方の窪地へ到達するより先に、敵が向こう側から機関銃と小銃で攻撃を開始してくる。こちらの動きは止まってしまう。凍った大地一面に砲弾が落ちてくる。斜面前面には、遮蔽物となりそうなものがほとんど見当たらない。太いオークの木があるものの、そこに身を隠すことができるのは、ごくわずかな数の兵士のみである。双眼鏡を使っても、敵については何もつかめない。たとえきちんと照準が定められた砲撃ではなくても、それが長い時間続き、しかも強力なものであれば、体を隠す遮蔽物がない状態で斜面前面にいる中隊が手ひどい損害を被るはめになることは目に見えている。わたしは自分の部下たちを、この悪い状況から最悪の事態だけは避けて助け出すにはどうしたらよいだろうかと、頭を悩ませる。部下の生死に対する責任が、指揮官の両肩に重くのしかかるのは、まさにこのような瞬間である。

ともかく、少なくともこの斜面前面よりはもう少し身の隠せる場所がありそうな、五〇メートル前方の窪地を直近の目標として、分隊単位で急いで移動させることを決断する。そのとき、右手の方向より突撃の合図が響きわたる。ラッパ兵はすぐ脇にいる。わたしはただちにラッパを吹かせる。

敵の火力はいっこうに弱まることなく、こちらに向けられている。それをものともせず、勇敢な第九中隊はまるで一人の人間であるかのように一つとなって立ち上がる。大きな雄叫びを上げつつ、中隊は突撃を開始する。われわれは窪地を横切り、フランス軍の鉄条網《ドラートヒンダニス》に到達する。鉄条網の向こうでは、敵が押し合いへし合いしつつ、強力に構築された陣地から大急ぎで撤退するのが見える。われわれの万歳の声と銃剣の輝きが、まさに敵の全身を貫いたのである。赤いズボンがやぶ越しにチラチラと光る。灰青色の外套の尾部も揺れている。われわれは追跡を急ぐ。陣地に残された小銃や機関銃など知ったことではない。目の前では、敵が慌てふためいて茂みのなかを逃げているのだ。敵のすぐあとを追いながら、第九中隊は、もう二つの念入りに構築され、強固な鉄条網も備えたフランス軍陣地を急襲し、これを奪取する。陣地の守備隊は蜘蛛の子を散らすように逃げてしまう。敵が急いで撃ち返してくるようなこともない。そのため、この戦闘でわれわれの側に損害は発生しない【図12参照】。

高地の一つに到達すると、森もまばらになる。眼前では敵兵が密集した状態で逃げている。われわれは引き続き敵を執拗に追う。中隊の一部が、いくつかの待避壕でフランス兵を捕虜にする。一方、先頭部隊

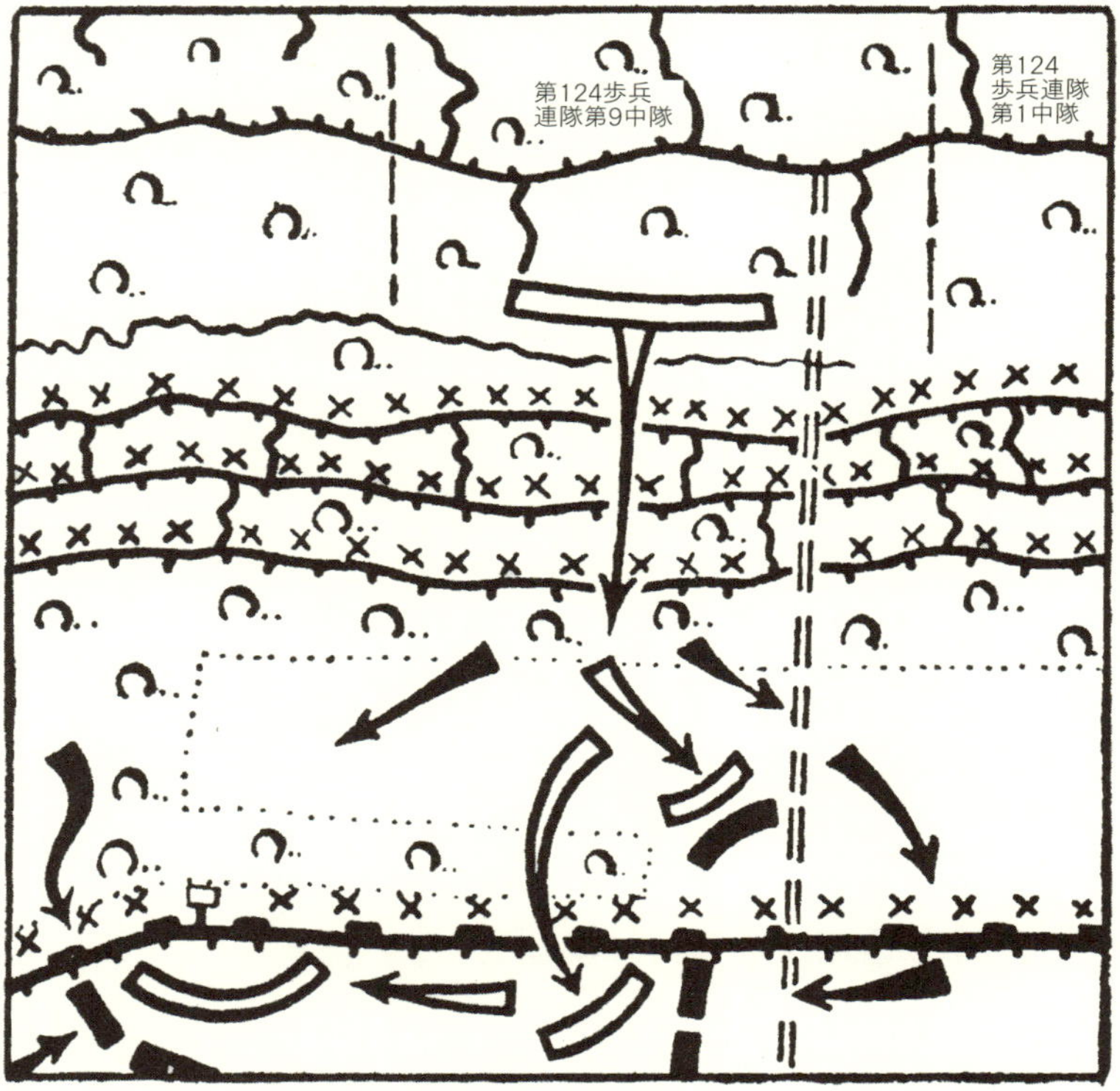

図12　1915年1月29日

は、フォンテーヌ・オー・シャルム西五〇〇メートルの森の端に到達する。この時点でわれわれは、出発した陣地の南七〇〇メートルの地点にいることになる。この場所から、地形はふたたび下りとなる。逃げていく敵は、素早く背の低い茂みのなかに姿を隠してしまう。左右との連携は途絶える。後方の左右からは激しい戦闘音が聞こえてくる。フォンテーヌ・オー・シャルム西五〇〇メートルの森の端を占拠したところで中隊に命令して、右翼、左翼両方向との連携を試みる。一同の笑いを誘ったのは、ある兵士がフランス軍の掩蔽部から、明らかに女が慌てて残していったとおぼしき、あれやこれやを持って帰ってきたことである。

この直後、予備中隊一個が到着する。わたしはこの予備中隊に、両翼との連携を取る仕事を委ね、みずからは第九中隊とともに南西方向へ前進を続ける。下りとなっている斜面の上を進み、茂みを抜ける。この地点の喬木林は、大部分が伐採ずみである。すみやかに窪地を横切る。警戒部隊が先頭を切り、自分は中隊とともに縦隊でそのあとに続く。そのとき突然半ば左から銃撃があり、われわれは地面に伏せざるをえなくなる。だが、やぶのなかに敵の姿は見当たらない。追跡が頓挫してしまわぬよう、わたしは中隊を敵の射撃区域に対して西に引き下げ、まばらになった喬木林のなかをふたたび南に進ませる【図13参照】。

しかしわれわれは森の端の上手のところで、突然、これまで一度も見たことがないほど大規模の鉄条網に出くわす。これは八〇メートルから一〇〇メートルほどの奥ゆきで、横にも目の届くかぎりに広がっている。フランス兵はこの一帯の森を、すべて伐採してしまっている。すると、緩やかな上り斜面に設けられた障害物の向こうで、わたしの中隊に所属する三人が立っているのが見える。そのうちの一人、まだとても若い戦時志願兵《クリーゲスフライヴィリゲ》のマットは、こちらに手を振って合図している。察するに、敵は強固に構築したこの陣地に、まだ兵をはりつけていないのだろう。この陣地を獲得し、予備隊の到着までこれを確保することは、力を注ぐに値する重要な任務のように思われる。

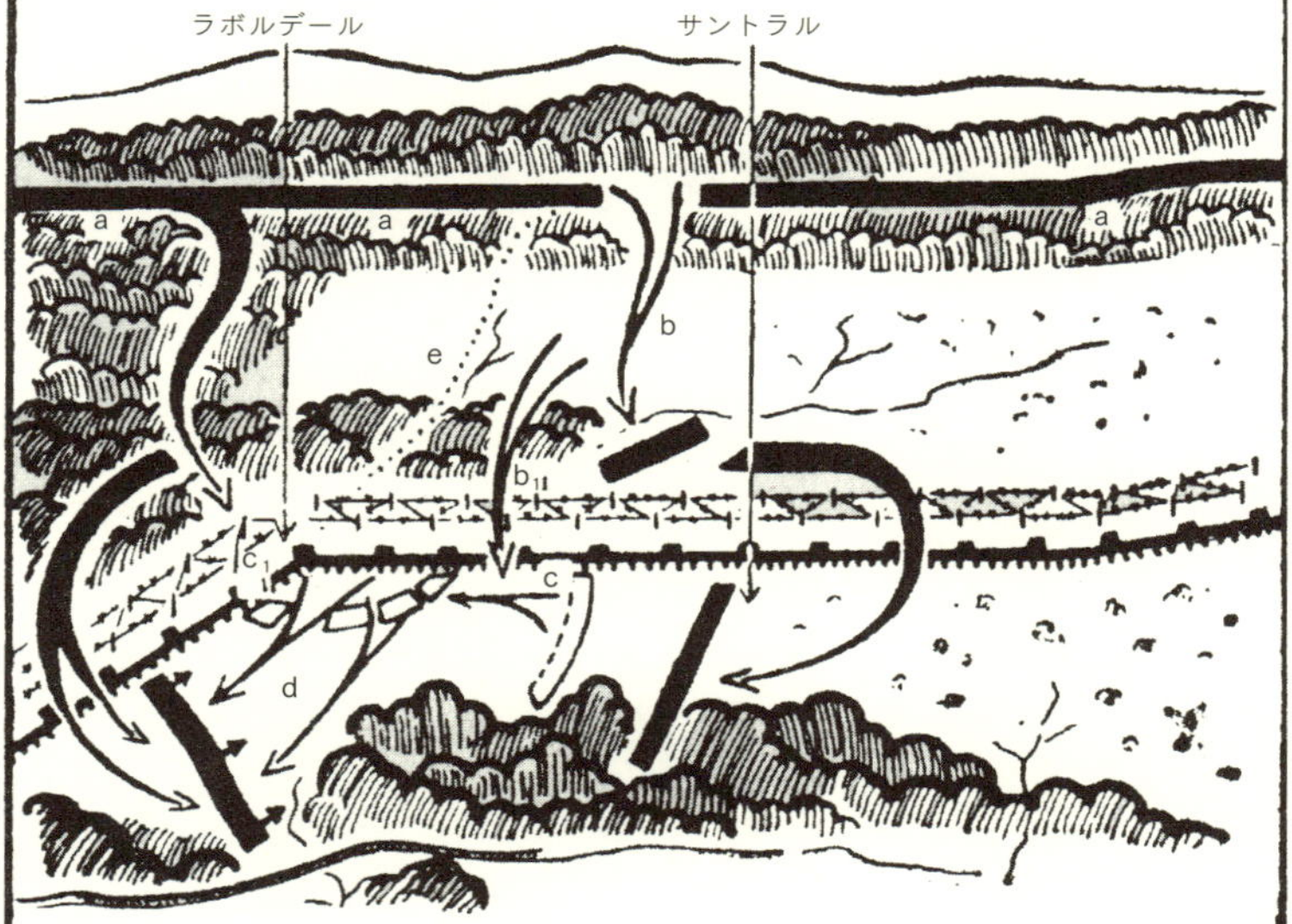

a　三重のフランス軍陣地
b　フランス軍の第3陣地を突破後、追撃を続け、サントラルへ浸透する第9中隊
c　サントラルおよびラボルデールの一部を確保する第9中隊
d　戦闘発生に先立つ急襲攻撃
e　退却路

図 13　1915 年 1 月 29 日――南からの眺望

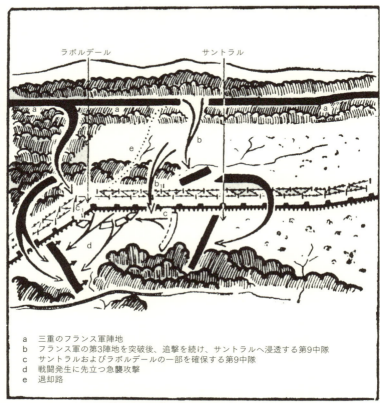

障害物には、まだ細い道が開いているところがある。わたしはそこを抜けて、敵陣地へ飛び込もうとするが、半ば左から猛烈な銃撃を受け、地面に伏せねばならなくなる。敵は、約三〇〇メートルから四〇〇メートルほど離れたところにいるはずである。しかしその姿は、こちらの目にはほとんど捉えることができない。障害物が非常に濃密に組み合わされているからである。流れ弾が、耳をかすめ、ピュン、ピシッと音を立てて飛んでいく。ともかく、匍匐で前進しながら敵の陣地に到達する。わたしは中隊に、自分のあとを一人ひとり匍匐でついてくるようあらかじめ指示しておいたのだが、先頭を行くはずの小隊長がこれを実行する勇気を発揮できない。いや彼の小隊はもちろん、中隊全体が、障害物を前に立ちつくしている。いくら呼んでも、合図を送っても動こうとしない。

いくらこの陣地が要塞のように構築されたものであっても、三人の兵ではこれを確保し続けることなどできない。中隊が後ろから来てくれねば、どうにもならない。わたしは西に急ぎ、ごく浅い窪地のところに、障害物を抜けて走る広めの小道を見つける。わたしはそこを通って中隊のところまで戻り、先頭小隊の隊長に、もしわたしの命令をただちに実行に移さないのであれば銃殺する、と伝える。これがうまくいく。左手からは作戦地域に対し小銃による掃射が続いているが、われわれは全員で障害物を突破し、敵陣地へ到達することができる。

わたしは半円状に中隊を配置し、獲得された陣地を確保する。中隊は塹壕を掘る。われわれのいる堡塁サントラルは、模範的なしかたで設置されている。これは、アルゴンヌの森を横切るフランス軍の主要陣地の一部である。強固なブロックハウスが五〇メートルほどの間隔をとって並んでいる。ブロックハウスには複数の機関銃座があり、この位置からであれば、横に広がる障害物一帯を、側面からも正面からも捕捉可能である。個々のブロックハウスを相互に結んでいる胸壁は、銃眼を通して障害物を、やや上方の位置から下へ向けて全範囲にわたり掃射できるだけの高さに設定されている。高さ約二メートルの土塁《エアトヴァル》の後ろには、深い掩体壕《デックングスグラーベン》がある。鉄条網と陣地のあいだには、ブロックハウスからブロックハウスへ向けて、幅五メートルの塹壕が走り、ところどころ水が溜まって凍結している。陣地後方一〇メートルのところには山道が延びている。この堡塁は制高点を確保しているため、車両は姿を隠した状態でこの道を往来することができる。

さて、このとき左手から、小銃による激しい攻撃がある。一方、右手奥では、陣地構築物が占領されていない状態のままであるように見える。そこでわたしは九時ごろに、自分の大隊に対し、以下のような内容の報告を書面で行う。

「第九中隊は、要塞状に構築されたフランス軍の堡塁に侵入し、森を横断するように配置されているこの堡塁の一部を確保している。至急、掩護および機関銃弾薬の補充、手榴弾の補給を請う」。

この間、兵士たちは、硬く凍結した地面をショベルでなんとかしようと四苦八苦する。しかしこれは無駄に終わる。ここで多少なりとも役に立つのは、ピッケルとツルハシだけである。われわれが堡塁に入って三〇分ほど経過したころ、左翼に出しておいた前哨から報告が入る。それによると、左手奥（東の方向）、五〇〇メートルほど離れた地点にて、敵が密集した縦隊で鉄条網のあいだを後退しているとのことである。そこで、わたしは一個小隊により敵を攻撃させる。すると敵の一部は遮蔽物を探すが、まだ障害物の北側にいた敵の一部は、さらに東の方向に向かう。この敵は、おそらく姿を隠せる道を通って堡塁まで到達したものと思われる。というのも、われわれは自分たちの急襲射撃の直後、その東の方角から攻撃を受けたからである。

この間、中隊は、地面をあまり掘り進めることができないでいる。一方、わたしは、右手奥約二〇〇メートル、ラボルデール付近で敵陣地が曲がっている場所に、橋頭堡《ブリュッケンコプフ》を確保するには非常に理想的な場所を発見する。そこで、われわれは、発砲を続けながらこの場所まで後退する。そして、まわりの木々を敵の銃撃に対する遮蔽物としつつ、こちらからも強烈な銃撃を浴びせることで敵を遠ざける。これにより東の敵は、三〇〇メートルを切る距離までこちらに接近してくることがない。敵はただちにショベルを使い、掩体の構築に取りかかっている模様である。銃撃戦はまもなく静かになり、そして完全に沈黙する。

わたしは、四つのブロックハウスを橋頭堡陣地に組み込む。中隊は半円状に陣取る。さらに五〇人から成る一個小隊を、予備として鉄条網と陣地のあいだの遮蔽物がある地点に置く。この地点でも、障害物を貫くかたちで、ジグザグに狭い通路が走っている。

時間が経過する。増援部隊と弾薬の到着が待ち焦がれる。そのとき突然右手から報告が入る。ドイツ軍陣地から五〇メートル足らずのところを、フランス軍歩兵部隊が鉄条網を抜けて後退中とのことである。小隊長が発砲の可否を尋ねてくる。しかし、発砲以外の選択肢がわれわれにあるだろうか。もしここで発砲しなければ、敵は妨害されることなく障害物を通り抜け、こちらのいる場所に隣接する陣地を占領することになる。そして数分のうちに戦闘が発生するのは間違いない。一方、もしわれわれが即座に発砲すれば、フランス兵は西に進路を変え、陣地へ続くいちばん近くの出入口通路に向かうだろう。もちろんこの場合、敵の一部の部隊が、自分たちと連隊をつなぐ連絡線を押さえてしまうという可能性もある。もしそのようなことになれば、われわれが包囲されてしまうことになる。しかし、ともかくも、わたしは発砲を開始させる。

フランス軍堡塁の高い胸壁を越えて、速射が近くの敵を叩く。すぐに激しい戦闘となる。フランス軍の戦いぶりは非常に勇敢である。この新しく現れた敵の大部、一個大隊規模は、西に進路を変え、三〇〇メートル離れた鉄条網を越えていく。これはこちらからすれば都合がいい。ところが敵は、そこまで行くと、今度は広く展開し、西の方向からわれわれ目掛け殺到してくる。第九中隊を取り囲む包囲網は閉じていく。残るは、北方向に障害物を抜け大隊まで通じている一本の狭い道があるのみである。しかしその道とても、すでに東西の敵の掃射にさらされている。左翼では、われわれの猛烈な銃撃が、敵の突撃を防いでいるが、陣地そのものを見れば、敵は危険なほど接近してしまっている状態である。戦闘は瞬く間に、戦いに必要な物資を飲み込んでいく。手榴弾と弾薬は底をついてきている。予備小隊は、装備の大半を差し出すことになる。勇敢な兵士たちが、それを射撃線へと運ぶ。できるかぎり長く弾薬をもたせるため、わたしは射撃の中断をはさんでいく。しかし、弾薬を撃ち尽くしてしまったらどうしたらいいのだろうか。依然としてわたしの頼みの綱は、大隊の救援である。数分がまるで永遠であるかのように過ぎる。

このとき、最右翼のブロックハウス付近で、激烈な戦闘が行われる。われわれは最後の手榴弾をここで使い果たす。

数分後、おそらく一〇時三〇分ごろ、フランスの突撃隊がこのブロックハウスの占拠に成功してしまう。すると、このブロックハウスの銃眼から、小銃と機関銃による銃撃が始まる。これは、われわれの中隊の一部を、背後から襲うかたちになる。この最右翼での戦闘についての報告が届いたのとほぼ同時に、大隊命令も下される。一人の伝令が鉄条網越しに、わたしに向けて大声でこの命令を伝えてくる。「大隊は八〇〇メートル北の陣地内におり、塹壕を構築中である。ロンメル中隊は後退すべし。掩護は不可能である」。前線ではまた弾薬を求める叫び声が響く。弾薬の残りは、全部合わせてももう一〇分ももたない。

決断のときである。もし戦闘行動を中止し、鉄条網のあいだの狭い抜け道を通って、東西から降り注ぐ至近距離での十字砲火のなかを退却するならば、中隊全体の壊滅は避けられるとしても、最低でも五〇パーセントの損害は覚悟せざるをえない。

では最後の弾薬を撃ち尽くしてから、降伏すべきか。これもありえない。残るのは、中隊にもっとも圧力を掛けている西側の敵に攻撃を加え、それに続いて退却する、という道である。われわれを救いうる選択肢はこれしかない。たしかに数という点で、敵ははるかに優勢である。しかしこれまで、フランス軍の歩兵部隊がわたしの兵の突撃に持ちこたえた戦いはない。いったん西の敵の前進を阻むことができれば、障害物を抜けて退却するという目も出てくるだろう。そうなれば、頭に入れておくべきは、東の離れた地点にいる敵の攻撃だけでいい。とにかく、西の敵がショックから立ち直る前に、すべてを迅速に進めることが必要である。

わたしの攻撃計画は予備中隊に伝えられ、そして伝令数名により、前線にもただちに伝達される。状況がいかに厳しいかは誰もが知るところであり、全員が極限状態での決断を迫られる。わたしは予備小隊とともに右方向へ突撃し、例のブロックハウスをふたたび奪取する。前線は引き裂かれ、怒濤のような万歳が森に響き渡る。そのとき、前方のやぶのあいだから、フランス兵のズボンの赤がのぞく。銃声が響き、敵は走って逃げていく。まさに今である。われわれが戦闘を中断すべき瞬間がきた。フランス兵は西へと逃げる。一方、われわれは、急いで東へ戻る。息を切らして急ぎながら、横幅のある障害物を、一人ずつぴったりと前の者に続いて抜けていく。すると、すぐに東の方向から銃撃を受ける。しかし撃たせておけばよい。しょせん、この敵が捉えることができるのは、走っている個々の兵だけであり、しかも三〇〇メートル離れた側面からである。銃弾が命中するといっても、それはまれなことにすぎない。敵は西からも銃撃を始めるが、その時点ですでに中隊の大部分は安全な地点に移動ずみである。中隊は、収容することができなかった五名の重傷者を除いて退却し、これ以上の戦闘に巻き込まれることなく大隊陣地に到着する。

この間を利用して、中隊は占拠した三つのフランス軍陣地のすぐ南、鬱蒼と繁る喬木林のなかで、塹壕を構築する。わたしの中隊はこの左翼に配置される。これを越えて左手方向への接続はない。これは第一大隊が、正面で対峙する敵を撃退することができなかったためである。数個の分隊により、第一大隊右翼との連絡は維持されている。中隊は、森の端より八〇メートルから一〇〇メートルほど離れたところで塹壕を構築する。とはいえ、凍った地面相手の作業は骨の折れるものである。

ここまでの攻撃が行われているあいだ、フランス軍砲兵隊も激しい砲撃を続けていたが、目標となっていたのは、われわれの元の陣地と、後方の地帯だけである。おそらくフランス軍砲兵隊は、一連の戦闘のあいだ、実際に戦いが森林のどこで発生しているのかという位置情報を与えられていなかったのだろう。しかしこのとき、フランス軍は、途方もない量の弾薬を消費しながら、報復射撃を開始する。とくに森の前部の端が、激烈な砲撃を受ける。これにより、われわれの塹壕構築作業はいちじるしく妨害される。わたしは報告用紙に午前中の作戦の経過を記録する。フランス軍のサントラルおよびラボルデールの両陣地については、スケッチを添付して送る。

一月二九日の日没時、敵は一層激しく砲撃を行ったうえで、反撃を仕掛けてくる。新手のフランス軍部隊は、密集した状態で下草を通過し、こちらの新しい陣地へと突進してくる。ラッパの合図と号令が、フランス兵を引っ張るように前進させている。そのとき、われわれの速射が敵の隊列に命中する。敵は地面に倒れこみ、遮蔽物を探して撃ち返してくる。そこかしこで、敵の小部隊がこちらへ接近しようとしている。しかしこの敵の試みは無駄となる。われわれの防御射撃《アブヴェーアフォイアー》のなかで、敵の突撃は甚大な損害を出しながら、いわば窒息状態におちいる。多数の死傷者がわれわれの正面すぐのところに転がる。漆黒の闇にまぎれ、フランス軍はこちらの前方一〇〇メートルの森の端へ退却し、そこで掩体を構築する。

歩兵の銃声が止む。われわれのほうも、あらためてショベルを持ち作業に取りかかる。というのも、こちらの陣地の深さは、まだようやく五〇センチメートルというところだからである。しかし深く掘り進める作業を本格的に進める前に、フランス軍の榴弾がわれわれのあいだに着弾する。あたり一帯がパッと光り、破裂音、衝撃音が響く。アメリカ製の、鋼鉄の榴弾の鋭利な破片が、冬の夜を貫き、ヒュッと音を立てる。そして太い木々をまるでマッチ棒のようにへし折っていく。こちらの陣地には、この砲撃に充分耐えることができるような遮蔽物が存在しない。砲撃は、短い中断を挟むだけで夜通し続く。われわれは、外套、天幕用の麻布、毛布に包まり、まだ浅い状態の塹壕のなかで横になる。しかし、新たな着弾があるたびに体を震わせる。この夜のあいだに、中隊では一二名が敵榴弾の犠牲になる。これは午前中の突撃の際の犠牲よりも悪い数字である。この間、糧食を前方に輸送することはできない。

空が白み始めるころになると、敵の砲撃も弱まってくる。ただちに陣地を深く掘り下げる作業に取りかかる。しかしこのときも塹壕構築のために使える時間は多くない。八時ごろには、新たに始まった激しい砲撃のために、作業は中断を余儀なくされる。その直後、フランス軍は歩兵による攻撃を仕掛けてくるが、われわれはこの攻撃をたやすく撃退する。日中、フランス軍歩兵の攻撃はなおも続くが、結局、これまでと同様の運命を辿る。午後、われわれは、フランス軍の強力な砲火におびえなくてすむ深さまで塹壕を掘り進める。後方への交通壕はまだできていない。そのため、温かい食事が前方に運ばれてくるのは、暗くなってからとなる。

考察

一九一五年一月二九日の突撃の結果は、ドイツ軍歩兵部隊の優位性を示している。三重に設置された鉄条網の陣地を構え、機関銃を備えていたフランス軍歩兵部隊が、第九中隊の突撃を前に平静を失い、逃走してしまったことは、この時点で、第九中隊の攻撃がなんら想定外のものではなかったことを考えれば、理解しがたいものである。敵はこちらの攻撃準備を認識していたからこそ、それを妨害すべく発砲してきたのではなかったのだろうか。いずれにせよ、数ではるかに勝る敵に対し攻撃を加え、それによりラボルデールの包囲網を突破できたということは、ドイツ軍の戦闘価値を証明するものである。

だが、大隊も連隊も、残念ながら第九中隊の成功を徹底的に生かすということができなかった。三個大隊を前線に投入する一方で、予備隊はごく小規模にしか置いておかなかった。ラボルデールの戦いは、弾薬、手榴弾の不足により厳しい展開となった。敵は右翼のブロックハウスを奪い、同時に大隊からは撤退命令が出た。そして弾薬は尽きる寸前となり、敵の強固に構築された障害物と銃砲火によって、退路は途絶してしまった。これらのことが重なった結果、状況はきわめて危険なものとなった。わたしの考えでは、実際に下した決断とは別の選択肢をとった場合、それがどのようなものであったとしても、全滅とまではいかなくとも、甚大な損害をこうむる結果になっていたと思われる。とくに夜の暗闇を待つという選択肢は、現実には不可能であった。なぜならその場合、一一時前の時点で、最後の弾丸が撃ち尽くされてしまうことになるからである。また、東三〇〇メートルにいた弱体な敵に攻撃を加えるという道も、成功を収めることはできなかっただろう。というのも、もしこの攻撃を実施すれば、西にいた非常に攻撃的かつ強力な敵が自由に動けるだけの空間を得てしまい、その結果、われわれはおそらく背後から襲撃されることになったはずだからである。ラボルデールの戦いにおいて、戦闘中断という道を選んだこの事例が示しているのは、「戦闘の中断は、攻撃成功後に遂行するのが、もっとも簡単である」という作戦規定の正しさである。

攻撃準備を急ぐなかで、うっかり忘れてしまったのが、大型の土工用具である。岩のように硬くなってしまった地面相手では、小さな工具ではまったく歯が立たなかった。なお、ショベルは攻撃に際しても、小銃同様に重要な存在である。

さて、森の端であればよりよい射界が得られたのだが、新しい陣地は一〇〇メートルほど森のなかに入ったところに設定された。この措置は、森の端に陣地を構えたことで、砲撃に部隊をさらしてしまったドゥフュイの森の失敗をくりかえしたくなかったためである。この新しい陣地の射界は一〇〇メートルであった。これは数度にわたるフランス軍歩兵部隊の攻撃を撃退し、深刻な損害を与えるのに充分なものであった。

一月二九日から三〇日にかけての夜、敵の砲撃による損害は、たいへん深刻なものとなった。これは、部隊が充分に深く塹壕を掘り進めておかなかったためである。

サントラル、バガテル前

さて、われわれの新しい陣地は大きく改善される。今度は根本的に高い地点に陣地を構えたため、もう地下水に悩まされる必要はない。また粘土質の地面であることも、作業が楽であることにつながる。砲撃に耐えられる地下四メートルから六メートルの掩蔽部の構築、そして待避壕の構築作業にも着手する。フランス軍は依然として激しい砲撃を行っているが、ここならばそれとてわれわれに損害を与えることはできない。中隊に派遣されてきた槍騎兵将校《ウラーネンオフィツィーア》と自分が共有する中隊長用待避壕は、四つん這いで行く必要のあるたんなる寝床である。一日中、寒さが非常にこたえる。だが、火をおこすことは厳禁である。フランス軍の砲兵隊は、わずかにでも煙が上がると、その付近一面に激しい擾乱射撃を仕掛けてくるのである。

一〇日ごとの交替制が導入される。これにより、各部隊は、前線、予備陣地、休息所を互いに交替していく。フランス軍砲兵隊による擾乱射撃は日に日に激しさを増している。だが、前線での損害は、よく構築された陣地と待避壕のために、軽微なものにとどまっている。いずれにせよ、フランス軍の砲兵隊は弾薬をたっぷり備えているようである。これは、弾薬不足のために、ごく散発的にしか砲撃が許可されないドイツ軍とは対照的である。

一月二九日に重傷を負い、捕虜となった五名の兵から、なんとか無事であるとの知らせが入る。数週間後、わたしはこの一月二九日の突撃を評価され、連隊で最初の一級鉄十字勲章が授与された少尉となる。

連隊は、二月、三月、四月と、右翼の近隣部隊（第一二〇歩兵連隊）と連携するべく、フランス軍のサントラル堡塁へと塹壕を掘りつつ接近する。この第一二〇歩兵連隊は、一月二九日の夕方の時点ですでに第一二四歩兵連隊の前方、ラボルデール前で塹壕を構築していたのである。左翼の第一二三擲弾兵連隊は、サントラルに東で繋がっているシムティエール陣地まで接近するための作業を続けている。つまり、対壕をくりかえし前に延ばしていき、それらを相互に接続するのである。彼らはこのような方法によって、前線を少しずつ押し出し、最終的にフランス軍主要陣地前面の鉄条網のところまで到達してしまう。

しかし、こちらのこうした作業を激しく妨害してくるのが、フランス軍砲兵隊と、このとき新たに登場した兵器、ミーネンヴェルファーである。このフランス軍の攻撃により、多くの勇気ある兵士たちが対壕のなかで倒れていく。後方への交通壕、交通路、戦闘指揮所、弾薬資材集積場が、フランス軍の擾乱射撃に頻繁に襲われる。昼夜の別はない。中隊は休憩所の地点まで戻る。最前線の後方、三キロメートルから四キロメートルにわたる危険地帯を横断し終えたところで、ようやく全員がほっとして、安堵の吐息を漏らす。しかし、たいていの場合、こうした交替作業のときに合わせて、そこまでの数日間に死亡した戦友たちを埋葬するという悲しい義務を果たすことになる。この間、だんだんと交替そのものの頻度が減っていく。一方、前線の損害は増大する。森林内に設けられた静謐な埋葬所は、猛烈な勢いでその規模を拡大していく。

五月頭以降、サントラル前に広がる元のフランス軍塹壕には、昼夜とも、軽迫撃砲、中迫撃砲の有翼《フリューゲル》砲弾《ミーネ》が雨のように降り注ぐ。この砲弾の小さな発射音は、アルゴンヌの森の戦いをくぐり抜けた戦士たちにとっては、非常に馴染みのある音である。それは、他の何倍も大きな戦闘音に紛れてしまうのだが、それにもかかわらず、われわれを深い眠りから叩き起こし、慌てて待避壕を飛び出させるのに充分である。まだ日中であれば、砲弾が飛ぶ様子が目で見えるので、急いでいちばん近くの胸壁のところに飛び退き、砲弾の威力を削ぐことができる。これに対し、夜間の場合、そもそも危険地域を根本的に回避することが望ましいのだが、フランス軍の擾乱射撃が行われても、眠りを中断したり、待避壕を出たりしようと考える者は皆無である。

　サントラルの前方では、毎日のように損害が発生する。神経を磨り減らす戦闘が続く。しかしそれにもかかわらず、兵士たちの士気、振る舞いは、どれほど賞賛しても足りないほどすばらしいものがある。各人はごく当然のこととして、自分たちに課せられた仕事を果たす。われわれは、多くの血を飲み込むアルゴンヌの大地と自分たちが、次第に一体化していくような感じを覚える。戦死した仲間、あるいは重傷を負って後送されていく仲間との別れは非常につらいものである。一人の忘れられない兵士がいる。彼は、フランス軍の有翼砲弾の破片を体に受けて、片脚を切断してしまった。日も傾く時分、狭い壕のなか、彼は血まみれとなった天幕の布に包まれた状態で、こちらの横を通り過ぎ運ばれていく。この信頼できる若い兵士を失うことの痛みに、わたしは打ちのめされてしまう。自分は彼の手を握り、慰めの言葉をかける。しかし彼は次のように言うのである。「少尉殿、それほどひどくはありません。わたしはすぐに中隊に復帰しますよ、義足ででも、なんでも」。この勇敢な兵士が、太陽の昇るのを見ることはもうなかった。野戦病院への搬送途中で死んだのである。彼が義務というものをどのように把握していたか、これこそがわれわれの中隊の精神を如実に表している。

　五月上旬、最初の土留板《どどめいた》と杭が届けられる。ようやくこれで、敵方向の壁の壕底の高さに一、二名が入れる小さな待避壕を掘り、木材で補強することができる。つまり交替の兵を、監視哨所のすぐ近くで収容することができるようになるわけである。このとき最前線は、フランス軍の主要堡塁に非常に接近している。これは、フランス軍砲兵隊からすると、彼らの仲間の部隊を危険にさらすことなしにはドイツ軍を捉えることができないほどの近さである。そのためフランス軍は、砲撃の目標範囲をドイツ軍の陣地後方地域に移し、補給路、予備陣地、戦闘指揮所、野営地などを狙ってくる。

ちょうどそのころ、これまでまだ戦場に出ていなかった先任の中尉が、わたしの代わりに第九中隊の指揮を執ることになる。連隊長はわたしに別の中隊への転属を打診してくれるが、わたしはこの提案を断り、ここまで中隊長としてともに戦ってきた男たちのもとにとどまることを選ぶ。

五月中旬、第九中隊は一〇日間の期限で、第六七歩兵連隊の掩護に回る。同連隊は、第一二三擲弾兵連隊と連携しつつ、アルゴンヌの真ん中、バガテルの陣地を確保している。しかし、積極的に作戦に参加してきた第六七歩兵連隊は、絶え間なく続く厳しい手榴弾の応酬と一連の攻撃により、ひどく損耗してしまったのである。この連隊が戦ってきた塹壕戦《グラーベンクリーク》は、塹壕戦といっても、われわれの経験してきたものとはまったく別物である。大砲、迫撃砲に対する防御を考えた陣地はそれほど重要ではない。すべての戦闘は、浅い弾孔のなか、手榴弾の投擲距離内で行われる。攻撃は、低く積まれた砂嚢の壁の背後から行われているのである。

アルゴンヌといっても、ここバガテルの前になると、かつては鬱蒼と繁っていたであろう森の痕跡はもうどこにも見つけることができない。フランス軍砲兵隊の砲撃は、この地の木々を徹底的に薙ぎ倒してしまったのである。何キロメートルにもわたり、空に向かって突き出ているのは、切り株状になった木々の幹の残りだけである。さて、下級指揮官たちが引き継ぎ予定の陣地を偵察していると、前線の前方地点で短時間の手榴弾の投げ合いが生じ、数名の損害がでる。これは、われわれを待ち受けている事態の前兆である。

翌日早朝、複雑な想いを抱きながら交替を行う。これまでと同じように、ただちに引き継いだ陣地を深く掘り下げ、待避壕を作る。急襲射撃を仕掛けてくるフランス軍の激しい砲火。迫撃砲。いたるところで発生する手榴弾の応酬。これらが作業を難しくする。気温が上がるなかで、身の毛もよだつような死体の臭いが陣地を漂う。正面前方および陣地間の一帯には、死んだ多数のフランス兵が転がっている。これを埋葬してやるにも、激しい敵の砲撃が続くなかでは不可能である。

夜間の戦闘はとりわけ心を消耗させるものとなる。正面一帯では、数時間にわたり手榴弾の応酬となる。この戦いは手に負えぬほど激烈なものとなり、はたして敵がどこかの地点を突破してしまったのか、あるいはすでに前線の背後に回り込んでしまったのか、といったこともまったく分からないほどである。この間も、複数のフランス軍砲兵隊が、側面から阻止射撃《ノートフォイアー》で攻め立ててくる。これが毎晩、複数回もくりかえされるのである。そのため神経はひどく衰弱していく。

最前線から数メートル後方、わたしの小隊の作戦地区の左翼に、わたしが先任者から引き継いだ待避壕がある。地表から約二メートル下、壕底の高さのところで、敵方向の壁に、下へと延びる垂直の狭い縦穴が設けられている。この縦穴を使って、下に降りることができるのである。縦穴はさらに二メートル下、すなわち地表からは四メートル下のところで、大きめの棺といったサイズの水平の横穴にぶつかる。そこには床の代わりに、それなりの量のコルク片が敷き詰められている。また、側壁には、糧食の保管と細々とした品を収容するため、小さい窪みが穿たれている。突っ張りは入っていない。粘土質の土壌が支えているだけである。そのため、もし榴弾が一発、入口付近に着弾したならば、われわれは確実に生き埋めになってしまうだろう。それゆえ、近くに着弾があるような場合、わたしは急いで自分の小隊のところに移動する。夜においても、前方にとどまっているほうが賢明である。どのみち手榴弾戦のために、夜の半分は立ちっぱなしなのである。

この間、数日間にわたり続く暑さは耐えがたいものがある。ある日、士官候補生《フェーンリッヒ》メーリッケがわたしを訪ねてくる。この男は非常に情熱的な性格の人物である。このとき、わたしは自分の待避壕にいたので、われわれは縦穴を通してお互いに会話することになってしまう。というのも、この狭い居住空間には、二人の男が座るだけの場所がないのである。わたしはメーリッケに、四メートルも地表から下りたところにいるのに、鬱陶しいハエどもを逃れて、ゆっくり落ち着くこともできないのはどうしたことか、と愚痴をこぼす。これに対しメーリッケは、それも無理からぬことです、と応える。彼の言うところによると、地上では、塹壕のへりの一帯に無数のハエがたかり、真っ黒になっているほどだという話である。ためしにメーリッケはピッケルを持ち、ハエがたかっているあたりをぐさりと掘ってみる。そうすると最初の一撃で、フランス兵の半分腐敗し、黒く変色した腕や顔が姿を現す。そのため、この死者に消石灰と土を掛け、ふたたび眠りにつかせてやる。

ようやくつらく厳しい一〇日間が終わる。そのあと、われわれは、サントラル前の連隊作戦区域に戻り、それから最前線に向かう。しかし、そこでは塹壕戦が、これまでよりおぞましいかたちで展開されている。大砲、迫撃砲が全体的に強化されたことに加えて、坑道戦《ミニアクリーク》が地中で始まっていたのである。対壕は鉄条網で補強されてはいるが、半分だけしか体を隠すことができない。その先頭で、両陣営の哨兵は、わずかに数メートルを隔ててにらみあっている。夜はとくに激しい手榴弾の投げ合いが発生する。そのつど、塹壕の全守備隊は飛び起きる。敵味方の双方とも、前方に延びる坑道と陣地の各部を破壊して、これを孤立させようとしている。爆発が起こらずに一日が過ぎることは、まずない。

ある日、中隊所属の一〇名が作業を行っていた対壕が、フランス軍により爆破される。しかし数時間にわたる救出作業が、手榴弾の応酬のあいだも続けられ、これにより、一部完全に埋まってしまった者も、最後の一名まで生きたまま収容することに成功する。さて、近くのフランス軍の監視哨所を、奇襲して奪取しようというこちらの試みは、たいていの場合、手ひどい損害を出して失敗してしまう。フランス軍は、哨所とそこへ通じる塹壕の各部に、有刺鉄線を徹底的に張り巡らせているのである。そのうえ敵は、こちらのほんのわずかな動きにも反応して、サントラルのブロックハウス群から、障害物のほうに向け、縦横に機関銃で掃射を仕掛けてくる。厳しい状況が長く続く。こうした状況を打開し、そこから抜け出すため、われわれはサントラルへ突撃を仕掛けるという考えに一縷《いちる》の望みをいだくようになる。

突撃、サントラル

六月三〇日。作戦案としては、まず、大砲とミーネンヴェルファーによる三時間半の準備砲撃を行い、そのあと、フランス軍の強力な堡塁群、すなわち、ラボルデール、サントラル、シムティエール、バガテルを奪取するという運びである。一九一四年一〇月以来、敵はこれらの地点をまるで要塞のように作り上げてきた。一方、こちらの連隊は数週間にわたり、この堡塁群に対する攻撃を徹底的に準備してきた。前線すぐ後方には、中、重ミーネンヴェルファーが銃砲弾に対する防御も考慮して配備されている。予備中隊は攻撃に向けて、昼夜を問わず狭い交通壕を通り、物資や分解された迫撃砲、そして弾薬を前線に搬送している。フランス軍の擾乱射撃は激しさを増し、多くの輸送部隊がその犠牲になっている。第九中隊はビナルヴィル近くの休息所で数日間の休暇をとり、六月末にふたたび森の前線に移動する。するとそこには、中口径と大口径の砲を備えた、多数の自軍砲兵隊が投入されており、非常に驚く。また上空からの偵察も意識しているのか、砲兵隊は、ビナルヴィル周辺に広がる果樹を利用して偽装を行っている。弾薬も充分に準備されているように見える。こうしたことから、今回われわれは、非常に高揚した気分で陣地に入ることができる。

　サントラル攻撃のため、連隊は五個の突撃中隊《シュトゥルムコンパニー》に、攻撃の詳細を説明する。わたしの小隊は、準備砲撃が行われているあいだ、サントラル北一キロメートルの陣地で待機し、攻撃開始直前になったら攻撃発起陣地《シュトゥルムアウスガングシュテルング》に移動のうえ、突撃隊のすぐあとに続き、同部隊の手榴弾、弾薬、土工用具を運ぶよう命ぜられる。

　六月三〇日、五時一五分。砲兵隊が火蓋を切る。二一センチメートル臼砲および三〇・五センチメートル臼砲中隊の重榴弾が、われわれの頭上高くを越えて、向こうへ飛んでいく。サントラルの粘土質の地面に対して、榴弾が発揮する威力は、絶大である。土が高々と間欠泉のように吹き上がったかと思えば、われわれの陣地前方近くでは、ひっきりなしに榴弾による弾孔が生まれていく。フランス軍の強固な土塁は、まるで巨大なハンマーで叩きつぶされたかのように、粉々に砕けてしまう。梁、木の根、粗朶束《そだたば》、土嚢、そして人間が、空中に巻き上げられる。敵守備兵はどのような気分でいるのだろうか。なにしろわれわれはこうした重火力の集中砲火を、これまで一度も見たことがなかったのである。

　突撃開始一時間前、中、重ミーネンヴェルファーが、ブロックハウス群、鉄条網、塁壁の砲撃、破壊に着手する。フランスの砲兵隊はあらゆる砲を掻き集めて突撃拒止《シュトゥルムアブヴェーア》を試みるが、失敗に終わる。しかし、われわれの最前線は薄く保持されているにすぎない。また敵の主力陣地はあまりに近い。こうしたこともありわれわれは、フランス軍砲兵隊の一部から、こちらの後方地域を砲弾で鋤きかえされるほどの砲撃を受けるはめになる。わたしの前方、一〇〇メートル足らずの距離ではフランス軍の重榴弾が炸裂する。それによって、一月の戦いで戦死したフランス兵の白骨死体が、高いオークの枝にまで巻き上がる。わたしは何度も時計に目をやる。突撃開始まで、残り一五分である。このとき、多くの弾着地点から立ち上る青灰色の濃い煙が、靄のようになって視界を奪う。敵味方とも砲撃は激しさを増している。

わたしの小隊に割り当てられた交通壕は、すでに朝のあいだから、猛烈な敵火にさらされ続けている。このためわたしは、受領した命令から逸脱することを承知で、いったん小隊を引き連れ、塹壕から脇に一〇〇メートルほど離れた遮蔽物の何もない地帯を急ぐことにする。榴弾があたり一面で炸裂しているなか、われわれは命がけで走り、窪地の下のほうに身を隠せるところを見つける。そこからは交通壕を通り、最前線へと急ぐ。依然としてフランス軍の阻止射撃は続いている。交通壕では、兵たちが飛び掛かる準備をした状態で、すし詰めになっている。こちらの榴弾と、ミーネンヴェルファーの砲弾が、われわれを飛び越して向こう側に着弾する。突撃前の最後の一発である。

八時四五分となる。突撃隊は前面に広く展開して遮蔽物から飛び出す。そして弾孔を越え、障害物を突破し、敵陣地へと殺到する。それをフランス軍の機関銃が迎え撃つ。第九中隊の突撃隊にも、右翼から機関銃の雨が降り注ぐ。突撃隊のうち、数名の兵が倒れる。しかし大半の兵はそのまま先を急ぎ、弾孔や土塁の後ろに隠れる。そこにわたしの小隊も続く。だれもがなにかしらの荷物を運ぶ。ショベル数本なり、手榴弾や弾薬が入った袋なりである。右翼の敵機関銃はなおも撃ち続けているが、われわれはこの機関銃の射界を飛び越えて、敵の土塁をよじ登る。ここは、すでに一月二九日の時点で、第九中隊が立ったことのある土塁である。かつては堂々たるものであったこの堡塁群も、今ではただ瓦礫の山である。編条《フレヒトヴェアク》、倒れた木々がめちゃくちゃな状態で重なりあって積みあがっている。その山のなかに、下敷きとなった複数のフランス兵が倒れている。死んでいる者もいれば、負傷している者もいる。戦闘のないときに、塹壕の壁を編条で覆ってしまったことが、逆に多くのフランス兵の命を奪うことになったのである。

右手および前方では、手榴弾の応酬が発生している。また、後方陣地のフランス軍機関銃は、戦場を縦横に掃射している。このため、遮蔽物に隠れることを強いられる。太陽が熱く照りつけている。われわれは、ぼろぼろに破壊された左翼の陣地へ、身を屈めた状態で移動する。そしてそこからは、第九中隊の突撃隊の後ろにぴったりとつき、交通壕のなかをフランス軍の第二陣地へと前進していく。

この間、われわれの砲兵隊は、砲撃対象を一五〇メートル南にあるフランス軍第二線（サントラル第二）に移す。ここは本来であれば、七月一日になってから、あらためて榴弾砲とミーネンヴェルファーで準備砲撃を加え、そのうえで占拠する計画になっていた場所である。しかし連隊の突撃隊は、サントラル第一の陣地および掩蔽部の掃討に参加していなかったので、サントラル第二に突撃することになったのである。三〇メートル前方では、激しい手榴弾による戦いが展開されている。サントラル第二の輪郭は、八〇メートルほど離れた前方に見える。フランス軍の放つ機関銃弾のため、交通壕の外を前進することはまず不可能である。前方にいる自軍の突撃隊は立ち往生しているように見える。われわれが進むと、突撃隊を率いる若き隊長メーリッケ士官候補生が、重傷を負い、壕内に倒れているのを見つける。骨盤銃創《ベッケンシュス》である。わたしが彼を後方に送ろうとすると、メーリッケのほうがそれを拒絶する。そして、なにわたしのことなら心配ご無用です、雑草は枯れず、憎まれっ子世に憚る《ウンクラウト・フエアディルプト・ニヒト》というやつです、などと軽口を叩く。担架兵が、彼の処置を行う。わたしはこの勇敢な士官候補生の手をもう一度握る。そして、前方の指揮を引き継ぐ。

メーリッケ士官候補生は、翌日、野戦病院で息を引き取る。

われわれはサントラル第二の守備隊との戦闘に入る。自軍の砲兵隊は沈黙している。われわれは数度にわたり、手榴弾の一斉投擲を行ったあと、決然と突撃を加え、サントラル第二に足を踏み入れる。守備隊の一部は塹壕に、あるいは遮蔽物がない地帯に逃げる。残りの守備隊は降伏してしまう。われわれは、急いで左右両方向の地面を掘り起こし、塹壕を整備する。一方、兵の多数は、深さ三メートルの交通壕のなかを南へと向かい、フランス軍の大隊長、副官、大隊司令部要員を急襲し、そして彼らを捕虜としてしまう。その際、われわれはとくに抵抗を受けない【図14参照】。

交通壕は、一〇〇メートル足らず進んだところで広い皆伐地にぶつかり、そこで終わっている。地形は、

図 14　サントラル第 2 のフランス軍大隊戦闘指揮所

ヴィエンヌ＝ル＝シャトーの谷へ向けて急な下りとなる。喬木林が谷への視界を奪っている。また、右翼、左翼の両翼とも連絡は取れない。喬木林の端の右手、距離約二〇〇メートルの地点には、多数のフランス兵がいるのが見える。そこで、われわれは彼らを急襲する。短時間の戦闘が発生したあと、敵は喬木林のなかへ撤退する。この間、左翼奥では第一大隊の一部がすでに突撃を行っていたため、わたしはこの部隊と連携することにする。そして、第三大隊の全中隊からの兵が混在する隷下部隊を再編成する。この再編成した部隊は、防御のため、サントラル第二から南に約三〇〇メートルのところに正面を南として配置する。もっとも、南の方向にさらに中隊を進出させることは、右側面がむき出しになっていること、そして右手後方のサントラル第一、第二では、依然として激しい戦闘が行われていることを鑑みると、とうてい得策とは思われない。ともかくも、われわれの最後の突撃が行われた一月二九日という一日――この突撃の際、わたしは本来の前線のはるか前方に出てしまい、味方の支援を失ってしまったわけである――は、今も鮮明に記憶のなかにある【図15参照】。

さて、斥候隊が確認したところによると、右翼の近隣部隊は、サントラル第一の突破に成功していないとのことである。これは側面および背後で、西に向けたサントラル第二の封鎖を、今から数時間のうちに準備をしなくてはならない、ということを意味する。フランス軍はこの近辺で反撃を行い、喪失した陣地の区画を奪還しようとくりかえし試みている。そのため、この難しい地点の哨所は、とくに経験豊かな戦士たちに任せる。わたしは作戦の進捗状況を大隊に報告する。

左手前方では、第一大隊所属の各中隊が、谷のほうへさらに下って、ウイエット峡谷まで進出している。前線より前方に出している各前衛部隊が一様に報告するには、前方の斜面三〇〇メートル先の森のなかに、強力な敵の戦力がひそんでいるとのことである。左翼で先行している第一大隊長ウレリッヒ大尉と、状況について協議する。そして第一大隊が、第九中隊左翼で塹壕を構築することを決定する。

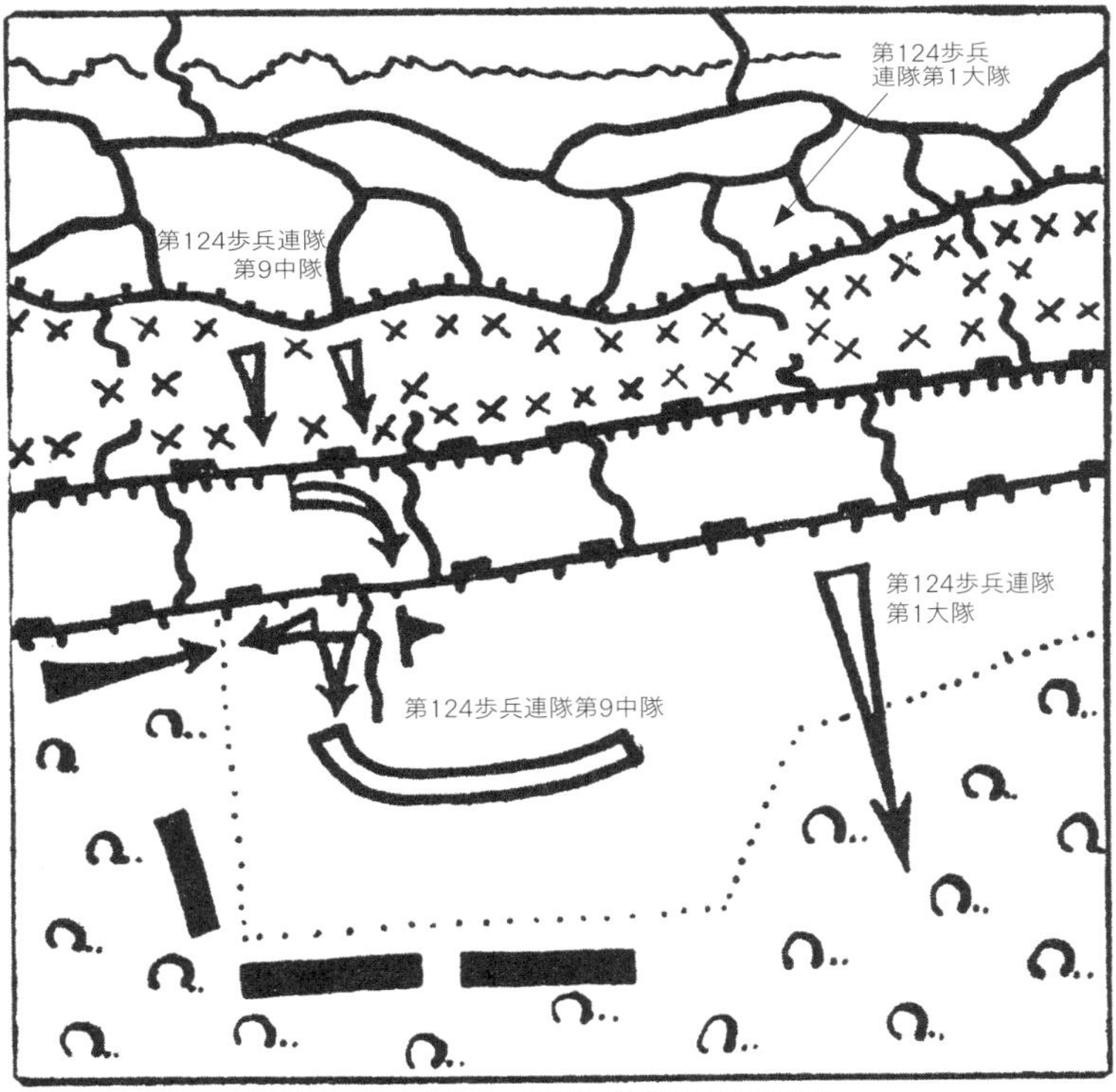

図15　サントラルへの突撃（縮尺約1：20,000）

大急ぎで塹壕構築作業に着手する。わたしは一個小隊を予備とする。この小隊には、弾薬および手榴弾の調達とサントラル第二の防御線構築をさせる。フランス軍の斥候隊が、こちらの陣地に探りを入れに来るが、われわれはこれを撃退する。

粘土質の地面のため、塹壕を掘るには好都合である。すぐに深さは一メートルを突破する。突撃の開始以来、突撃隊を悩ませることがなかったフランスの砲兵隊であるが、彼らはこのとき、大口径の砲でわれわれの後方のサントラル第二へ砲撃を開始する。そして、これを瓦礫の山に変えていく。どうやらフランス軍は、サントラル第二にわれわれがいるものと思っているようである。とにかく弾薬の消費量が尋常ではない。またこの砲撃により、数時間にわたって後方への交通が寸断されてしまう。大隊から中隊へ伸びる電話線は、短時間しか接続できない。重機関銃一個小隊が、中隊の作戦地区に投入される。

急に日が暮れる。そのころ、塹壕の深さは、地中一五〇センチメートルに到達する。依然として、われわれのすぐ後方には、フランス軍の激しい砲火が降り注いでいる。

突然、前方でラッパの合図が鳴る。そして、耳を劈《つんざ》くような大声の号令が響き渡る。続いて、森の端がにわかに騒がしくなる。敵は非常に密集した隊形で、一〇〇メートルもない距離を、われわれが構築中の新陣地目掛けて突撃してくる。これに対し、こちらはただちに速射を加え、敵を地面に伏せさせる。しかし斜面が緩く湾曲しているため、伏射の場合、敵がこちらに八〇メートルまで接近してからでないと、敵を捕捉できないことが分かる。もちろん、サントラル第二にもっと近い場所に陣地を構えることはできただろう。その場合、射界はよりよいものになっていたであろう。しかしその選択肢を採った場合、われわれの陣地はフランス軍の砲兵隊によって、サントラル第二もろとも木端微塵となっていたであろうことも間違いない。

フランス軍は、今回の攻撃を決然たる覚悟で仕掛けてきている。完全に夜になったところで、前線のすべての地点で手榴弾の投擲合戦が始まる。もっとも、われわれの使える手榴弾の残量にはかぎりがあるので、防御に使うのは主として小銃と重機関銃である。あたりは漆黒の夜である。照明弾の光があったとしても、手榴弾の煙によって、敵の姿はほとんど見ることができない。敵の手榴弾が破裂しているのが、こちらの小銃の銃口の目と鼻の先であることを考えると、敵は前方、五〇メートルとは離れていない地点にいるものと思われる。一進一退をくりかえしながら、夜を通して激しい戦闘が行われる。敵の攻撃企図は、こちらの兵の銃撃により、すべて撃退される。

空が白み始めると、こちらの陣地の前方五〇メートルの地点に、砂嚢の壁が連続して築かれているのが分かる。その背後には、塹壕も掘られている。敵の歩兵は、一晩中、こちらに息つく暇を与えなかったわけだが、この間に、フランス軍の砲兵隊は交替を果たしたようである。この砲兵の放つ砲弾の大部分は、幸いにもわれわれの頭上を越え、サントラル第一、第二の方向へ音を立てつつ飛んでいってしまう。わずかに一部のみが、われわれの陣地のすぐ後ろに着弾する。そしてまれに最前線にも、それこそ流れ弾のように砲弾が落ちる。われわれは、現在自分たちがいるこの場所ならば、今日一日は安全だとほっとする。これに対して、食糧輸送班、資材と弾薬を前方に運ぶ輜重兵、交通壕作業班などの活動を羨む者は皆無である。

続く数日、陣地をさらに深く掘り下げる。深さは二メートルにまで達する。われわれはさらに、土留板と杭を遮蔽用の突っ張りとして使った、一人用ないし二人用の小さな待避壕の構築に着手する。また同時に、鋼鉄製の防御板と砂嚢を使った銃眼も備え付ける。砲撃による前線の損害は軽微である。これに対して、昼夜の別なく砲弾が降り注いでいる後方への交通壕では、毎日数名が榴弾の犠牲となっていく。

六月三〇日の突撃のため集結された強力な砲兵部隊は、突撃成功後、ただちに別の前線へ移動となる。われわれの弱体な陣地砲兵は、弾薬不足のため、砲撃すべき重要な敵を見つけても、指をくわえて見ているしかない、という状態にある。もっとも、連隊の戦区では、少なくとも着弾観測員一人をつねに前線に張りつけてあり、この点はわれわれ歩兵にとり、非常にありがたいことである。

七月初め、敵は毎日のように、われわれの陣地の一部を重有翼砲弾で破壊してくる。敵の迫撃砲は、陣地のかなりの部分を側面から捕捉可能なように、巧みに配置されている。この投射機は非常に簡素に作られていることが功を奏し、弾道が脇へ外れることも少なく、こちらの塹壕をしばしば直撃する。残念ながら、しかるべきときに危険な地点を撤収するということが、いつもうまくいくとは当然かぎらず、相当の損害が出てしまう。一ツェントナー［一ツェントナーは約五〇キログラム］ほどの重量の砲弾が炸裂した際には、その爆風だけで数名の兵士が死亡する。

七月、わたしは代理で五週間ほど第一〇中隊の指揮を引き受けることになる。第一〇中隊と同じ作戦地区では、第四中隊と第六中隊が相互に交替している。われわれ中隊長は、統一的な計画を立て、これにのっとり、地中八メートル、複数の出口を持ち、砲撃にも耐えうる掩蔽部の構築に取りかかる。この掩蔽部構築作業にあたっては、昼間作業班、夜間作業班を編成し、異なる箇所から坑道を掘り進める。困難な仕事だが、われわれ将校も、ときどき作業班を代わる。このことが全員を一体にする。

こうした作業が連日続く。フランス軍の砲撃は激しく、中隊の陣地が、一時間も経たないうちに、すべて完全に破壊されてしまうといったことがしばしば生じる。土留板や杭で作った小さな待避壕は、重榴弾を受けると、まるでボール紙のようにぺちゃんこになってしまう。不幸中の幸いは、フランス軍の砲撃が、硬直した計画に沿って行われていることである。すなわち、彼らはほとんどの場合、中隊作戦地区の左翼から砲撃を始めるのである。砲撃の続くあいだ、じっと同じところにとどまっていると大きな損害が出ると判断されうる場合、そのつどわたしは陣地の危険な箇所をただちに撤収して、砲撃が側面あるいは後方に移動するのを待つ。もしフランス軍の歩兵部隊が、砲撃に続いて陣地に侵入しようと試みるならば、われわれは即座に反撃を加え、これを撃退する。われわれはフランス軍歩兵部隊に対し、一対一での戦闘なら彼らをはるかに凌駕しているとの実感を有している。

われわれは、約五〇メートル離れて対峙している敵陣地に向けて、短い対壕を延ばす。また、サントラルのときと同様に坑道戦用トンネル《ミーネンシュトレン》を構築する。八月初頭、わたしの中隊は、マルティン堡塁で第一二中隊と交替せねばならないことになる。第一二中隊はこの数日前、坑道爆破とそれに続く突撃により、深刻な被害を受けたのである。朝、空が白み始めるころを見計らって、予定どおり交替が行われる。その際、敵の妨害はない。しかし交替が完了するやいなや、フランス軍砲兵隊の急襲射撃が始まる。われわれは、周囲にまだ転がっている敵の死体のそばに座り込む。そして、不安な数分間を経験する。数分後、砲撃が弱まったところで、われわれはショベルを手に、陣地を深く掘り下げるべく、目の色を変えて作業に取りかかる。深さは、ようやく地中一八〇センチメートルに達する。そこでわれわれは、塹壕の前方側の壁に小さな待避壕を数か所設置する。ここまで来れば、少なくともフランス軍の野砲にやられてしまうということはなくなる。わたしはここでも、できるかぎりすべての兵を、無事に陣地から連れ出したいのである。

敵砲兵隊のたび重なる擾乱射撃の勢いは、非常に激しい。しかしそれにもかかわらず、精力的に塹壕構築作業をした甲斐があり、二日後、わたしは死傷者を出すことなく中隊を陣地から出すことに成功する。

八月、中隊を引き渡してから、わたしは初めて一四日間の戦時帰休《クリークスウアラウプ》に入る。

考察

アルゴンヌに設けられた強固な敵陣地群に対する六月三〇日の攻撃の際、われわれは攻撃開始時刻について敵を惑わすため、大砲とミーネンヴェルファーにより、多くの休止をはさみながらも三時間半にわたる準備砲撃を行った。こうした非常に強力な砲撃によってもなお、敵陣地のすべてが破壊されたわけではなかった。数か所の機関銃の火網は、こちらの突撃がなされた際にも、抵抗する姿を見せてきたのである。

さて、ドイツ軍歩兵の強大な攻撃力がふたたび示された。われわれの歩兵部隊は、六月三〇日に設定された目標では満足せず、手近のフランス軍陣地まで奪取してしまったのである。その速度たるや、陣地内にいた敵の大隊長、副官を急襲し、これを捕虜とすることに成功したほどであった。攻撃成功後、防御への転換も迅速に行われた。この点、防御に移るにあたり、フランス軍の陣地を利用することは避けた。敵はこれらの陣地を隅から隅まで知り尽くしていたからである。突撃に先立ち、弾薬輸送班、塹壕構築作業班を分けておいたのは先見の明であった。フランス軍の報復射撃は、前線への補給を数時間にわたり妨げ、電話線の接続を不通にしてしまったのである。

七月一日の夕方から夜にかけ、至近距離で行われた敵の反撃を撃退するにあたり使用されたのは、主に小銃と機関銃であり、手榴弾はあまり使われなかった。

フランス軍の歩兵は、夜が明ける前に、われわれの前線の前方五〇メートルの地点、砂嚢の壁の後ろに塹壕を掘っていた。この砂嚢の一部は、攻撃の際に持ち込まれたか、あるいは攻撃失敗後、後方の部隊により追送されたもののようであった。

突撃後の数週間、敵の砲撃が激しい際には、損害が発生するのを避けるため、中隊陣地の一部を短時間撤収するようにした。今日、現行の防御教範では、優勢な敵火力下においては、中隊長命令により防御中隊の一部を局地的に退避させることを許容している。

一九一五年九月八日の突撃

休暇から帰還後、わたしは第四中隊の指揮を任される。この第四中隊は、この数日後、連隊右翼で突撃を行うよう命ぜられている部隊である。シャルロッテの谷の予備陣地で、この中隊の引き継ぎを行う。わたしは部隊集結地点と攻撃予定地域をみずから偵察したあと、シャルロッテの谷近くの古い陣地を使って中隊の突撃演習を行う。この演習を実施したおかげで、自分は短期間のうちにこの第四中隊を掌握し、この厳しい任務に全幅の信頼を持って臨むことができるようになる。このすばらしい中隊の指揮を、わずか数日しか執れないことはとても残念である。しかしわたしは、在職年数という点で、中隊長を常時務めるにはいかんせん若すぎるのである。

一九一五年九月五日、意気軒昂たるわたしの部隊は、夜明けより大分前に、交通壕を抜けて前方に移動する。われわれが第一二三擲弾兵連隊から引き継ぐ陣地の下には、すでにフランス軍が坑道を掘り進めているのだろう。あちこちで、敵の坑道掘削部隊の絶え間ない作業音が聞こえてくる。こちらの突撃開始より先に、敵がこの地中での作業を終えてしまわないことをわたしは切望する。われわれが愛するのは、坑道ごと宙に吹き飛ばされることではなく、一対一で行われる正々堂々とした戦いなのである。

足元で敵の精力的な作業が続くのを感じながら、長い三日間が過ぎる。

九月八日午前八時、われわれの前方、わずか四〇メートルから六〇メートルの敵陣地施設に対し、大砲およびミーネンヴェルファーによる効力射《ヴィルクングスフォイアー》［試射を経て、射撃諸元を確定したのちに目標の破壊や制圧などを企図して行う射撃］が開始される。サントラル突撃の際の攻撃準備射撃と比べても、使用される砲弾の量にしろ威力にしろ、いささかも引けを取るところがないほどである。これに対して、さまざまな口径から成るフランス軍砲兵隊は、強烈な突撃阻止射撃によって応戦してくる。そのためわれわれは、小さくちゃちな作りの、三、四人用の待避壕のなかに密集してうずくまる。そして、頭上を狂ったように飛び交う砲火をじっと辛抱する。激しい弾着が続き、地面がひっきりなしに震える。土くれ、砲弾の破片、枝や葉が、雨あられと降ってくる。アルゴンヌの森の、太い幹をしたオークも根こそぎにやられ、轟音を立てて地面に倒れる。フランス軍の坑道掘削部隊からは、もう何も聞こえてこない。ひょっとして彼らは、作業を完了してしまったのだろうか。

ときどきわたしは、中隊正面を歩き回り、自分の兵たちの様子を見る。その際、重迫撃砲弾、榴弾が、われわれの陣地のすぐ前方にたびたび着弾する。わたしはその爆風で倒れる。塹壕の縁越しに、敵の地域を見やる。爆発による巨大な煙の雲が、無数に立ち上っている。そこでは、梁、砂嚢、粗朶束、土くれが空中に巻き上げられ、青灰色の雲が、敵陣の構築物の後方を覆っている。

この突撃準備射撃は三時間も続く。三時間。それはこの煮え立つ窯のなかにいるわれわれにとっては、言い表しがたく長い時間である。時計の針は、ようやく一〇時四五分を指す。

中隊の三個の突撃隊が、待避壕を出てそれぞれの持ち場に就く。時計合わせを行う。われわれは、最後の砲撃を待ち、一一時〇〇分、秒までぴたりと合わせたうえで、突撃を開始しなければならないのである。工兵隊、弾薬輸送班、資材輸送班が到着する。わたしは、個々の部隊に対して、目標は敵陣内約二〇〇メートルに位置していることを再度伝える。そして、各部隊は、それぞれの目標に向けてまっすぐに突撃しなければならないこと、中間地帯に残る敵を掃討するのは、あくまであとに続く第二線の中隊の部隊の仕事であることを念押しする。突撃が成功したあとの行動、獲得地点の確保、連絡線の確立、戦闘地域の遮断等についても、もう一度細かく協議しておく。

この間、こちらの二一センチメートルの榴弾と、中口径、大口径のミーネンヴェルファーの砲弾が、猛烈な勢いで敵の陣地施設を破壊していく。この暴力的なほど激しい砲撃のもとで、生きものというものが無傷で生きていられるなどということは、とうてい想像できない。あと三〇秒。兵士たちは弾孔のなかにかがむ。あと一〇秒。最後の迫撃砲弾が、敵陣、われわれの目と鼻の先に着弾する。中隊の三個突撃隊は、この煙が晴れる前に、幅約二五〇メートルに広がり、胸壁を音もなく越えて敵の方向へ突進する。濛々たる煙のなかを一直線、先日古い陣地を使って行った演習のときと同じように、それぞれの目標目掛けて疾走する。壮麗な光景である。

フランス兵の一部は、不安そうに顔を歪めつつ、手を高く挙げて、近くの陣地から集団で這い上がってくる。しかし突撃隊は、この群れには取り合わない。捕虜になろうとするフランス兵のかたわらを走り抜けながら、これに合図を送り、われわれの攻撃発起陣地へ続く道を示してやるだけである。突撃隊は、それぞれの目標に向けて突き進む。一方、第二線に続く部隊は、中隊の曹長の指揮のもと、この捕虜を収容していく【図16参照】。

わたしは右手の突撃隊に加わっている。われわれは敵の塹壕の外を急速前進し、ものの数十秒のうちに、設定された目標に到達する。工兵、塹壕構築部隊、手榴弾部隊が、この後ろにぴったりと続く。これまでのところ負傷者は発生していない。前進は音を立てぬよう注意し、また通常ならば、突撃の際に出すはずの万歳の声も控えていたので、敵陣地後方の待避壕や坑路にいたフランス軍守備隊は、完全に不意を突かれたかたちとなる。突破の望みがないことを悟った敵は、こちらの呼び掛けに応え、戦うことなく降伏する。このとき、後方の陣地より、機関銃の銃撃が始まり、われわれは遮蔽物に隠れることを強いられる。われわれは右側の塹壕に転がり込み、中央を進む突撃隊との連携を図る。数分後には、中隊左翼の突撃隊、およびさらに左手にいる近隣中隊（第二中隊）との連絡も取れる。

奪取した陣地を、防御のために必死で整備する。短時間のうちに、塹壕のなかで敵の方向へ通じる部分を、砂嚢により封鎖する。弾薬および手榴弾集積所も設ける。このとき、フランス軍の砲撃は、われわれ

図 16　1915 年 9 月 8 日——北からの眺望

が獲得した前線のすぐ背後を捉えている。その激しさたるや、攻撃発起陣地との連絡が、数時間にわたり不通となるほどである。フランス軍の機関銃は、塹壕構築物の外での動きを一切不可能にする。これにより、補給は完全に途絶する。続いてフランスの歩兵部隊が反撃に打って出る。われわれの射界は一〇〇メートル弱といったところである。だが、それでも、陣地の外を突撃してくる敵を、即座に制止するには充分である。陣地においても、封鎖地点のところで、激しい手榴弾の応酬となる。しかしこの箇所でもわれわれは、さしたる苦労なく持ちこたえることができる。地形は敵の方向へ向けて緩く下っており、そのためにこちらの投げる手榴弾は、敵の手榴弾よりも遠くまで届くのである。

突撃の際、一つの突撃隊では、不注意に投げた手榴弾のために五名が死傷し、戦線から脱落する。突撃後、フランス軍が行った砲撃によって損害は増える。中隊では三名が死亡、一五名が負傷する。この砲撃後、部隊への補給が目に見えて厳しくなる。弾薬、物資、糧食は、フランス軍の機関銃弾と榴弾により絶えずかたちが変わっていく戦場を抜けて運ばなくてはならない。攻撃発起陣地への交通壕を掘ることが重要度という点で第一である。また、右翼との連絡が取れていないことも問題である。

この夜、大隊では、自分の提案により、予備中隊八〇名を使い、右翼の既存陣地に向けて最短距離の接続となる長さ約一〇〇メートルの壕を掘ることになる。この作業はわたしの指揮のもと行われる。この塹壕の構築は、フランス軍の連続した陣地の前方、四〇から五〇メートルの地点で実施しなければならないので、充分な量の砂嚢と鋼鉄製の防御板を資材輸送班に用意させる。わたしは、これを六月三〇日の戦闘でフランス軍から学んだのである。

二二時ごろ、作業を始める。敵は依然として騒然と、興奮した状態でほぼ休みなく機関銃を打ちまくり、前方地帯を再三にわたり照明弾で照らしている。しかしわれわれは、それでも今、出発しなくてはならない。さもないと、夜のあいだに作業を終えることがおぼつかないからである。まずわたしは、両側から砂嚢で高さ約四〇センチメートルの壁を築かせる。この作業を終えた者は、いったん後ろに下がり、今度は前列兵に砂嚢を届ける。そして前列兵はさらに壁を築いていくのである。これは非常に厳しい作業である。敵火はあるが、それが砂嚢の後ろにいる兵員に危害を与えることはない。この間に、砂嚢の壁は両側から急速に大きくなり、長さは約一五メートルにまで延びる。しかし、ここで砂嚢が尽き、七〇メートルほどの隙間がぽっかりと空いてしまう。わたしは大部分の兵に鋼鉄製の防御板を持たせ、そのうえで、砂嚢壁の隙間が空いてしまった地点まで匍匐前進で移動させる。そして、そこで散兵線を作らせる。

　個々の兵はそれぞれの持ち場に就くと、引きずってきた鋼鉄製防御板を、ただちに自分の前に立てる。そして、その後ろで塹壕を掘り始める。小銃と手榴弾は、すぐ使える状態にして、手元に置いておく。すべての行動は物音を立てずに行われる。一方、敵は多数の照明弾を打ち上げている。敵の砲弾、手榴弾が、われわれの頭上に雨あられと降り注ぐ。ただし、手榴弾はわれわれのところまで届かない。また、敵歩兵の放つ小銃弾のほうは、われわれのところまで届くが、鋼鉄製の防御板の後ろにいるわれわれにはほとんど何の影響も与えることができない。集中砲火《フォイアーツアオバー》が荒れ狂うなかで安らぎを覚える者はいない。しかしわれわれは不充分な遮蔽物にしろ、それに身を隠しつつ、夜を徹して地面を掘り進める。そして九月九日の朝が明ける。交通壕は、一八〇メートルの連続した壕として構築される。この作業中、われわれは一体の遺体を偶然見つける。これは第一大隊所属の兵であり、六月三〇日以来、両前線の中間にあるこの土地に横たわっていたのであろう。

　困難かつ精神の緊張を強いる仕事が一段落つく。しかし休息をとろうとする矢先、大隊長と、すこし遅れて連隊長がこの新しい陣地を検分するために到着する。第二、第四両中隊の突撃成功は、大きな喜びをもって迎えられる。設定された目標地点を押さえることができたのである。二名の将校、一四〇名の下士官および兵を捕虜として獲得し、ミーネンヴェルファー一六門、機関銃二挺、掘削機二台、発電機一台を鹵獲《ろかく》する。一方、この作戦成功の喜びも、第四中隊では予備少尉シュテーヴェの死により影が差してしまう。彼は第一二三擲弾兵連隊との連絡将校として派遣されていた人物である。ポケットにはすでに休暇証が入っていた。

突撃後、わたしは第四中隊をふたたび引き渡し、今度は第二中隊を数週間ということで引き受ける。これにより、非常によく気心知れるようになった第四中隊と不承不承別れることになる。わたしは第二中隊とともに、前線の後方一五〇メートルに位置する、皇太子《クローンプリンツ》堡塁でしばらく過ごす。ここは、砲撃に耐えうるだけの設備を持つ、宿営地兼防御線である。ここに滞在中、わたしは自分の中尉《オーバーロイトナント》への昇進を知る。そしてミュンジンゲンで編成予定となっている新部隊、すなわちスキー山岳部隊に異動となることを聞かされる。別れがつらくなる。ともに隊列を組み、幾多の激しい戦闘の日々を潜り抜けてきた連隊との別れ。多くの勇敢な兵士たちとの別れ。激烈な戦いの果て、兵士たちの血を飲み込んできたアルゴンヌの大地との別れである。九月末、シャンパーニュの戦いが最高潮に達するなか、わたしは、ビナルヴィルの森を去る。

考察

わたしが新たに引き継いだ中隊は、九月八日の突撃にあたって、事前に演習用の陣地を用い、本格的な予行演習を行った。三個突撃隊は、効力射の中断とともに、秒単位まで合わせて突撃を開始し、万歳の叫び声を立てることなく近くの敵陣地を急襲、そして約二〇〇メートル離れた目標を奪取することが求められた。陣地の掃討は、第二線、第三線にいた中隊ら、後続部隊の仕事であった。

突撃の際、突撃隊の一つでは、わたしの命令に反して手榴弾が使われ、その結果、五名が負傷するにいたった（突撃自体に際して発生した唯一の損害である）。ここから引き出される戦訓とは、突撃の際に、前方に手榴弾を投擲してはならない、ということである。さもないと、自軍部隊がその手榴弾のなかに飛び込むおそれが出てくるからである。

敵の不意を突くことは非常にうまくいった。われわれは敵が銃を手に取るより先に、前線を突破し、敵の後方の待避壕の前に、あたかも無から突然現れたかのように立ったのだった。これにより比較的多数の捕虜を獲得することができた。

われわれは、突撃後、ただちに防御に転じたわけだが、その際、既存の陣地を有効に使用した。このこともあり、直後に発生した敵の反撃も撃退することができた。中隊は、突撃のあと大砲と機関銃の攻撃にふたたびさらされ、その結果、後方との連絡が途絶してしまった。一方、右翼方向との連絡を構築するにあたっては、砂嚢と鋼鉄製の防御板がうまく機能した。

1915年、シュプレッサー少佐とロンメル（右）

ビュルテンベルク第124歩兵連隊将校のロンメル（左）と戦友

1915年、ロンメル（中央）

III. Stellungskrieg in den Hochvogesen 1916, Bewegungskrieg in Rumänien 1916/1917

第三部　ヴォージュ山脈陣地戦、一九一六年――ルーマニア機動戦、一九一六／一七年

新編成

一九一五年一〇月初頭、シュプレッサー少佐は、ミュンジンゲンの新しい宿営地において、小銃六個中隊と山岳機関銃六個小隊から成る、ヴュルテンベルク山岳兵大隊を創設する。わたしは第二中隊の指揮を委ねられる。これにより、非常に多忙な毎日が始まる。この中隊は、西部戦線のありとあらゆる部隊からかき集められた、実戦経験豊富な、さまざまな兵科の若い兵士二〇〇人超から構成されている。わたしは彼らを数週間以内に、山岳戦の能力のある兵士へと鍛え上げねばならない。さまざまな制服が並ぶ光景は、まさに色とりどりで、ともすれば乱雑な印象を与えるが、しかし兵士たちは一つにまとまり、その士気は初日からすこぶる高い。任務が張り詰めた厳しいものであっても、全員が全力で臨むことができている。何日か経ったところで、新しい制服が届く。これは見栄えがする出来のものである。

一一月末、中隊閲兵が行われる。わたしは規律に厳しい中隊長として振る舞い、ガチョウ足行進でこれを実施し、見事なかたちで終える。一二月にはスキー訓練を実施し、技術を向上させるため、アールベル

クに滞在する。

第二中隊はアールベルク峠にある聖クリストフ僧院《ホスピーツ》を宿舎とする。早朝から暗くなるまで、急斜面をスキーで滑る。この訓練には、装備を背負って行う場合と、空身で行う場合がある。夜、仲間たちは広い客間に集まる。中隊の楽団はヒューゲル神父の指揮で最近の流行歌を奏でる。山の愛唱歌も響きわたる。これらは、数か月前のアルゴンヌのときとは、まったく異なるところである。こうした方法により、わたしと兵は職務を離れたところでお互いをよく知るようになる。そして、指揮官と部隊のあいだの絆は、密なものとなる。

追加で提供されたタバコやワインも含め、オーストリア軍の糧食は満足のいくものである。もっとも、毎日われわれがこなしている激しい仕事を考えれば、こうした物を頂戴するのも、けっして大それたことではないのかもしれない。

クリスマスのお祝いは、和気あいあいとした雰囲気のなかで行われる。

このすばらしい時間は飛ぶように過ぎ去る。クリスマスの四日後、輸送列車はわれわれを西部方面に運ぶ。これは、行き先が、自分たちが期待していたイタリア戦線ではない、ということを意味する。大晦日の夜第二中隊は、ヴォージュ戦線にて、バイエルンの後備兵《ラントヴェーア》からヒルゼン丘陵の戦区を引き継ぐ。雨が降り、嵐が吹き荒れている。

この新しい戦区は幅一八〇〇メートルほどで、右翼と左翼のあいだの高低差は一五〇メートルある。正面には強固な障害物が設けられており、一部のものには、夜間、電流が流されている。いずれにせよ、この幅の陣地を、連続して切れ目なくすべて確保するということは不可能である。そのため、陣地のなかでもとくに有利な条件のいくつかの箇所を、拠点として拡張、整備する。これらの拠点は、それぞれが小さな要塞状になっており、全周防御が可能である。また弾薬、糧食、水の貯蔵もある。坑路の構築にあたっては、アルゴンヌでの豊富な経験が生かされる。すなわち、最低でも二つの出口を設け、さらに強固な掩蓋を設置するということである。

さて、アルゴンヌのときとは異なり、フランス軍の陣地は、手榴弾の投擲範囲内にはない。敵の陣地とわれわれの陣地は、こちらの塹壕線の右翼、および中央（フランス円丘と呼ばれていた箇所の前）でのみ、数百メートルの距離まで接近している。残りの敵陣地ははるかに離れたところにあり、連続して広がる森林地帯の端に位置している。

散発的な榴弾、そしてときおり響く機関銃の擾乱射撃のほかには、敵について何か察知できるようなものはほとんどない。しかし他方で、天候の厳しさに苦しめられる。さて、われわれは、春から夏にかけて、ズューデル、ゼンゲルン、イーリエンコプフ、メットレの各陣地について、すみずみまで情報を得る。またこの期間、多くの士官候補生の教育が、熱心に実施される。

九月、中隊は、ヒルゼン丘陵の北斜面にむき出しの状態で設けられている陣地に入る。この陣地のすぐ近くにはフランス軍が対峙しており、その大砲と迫撃砲がわれわれを激しく追いたてる。

ハイマツ円丘突入

一九一六年一〇月初頭、第二中隊を含む、大隊の複数の中隊は、捕虜獲得を目的とした作戦の準備を命ぜられる。わたしは、自分の中隊をこの手の作戦へ参加させることに、これまでまったく乗り気ではなかった。アルゴンヌの森の戦いの経験から、こうした作戦がひどく困難であり、また、しばしば甚大な損害をともなうことを知っていたためである。ともあれ、いったん命ぜられたからには、課題に全力で取り組むのみである。

ある晩、わたしはブットラーとコルマールの二人の予備役上級伍長を連れて、中隊作戦地区の右翼の斥候に出る。これは、敵陣地に接近しうるかどうかを探るためである。われわれは、高々と、そして場所によっては鬱蒼と繁っているモミの森を忍び足で通り抜け、フランス軍の監視哨所の方向へ匍匐前進する。この哨所は、敵方向に向かって上りになっている林道の上方の端に設置されている。敵の哨所の五〇メートル前方のところで、草が高々と繁った道を注意深く横断する。そして道路脇の溝を敵の障害物の方向へと、それこそカタツムリのようにゆっくりとした速度で匍匐前進していく。

われわれは極限まで注意しつつ、鉄線挟《ドラートシェーレ》を用い、からみあうように敷設されている有刺鉄線を切断していく。すでにあたりは暗くなっている。ときおり、わずか数メートル上方に立っているフランス軍歩哨の動く音が聞こえる。だが、歩哨そのものも見えなければ、立哨地点も見えない。これは、われわれとフランス兵のあいだで茂っているやぶが濃すぎるためである。こうしてゆっくりとした速度で、連続するかたちで濃密に構築されている障害物群のなかに侵入していく。ただし切断することができるのは、もちろんいちばん下に張られている鉄線のみである。

現在、われわれ三人の男がいるのは、敵の障害物のまさしく真っただなかである。有刺鉄線がこちらをぐるりと取り囲む様子は、まるで蜘蛛の巣のようである。突然、半ば左上方にいるフランス軍歩兵が、慌ただしい態度をとり始めたかと思うと、数回にわたり咳払いをする。この男は何かに勘づいて、不安になっているのだろうか。何か自分たちの行動が耳に届いたとでもいうのか。もしこの男が道路脇の溝に手榴弾を投げ込めば、われわれ三人はおしまいである。この障害物のただなかでは、動くことはできない、ましてや身を守ることなど不可能である。われわれは息を殺す。

緊張の数分間が経過する。この歩哨の動きが静かになってきたところで、わたしはゆっくりと斥候隊を撤退させる。この間にあたりは完全に闇に包まれる。鬱蒼と繁る下草のあいだをこっそりと退却しようとする際、何本かの木の枝がパキッという音を立ててしまう。すると敵は、全守備隊に警報を発し、陣地間の一帯を機関銃と小銃で数分間にわたり掃射してくる。われわれは地面にぴったりと体を押し付け、弾丸の雨あられが自分たちの頭上を通り過ぎるのを耐えながら待つ。われわれは最終的に損害を出すことなく、自軍陣地に帰還することに成功する。今回の偵察で分かったのは、この鬱蒼と草木が茂った作戦区域では、作戦は多大な困難に直面するだろうということである。

次の日、わたしは、ハイマツ円丘《ラッチエンケプフレ》という通称で呼ばれている敵陣地に接近が可能であるか偵察する。この地点の状況は、昨日偵察した一帯よりも、はるかに恵まれている。暗くなってからであれば、草で覆われた林間の空地を越え、物音を立てずに敵の障害物地帯まで接近することが可能であろう。もっとも、この一帯の障害物は非常に強固に構築されており、三重になっている。この障害物を切断するには、数時間からの厳しい作業が必要となるだろう。敵の陣地そのものは、ドイツ軍の前線からこの地点までだと、およそ一五〇メートルの距離である。数日間にわたり、複数の地点から昼夜監視を行った結果、われわれはハイマツ円丘の二個の敵前哨の位置を確認する。一つは林間の空地の中央、覆いを設けた監視哨所のところであり、もう一つは六〇メートルほど左手の上方、岩棚のところである。この岩棚からであれば、周囲一帯を、非常に良好に監視することができるだろう。また掃射も可能だろうが、敵が前方地帯のこの位置の機関銃を使って、擾乱攻撃を仕掛けてくることはごくまれである。

もっとも、作戦を立案したところで、この遮蔽物に乏しい明るい草地という条件を考えれば、非常に明かりの少ない闇夜でないと作戦を遂行することはできないだろう。

続く数日間、われわれは昼夜ともに、ハイマツ円丘の敵陣地への接近可能性を探る。敵の両前哨が、どのような行動の習慣を持っているのか観察する。その際、われわれは、間近に迫っている作戦について、敵の注意を引く可能性のある一切の行動を注意深く慎む。

これらの偵察結果をもとにして、わたしは戦闘突撃隊計画を立案する。今回、自分が立てた計画は次のようなものである。まず、こちらの部隊は、敵の哨所を目指すことなく、一目散に、敵の前哨間の空間に広がる障害物を潜り抜ける。そして敵塹壕を確保する。そのうえで、敵の哨所を側面ないし背後から一掃する、というものである。この作戦のためには、突撃隊の兵力を二〇名ほどとし、強力に編成しておく必要がある。これは、敵陣地到達後、突撃隊を分割しなくてはならないためである。また、侵入成功後に、敵の塹壕守備隊のなかでも強力な部隊と戦闘になってしまった場合にも、突撃隊を後退させることが可能なように、わたしは敵の監視哨所ごとに、鉄条網切断部隊《ドラートシュナイデトルップ》を配置する。鉄条網切断部隊は、敵の障害物のところまでひそかに前進しておく。そして突撃隊が、拳銃と手榴弾による敵塹壕の掃討を開始するか、あるいは、敵前哨を物音立てず排除することに成功した場合、占領した監視哨所の地点から合図があるまで、障害物の前で動かず伏せていなくてはならない。これらの条件が整ってはじめて、鉄条網切断部隊は障害物のなかに道を切り開くことができる。この道が、最短距離で突撃隊が退却する可能性を残すのである。わたしはこの作戦について、スケッチを手にしながら、場合によっては塹壕から実際に作戦地域を示しつつ、下級指揮官たちと協議する。この間、個々の部隊は、陣地後方すぐのところに作られた演習施設を使って、各自の任務に備える。

一九一六年一〇月四日。肌寒く、嫌な天気である。北西からの激しい風が千切れ雲を吹き飛ばす。吹き飛ばされた雲は、標高約一〇〇〇メートルに設置されたわれわれの陣地を飛び越えていく。夕方、風は嵐に変わり、土砂降りの雨が地面を叩く。わたしは作戦成功のため、まさにこうした天気を待ち望んでいたのだ。今、フランス軍の歩哨は、体をすぼめ、外套の襟を立てて、監視哨所のいちばん奥のもっとも安全そうな隅に引っ込んでいるはずである。そのために敵は、まわりの物音が聞こえづらくなっているだろう。

また、激しく唸りをあげている風は、接近時および有刺鉄線切断時に発生する物音を、うまく掻き消してくれるだろう。わたしはシュプレッサー少佐に、今晩作戦を決行する旨、報告し、その許可を得る。

真夜中一二時まであと三時間というところで、わたしは三個の部隊を連れて自軍陣地を出発する。まったくの暗闇、雨、嵐である。われわれは匍匐で敵陣地にゆっくりと接近していく。しばらくして、鉄条網切断部隊は、コルマール上級伍長の部隊と、シュテッテル一等兵の部隊に分かれ、左右に展開する。わたしとシャフフェルト少尉、プファイファー上級伍長は、鉄線挟を手に、突撃隊のそばを匍匐前進する。残りの二〇名は、三歩間隔の縦隊を組み、一人ずつあとに続いていく。敵の方向に響くような音を立てずに、四つん這いになって手探りで進む。風が吹き荒れ、雨が顔を叩く。このため、瞬く間に全身びしょ濡れとなる。われわれは張りつめた精神状態で、進む方向の先へとそば耳を立てる。散発的な銃弾が左手上方に飛んでくる。またときおり、暗闇を切り裂くように照明弾が輝く。前方にいる敵の動きは、静かである。夜の闇があたりを包んでおり、周囲の岩の輪郭は五メートル手前になってようやく分かるほどである。

このとき、われわれは最初の障害物に到達する。困難な仕事が始まる。三人のうちの一人が、鉄線ごとにボロ布を巻きつける。この処置をすませてから、鉄線挟を使う。鉄線をゆっくりと挟んで切る前に、残りの者がそれを緩めておく。切断した有刺鉄線の先端は放さないまま持ち、そして注意深く折り曲げる。鉄線の端が跳ね返るようなことは、どんなことがあっても許されない。物音が発生することになるからである。すべての手順は、あらかじめ徹底的にテストずみである。

われわれはくりかえし休止をはさむ。そして張りつめた空気のなか、夜の帳に耳を澄ます。そしてふたたび困難な仕事に戻る。こうしたやり方で、フランス軍の高さもあり、幅も広く、そして濃密に組み合わされた障害物を、数センチメートルずつ切断し、前進する。もちろん切断するのは、下のほうの有刺鉄線だけである。通り抜け可能な小さな穴を作るだけで満足しなくてはならない【図17参照】。

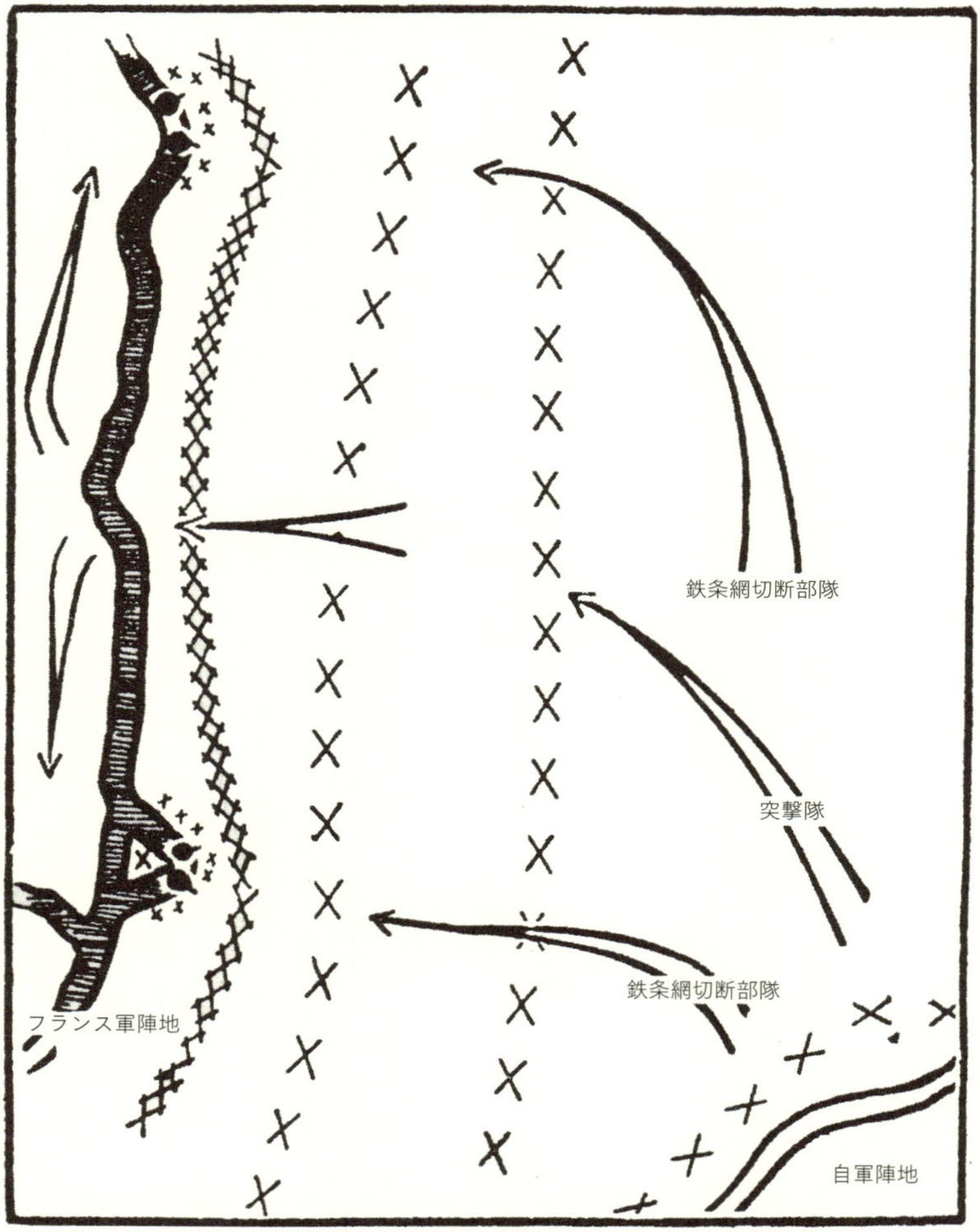

図17　ハイマツ円丘

この作業は数時間におよぶ。極度の緊張を強いる仕事である。なにしろ有刺鉄線がときおり軋んで音を立てるのである。こうした軋み音が出てしまった場合、われわれは数分間作業を中断し、前方に広がる暗闇のなかに耳を澄ますことになる。さて、二つの障害物を切断し、これを突破した時点で、すでに真夜中の一二時を回る。このとき、自分たちと敵陣地の距離は、三〇メートルである。残念なことに、雨風は次第に弱くなってきている。また、空も澄んできている。われわれの眼前には、背の高い逆茂木《さかもぎ》が切れ目なく連なっている。個々の骨組みは長さがあり、重そうである。張られている無数の有刺鉄線は太い。一見して、われわれの鉄線挟では歯が立たなさそうだと分かるほどである。そこでわれわれは数メートル右手に匍匐で移動し、二つの逆茂木を、押すことで引き離せないものか試してみる。しかし、その作業中、大きな物音が出てしまう。われわれは肝を冷やす。敵の哨兵は、ここからほんの三〇メートルから五〇メートルしか離れていない。この哨兵が、完全に眠り込んでいるのでもないとすれば、なんらかの警報が発令されるはずだからである。

不安に満ちた待機の数分間である。

結局、向こう側は静かなままである。さて、敵の逆茂木は相互に強固に組み合わされているように見えるので、これを引き剝がして前進するという例の案は断念する。さらに短時間、敵の陣地を調べてみると、榴弾の弾孔の左手上方、逆茂木の列の下のところに、通り抜け可能な小さな穴が開いているのが見つかる。われわれは、やっとのことでこの穴に体を通し、逆茂木の後方わずか数メートル、敵陣地の端の地点に到達する。

ふたたび驟雨となる。われわれ三人の現時点での位置は、陣地と障害物の列のあいだである。壕底では水が石の踏み段を越えて、谷のほうへとピチャピチャ音を立てながら流れている。突撃隊の先頭が、用心しながら逆茂木の下に体をねじ込む。残りの兵は後方に待機しており、一部は敵の第一、第二障害物の地点にいる。しかしそのとき突然、敵塹壕左手上方から足音が聞こえてくる。複数のフランス兵が斜面を下り、塹壕内のわれわれのほうへ近づいてくる。夜の帳のなかに響く敵の足音は、ゆっくりと一定のリズムを刻んでいる。このことからして、敵の兵は、われわれがここにいるなどとは思いもよらぬ様子である。大人数ではない。わたしは三名から四名と見積もる。塹壕のパトロール隊であろうか。いったいわれわれはどうするべきだろうか。敵をやり過ごすか、それとも急襲するか。急襲の選択肢を採る場合にも、こうしたかたちの戦闘が、大きな音を立てずに行われることなどまずない。戦闘は一対一のものになる。怒号一発、銃声一発で、敵の塹壕守備隊に警報が行きわたる。ドイツ軍の突撃隊は、この戦闘に参加できないだろう。まだ障害物群の後方にいるからである。それでもおそらくパトロール部隊については、制圧できるだろう。しかし、敵の塹壕守備隊があとから戦闘に参加してくれれば、障害物の一帯は掃射を受け、退却するにしても、深刻な損害は免れえないだろう。また、かりに捕虜を取ったとしても、それを後送することができるかどうかは、まったく疑わしい。わたしは可能な選択肢のあいだの得失を、急いで勘案する。そして出た結論は、敵を通過させる、というものである。

わたしは一緒にいるシャフフェルト少尉、プファイファー上級伍長の二人と、作戦について意思の疎通をしておく。われわれは、敵の塹壕の縁に、完全に体を隠す。とくに手と頭を引っ込めておかなくてはならない。匍匐で後退することは、逆茂木が邪魔して不可能である。もし上からくるフランス兵が、こちらをよくのぞき込むなら、われわれは発見されてしまうに違いない。いずれにせよ、こちらの意図に反して戦闘となってしまった場合に備え、飛び掛かる用意はしつつ、近づいてくる敵を待ち受ける。敵の足音が一定のリズムを刻んで響く。彼らの話し声は小さい。緊張の数秒間である。足取りは止まることがない。フランス軍の塹壕パトロール部隊は、こちらにどんどん歩いてくる。そして、われわれのそばを通過していく。塹壕に響いた足音は、下のほうへと次第に消えていく。一同は深く息を吸い込む。

しかし、いったん通過したパトロール隊が戻ってこないかどうか見きわめるために、なお数分間にわたりそのまま待機する。そのあとで注意して、一人ずつ敵陣地へと潜りこむ。雨は上がってしまっている。風だけが草木のない斜面を吹きまわっている。しかし塹壕をよじ登る際、多数の者が、塹壕の壁の土や石を下に落としてしまう。すると、それが石の踏み段へ転がり落ちて、物音を立てる。ふたたび数分間の緊張の時が過ぎる。

こうして、ようやく突撃隊全体が塹壕内に入る【図18参照】。

突撃隊は二手に分かれる。シャフフェルト少尉は谷を下る方向へ、シュロップ上級伍長は山の方向へと、それぞれ一〇名の兵を引き連れて進む。わたしはシュロップに同行する。勾配が急な塹壕のなかを、物音を立てず手探りで上方へと向かう。われわれのいる場所と、目標である岩棚の監視哨所のあいだには、もう残り何段もない踏み段の距離しかない。敵はすでに何か気づいているのだろうか。われわれはいったん停止し、耳を澄ます。そのときである。左手の方向で、何かがペチャッと音を立てる。障害物のなかである。右手でも、壕底でも、同じ音がする。すると突然、手榴弾が轟音を立てて炸裂する。突撃隊の先頭は飛ぶように戻ってくる。後方では突撃に参加する部隊の渋滞が発生する。その最中、敵の二度目の手榴弾一斉投擲がなされる。瞬時に決めて動かないことには、われわれはやられてしまう。そこだ。われわれは敵に向けて突進し、手榴弾を掻い潜る。そのとき、わたしの軍馬の管理要員で、この作戦にだけ配置されていた一等兵スティーレが、一人のフランス兵に襲われ、喉元をぐっと摑まれる。しかしノートハッカー伍長がこのフランス兵を拳銃で始末する。その直後、われわれは、敵の監視哨所守備隊二名を確保する。しかし一名のフランス兵が、後方に逃げてしまう。

われわれは懐中電灯を手に、塹壕の壁の待避壕を急いで捜索する。一つ目の待避壕は空である。しかし、二番目に見つけた壕は、フランス兵でいっぱいである。わたしはクヴァンテ伍長を連れ、右手には拳銃、

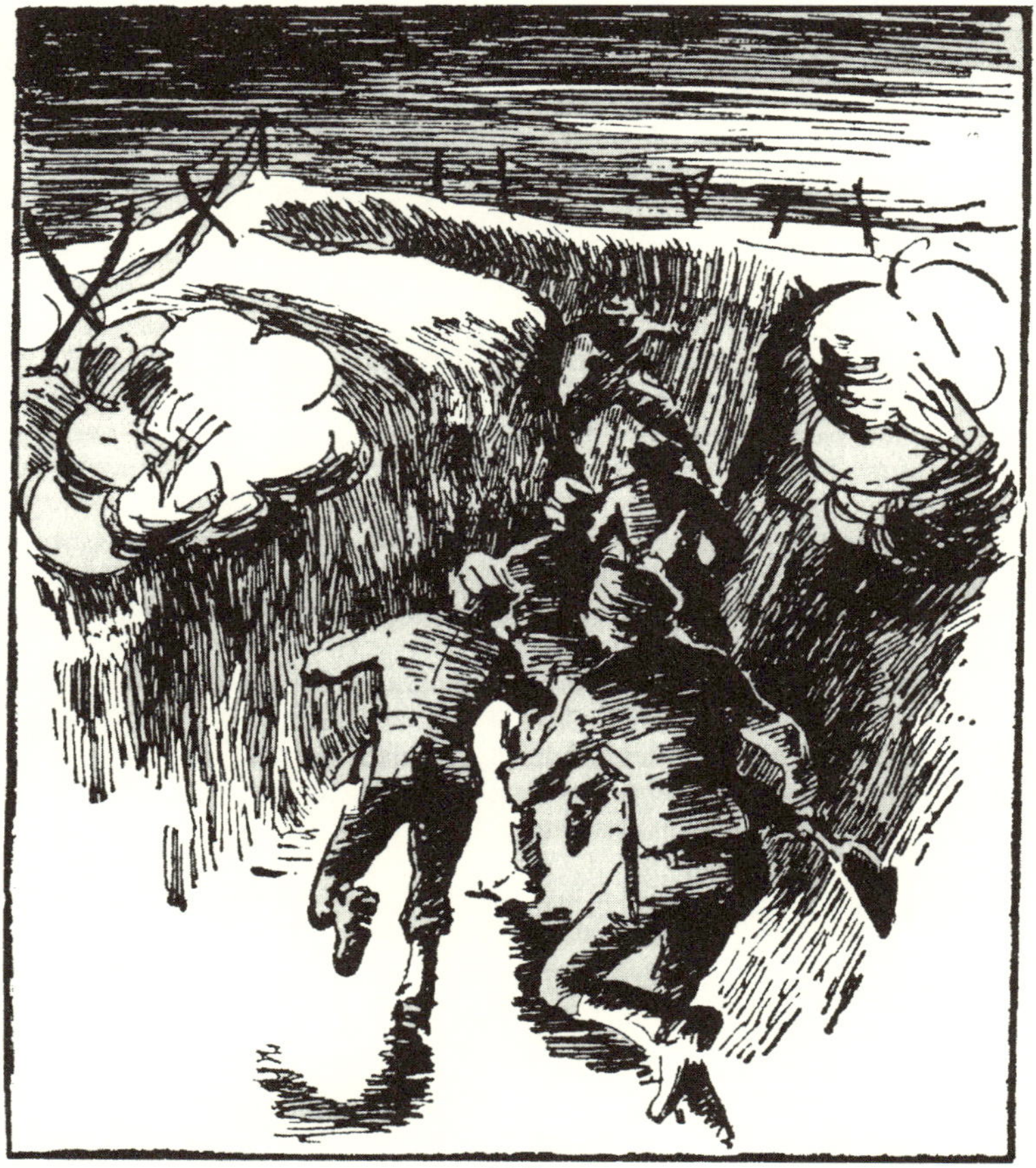

図18

左手には懐中電灯を持ち、高さ六〇センチメートルほどしかない待避壕の入口を這って通る。壁際には武装した敵七名が戦闘可能な状態でいる。しかし、少し交渉すると、彼らは全員武器を捨てる。もちろんわれわれの側としては手榴弾を使って、この掩蔽部の守備隊を片付けてしまえば、危険は少ないだろう。しかしそれでは、捕虜を獲得するという自分たちの任務を果たせないことになってしまう。

シャフフェルト少尉は、自軍の損害なしに、二名の敵兵を捕虜としたことを報告する。この戦闘のあいだ、鉄条網切断部隊は猛烈に作業を進め、退却のための細い道を完成させる。

作戦は目標を完全に達成したため、わたしは退却命令を出す。フランス軍の予備隊が戦闘に参加してくる前に離脱しなくてはならない。

われわれは、敵に妨害されることなく、一一人の捕虜を連れて自軍陣地に到達することに成功する。ともかく喜ばしいのは、こちらの側に一人の離脱者も出さなかったことである。唯一、スティーレ一等兵が、手榴弾の破片によりごく軽いかすり傷を負っただけである。しかし、この作戦に対し、上官から賞賛の言葉はない。

残念なことに、この翌日、一名の犠牲者が出る。たいへん信頼できる上級伍長コルマールが、連隊の戦闘地域の平穏な区域で、フランスの狙撃兵により射殺されてしまったのである。このことがハイマツ円丘での作戦成功の喜びに、大きな影を落とす。

このあと、むき出しの陣地での数日が流れる。ヴュルテンベルク山岳兵大隊は、ドイツ軍司令部より別の任務を与えられる。一〇月半ば過ぎ、われわれは東に向かう。

スクルドゥーク峠

一九一六年八月、中央同盟国《ミッテルメヒテ》の前線は、協商国（連合国）《アンターンテヘーア》軍の猛烈な攻撃に耐えている。ソンムでは英、仏軍が途方もない戦力を投入して、決定的な勝利を得ようとしている。また、流血の地と化したヴェルダン周辺では、新たに火の手が上がる。東では、同盟国オーストリアだけで一五〇万人の損害をもたらしたブルシーロフ攻勢により、前線が揺さぶられている。マケドニアではサライユ将軍の指揮のもと、五〇万人の連合国兵士が戦闘準備態勢をとっている。イタリア戦線では、第六次イゾンツォ攻勢が行われ、ゲルツ［伊：ゴリツィア］橋頭堡およびゲルツ市の喪失によって幕を閉じる。敵は、同地でもすでに新たな攻撃の準備を進めている。

このとき、ルーマニアがさらなる敵として登場する。ルーマニアは、自分たちの介入によって、連合国の勝利を早期にもたらすことができるときが来たと信じ、そして、同盟を結ぶ諸国から多くの見返りがもらえると期待したのである。一九一六年八月二七日、ルーマニアは中央同盟国に宣戦布告、五〇万人のルーマニア兵がジーベンビュルゲン［トランシルヴァニア］に侵攻すべく、国境の峠を越える。

一〇月末、ヴュルテンベルク山岳兵大隊が、列車でジーベンビュルゲンに到着すると、すでにドブルジャ、ヘルマンシュタット［シビウ］、クローンシュタット［ブラショヴ］ではすばらしい戦果が得られており、ルーマニア軍は自身の国境の向こう側へと押し戻されている。しかし、まだ勝敗を決める決戦は行われていない。ロシア軍がルーマニア陸軍を援助し、これを強化しているのである。このルーマニア軍は、ほんの数週間前に、大胆極まりない野望を抱いて、国境を越えてきたわけである。

さて、ペトロジェニー［ペトロシャニ］行の路線は、小火山丘のところで爆破されており、ヴュルテンベルク山岳兵大隊は列車から降ろされてしまう。道は踏み荒らされてひどいものになっている。それゆえ、あらゆる種類の柱で封鎖された状態である。こうした道の上を、たいへんな苦労を強いられながら、ペトロジェニーに向けて行軍する。その際、次のようなやり方で前進していくことが、理にかなっていると分かる。まず中隊先頭の分隊は、着剣した状態で行進する。この分隊が、行く手をさまたげるほど混乱した状況になっている路上に、一定のスペースを作る。中隊の車両には、左右から兵士をつける。これは、地面が深くなっていて、馬力ではどうにもならない場合、人力で助けに入ろうという考えによる措置である。速度はゆっくりであるが、しかし休みなく前進していく。

途中でわれわれは、高さのある尖った毛皮の帽子をかぶったルーマニア兵の捕虜たちに出会う。

真夜中の一二時少し前に、第二中隊はペトロジェニーに到着する。学校の床板の上で、数時間の休息をとる。足は長時間にわたる行軍のために、熱く火照っている。しかし夜が明ける前に、第二、第五中隊はトラックに積み込まれる。われわれはルペニ経由で南西に向かい、目下危機にさらされている山岳の前線に移動する。

数日前、ブルカン峠とスクルドゥーク峠を抜けるかたちで実施された第一一バイエルン師団の突撃は失敗に終わる。その際、山中からの離脱路をめぐる激戦のなかで、歩兵部隊、砲兵部隊の一部が峠から撃退され、潰走の憂き目に遭ってしまう。この結果、現在、境界となる尾根《グレンツカム》を確保しているのはシュメットウ騎兵軍団となっている。もしルーマニア軍がさらに攻撃を仕掛けてくるようなら、この弱小の戦力ではとうてい太刀打ちできない。

数時間にわたるトラックでの移動のあと、ホビカウリカーニーで降ろされる。そしてわれわれが指揮下に入っている騎兵師団の指示で、一七九四高地方向にある境界の尾根へ向かうべく狭い小道を登っていく。背嚢には、未調理の状態の糧食四日分が荷物として詰め込まれており、それが重くのしかかる。将校たちもそれぞれの背嚢を自分で背負っている。われわれのもとには、駄畜もいなければ、冬山用の装備もないのである。

数時間にわたり、われわれは切り立った斜面をよじ登る。すると山の向こうで戦闘を行っていたバイエルン部隊の兵士数名と、一人の将校に遭遇する。彼らの神経は、ひどく消耗しているように見える。聞けば、次のような状況だという。彼らは霧中戦《ネーベルカンプフ》で甚大な損害を被った。彼らの仲間の大部分は、白兵戦でルーマニア兵に殺されてしまった。自分たち少数の生存者は、数日にわたり、原生林のように木々が茂る山中を、飢えに苦しみながらさまよい歩いた。そして、やっとのことで境界の尾根を抜けたのだという。彼らの語るルーマニア兵の姿は、非常に粗野で、また危険な敵である。

しかし、そんなことはどうでもよい。この目で見てやれ、である。

午後遅くわれわれは、一二〇〇メートルの高地に設置された作戦地区の戦闘指揮所（R大佐）に到着する。各中隊が野外で炊事を行うなか、ゲスラー大尉（第五中隊長）とわたしは、状況についての説明を受ける。そして、行軍を継続のうえ、夕方には一七九四高地に到達し、同所の上方に存在する各陣地を占拠、そのうえでムンチェルル、プリスロップを抜け、南方を偵察せよ、との下命を拝する。これに先立ち、ムンチェルルを越え南に向かった捜索騎兵中隊《アウフクレールングスエスカドロン》からは、二日間にわたりなんの報告もないのだという。一七九四高地にはまだ電話設備があるはずであり、また替え馬の部隊もいるはずだということである。一方、両翼の近隣部隊については何も情報がない。

出発に際して雨が降っている。われわれは土地に通じた案内役もいないまま、一七九四高地を目指して登り始める。雨は次第に強くなり、夜がやってくる。やがてあたりは漆黒の闇に包まれる。冷たく打ち付ける雨は土砂降りとなり、みな否応なしに、全身ずぶ濡れとなる。この状態では、この岩だらけの切り立った斜面でさらに行軍を続けることは不可能である。われわれは約一五〇〇メートルの高地にて、細い山道の両側に分かれ、露営する。しかし、濡れた装備をつけたまま、この寒さのなか横になるなど、とうてい耐えられるものではない。ハイマツの茂みを利用して火を起こそうと試みるも、この土砂降り雨のなかでは、ことごとく失敗に終わる。われわれは毛布と天幕用の布にくるまり、寒さに震えつつ互いにぴったりと寄り添ってしゃがみこむ。雨が弱くなるや、われわれはまた火を起こそうと試みる。しかし濡れたハイマツの木は煙が出るばかりで、一向に暖を取れるようにはならない。

　身の毛もよだつような恐ろしい夜が、一分、また一分と、ゆっくりと時を刻んでいく。真夜中すぎ雨は上がるが、その代わりに今度は、身を切るような冷たさの激しい風が吹き荒れる。これが濡れた装備のまま座っていることを不可能にしてしまう。われわれは震えながら、燻り続ける火のまわりをぐるぐると足踏みする。ようやくあたりが明るくなり、一七九四高地まで登ることができるようになる。ほどなくしてわれわれは積雪地帯に入る。

　われわれが問題の高地に到着するころには、着ている服も背中の荷物もすでに凍りついてしまっている。気温が零度を下回っているのである。氷のように冷たい風が、深く雪の積もった一七九四高地の上に吹く。しかしいかんせん、自分たちが説明を受けたような陣地は存在しない。一〇人も入ればいっぱいになってしまうようなひどく小さな穴があるだけであり、それが電話通信部隊《フェルンシュプレッヒャートルップ》に場所を提供している。右手向こうでは約五〇頭の替え馬がいるが、寒さで震えている。われわれの到着直後、高地には吹雪が舞う。このとき、視界は数メートル以下になる。

　ゲスラー大尉は戦闘正面の指揮官に、高地のこの状況を説明したうえで、両中隊の退却を打診する。だが、ゲスラー大尉は経験豊かなアルピニストであるが、その彼の抗議も聞きいれてもらえない。また、部隊を濡れた衣服を着せたまま、露営できる場所もなく、暖を取るための火もなく、温かい糧食さえない状態でほんの数時間でも吹雪のなかに待機させることは、凍傷や、他の重篤な病気を確実に招くと軍医が警告するも、これもまた無視される。それどころか、一歩でも下がろうものなら軍法会議行きだ、という脅しが入るほどである。

ともかく、行方不明になっている騎兵中隊の所在を確認するため、ビュットラー上級伍長がムンチェル経由で、ステルスーラ方面へと派遣される。山岳兵たちは雪上に天幕を設営する。だが、うまく火を起こすことができない。日が暮れるころになり、高熱を出す者や嘔吐する者が続出する。しかし、戦闘地区本部にこれを訴えても、奏功しない。恐ろしい夜の始まりである。寒さは、いよいよ身を切るような勢いへと、厳しさを増す。しばらくすると、天幕のなかの兵士たちは我慢の限界となり、前日夜と同様、体を動かすことでなんとか暖を取ろうと試行錯誤する。長い、ひたすら長い冬の夜である。夜が明けると、軍医は四〇名を野戦病院に搬送するはめになる。わたしはゲスラー大尉の命を受け、戦区指揮官のところにおもむき、部隊の状況を詳しく説明する。その結果、こちらの即時交替要請を伝達することだけは少なくとも確約してもらう。これがすむと、わたしは一七九四高地に戻る。ゲスラー大尉は、何があろうとも中隊の残存兵力とともに、即時退却する腹を固めている。この時点で人員の九〇パーセントが、凍傷や風邪の症状を見せており、医療的な処置を受けている状態である。正午ごろ、われわれは駄畜、木材等の物資をたずさえ、充分に休養をとった部隊と交替する。天気は回復し、晴れ間が見えてくる。この間に、ビュットラーの率いる斥候隊は、例の捜索騎兵中隊が山脈の南の末端部にいるのを確認する。彼らがいたこの山脈末端部、山脚の地点は、高度も一一〇〇メートル程度であり、まだなんとか耐えることのできる天候だったのである。一方、ルーマニア軍については何も察知できない。

三日後、中隊は、戦場に再投入可能な状態にまで戻る。天候も装備も、先日の状態と較べると圧倒的に恵まれている。われわれは、ムンチェルルを登っていく。高度一八〇〇メートルの地点で露営したあと、ステルスーラに向けて前進する。ステルスーラとは、ブルカン山脈に属する山であり、北東および北に向かって垂直に切れ落ちている前山《フォアベルク》である。中隊は、ステルスーラの北約一〇〇〇メートルのところに前哨を配置する。中隊は森に覆われた丘の上で、全周陣に構え、さらに三個の小哨を付ける。この間、ステルスーラ山上での動きが激しくなっていく。そこでは大隊規模のルーマニア軍が、互いに重なり合うように塹壕陣地をいくつかの箇所で構築しているところである。

続く数日のあいだ、弱小な敵部隊との衝突はあるものの、われわれの陣営に損害が発生することはない。われわれは自軍の陣地のすぐそばに天幕を張り、そこに滞在している。駄畜は、山脈の尾根の向こう側の谷から、毎日糧食を運んできてくれる。電話が接続され、シュプレッサー隊と各小哨のところまで連絡がつくようになる。右手向こうにはアルカーヌルイがそびえている。その険しい南斜面には、第一一師団が放棄した大砲の一部が見える。われわれの二キロメートル東方、いちばん近い連山の上には、ヴュルテンベルク山岳兵大隊の別の部隊がいる。

われわれのはるか眼下では、霧が平野を覆い、それが陽の光を受けて輝くトランシルヴァニアの連山にぶつかっては、海の波のように砕ける。息を飲む眺めである。

考察

一七九四高地への進撃の事例が示しているのは、装備が理に適っておらず不完全である場合、さらに補給が機能停止している場合、高山系の天候が、どれほどまでに部隊の作戦遂行能力および耐久力を棄損しうるか、ということである。他方、われわれが目にするのは、敵を前にした兵士がなにを耐えうるか、ということである。状況によっては、高度一八〇〇メートルにいる部隊に、乾いた木材ないし木炭を補給するといった必要も生じる。このときの場合、われわれは、ブルカン山脈の南斜面において、吊るした缶詰の缶に入れた小さな木炭の火を使い、自分たちの天幕を暖めたのだった。

攻略、レースルーイ山

一一月初頭、ルーマニア軍は、クローンシュタット近郊のドイツ軍兵力がブカレスト方面へ侵攻することを警戒して、それに対する準備を整える。ルーマニア軍は、予備隊の主力をプロイェシュチの北に集結させている。彼らは、ドイツ軍の攻撃部隊がキューネ将軍の指揮のもと、ブルカン峠およびスクルドゥーク峠で編成されていることを予期していない。この攻撃部隊はヴァラハイ［ワラキア］に侵入し、ブカレストへと西から進撃するために召集されたものである。

一一月初旬、一九一六年一一月一一日の主攻撃が行われる前、キューネ軍団の右翼にいるヴュルテンベルク山岳兵大隊の一部は、プリスロップ、チェピルル、グルバ・マーレーの山並みを、激しい戦闘の末、奪取する。そしてこれにより、主力が山地から出てくるのを掩護する。

われわれは制圧した土地を、敵の反撃を跳ね除けながら、なんとか維持する。他方、ルーマニア軍はすべての戦いにおいて、非常にすばらしい戦いぶりを見せている。

ステルスーラではルーマニア軍が、陣地の周囲に鉄条網を設置し、これを遮断している。一一月一日、第二中隊は、対ステルスーラ用の警戒部隊として残される小隊を除き、グルバ・マーレーへ移動となる。

一一月一一日、キューネ軍団の攻撃が開始される。ヴュルテンベルク山岳兵大隊はレースルーイ山（標高一一九一メートル）を奪取せねばならない。これは、まわりの山から頭一つ抜けた山で、その南斜面はヴァラハイに境を接している。

ルーマニア軍は、この山を強固に要塞化している。グルバ・マーレーとレースルーイのあいだの、わずかに灌木がならんで茂る鞍部《ザッテル》には、複数の敵陣地が連続して構築されている。ヴュルテンベルク山岳兵大隊の攻撃（第二中隊を含む中隊四個半）を、山岳砲兵中隊が支援する。ゲスラー隊は正面攻撃、リープ隊（中隊二個半）は東から包囲攻撃を実施するように配置される。正面攻撃は、リープ隊の包囲攻撃が気づかれるのを待ってから開始されねばならない【図19参照】。

重機関銃小隊により強化された第二中隊は、一一月一一日の夜明けとともに、前線右翼、ルーマニア軍第一陣地前方二〇〇メートルの、レースルーイに向かって下りとなっている斜面上で、攻撃準備態勢に入る。しかし、部隊集結地点に進出する際、右翼で敵の斥候隊との衝突が生じる。短時間の銃撃戦のあと、ルーマニア兵は撃退され、数名がわれわれの捕虜となる。一方、ドイツ軍の損害は発生しない。

さて、今やわれわれの攻撃準備は、ルーマニア軍の知るところとなってしまったわけである。このため、ルーマニア軍は、午前中のあいだ、われわれのいる一帯に小銃と大砲で攻撃を仕掛けてくる。しかし、いたるところに遮蔽物となるものが充分にあるので、損害は発生しない。われわれのほうから銃撃を仕掛けることはほぼない。しかしその分われわれは、熱心に敵陣地を観察し、自軍の攻撃に向けた掩護射撃を念入りに準備する。左翼の岩のあいだでは、山岳砲兵中隊が最前線のすぐ後ろにつく。また多数設置された監視哨所からは、敵のいる一帯を鋭く観察し、索敵を行う。

こうして数時間が経過する。正午ごろ、ようやくリープ隊が、こちらと対峙している敵の側面で、攻撃を始める。これを待って、ゲスラー隊も正面攻撃に打って出る。

第二中隊においては、まずグラウ少尉が先陣を切り、他より少し高くなっている陣地から、重機関銃により前方の敵陣地を掃射する。次いで、中隊が突撃を開始する。いくつかの分隊が、奔流のように茂みから飛び出し、斜面を駆け下り、殺到する。しかし、われわれの予想に反して、白兵戦は発生しない。山岳兵たちの突撃の勢いにより、敵は、グルバ・マーレー＝レースルーイ間の鞍部に存在する全陣地から、も

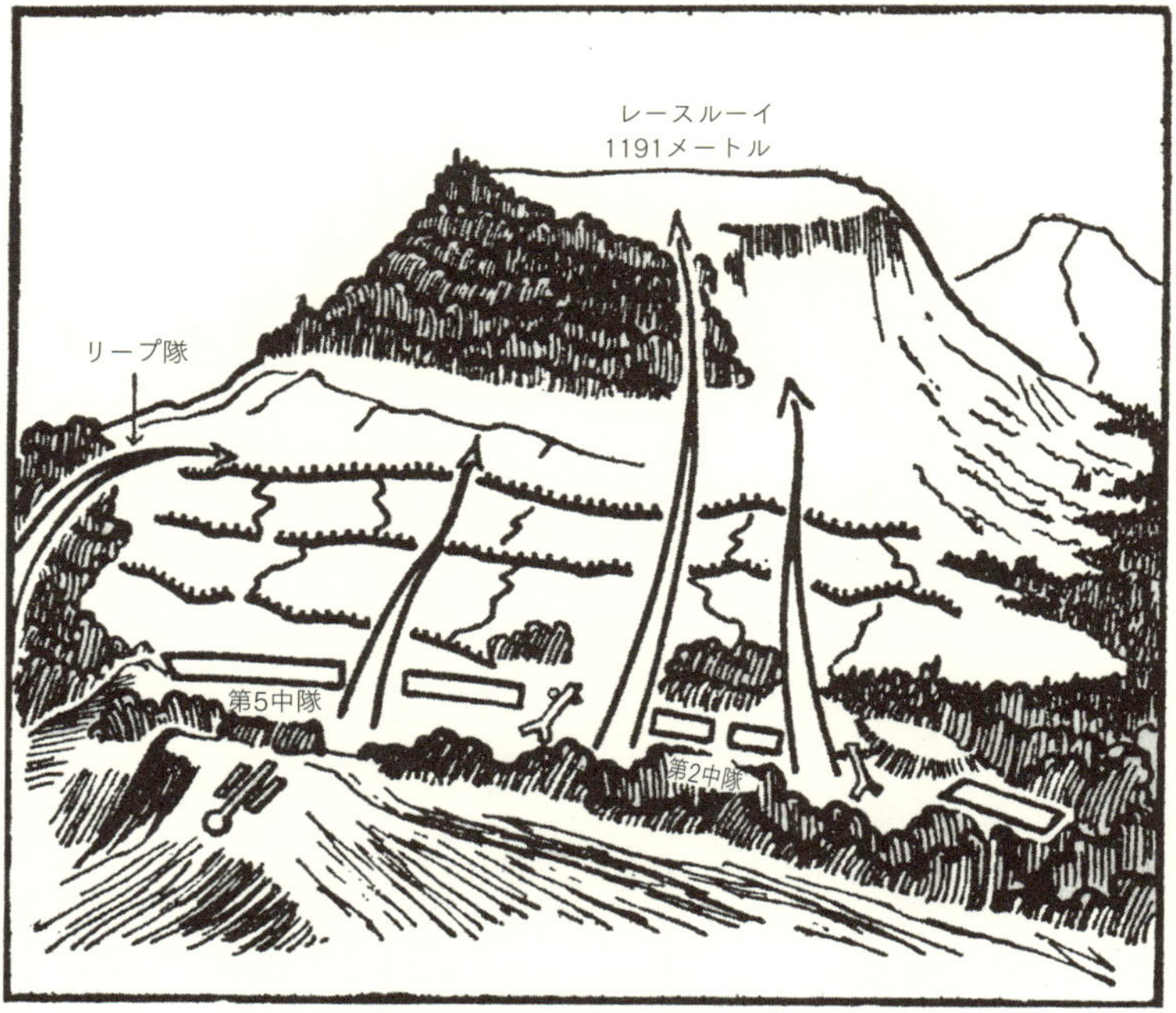

図 19　レースルーイ――北からの眺望

の数分で追い払われる。そしてわれわれは、約七〇〇メートル離れたレースルーイへと到達する。しかし、多数の捕虜の獲得にはいたらない。これは、ルーマニア兵たちが、驚異的な敏捷さでもって、鞍部の両側から峡谷へと姿を消してしまったからである。

われわれはほどなくして、レースルーイの頂上も占拠する。夕刻、この頂上に天幕を張り露営する。作戦成功の喜びは大きい。とくに正面攻撃の際に、第二中隊の損害が軽傷者一名ですんだことがうれしい。日暮れとなる。斥候隊は、敵の居場所を特定するために、南の平地に向かう。肉とパンの調達も目的である。最近の山中での糧食は、じつに貧弱で、味気ないものになっているのである。

一一月一二日早朝、斥候隊が帰投する。斥候隊と敵の接触はない。彼らは、家畜を生きたまま、そして一部はすでにつぶした状態で持ち帰る。まもなく直火で串に刺した肉を焼く光景が、いたるところで見られるようになる。一一月の輝く太陽が、天幕内での凍える夜を忘れさせてくれる。

考察

一九一六年一一月一一日の攻撃準備は、複数の戦線から成る敵の反斜面陣地《ヒンターハングシュテルング》の約二〇〇メートル手前で行われた。敵は、ドイツ軍が自分たちの主戦場最前線に、このように至近距離まで接近してしまうことを、防衛拠点によって妨害する機会を逃したのである。

数時間にわたる準備（これは敵に察知され銃撃を受けたが）のあと、正面攻撃が行われた。この攻撃は重機関銃をともなって実施された。それにより、最前線から二〇〇メートル先の地点までは、支援を受けることができた。ただし地形の関係で、これ以外の火力支援は望むべくもなかった。

さて、個々の重機関銃は、最初に、攻撃部隊が侵入しようとする地点の敵に対し連続射撃を加え、これを遮蔽物の陰に追い込んだ。その間、攻撃部隊は前進を続け、そして約三〇秒後、重機関銃は攻撃の方向を移し、敵陣地の残りの部分で敵兵が頭を上げられないように、これを抑えつけておいた。突入成功後、機関銃部隊は、全速力であとに続いた。さて、レースルーイの頂上へ向け、長く延びた鞍部を通って攻撃が行われたが、機関銃部隊はこれを他の場所よりも高い地点に設定された陣地から支援した。敵は数時間来、われわれが攻撃を仕掛けてくる可能性を頭に入れていたに違いない。しかし、それにもかかわらず、こちらがとった先述のような戦闘指揮により、完全に不意を突かれるかたちとなった。なお、あと三〇分ばかり正面攻撃が遅ければ、こちらの成功は、さらに大きなものになっただろう。これは、三〇分待てば、包囲のために配置されていたリープ隊が、敵の後ろに回り込むことが可能であったと推測されるからである。

クルペヌル＝バラリの戦い

一九一六年一一月午後、中隊は下命を拝する。すなわち、まず一個重機関銃小隊で中隊を強化したうえで、レースルーイの東斜面を降り、バラリ村を確保せよとの命令である。大隊の残りは、二列縦隊を組んで山の西斜面を下り、同じ目標を目指すものとされる。レースルーイ山の頂には、なお荘厳な陽の光が差しているが、わたしの率いる隊列のほうは、ただちに深い霧のなかに潜っていく。わたしはコンパスを片手に行軍を進め、谷に続く道から逸れてしまわないように方向を維持する。しばらくすると、谷のほうから、なにやら声がするのがはっきりと聞こえてくる。この声は号令だろうか。

左手下方、音からしてそれほど遠くない距離で、ルーマニア軍の砲兵中隊が、ブルカン峠を連続して砲撃しているのが聞こえてくる。さて、このような状況であるから、次の瞬間にも、濃霧のなかで敵と接触しても、なんの不思議もない。それゆえ、わたしの部隊は、最大限の注意を払い、音を立てぬようにして、谷の方向へと進んでいく。前衛部隊、側面偵察部隊、後方警戒部隊が周辺に注意を払う。可能なかぎり物音を立てない。そして口も開かない。そうした状態で、芝地の上を下っていく。

霧が晴れてくるころ、すでにあたりは暗くなり始める。われわれの前方一〇〇〇メートルの谷に、長く延びたかたちの村が見える。村は、一軒一軒離れた屋敷から成っている。この集落がバラリなのだろうか。それともクルペヌルなのだろうか。双眼鏡を使って調べてみると、いくつかの場所に、小さな集団がいるのが見てとれる。おそらくは兵士だろう。村の出入口のところには、小哨らしき存在も見える。もしこのまま前進していけば、村へはおよそ一〇分で着いてしまうだろう。

しかし両翼に支援を期待できる部隊はない。後方の戦力もない。そうした状態でさらに進撃すること、あるいは攻撃することは、わたしには得策でないように思われる。わたしは、この村落に対する攻撃準備を行い、そして右翼に設定された近隣作戦地区の部隊が到着するのを待つ、という選択肢を採ることにする。なお、こちらの斥候隊が村落を調べている地点からは距離をとっておく。これは、こちらがその近くにいることを、敵に知られたくないためである。またわれわれは細かく観察を行い、多くのことを確認しておきたいのである。

完全に暗くなるまで、小さな切り通しと灌木の集まっているところでうまく身を隠し、村への攻撃準備を進める。右翼に近隣部隊の縦隊が来るのを待つ。しかしこれが一向にやってこない。さしあたりわたしは、全周陣に構えるべく中隊を適宜配置し、歩哨を立て、別命あるまで休憩を命ずる。歩哨には、隣接する作戦地区から何か物音が聞こえた場合、あるいはどこかで不審なものが動くのを見た場合、ただちに総員を起こすよう指示を与えておく。このような措置をとったうえで、兵士たちは騎兵銃を脇に抱えたまま、数時間の休息をとる。

真夜中になるころ、斜面の右手奥で、ヴュルテンベルク山岳兵大隊の近隣部隊が坂を下りてくるのが聞こえる。わたしは兵たちを急いで立ち上がらせる。われわれは、月が明るく光るなか、低い茂みを潜って、クルペヌルなのかバラリなのか不明の集落へと静かに接近する。その際、重機関銃小隊を、掩護射撃用に左翼側面に配置しておく。中隊の先頭部隊は、敵から妨害を受けることなく、村の東の端に到達する。敵の姿はどこにも見当たらない。これに対して、右翼方向からは、近隣の縦隊がいる地点の近くで、散発的な銃声が聞こえる。ともかく、わたしは中隊を率い、注意深く村に侵入する。そして重機関銃小隊があとに続く。

二、三軒の屋敷には住人がいる。暖炉とそのまわりの腰掛けには、年齢も性別もさまざまな多数の家族が、毛布や毛皮に身を包んで眠っているところである。部屋の空気は、ひどく重苦しいものがある。このひとびとと心を通じ合わせることは、途方もなく難しいことであるように思われる。武装した敵とはどこでも遭遇しない。わたしは中隊に夜の休憩をとらせるため、学校と、それに隣接して立つ防御向きの二軒の屋敷に兵を入れる。そして外には警戒部隊を配置する。それがすむと、数名の戦闘伝令を連れて、二方向に分岐している村の西の地区に向かう。これは、自分のとった措置を、シュプレッサー少佐に報告するためである。この村の西地区には、大隊の残りの各隊が滞在している。ここにはもともと貧弱な戦力の敵がいたのだが、彼らはこちらの最初の一発で逃げてしまったのである。

さて、シュプレッサー少佐は、各中隊に警戒区域を割り当てる。第二中隊は村の東地区に、正面を南に取って配置される。第二中隊の右翼には第三中隊が置かれる。左翼の第一五六歩兵連隊との連携は夜明けを待って構築されることになる。敵については何も情報がない。

午前三時ごろ、中隊に帰投する。漆黒の闇に包まれた夜である。兵士たちは学校の校舎で寝ている。わ

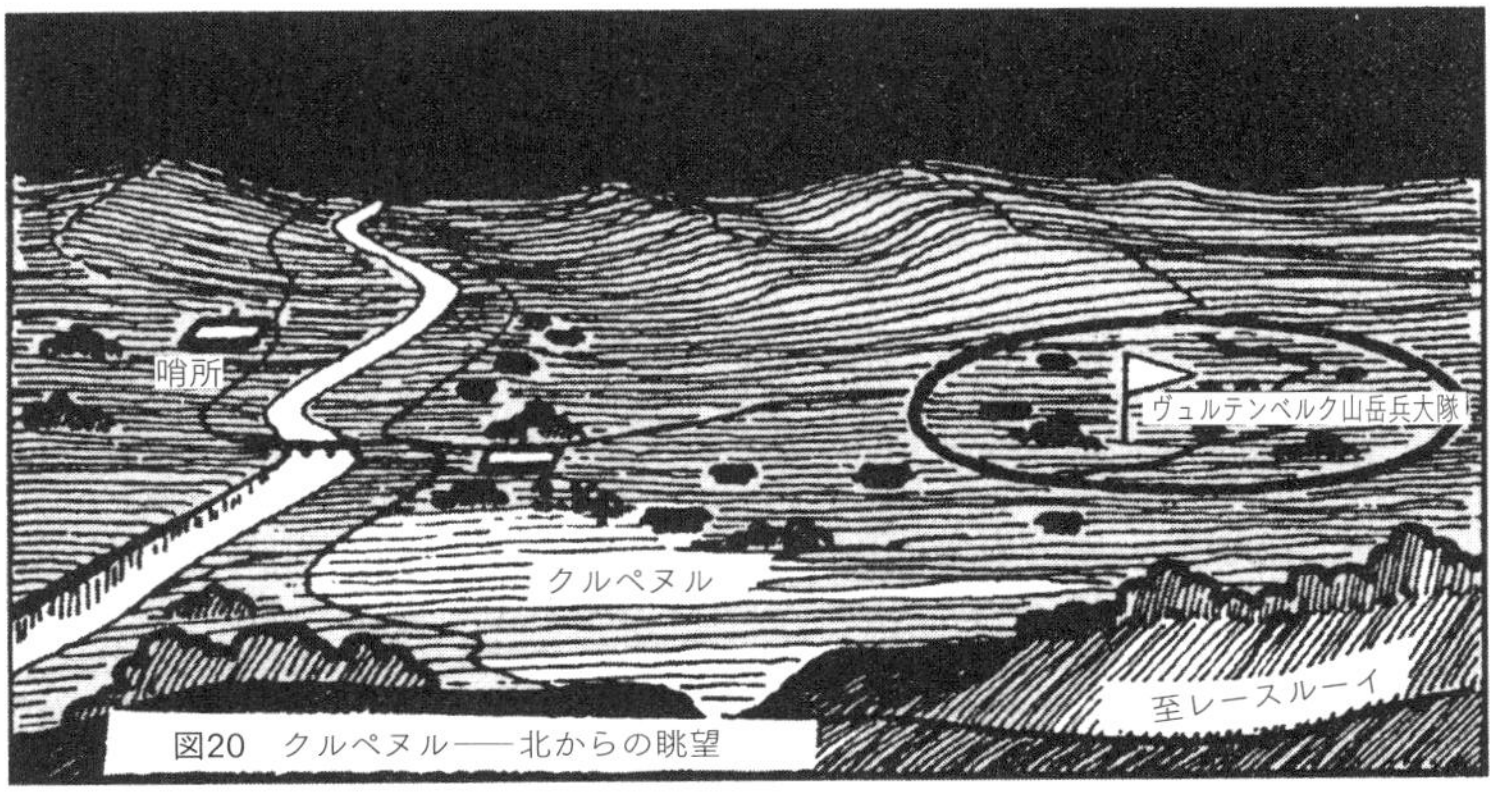

図20　クルペヌル――北からの眺望

たしは下級指揮官たちを連れて、中隊に割り振られた警戒区域を偵察する。われわれの宿営がある場所のすぐ東には木橋がある。この橋は、水深は浅く、幅は三〇メートルから六〇メートルといったところのクルペヌル川に架かっている。小川の岸辺には、ポプラと背の低いヤナギが生えている。川の流れの両側には、南に通じる道が複数走っているが、地図で見るかぎり東側の道のほうが幅も広く、また重要度も高いようである。橋の付近には数軒の屋敷もある。小川の西では、村が南に向けて約一〇〇メートルほど延びている。わたしは、クルペヌル川西方の村を抜け南に通じる道路上に下士官哨所を設置する。また、クルペヌル川東方の橋の地点にも哨所を置き、これらを警戒部隊とする。だが、この作業がすむ前に、数日前までと同様、濃い霧が立ち込めてくる。わたしは、クルペヌル川の両岸に、南へ向けて斥候隊を送る。そして、右翼では第三中隊との、左翼後方では第一五六歩兵連隊との連携を模索する。次第にあたりは明るくなってくるが、いかんせん濃霧のため、視界は約五〇メートルほどしかない【図20参照】。

近隣部隊との連絡が取れるより先に、クルペヌルの小川の南方に派遣していたブリュックナー一等兵の斥候隊から報告が入る。それによると、同斥候隊は霧のなか、前哨地点から約八〇〇メートル南方のところで、密集した状態のルーマニア軍の中隊を発見した。またルーマニア軍は銃剣をすでに装着ずみであった。しかし敵は、このブリュックナーの斥候隊には気がついていなかった、とのことである。現在、大隊との電話接続は通じているので、わたしはそれを使い、この件を大隊に報告する。報告がすむやいなや、橋のところに配置した哨所から、次のような報告が飛び込んでくる。「ルーマニア軍斥候隊、六名から八名、前哨後方、約五〇メートルの霧中。攻撃の是非を問う」。

わたしは、中隊には引き続き戦闘準備を進めさせ、自分自身は前哨へと急行する。そこで、間違いなくルーマニア兵――彼らのかぶる高さのある毛皮の帽子からそれと分かる――が哨所の背後をうろついているのを確認する。わたしは、中隊の腕っこきの小銃兵二、三名とともに発砲を開始する。最初の銃撃で、敵斥候隊のうち、数名が倒れる。残りは撃ち返してくることなく、全速力で霧のなかに姿を消す。数分が経つ。今度は左翼後方の近隣部隊で、激しい銃撃戦が始まる。

このとき、南に送っていた別の斥候隊から報告が入る。それによると小川の東側で、強力なルーマニア軍の部隊が哨所に向けて接近中であり、敵縦列の先頭までは、もう一〇〇メートルもないとのことである。わたしは自分の指揮下にある重機関銃のうちの一挺を、哨所まで大至急運ばせる。そして、道の両側の地帯目掛け、霧のなかへと掃射させる。しかし敵の側からは、ほとんど銃撃がない。その後、あたりは静まりかえる。

まだ右翼の第三中隊との連絡は取れていない。どうやら第二中隊と第三中隊のあいだには、数百メートルの間隔が空いてしまっているようである。そのとき、右翼で激しい銃声が聞こえる。明らかに、敵は広く展開しつつ、バラリ＝クルペヌルへ向け、前進を続けているものと思われる。

第三中隊の方向へ広く空いてしまった間隔を詰めるため、わたしは二個小隊と重機関銃一挺からなる中隊を連れ、長く延びる村を通過しつつ、クルペヌルの小川の西岸を、南へと進む。重機関銃を配備した例の哨所については、橋の東側に置いたままにする。これは側面および後方の守りを考えての措置である。わたしはクルペヌル南端を目指そうと考える。その場所でならば、われわれは良好な射界を得られる。また、クルペヌル南端からであれば、とくに何もない地域を横切って、右翼の近隣部隊との連携を確立できると期待しうるからである。

わたしは一個分隊から成る前衛部隊とともに行く。中隊は約一五〇メートル後ろに続く。このとき霧は、ゆらゆらと、行きつ戻りつしながら揺れている。しばしば視界は一〇〇メートルまで開けたかと思えば、ふたたび三〇メートルほどにまで狭まってしまう。こうしてわれわれは、もうあと少しで集落の南端というところまで来る。しかしそこへ到達する直前、前衛部隊がルーマニア軍の密集した縦隊と遭遇する。数秒のうちに、五〇メートル足らずの距離で、非常に激しい銃撃戦となる。われわれの最初の発砲は立射で行われたが、すぐに兵士たちは、猛烈な勢いの敵火から身を守るための遮蔽物を探すことになる。ルーマニア兵は、少なく見積もってもこちらの一〇倍の勢力を持ち、有利な状況にある。もっとも、こちらの速射によって、彼らはわれわれに近づくことができない。新しい敵は、道の左右の生垣や、やぶのところに現れ、なんとか忍び寄っては、いっそう近くから銃撃を仕掛けようとしている。さて、前衛部隊の状況は絶望的である。前衛部隊は、道の右手の屋敷を確保しているのだが、中隊自体は、およそ一五〇メートル後方にある屋敷群におり、完全に遮蔽物で身を隠している。そして、霧のため中隊は、銃撃により前衛部隊を掩護することができない。わたしは中隊を前進させるべきか、それとも前衛部隊を後退させるべきかと考える。問題は、圧倒的に優勢な敵に対してなんとか持ちこたえることである。それにこの霧である。わたしには、後退という選択肢のほうが合理的だと思われる。

そこでわたしは、前衛部隊に、あと五分間この屋敷を確保したら、右手の道路脇を通り、さらに道路右にある屋敷を抜けて、一〇〇メートル後方で掩護射撃を行っている中隊のところまで後退するよう命令する。次いでわたし自身も、道路沿いに中隊のところまで飛ぶように戻る。そして大急ぎで、中隊の一個小隊と重機関銃に道路左の一帯を撃たせる。まもなく前衛部隊が、この掩護射撃のなか戻ってくる。しかし、重傷を負ったケントナー二等兵は、そのまま置き去りにすることを余儀なくされる。

このとき、われわれの半ば左、小川の方向に人影が現れる。ただちにそれはルーマニア兵の群れだと分かる。同時に左手向こうでも、哨所のところで、激しい戦闘が始まる。哨所は左翼が宙に浮いた状態になっているので、簡単に回り込まれてしまう可能性がある。右手奥のかなり離れたところでも、同様に激しい銃撃戦が展開されている。第三中隊との連絡は相変わらず途絶えたままである。もし、敵が右から回り込んで来れば、中隊は完全に包囲されてしまうだろう。一七九四高地を登る際、バイエルンの兵士たちが話していたことが、わたしの記憶に蘇る。彼らと同じような事態になっても、なんらおかしくはない。

わたしは「第一小隊はどのような事態になっても陣地を死守せよ、第二小隊は第一小隊右翼後方でわたしの命令を待て」と命令を下す。続いて、数名の伝令を引き連れ、みずから第三中隊との連絡を構築するために右手に進む。まず生垣沿いに前進し、そして開けた野を横断して、約二〇〇メートルほど進出する。しかし、畑を渡ろうとしていたそのとき、五〇メートルから八〇メートルほど離れた、半ば右方向の丘から、われわれ目掛けて銃弾が飛んでくる。騎兵銃による銃撃である。鋭い銃声から、それと分かる。ということは、これはドイツ軍である。畑の畝が一時しのぎではあるが遮蔽物となってくれる。こちらから呼びかけても、あるいは合図を送っても、彼らの誤解を解くことができない。救いは、向こうの射撃の腕が悪いことである。

緊張の数分間が続くが、濃霧がこの困難な状況からわれわれを救ってくれる。われわれは全力で中隊へと戻る。わたしは、これ以上第三中隊との連携を求めることを諦める。わたしは第三中隊の一部に関しては、その居場所を察知している。約二五〇メートル開いてしまった問題の隙間について、予備小隊を使うことでそれを閉じることは、それほど困難ではないとも思われる。しかし状況は、想定とは異なるかたちで動いていく。

村道に着いたところで、第一小隊および重機関銃が、わたしの命令に背き、攻撃を仕掛けていることに気づく。戦闘音の響きからすると、このとき、同小隊は村の南端にいるものと思われる。指揮官と兵士たちの勇気は買える。しかし、圧倒的に優勢な敵に対して、左右との連携もないまま、霧中でクルペヌル川南端を維持しようというのは、わたしの目には、ただ無謀なことのように思われる。唯一ましなのは、予備小隊が指示された場所に、まだとどまっている、ということだけである。

周囲では戦闘の騒音が激しくなる。最悪の事態を想定しながら、わたしは第一小隊のほうへ進む。すると、道の途中のところで、息を切らしながらやってくる小隊長と出くわす。小隊長は以下のように報告をしてくる。「第一小隊は、ルーマニア軍を村の南三〇〇メートルのところまで押し込み、二名のルーマニア兵を射殺。しかし同時に、わずか数メートル離れたところにいた強力な敵から、第一小隊に向け、激しい攻撃。小隊はほぼ包囲された状態。重機関銃大破。機関銃の操作員は死亡あるいは重傷。至急、救援が必要。さもなくば小隊の状況は絶望的」【図21参照】。

当然のことながら、事態がこのように推移したのだと分かると、意気も上がらない。なぜ第一小隊は、こちらが命じたとおり、自分の陣地にとどまっていなかったのか。わたしはこの小隊長の要請に応じて、自分の最後の予備隊を前方に投入すべきか。その場合、われわれ全員が、こちらより優勢な敵によって包囲され、押しつぶされるという運命に巻き込まれるのではないか。そして、それによりヴュルテンベルク山岳兵大隊の左翼は崩壊し、敵に一気に押し込まれてしまうのではないか。だめだ。非常に厳しいことだが、予備隊を前方へ投入し、第一小隊を救出することはできない。

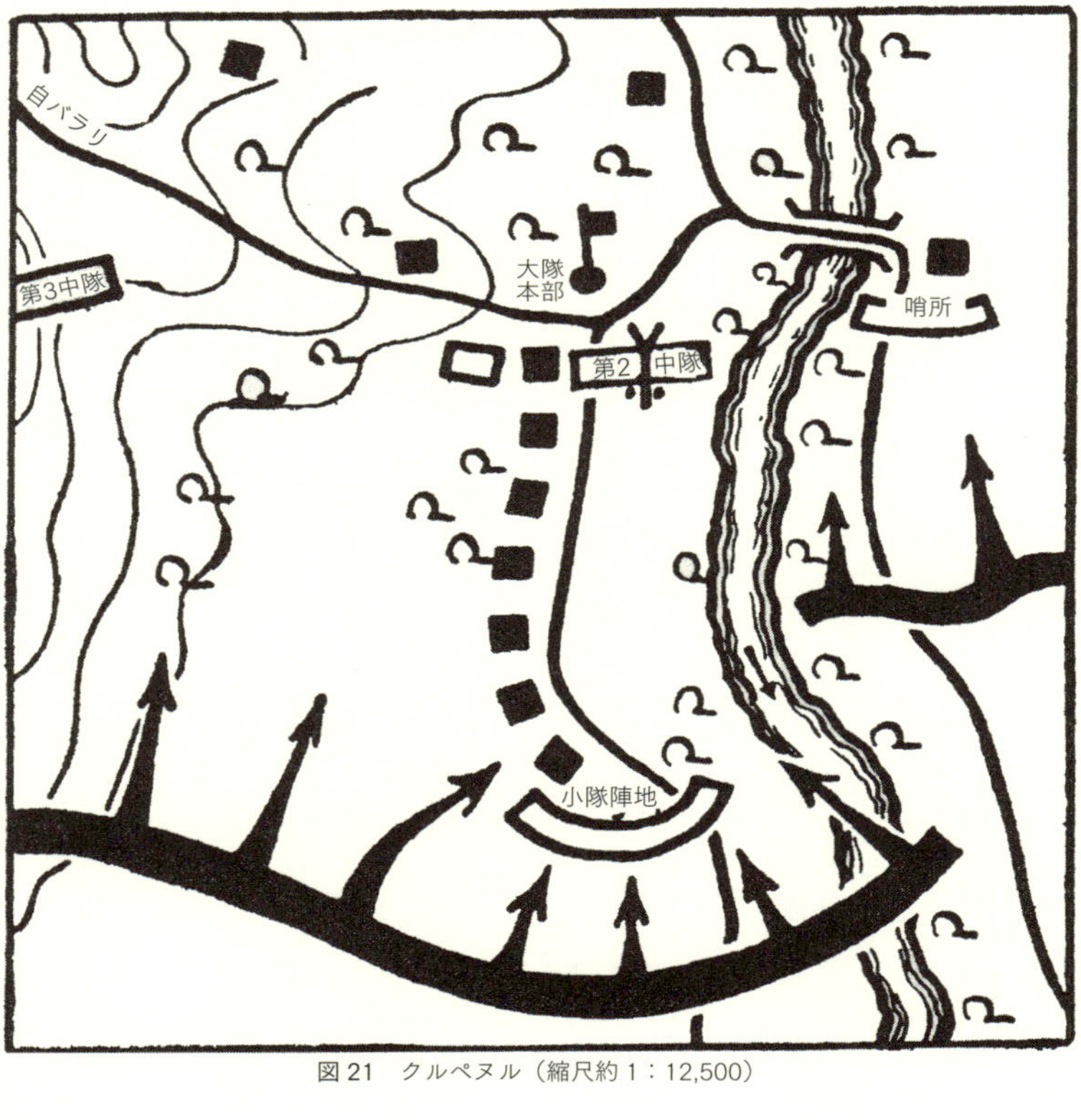

図 21　クルペヌル（縮尺約 1：12,500）

わたしは第一小隊に対し、大至急、敵から離脱し、村道に沿って撤退せよ、と命ずる。中隊の残りについては、第一小隊の収容を念頭に配置する。この間、太陽は霧を次第に破り、視界はすでに一〇〇メートル余りにまでなっている。このことは、撤収にあたり、あまり好都合とは言えない。緊張の瞬間である。第二小隊は、村の真ん中にある陣地へ駆け足で入り、そして川床を伝って半ば左より突撃してくるルーマニア軍の密集した一群に銃撃を浴びせる。これに続いて、第一小隊の残存兵力が、前方から撤退しつつ射撃を加える。これを黒い塊のように見えるルーマニア兵が追う。前線の全面からなされる速射が、追撃中の敵部隊を足止めする。しかし敵の集団は、右翼からも左翼からも溢れ出るように接近してくる。目下、われわれの陣営には機関銃がない状態である。機関銃は、前方で、蜂の巣になったまま放置されている。第一小隊から戻ってきた機関銃は、大急ぎで火線に運ばれる。わたしは急いで、橋を渡ったところにある哨所に向かう。状況に問題がないことを確認すると、そこに置かれていた機関銃を、当面なくてもすむものと判断し引き抜く。そしてそれを村の危険地帯に運び、設置する。

しかしルーマニア軍は攻撃の手を緩めることがない。彼らとて、深刻な損害を負っているはずなのに、変わることなくわれわれに対する突撃を続けている。現在、中隊の将兵は、火線に置かれている。その指揮官の一人、ダリンガー軍曹が頭を撃ち抜かれて戦死する。どんどん霧は晴れていく。そしてようやくわれわれは、眼前の敵がどれぐらいの戦力であるのか、目の当たりにする。はたして弾薬は足りるのだろうか。

左翼は今なお完全に宙に浮いている。

わたしは電話でシュプレッサー少佐に状況を報告し、至急増援を要請する。数分後、ホール少尉が約五〇名の兵を連れて到着する。わたしはこの小隊を左翼の後方に移動させる。そして一部は左翼側面の防御に当たらせ、そして残りの大部分は、自由に投入可能なように手元に置いておく。その直後、第六中隊も到着する。この中隊も左翼後方に梯形に配置し、自由に動かせるようにしておく。これで気がかりな点はなくなったことになる。

第二中隊は、敵火にさらされつつも、この間に塹壕の構築を進めていく。前線の前にいる敵を、われわれはよく照準の定められた騎兵銃、重機関銃で攻撃するが、次第に敵は逃げていってしまう。わたしは斥候隊を連れて、注意深く探りを入れてみることにする。このとき視界は良好になっている。村の南端にふたたび着く。そして、そこで第一小隊の重傷者たちを発見する。彼らは懐中時計やナイフといった、わずかに持ち合わせていた品こそ敵に奪われていたが、それをのぞけば、それ以上のことは何もされずにすんでいる。

視界が開けてみると、村の南端は、際立って強力な拠点として利用しうるということが見えてくる。そのためわたしは、中隊をこの南端へ移動させ、あらためて区分したあと、同地点で塹壕を構築させる。そこに、増援の重機関銃小隊が到着する。

敵は姿を消してしまっている。左手のかなり離れたところから、小銃による銃撃があるだけである。右手向こうには、第一小隊により破壊された大砲が転がっている。あとから分かったことだが、この大砲が放棄されている場所には、大隊の別の部隊も砲撃を仕掛けていたとのことである。

前方地帯に敵の姿が見当たらないので、わたしは自分の配下の数名の兵士を引き連れて、パトロールに出撃し、砲のところを見て回る。なんとクルップの大砲ではないか。ドイツ職人の業である。

まもなく南では、ルーマニア軍の散兵線が姿を現し、われわれのほうへ接近してくる。まだ二〇〇〇メートル以上離れているが、起伏のある土地のほうから波のように次から次へとこちらへ登ってくる。

このとき、中隊の各部隊は、すべて遮蔽物で完全に姿を隠している。われわれは静かに敵の攻撃を待ち受ける。敵の第一波が五〇〇メートルまで接近したところで、わたしは発砲の許可を出す。たちまち敵の全攻撃は足止めを喰らう。このとき、銃撃戦が発生するも、こちらの陣営に損害は出ない。重機関銃には、格好の標的が、大量に与えられる。あたりが暗くなり始めたころ、敵は退却する。中隊のパトロール部隊は数十名を捕虜にする。前方に出していた斥候隊は、敵と接触しないままである。中隊は陣地構築作業に取りかかる。あたりに脂の乗った肉のローストでもないものか、数名の兵士が見て回っている。

中隊で発生した損害に心が痛む。負傷は一七名、死亡は三名を数える。

この間、第二中隊と同じように、ヴュルテンベルク山岳兵大隊のその他の部隊も、それぞれの位置に就く。そして、バラリ＝クルペヌルのキューネ軍団の右翼にて、連山への突撃が完全な成功を収めるのに貢献する。ルーマニア軍の側では、数百体の死体が、戦場を覆い尽くし、師団長も戦死する。こうして戦闘後、ヴァラハイへの道が開かれる。われわれは、敗走する敵をさらに追跡する。二日後、ヴュルテンベルク山岳兵大隊は、トゥルグ・ジウに入る。

考察

一一月一二日午後、増強された第二中隊は、前衛部隊、側衛部隊、後衛部隊を四方に配置し、注意を払いつつ、霧のなかを下った。周囲はまったく見通しが利かず、次の瞬間にも敵と接触してもおかしくないほどであった。夕刻、わたしは部隊の疲労回復のため、戦闘準備態勢をとらせたうえで（全周陣地、小銃携行、正面への警戒部隊の配置）、休憩とした。

威力偵察および、近隣部隊との連絡確立の重要性を如実に示すのが、一一月一三日に起きた一連の出来事である。もし仮に、ルーマニアの強力な勢力が接近しているとの情報が早い段階で入っていなければ、増強された第二中隊といえども、敵の大群により霧のなかで圧倒され、あっけなく壊滅させられてしまっただろう。

第一の前哨では、早い段階で重機関銃が、前進中との報告を受けた敵の方向へ向けて、霧のなか銃撃を開始した。この銃撃は、状況をただちにはっきりとさせてくれた。またこの銃撃のおかげで、第二中隊には、右翼との大きな間隔を詰める時間的な余裕が生まれた。

濃霧のなか、クルペヌル南端で発生した、前衛部隊と敵の隊列との衝突は、銃剣による白兵戦となることはなく、銃撃戦に終始した。これはいったいなぜだろうか。思うに、数のうえでのわれわれの劣勢を考えれば、そもそも銃剣による白兵戦を選択するのは得策ではなかった。白兵戦となった場合、われわれは優勢な敵とそのままぶつかり、そして容赦なく撃破されてしまったに違いない。しかし実際には数名の兵の速射が、数分間にわたり一〇倍の兵力を有する敵の突撃を防いでくれたのだった。

前衛部隊、そしてそのあとには第一小隊が、霧のなかを抜けて、後方陣地の部隊のところまで後退することになった。この陣地の部隊は、村道とクルペヌル川のあいだの一帯に、霧を貫き銃撃を加えていた。この銃撃の場所は、撤退路にぴったり沿っていたわけである。前衛部隊と第一小隊は、この非常に強力な火力支援を受けることができた。

霧中戦では、自軍の部隊から誤射を受けるという事態がたやすく生じる。このときも、かつてのブリエール農場のときと同じく、呼びかけによっても、合図によっても味方の発砲を停止させることができなかった。

村での戦闘は、圧倒的に優勢な敵を前に、非常に厳しい状況に追い込まれたが、防御上の要の位置に最後の兵を張りつけておき、危険性の少ない他の地点の兵力を戦闘中に移動させることでなんとかしのいだ。こうした状況下では、指揮官は、ことのほか機動的であることを心がけねばならない。

一〇〇一高地、マグラ・オドベスティ

一二月中旬、われわれはミルズィール、メレイ、グーラ・ニスコプルイ、サパコを経由して、スラニクルの谷に進軍し、同地にてアルペン軍団に編入される。

平野でのルーマニア軍の抵抗は、ロシアの各師団による増強もあって、激しさを増している。第九軍は、進度の遅く、多数の損害をともなう戦闘を続けつつ、ブザウ、ルムニク・サラト、そしてフォクシャニ要塞を抜けて前進する。アルペン軍団が受けた任務は次のとおりである。すなわち、平野で戦っている戦力の負担を軽減するために、スラニクルの谷とプトナの谷のあいだの道もない山岳地帯から敵を掃討すること、そして同時に、フォクシャニに向けて進撃を続けているこちらの勢力に対し、敵が山から攻撃を仕掛けてくる場合、これを阻止することである。

われわれはクリスマス・イブを、山中深く、考えられるかぎりのきわめてみすぼらしい環境で迎える。第二中隊はアルペン軍団の予備としてビソカを出発し、ドゥミトレシュティ、デ・ルング、ペトレアヌを経由して、メラへと進撃する。一九一七年一月四日、中隊は大隊に復帰する。大隊本部はシンディラリに置かれる。同日午後、クロイツァー重機関銃小隊を含む増強一個中隊は、シンディラリ北西約二キロメートル半の六二七高地を占拠する。ルーマニア軍は、フォクシャニ防衛のため、広い範囲にわたり峻厳で、大部分は森に覆われたマグラ・オドベスティの山地（標高約一〇〇一メートル）を確保している。

一九一七年一月五日、マグラ・オドベスティ山地の確保が命ぜられる。バイエルン近衛歩兵連隊は南および南西に、他方、ヴュルテンベルク山岳兵大隊は南西および西に配置される。

わたしの増強一個中隊が受け取った任務は、左右両翼との直接の連携なしに、シンディラリ北東二キロ

メートル半の五二三高地を越え、一〇〇一高地に攻撃を加える、というものである。右翼にはバイエルン近衛歩兵連隊がいる。同連隊の左翼は、約六キロメートル南東の四七九高地の周辺に位置している。左翼にはリープ隊がいる。六二七高地から約四キロメートル離れた地点、西から一〇〇一高地へ向けて上りとなっている尾根である。両隊とも攻撃準備態勢に入っている。

わたしは空が白むのを待ち、課せられた任務に沿って、自分の部隊とともに前進する。深く切り立ち、そして大半は樹木に覆われているいくつかの谷を越え、日が昇りきるころに五二三高地に到着する。同高地にて、放棄された状態で転がっていた砲隊鏡《シエーレンフエルンローア》を拾う［砲兵が観測用に用いる三脚付きの双眼鏡。鏡胴部分がそれぞれカニの眼状に上部に突き出ていることから「カニ眼鏡」と俗称されることもある］。これが非常に役に立つ。中隊が遮蔽物のある場所を探して、そこへと急ぐあいだ、わたしはこの双眼鏡を使って、山並みのすべての斜面と谷を、くまなく捜索していく。この作業により、自分が対峙している敵の配置と兵力を、大まかに頭に入れる。

右手の方向、バイエルン近衛歩兵連隊がいるとされる方角の視界は、残念なことに遮られている。わたしの前方、約一〇〇〇メートル離れた北東方向の谷では、ルーマニア軍の斥候隊がパトロールを行っている。その後ろ、一〇〇一高地の南北方向に連なる山並みは、全範囲にわたりルーマニア軍により占拠されている。陣地用に山が削られているところでは、森がまばらになっているので一目瞭然である。谷は幅が広く、樹木で覆われていないところがある。そうした場所では、姿を隠して相手に接近することは、日中ではまず不可能である。左手方向、数件の家と、わずかに樹木の部分が頂上にある五二三高地の北の尾根に、小隊規模程度と思われるルーマニア軍の小哨が見える。この部隊は強化された陣地を用いており、方角は総じて西を正面に取っている。マグラ・オドベスティへ接近できる見込みがもっともあるのは、間違いなくリープ隊が配置されている場所、すなわち西から頂上に上りになっている尾根の部分である。しか

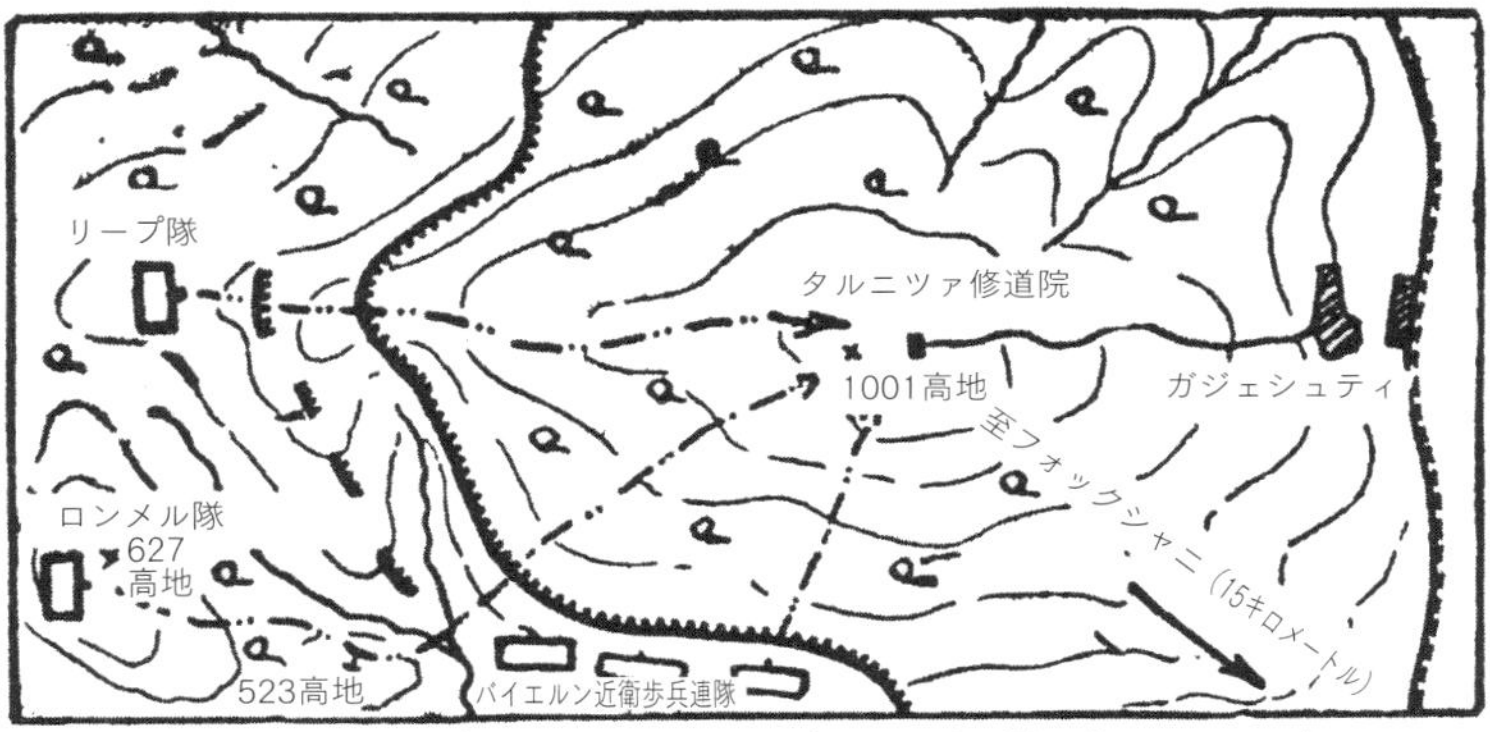

図 22　1001 高地（マグラ・オドベスティ）への攻撃（縮尺約 1：200,000）

し、左右両翼との連携を欠いたまま、北東方向へ前進するというのは、強力な敵の戦力を考えた場合、自分の中隊には荷が重いように思われる。このためわたしは、リープ隊にまず接近し、これと行動をともにすることを決断する。もっともわれわれとこの近隣部隊とのあいだは、直線距離でも四キロメートルはある。この距離とても、きちんと確認したわけではなく、推測しているにすぎない。

わたしは北東方向の敵陣地へ向けて、多数の斥候隊を出す。斥候隊には、こちらの企図している攻撃方向、すなわち北から、敵の注意をそらし、その後、およそ二時間経過したところで中隊に復帰せよ、との任務を課す。その直後、われわれは、敵の二つの小哨への奇襲に立て続けに成功し、これを主要陣地に押し戻す。その際、こちらの損害は出ない【図22参照】。

さて、われわれは森林が連なっている地帯に辿り着く。この時点で、リープ隊がいるものと推測される連山までは、二キロメートルしか離れていない。わたしは北東に進路を変える。マグラ・オドベスティの手前で南北方向に延びている連山を、この連山が、西から一〇〇一高地に向けて上りとなる尾根とぶつかる地点で、押さえてしまおうという腹である。

わたしはみずから前衛部隊とともに進み、まばらなブナ林のなかを先行する。この後方を、増強中隊が、一五〇メートルの間隔をとって縦隊でついていく。われわれは車道の上を通り、峡谷へと下っていく。警戒部隊が峡谷のいちばん底にあたる地帯に到達したとき、向こう側の急斜面に、何か動くものが見える。ルーマニア軍の縦隊である。彼らは多くの駄畜を連れ、ジグザグに、こちらへと降りてきている。敵の先頭は、われわれから一〇〇メートルも離れていない。敵の兵力は不明である。いったいどう対応するべきだろうか。

敵は、おそらくまだわれわれの存在に気づいていない。わたしは前衛部隊をただちに道路脇の茂みのなかに隠し、約五〇メートルほど後退させたうえで、その地点で待ち伏せをさせる。そして同時に最前線の小隊へ伝令を送り、散開するように命令する。しかしこの命令が実行されるより先に、ルーマニア軍の歩兵がわれわれのいる場所に銃撃を仕掛けてくる。前衛部隊は応射する。第一小隊はただちにこの警戒部隊と同じ高度の地点で銃撃戦に突入する。谷のこちらの陣地は不利である。なぜなら戦力のはっきりしないこの敵が攻撃を行っている地点は、まわりよりも頭一つ高い斜面なのである。銃撃戦がもっと長引けば、われわれの側に大きな損害が発生することは避けられない。このためわたしは、いっそこの戦力不明の敵に対して突撃をかけるほうがよいと決断する。この突撃は期待を上回る成功を収める。こちらが万歳の雄叫びとともに突撃するや、敵は逃げてしまったからである。捕虜七名と数頭の駄畜がわれわれの手に落ちる。こちらの損害は発生しない。

われわれは逃げる敵を追い、斜面を駆け上がる。そして息を切らせて、高地の尾根に出る。しかし強力な敵はこちらに反撃してくる。わたしの左手では、勇敢な伝令、エップラーが頭に銃弾を受け、戦死する。わたしは、重機関銃小隊および二個小銃小隊を配置したうえで、北方向に喬木林を抜けて、道の両側に攻撃を加える。前進の速度はごく緩慢なものである。敵の姿はまったく見えない。しかしそれにもかかわらず、強力な敵の銃撃は、われわれの耳のまわりでビュンビュンと飛び回っている。どうやらわれわれが前進すればするほど、敵の攻撃は激しさを増すようである。そして、木々もまばらな喬木林のなか、敵の強固な陣地から二五〇〇メートルの地点まで来ると、とうとう腹這いに伏せざるをえなくなる。この陣地の抵抗は非常に激しく、これ以上攻撃を加えても成果を挙げられそうにない。こちらと敵の陣地のあいだには、山の平らな鞍部がある。われわれが今いるのは、斜面の前面であるが、これはあまり望ましいものではない。

不必要な損害を出すことを避けるべく、わたしは小銃小隊を、重機関銃小隊の掩護射撃のもと、近くの高地へと移動させることにする。この時点でわれわれは、小さな丘陵上、四〇〇メートルの距離で、敵と向かい合っていることになる。銃撃戦は次第に静かになり、そしてときおり散発的な銃声が響くだけになる。

右翼とも左翼とも連携が取れていないので、われわれはこの丘を占拠して、全周陣を組み、ただちに塹壕を掘る。陣地中央には、予備小隊と重機関銃小隊が入る。陽が傾き始めたころ、われわれは先ほどの戦闘の唯一の犠牲者である哀れなエップラーを埋葬する［この一文は英訳版では削除されている］。

完全に暗くなる前に、われわれは左手の森の草地の端、約七〇〇メートル離れた地点で、リープ隊の一部と遭遇する。ただちにわたしは電話で連絡を取れる体制を構築する。

わたしはリープ中尉、そしてシュプレッサー少佐と状況について協議する。強固に要塞化されたルーマニア軍の森林陣地に対して、リープ隊とロンメル隊により正面攻撃を仕掛けるというのは、ほとんど成功の見込みがない。むしろ、この敵陣地を南東方向から包囲できるかどうか検討するべきであり、ただちに偵察してみる必要がある、という話になる。

夜間、上級伍長シュロップは、わたしの命令により、敵陣地の南側に対する偵察を行う。これは起伏も多く険しい地形で行われる、極度に困難な任務である。夜が明ける数時間前、シュロップはいい報告を持ち帰ってくる。「斥候隊は敵と接触することなく北東方向に進出。深い山峡を越え、われわれの向かいの敵陣地の後方にある尾根に到達。同地点にて、ルーマニア軍の頻繁な往来があると思われる道路を横断せり」。

わたしは、この偵察成果を、折り返しシュプレッサー少佐に報告する。そして彼から、中隊二個半を連れて、夜明けとともに森林内の敵陣地へ包囲攻撃を行うよう命令を受ける。リープ隊が正面攻撃を担当するが、まずわたしの隊が戦闘に突入し、それを待ってリープ隊が攻撃に移る、という手順である。

このとき、雪が激しく降り始める。

夜明けの時点で一〇センチメートルの積雪となる。天気は曇っている。雪を降らせている雲が、高地を厚く覆っているのである。わたしの部隊の増援として第六中隊が到着する。わたしはヒューゲルの率いる小銃小隊を、これまでの陣地に残す。そして、同小隊には、こちらが包囲を行っているあいだ、正面から敵に銃撃を加え押さえつけ、われわれの行動から眼をそらさせるよう命ずる。一個中隊および二個小隊、そして重機関銃小隊とともに、わたしはまず東へ向かい、非常に深い峡谷へと降りていく。その際、シュロップが道を先導する。彼はこの道を、夜のうちにすでに一度通っていたからである。

さて、ヒューゲル小隊が旧陣地で銃撃戦を開始すると、ルーマニア軍は、一見、攻撃を恐れているようなそぶりを見せながらも、猛烈に反撃をしてくる。この間、われわれは、音を立てぬように注意しながら峡谷を横断し、そして北東方向に向けて、また登っていく。懸命に登り終えると、尾根に出る。そこには、ルーマニア軍により真新しく踏み固められた雪の道が走っている。

このとき視界は、霧のために四〇メートル足らずまで落ちている。このため、敵といつ接触してもおかしくはない。わたしは、第二中隊に重い荷物を下ろさせる。そして急いで部隊を分け、攻撃の態勢をとらせる。第二中隊と重機関銃小隊は最前列に配置する。第六中隊は第二列に置き、自分が自由に動かせるようにしておく。左手奥で、ヒューゲル小隊の銃撃戦の音が止む。あとは、ただ散発的な銃声が響くだけである。

われわれは、敵の背後に回ろうと西を目指す。尾根筋の両側を通り、注意深く冬の森を抜ける。突然、前方の霧のなかから、ひとの声が聞こえる。わたしは部隊を停止させ、重機関銃をいつでも撃てるようにさせておき、そのうえで忍び足で接近する。ほどなくして放棄された野営地を見つける。営火がまだ燻っている。しかし、ルーマニア兵の姿はどこにも見えない。

すると、前方の林間に、空地が現れる。そこに、複数のルーマニア兵が活動しているのが見える。こちらの接近は予期していないようである。この目の前にいる敵の兵力は、どれほどのものなのだろうか。この敵は、ひょっとしたら少人数にすぎないかもしれない。しかし一個大隊という可能性すらある。そうした最悪の事態も念頭に、わたしはまず重機関銃小隊に命令し、霧のなかで動いている人影を目掛け、急襲射撃をさせる。この射撃の数秒後、全部隊は、けたたましい万歳の雄叫びを上げながら、敵の方向へと突進する。

しかしこのとき、自分たちが対峙しているのは、少数のルーマニア兵にすぎないということが次第に見えてくる。彼らはもう撃ち返しもせずに、斜面を降り、逃げ出し始める。そこでわれわれは、この逃げるルーマニア兵にかまわず、道に沿って西へと突撃を続ける。すると今度は、数分間にわたり銃撃を受ける。しかし敵の姿を見ることができない。その直後、リープ隊の雄叫びが向こう側から近づいてくるのが、はっきりと聞こえるではないか。だとすれば、接近を続けるリープ隊と、ロンメル隊が、この霧に包まれた森林内で、同士撃ちしてしまう危険が生じているということであり、注意が必要である。われわれは、なんとかこの非常に厄介な状況を回避する。両部隊のあいだに挟まれた敵は、ほぼ壊滅する。しかし一部の敵は、森のなかに一目散に逃げ込み、斜面を下って、こちらの捕虜となることを免れてしまう。第二中隊

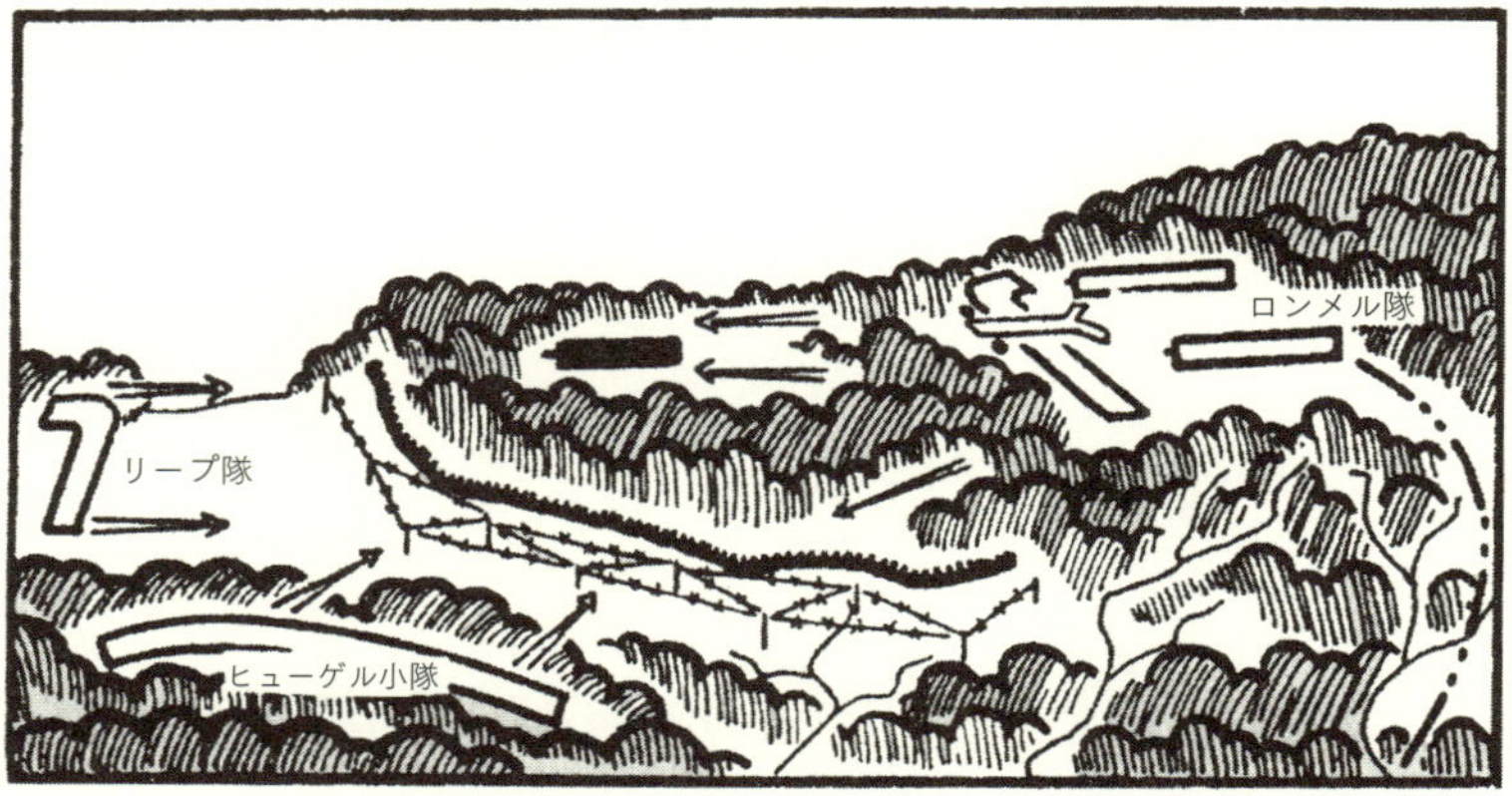

図23　1917年1月6日――南からの眺望

の手に落ちたルーマニア兵の捕虜の数は、二六名にとどまる。しかし残りのルーマニア兵も、自分たちの運命から逃れることはできない。この兵たちは、数日後、われわれがすでにプトナにいるときに、ふたたび森林のなかから姿を現す。集団で現れたルーマニア軍の大隊五〇〇名は、短い交渉のあと、駄畜部隊の指揮官に降伏するにいたる【図23参照】。

このように、攻撃は成功を収める。われわれの陣営に損害は出ない。リープ隊は、一〇〇一高地へ向け登っていく。わたしは第二中隊に命令し、いったん地面に下ろしていた荷物をふたたび持たせる。そしてわれわれは前進に合流する。吹雪が始まり、霧は深くなる。

一〇〇一高地の頂上近くで、リープ隊は風を避けられる場所に配置されていたルーマニア軍の予備隊と接触し、短時間の銃撃戦が発生する。こちらの山岳兵は決然と攻撃を行い、戦闘はあっという間に終わる。ルーマニア兵は損害を出し、高地を放棄する。彼らは、この雪の吹き溜まりとなっている陣地を、再度取り返しには来ない。

冷たい風が一〇〇一高地を吹いている。氷晶が針のごとくわれわれの顔面に突き刺さる。こうした状況のなか、リープ隊とロンメル隊は、一〇〇一高地の頂上から数メートル下の東斜面にあるタルニツァ修道院に向かうべく急ぐ。道中、敵の妨害はない。しかし、修道院はわれわれの期待を大きく裏切る。とくに広さと糧食の点で期待が外れる。もちろん何にせよ、この悪天候の厳しさからは、われわれを守ってくれる。ただ、この喜びも長くは続かない。

一時間ほど経ったころ、バイエルン近衛歩兵連隊の各隊が、このタルニツァ修道院に到着する。そしてこの修道院を、彼らの宿営として使いたい、と要求してくる。このバイエルンの部隊の将校は、階級の点でわれわれより上なので、こちらとしては譲らざるをえない。リープ隊はなんとかして修道院のなかにとどまろうと頑張っているが、わたしの隊は、修道院近くに建っている天井の低い小屋に宿営することにする。ここには暖房もろくになく、まったくの吹きさらしである。われわれは、この小屋のなかで、厳しい寒さの夜を過ごす。こうしたなか、わたしはできるかぎり急いで、ひとが住んでいそうな谷間の一帯を見つけ出そうと決意する。

考察

一〇〇一高地を含む樹林帯の山地の敵に向かって、強化されたとはいうものの他の部隊との連携は不充分な第二中隊が前進するにあたり、戦場を双眼鏡で徹底的に観察しておいたことは、相手の編成と配置状況をはっきりと知るうえで、非常に役に立った。こうした観察は、斥候隊による威力偵察にいささかも劣ることなく重要であった。

樹林の茂る峡谷で敵と衝突した際にも、こちらの山岳兵の攻撃力は、非常に厳しい状況を克服してしまった。

夕刻に行われた攻撃は、要塞化された敵の主要陣地手前二五〇メートルの地点で足止めを食った。わたしは損害を回避するため、木のまばらな喬木林の斜面前面にいた小銃小隊を、重機関銃小隊の掩護射撃下で、もっとましな地点へと後退させた。その際、損害は発生しなかった。今日であれば、このような状況の場合でも、発煙弾を使用することができるだろう。煙幕を張った場合、はじめ敵は、煙のなかに対して、しゃにむに発砲するだろうが、次第に煙にうんざりし、銃撃を停止してしまうだろう。そして離脱のための機会が訪れる、というわけである。

一九一七年一月六日の冬の夜、シュロップ上級伍長により実施された威力偵察はすばらしい成果を挙げ、これが敵の背後に回り込むことを可能にした。ここから得られる戦訓とは、部隊が夜間に休息をとるあいだでも、必ず斥候は活動させておかねばならないということである。

ロンメル隊が包囲を行っているあいだ、ヒューゲル小隊は、敵に対する欺瞞、陽動、捕捉のため、あえて長めの時間の銃撃戦を行った。

戦力が確認できない敵に対し、濃霧のなか急襲射撃を行い、またそれに続いて突撃を敢行するために、重機関銃は最前線に配置された。重機関銃の火力は、攻撃が命ぜられていた山の尾根から、瞬く間に敵を薙ぎ払ったのだった。

吹雪のなか、ルーマニア軍の予備隊は、一〇〇一高地上でも風がしのげる斜面のところにいたが、前線との連絡は無く、また警戒部隊も配置されていない状態であった。このため、リープ隊はこの強力な敵の不意を突き、これを一掃することに成功したのである。

ガジェシュティ

一九一七年一月七日早朝、わたしは斥候隊をガジェシュティ両側のプトナ峡谷に送る。極寒のなか、積雪は約三〇センチ、濃霧が一帯に広がっている。一〇時ごろ、炊事班長のプフェッフレ伍長から報告が入る。「騎馬にて峡谷方向に約四キロメートル進出。敵と接触せず。同地点、谷から多数の隊列の移動音。さらに大きな叫び声。敵は下方へ撤退中の模様。霧の天候のため、目視による確認不可能」。

わたしは、この報告をシュプレッサー少佐に電話で転送する。その際、第二強化中隊がガジェシュティ方面へ事前に偵察に行くための許可を要請する。

一時間後、出発する。縦列を組み、木々のまばらな喬木林を抜けて、谷の方角へと進む。霧のなか、視界は八〇メートルから一〇〇メートルほどしかない。有能な上級伍長であるヒューゲルが指揮を執る分隊が、行軍の一〇〇メートル前方に先行し、警戒に当たる。さらに前進する縦列の左右では、側衛部隊が周囲の警戒を行う。重機関銃小隊は中隊の中央に配置される。機関銃は駄畜に載せて運ぶ。

三〇分後、われわれは喬木林を抜けだす。すると細い歩道がある。この道は、背丈が数メートルほどの保護林が、密集して広がっている地帯に通じている。このとき、わたしの位置は、前衛部隊のすぐ後ろである。あたりの霧は晴れつつある。

そのとき突然、前方から銃撃がある。その直後、ヒューゲルの命令の声が聞こえてくる。ヒューゲルから報告が入る。それによると、彼の隊が、細い道の地点で、ルーマニア軍の偵察部隊と接触、最初の数発で先頭のルーマニア兵数名を射殺、残りの七名が降伏とのことである。この間に、中隊は展開する。ここは細心の注意が必要なところである。おそらく、今捕虜となったのは、敵の縦隊の警戒部隊である。ヒューゲルはふたたび前衛部隊として配置に就く。数分後、彼からまた報告が入る。ヒューゲル隊は保護林の東端に到達、しかし最低でも中隊規模の敵散兵線が接近、距離わずかに一〇〇メートル弱とのことである。

大急ぎでわたしは、最前線にいる小隊を、道の両脇、保護林の端へと移動させ、そこで銃撃の開始を命ずる。すると低い茂みのあいだから、返礼とばかりに敵の激しい銃撃がピシッピシッと音を立てて、こちらを襲う。そのため、われわれは地面に伏せざるをえなくなる。ここで重機関銃小隊の投入をめぐり、問題が発生する。同小隊長の報告によれば、機関銃が凍結してしまったため、まず解凍の必要ありとのことである。東に数メートルの地点、保護林の端でくり広げられている銃撃戦が激しさを増す。優勢な敵のほうが攻撃を仕掛けているようである。小さな窪地では、重機関銃小隊が、アルコールを使って、凍りついてしまった機関銃を溶かそうと頑張っている。敵の銃撃の弾道は低い茂みを抜けて、パパパッと音を立てる。この瞬間に重機関銃を投入できないというのは、まさに絶望的である。もし敵が右翼ないし左翼からわれわれを包囲してくるならば、われわれは後退を強いられることになる。このため、第二小隊と第三小隊は、この方向の警戒に当たる。

ようやく最初の一丁の機関銃が使える状態になり、配置に就く。しかしもう撃つ機会がなくなってしまっている。

このとき、ふたたび霧が濃くなったため、敵は戦闘を中止する。われわれは割に合うだけの攻撃目標を失ってしまったかたちとなる。つまり、霧のなかに闇雲に撃ちこんでも、それは弾薬の浪費というものである。山岳での厳しい補給状況を考えれば、部隊はこうした無駄遣いをするわけにはいかない。わたしは自分の小隊を率い、重機関銃での掩護射撃下で、小さな高地を獲得する。そこには垣根で囲まれたワイン畑のなかに、一軒の小さな家が建っている。このとき、銃声はやんでいる。しかし樹木がない南の斜面上では、指揮官を失ったと見られるルーマニア兵が、ばらばらの状態でさまよい歩いている。われわれは彼らに、手ぬぐいを振って合図をする。そして銃撃戦になることなく、二〇名を捕虜にする。ルーマニア兵にとって、戦況は非常に不利なかたちで進行している。そのため彼らは、この戦争にほとほと嫌気がさしているようである。このとき、捕虜のうちの何名かが、仲間をさらに呼び集めるのに協力してくれる。この間、われわれの中隊の残りが、後から追いつく。敵が来る可能性があるのは全方位であるので、わたしは中隊を円く配置し、そのうえで、全方向に五〇〇メートル間隔で警戒部隊と斥候隊を出す。

こうした作業を進めていくなかで、さらに多くのルーマニア兵が連れてこられる。ブリュックナー一等兵は、ワイン畑の小屋にいた五名のルーマニア兵を急襲し、武装解除させる。わたし自身もハウサー少尉とともに前方地帯をパトロールする。この目的は、中隊を配置するのによりよい場所、できればなんらかの屋敷を探し出すことである。気温は約マイナス一〇度、芯から凍える。胃はぐうぐうと鳴る。

結局周囲に屋敷は発見できない。しかしその代わり、深い切り通しのすぐ北の地点に、中隊の配置にとって、じつに都合のよい場所が見つかる。垣根のあるワイン畑と小屋である。この小屋には、暖房のない一つの部屋があるだけである。この室内には、重傷を負い、同胞に見捨てられたルーマニア兵が倒れている。レンツ軍医が彼のことを診てやる。しかし、助けられる見込みはほとんどない。この間に中隊は宿営を始める。

この深い切り通しは、ガジェシュティに向け、谷を下るように繋がっている。われわれの新陣地の周囲の地形であるが、北と東に向けては、一〇〇メートルほど視界が利き、残りの方角には、茂みがまばらに広がっている。相変わらず霧は、行ったり来たりしつつ揺れている。ときおり視界は二〇〇メートルにまで開ける。左手向こうの斜面からひとの声が聞こえてくる。わたしはレンツ軍医とともに、音のするほうへ忍び足で進む。すると、果樹園の裏の開けた土地で休息をとっている、およそ大隊規模のルーマニア軍部隊を発見する。こちらの中隊から、約八〇〇メートルから一〇〇〇メートル離れた地点である。数百の兵員、馬、車両が、この狭い空間に集結している。そしてこれらのあいだでは、営火が燃えている。

霧は隠れて接近するのに非常に好都合かもしれない。しかし、いかんせん地形が急襲射撃に向いていない。それゆえわたしは攻撃を思いとどまる。すでに時刻は一四時を回っている。あと一時間半もすればあたりは暗くなるだろう。この恐ろしい寒さのなか、中隊が野外で夜を明かすというのは無謀である。それにしても、ガジェシュティはいったいどこにあるのか。われわれはガジェシュティに入り、そこの集落の屋敷を夜の宿舎のために接収しなくてはならないのである。とにかく、またタルニツァ修道院に意気消沈した状態で逆戻りというのは避けたい。さらに何か食べられるものを手に入れなければならない。極度の飢えは、人間を行動意欲旺盛なものにする。

わたしは、レンツ軍医と彼の従卒《ブルシエ》を連れ、左手の深さ約三メートルの切り通しに沿って、中隊陣地から東へと進む。左手五〇メートル離れたところでは、同じ高度の地点を、上級伍長プファイファーが三、四人の兵を連れて前進している。

さて、中隊から三〇〇メートルも行かないところで、切り通しの北側の小屋のところに、多数のルーマニア兵がいるのを発見する。ひょっとしたら敵の小哨だろうか。自分たちは、切り通しの北側には一名、南側には四名の騎兵銃《カラビーナ》を持った兵を配置している。われわれは敵に近づき、呼びかけたり手ぬぐいで合図を送ったりしながら降伏を促す。だが、ルーマニア兵は動く気配を見せない。かといって、発砲してくるわけでもない。いずれにせよ、今、回れ右して方向転換することなどできない。なにしろわれわれは、もう敵まで三〇メートルの距離まで来ているのである。わたしは内心、この降伏勧告が成功するかどうか不安になる。ルーマニア兵たちは立て銃の状態で密集して立っており、お互いに話し合ったり、何かを身振り手振りで伝えたりしている。しかし、幸いにも発砲してくることはない。最終的にわれわれは彼らのもとまで行き、そこで武装解除させる。わたしは彼らと、戦争の終結について色々と話をする。そして捕虜となった三〇名を、プファイファーの斥候隊に引き渡す。

われわれ三人はさらに東へ、谷の方向に進む。一五〇メートルほど進んだところで、戦列を形成した敵の中隊の輪郭が、霧のなかから姿を現す。敢えて勝負に出るべきか。距離はまだ五〇メートルある。このとき、敵がわれわれに気づく。となれば、もう行くしかない。手ぬぐいを振り、呼びかけながらわれわれは接近していく。敵の中隊は呆気にとられている。敵の将校たちは激しく興奮しながら「撃《フオツク》て！撃《フオツク》て！」と叫んでいる。そして銃を置こうとしている兵を殴りつけている。われわれの置かれている状況は厳しいものになる。そのとき、敵中隊は、狙いを定め、こちらに発砲してくる。鉛の雨あられが、こちらをかすめて飛んでいく。われわれは即座に地面に伏せ、そして飛び出す。レンツ軍医とわたしは、後方に向かう。レンツ軍医の従卒が、去り際に騎兵銃で数発をばら撒く。霧のため、敵は瞬く間に、狙いを定めた銃撃をわれわれに対して行うことができなくなる。しかし敵の一部は、われわれを追撃してくる。別の各隊は、ただ闇雲に、霧のなかへ銃撃を続けている。

敵に激しく押しこまれながら、われわれはプファイファーの斥候隊のところまで辿り着く。そこにはなお三〇人のルーマニア兵捕虜が、彼らの武器のすぐそばに立っている。われわれは捕虜たちを、追撃部隊の銃火から身を隠す場所を与えてくれる切り通しのところまで移動させたうえで、さらに中隊がいる別の地点へと、駆け足で追い立てる。もし敵の追撃部隊が、切り通しを縦方向に掃射してくるようならば、われわれは切り通しを放棄しなくてはならない。しかし後ろからやってくる敵の射撃は下手である。そのため、こちらは損害を出すことなく、捕虜を連れて中隊に辿り着くことができる。

この直後、こちらの中隊の銃撃が、広い散兵線をとって押し寄せてきた敵を足止めにする。そしてあと一〇〇メートルのところで激しい銃撃戦となる。重機関銃により、われわれは火力優勢を得る。わたしは攻撃に転ずるべきか。しかし、その際、こちらの山岳兵に戦死者が出ては元も子もない。すでに夜になりつつある。銃撃の勢いは弱くなっていく。両陣営とも、自分たちがまだここにいるぞと、存在を主張するためだけに、散発的に発砲している状態である。この恐ろしい寒さのなか、寝るところと温かい食べ物を得られる見通しは暗い。ホール少尉(第三中隊)が、自分たちの様子を見に馬でやってくる。少尉は、われわれがこれまでに獲得した八〇名の捕虜を引き受け、後送する。さらに彼は、夜間のうちにまだガジェシュティへ向け進出するというわたしの決断を、タルニツァ修道院に伝えてくれる。

すでに少し前から、周囲はかなり明るくなってきているが、一段と冷え込みも厳しくなっている。このとき、空には星がまだ瞬いている。草花のあるところが、白い雪原のなかで黒くなっている。わたしは、対峙している敵に、騎兵銃と機関銃で最後の挨拶をしてから、自分の兵をただちに離脱させる。そして、狭い小道を北西方向に、音を立てぬよう登っていく。前進にあたっては、前衛部隊と後衛部隊が注意を払う。重機関銃小隊は中央に配置しておく。これまでの射撃により、重機関銃はこのときまだ温かい。これを毛布と天幕の布で巻き、凍結を防ぐ。

五〇〇メートルほど進んだところで、わたしは北に進路を取る。北極星がコンパスの代わりをしてくれる。黒い茨の茂みに沿って、われわれは息を潜めて前進する。この茂みに沿って進めば、われわれはまわりから浮き上がって見えてしまうということもない。誰も一言も発しない。このとき、後方警戒部隊から、ルーマニア軍の強力な部隊がこちらを追跡中、との報告が入る。このためわたしは、茂みが連なり黒くなっている地点で兵を停止させ、重機関銃を発射準備態勢にする。もっとも、この措置は無駄なものだったことが分かる。なぜなら、後方警戒部隊の隊長は、すでに自発的に行動しており、敵を適切な地点で待ち伏せし、一発も撃つことなくこれを拘束していたからである。二五名ものルーマニア兵である。わたしには、捕虜を扱う余裕がないので、監視を付けたうえで、タルニツァ修道院へ送る。

さらに北の方向へと進む。およそ八〇〇メートルほど行ったところで、わたしはふたたび東に針路を取る。地図は出発前に入念に読み込みずみである。われわれは、目標であるガジェシュティの北の入口に向けて、真っ先に進まなければならない。中隊は音を立てずに展開し、三個小隊全部をそれぞれ縦列にして進む。重機関銃とわたしは、真ん中を進む小隊と行動をともにする。このようにわれわれは、灌木の茂みから茂みへと、手探りで進んでいく。地形はプトナ峡谷へ向けて緩やかに下りとなっている。この間、数度にわたり部隊を停止させ、周囲の状況を双眼鏡で注意深く観察する。

右手向こうで月が高く昇る。一方、われわれの前方左手では、谷底に火の光が見える。この場所は、約六〇〇メートルは離れている。そこには、多数のルーマニア兵が、非常に大きな営火をぐるりと取り囲んで立っているのが見える。その後ろでは、敵の部隊が左から右に移動している。おそらくはガジェシュティへ向かっているのだろう。ガジェシュティの集落は、長く延びる、禿げた高地のために隠れてしまっている。双眼鏡を使っても、確認できるのはただ、木々がいくらか生えている地点だけである。半ば右でも、果樹園が広がっており、視界を妨げている【図24参照】。

寒い冬の夜、山岳兵たちは飢えた狼のように静かに接近を続ける。わたしは半ば左、谷底にいる敵にまず攻撃を加えるべきか、それともこの左の敵は放っておいて、まっすぐにガジェシュティへ向けて、歩を進めるべきか考える。

この点、わたしには、後者の選択肢がより正しいように思われる。三個複列縦隊は、速度を殺し、極限まで注意をしつつ、草木のない禿げた高地へ向けて、二〇〇メートルほど前進する。その際、黒いやぶが続いているところにぴったり沿って、忍び足で進むよう気をつける。この地点まで来ると、高地の頂上は約三〇〇メートル上となる。われわれの側面左手、三〇〇メートルしか離れていない地点に、およそ五〇名のルーマニア兵が火を囲んで座っている。そのとき、わたしの部下のうちの数名が、前方の高地上、木がまとまって立っているところの陰で、何か動くものがはっきり見えたと伝えてくる。わたしは双眼鏡を使って見てみるが、何も確認することができない。

われわれはやぶに沿って、これまでにもましてゆっくりと気づかれぬよう前進を続け、やっと高地の下

図 24　ガジェシュティ手前

部に到達する。そこは上方からのぞき込むことができない場所である。わたしが中隊に急いで攻撃準備をさせているあいだ、さらに前方に出した警戒部隊が、高地の端の地帯を観察する。警戒部隊はわれわれの前方、約一〇〇メートルの地点に、ルーマニア軍の前哨を見つける。重機関銃を投入するべきか。敵兵は数名であるので不要にも思われる。わたしは物音を立てることなく、できるならば一発も撃つことなく、奇襲というかたちで、この高地を手中に収めたいのである。またガジェシュティの北の地帯は、強固に確保されているに違いないとわたしは考えるが、そこに対する攻撃も、同様に奇襲というかたちでなければならないのである。

下級指揮官たちに、ただちに指示を与える。そして増強された中隊は、音を立てずに高地上方に向けて突進する。口笛、号令、万歳、すべてが禁止である。こうして、まるで無から突然生まれてきたかのように、ルーマニア軍の歩哨の眼前へ、われわれ山岳兵たちが忽然と姿を現す。そのあまりの速さに、敵の歩哨は、もはや仲間へ警報を発令するための射撃を行うこともままならない。彼らはあわてて斜面を駆け下り、姿を消してしまう。

こうして高地はわれわれのものとなる。前方、そしてとくに半ば右の方向にかけて、長さ一キロメートルほどのガジェシュティの集落の屋根が見える。その屋根が月の光できらきらと輝いている。距離にして二〇〇メートル足らず、高度としては三〇メートルほど下の地点に、いちばん北の屋敷が位置する。何軒かかたまって建っている家と家のあいだには、広い空間が存在する。

そのとき、ガジェシュティの北側で警報の鐘が鳴り響く。兵士たちが道路に殺到し、ひとかたまりに集まる。わたしはこの敵兵たちが、次の瞬間にも、奪われた高地を取り返そうとして、密集した状態でこちらの方向に駆け上り、突撃してくるのではないかと予想する。このため、重機関銃を連続射撃のために装塡させる。騎兵銃を持った兵は、二〇〇メートルの前線を形成し、位置につく。さらに一個小隊を自分の自由になるように左翼後方に置いておく。

数分が経過する。下の村はふたたび静かになる。こちらは高地上にいる自分たちの姿が、見えてしまわないようにしている。また発砲も控えている。そのためもあってか、敵警戒部隊は、暖かい宿舎のなかにふたたび帰っていく。さきほどは渋々出てきたのだろう。いずれにせよ、われわれは、ルーマニア軍の歩哨が、それぞれの元の持ち場にまったく戻ろうとしないことに驚く。彼らは、屋敷のあいだに立っているようである。

そうこうしているうちに、時刻は二二時を回る。われわれはガジェシュティの暖かい家々を前にして凍え、腹を空かせている。なんとかしなければならない。わたしは次のような決断を下す。この大きな集落のいちばん北にある屋敷を、敵から奪い取るのである。その屋敷で防御を固め、暖を取り、栄養を摂って、そして少なくとも夜明けまで体を休めるという案である。

わたしはヒューゲル上級伍長を、二個分隊からなる突撃隊とともに、右翼から屋敷に向けて先行させる。ヒューゲルには、黒い垣根に沿って前進、銃撃を受けた場合にはこれに適宜反撃のうえ、増強中隊の残りの各隊が行う掩護射撃のもと、左手の小隊とともに、前方にある屋敷を急襲、奪取するよう、命じる。個々の部隊にも、それぞれの任務が伝達される。そしてヒューゲルが先行して出発する【図25参照】。

突撃隊は五〇メートル先の屋敷に進出する。しかし、そこで突撃隊は銃撃を受ける。即座にこちらの全機関銃と、ヤナー率いる小隊が銃撃を始める。それと同時に、左翼の小隊が大きな万歳の声とともに、集落に向けて突進する。ルーマニア兵が家から飛び出してくるより先に、山岳兵たちは集落に突入する。このとき、別方向からヒューゲルの隊が突撃する。強化中隊の残りは、まるで一個大隊でもあるかのごとく、夜を切り裂くような、力のかぎり大きな万歳の声を上げる。この時点で、ガジェシュティ北端の屋敷にはこちらの兵が突入ずみであり、重機関銃小隊は、この彼らを危険にさらすことなく射撃することが、

図 25

もはやできない。そのため重機関銃小隊は、射撃の方向を右にずらし、数分間にわたり、長く延びた集落の、家々の屋根に銃弾をばら撒く。

このとき、集落北端の下方が、奇妙なほど静かになる。わずかな銃撃が、ときおり響くのみである。まるでルーマニア軍が、即座に降伏してしまったかのような様子である。わたしは別の小隊と重機関銃小隊を連れて、大急ぎでその方向に向かう。屋敷のあいだに着くと、ちょうど捕虜が集められているところである。捕虜の人数は一〇〇名を超える。しかしそのことよりも喜ばしいのは、この銃撃戦でわれわれの側に負傷者が発生しなかったことである。この段階で周囲の屋敷からは、銃声はもう聞こえない。ただこちらの機関銃小隊だけが、右手方向へ向け、屋根越しに散発的に射撃を行っている。これまでのところ、万事快調に事が運んだので、わたしは屋敷づたいに右へと中隊を移動させる。われわれはルーマニア軍の宿営全体を支配下に置く。彼らはもう抵抗するそぶりを見せず、自分たちの運命に身を委ねているようである。

すぐにわたしは、全方位に警戒態勢をとり、捕虜と重機関銃小隊を中央に置きつつ、全中隊を村道経由で南へと移動させる。とにかく二〇〇人の捕虜である。依然として捕虜は増え続け、終わりが見えない。山岳兵は村のいたるところで家の扉を叩き、敵兵を引きずり出し、これを捕虜としているのである。われわれは梯隊を呼び戻し、教会に接近する。現時点で、捕虜の数は、われわれの三倍、三六〇人を数える。

教会は小さい丘の上に建っている。この丘は東方向に険しく切り立っており、わずか二〇〇メートルほど離れた下にある村に向けて下りとなっている。教会のまわりには半円上に家が建っており、そこにはひとが住んでいる。この場所は、われわれが夜の残りの時間を安全に過ごすために、適しているように思われる。捕虜たちは教会のなかに収容する。中隊は、教会周囲の屋敷に入る。次いで、わたしは中隊の一部とともに、下に広がる村のパトロールに出る。この村のなかを、オドベスティ＝ビドラ道が走っている。しかしわれわれはルーマニア兵に遭遇しない。おそらくルーマニア兵は、上の村での戦闘の騒音を聞きつけ、ただちに宿営をプトナの東に移してしまったものと思われる。わたしはこの集落の村長と面会する。ドイツ語を話すユダヤ人を通訳として彼がこちらに申し出るには、彼は村役場の鍵を引き渡したいのだと言う。また村ではドイツ軍の入城にあたり、三〇〇ライプ［パンの塊の単位］の焼いたパン、潰した家畜相当数、そして数樽のワインを自由に飲み食いできるように用意してあるのだと言う。この申し出を受けて、われわれは必要となりうる分を、上の村の教会まで運ばせる。そこにはこの間、宿営が設置されている。増強中隊の最後の部隊が宿営に入るころには真夜中を回っている。歩哨が立てられ、休息する部隊の警備にあたる。

ここは自軍前線の前方約六キロメートルであり、左右両翼とも連携が取れていない。それがガジェシュティの状況ではあったが、夜のうちは大丈夫だろうと、わたしはいくばくかの安心感を覚える。ただし、安全のためにも、わたしは夜明けをガジェシュティのすぐ東の地点で迎えたいと思っている。そこは他よりもいくぶん高くなった地点なのである。そこに移動すれば、きっと敵の位置も明らかになるだろう。

部隊は食事と休息をとる。わたしは短い戦闘詳報を作成し、二時半ごろ、騎馬伝令《メルデライター》にタルニツァ修道院まで持たせる。伝令は、リープ中尉のため、一ルーマニアロジェレ［約三リットルの木樽］の容器に、上等な赤ワインを入れたものを持っていく。

夜の残りの時間は何事もなく過ぎる。夜明け（一月八日）の少し前、わたしは自分の全部隊を引き連れて、ガジェシュティの教会のすぐ東にある高地に移動する。陽が昇り、われわれは雪に覆われた周囲の作戦地域に、敵がいないことを確認する。ただ東では、プトナの向こうで陣地構築中の敵部隊が見える。わたしは教会のまわりの元の宿営に戻り、複数の方向に斥候を出す。

朝、わたしは、自ら炊事班長プフェッフレとともに、下の村を通ってオドベスティ方面に騎馬で向かう。われわれの駄馬は、前日の夜のうちにタルニツァ修道院へ戻してしまっていたのである。これは、ガジェシュティへ前進する際に、馬のいななきが部隊の存在を露見させてしまう恐れがあるためである。夜明けとともに、プフェッフレは部隊の残りを送り届けてくれる。わたしは、オドベスティ方面に馬で行き、右手方向、すなわちプトナ西方にいる自軍部隊との連携を構築しようと考えている。

さて、ガジェシュティの下の村を馬に乗り早足で抜ける際、あたり一帯からは、一発の銃声も聞こえてこない。朝の新鮮な空気のなかの騎行は、われわれに生気を与えてくれる。わたしはスルタンという名の馬を、大股で駆けさせる。そして周囲のことよりも、この馬に集中する。プフェッフレは、わたしの一〇〇メートルほど後方を馬で行く。ガジェシュティの教会からおよそ一〇〇〇メートルほど離れたところで、前方の路上に何か動くものがある。顔を上げて見てみると、着剣した状態の、約一五名の兵からなるルーマニア軍斥候隊が、自分のすぐ目の前にいるではないか。わたしは度肝を抜かれる。しかし、引き返すにも、馬を駆けて逃げきるにも、いかんせん遅すぎる。逃げる場合、馬の方向を急転回させ、平坦な道へ駆けさせるまでに、確実に数発の銃弾を喰らうことになる。このため即座に腹を決める。わたしは、速度を緩めることなく馬を駆け、この敵の斥候隊に友好的に挨拶する。そして彼らに武装解除して捕虜となるよう促し、すでに四〇〇名の仲間が集まっているガジェシュティの教会に向かうよう説得する。わたしはこのルーマニア兵のうち、一人でも、わたしの言葉を理解した者がいたのだろうかと、強い疑念を抱く。しかし、こちらの身ぶり手ぶりの様子と、静かで友好的な声の調子が、説得にあたりよい方向に機能する。この一五人の兵士は、武器を道に捨て、こちらが指示した方向に、草地を横切って進んでいく。わたしはさらに一〇〇メートル弱、南に向け馬を進める。そして最短距離を通って自分の中隊へと馬を駆り、帰還する。このように単純で、お人よしの敵と遭遇することは、おそらくもう二度とないだろう。

午前中のあいだ、第一中隊と第三機関銃中隊が、われわれ第二中隊の強化部隊として到着し、わたしの指揮下に入る。この時点でロンメル隊は、二個小銃中隊と一個機関銃中隊の戦力になる。また、ハウサー少尉が副官となる。

いくつかの斥候隊が、パトロール後、さらに捕虜を連れて帰る。九時ごろ、「戦闘がふたたび始まる」との声がする。ルーマニア軍、ことによるとロシア軍も含む砲兵隊が、プトナ東の高地に構えた陣地から、激しい擾乱射撃でガジェシュティを覆い尽くす。われわれはとくに危険な地点から撤退する。なにしろこの広い村には、充分な場所がある。幸い今回も損害は発生しない。

午後になり、敵の砲撃は激しさを増す。あまりの猛砲撃は、西部戦線を思わせるほどであり、あたり一面、榴弾の雨となる。砲弾が、大隊戦闘指揮所の設けられていた家の屋根を突き破る。これまでしばしばそうであったように、おそらく今回も、伝令の激しい行き来が、結果としてこの激しい砲撃を招いているのだろう。状況はきわめて厳しいものとなる。部隊はガジェシュティの東端を確保し、そこで塹壕を構築する。敵は本格的に攻撃を仕掛けてくるつもりなのだろうか。
強烈な砲撃が続くなか、シュプレッサー少佐が馬でガジェシュティに到着する。彼は、最前線のオドベスティ＝ビドラ道沿いに戦闘指揮所を構える。敵の砲撃は、いっこうに弱まる気配を見せぬ激しさのまま、あたりが暗くなり始めるまで続く。われわれはロシア兵が好んで用いる夜襲戦術を念頭に置き、開いた状態になっている側面を重点的に警戒する。

考察

保護林内の細い林道で、前衛部隊は、ルーマニア軍の斥候隊と衝突した。この際、戦闘の勝敗を瞬く間に決したのは、前衛部隊の指揮官が撃たせた、ほんの数発の銃弾であった。こうした状況において重要なことは、武器を射撃準備態勢に置いたうえで（小銃の安全装置解除、移動しながらの射撃に備えた姿勢で軽機関銃を構えておく等）、敵方向へ静かに前進することである。なぜならば、勝利するのは、最初に撃つ者、そしてもっとも強力な火力を浴びせることができる者だからである。

このわずか数分後、より強力な敵とのあいだで発生した戦闘では、重機関銃が決定的な場面で、凍結のために戦闘から脱落してしまった。凍結した重機関銃は、最前線より数メートル後方のところで、アルコールランプにより温められねばならなかった。そして、これ以降の戦闘のあいだ、重機関銃は毛布により保温された。

戦闘の中断は、近くにいた敵に短時間の強力な急襲射撃を加えたうえで、日没を待ち、順調に進められた。

月の光のなか、雪上という条件下で、ガジェシュティ北部地区に対する夜襲は行われた。この攻撃は、重機関銃小隊による強力な掩護射撃を受けつつ、二つの別の方向から実施された。突撃が成功したあとも、この重機関銃小隊は、立ち並ぶ屋敷を飛び越すかたちで銃撃を浴びせ、長く延びた形状のこの集落で、部隊が前進するのを支援した。おそらくこの掩護射撃の命中弾は、ほとんどなかっただろうが、それでも暖かい兵営のなかにいた敵に対する、士気の面での心理的影響は非常に大きく、敵はそれ以上戦うことなく、捕虜となることを選んだのだった。

ガジェシュティの戦いで、われわれの陣営に損害は発生しなかった。

ビドラにて

真夜中の一二時ごろ、われわれはアルペン軍団の部隊と交替を行う。そして、明るく月が光るなかを、谷間の道を通り、北へと移動する。われわれは一〇キロメートル進撃する。一部の箇所では、一〇〇〇メートル弱にわたり、新しく掘られたルーマニア軍とロシア軍の陣地の前を越えることになる。ただ、敵から妨害されることはない。われわれの部隊と対峙するかたちになっている敵は、ここにはいない。夜が明けるころ、ヴュルテンベルク山岳兵大隊の司令部要員とロンメル隊は、ビドラに到着する。ようやくここではじめて、われわれは快適な宿営に入ることができる。

わたしがくつろごうとする、そのちょうど矢先、次のような大隊命令が飛び込んでくる。「敵はビドラ北方の山地を突破。至急、ロンメル隊は、非常呼集のうえ、ビドラ北方の六二五高地に移動せよ。同地にてロンメル隊は、第二五六予備歩兵連隊麾下となる」。

この要求は、ほとんど人間の能力というものを超えている。わたしの部隊は、四日前から、困難を極める状況下で戦闘を続け、昨晩も夜通し行軍を続けてきたところなのである。そして兵たちは、今しがた疲れ切った状態で宿営に入ったばかりなのだ。それを今度は、ビドラ北方の雪山で、戦闘に入れと言うのである。

わたしは緊急集合所にて、各中隊に、新しい任務の簡単な説明をする。そして部隊は北方の山へと移動を開始する。わたしは馬に乗り、ハウサー少尉、プフェッフレ伍長、そして一名の騎馬伝令とともに急速前進する。疲れを知らぬ馬の足は、山の雪原の長い道のりを瞬く間に越えて、われわれを危険な作戦地区へと運んでいく。

しかし命令された場所に行ってみると、第二線にはこちらの部隊が充分に配置されており、わたしの隊の投入はもう必要ない。深い雪のなか、営火を囲んで寒い夜を過ごす。そこに、ビドラに帰投せよとの大隊命令が届く。あの心地よい宿営に帰れると思うと、気持ちも軽くなる。宿営に着くと、故郷の家からの郵便物も届いている。

さて、ヴュルテンベルク山岳兵大隊は、軍最高司令部が自由に投入可能な状態に置かれる。翌日夜、同大隊は、ふたたび敵の前線前を通過して、ガジェシュティへ行進し、オドベスティへ戻る。われわれは続く数日、この間に陥落したフォクシャニ要塞、そしてルムニク・サラトを経由して、ブザウの近郊へ進軍する。

吹雪により輸送が滞る。われわれはその後、深刻な寒さのなか、大部分は暖房施設もない列車に一〇日間乗せられて、ふたたび西部へと戻される。ヴォージュでは数週間、軍予備とされ、その後、シュトスヴァイアー、メンヒベルク、ライヒスアッカーコプフの作戦地区に進撃する。

大隊の三分の一（二個小銃中隊、一個機関銃中隊）は、ヴィンツェンハイムに置かれ、軍団予備となり、わたしの指揮下に入る。また、シュプレッサー少佐より、この期間を利用し戦闘訓練を行い、元の水準を取り戻すように指示を受ける。こうした任務は、自分のもっとも好むところである。数週間にわたり、大隊の全中隊がわたしの訓練を受ける。夜間非常呼集から連続して実施する夜間演習。演習用陣地を使った、大隊突撃方式による突撃隊の戦闘行動訓練。その他、あらゆる種類の戦闘訓練。わたしの狙いは、こうした訓練により、部隊を活力ある状態におき、戦闘準備態勢を維持することである。

一九一七年五月、わたしはヒルゼン丘陵の下部の戦区を引き受ける。六月初め、フランス軍は広く展開し、われわれを二日間にわたり、激しく叩く。われわれが数年かけて構築した陣地は、ものの数時間で完全に破壊されてしまう。しかし敵歩兵の攻撃は行われない。われわれがくりかえし要請し、そのつど実施された阻止射撃が、敵から攻撃意欲を奪ってしまったようにも見える。

徹底的に破壊された陣地群の修復作業もまだ終わらぬ段階で、大隊は、新しい任務に投入されるべく呼び戻される。自分たちの使命を貫徹するという衝動を心に秘めながら、このとき訓練の最終段階に進んでいた部隊は、ヴォージュ山脈に別れを告げる。ヴュルテンベルクの山岳兵たちの愛唱歌、「皇帝猟兵《カイザーイエーガー》」が、ヴィンツェンハイムにふたたび響きわたる。

ロンメルと妻

ルーマニア軍の首脳部

1917 年、第一次大戦時のルーマニア軍

IV. Kämpfe in den Südostkarpathen, August 1917

第四部　南東カルパチア山脈の戦い、一九一七年八月

カルパチア戦線への進撃

ロシア革命の勃発以来、東部の敵戦線は流動的な状態にある。しかし、一九一七年夏、敵は依然としてドイツ陸軍の強力な戦力をこの東部で釘付けにしている。西部で決着をつけるには、この東部で拘束されているドイツ陸軍の戦力を、敵から引き離すことが必要である。このためには、東部の敵戦線を崩壊させねばならない。こうした意図のもと、北からは、セレト川下流とフォクシャニ北西三〇キロメートルの山脈の端のあいだに陣取る第九軍により、そして東からは、山脈左手にいるゲーロク集団により、ロシア＝ルーマニア軍戦線の南翼を攻撃しなくてはならない。

わたしが率いる輸送列車（第一、第二、第三中隊）は、ルマールを出て、ハイルブロン、ケムニッツ、ブレスラウ［ヴロツワフ］、ブダペスト、アラド、クローンシュタットを経由し、一九一七年八月七日正午ごろ、大隊中最後から二番目にベレックに到着する。わたしが駅で耳にしたところによると、ゲーロク集団の、オイトゥズ峡谷両側の高地に対する攻撃は、八月八日にも開始されるとのことである【図26参照】。三

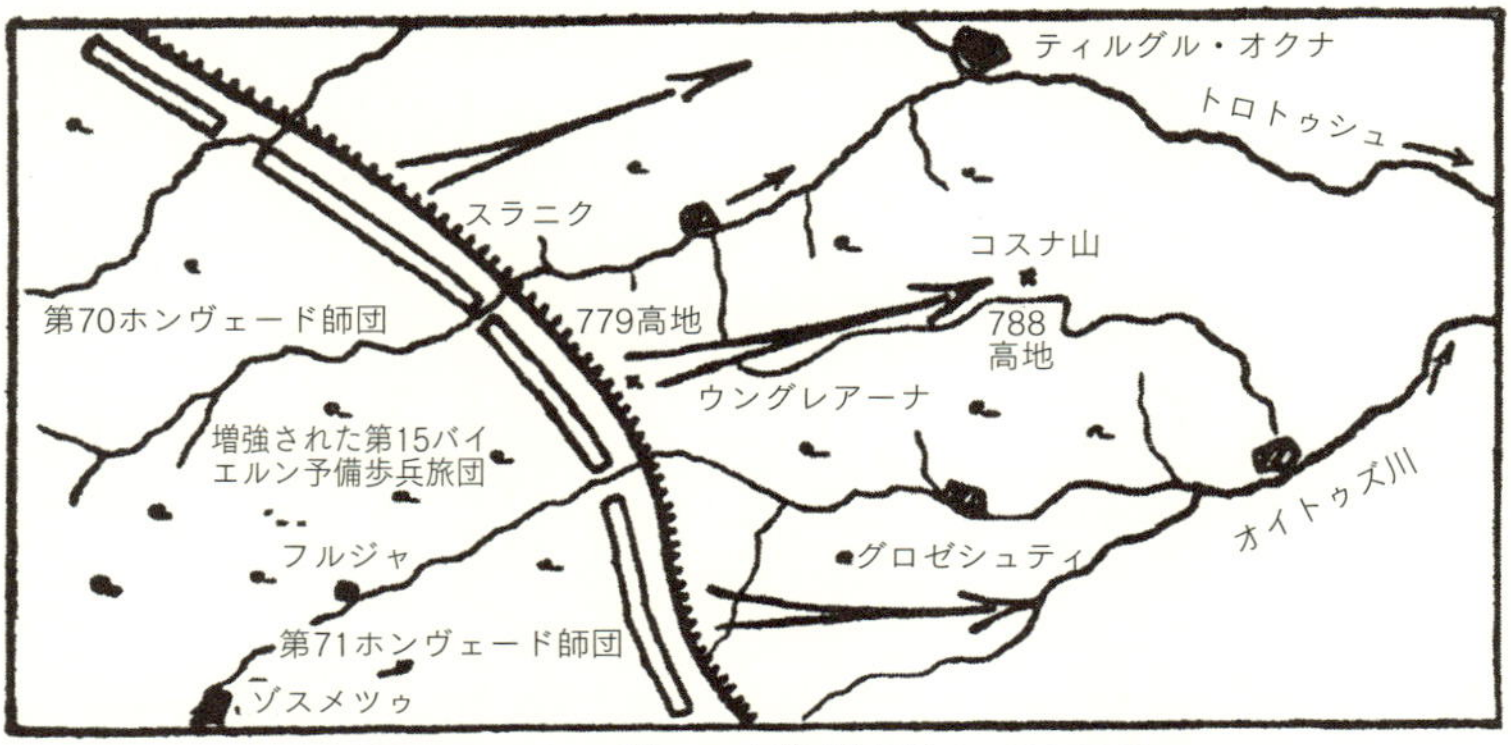

図 26　オイトゥズ峠での攻撃（縮尺約 1：300,000）

個の中隊は、それぞれ缶詰の糧食を受け取り、輜重隊はともなわず、三時間トラックに乗せられてオイトゥズ峠を越え、そしてゾスメツゥ［ポヤナ・サラータ］に送られる。ここが現時点でのハンガリー・ルーマニア国境である。武器弾薬輜重隊と糧食輜重隊は荷下ろしをすませると、ただちに密集してゾスメツゥまで後退するよう命ぜられる。

ゾスメツゥでわれわれは、峡谷に展開中の梯隊に出会う。この部隊は、すでに午前中のうちにオイトゥズ峡谷北方の山地へ進出していた大隊の一部である。司令部への電話接続は一時的に不通となっている。そのため、以下の大隊命令は、一名の糧食担当伍長により、口頭で伝達される。すなわち、ロンメル隊は大隊を追い、フルジャと一〇二〇高地を経由して、可能なかぎり早く、七六四高地《ポロハン》まで移動せよ、とのことである。

谷全体は、オーストリア、ハンガリー、バイエルンの各軍によって、隙間なく占拠されている。谷を走る道の両側には、多数の砲兵隊が配置に就いており、そのなかには巨大な口径の大砲もある。山岳地帯へ進撃するためには、まず武器弾薬輜重隊の到着を待つ必要があるので、わたしは部隊をごく狭い空間に集めたうえで露営させる。

銃剣を小銃に装着した状態で配置に就いているオーストリア

軍の歩哨は、わたしの兵のだれかが、地区司令官のジャガイモ畑に侵入して、これを盗まないか監視している。もっともこうした措置も、この極端な食糧不足の現状を考えれば、無理もないところである。

夜の帳が下りる。営火のあいだでは、大隊の音楽隊が小一時間ばかり演奏をしてくれる。確信に満ちた気分のなかで、われわれは来るべき日に臨む。ルーマニア冬季戦役の光景が鮮明に蘇ってくる。

二二時には営火が消され、部隊は休息に入る。これからの数日が要求するであろう任務の水準は高いはずである。

しかし、この夜間の休息は、ほんの数時間で終わる。すでに夜中の一二時の段階で、輜重隊が到着してしまったのである。すぐわたしは兵たちを起こし、天幕を撤収させる。そして、四日分の糧食を配布したうえで、中隊に行軍準備態勢をとらせる。車両はすべてゾスメッツゥに残してきたため、各中隊および大隊司令部は、自分たちの輜重隊から若干の駄畜を引き抜き、弾薬、糧食、荷物の運搬に用いる。こうして各部隊は、フルジャ越えの進撃を開始する。

隊列は月が明るく照らす暖かい夜のなかを、音を立てぬように前進する。敵によって監視されている可能性がある谷と、一〇二〇高地に向かう上り坂は、夜明け前に通過してしまいたい。フルジャから延びる道は、大部分が森林内を通り、険しいうえにひどく滑りやすい。明け方、オーストリア軍の砲兵隊は戦闘に参加するために引き上げられてしまう。中隊には、おのれの実力を証明する機会が訪れる。

午前中、両陣営の砲兵隊から盛んに砲撃がなされる。ヴュルテンベルク山岳兵大隊は、目下、第一五バイエルン予備歩兵旅団の麾下にある。われわれは、同旅団の突破に自分たちが遅れをとっているのではないかと心配になる。行軍自体は迅速に進むが、それにもかかわらず、樹林の茂る七六四高地に着いたのは、ようやく昼ごろになってからである。

部隊が休憩をとるあいだ、わたしは電話によりシュプレッサー少佐に到着を報告し、命令を受け取る。

それによると、われわれは、旅団予備としてシュプレッサー少佐の司令部がある六七二高地まで前進せよ、とのことである。この命令どおりにその地点まで移動すると、第六中隊がわたしの指揮下に入る。またこれに加えて、三個機関銃中隊についても同様の措置がとられる。さて、攻撃の経過状況についてであるが、非常に激しい戦いの末、第一八バイエルン予備歩兵連隊がウングレアーナ山のルーマニア軍第一線陣地を奪取したとの情報が入る。その際、ルーマニア兵は、まったくこちらの予想に反して、非常に勇敢な戦いぶりを見せ、きわめて粘り強く塹壕および掩蔽部の防御を行ったとのことである。結局、敵の前線は、まだ突破できていない。

わたしの指揮下の戦力は、夜に備え配置をすませ、天幕を張り、野外で炊事を行っている。そこに新たな命令が飛び込んでくる。われわれは、三個小銃中隊および一個機関銃中隊を連れ、ウングレアーナ山（七七九高地）のすぐ西側まで前進することになる。その際、シュプレッサー少佐が先行する。わたしは上述の四個中隊を率いて、そのあとに続く。森のなかは真っ暗である。幅が狭く、ぬかるんだ小道を、一人ずつ前の者のあとに続いて、しっかり地面を踏みしめるように大股で歩いていく。そのとき、前方のいちばん近い尾根のところで照明弾が上がる。そして、ときおり機関銃がタタタと音を立てたかと思うと、榴弾が炸裂する。しかし、ほどなくして、われわれは目標地点に着く。わたしは到着を報告し、さらに命令を受け取る。それによると、各中隊を引き連れ、細い山道の北側すぐの地点にある窪地で夜を越せ、とのことである。

わたしは各中隊長に、それぞれの部隊の配置と任務を割り当てる。それが終わり、隊がまだ細い小道に路上に長い縦隊のままいるという段階のときに、斜面の左右で榴弾が着弾する。ルーマニア軍の急襲射撃である。暗闇のなか、あたり一面に、砲弾が炸裂し、それが目映く光る。爆発が唸りを上げ、破片がヒュンと音を立てて飛んでくる。また土塊や石も、雨とばかりに降ってくる。駄畜は、綱を振りほどいて逃亡を始め、積荷とともに猛スピードで闇のなかへ走り去ってしまう。わたしの兵たちは、斜面上にぴったりと伏せて、頭上の砲火をやり過ごす。一〇分後、敵の砲撃が沈黙するまで、この姿勢は続く。幸い、こちらの損害は発生しない。

各中隊は、急いで割り当てられた場所に移動する。日中の苦労と、その疲労もあり、われわれは草の上であろうと、激しい雨が降り始めようと、外套と天幕に身を包んでぐっすりと寝てしまう。

一九一七年八月九日、尾根筋屈曲部への攻撃

早くも夜明け前、ルーマニア軍砲兵隊の急襲射撃が新たに始まる。われわれはこれにより荒っぽく叩き起こされる。わたしは、副官ハウサー少尉とともに、小さな窪地のすぐ上の地点に夜営地を設定していたのだが、その窪地にも数発の榴弾が炸裂する。弾着が駄畜の繋がれているところのすぐそばであったため、駄畜たちは綱を引きちぎって逃げ出し、われわれの脇を通り過ぎて、闇のなかへと消えていってしまう。この間、こちらをぐるりと取り囲むように、榴弾が次から次へと着弾する。砲弾は、自分たちの眼と鼻の先をかすめ、轟音を立てて飛んでいく。猛烈な砲撃がいくぶん弱まってきたところで、われわれは勇気を出し、もう少し体が隠せる窪地へ、急いで数メートルほど移動する。

まもなく敵の砲撃が停止する。しかし、今回の砲撃では、数名が榴弾の破片により負傷してしまう。レンツ軍医中尉が負傷者の治療にあたる。空が白んでくる。わたしは大隊戦闘指揮所を訪ね、そこで温かいコーヒーにありつき、夜の恐怖から自分を癒す。午前五時ごろ、命令が届く。それによると、ウングレアーナ南斜面上の、現在、第一八バイエルン予備歩兵連隊がいる高度の地点まで前進し、攻撃を継続せよ、

とのことである。
非常に激しい擾乱射撃が続くなか、連絡壕を通り、弾孔から弾孔へと飛び移りつつ、ウングレアーナ山（七七九高地）の西斜面を横断する。そして、敵の掃射の勢いがいくぶん弱い、山の南西斜面の樹林帯に到達したところで、一息つく。わたしはそこで新たな任務を課される。それは、第一中隊と第二中隊を率い、ウングレアーナ頂上から南に八〇〇メートルの地点にある、樹林の茂る山の肩の敵を駆逐せよ、というものである。

手始めに、第一八バイエルン予備歩兵連隊の右翼と連携を確立する。この連隊は、昨日の夜から斜面上方一〇〇メートル弱の地点に塹壕を構築していたのである。しかし残念なことに、その地点からだと、木で覆われた一帯のどの場所に、われわれが対峙しているルーマニア兵が配置に就いているのか、把握することができない。また、山の肩の方角には、まだ偵察を投入していない。そこでわたしは、まず自分が前進を命じられている一帯を、高い地点からよく観察してみる。そして地図も徹底的に読み込む。山の肩のところには深い峡谷が走っており、それが地形を分けている。この峡谷と山の肩は、喬木と密集した下草で覆われている。

この肩がはたして敵により占拠されているのか、そして占拠されているとすれば、それはどの地点かを突き止めるため、わたしは下士官一名、兵一〇名を斥候隊として派遣する。この斥候隊には電話通信部隊を付ける。すると派遣後早くも一五分ほど経過したところで、「山の肩に構築された強力な要塞状の陣地は、敵により撤退ずみ」との報告が届く。

この情報にしたがって、わたしは両中隊を縦列に構え、電話線に沿うかたちで茂みを抜け、山の肩の放棄された敵陣地まで移動する。そして陣地に着いたところで、中隊を全周陣地に配置する。この周到に構築された陣地を敵がふたたび占拠しようとしてきた場合、どの方向から攻めてくるだろうか、ということを考えておかなければならない。こちらがシュプレッサー少佐に報告を行った時点で、命令受領からは三〇分ほどが経過している【図27参照】。

午前中の主要な活動は、南（オイトゥズ峡谷）と東に向けて広がる地域の偵察である。この一帯には、あまり道がなく、木々が茂っている。この偵察の際、二名の捕虜を収容する。正午ごろわれわれは、東方から来たホンヴェード（ハンガリー国防軍）の歩兵部隊と、山の肩で交替する。この間、第三中隊により強化されたロンメル隊は、大隊命令により、午前中と同様の警戒態勢（電話設備を有する斥候隊の派遣）をとったうえで、喬木林を北に抜け、ウングレアーナ南方四〇〇メートルの尾根まで移動する。ここでも部隊は全周陣に構える。これは、林のなかだと、左右両翼と直接連携することができないためである。また敵による不意打ちを防ぐためでもある。なお、敵はウングレアーナ東および北東方向、距離にして約八〇〇メートルの主稜線上に、強固な陣地を構えているという情報が、このときまでに入る。

一五時、命令が下る。砲兵隊による短時間の効力射の実施後、敵陣地に攻撃を加え、敵をウングレアーナ東一四〇〇メートルの尾根筋の屈曲部まで押し戻すことが命じられる。その際、第一八バイエルン後備歩兵連隊は稜線上で、ヴュルテンベルク山岳兵大隊はそのすぐ南で攻撃を実施することになる。わたしの隊も、前線での攻撃参加が予定される。

各中隊は休憩に入り、西向きの岩溝で炊事をする。この間、わたしは複数の斥候隊を、午後に攻撃予定の陣地方面に送る。各斥候隊には電話機を持たせる。いちばん南側を行く斥候隊を率いるのはプファイファー上級伍長である。彼は一〇名の兵を連れて先行する。それにしても、そもそも敵は南に走る尾根筋の屈曲部をすでに占拠しているのか、占拠ずみだとすれば、それはどの地点であり、そして敵の規模はどれほどであるのか。こうした点をプファイファーの斥候隊は確認しなくてはならない。

さて、ウングレアーナ山頂南八〇〇メートル地点の敵陣であるが、陣地構築物の具合から推測するに、

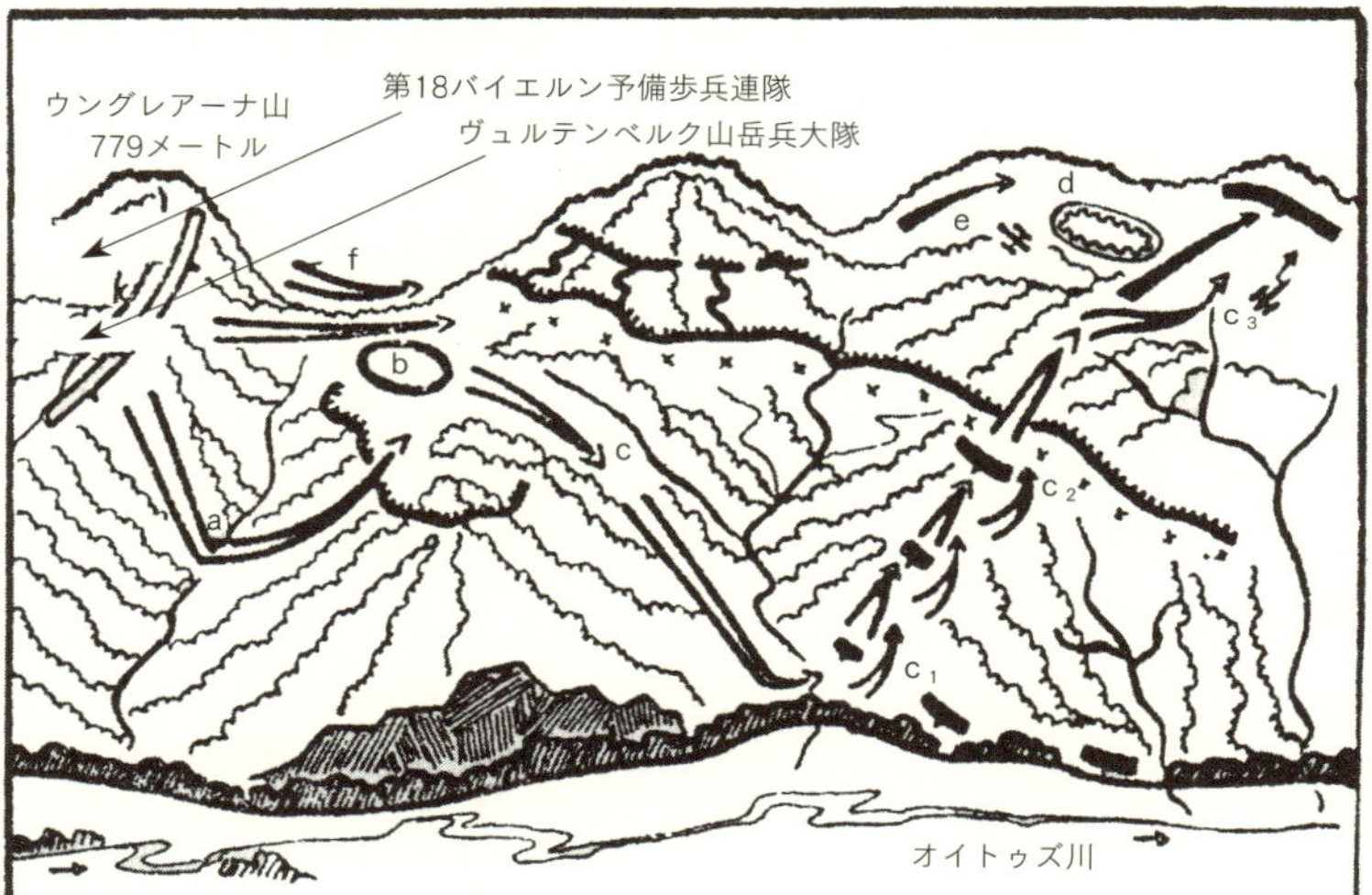

a　山の肩の占拠
b　正午頃の休憩
c　午後の攻撃
d　午後に到達した陣地
e　敵の反撃
f　第18バイエルン予備歩兵連隊およびヴュルテンベルク山岳兵大隊の攻撃

図27　1917年8月9日――南からの眺望

さらに東方の斜面上にいる敵は、入念に構築された連続陣地をおそらく用意できていないのだろう。ひょっとすると、高地および谷に設けられた陣地だけが、頭一つ抜けて強固に作られているのに対し、斜面上の陣地は数も少なく、相互の連携もない状態で構築されているのかもしれない。だとすれば、その地点はおそらく敵の防御の弱点であり、果敢な攻撃に打って出る精神を持った部隊であれば、短時間で戦闘の決着をつけることも可能、ということになる。

さて、北に投入された斥候隊は、いたるところで鉄条網が張り巡らされた敵の陣地に突き当たる。その一方で、プファイファーからは、出発の約一時間半後、七五名のルーマニア兵を捕虜とし、五挺の機関銃を鹵獲したとの報告が入る。しかし、いったいどのようにすればこうしたことが可能なのだろうか。この時点まで、プファイファーが派遣されていた方面からは、一発の銃声も聞こえてこなかったのである。

プファイファーから電話で短い報告が入る。「部隊宿営地の南東五〇〇メートルの地点にて、斜面を降下する際に、警戒部隊をつけない状態で峡谷で休息中の敵を発見、これを急襲した。一〇名の騎兵銃をもった兵からなるこちらの斥候隊は、物音を立てずに、ルーマニア兵に迫り、降伏を勧告した。ルーマニア兵はこれに応じ、武器を休憩地の脇に放棄し、無防備な状態となってしまった。ルーマニア兵の相手、すなわちわれわれは一〇名にすぎなかったのだが、彼らは無防備な状態になってしまった結果、そのわずか一〇名に連行される結果となった」。

わたしはプファイファー斥候隊のこの成功を、電話にてシュプレッサー少佐に報告する。そして、開始が目前に迫る攻撃にあたり、突撃隊による高地稜線への正面攻撃に合わせて、南斜面の敵陣地、おそらくは連携が確立されていない地点の突破を提案する。また、南から敵の不意を突くかたちで突進する際、尾根筋屈曲部——すなわちウングレアーナの東八〇〇メートルにある強固な敵陣地の背後——付近の稜線を確保し、そのことで敵に、ウングレアーナ山と尾根筋屈曲部のあいだに広がる陣地群を放棄するよう圧力をかける、という作戦も申し出る。シュプレッサー少佐は、この提案を旅団に伝える。その後まもなくして、わたしは、自分が提案した斜面上の陣地への攻撃を、第二、第三中隊とともに実施せよ、との命令を受ける。ただ残念ながら、重機関銃小隊は与えられない。

まもなく部隊は、音を立てぬように気をつけつつ縦隊で進撃する。その際、前衛部隊を務めるプファイファー斥候隊の敷設する電話線に沿って前進していく。しかし、進めども進めども、プファイファーの部隊が敵と衝突することはない。下草が鬱蒼と茂る背の高い広葉樹の森を抜ける。われわれは切り立った斜面を、谷へ向けて降りていく。この径路は、わたしの考えていたところとは異なったが、とにかくプファイファーの斥候隊が採る道でよしとするしかない。同斥候隊は、われわれをオイトゥズ峡谷まで案内する。この間、高度は、三五〇メートルも下がる。

オイトゥズ峡谷道の北一〇〇メートルのところで、ようやくプファイファーに追いつく。わたしは彼に、北東方向の尾根筋屈曲部へ登るように命ずる。そしてわたし自身は、ハウサー少尉と数名の伝令とともに、前衛部隊のすぐ後ろを行く。しばらくすると前方に、なにか通常とは異なるような兆候がある。そのため、みずから少し先行してみる。プファイファーはわたしに、約一五〇メートルから二〇〇メートル離れた、森の木々がまばらになっている地点を指差す。見るとそこにはルーマニア軍の歩哨がいる。さらにその後方には、陣地についた状態のルーマニア兵がいる。ただ、敵の注意の矛先は、谷間を走る道の両側に広がった開けた地域に集中しているように見える。このためわれわれは、敵を刺激しないようそのままにしておき、屈曲部の方向へ通じる尾根の、密集して樹木の茂る急な西斜面を登る【図27参照】。

しかし、このように斜面を登っていくならば、ほどなくしてまたルーマニア軍の陣地に出くわさざるをえないことは、明らかであるように思われる。そのためわたしは前衛部隊に対し、敵と接触した場合には、ただちに遮蔽物の陰に隠れ警戒態勢をとり、そこで残りの部隊があとから登ってくるのを待ち、万が一敵が攻撃してくる場合にのみ発砲せよ、と命ずる。こうした命令をしておけば、敵は、自分たちの前にいるのが斥候隊だけだと思うはずである。こうすることで、こちらの部隊が前進し攻撃の準備をするための時間を稼ぎ、結果として奇襲となることが期待できるのである。

谷底から一五〇メートル上の地点で、前衛部隊が斜面上部の陣地から銃撃を受ける。そこで前衛部隊は命令にのっとって、こちらから撃つことは控え、遮蔽物の陰に完全に体を隠す。わたしは急いで部隊に攻撃の準備をさせる。第三中隊は右翼、第二中隊は左翼で配置に就く。斜面には鬱蒼と茂みが広がっており、数分間のあいだではあるが、こちらの前進と攻撃準備を、物音を立てず、また敵から妨害も受けぬ状態で遂行することができる。

この攻撃にあたり、わたしの具体的な命令は以下のとおりである。「第二中隊は細い道の両側に展開して、斜面上方の敵を攻撃する。ただしこれは陽動である。その際、火力により敵を拘束のうえ、手榴弾投擲と万歳の声により、相手の注意をわれわれの主要攻撃目標の方向から斜面の西側へ引きつけ、そこに敵が戦力を集中するよう欺くことが必要である。また、こちらの損害を防ぐために、遮蔽物を徹底的に利用することも重要である。これと同時に第三中隊は、右翼から包囲攻撃を行う。なお、わたし自身は第三中隊と行動をともにする」。

しかし、まだ攻撃の準備が完了しないうちに、斜面を降り、こちらの部隊集結地点に探りを入れてきたルーマニア軍斥候隊とのあいだで戦闘が始まってしまう。わたしはこの斥候隊を撃退したうえで、第二中隊に対し、即時攻撃の命令を出す。これを受け第二中隊は、斜面の五〇メートル上方にある陣地に進出する。銃撃戦が始まる。また西斜面では手榴弾の応酬も発生する。第三中隊を引き連れ、東に一〇〇メートル弱の地点で、鬱蒼と茂るやぶを抜け、山を登っていく。われわれは敵に妨害されることなく、小隊規模と思しき敵の側面に出る。敵は正面で行われている銃撃戦に、完全に気を取られている。われわれが攻撃を仕掛けると、敵は慌てて陣地を放棄し、西の斜面を下って退却してしまう。第三中隊により、この方向へ追撃を掛けることは難しい。そもそも鬱蒼と樹木が茂り、見通しの利かない地形なのである。また追撃を掛けた場合、正面攻撃を行っている第二中隊の射界に入ってしまうことにもなる。このためわたしは、ふたたび右手の地帯で、第三中隊と休憩をとることにする。

第二中隊は、撤退する敵を中央で追撃する。敵からはより強力な抵抗を受けるようになるが、それでも当初の攻撃方針どおりに行動する。また、第三中隊も自分たちの任務に忠実に動いている。敵が撤退してどこかに移動すると、たちまちそこには第二中隊の放つ弾丸が飛んできて敵の耳元を掠め、手榴弾も炸裂する。一方、第三中隊は、大急ぎで右翼から包囲の態勢に入る。重い荷物を背負った山岳兵にとって、こうした急斜面をこのように長距離にわたり連続して進撃することは、それだけでもまったくたいへんな仕事だと言える。そこに八月の灼熱の暑さが猛威を振るうのである。このため、過労により、気を失って倒れる者が複数名発生する。

われわれは五度にわたり、強力な敵を陣地から追い出す。わたしとハウサー少尉は一〇名から一二名の兵を連れ、執拗に敵を追跡する。ルーマニア兵は下草のあいだを、密集した一団となって逃げる。これに対し、こちらは絶えず鬨の声を上げ、撃ち続ける。また手榴弾を側面に――側面にというのは、手榴弾が爆発した際、前方への突撃がそれに巻き込まれるという危険を回避するためである――投げながら追う。これらにより、敵は休みなく走り続けざるをえなくなる。こうした方法により、敵を陣地の向こうに追いやることに成功する。この陣地は、入念に構築され、障害物によっても強化された、一見すると連続しているようにも見える、例の陣地である。またわれわれは、この敵がふたたび抵抗することも阻止する。

こうして陣地を突破してみると、前方の森はまばらになっている。地形はもう切り立った峻厳なものではない。もっとも、それでも依然として上り坂にはなっている。林間の空地に出ると、この右側は、草の生えた長い斜面と接している。この斜面の向こうでは、敵のおよそ二個中隊が、北東方向に広く展開した状態で尾根上へ向け退却しているところである。右手向こうではルーマニア軍の山岳砲兵中隊が、後方へ向け陣地転換を行っており、駄畜とともに急いで安全なところに避難しようとしている。逃走を図る敵に対し、われわれは茂みのなかから素早く銃撃を加える。こちらの人数がどれだけ小規模か、敵に見られていないことも好都合である。敵は、近くの木々が茂る一画や、山あいに姿を消してしまう。そこでわたしはハウサー少尉に、少数の兵を連れてこれを追撃するよう命令する。

山岳兵が森の端を離れようとするとき、半ば左、およそ四〇〇メートル離れた林間の空き地の北西角より、ルーマニア軍山岳砲兵中隊のカルテーチェ弾［キャニスター弾のこと。軽い金属の円筒にマスケット銃弾か、それよりも重い銃丸を詰め込んだもので、弾道上で爆発し、敵陣に中身をまきちらす砲弾］が頭上に降ってくる。カルテーチェ弾は、森林一帯でピシッ、ピシッと音を立てつつ、雨あられと降り注ぎ、破片を撒き散らす。われわれは太いブナの木の陰に身を隠す。その直後、第二、第三中隊の先頭部隊が、息を切らし喘ぎながら斜面を上がってくる。わたしはこれら部隊を、体を隠すことのできる右手の窪地へと移動させる。

現在われわれがいる地点は、屈曲部の稜線の攻撃目標から約八〇〇メートル離れたところである。前方にいる敵は撤退を始めている。ここは自軍部隊の疲労を度外視してでも、迅速に攻撃に移るべきである。数時間前より、左手向こうのウングレアーナ山からは激しい戦闘音が聞こえる。そこではバイエルンの部隊と、ヴュルテンベルク山岳兵大隊の残りの各隊により、攻撃がまさに実施されているようである。

さて、尾根へとさらに前進していこうにも、小銃および機関銃による銃撃があり、妨害される。こちらがほんの数分間だけとった休憩が、敵の指揮官に対し、部隊をふたたび掌握し、戦線を形成するだけの機会を与えてしまったようである。

わたしの率いる両中隊には一挺の機関銃もないので、小銃兵だけで事を成し遂げなければならない。われわれは、ごくわずかな地形の起伏をも巧みに利用する。そして、高地の尾根上にいる敵へと、少しずつ静かに接近することに成功する。敵は、この陣地の重要性をはっきり自覚しているように映る。われわれのうちの誰かが、うっかり相手に姿を見せてしまうと、ただちにその場所に激しい銃撃が加えられる。偵察の際、わたしのすぐ後ろにいたビュットラー上級伍長は、まさにそのようにして腹部に一発を喰らってしまう。

日が暮れ始め、われわれの進軍には有利に働く。闇が広がる少し前、ロンメル隊は、ルーマニア軍の尾根上の陣地のすぐ西で、高地の尾根を占拠する。ルーマニア軍のこの陣地こそ、われわれを散々苦しめてきたものである。小さな鞍部で、わたしの兵の一部が、正面を東および北にとりつつ、陣地を設ける。この場所は、ルーマニア軍の銃口から、六〇メートルほどしか離れていない。ただし、それでもルーマニア軍の銃撃から、陰にはなっている。陣地が構築されているあいだに、残りの部隊は、すぐ西に広がるオークの森を占拠し、北と西で敵と向かい合うかたちを作る。

もちろんルーマニア軍は、反撃に打って出てくる。そして、われわれを、ふたたび高地から引きずり降ろそうとする。しかしこちらの騎兵銃の激しい銃撃が、攻撃してくるルーマニア兵を、ふたたび彼らの出発点まで押し戻す。われわれは楔形に隊形をとり、尾根筋の道へ進む。その結果、東西に陣取るルーマニア兵は、相互の交通が分断されたかたちとなる。一方、前進する最中や戦闘のあいだに苦労して敷設したこちらの電話線は、現在、切断されてしまっている。それためわたしは、複数の信号弾を用い、自分たちが目標に到達したことを伝える。

暗闇のなか、物音を立てずに、各部隊の配置を行う。部隊は全周陣に塹壕を構築する。全方位からの反撃に備えねばならないからである。また、自分の戦闘指揮所のすぐ近くに広がるオークの森のなかに、一個小隊をいつでも自由に投入できるように待機させておく。また、対峙する敵が近くに見当たらない場所では、警戒部隊を前方に出しておくようにする【図28参照】。

大隊とは連絡がつかない。おそらく午後行われた正面攻撃が、期待していたような成果を挙げられなかったのだろう。尾根筋の屈曲部（われわれはこの約五〇〇メートル東方にいる）とウングレアーナ山のあいだでは、依然として激しい戦闘が続いている。こうしたことから推測するに、われわれは、敵前線の一キロメートル後方にいるものと思われる。

わたしは天幕のなかで、懐中電灯の明かりを頼りとしながら、ハウサー少尉に戦闘詳報を口述筆記させる。明かりはどこからも漏れてはならない。万が一そのようなことがあれば、この場所はただちにルーマニア軍の銃撃を受けることになる。この間、二名の山岳兵が、勇気ある仕事をやってのける。シューマッハ一等兵（第二中隊）は、もう一名の仲間とともに、重傷を負ったビュットラー上級伍長を担ぎ、オイトゥズ峡谷の天幕（高度差三五〇メートル）まで運んできたのである。彼らは、自分たちの上級伍長を、夜間のうちに軍医のいるゾスメツゥまで担ぎ、医師がただちに手術に入ることで、このビュットラーは助かったのである。闇夜という条件、地形の難しさ、そして道中の長さ（直線距離で一三キロメートル）を鑑みると、この仕事はまさに大手柄、戦友間の信義《カメラーデントロイエ》のうるわしい発露と言える。

さて、わたしは、いったい八月一〇日の夜明けはどのような状況になるのだろうかと、内心非常に不安に思っていたのだが、戦闘詳報が完成する前に、そうした不安は吹き飛んでしまう。これは、西の方面に出していた斥候隊の一個が、第一八バイエルン予備歩兵連隊と連絡を取ることができたためである。彼らの話では、この歩兵連隊は、午後のあいだ、ヴュルテンベルク山岳兵大隊の残りの各隊とともに、砲兵隊の支援を受けつつ正面攻撃を仕掛けていた。しかし、敵兵は、彼らの陣地を非常に粘り強く防御したため、前進することができなかった。そうした最中、戦闘音が聞こえ、次いで信号弾が見えた。このため、自軍も敵軍も、ロンメル隊の攻撃成功を認識した。すっかりと暗くなってから、ルーマニア兵は、仲間と切り

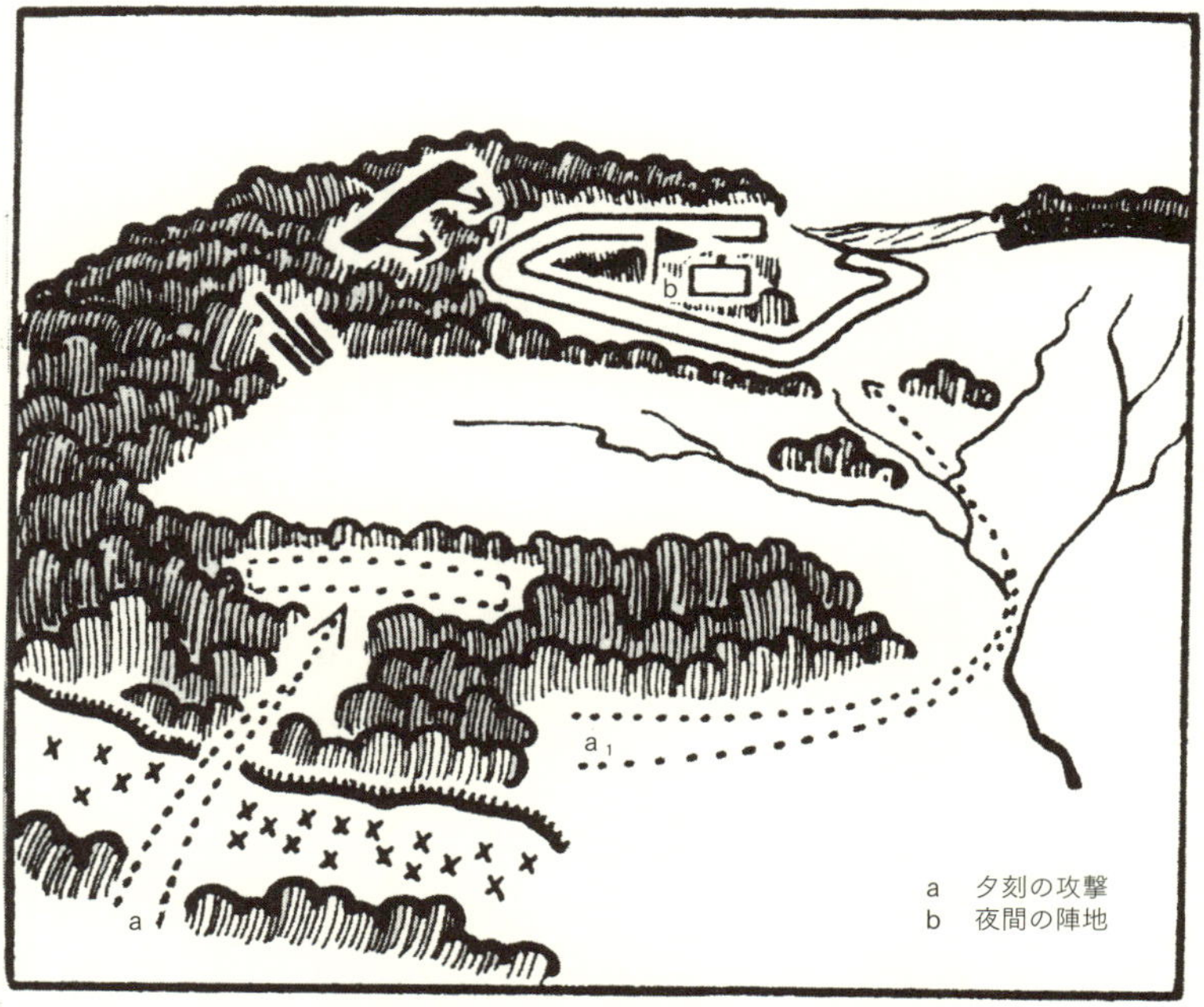

図28　1917年8月9日――南からの眺望

離されてしまうのを恐れて、ウングレアーナと尾根筋屈曲部のあいだにある彼らの陣地を撤収した。そして、北東方向、スラニクの谷に向けて下りになっている斜面へと退却していった、とのことである。

さて、真夜中前、伝令は戦闘詳報を持ち、最短距離を通ってウングレアーナにいる大隊に向かう。同時に伝令には、大隊の地点まで新しい電話線を敷設させる。夜の空気が冷たい。汗でぐっしょりと濡れた軍服が冷えて、肌身にこたえる。そのためわたしは午前二時ごろ、こちらのほうがましだとばかりに、体を動かすことにする。

ハウサー少尉とともにわたしは前線に向かい、東六〇メートルから八〇メートル離れたところの樹木の並ぶ小さな丘（オークの森と呼ばれている場所）にある敵の陣地を偵察する。これまで、厳しい補給状況を鑑みて、こちらから不必要な射撃を行うことを禁じてきたこともあってか、敵の行動には、まったく注意の素振りがない。敵の歩哨たちは、それぞれの持ち場をまったくの安全地帯であるかのように動き回っている。このとき、東の地平線はだんだんと明るくなってきており、敵の歩哨たちの姿もはっきりと浮かび上がりつつある。彼らを射殺することはたやすいだろうが、わたしはそれをのちの機会にとっておくことにする。周囲は完全に明るくなる。見えてきたのはルーマニア軍が、ペートレイからオークの森を経由して、北方へと連なる広い正面を持ったほぼ連続した陣地を構築して、われわれと対峙しているということである。

考察

八月八日から九日にかけての夜、ロンメル隊が予備として配置されていた一帯に対し、ルーマニア軍砲兵隊により実施された急襲射撃は、数名の損害を発生させた。部隊がきちんと塹壕を構築していたら、おそらくこの損害は出さずにすんだと思われる。

斥候隊が後方に電話線を延ばしながら前進し、威力偵察を行うという方法が有効であるということは、八月九日の樹林が茂る中級山岳でも、はっきりと実証された。前進の行われているあいだ、わたしはいつでも斥候隊に電話を掛け、ものの数分で報告を受け、新しい任務を課したり、あるいは斥候隊の一部を退却させたりすることができたのである。また、順調に前進する斥候隊から延びる電話線に沿って進み、斥候隊が到達した一帯を各部隊により占拠する、といったことも可能であった。山岳において、多くの場合、伝令路の移動は非常に時間を食うが、電話によりこれを節約することができた。もちろん電話関連の装備については、事前に充分な量を用意しておいたのである。

急斜面上方の森では難しい攻撃が実施されたわけだが、その際、上方の陣地にいた敵は、こちらの激しい銃撃、万歳の叫び声、手榴弾投擲により、われわれの攻撃の重点がどこにあるのかについて欺かれてしまい、予備隊を誤って投入してしまった。このため、側面および背後に対する、こちらの第三中隊の攻撃はあっという間にうまくいった。

同様の方法で、この種類の陣地を五つ――最後の陣地の守備隊は二個中隊の戦力であったが――占領することに成功した。各攻撃がこれほど迅速に相次いで成功を収めたため、敵は戦力を再編成する時間すらなかった。ロンメル隊は、ごくわずかな地形の起伏でも、それを徹底的に利用することで、敵前線から一キロメートル後方にある高地の尾根を獲得し、それを敵の反撃に対して守り抜くことができた。ルーマニア軍は、多数の機関銃および山砲を使用可能であり、数および装備の点で優位に立っていたにもかかわらず、である。この結果、ルーマニア軍は、夜間、第一八予備歩兵連隊とヴュルテンベルク山岳兵大隊を前に、自分たちの陣地を撤収せねばならなくなったのである。

攻撃成功に続き、ロンメル隊は急いで全周陣地のかたちに塹壕を構築した。もしこの塹壕構築作業を行っていなかったならば、敵の急襲射撃および反撃の際、われわれは甚大な損害を出すことになっただろう。

実際の損害は、死者二名、重傷者五名、軽傷者一〇名であった。

一九一七年八月一〇日の攻撃

八月一〇日午前六時、大隊との電話連絡線が確立される。わたしは武器係将校《オルドナンツオフイツイーア》から、シュプレッサー少佐がわたしの戦闘詳報を受領したこと、そして少佐がすでに一時間前から、大隊の全部隊を引き連れて、尾根筋の屈曲部へ向け行軍を行っていることを聞く。

七時ごろ、われわれのもとにシュプレッサー少佐が、ヴュルテンベルク山岳兵大隊の残りの各中隊を連れて到着する。少佐は、八月九日のロンメル隊の決定的な攻撃成功に、最大級の賞賛を与える。

わたしは部隊の正面、東に向けての状況がどのようになっているのか、把握しようと試みる。この方面ではルーマニア軍の歩哨が、明るい日中でもまったくあたりに注意を払わずに行動をしている様子がうかがえる。それどころか、ルーマニア軍の陣地守備隊の一部は、夜間、ペートレイとオークの森の中間地点に掘られた陣地のすぐ横で、のんきに陽に当たっている始末である。これは、われわれのほうの状況とは、まるで異なるものである。ロンメル隊の場合、歩哨も警戒部隊も充分に偽装を施している。またどの地点でも、絶対に自分たちの存在を露見させないこと、そして発砲が許されるのは、敵から攻撃があった場合のみであることを厳命している【図29参照】。

ペートレイ（標高六九三メートル、六九三高地）の西には、樹木のない禿げた斜面の地点から、オークの森

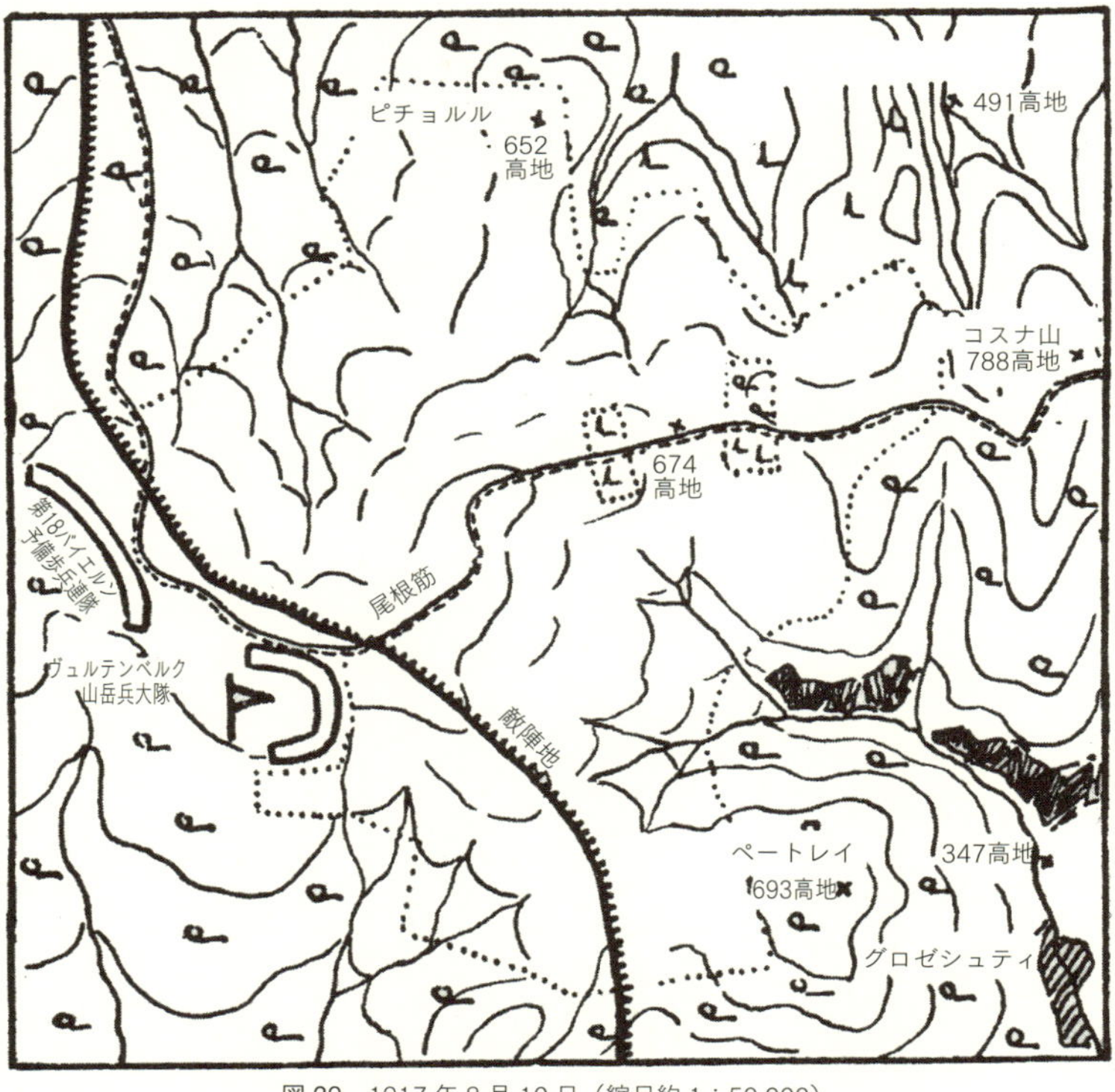

図29　1917年8月10日（縮尺約1：50,000）

へ向け、上りとなっている尾根がある。この尾根にはわずかな灌木のみが茂っている。敵の陣地は、この尾根に沿って延びている。また、オークの森自体も、強固に要塞化されているように見える。この森は、南、西、北にかけて、周辺よりも高い。オークの森の北では、敵の陣地が、低いやぶを抜けてスラニクの深い岩溝の方向に、谷を下る形で延びている。各陣地は個々の火網と、より大きな拠点から成り立っており、相互に側面を掩護することが可能である。また各陣地は、前方地帯の樹木の禿げた斜面を、遠くまで支配している。

七時を回ってすぐ、旅団命令が届く。命令によると、山岳兵大隊は、日中、攻撃を継続し、六七四高地の西、三五〇メートルの地点にある分岐点を押さえねばならない。この攻撃が成功すれば、敵はふたたび自分たちの陣地を追い出されることになる。ただし攻撃の際、砲兵隊の掩護を計算に入れることはできない。なぜならば、砲兵隊は前方への陣地転換を行っているところだからである。シュプレッサー少佐は、攻撃準備および攻撃実施をわたしに命じる。これにともない少佐は、第一、第三、第六山岳兵中隊、および第二、第三機関銃中隊を、わたしの指揮下に移してくれる。これは相当な兵力である。

わたしの攻撃計画は、次のようなものである。まず正午ごろに、何も気づいていない敵を、機関銃の銃撃により急襲する。これにより、オークの森南四〇〇メートルから北三〇〇メートルにかけて構築されている敵陣地の守備隊を、遮蔽物の陰へと追い込んだうえでそこに釘付けにしておく。同時にオークの森一帯に侵入し、一部の隊を連れて、オークの森のすぐ右手および左手から敵陣地に側面攻撃を加え、これを封鎖する。主力は攻撃を中断せず、一気に高地の尾根を東に向かい、これを突破して六七四高地へ進出する。これがわたしの案である【図30参照】。

さて、出撃の準備は骨が折れるものであり、また、非常に時間を食う。午前中のあいだ、わたしは自分の判断で、一〇挺の重機関銃を敵から秘匿すべく、一部はわれわれの前線のすぐ後ろを走る樹林に覆われ

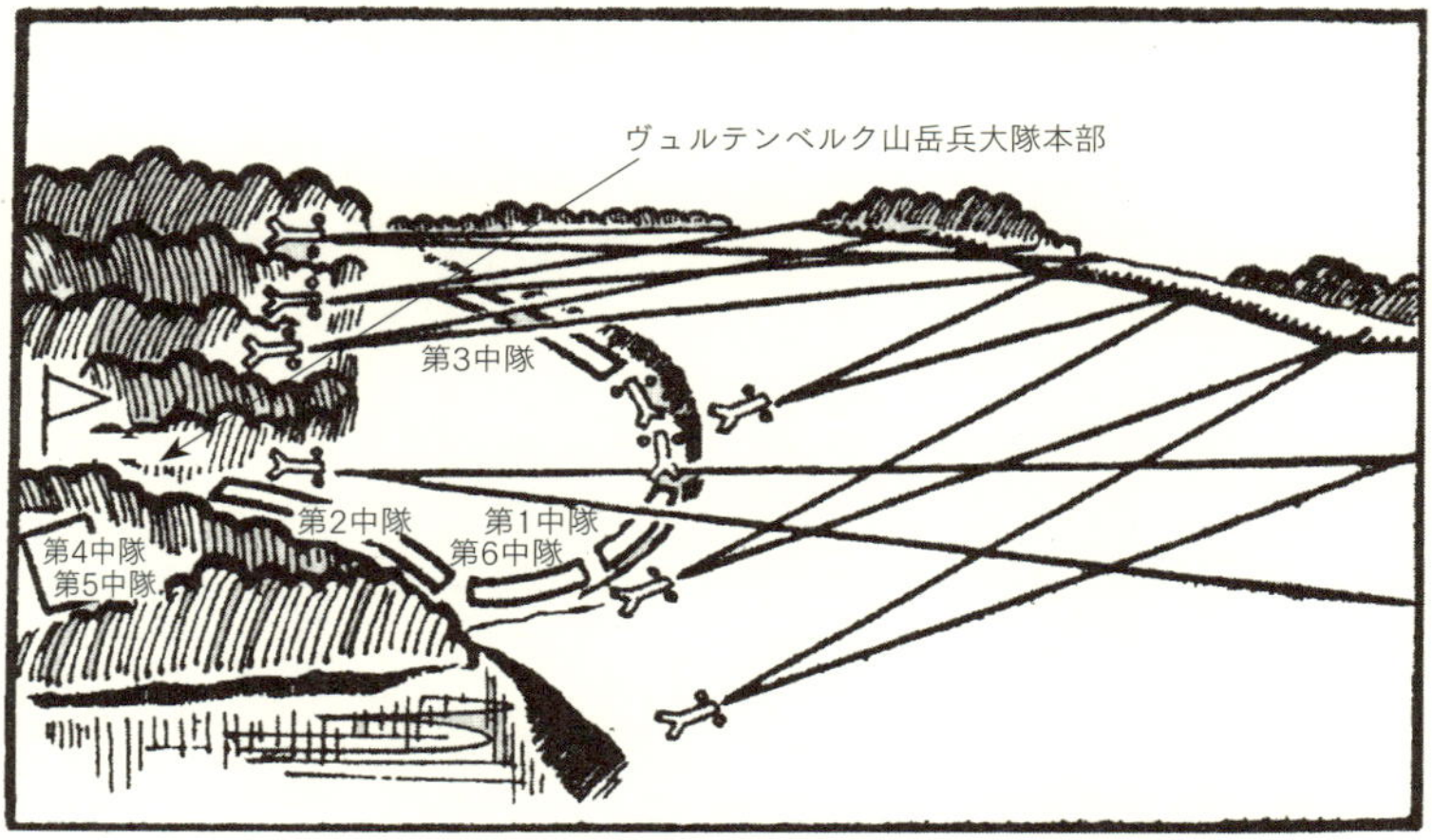

図 30　1917 年 8 月 10 日の攻撃に向けた射撃計画――南からの眺望

た稜線へ、残りは南斜面のリンネと岩溝《ルンゼ》のなかに完全に隠しておく。そしてわたしは各員に、攻撃目標と、戦闘時および戦闘後の作戦行動について指示し、それを割り当てる。攻撃開始の設定は昼の一二時である。また、屈曲部のすぐ近くに先導部隊として配置する部隊を決める。

ロンメル隊の残りの部隊は、準備を完了し、待機する。わたしが突入地点として選んだのは、オークの森南端である。このとき、オークの森から八〇メートルほど南西方向の窪地は、息を殺して待機する突撃隊でいっぱいである。この突撃隊は、第三、第一、第六の各中隊、そして重機関銃小隊から成る。わたしは突撃隊（第三中隊）の行動、左翼上方の陽動攻撃《シャインアングリフ》、そして本隊の動きについて指示を出す。

攻撃開始まであと一〇分というところで、野戦郵便が届く。郵便物はただちに配られる。わたしはきっかり一二時に、先導機関銃部隊に対し、前もって決めておいた銃撃開始の合図をする。数秒後、重機関銃一〇挺すべてが火を吹く。とくにオークの森には、徹底的に銃撃の雨を浴びせる。機関銃の発砲開始と同時に、第三中隊の左翼は、力のかぎりの大声で万歳を叫び、さらにオークの森北西隅目掛けて、無数の手榴弾を投擲する。敵の注意を逸らすのが目的である。敵が性急な対応でもとろうものなら、さらに儲けものである。一連の攻撃は、この場所でルーマニア軍の激しい防御射撃が開始された場合も、こちらに損害が発生しないよう、完全に遮蔽物に姿を隠したうえで行われている。

耳を劈《つんざ》くような轟音が響き、手榴弾の煙が濛々と流れる。その煙のなか、第三中隊の突撃隊は、尾根筋の一〇〇メートル南を、オークの森南西隅の区画を目掛けて突進する。重機関銃群は、後方から、敵陣地のこの区画に対して、強力な威力を発揮している。これらの重機関銃に命令を出し、射線をまず心もち右に、そして左に移させる。この動きにより、突撃隊が銃弾を受けずに進むことができる細い道を作り出すことが可能となる。突撃隊は、静かに前進を続けている。彼らは、断固として任務を完遂すると腹を決めている。わたしは、自分の幕僚を連れ、突撃隊のぴったりと後ろに間隔を詰めて続く。そしてさらにわれわれの後ろを、第三中隊の残りの部隊と重機関銃小隊が行く。四方八方から大きな衝撃音と銃声が響いている。

われわれの銃撃が開始されてから、約一〇分が経過する。一〇挺の機関銃は、依然として叩きつけるような勢いで、猛烈な銃撃を続けている。尾根筋左手では、激しい戦闘音が荒れ狂ったように響いている。このとき突撃隊が、オークの森に侵入する。ようやく敵塹壕内での戦闘となる。山岳兵たちは素早い仕事をする。塹壕内での前進がこれ以上難しいとなれば、彼らは遮蔽物の外に出て突撃し、そのまま前進を続ける。その際、彼らを効果的に掩護するのは、オークの森に配置された各機関銃小隊である。それぞれの機関銃小隊は、左翼から、突撃隊の数メートル前方を銃撃し、敵が遮蔽物の陰から頭を出せないようにしている。このとき、わたしに付いている一人の戦闘伝令が、ルーマニア兵一名の頭を撃ち抜いて射殺する。この兵は、左手向こう一五メートルの距離から、わたしを狙っていたのである。

われわれがオークの森内部の敵陣地を手中に収めたころ、北東方向から、強力な敵の反撃が始まる。しかし、こちらの重機関銃は、まだ一挺も配置に就いていない。後方にある兵器は、この新しい敵を捕捉できていないでいる。これは、北東斜面が湾曲しているためである。たちまち敵は、手榴弾の投擲範囲まで接近してしまう。こちらは騎兵銃、手榴弾で立ち向かう。司令部要員までが、武器をとって戦わねばならなくなる。われわれは粘り強く戦闘を展開し、この強力で、こちらより優勢な敵に対しても、なんとか獲得した作戦地域を守り抜く。数分後、重機関銃一個小隊が戦闘に参加する。これが潮目をわれわれの有利な方向に変える。わたしは本来の任務である指揮に戻ることができる。

　オークの森の突入地点《アインブルッフシュテレ》に関しては、第三中隊の一部と重機関銃小隊により、南北に守りを固める。わたしは残りのすべての部隊（第一中隊、第六中隊ならびに、突入成功によってすでに再投入可能な状態になっている両機関銃中隊の各隊）を、六七四高地方向に延びる尾根へ配置する。重機関銃の一部が、オークの森両側の陣地にこもる敵の頭を引き続き押さえておき、別の一部が、敵陣地に開いた突破口を封鎖する。そのすきにロンメル隊の主力は、あたりに降りそそぐ強力な敵火をものともせず、高地の尾根へ突撃する。ここがまさにロンメル隊の目標地点、すなわち六七四高地の作戦地域である。われわれは縦深隊形をとり、第一中隊を先頭において急速前進する。

　第一中隊の先頭部隊は、敵の抵抗に遭うこともなく、六七四高地の西四〇〇メートルの地点の丘に到達する。しかし、わたしがこの先頭部隊にぴったりと続いて、小さな窪地を渡ろうとするその瞬間、右手から敵機関銃の掃射があり、地面に伏せる。飛びくる弾丸により、草地は小さな穴だらけになっていく。銃撃は、六七四高地から南東に八〇〇メートルの斜面、ここからは約一二〇〇メートル離れた地点より行われている。この間、地面が軽く盛り上がった場所の後ろに、ある程度体を隠せそうな場所を発見したので、敵の機関銃掃射が止んだところで、急いでそこに移動しようと考える。そのときである。わたしは、後方から左の前腕に一発喰らう。たちまち血が噴き出す。まわりを見渡すと、自分の後方八〇〇メートルの茂みのなかにルーマニア軍の部隊がおり、わたしと第一中隊の数名に向けて銃撃を行っていることが分かる。とにかく、この敵の危険な射界から脱出する必要がある。わたしは前方にある丘へ、ジグザグに急ぐ。

この丘では第一中隊の各隊が、すでに約一〇分間にわたり全方位から攻撃を受け、これに対し防戦一方という状態になっている。そこにわれわれの追撃部隊が到着する。そして西の地点にいるルーマニア兵を白兵戦で片付ける。ルーマニア部隊の指揮権を与えられたフランス人将校が「ドイツの犬どもを殴り殺せ！」と叫んでいる。しかし至近距離から、一発の弾丸がこの将校に命中する。

この間、さらに後方の地帯でも、激しい戦闘状態になっている。ルーマニア兵たちは当初のショック状態から立ち直ったようである。彼らは、現地の予備隊とともに反撃を行い、喪失した地域をふたたびわれわれの手から引き離そうと狙っている。しかし、こちらの山岳兵たちがみないかんなく発揮する比類なき勇敢さ、さらに指揮官たちの行動力によって、戦闘の結果はいたるところでこちらの有利なかたちで推移している。

第一中隊と第六中隊はさらに前進を続ける。本格的な反撃に遭うこともない。ほどなくして六七四高地の作戦地域を獲得する。この間、わたしは、レンツ軍医に頼んで包帯を巻いてもらう。そして、部隊に対して、以下のとおりの配置となるよう再編成をし、獲得した作戦地域を確保するよう、命令を下達する。すなわち、まず、第六中隊を、アルディンガー率いる重機関銃小隊により強化する。そのうえで、六七四高地に置く。残りの部隊は、六七四高地の西方三五〇メートルの地点、尾根筋のすぐ北の幅広い窪地のなかに置き、自由に動かせるようにしておく。

出血による痛みは激しく、また疲労も厳しいものがある。しかし、部隊へ命令を出す任務を放棄することはできない。シュプレッサー少佐には、電話で攻撃成功の報告を入れる。

このときコスナ山のほうから、長い縦隊が、尾根を通ってわれわれのほうに近づいてくるのが見える。

われわれは防御の態勢に入る。その際、ショベルが力を発揮する。わたしは大至急、接近中のこの敵兵力に対する砲撃を要請する。しかし、こちらの大砲は、このときも陣地転換を行っており、まだ機能する状態にない。このため、敵はまったく妨害を受けないまま、接近を続けてしまう【図31参照】。

さて、ゲスラー大尉が、ヴュルテンベルク山岳兵大隊の残りの中隊を引き連れてやってくる。われわれは指揮権を分割する。このとき前線に配置されていた第五中隊、第六中隊、およびアルディンガーの機関銃小隊、そして連山の北方、第二線にいる第二中隊、第三中隊、第三機関銃中隊が、ロンメル隊を形成することになる。他方、第一中隊、第四中隊ならびに第一機関銃中隊が、ゲスラー隊に編入される。ゲスラー隊は六七四高地の西三〇〇メートル、尾根のすぐ南の地点に陣地を構築する。

コスナ山の方角から接近してくるルーマニア軍の歩兵であるが、われわれが六七四高地に構築した新しい前線に向け、反撃をしてくることはない。これは、こちらの予想に反するものである。この歩兵部隊は、強力な斥候隊だけを前方に派遣し、探りを入れてくる。しかし、この斥候隊が、われわれにより難なく撃退されてしまうと、敵は今度はこちらの第五、第六中隊から八〇〇メートルほど離れて向き合うかたちの連山に目標を切り替え、これを占領する。この連山は北から南に向け尾根の両側に広がっており、距離にして二キロメートルほどである。こうした状況下では、前線に追加の戦力を投入する理由がない。第五中隊と第六中隊は、共同で約六〇〇メートルの前線を受け持つ。この前線の支援を受けられない両翼については、後ろに退かせる。ゲスラー隊は第六中隊と連携しつつ、南斜面において獲得ずみの区域の警戒、確保にあたる。ロンメル隊の残りの各中隊は、第五中隊と連携しつつ、北斜面において同様の警戒にあたる。これらは、前哨の配置に応じ、縦深戦区をととのえたうえで行われる。

一五時ごろ、ルーマニア軍は、ペートレイ西斜面からオークの森、そしてスラニク西端へ延びる前線の戦力を後退させる。一方、われわれは、左右両翼の近隣部隊と連絡を取ることができないでいる。このと

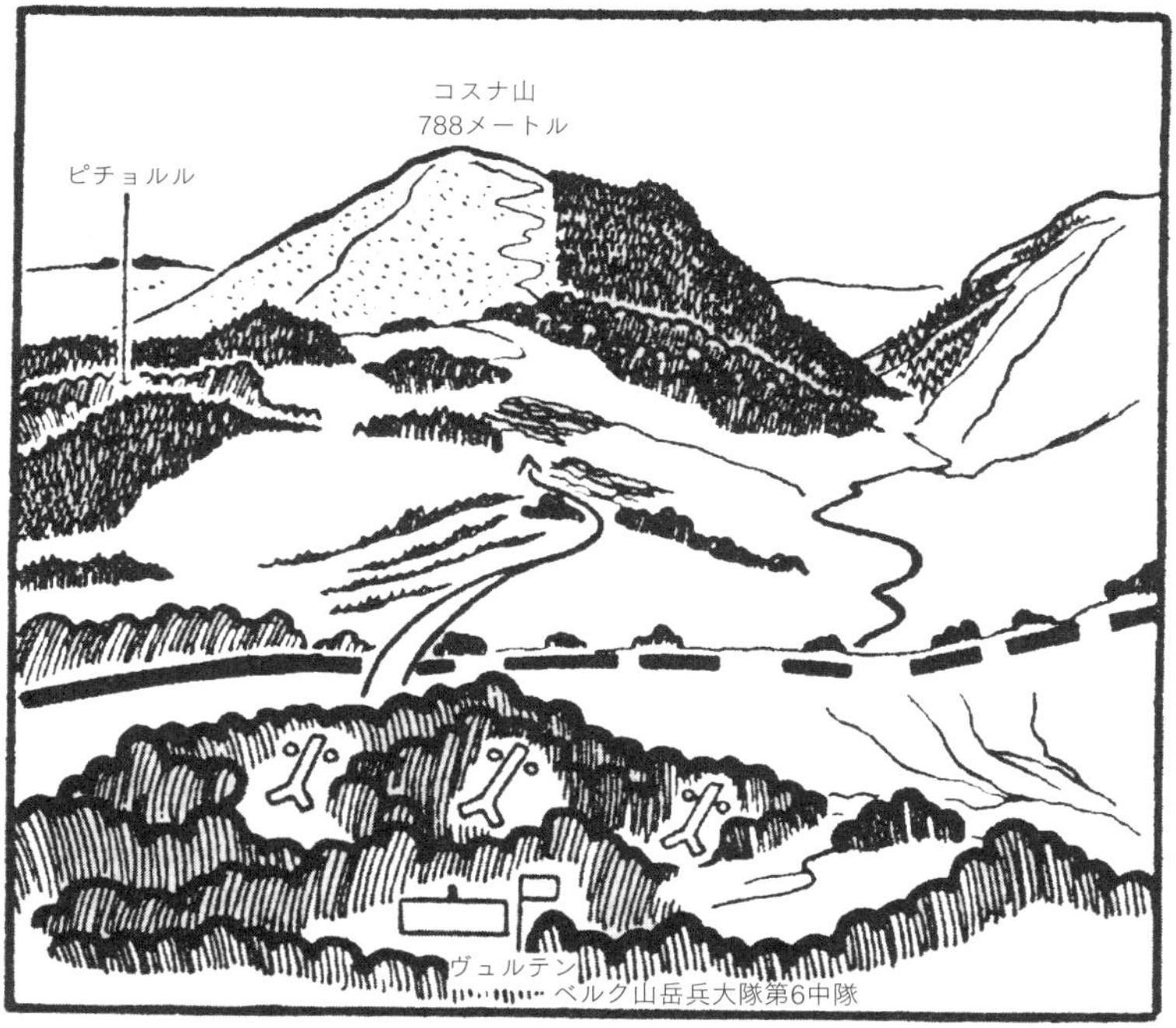

図31　1917年8月10日——西からの眺望

き、ルーマニア軍の砲撃が、猛烈な勢いで始まる。この砲撃により、電話線の接続は切断され、伝令の行き来はストップしてしまう。さらにはオークの森と六七四高地のあいだの山道沿い一帯が、めちゃくちゃになる。このため、第五中隊、第六中隊への電話連絡線を、再三にわたり修理するはめになるが、これは電話通信部隊にとって、困難かつ危険な仕事である。午後のあいだ、砲撃はまったく火勢を弱めることなく、激しく続く。しかし幸いなことに、前線の各中隊も、予備隊が陣地を構築していた一帯も、被害は軽微なものですむ。午後も遅くなってから、ようやくオーストリア軍の砲兵隊が戦闘に参加する。そんななか、三〇・五センチメートル砲の榴弾が、コスナ山山頂にかたまっていた集団のただなかに着弾する（これはルーマニア軍とフランス軍の将校たちであったと、後日判明する）。幸運なことに、一連の攻撃と、それに続いて行われた砲撃を通して、こちらの部隊の損害はごくわずかなものにとどまる。

砲撃が続くあいだ、わたしは、六七四高地西三五〇メートルの急斜面に設けられた戦闘指揮所で、オークの森から六七四高地までの一連の攻撃に関する戦闘詳報を口述筆記にて作成する。この間、駄畜が糧食と弾薬を運んでくる。

わたしは出血により脱力状態となっている。また、腕が固く包帯で巻かれ、そこを覆うように衣服も掛けられているため、身動きが取れない。このためわたしの頭には、指揮の放棄という考えもよぎる。しかし部隊が置かれている困難な状況を考えると、当面自分の持ち場を離れるわけにはいかないと腹を固める。さて、このとき、別の数個の部隊が、シュプレッサー少佐の指揮下に入る。少佐の戦闘指揮所は、六七四高地から南西に二キロメートルの地点に置かれる。これはオークの茂る森のなかである。同所には、シュプレッサー集団（第一八バイエルン予備歩兵連隊の一部）の予備隊も置かれる。ここには、複数の砲兵部隊の連絡将校も、観測所を設置している。

こうして夜の帳が下りる。

考察

一九一七年八月一〇日、他よりも高い地点にある、要塞化されたルーマニア陣地へのロンメル隊の攻撃は、大砲の支援もミーネンヴェルファーの支援も受けられぬまま実行されねばならなかった。攻撃支援用に使うことができたのは、重機関銃だけであった。しかしながらわれわれは、考えられるかぎり少ない損害で成功を収めるよう、攻撃を準備することができた。これは、第三中隊の突撃隊の突破予定地点に、重点的に機関銃火を集中させておいたこと、また、残りの敵陣地を、きちんと突撃時および突撃後に押さえつけておいたことによるものである。

ルーマニア兵は、前日、斜面の陣地をなおざりにしてしまう失敗を犯していたが、この日はそれをくりかえさなかった。八月一〇日の場合、斜面となっている地点に設けられた敵陣地への突入成功の見込みは、ほとんどなかったと言える。これは、攻撃予定地域が遮るもののない地形であり、そこに突入したとしても、まわりをぐるりと囲む高地から、機関銃火によりたやすく阻止されてしまうからである。この場合、高地の尾根にいる敵を叩く必要があった。

威力偵察について。敵陣を細かく観察しておいたことが、八月一〇日夜から同日早朝の優れた戦果をもたらした。われわれは、最前線の敵陣地構築物やその守備隊の行動を、正確に確認ずみであった。またわれわれの側からは斥候隊を送らなかった。これは、敵を刺激しないようにするためである。また、われわれの攻撃準備を気づかせないようにするためでもあった。しかし、敵のほうでも失敗があった。すなわち、陣地前方の作戦地域を細かく観察しておかない、また、まったく戦時とは思えない振る舞い（立ったままの状態でいる歩哨、遮蔽物の外に出てしまっている守備隊）をするといった、大きな間違いを敵は犯していた。このような調子であったため、敵にとって、奇襲的に始まったわれわれの攻撃は、まさに青天の霹靂というべき衝撃となったはずである。

さて、第三中隊の突撃隊のため、複数の重機関銃がオークの森への道を開いた。この重機関銃部隊は、突入地点西方約一五〇メートルないし二〇〇メートルの喬木林内陣地から、まずオークの森にいた敵に集中的に銃撃を浴びせた。次に同部隊は、銃撃の対象を左右に移し、第三中隊の突撃隊が危険にさらされることがないようにした。攻撃の継続中、この重機関銃部隊は、火力を自軍突撃隊のすぐ前方に集中させることで、オークの森の敵陣地に対する側面攻撃を巧みに支援したのだった。

陽動攻撃は突入地点の左手一〇〇メートルにおいて、完全に遮蔽物に身を隠した状態で、手榴弾と万歳の声を組み合わせて行われた。この攻撃により企図されていたのは、オークの森にいる敵の防御射撃を見当はずれの方向に逸らし、そして、敵が万一の事態に備えて用意しておいた予備隊を、ここで投入してしまうよう誘い出すことであった。結果的にこの陽動攻撃は、突撃隊の前進を支援するという目的を、こちらに損害を出すことなく完全に果たしたのである。

われわれのオークの森突入に対し、敵は北東方向からの反撃を迅速かつ巧みに行った。しかし、こちらの山岳兵たちは、こうした防御の場面においても、卓越した戦闘能力を保持していることを示したのである。

ルーマニア軍は、連続する陣地群の後方にある高地の尾根を、予備隊により占拠していた。しかし、この予備隊は、奇襲的なわれわれの突破に対して、その大部分が反撃準備の態勢をとれなかった。そして退避壕へ追いやられてしまった。防御ないし反撃に転じようとしても、たちまち優勢なわれわれの山岳兵の前に圧倒された。なにしろ突入地点からは、こちらの五個中隊、さらに少し遅れては、ゲスラー隊と追加の四個中隊が侵攻してきたのである。このようにわれわれの奇襲攻撃は、作戦遂行に必要なだけの力を備えていたと言える。

攻撃目標を確保したあと、われわれは早急に守備へと移行した。前線の各中隊は、巧みに偽装して塹壕を構築した。南と北で開いてしまった側面には、予備中隊から用意した小哨を立て、警戒にあたった。このとき、長駆斥候隊を送ることは、賢明とは言えなかった。仮に斥候隊を送ったとしても、後方陣地の敵守備隊の手により、たやすく撃ち殺されるか、あるいは捕えられてしまっただろう。この代わりにわれわれは、敵陣を、部隊および前線各中隊の複数の監視所から徹底的に捜索するという選択肢をとった。さて、われわれの部隊は、攻撃目標に到達してすぐ、オークの森と六七四高地のあいだの尾根を一掃し、起伏のある一帯上で横に陣取った。この日の午後は、非常に激しい敵の砲撃が行われた。しかしこの砲撃も、われわれの部隊にはほとんど打撃を与えることができなかった。

ロンメル隊より高地の尾根に対し攻撃を受けた敵は、午後になると、突破されてしまった陣地を放棄し、戦力を後方の新しい陣地へ後退させるよう強いられた。

敵には多数の予備隊が存在していた。また強力な砲兵隊も有していた。さらには、南北両地帯の地形も、反撃を行うには非常におあつらえ向きのものであった。しかしこれらの有利な条件にもかかわらず、敵の指揮は、とうてい機動的と言えるものではなく、ただ防御に徹していた。そして決定的な反撃に打って出ることもできなかったのである。

コスナ山奪取、一九一七年八月一一日

前線では一切が静かである。ルーマニア軍の斥候隊により、前線の各中隊が苦しめられるということも

皆無である。二二時ごろ、シュプレッサー少佐は、旅団が、翌日一一時に砲兵隊の支援のもと、コスナ山への攻撃を命じた、とわたしに内密に伝えてくる。そして、この命令に対するわたしの意見を求める。

地形という点で言うと、わたしの目には、西および北西からの攻撃がもっとも成功の見込みがあるように映る。なぜならばこの方向は、山岳の尾根のもっとも高い部分に樹木が茂っていないからである。このことにより、歩兵攻撃に対する大砲および重機関銃の支援状況が容易に確認しうるというわけである。さらに山道の北側の地面を走る無数の起伏は、攻撃部隊にとって、目標へ接近できる可能性を高めてくれる好材料である。

シュプレッサー少佐はわたしに、負傷を押してでもなんとかあと一日だけ、この攻撃のためにここにとどまり、西および北西の攻撃隊の指揮を引き継ぐよう懇願する。その際、指揮下に置かれる部隊とされたのは、第二、第三、第五、第六の各山岳兵中隊、第三機関銃中隊、および第一一予備歩兵連隊所属の第一機関銃中隊である。これに合わせて、南側の攻撃隊（第一、第四山岳兵中隊、第一機関銃中隊、および第一八バイエルン予備歩兵連隊の第二、第三大隊）は、ゲスラー大尉の指揮のもと、三四七高地から六九二高地を経由し、コスナ山を南ないし南東方向から攻撃するよう命ぜられる。新しく与えられたこの困難な任務は、こちらの心を刺激し、わたしは結局ここにとどまることを選択する【図32参照】。

夜になり、わたしはなんとか眠ろうとする。しかしほとんど眠ることができない。傷が痛むのである。また神経は、これまでの数日間の騒ぎで興奮状態にある。これに加えて、新しい任務が頭を消耗させている。こうしたこともあり、夜明け前にはハスラー少尉を起こす。われわれは連れだって、第五、第六中隊の前線に向かう。そして、朝の光のなか、攻撃予定地域を偵察し、攻撃計画を用意する。

敵の位置は、われわれの最前線の陣地から東方に八〇〇メートル、いちばん近い山並みの尾根の両側である。敵の歩哨は、木の陰あるいは茂みのなかに身を隠している。われわれの散兵線は、道の北側にかな

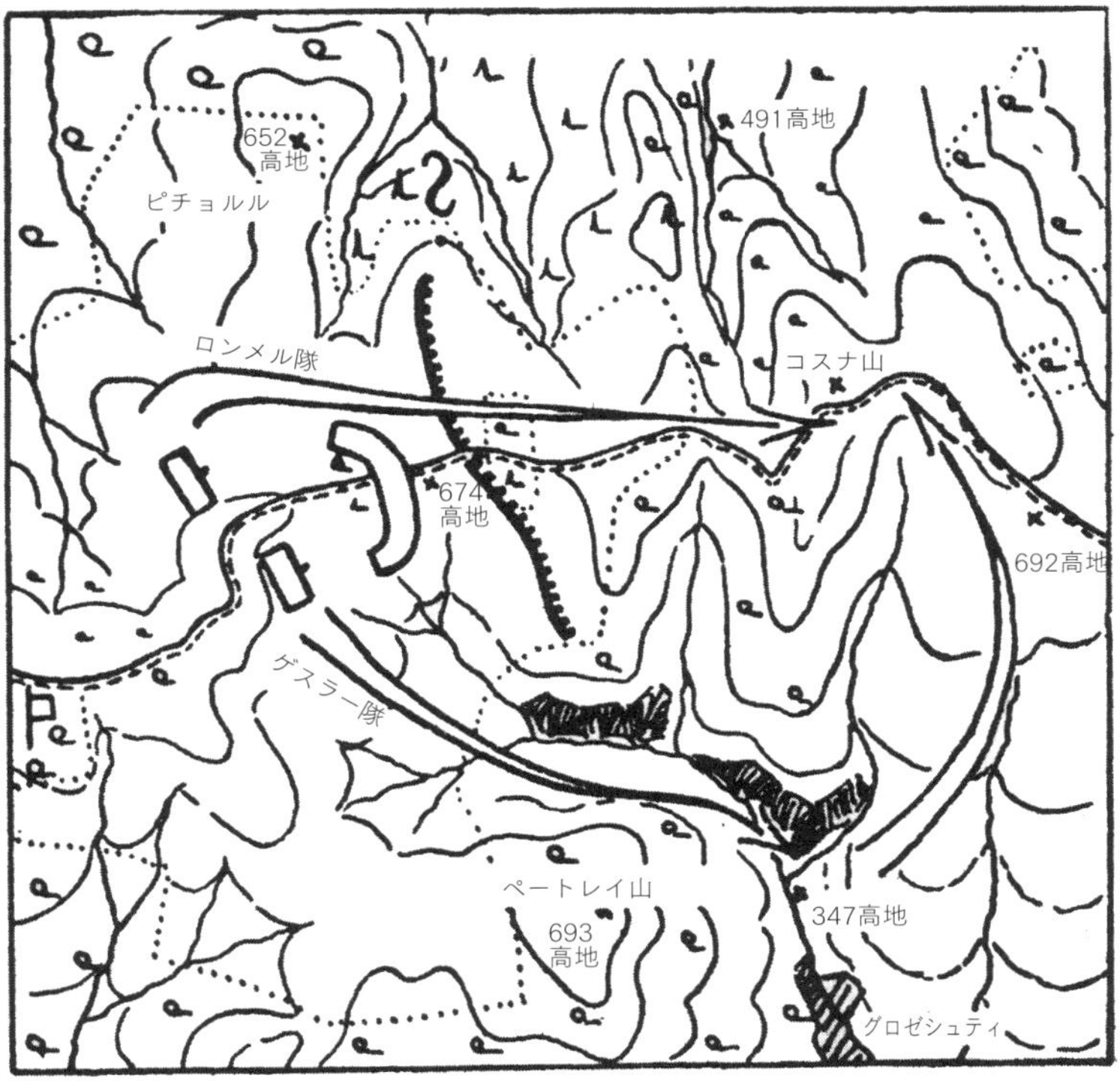

図32　1917年8月11日の攻撃図（縮尺約1：50,000）

り密集した状態で、新しく掘った陣地のうちに広がっている。守備隊の一部は分隊ごとにかたまっている。両陣営のどちらからも、このいま明けようとする一日の静けさを打ち破るような銃声は発せられない。われわれの各陣地は巧みに偽装されており、敵の陣営からはほとんど認めることができないはずである。

この新しい敵への接近可能性であるが、わたしが想像していたよりも状況はよくない。われわれの前線の前方、そして南側には、木がなく草だけが生えた斜面が広がっている。これらの場所は敵の射撃に対して身を隠せるようなところをまったく与えてくれない。一目見ても、高地の尾根の北側、六〇〇メートルから八〇〇メートルの一帯のほうが、地形上有利と思われる。一方、ピチョルルへ通じる連山の草の生えた斜面には、数多くの密集した大きな茂みが散らばっている。ピチョルル山（標高六五二メートル、六五二高地）は、尾根から一・五キロメートル北方、第五中隊の側面に位置し、太い幹の木々からなる広葉樹林に覆われている。

このとき、昇りゆく陽の光のなか、コスナ山の頂（標高七八八メートル、七八八高地）が、鋭く、そして他を制するように地平線上に浮かび上がる。ここが八月一一日の攻撃目標である。われわれは任務を完遂できるだろうか。いや、なんとしてもこれを完遂せねばならないのである。傷ついた腕のことも頭から消えてしまっている。敵を前に自分が指揮を執らねばならない中隊の数は、六個にもおよぶ。わたしは信頼と新たな力を胸に、この困難で責任の重い任務に取り組む。

わたしは八時になると同時に、前線に投入ずみの各中隊を使い、敵を陣地に拘束、攪乱したうえで、敵陣地北西方向の峡谷に対する敵の偵察を妨害するという計画を立てる。そして午前中のうちに隊の主力により、ピチョルル南の茂みを通り、姿を隠して尾根の北の敵陣地へ突撃可能な距離まで静かに近づこうと考える。また、これに続いて一一時ごろになったら、すでに要請のうえ承諾を得ている砲兵隊の支援を利用しつつ、敵陣地に侵入し、可能なかぎり一気にコスナ山へ向け突破を試みるつもりである。六七四高地にいる部隊は、これと同時に正面から加勢することになる。

わたしは第五中隊、第六中隊、そしてアルディンガーの機関銃小隊を、ユング少尉の指揮下に入れる。そしてハウサー少尉を通じ、このユング少尉に、コスナ山攻撃に際してのわれわれの意図と彼の部隊の任務を伝える。このハウサー少尉はユング隊のところに置いておく。これは、シュプレッサー集団との連携を維持し、砲兵隊との共同作戦を確保するという目的での措置である。

六時ごろ、わたしは残りの四個中隊を連れて隊列を組み、深い茂みを抜けて北を目指す。同時にユング戦闘集団《ゲフエヒツグルツペ》への電話接続設備も敷設する。約六〇〇メートル進んだところで、前衛部隊の進路を東に変更する。そして起伏の少ない窪地のなかを登りながら、樹木と茂みが点在する六七四高地とピチョルルのあいだの尾根へ接近する。ときおりわれわれは停止し、あたりを観察する。双眼鏡をのぞいていたわたしは、例の尾根の全範囲にわたり、くまなく敵の前哨が設定されているのを確認して驚愕する。つまりルーマニア軍は、戦闘前哨を彼らの新陣地の前に立てていたのである。第五中隊から見れば、この敵前哨は左手側面となるわけだが、彼らはこの敵を確認できていない。予備中隊の斥候隊も同様である。

ルーマニア軍の主要陣地に対して、北東方向から奇襲攻撃を仕掛けるなど、こうした状況下ではほとんど不可能であるように思われる。仮にわたしが敵の戦闘前哨を叩いたとしても、その場合、六七四高地東の主要陣地の敵に、警報が届いてしまうだろう。その場合、もはやわたしの攻撃は奇襲的な性格を失い、攻撃成功の見通しは非常に暗いものとなるだろう。

われわれは敵の視界から隠れるようにして停止する。そして周囲の作戦地域を念入りに検討した結果、わたしは前方にいる敵の戦闘前哨の裏をかこうと決断する。ここまで、敵の警戒部隊の眼を盗んで、窪地のなかを進軍してきたわけだが、今度は同じ道をある程度のところまで戻り、そこで北に針路を変え、敵と接触しないようにしつつ、ピチョルル北西斜面の鬱蒼とした森林地帯へ向かうことにする。そこでふたたび東に針路を取り、背の高い広葉樹林の鬱蒼とした下草のなかを、ルーマニア軍の戦闘前哨目指して進むわけである。

さて、自軍の警戒部隊を、ここから一層縦深に配置する。かなり前方を、第三中隊の熟練の上級伍長が音を立てぬよう先行し、自分はこの上級伍長に手で合図したり小さな声で呼びかけたりしつつ、道を指示する。この上級伍長の重い背嚢は、わたしの依頼により、小隊長であるフンメル少尉が背負っている。わたしはこの上級伍長の数メートル後ろを行く。そして前衛部隊の残りの一〇名は、一〇歩間隔を空けて後からついてくる。さらに後方、約一五〇メートルの間隔を維持して、縦列を組んだ四個中隊が後続する。この間隔は、縦隊が行進中にわたしが手で合図をして前衛部隊を停止させても、その音が聞こえない距離というものを基準として設定している。このとき約八〇〇メートルの長さになっている全部隊を支配しているのは、音一つない静寂である。個々の山岳兵はみな、どんな些細な物音すら立てぬよう、細心の注意を払っている。今はとにかく、相手に悟られぬように敵の戦闘前哨を通過することが問題なのである。このことを部隊の一人ひとりが自覚している。

わたしは手の合図で、隊の停止と行動再開を指示する。さて、ある地点で数分間、周囲に耳をそば立てる。そして、ルーマニア軍の二つの哨所の位置を特定することに成功する。敵の歩哨は話をしている。また咳をしたり、痰を吐いたりしては、口笛まで吹いている。一メートル、また一メートルとわれわれは接近を続ける。敵の哨所は一〇〇メートルから一五〇メートルほどの間隔をとって置かれている。もっとも、自分たちは鬱蒼とした下草のなかにいるので、何も見えない。わたしは前衛部隊とともに、敵の二つの哨所のあいだに空いた隙間の、その真ん中を前進する。こちらはこのとき、相手と同じ高さの地点にいる。われわれは息を殺す。左右にいる敵は、会話を止めようとしない。わたしは四個中隊を注意深く通過させる。これと同時にユング戦闘集団への電話線も敷設される。この線はシュプレッサー集団の戦闘指揮所まで繋がっている。近くにいる敵は、これらのことにまったく気づかない。

われわれは体をくねらせ、深いやぶのなかをなんとか抜け、相変わらず西の正面を警戒しているルーマニア軍の歩哨の後ろに回り込み、ピチョルル北東斜面に到達する。この間、右手向こうでは、ユング戦闘集団の小銃、機関銃による銃撃が、予定どおり開始されている。

われわれが接近しようとしているルーマニア軍主要陣地とのあいだには、非常に深い峡谷が存在している。降下しながらわれわれはいくつもの道路を渡るが、幸いなことにルーマニア兵と出くわすことはない。右手上方、六七四高地の近くでは、ルーマニア軍の砲兵隊がユング戦闘集団の陣地に、一面くまなく激しい砲撃を加えている。ルーマニア軍はこの地点でこちらが攻撃を企図しているものと推測して、それを防ごうとしているらしい。

焼け付くような八月の暑さのなか、重い荷物を持って――機関銃手は背中におよそ一ツェントナーもの装備を背負っている――急斜面をよじ登ることは、たいへんな労力を要する。山峡の最深部に到達したとき、すでに時刻は一一時である。ここからは、まばらなモミの木の喬木林のなか、岩だらけの険しい斜面を反対側に向けてまた登っていく。いずれにせよ、われわれの前進速度は、非常にゆっくりしたものにならざるをえない。これは、地形がもたらす困難という面が非常に大きい。一一時、時刻どおりきっかりに、こちらの砲兵隊の効力射が開始される。もっともこの砲撃は、密度が薄く不充分なように見える。またわれわれがこのあと攻撃を企図している一帯には着弾していない。一方、このとき第五、第六中隊が銃撃の勢いをふたたび強める。これに対し、敵は砲撃で応戦する。

こうした戦闘音が鳴り響くあいだ、われわれは全力を傾けて斜面を登っていく。しかし、撃たれた腕が、わたしの登るのを妨げる。そのため難所では、戦闘伝令たちによって、後ろから押してもらわねばならなくなる。

一一時三〇分ごろ、警戒部隊として先行していた第三中隊の上級伍長が、まばらなモミ林のなかで撃たれる。しかし前もって指示しておいたとおり、こちらから撃ち返すことなく、全速力でいちばん手近な遮蔽物へと体を隠す。このときわれわれの側の効力射は、すでにふたたび停止している。わたしは前衛部隊を停止させ、各中隊が登ってくる際の警戒に当たらせる。そのうえで各中隊は、前衛部隊より五〇メートルほど下の、身を隠せるところがある斜面上の比較的狭い空間まで、音を立てないようにして登る。この間にわたしは、三〇分以内に攻撃を開始するというこちらの意図を、ユング戦闘集団に電話で伝えることに成功する。さらにシュプレッサー少佐にも報告をし、攻撃に際して砲撃支援を行ってもらうよう確認を試みる。しかし電話接続は断ち切られている。おそらく依然としてピチョルルにいるルーマニア軍の部隊が、電話線を発見し、これを切断してしまったのだろう。

よりによって決定的な攻撃に出る直前に、シュプレッサー集団、砲兵隊、そしてユング戦闘集団との連絡が途絶してしまったことが、ひどく悔やまれる。電話線を復旧させることは、ほとんど不可能であるように思われる。それは数時間を要する作業になってしまう。わたしは、この不運となんとか折り合いをつけなくてはならない。

自分が今攻撃しようとしている敵陣地の位置については、たんに推測の域を出ない。この位置は、先ほどこちらの警戒部隊が、ルーマニア軍の歩哨から撃たれた地点であるかもしれない。さて、斜面の傾き具合と、灌木および背の高いシダが一面に茂っていることにより、われわれは、完全にこちらの姿を隠した状態で、突撃可能距離における攻撃準備を進めることができる。ただ、他よりも高い地点から機関銃により攻撃支援を行うことはできない。一方、ユング戦闘集団によって、前方を火力で押さえてもらうということも期待できない。現在、ユング戦闘集団への連絡手段が途絶しているからである。同集団が、受領ずみの指示に沿って行動してくれることをただ願うばかりである。

わたしは、第三中隊の一個小隊とグラウの機関銃中隊のすべてを、幅約一〇〇メートルに展開し、最前線に張りつける。第二線であるが、右翼の後ろには第二中隊が入る。一方、左翼の後ろには、第三中隊の残りの二個小隊と、第一一予備歩兵連隊の第一機関銃中隊が配置に就く。攻撃そのものに関しては、次のような指示を出す。わたしの合図により、最前線の部隊（第三中隊の一個小隊およびグラウ機関銃中隊）は、シダの茂る一帯を、音を立てぬように抜けて、斜面上方に存在するものと推測される陣地に向け静かに接近する。敵の歩哨ないし陣地守備隊が撃ってくる場合、ただちにグラウ機関銃中隊は、すべての小銃の連続射撃と合わせて、敵陣地を徹底的に掃射し、約三〇秒後、わたしの合図を待って射撃を停止する。この瞬間に、第三中隊の小隊と、それに離れぬようについてきている部隊の残りは、万歳の声を発さずに敵陣地へ侵入する。二、三の部隊が、この陣地の側面をただちに封鎖する。他方、主力は、敵の縦深地帯《ティーフエンツォーネ》へ進出する。そして南東方向へ前進しつつ、高地の尾根を第一目標として占拠する。なお、突入地点についての敵の予想を欺き、またその防御射撃を分散させるために、発砲開始から、突入地点の両側の箇所を、手榴弾部隊が正面から叩く。以上がわたしの指示である【図33参照】。

この作戦にあたっての準備および協議の一切は、敵の哨所から一〇〇メートル足らずの距離で、物音を立てぬように行われる。わたしはハウサー少尉を第五、第六小隊のところに残してきてしまっていたので、自分一人ですべての準備を行うことになる。

一二時まで数分というところで、攻撃準備態勢に入る。幸いなことに、ルーマニア兵からの妨害は発生しない。このとき、ピチョルル東斜面においては、小隊規模のルーマニア軍の部隊がわれわれの進撃路を横切る。さて、機は熟した。わたしは攻撃の合図を出す。

部隊は斜面を忍び足で登る。数歩も行かないうちに、敵の最初の弾丸がごく至近距離から飛んでくる。数秒後、グラウ中隊の全機関銃が連続射撃を始める。右手からも左手からも手榴弾の炸裂音がする。われ

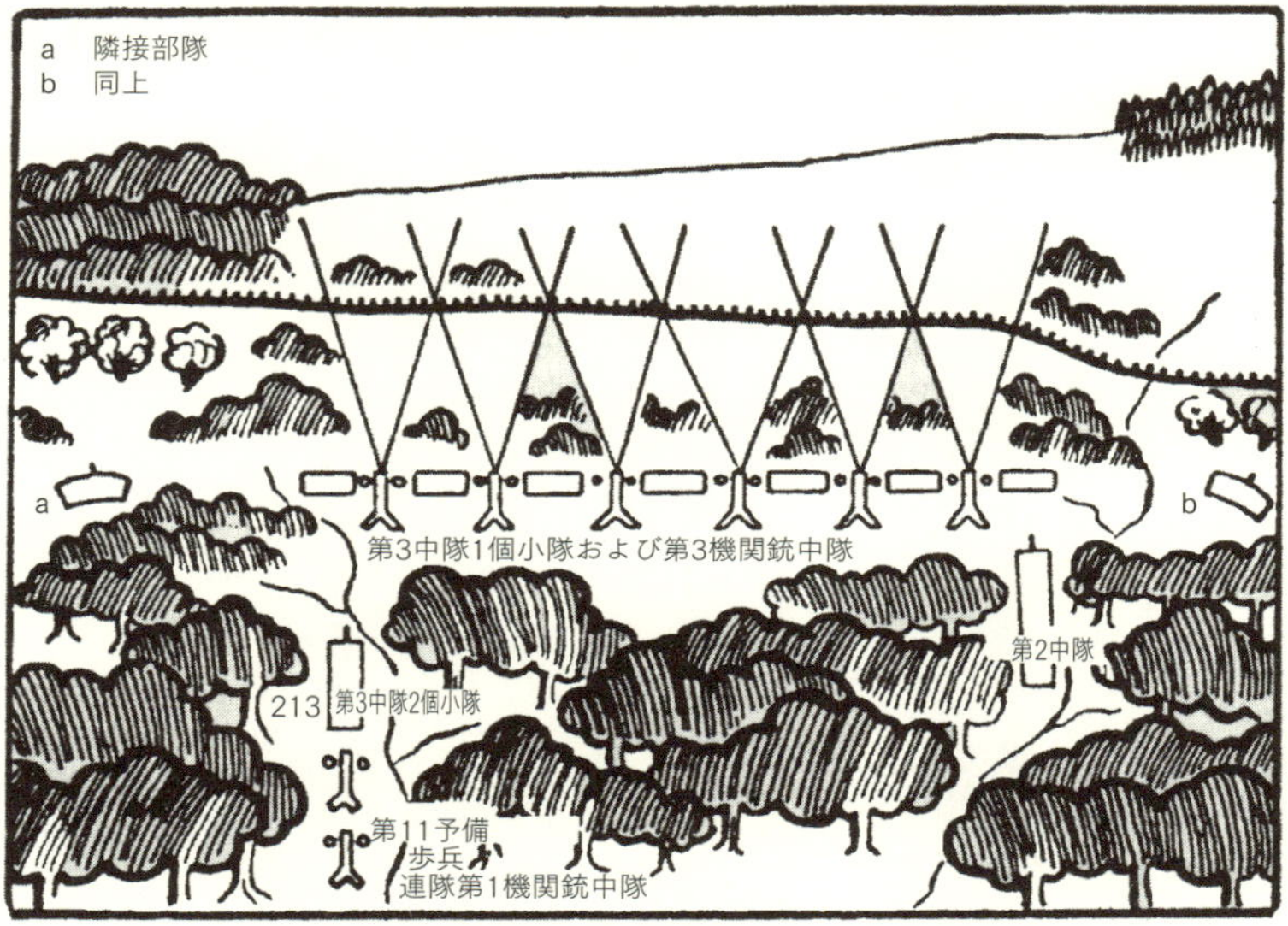

図33　1917年8月11日の戦闘配置――西からの眺望

われの部隊は飛び掛かる準備ができている。ただちにすぐ目の前の一帯に向けて、こちらの機関銃が濃密な射撃を行う。そして、敵の陣地守備隊を、遮蔽物のなかに押し込む。左右では敵が闇雲に発砲している。わたしは重機関銃に、撃ち方止めの合図を出す。次いで山岳兵たちは、重機関銃の部隊を飛び越して、斜面を駆け上り、敵の陣地に侵入する。こちらの損害は発生しない。一〇数名の敵を捕虜にとる。山岳兵たちは一帯の封鎖を行い、半ば右手の縦深地帯へ突撃する。すべては設定された時間どおりであり、演習の際の動きのように、迅速な行動がなされていく。

　ほどなくして、前方のやぶが次第にまばらになってくる。さらに一〇〇メートルほど前進する。すると半ば右の方向へ緩く上りになっている斜面上で激しい機関銃の銃撃があり、われわれの突撃は阻止されてしまう。銃撃が行われているのは、近辺でもっとも高い高地の混合林からである。この混合林までは、まだあいだに五〇〇メートル幅の草地が広がっている。

銃撃は激しくなる。第三中隊の小隊とグラウ中隊の重機関銃が銃撃戦を開始する。第三中隊の残りと、第一一予備連隊の機関銃中隊が左翼に陣形を延ばす。森の端の敵は、絶えず新たに強化されているようである。われわれの側でも、十数挺の機関銃が戦闘に入る。遮蔽物が何もない平地を前進することは、もはやとうてい考えられないような状況である。なんとかこの場を持ちこたえようとするだけで、すでに多くの労力を費やしてしまっている。

敵の予備隊が、反撃のため森から飛び出す。これと同時にルーマニア軍砲兵隊が、われわれの隊列に対し、絶え間なく榴弾の雨を降らせる。とくにこちらの左翼が狙われる。山岳兵たちは必死に地面にしがみつき、踏ん張っている。彼らの速射により、敵の反撃は停止を余儀なくされる。

われわれの隊列を叩いている敵の機関銃は、一層激しさを増す。こちらの損害は、恐ろしいほどの割合で増加していく。状況は、一秒ごとに危険の度を増している。現在の自分の位置は、前線の第三中隊の右翼である。左手では、アルプレヒト重機関銃小隊が、激烈な銃撃戦を行っている。右手後方のやぶのなかでは、第二中隊が敵火から身を隠して待機している。わたしはこの第二中隊を自由に使えるわけだが、これも前線に投入するべきだろうか。彼らの火力は、戦局をわれわれの有利となるように動かせるだけのものだろうか。答えは否である。ではわたしは退却命令を出すべきだろうか。これも否である。退却となれば、こちらの死者、負傷者は、敵の手に落ちざるをえないのである。そして敵は、われわれを彼らの陣地から追い出し、さらに峡谷まで押し戻して、そこでこちらを苦も無く全滅させてしまうだろう。状況は絶望的に映る。しかしわれわれは、これをなんとか打開せねばならない。さもなくば——座して死を待つのみである。

右手下方の斜面には茂みがある。この場所を使えば、敵から身を隠して、いちばん高い地点まで進める可能性があるかもしれない。このためわたしは、次のように腹を固める。すなわち、われわれを激しく攻め立てている敵の左側面に、こちらの最後の予備隊を回し、これに奇襲攻撃を加えるという作戦である。ひょっとしたらこれが、有利なかたちでこの戦いに決着をつけてくれるかもしれない。

直近の面々に指示を出し、匍匐で交替を行う。十数秒後、わたしは、第二中隊とともに南に向けて必死に急ぐ。のるかそるかだ。われわれはやぶのなかで弱い敵と出くわすが、何が起こったのか彼らが理解する間も与えず、これを蹂躙する。すでに数百メートルは進んでいる。わたしは東に針路を変える。望むらくは残りの部隊がなんとか持ちこたえていることである。

われわれが敵の側面に攻撃を仕掛けようとしていた矢先、第二中隊右手後方からユング戦闘集団の各隊が現れる。彼らはまさに、この日の早朝に受け取った任務にしたがって、山道の両側で敵を攻撃しようとしているところだったのである。戦闘は、数十秒のうちにわれわれの有利な状況で決着がつく。敵は全戦力を、こちらの第三中隊および二個機関銃小隊との対決に投入してしまっていたので、もはや側面および背後からやってくる三個山岳兵中隊の攻撃を撃退することができない。ルーマニア兵は慌てふためいて、逃げるように高地を撤退する。その際、機関銃の大部分を戦場に置き去りにしていく。一方、模範的な勇敢さを見せ、中隊の尊敬を集めていたユング少尉は、六七四高地東六〇〇メートルの小さな森の東端で、腹部に致命傷を負ってしまう。

第三中隊および第二中隊、そして各機関銃中隊の各隊は、まったくの大混乱のなか山道沿いに幅広い窪地を抜けて逃走を図る敵に、追撃射撃を加える。この間わたしは、第五、第六中隊を率い、山道のすぐ南を進み、尾根の最高地点を通過しつつ、敵を追撃する。ロンメル隊の残りの各隊には、可能なかぎり同じ道を通ってあとに続くよう命令を出す【図34参照】。

第六中隊がコスナ山山頂西八〇〇メートルの丘――われわれはこれを「司令部の丘《シュタープスクッペ》」と呼んでいた――

図34　1917年8月11日――西から眺望

を占拠するあいだ、第五中隊は、尾根の西および南に構築されていた防護施設を備えた敵陣内で、二〇〇名以上を捕虜とし、数挺の機関銃を鹵獲する。コスナ山まで進むには、依然としてあいだに幅の広い山峡が存在している。

西斜面の向こうへ続く尾根を、大勢のルーマニア兵が撤退している。これを第六中隊の銃撃が捕捉する。コスナ山山頂には、ひしめき合うようにルーマニア軍の部隊がいる。時間を置かず、われわれは、そこから機関銃と小銃による激しい銃撃を受ける。この攻撃では、わたしの優れた副官、ハウサー少尉が胸に銃弾を受けてしまう。

まもなく司令部の丘に、各中隊が次々とやってくる。一様に精根尽き果てた状態である。無理もない。なにしろ彼らは、六時から中断なしに行軍を続け、厳しい地形を登攀し、攻撃を行ってきたのである。

険しく切り立ったコスナ山の高地上に設け

られた陣地は、準備万端のように見える。この敵を、この疲れ切った部隊によって、なんとかすることはできない。それゆえわたしは、いったん自軍の各部隊を休ませようと決断する。そして再編成を行い、それからはじめてコスナ山山頂上の陣地に対する攻撃を開始しよう、という腹である。

休息をとっている一帯の警戒には、第二中隊があたる。一方、電話設備を携えた第六中隊の斥候隊は、コスナ山の陣地に対し、どうすれば姿を隠したまま接近できるか、その可能性を探りにいく。司令部の丘から北東方向には、谷の狭間に、ティルグル・オクナ［トゥルグ・オクナ］の集落があるのが見える。そこまでは直線距離で四キロメートル半ほどの距離しかない。ティルグル・オクナの駅では、活発に鉄道が行き来しているのが見てとれる。

一三時ごろ、シュプレッサー集団の幕僚が、集団予備（第一八予備歩兵連隊第二大隊、第三大隊）を連れて、司令部の丘のすぐ西側に到着する。シュプレッサー少佐は、オークの森の戦闘指揮所から、ロンメル隊の攻撃を注視しており、われわれが一気にコスナ山を奪取したものと考えていたのである。

ゲスラー隊の消息についてはまったく不明である。わたしは一時間以内に、山頂の陣地への攻撃を進める旨の報告をする。また、司令部の丘から、両バイエルン大隊のうち一つの大隊を使い、機関銃の掩護射撃を行ってもらうよう、要請する。つまり、午前中と似た方法で攻撃を実行しようと考えているわけである。シュプレッサー少佐は、この件につき了解する。

さて、取り決めた時間どおりに、第一八バイエルン予備歩兵連隊の第二大隊は、敵の各陣地に対して銃撃を開始する。わたしはこれと同時に、第六中隊、そして第三、第二中隊、さらには第五の各中隊と、第三機関銃中隊、加えて第一一予備歩兵連隊の第一機関銃中隊を率い、司令部の丘の北、数百メートルの地点で、峡谷を東に下っていく。深いやぶのなか、われわれは、第六中隊の斥候隊が敷設した電話線に沿って、尋常ではないほど険しい斜面を降下していく。まもなくわれわれは反対側に出て、そこからはふたたび上りとなる。こうして第六中隊の斥候隊に追いつく。それにしても正午のこの暑さのなか、登攀を続けることは非常に緊張を強いられることである。山頂の陣地に向けて登っていくにも、この疲れ果てた兵たちを連れてのことであり、わたしは数時間を要してしまう。

午前中と同様の警戒態勢をとりながら、われわれは手探りでまばらなやぶのなかを抜け、小さなリンネのなかを登り、少しずつ敵へと近づいていく。この間、山頂の守備隊は、司令部の丘にいる第一八予備歩兵連隊第二大隊と激しい銃撃戦を行っている。両陣営の銃弾が、はるか頭上を、音を立てて飛んでいく。

さて、司令部の丘において、ルーマニア軍の前哨とバイエルンの部隊が約二〇〇メートルの距離で対峙しているのがはっきりと見てとれる。われわれは山頂の陣地の小さな窪地のなかを、約七〇メートルの距離まで接近する。バイエルンの部隊は、こちらを誤射してしまうといけないので、向こう側の敵陣地一帯に対する銃撃を止める。敵の銃撃も沈黙する。

わたしは細心の注意を払いつつ、部隊に攻撃準備をさせる。今回は二個小銃小隊と重機関銃六挺を最前線に投入する。右翼および左翼後方へは、二個中隊が進発する。この攻撃は、午前中とまったく同じように準備される。つまり、隠密裏の接近、重機関銃の連続射撃、攪乱のため左右の位置での手榴弾投擲、そして突入という手順である。

まだ準備が完了していない時点で、南東方向から騎兵銃の銃声がはっきりと聞こえてくる。これはゲスラー隊の一部のものに違いない。そこでわたしは、ただちに攻撃開始の合図を出す。短時間の連続射撃《ダウアーフォイアー》に続いて、山岳兵たちが山頂の陣地に突入し、わずか数分間でコスナ山の西斜面の敵を掃討する。敵は奇襲を受けたかたちとなる。そのため、どの地点においても、本格的な戦闘に打って出ることができない状態になっている。こちらの軍にもごく軽微な損害は出るが、それでもわれわれは頂上を奪取する。そして、敵のよく構築された陣地群から、十数名を引きずりだしてこれを捕虜とし、また数挺の機関銃も鹵獲する。

しかし陣地守備隊の大部分は逃げてしまう。彼らは慌てふためきつつ、コスナ山の東斜面を大急ぎで下っている。だが、追跡に入ろうとすると、樹木のない禿げた東斜面から、ルーマニア軍の猛烈な機関銃の銃撃がわれわれを襲う。コスナ山山頂東方五〇〇メートルから六〇〇メートル、六九二高地を経由し北から南へと延びる尾根上から、この銃撃は行われている。この陣地群は際立って強固に構築されており、また幅広い範囲にわたり障害物も設けられている。日中の場合、コスナ山の険しい稜線を越えること、また東斜面を下ることは、大砲および重機関銃の掩護射撃なしには不可能であるということは、もう分かっている。このためわれわれは、コスナ山の主要な丘陵を確保したところでよしとしなければならない。この丘から西を眺めると、ルーマニアの田舎を一望することができる。

まもなく第一中隊（ゲスラー隊）と連絡がつく。第一中隊は、急な尾根を南側からコスナ山頂（標高七八八メートル）に向けて登っているところであるとのことである。わたしは自分のロンメル隊および目下わたしの指揮下に置かれている第一中隊とともに、稜線南の険しい尾根に塹壕を掘る。第五中隊と第六中隊は山頂と、稜線の北側、北西に向けて下っている尾根上に塹壕を掘る。そして、第一一予備歩兵連隊の機関銃中隊を、前線の三つの中隊に分けて配置する。第二中隊は中央後方に置き、わたしが自由に投入できるようにしておく。第三中隊と第三機関銃中隊の配置場所は左翼後方である。

コスナ山奪取後、一時間ほど経過したところで、シュプレッサー少佐が両バイエルン大隊とともにやってくる。その際、ゲスラー隊について、次のような情報が伝えられる。すなわち、ゲスラー隊は三四七高地のルーマニア軍陣地を奪取する際、非常に強力な敵と接触したが、敵は無数の砲兵隊より支援を受けつつ、東側より密集した隊形で攻撃を仕掛けてきたので、ゲスラー隊は甚大な損害を出しながら退却することを余儀なくされた。現在ゲスラー隊は、コスナ山山頂へ向けて南から延びる、岩の多い小さな山峡の東斜面で停止を強いられている、とのことである。なお、左手には近隣部隊（第七〇ホンヴェード師団）が、スラニクの谷へ向けてなお数キロメートルという地点にいるはずだが、連絡を取れない。夕刻、われわれはコスナ山山頂から、スラニクの谷北方で砲撃戦が行われているのを見る。またルーマニア軍の歩兵部隊が、七二二高地一帯で攻撃行動に入っている様子も見える。

わたしは夜に向けての指示を出す。とくに斥候隊を使って、ゲスラー隊となんとか連絡をつけねばならない。各中隊には、その場でそれぞれの任務を伝達する。さて自分自身はと言えば、シュプレッサー集団に宛てて戦闘詳報を作成しなくてはならないのだが、疲労が激しくそれをすることができない。わたしは新しく自分の副官となったシュスター少尉に頼み、戦闘経過についての報告を口述筆記させる。

この夜わたしは、疲労困憊にもかかわらず、ほとんど休息をとることができない。真夜中の一時間前、第六中隊の陣地で、多数の手榴弾が炸裂するのが聞こえる。突撃の叫び、そして小銃と機関銃の銃声が響き渡る。わたしは自分の報告の作成完了を待つことなく、第三中隊を連れて、危険にさらされている陣地の方向に向かう。しかしわれわれがその戦闘地点に到着したとき、第六中隊のもと、事態はすでに収束してしまっている。

いったい何が起こったというのか。結局、ことの顚末は、ルーマニア軍の斥候隊が第六中隊を奇襲したのだが、注意深いこちらの兵士たちの返り討ちにあったということであった。しかしながら、この奇襲の際、第一一予備歩兵連隊所属機関銃中隊の機関銃手数名が、敵の手に落ちてしまう。

考察

八月一一日の攻撃計画は、早朝、自ら行った偵察活動をもとに立案された。山道の両側で、重機関銃および大砲の掩護射撃を受けながら通常攻撃を行うという案は、この開けた、さえぎるもののない地形を考えたときに却下された。もしこうした種類の攻撃を行えば、早々に敵に察知されてしまい、おそらくは深刻な損害とともに、撃退されてしまっただろう。

ルーマニア軍は前日の戦闘から学習し、主要陣地の警戒のため、戦闘前哨を立てていた。もっともわれわれは、前進中も戦場を念入りに観察していたので、このことに遅滞なく気づくことができた。

わたしは、日中に敵の戦闘前哨のあいだを、手探りで通過するという賭けに出た。これは、非常に厳格な戦闘規律にも慣れている部隊のみを連れていくことで可能となった。

山岳において、このとき行われたような種類の迂回包囲を行うことは、一般に、時間的な点で非常に厳しいものと考えられている。この戦いでは、地形上の難しさに加えて、予期しなかった敵まで現れたわけである。

砲兵部隊との共同作戦は、この攻撃の際には行われなかった。決定的な瞬間に電話線の接続が断ち切られてしまったからである。もし電話線が接続されていれば、砲兵隊はロンメル隊の困難な攻撃をうまく支援することができただろうと思われる。

突破成功のあとに訪れた非常に厳しい状況を打開することに貢献したのが、まだこの時点で投入可能であった予備中隊の働きである。彼らが優勢な敵の側面と背後に回り込み、攻撃を加えたことによって、状況はわれわれの有利なほうに一変したのである。前もってユング隊に与えておいた、いわば「攻撃許可キップ《ファールカルテ・フュア・デン・アングリフ》」が大いに報われたかたちとなった。このとき、ユング隊とは連絡が途絶していたからである。

逃げるルーマニア兵に対しては、その背に向けて後ろから銃撃するだけでなく、ただちに高地の尾根に投入された、ロンメル隊の各隊により、敵を追い越すかたちでの追撃もなされた。しかし後方の陣地にいた敵により、追撃は早々に停止に追い込まれてしまった。

疲れ果てた突撃隊が休息をとるあいだ、斥候隊は、コスナ山山頂の陣地に向け、姿を隠して接近できる可能性を探った。ここでも、電話線が真に有用であることがふたたび証明されるかたちとなった。昼に行われた敵陣地への突入も、夕刻に行われた頂上陣地への突入も、こちらの後方陣地の大砲や重機関銃の支援なしに行われた。火力で突破口を作り出したのは、突撃隊の最前線に配置されていた機関銃だけであった。このときも手榴弾部隊が、敵の陣地守備隊の銃撃を逸らすのに役立った。突入自体で発生した損害はきわめて軽微であった。

ルーマニア軍後方陣地の守備隊は、われわれの昼の突入の際にも、またコスナ山山頂がわれわれに奪取されたあとにも、退却する部隊の位置を嗅ぎ付け、われわれの追跡を停止させた。

一九一七年八月一二日の戦闘行動

真夜中を過ぎてすぐ、満月が昇る。ゲスラー隊に向けて送られていた斥候隊が報告を持ち帰る。現在ゲスラー隊は、左翼、コスナ山山頂の南東約八〇〇メートルの地点にいる。同隊は深刻な損害を被っており、緊急に支援を要請している。現在の前線の五〇〇メートル前には、非常に強固な陣地にこもる敵がおり、ゲスラー隊はこれと対峙するかたちになっている。

午前一時、自分の隊の一部の将校を連れて、陣地前方右手半ばの地形を偵察する。わたしは夜明け前に、ゲスラー隊とわたしの部隊右翼のあいだにある隙間を一個中隊によって閉じたいと考えている。またそれに加えて、自軍の陣地を、コスナ山東の敵陣地に突撃できる距離まで、前に出したいのである。

しかしシュプレッサー少佐から、この案に対する同意が得られない。少佐は、両バイエルン大隊に対しては、夜明けとともにコスナ山北東の敵陣地を突破することを命じる。他方、第二線に配置され、わたしの指揮下にある山岳兵大隊の各隊に対しては、バイエルンの部隊に続いて前進し、その突破成功を待って、ニコレスティに進出するように命ずる。

まだ夜が白む前、北西方向、つまりわれわれから見れば後方半ば左から、重砲の榴弾が着弾する。これはスラニクルの谷の向こう側にある高地からの砲撃である。破片の影響自体は小さい。しかし地面が柔らかい粘土質のため、榴弾が着弾したところには、直径六メートルから八メートル、深さ三メートルにもなろうかという弾孔が生まれる。そして、巻き上げられた土塊が、周囲一〇〇メートルに降り注ぐ。寝ることなど、とうてい考えられない。弾着が危険な距離まで近づいてくると、その危険な一帯は撤収を迫られる。次第に砲撃が激しさを増す。東および北にいる別の敵砲兵隊も、砲撃目標をコスナ山に定めたのだろう。頂上一帯は非常に厳しい状態になる。

夜明け少し前に、同じようにシュプレッサー少佐の指揮下にあるハンガリー国防軍二個大隊が、コスナ山に到着する。しかし、この二個大隊のうち一個が、命令を待つことなくロンメル隊の陣地を越えて、コスナ山の東側のルーマニア軍陣地に攻撃を加えてしまう。だが、この攻撃は甚大な損害を被る結果に終わる。このあと、敵砲兵隊の砲撃は、さらに激しさを増す。わたしの隊は、第五、第三、第二各中隊、第三機関銃中隊、ハンガリー国防軍小銃一個中隊およびハンガリー国防軍機関銃一個中隊からなっている。わたしはこの自分の隊を、きわめて危険な地域から無事脱出させることができたことを、非常にうれしく思う。われわれの前方では、バイエルンの両大隊が一足先に出発ずみである。これは夜明けとともに、コスナ山北東のルーマニア軍陣地を突破するという彼らの任務を果たすためである。この突破が成功すれば、平野への道が開ける。そうすれば短時間のうちに、オイトゥズ峡谷の南と北に広がる、ルーマニア軍の山岳戦線は崩壊するに違いない。われわれは長い縦隊を組んで、コスナ山の頂上下約六〇〇メートルの西斜面を横断する。ルーマニア軍のありとあらゆる口径の砲弾が、左右から予想のつかないかたちで頻繁に飛んできては着弾し、あたりは危険な状態となる。だが、新鮮な朝の空気と運動が、われわれをふたたび元気づける。険しい斜面上、まばらに茂るやぶのなかを半時間ほど行軍したあと、七八八高地から四九一高地へ向けて下りになっている尾根に到達する。切り立った北東斜面には背の高いモミの木が立っている。左手下方では、まとまってモミが伸びている小さな箇所がいくつか連なって、モミの森となっている。われわれはモミの木のあいだから、両バイエルン大隊が突破を命じられているコスナ山北東のルーマニア軍陣地を、鳥瞰図のような視点で観察することができる。するとそこには、念入りに構築された塹壕があり、その正面には、幅広く連続したかたちで設置された障害物も見つかる。無数の交通壕が草木のない禿げた尾根を抜けて、東斜面の森林地帯まで延びている。われわれと敵陣地のあいだには、北西方向に向けて徐々に幅が広くなっている窪地がある。窪地の斜面は、大部分が下草で覆われている。

敵の陣地群はまだ奪取できていない。前方、北へ一二〇〇メートルから一五〇〇メートルの地点では、バイエルンの大隊の各隊が、幅の広い窪地になっているルーマニア軍陣地のすぐ前で、陣地守備隊と激しい戦闘状態になっているのが見える。

しばらくすると、第一八予備歩兵連隊の負傷兵たちが、われわれのそばを通り過ぎていくようになる。彼らから、前方の戦況が思わしくないことを聞く。彼らの話によると、先行していた大隊は、不意に敵の陣地に突き当たってしまい、敵の小銃、機関銃により深刻な損害（負傷者約三〇〇名）を被り、結局、敵陣地への突入は成功していない、とのことである。

こうした状況を念頭に、わたしは自分の隊を整列させ、そして休憩をとらせる。これと同時に、この間に敷設されていた電話を使い、シュプレッサー少佐に、コスナ山北部の状況について説明する。わたしは、バイエルンの部隊の攻撃が失敗に終わった今となっては、強力な砲撃による支援なしには、堅牢に構築されたルーマニア軍陣地を攻略することはできないだろう、と伝える。このやりとりにより、午前中の砲兵の掩護については、少佐より承諾を得る。しかし前方には着弾観測員が不在である。そこでわたしは、自分が砲兵隊の射撃修正を引き受ける、と申し出る。というのも、自分が現在いる地点は、着弾観測と射撃修正の作業のためには、非常に適したところだからである。

われわれはまず、敵に見られることなく窪地へ下りることが可能であるか、確かめてみる。しかし残念ながら、完全に姿を隠すことができる経路はない。モミの木がまとまって立っているところは若干あるのだが、いかんせんまばらであり、相互の間隔があまりに空いてしまっている。一一時三〇分、わたしは第一砲兵隊の砲撃を修正する。これと同時にロンメル隊は、ルーマニア軍陣地の西の谷間へ、二〇歩ほどの間隔を取って、次々と下っていく。わたしの意図は、砲兵隊による短時間の効力射に続いて、ロンメル隊が、コスナ山山頂北東五〇〇メートルの地点で敵の陣地に突入する、というものである。

射撃修正は非常にゆっくりと実施される。オーストリア軍榴弾砲中隊の砲撃の照準を、やっとのことでルーマニア軍陣地に合わせたところで、全砲兵隊に命令が入る。陣地転換および弾薬不足のため、八月一二日はもう一発の砲撃も行うべからずとのことである。この間、ロンメル隊は、ルーマニア軍の激しい砲撃――七〇〇名が斜面を下るのを敵が見逃すことはなかった――を度外視して、窪地の南東部分に到達する。現時点で、わたしを含むロンメル隊は、敵の障害物から三〇〇メートルほど離れた茂みのなかにいる。ここは、敵から見えない場所である。一名の兵が降下の際、軽傷を負う。わたしは隊のところまで下りていく。電話線が敷設されている。

状況は、明るい要素がほとんどないように見える。砲兵隊による掩護なしに攻撃を進めることなど、まず考えられない。敵はわれわれを待ち受けている。また障害物も陣地も強固に構築されているのである。かといって、日中に窪地を出て、コスナ山北東斜面を後退することは、強力なルーマニア軍の大砲、機関銃の火力を考慮する場合、不可能であるように思われる。この斜面は非常に険しいうえに、敵からも容易に見られてしまう場所なのである。斜面を下るというのであれば、兵士たちもそれこそ飛ぶように急いで行くこともできようが、登るというのであれば、この急斜面のこと、前進速度はおのずとゆっくりとしたものにしかならない。その結果、ルーマニア軍の榴弾や機関銃に、格好の標的を与えてしまうことになるだろう。もし敵が、大砲やミーネンヴェルファーによって、この山に囲まれた谷間に殲滅的な砲火を仕掛ける気になれば、甚大な損害の発生は避けられない。

状況は不利である。しかしわたしは、砲兵隊の支援なしにルーマニア軍陣地を攻撃することを決断する。自分の兵たちならば、これを成し遂げることができるはずである。「鉄床となるより鉄槌たれ《リーバー・ハンマー・アルス・アンボス》」、である。まず、練度の高い斥候隊により、敵の障害物とその後方の陣地に探りを入れてみる。予想される敵の砲火を掻い潜るべく、わたしは隊とともに茂みのなかを移動し、敵陣へ約二〇〇メートルの地点まで移動する。そして隊を、岩溝《リンネ》や地面の窪んでいる箇所に配置し、攻撃準備態勢をとらせる。また、機関銃中隊が、斜面右手上方の他より高くなった地点から火力支援をできないものか、その可能性も探ってみる。偵察結果は、必ずしも悪いものではない。しかも敵は、ロンメル隊の攻撃意図について、何も勘づいていないように見える。さて、わたしが両機関銃中隊を偵察した地点に移動させようとしているとき、シュプレッサー少佐から電話で命令が届く。それは次のようなものである。「ロシア軍はスラニクの谷を通り、北へと突破した。目下、われわれの背後に回ろうとしている模様である。ロンメル隊、および両バイエルン大隊は、ただちにコスナ山西八〇〇メートルの尾根まで後退せよ。集団司令部要員も同様に同じ地点に向かうこと。ロンメル隊は、第一八予備歩兵連隊の第一大隊、第二大隊にこの命令を伝達のうえ、これらの部隊の退却を掩護せよ」。これはまずい状況である。

わたしの目に、もっとも難しいと思われるのは、日中に部隊を、敵から丸見えの窪地より引っ張り出すことである。もし敵が、この退却行動に気づいてしまえば、敵は機関銃と砲撃によりこちらの捕捉を試みてくるか、追撃を仕掛けてくるだろう。そうなってしまえば、深刻な損害はほぼ避けられない。これに対してロシア軍のほうについては、あまり心配していない。わたしは、自分たちがロシア軍より先に山の稜線に到達できるものと考えている。もしそれがうまくいかなければ、わたしの兵は迅速に激しい一撃を敵に加え、これを稜線から追い散らさねばならない。

ヴェルナー少尉（ヴュルテンベルク山岳兵大隊所属）の指揮のもと、わたしはハンガリー国防軍の両中隊を、このとき陰になっているコスナ山北東斜面の上に登らせる。両中隊はコスナ山山頂に到達しなければならない。残りの四個中隊に対しては、わたし自身が最良の道を探し、やぶを抜け、まず四九一高地の方角へ、次いで司令部の丘へと向かわせる。しかし四九一高地を目前にしたところで、ルーマニア軍の機関銃射がわれわれを捕捉し、数名の軽傷者が発生する。

四九一高地一帯に到着すると、第三中隊に七八八高地から四九一高地にかけて走っている尾根の下部を確保するように命ずる。さらにその地点で、両バイエルン大隊を収容するという任務を課す。わたしは一人の将校に頼み、両バイエルン大隊に、シュプレッサー集団からの命令を伝達してもらう。これは、残念なことに現在も、集団本部との電話回線接続が遮断されているためである。しかし、わたしが四九一高地でたまたま耳にした会話によれば、集団本部は、最新の報告を受けたあとの状況を、半時間前よりもはるかによいものとして捉えているようである。

このあと、第二中隊を司令部の丘から北に向けて下りになっている尾根へと、最短距離を経由のうえ移動させる。第二中隊は、司令部の丘の北、約五〇〇メートルの尾根で陣を張り、スラニクの谷の方向を警戒、捜索するよう命じられる。わたしは、第三中隊以外のすべての部隊を、司令部の丘の方向へ進撃させる。自分自身は第三中隊のところにとどまる。さらに数時間が経過するなかで、両バイエルン大隊も敵から離脱することに成功する。

これらがうまくいっているのを見届けると、第三中隊とともにコスナ山に向けて登っていく。日中の絶え間ない砲撃により、弾孔の広がる一帯と化したコスナ山山頂には、まだ第一中隊と第六中隊がいる。そこで彼らを強化するために、第三中隊をコスナ山に戻し、そして自分は司令部の丘の上にある集団本部に向かう。まず報告を済ませ、次いで任を解いて野戦病院へ入れてもらうよう、願い出る。わたしは完全に消耗しており、もうこれ以上指揮をとることができないと感じている。左腕に巻かれた包帯も、負傷した日以降、交換していない。こうして明日の朝に向け、必要な書類が作成される。わたしは各中隊の指揮を辞し、集団本部の近くに向かい、そこで休息をとる。真っ暗闇の夜は、夏らしく暖かい。

一九一七年八月一三日から一八日にかけての防御

真夜中一時間ほど前、わたしは至急シュプレッサー少佐のところへ向かうように連絡を受ける。彼の戦闘指揮所に向かうと、そこには多数の将校が集まっている。シュプレッサー少佐はわたしに、状況がきわめて思わしくないことを内密に教えてくれる。ハンガリー国防軍第七〇師団分遣隊（帝・王立槍騎兵連隊三個騎兵中隊、帝・王立竜騎兵連隊一個騎兵中隊、およびハンガリー国防軍一個中隊）からの報告によると、午後、ロシア軍とルーマニア軍は、強力な兵力を率いて、スラニクの谷と第七〇ハンガリー国防軍師団の北方を突破、現在はコスナ山とウングレアーナ山を結ぶ山頂高度に向け、南に方角をとり登り始めるところだという［一八六七年、ハプスブルク帝国は「和解《アウスグライヒ》」と呼ばれる政策を実施した。それによって、ハプスブルク帝国は、オーストリア帝冠領とハンガリー王冠領に分けられ、別の政府によって統治されることになった。しかし、オーストリア帝冠領の元首たる皇帝とハンガリー王冠領の元首たる国王は同一人物、すなわちハプスブルク家の当主であった。ハプスブルク帝国はかくて、同君連合として存続することになったのである。それによって、軍隊の部隊名にも、「皇帝にして国王たる陛下の部隊」という意味で、「帝・王立」が冠せられた〕。またウングレアーナ山の地点まで、後方にはもうこちらの部隊が存在しないため、状況によってはシュプレッサー集団は、現時点ですでに孤立している恐れもあることを、頭の片隅に置いておかねばならない、という話である。わたしは、この状況について、自分の見解を求められる。

わたしの考えるところでは、この夜の真っ暗闇のなか、コスナ＝ウングレアーナ山線に向けて、ルーマニア軍とロシア軍の強大な兵力が侵攻してくるなどということは、ほとんどありえないことのように思われる。したがって、想定すべき時刻は、どんなに早くとも夜が明けるときであり、すなわちわれわれには、あと四時間はあるという計算になる。また、集団の手持ちの五個大隊を使えば、たとえこちらよりはるかに優勢な敵であっても、コスナ山＝ウングレアーナ山線を維持できるはずである。両山のあいだのこの線を保持できていることは、全体の戦況に対し、死活的に重要な意味をもつはずである。警戒を促す報告が入ったからといって、技術と気概、そして何より血でもって手に入れたこの土地を、戦わぬままみすみす放棄するなどということは、たとえどのような状況であったとしてもありえない。

わたしは以下のような再編成を、可能なかぎりすみやかに行うべきと提案する。

すなわち、山岳兵大隊は、コスナ山、司令部の丘、六七四高地までの尾根の防御を引き継ぐ。集団の残りの大隊は、六七四高地とウングレアーナ山のあいだを走る尾根を獲得し、これを保持する。そして、すべての部隊は、スラニクの谷の方向へ、斥候、警戒部隊を前進させる、というものである。

また、山岳兵大隊の投入にあたっては、次のような提案を行う。すなわち、機関銃により強化された小銃小隊を戦闘前哨とし、これがコスナ山の南の部分を占拠する。ただし、山頂の弾孔が広がる地帯についてはそのままにしておく。また、南東方向および東方向へ捜索を行う。一個小隊および一個機関銃小隊は、司令部の丘を占拠する。その際、両小隊は、禿山となっているコスナ山山頂が、敵により占領されてしまわないように、銃撃によってこれを阻止するものとする。そして、コスナ山と六七四高地のあいだを通り、北に向けて下りになっている二つの尾根については、尾根一つにつき一個中隊を投入し、これを確保する。残りすべての中隊は、指揮官の自由になるように、司令部の丘の南西すぐのところで、まとまって待機するものとする。以上がわたしの案である。

シュプレッサー少佐は、このわたしの案を承認する。そして少佐は、この土地を攻撃して手中に収めたら、ヴュルテンベルク山岳兵大隊に割り当てられていた作戦地区の防御も引き継ぐよう、わたしに促す。状況の厳しさ、山岳兵たちに対する心配、そして何より困難な任務そのものがもつ刺激が、わたしにこれを承諾させる。

ただちに口頭で発令された集団命令により、わたしが提案した再編成が実行に移される。コスナ山戦闘地区の防衛のため、わたしが自由に使える部隊は、第一、第二、第三、第五、第六の各中隊と、ヴュルテンベルク山岳兵大隊第三機関銃中隊、および軽機関銃六挺を備えた第一一予備歩兵連隊第三中隊である。集団司令部《グルッペンシュターブ》は、ウングレアーナ山北東一五〇〇メートル（尾根筋の屈曲部）のオークの森まで後退する。わたしは各中隊長に状況を詳細に説明する。そして、ヴュルテンベルク山岳兵大隊の任務について、彼らと話し合う。そして、次のような命令を出す。

すなわち、第三中隊は、ただちにコスナ山から司令部の丘まで移動する。第三中隊は同地点から、一個小隊を荷物のない状態でコスナ山に送り、そこにいる第一中隊と交替させる。この小隊は、第一一予備歩兵連隊第三中隊の機関銃六挺で強化しておく。同小隊はコスナ山にて、喬木林が立ち並ぶ南の稜線を確保し、そのうえでコスナ山東の敵陣地に向けて斥候を出す。敵から攻撃を受けた場合、同小隊は自分の陣地を、できるかぎり長くねばって保持する。そして強力な敵が現れ、包囲の恐れが発生したところではじめて、戦闘を行いながら司令部の丘まで戻る。同小隊の任務については、あとでみずから口頭で小隊長に説明をする。

第三中隊の別の小隊とアルプレヒト重機関銃小隊は、その火力により、コスナ山の弾孔の広がる一帯とその西斜面を制圧するために、司令部の丘に塹壕を構築する。彼らの任務は、敵が日中、コスナ山の樹木のなくなってしまった地帯を横断し、こちらの戦闘前哨の左側面を脅かすことを防ぐことにある。

第二中隊は、司令部の丘の北六〇〇メートルにある小さな丘――のちに「ロシア人の丘《ルッセンクッペ》」と命名――を占拠し、捜索する。また、スラニクの谷の方面の警戒を行う。夜間には、斥候隊を使い、コスナ山の戦闘前哨と連絡を維持する。同中隊は、敵を欺き、砲火を逸らすために、コスナ山の北西斜面に大きな営火を焚き、一晩その火を絶やさないように注意する。

一個重機関銃小隊によって増強された第五中隊は、六七四高地北東八〇〇メートルの丘を占拠し、そこで全周防御の態勢をとる。同中隊は捜索を行い、スラニクの谷の方向を警戒する。また第二中隊および、六七四高地方面あるいはピチョルル方面にいる近隣部隊と連絡を取る。敵を欺き、砲火を逸らすべく、第五中隊も、司令部の円頂北西八〇〇メートルの窪地に大きな営火を焚き、夜通しこれを維持する。

第三中隊所属の一個小隊、アルディンガー機関銃小隊、ヴュルテンベルク山岳兵大隊の第一、第六中隊および第一一予備歩兵連隊第三中隊については、わたしが自分で自由に投入できるように、司令部の丘と司令部の丘南西四〇〇メートルの下り斜面のあいだの地点に移動させる。そしてグロゼシュティ方面への捜索、警戒を行わせる。より詳細な指示については到着時に行うものとする。

戦闘指揮所は、司令部の丘西五〇メートルに置く。通信小隊は戦闘前哨、第二中隊、第五中隊へ電話回線を敷設する。以上がわたしの出した指示である【図35参照】。

図 35

さて、各部隊の指揮官が自分に割り当てられた任務を復唱しているあいだに、あたり一帯では慌ただしい動きが始まる。バイエルンの部隊とハンガリー国防軍が後退する。まもなくこれに続いて、ヴュルテンベルク山岳兵大隊の各中隊も動き始める。この夜も睡眠をとることなど、考えるべくもない。ここかしこで、個別の指示が必要な状態になっている。約三時間後、各中隊は自分の持ち場に就く。コスナ山および司令部の丘北西の窪地では、営火が焚かれる。また個々の部隊への連絡線も確立される。配置された各部隊が懸命に塹壕を掘る一方、わたしの手元に置かれている各中隊は休息をとる。夜間、斥候隊からは報告が入ってくるが、こちらを不安にさせるような情報はない。

わたしは、副官にシュスター少尉を、連絡将校にヴェルナー少尉を選び、本部付を命じる。五時ごろ、数名の着弾観測員が姿を見せる。自分も彼ら（なかでもとくにハンガリー軍のツァイドラー中尉）とともに、コスナ山の戦闘前哨へ出発する。われわれが前進し、アルゴイアー小隊（第三中隊）のところまで到達したところで、太陽が地平線から昇る。アルゴイアー小隊は指示に従って、コスナ山山頂から南に延びる鋭く切り立った尾根上、左翼を七八八高地南二〇〇メートルの喬木林の端に向けて、陣を構える。同小隊の前方から一〇〇メートルほど下方、七〇〇メートルほど離れた地点において、草木のない尾根上のルーマニア軍陣地が、もやのなかに浮かび上がる。ルーマニア軍陣地内では、守備隊の非常に多数の鉄兜が輝いているのが目に映る。どこからも発砲はない。夜間、休息に入ることのできなかった兵たちは、掘ったばかりの穴のなかで眠る。歩哨だけが敵の方向に鋭い目を走らせている。小隊陣地前方の斜面は、東へ向けて鋭く切り立った下りとなっている。この斜面は、どこにもやぶというものがない。尾根自体と尾根の西側には喬木林があるが、下草はほとんど生えていない。

わたしが着弾観測員と、阻止射撃および破壊射撃《ツェアシュテールングスフォイアー》について協議している最中、複数の歩哨から報告が入る。「ルーマニア軍は散兵線の陣地を離れ、コスナ山に向けて登攀中」。この直後、コスナ山の稜線に向け、ルーマニア軍が激しい機関銃の射撃を仕掛けてくる。同時に南東方向からは、司令部の丘の一帯に、重砲の榴弾が着弾する。わたしは電話で、コスナ山東のルーマニア軍陣地群に向けた破壊射撃を要請する。この場所の陣地群から、絶え間なく敵の部隊が出てきているからである。そうこうしているあいだに、次のような報告が入る。「戦闘前哨の前線前方至近距離に、強力な敵。右手より稜線を前進中」。たしかに無数の手榴弾の炸裂音がしている。あたり一帯には、騎兵銃と機関銃の激しい銃声も聞こえてくる。これらはこの報告の正しさを裏付けている。切り立った東斜面への警戒を怠ったつけが回ってきたのである。わたしは電話で、第三中隊の予備小隊とアルディンガー機関銃小隊に連絡し、駆け足で前進のうえ、戦闘前哨の増援に入るよう命令する。次いで、集団に阻止射撃を要請する。

このあと、わたしは前線の様子を見て回る。右手下方では、ルーマニア軍が、稜線上での優位を確保ずみであり、こちらの戦闘前哨側面へ銃撃を行っている。ただ、こちらの部隊も、正面では、ここまでのすべての攻撃を撃退している。このとき、こちらの砲撃が、禿げた斜面上にいる多数のルーマニア軍増援部隊のただ中に着弾する。左手向こうの喬木林の外では、司令部の丘の部隊による機関銃と騎兵銃の猛烈な銃撃が、コスナ山山頂上と北西斜面を横断しようとしている強力なルーマニア軍の勢力を妨害している。これが、こちらの戦闘前哨の左側面を守っている。

わたしはアルゴイアー上級伍長に、支援部隊の到着まで、なんとしてでも陣地を死守せよと命令する。自分自身はこの増援を急いでこちらに連れてくるために、駆け足で後退する。依然として司令部の丘には、敵の重榴弾が着弾している。このとき、まさに出発しようとしている二個小隊と遭遇する。この二個小隊を連れて、急いで前進する。この間、戦闘音はいよいよ激しさを増す。アルゴイアーが持ちこたえていてくれればいいのだがと思う。

われわれは、司令部の丘とコスナ山の中間にある鞍部にて、第一一予備歩兵連隊第三中隊の軽機関銃操作員数名と出くわす。見れば、アルゴイアー小隊の指揮下に入っていた者たちではないか。前方が暑すぎるとでもいうのであろうか。いずれにせよわたしは、彼らに友好的な態度など見せることなく、自分と一緒に前線へ連れ戻す。

鞍部の一〇〇メートル東で、アルゴイアー小隊の本体が、われわれのほうにやってくるのを見る。アルゴイアーの報告によれば、ルーマニア軍の主力が斜面をすでに登ってきており、さらに右手下方からも強力な銃撃があったため、陣地を放棄せざるをえなかったのだという。

わたしは、敵にみすみすコスナ山を渡してしまう気は毛頭ない。そのため、自分の手元にある戦力を、反撃のため投入する。アルディンガー少尉は、二挺の重機関銃を携えて、右手の森のなかの陣地に入る。

そしてこれまでアルゴイアー小隊が占拠していた尾根に連続射撃を加える。これと同時にわたしは、深いやぶのなかを稜線に向けて登っていく。上に到着すると、われわれは急いで突進し、そして完全に不意を突かれたかたちの敵を、高地から東へと一掃する。このとき、右手下方にあるこぶ状の丘もふたたび手中に収める。

しかしルーマニア兵は粘り強く、簡単には屈服しない。下の丸く突き出た斜面からは、敵の指揮官の号令がはっきりと聞こえてくる。まもなくいくつかの箇所で、激しい手榴弾の投げ合いが始まる。敵がよじ登ってくる斜面は非常に切り立っているので、われわれの手榴弾は、稜線の三〇メートルから四〇メートルほど下方で突撃準備態勢をとっているルーマニア兵のところではなく、はるかに下まで落ちてから炸裂しているような状態である。しかし、この敵を騎兵銃で捉えようすれば、その場合こちらは、胸のあたりまで自分の姿を敵にさらさねばならない。この至近距離でそのようなことをするのは、きわめてよくないことである。損害は増大していく。レンツ軍医の最前線での仕事量が増える。

山岳兵たちは、模範的なほど勇敢な戦いぶりを見せている。多数の負傷者が発生するが、彼らは包帯を巻いてもらうとまた最前線に戻り、戦い続ける。ルーマニア軍の突撃隊が、ある一つの地点で尾根を獲得した場合でも、そこからいちばん近い部隊の山岳兵がふたたびそれを追い払ってしまう。多数の損害をともなう激しい戦いが、数時間にわたり続く。その結果、弾薬と手榴弾が次第に少なくなってくる。しかし、司令部の丘に向けた敵の砲撃は激しさを増している。司令部の丘と戦闘前哨間の電話線は、砲撃で切断されてしまう。戦闘前哨の陣地をさらに維持するのであれば、追加の戦力、弾薬、手榴弾を用意し、届ける必要がある。これらを急いで準備するため（電話は不通である）、わたしは第三中隊の中隊長であるシュテルレヒト少尉に指揮権を譲り、なんとか持ちこたえるようにとの指示を与えたうえで、自分は全速力で司令部の丘に向かう。

司令部の丘の状況は以下のとおりである。まず、第三中隊の件の小隊とアルプレヒト重機関銃小隊は、コスナ山の弾孔が広がる一帯で戦闘前哨の左側面を脅かしていた敵に対し、ほとんどすべての弾薬を撃ち尽くしてしまっている。一方、わたしが自由に投入可能なようにしておいた各中隊（ヴュルテンベルク山岳兵大隊の第一、第六中隊および第一二予備歩兵連隊第三中隊）は、自主的に動いて、司令部の丘の南斜面を確保している。これは強力な敵が、グロゼシュティの峡谷から司令部の丘へ向けて登ってきているとの情報を、斥候隊より得たためにとられた措置である。

わたしがこれらの中隊の一部を投入しようと準備するより先に、報告が入る。それによると、強力なルーマニア軍の勢力が、南からも北からも来ており、司令部の丘とコスナ山のあいだの鞍部に向けて前進中とのことである。またこちらの戦闘前哨は、司令部の丘まで後退すべく、すでにコスナ山を撤収ずみだという。続く数分間——まだわたしは兵たちを投入可能な状態にできていない——戦闘の騒音がはっきりと司令部の丘に近づいてくる。第三中隊の兵士たちは、優勢で好戦的な敵に激しく押し込まれつつ、司令部の丘に逃げてくる。彼らは背中に死亡した仲間、重傷を負った仲間を背負っている。そのなかには戦死したフンメル少尉もいる。誰一人とて敵の手に渡すわけにはいかない。前方では手榴弾と機関銃の弾薬が尽きてしまっている。騎兵銃の弾薬も、もう残りわずかとなっている。そして左右両翼では、敵による包囲の危機が迫っている。

司令部の丘では、弾薬と手榴弾の不足により、ルーマニア軍主力の突撃を食い止めることが非常に難しくなっている。重機関銃手たちは、自分たちの陣地を、ピストルと手榴弾で守るしかなくなっているような状況である。わたしの幕僚からも、何人かの伝令を危険となっている箇所に配置する。すでに全前線では、熾烈な戦闘が行われている。このとき、司令部の丘北西六〇〇メートルにある、山に囲まれた谷間の樹木が広がる一帯に、多数のルーマニア兵を発見する。わたしは第二中隊と第五中隊に電話で連絡をして、両中隊の側面および背後に、これを脅かす新たな危機が迫っていることを伝える。

作戦地域のすべての箇所で、激しい戦闘が展開されている。各戦力のなかからどれかを引き抜くなどということは、考えようもない。しかし、弾薬が完全に尽きてしまえば、司令部の丘はいったいどうなってしまうのか。他の地点よりも地の利に富むこの高地が敵の手に落ちる場合、戦区のすべてがきわめて厳しい状況に追い込まれるはずである。そうなれば全防御陣は崩壊することになるだろう。そんなことを許すわけにはいかない。まだ集団への電話回線は生きている。わたしは、現在自分たちがなんとか耐えている危機的な状況について説明し、大至急、増援部隊と、白兵戦のために必要な物資、そして弾薬を緊急に送ってもらうよう、要請する。

緊張の半時間を過ごす。事態がぎりぎりのきわどい状況になったところで、ようやく第一八バイエルン予備歩兵連隊の第一一、第一二中隊と、一個重機関銃小隊が救援に駆けつける。まず第一二中隊を、重機関銃小隊とともに司令部の丘に配置する。第一一中隊については、自由に投入可能なように、司令部の丘西三〇〇メートルの斜面に置いておく。同地点には、戦闘指揮所も設置する。この地点からであれば、全戦場の様子が非常によく一望できるのである【図36参照】。

わたしは予備中隊を使って、前線へ弾薬と手榴弾を補給する。部隊は、近くの敵との銃撃戦に巻き込まれていないときを見計らい、懸命にショベルで作業を行う。コスナ山にそびえる陣地から、司令部の丘および尾根の西を目掛けて撃ってくる機関銃がとくにいやらしい。アルディンガーの重機関銃小隊を最前線から後退させ、これを戦闘指揮所のある地域の縦深地帯に配置する。さらに、弾薬および白兵戦用物資貯蔵所を設置させる。補給は順調に機能している。

司令部の丘とロシア人の丘をめぐる戦闘は、数時間にわたり、いささかも弱まることがない。われわれの薄い戦線に、敵は再三にわたり新たな戦力をぶつけてくる。ルーマニア軍の砲撃は、司令部の丘からす

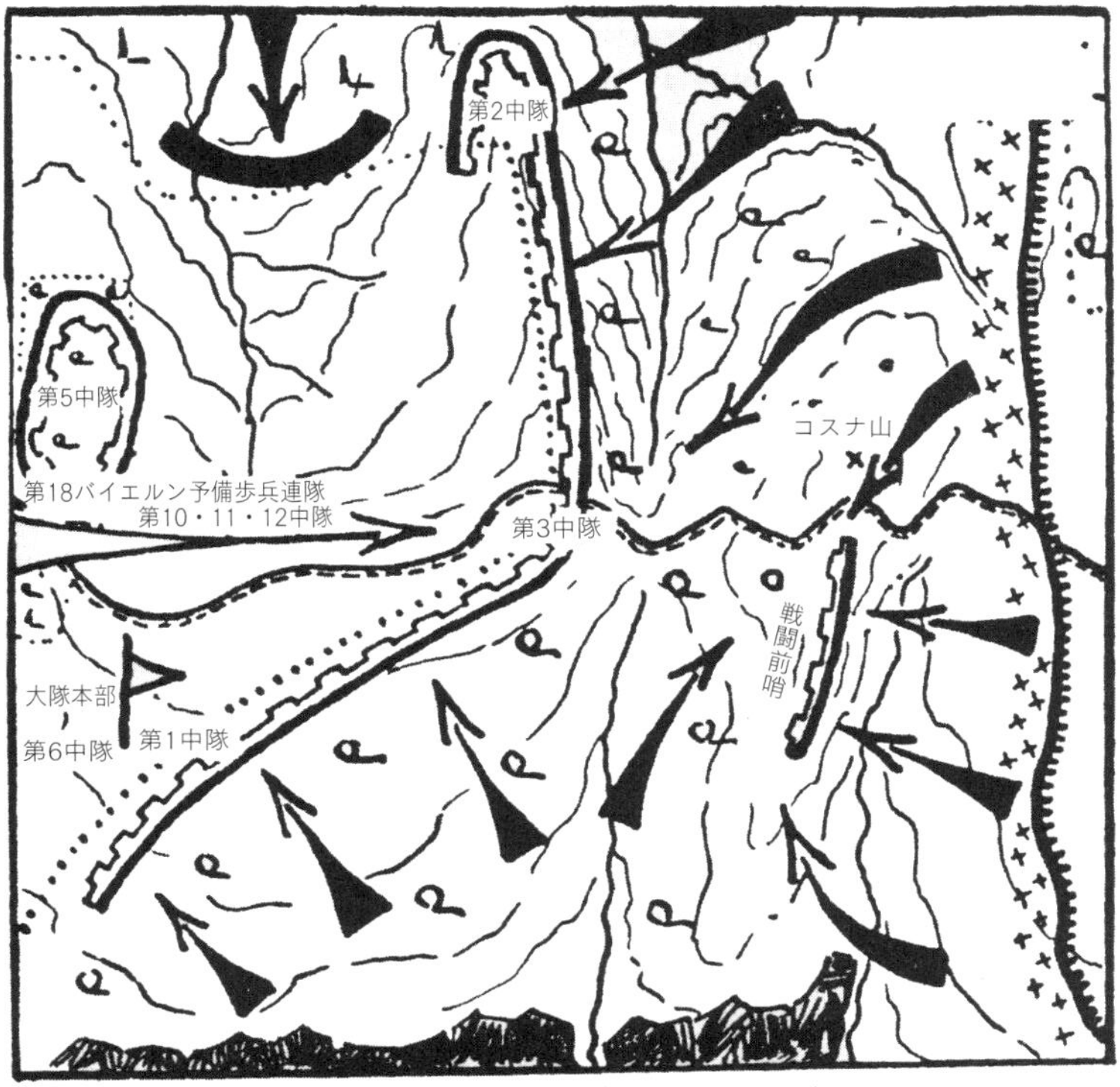

図36　1917年8月13日（縮尺約1：12,500）

ぐ西の斜面に集中して着弾し、前線との交通が途絶する。また電話線も切断されてしまう。しかし、前方にいるバイエルンの部隊もヴュルテンベルクの部隊も、なんとか持ちこたえている。この戦闘のあいだ、自軍の砲兵隊は、押され気味の地点に効果的な阻止射撃を行っている。彼らの放つ榴弾は、攻撃発起陣地に密集しているルーマニア軍の隊列を間引いていく。

司令部の丘北西八〇〇メートルの谷で動いている強力な敵戦力を駆逐するために、数個の砲兵中隊が強力な殲滅砲火の準備を進める。各隊はすでに、要求に応じて数分内に発射できる態勢をとっている。このように、砲兵隊との共同作戦がうまくいっているだけに、前線に着弾観測員がいないこと、また砲兵隊の司令部へ直接通話できる電話回線を欠いていることが悔やまれる。

正午ごろ、司令部の丘の前には、死亡または負傷したルーマニア兵が山と積み上がる。しかし第一八バイエルン予備歩兵連隊第一二中隊が受けた損害も甚大であったため、同連隊第一一中隊の一部により、これを補充する必要が生じる。また、第二山岳兵中隊の欠員を補充するためにも、同じ第一一中隊の一部が使われる。

わたしは、司令部の丘およびロシア人の丘を防御するために、あえて前線を厚くせず、その代わり強力な突撃班を、とくに敵に押されている箇所のすぐ背後に、姿を隠した状態で配置している。この突撃班は、侵入してきた敵に対して即座に反撃し、これを撃退するという任務を受けている。こうした配置のしかたは、現在のような地形では非常に有効であることが、これまでのことから示されている。

午後、第一八バイエルン予備歩兵連隊の第一〇中隊が、支援のため到着する。わたしは第一〇中隊に、司令部の丘から戦闘指揮所までの連絡壕を構築させる。このとき、ルーマニア軍は、攻撃の重点をロシア人の丘に移動させている。そこには、ヒューゲル小隊が元はルーマニア軍の陣地だった場所を用い、全周防御の態勢で配置されている。しかし、同隊は東と北から、一〇倍の戦力で激しく攻め立てられている。

敵は再三にわたる手榴弾の投擲により、この場所の、おそらくは数週間に及ぶ作業によって構築されたのであろう陣地群を取り戻そうと試みてくる。敵は西側からもヒューゲル小隊に飛び掛かろうとするが、その試みは、戦闘指揮所のアルディンガー重機関銃小隊によってすべて阻まれる。かくのごとく第二中隊は、勇敢に自分たちの持ち場を死守している。

午後遅くになっても、戦闘はほとんど中断することなく、相変わらずの激しさで猛威を振るっている。わたしは弾薬と手榴弾の在庫を前線に運ばせる。これは三度目である。自軍の重砲の榴弾（三〇・五センチメートル砲までもが防御射撃に投入されている）の煙がもうもうと立ち昇るなか、ルーマニア軍の新たな部隊が、コスナ山の各斜面をこちらの方向に向けて下りてくるのを、われわれは再三にわたり目にする。第二中隊からは、ロシア人の丘を放棄せねばならないほど同中隊が損耗しているとの報告が入る。それを受けてわたしは、第一八バイエルン予備歩兵連隊第一一中隊の残りの部分を、第二中隊の支援に送る。同時にわたしは、二個重機関銃小隊に命令し、ロシア人の丘への集中射撃を準備させる。この準備が行われているあいだに、わたしは第二中隊に、ロシア人の丘から急いで撤収するよう命じる。敵勢力は、予想どおり、密集した状態でもぬけの殻と化したロシア人の丘に突撃してくる。この瞬間、両重機関銃小隊の集中射撃が割って入る。そして、敵兵を、それこそ収穫期の穀草のように薙ぎ倒し、刈り取っていく。生き残った敵兵は、この危険な丘から脱兎のごとく撤退する。この直後、第二強化中隊はふたたび丘を確保し、そして休憩する。

少し経ったところで、われわれが数時間前から、司令部の丘北西八〇〇メートルの山に囲まれた谷において監視してきたルーマニア軍の勢力が、南へ斜面を下り動き始める。このとき、砲兵隊に要請しておいた集中射撃が非常に効果を発揮する。そして、敵をふたたび、低いところにある森林地帯まで追い払ってしまう。敵の収容のために、第二、第一二、第一〇、第五の各中隊と、三個重機関銃小隊が小銃と機関銃の準備をしていたが、それは不要なものとなる。

戦闘のあいだ、前線からは報告が次々と飛び込んでくる。副官と伝令将校は、阻止射撃の急ぎの要請、また部隊への弾薬、白兵戦用物資、糧食の補給、さらには戦闘状況に関するシュプレッサー集団への報告で忙殺される。火線のうち、とくに危険な地点への電話回線と、集団への電話回線は、二重に敷設され、通信兵の休みない働きにより維持されている。ほとんど絶え間なく機関銃と大砲の散布射撃《シュトロイフオイアー》が続くなかこの回線維持作業を行うことは、まさに危険極まりない任務である。

ルーマニア軍は、甚大な損害を出しながらも、夜の帳が下りるまで攻撃を継続する。しかし、寸土も得ることができない。夜、戦闘の騒音が静かになると、前線のあたり一帯から、負傷兵の苦悶に満ちた嘆きの声、うめき声が聞こえてくる。しかしこちらの担架兵《クランケントレーガー》が、このあわれな負傷兵たちを収容しようと試みても、相手から銃撃を受けてしまい、目的を果たせぬまま引き返さざるをえなくなる。

わたしの読みでは、敵は八月一四日にさらに強力に砲兵隊を投入し、休養充分の歩兵戦力を用いて攻撃をふたたび仕掛けてくると思われる。われわれは、八月一三日に被ったような手痛い損害をもう一度発生させるわけにはいかない。このため、短い夜の時間を、陣地の補強のために徹底的に利用し、複数の箇所に新たに防御を張り巡らせる。ともに塹壕構築作業をする者のなかには、まだこの手の戦闘の経験が乏しい中隊長、小隊長もいる。わたしは主戦闘線を確定し、防御施設の構築のしかたについて、彼らに指示を出す。夜のあいだに複数の場所で前線の射界を空けておかねばならない。さらに、小銃および重機関銃の火網の設定にあたっては、敵がこれらを、周囲より高いコスナ山の陣地から捕捉可能であるということを考慮に入れねばならない。暗くなる少し前、第二三三工兵中隊がこちらに引き渡され、指揮下に入る。彼らに、司令部の丘に関する広範な作業を委任する。

拡張された作戦地区のすべての箇所について配置が終わる。そして精力的な作業に各員が取りかかるころには、真夜中となる。わたしは疲れ果てた状態で、作戦地区戦闘指揮所に到着する。温かい、軽めの食事をとって、わたしはふたたび元気を取り戻す。夜の休息をとる事は、当分考えようもない。まず負傷兵の手当をしなくてはならない。夜が明ける前に、弾薬と手榴弾を前線の中隊と貯蔵所に補充する必要もある。また個々の中隊への糧食の補給も必要である。また通信小隊は、射撃指揮所まで、二重に電話回線を敷設せねばならない。さらには、八月一三日の戦闘詳報をシュプレッサー集団宛に作成せねばならないのである。

これらすべての作業が片付いたのは、ようやく午前四時ごろのことである。そこでいったん睡眠をとろうと試みる。しかし、どうにも肌寒いので、ヴェルナー少尉を連れ、暁のなか、夜間の作業状況を視察しに出かける。わたしは、五日前から長靴を脱ぐことができず、休みなくこれを履き続けていたため、両足が腫れあがってしまっている。またこれまで、左手の包帯を取り替える機会もなければ、ただ肩にかけているだけの血塗れの上着、そして同じく血で染まったズボンを取り替える機会もなかったのである。わたしは芯から疲労を覚える。しかし、自分が背負っている責任の大きさを思えば、野戦病院へ退くことなど、現時点では考えようもない。

八月一四日、夜明けとともに、軽機関銃を携えた、ハンガリー国防軍の一個歩兵中隊がわたしのもとに到着する。この中隊を、第一、第三中隊と交替させる。交替した第一、第三中隊については、予備部隊として、わたしの戦闘指揮所のすぐ西側に配置する。さて、第一八バイエルン予備歩兵連隊第一一中隊は、司令部の丘の陣地を、他方、同連隊第一二中隊は、尾根の両側を引き受けている。同連隊第一〇中隊は、夜間配置の態勢で、ロシア人の丘西三〇〇メートルの森のなかに残してある。同中隊は、警戒部隊をスラニクの谷に向かって北および北西に出している。まもなく戦闘が始まるだろう。われわれの準備は整いつつある。

午前中、ルーマニア軍の砲兵隊は、司令部の丘、尾根、ロシア人の丘にあるこちらの陣地に激しい砲撃を続けるが、たいした損害をもたらすことはできない。すべての作戦地区では、夜のうちに掘られた陣地をさらに改良する作業が懸命に行われている。全前線で行われたルーマニア軍の強力な攻撃も、正午には撃退される。

ロシア人の丘にいる第二中隊は、一五〇〇メートルほど離れた、遮るもののない場所にいるルーマニア軍砲兵中隊により、大いに苦しめられる。この作戦地区には、こちらの着弾観測員が一人もいないということもあり――すべての砲撃要請は、電話経由で、オークの森の射撃指揮所まで送られている――この敵砲兵中隊を沈黙させることができない。敵はコスナ山西斜面の陣地を強化している。依然としてわれわれの正面では、敵の負傷兵のうめき声が聞こえる。八月一四日のこちらの損害は軽微である。八月一五日も比較的平穏に一日が過ぎる。この二日間、わたしは、二名の製図者に頼み、自分が描いたコスナ山の地形に関する縮尺五〇〇〇分の一の略地図を複写させる。そしてそれに方眼を記入させる。集団、砲兵隊長、着弾観測員はこの略地図の複写を受け取る。この略地図は、砲兵隊のところでもう一度複写され、その結果、どの砲兵中隊のところにもこの略図があるという状態になる。

地図だけでは照準点とすべき箇所を読み取れないような森林地帯や山岳地帯でも、方眼地図《クヴァドリールテ・カルテ》ないしスケッチを用いれば、歩兵部隊が望む地点に砲撃を誘導することが容易となる。たとえば、わたしが砲兵隊に「六五、六六区画に阻止射撃要請」と通信連絡を入れたとする。もし要請した砲撃が正確でない場合、砲撃を即座に希望する地点に移すためには、「六五、六六区画に要請の阻止射撃、七四、七五区画に着弾」等と連絡しさえすればよい。

自部隊内で交わされる報告、あるいは集団に送る際の戦闘報告も、この方眼地図とスケッチを使えば、根本的に容易になる。たとえば、「ルーマニア軍砲兵隊、二三四a区画で確認」とだけ言えばよいのである。

八月一五日から一六日にかけての夜、ヴェーラー少尉指揮下のミーネンヴェルファー中隊が到着する。同中隊は夜のうちに陣地群を偵察しておき、空が白んでくるころにミーネンヴェルファーを設置、展開する。このとき、ゲスラー大尉が前線までやってくる。そして大尉は私に、一週間、昼夜を問わず動き続け、休んでいないのだから、いったん休息をとれ、と言う。命令権《コマンド》は依然、わたしの手のうちにある。午後、第四中隊が増援部隊として到着する。これでわたしの手持ちの戦力は、じつに一六個中隊にまで膨れ上がる。この数は連隊の戦力規模を上回るものである。

われわれの右手方向には、こちらと連携するかたちで、第一一予備歩兵連隊がいる。しかし左手は宙に浮いている。旅団はこの地点にも、連続した前線を構築しようと躍起になっている。しかしそのためには、現時点での各部隊では不充分である。もし樹木に覆われたスラニクの谷の急斜面で、そのようなことを考えるとすれば、防御のために莫大な数の部隊が必要となるだろう。八月一六日夕方、うだるような暑苦しさが続いたあと、激しい夕立となる。ごろごろと大きな音を立てて、雷鳴が山々のあいだに響き渡る。低く垂れ込めた雲から、パラパラと落ちてきた雨は、滝のようになり降り注ぐ。戦闘指揮所のすぐ西にある、掩蓋を備えた旧ルーマニア軍陣地が、予備隊と司令部にこの雷雨から身を隠せるところを提供してくれる。しかし少しすると、この掩蓋の付いた壕も水で溢れかえり、撤収を余儀なくされる。われわれは全身ずぶ濡れとなりながら、遮蔽物もない開けた野原で腰を下ろす。あたり一帯では稲妻が光っている。そのときである。突然あらゆる口径の榴弾が飛んできては、周囲で次々と炸裂し、雷の轟きを圧倒するほどの轟音を立てる。前方の前線では、小銃と機関銃による非常に激しい銃撃が開始される。手榴弾も炸裂している。前線間違いない。ルーマニア兵たちは、この悪天候を利用して、われわれを奇襲する腹だったのである。前線は維持されているのだろうか。それとも前線はすでに完全に崩れ、押し込まれているのだろうか。雨が顔を叩き、わずか数メートル先しか見ることができない。わたしは報告を待つべきだろうか。いや、行動あるのみである。

わたしは数分のうちに、着剣した状態の第六中隊を連れて移動を開始し、戦闘の焦点《ブレンプンクト》となっている司令部の円頂のすぐ西で、反撃の準備をする。こちらの砲兵隊は、ルーマニア軍主力が突撃している地域に阻止射撃を加える。砲撃を受けている一帯の地面が、文字どおり鋤き返されていく。現在、こちらからは、戦闘回線《ゲフエヒツライトウング》により、幕僚経由で、作戦地区のすべての箇所と連絡を付けることができる。ルーマニア軍の攻撃は、いたるところで失敗に終わっているようである。土砂降りのなか発生した戦闘の混乱を、夜がようやく終わらせる。こうして敵は、戦死者、負傷者ともに、甚大な損害を出しつつ、われわれの各陣地の前方地帯を撤退していく。

戦闘が終結し、戦闘指揮所に戻ってみると、これまで天幕を張っていた場所の地面が、重砲の榴弾によってめちゃくちゃに掘り返されている。こうした状況のため、わたしは戦闘指揮所を二五〇メートルほど右手に移動させる。ずぶ濡れとなってしまった衣服は、ルーマニア軍の捕虜がおこした火で温めて乾かす。こちらの士気は上々である。

考察

八月一三日、ヴュルテンベルク山岳兵大隊に課せられた任務は、コスナ山の一部とコスナ山のすぐ西の高地を防御することであった。しかし、これは恐ろしく困難な任務となった。大隊は両翼とも接続する部隊を持たなかったため、前方だけでなく、同時に両側面からも、敵の強力な攻撃が来ることを計算に入れねばならなかったのである。禿げた状態の尾根の両側に広がる、起伏に富み、深い森林で覆われた地形も、敵が突撃可能な距離まで接近するにあたり有利に働いた。また、ルーマニア軍の砲兵隊は、ヴュルテンベルク山岳兵大隊のまわりを半円状に取り囲む布陣となっていた。

この状況下では、縦深をとった区分による防御、そして強力な予備隊の保持という措置が適切なものであった。

敵の攻撃意図を早期に確定するためには、夜明け前に、南、東、北方向へ頻繁に威力偵察を実施しておくことが必要であった。さらに、こちらの陣地群の前に広がる見通しの利かない前方地帯については、継続して厳しく監視しておく必要があった。この戦いにおける戦闘前哨のように、こうした監視を怠った地点では、望まざる奇襲に見舞われることになった。

戦闘前哨の戦いは、非常に厳しい展開を辿った。たしかに戦闘前哨は、コスナ山の鋭く切り立った尾根から、開けた敵陣に向けて射界を有してはいた。しかし戦闘前哨の陣地からすぐの前方地帯は、丸みを帯び、灌木に覆われた急斜面となっており、ここを戦闘前哨から火制することはできなかった。また戦闘前哨は、この地帯の監視をそもそも怠っていた。しかし、まさにこの場所で強力な戦力のルーマニア兵たちは、すでに朝日が昇る前から攻撃準備をしていたのである。このため、ルーマニア軍の攻撃は、戦闘前哨にとって、完全に奇襲というかたちになった。

主戦闘線（司令部の丘）から、禿げた山頂一帯と、ごくまばらに樹木が生えたコスナ山西斜面に向けて、こちらの機関銃および小銃による銃撃が行われた。戦闘前哨の左手側面は、長時間、これによって守られた。敵がコスナ山に足がかりを得ることができたのは、司令部の丘でこちらの弾薬が尽きてしまってからのことであった。

重機関銃小隊は、組織立ったすばやい掩護射撃を行った。この掩護のおかげでわれわれは、撤退した戦闘前哨の戦線を、自軍の損害を出すことなく確保することができた。この戦いのあいだ、突撃隊の火力と機動《フォイアー・ウント・ベヴェーグング》は非常に調和が取れていたのである。

この戦闘前哨の戦い、および司令部の丘の戦いが示しているのは、戦闘の焦点では、弾薬と白兵戦用物資が、どれほど速いペースで消費されてしまうか、またそのことにより、いかに状況が危機的なものになりうるか、ということである。こうした類いの場所（とくに山中）では、早い時点から補給を開始せねばならない。そのためには、大隊のところに弾薬および白兵戦用物資の予備がなければならない。また、大隊が補給を準備する場所には、前線に存在する弾薬量を超えるだけの量を、絶えず継続して確保しておかねばならず、またそれに応じて、適宜補給を進めていかねばならない。八月一三日の戦闘のあいだ、補給活動はうまく軌道に乗っていた。

八月一三日の激戦では、予備隊が非常に切迫して必要とされた。予備隊なしには、陣地を持ちこたえることはできなかったであろう。再三再四、主戦場では脱落が生じ、そのつどそれを予備隊で補完しなければならなかった。弾薬および白兵戦用物資の補給に関しても、それを前線に運んだのは予備隊の各隊であった。戦闘中、大隊戦闘指揮所から戦闘の焦点である司令部の丘まで、交通壕が掘られねばならなかったが、それを行ったのも予備隊であった。もしこの予備隊がいなければ、周りよりひときわ高いコスナ山の陣地から放たれる敵の機関銃火により、補給活動は多くの損害を出すことになってしまっただろう。

ヴュルテンベルク山岳兵大隊は、防御戦闘の開始時点からすでに、主戦場に縦深区分で配置されていた。第五中隊、第二中隊、そして司令部の丘に配置されていた戦力は、相互に火力で支援することができた。戦闘のあいだ、戦闘の焦点（司令部の丘およびロシア人の丘）の予備隊は、主戦場をより縦深に設定した。もしすべての戦力を最前線の火網の線《ネスターリーニエ》上に投入していたら、それは見当違いのものになっていただろう。この主戦場で記録された損害は、甚大なものであった。もし、敵の守備隊がより強力なものであったならば、損害はさらに深刻なものになっていたはずである。一重にしか設定されていない戦列では、容易に敵に突破されるということが起こっていたかもしれない。

八月一三日の場合、砲兵隊との共同作戦は、非常に満足のいく出来であった。もちろん、大隊の砲兵連絡将校がいれば、あるいは大隊の作戦地区において、前方に着弾観測員を出していれば、もっとよい戦果もありえたかもしれない。いずれにせよ、こうした防御に回った日々を利用して作成された方眼入りのスケッチは、非常に役に立った。このスケッチは、今日の標定盤《ツイールゲフイーアトターフエル》あるいは測図器《プラーンツアイガー》に相当するものである。

第二次コスナ山攻略、一九一七年八月一九日

激しい戦闘のあと、そこから数日間のうちに、左翼の近隣部隊（第七〇ハンガリー国防軍師団）は、スラニクの谷の北方に進出することに成功する。そして、オイトゥズ峡谷およびスラニクの谷の両側で、全面展開して攻撃を進める日が八月一八日に設定される。これはコスナ山を再度攻略し、かつ同じ日にコスナ山東の陣地群も奪取してしまう、という作戦である。軍上層部は、この地点で突破を目論んでいるらしい。コスナ連山に向かって、右手にはマードルング集団（第二二予備歩兵連隊）、左手にはシュプレッサー集団（ヴュルテンベルク山岳兵大隊および第一八歩兵連隊第一大隊）が配置されている。われわれが課された任務は、八月一七日に設定されているシュプレッサー集団の攻撃地帯において、最前線に投入予定の部隊のため必要なすべての戦闘準備を行うというものである。この一方でわたしは、マードルング集団において、しかるべきときに連隊長および大隊長に対し、攻撃対象の地形について説明するという任務も受けもつ。これら

のため早朝から晩まで立ちっぱなしで働き続ける。わたしが自分の戦闘指揮所に帰投すると、スラニクの谷、すなわちわれわれの陣地の左翼後方から、強力なルーマニア軍の砲撃がある。それに続いてピチョルルへの攻撃が始まる。向こうでは、第一八バイエルン予備歩兵連隊が配置に就いている。戦闘音から察するに、敵は素早い攻撃で、勢力範囲を広げているようである。自分の率いる軍勢は、側面と後方が脅威にさらされている可能性がある。このためわたしは、稜線のところで、自分たちが集団から切り離されてしまうのではないかと危惧し、こうした事態を防ぐために、配下の予備隊（三個小銃中隊、一個機関銃中隊）の一部を連れて、駆け足で六七四高地方面へ向かう。そしてこの部隊を茂みのなかに隠し、反撃の準備をさせる。この間、電話回線を、自分の戦闘指揮所からこの地点まで延ばしておく。しかし、ここで気になる情報が集団から飛びこんでくる。バイエルンの部隊がピチョルルにおいて、攻撃してくる敵を立ち往生させたとのことである。この結果、わたしの予備隊は、もう投入の必要がなくなる。

コスナ山への攻撃は、一日延期となる。八月一七日から一八日の夜、作戦地区右翼に配置されていた各中隊が交替となり、第二線に移動する。

八月一八日、第二中隊は、第一八連隊の各隊とともに、ロシア人の丘の北五〇〇メートルの稜線から、ルーマニア兵を掃討する。この日は非常に雨が多い。だがわたしは、ドイツ軍、オーストリア軍双方の着弾観測員とともに、ロシア人の丘の一帯をくまなくパトロールする。そして、八月一九日にコスナ山北部地域に向け予定されている攻撃への砲撃支援について確認する。

八月一九日夜明け前、シュプレッサー集団の攻撃部隊は、司令部の丘北西の谷間で、攻撃準備を行う。新しい軍隊区分が実施される。わたしは最前線に配置される各中隊、すなわち第一、第四、第五中隊および第二、第三機関銃中隊と、陸軍突撃隊《ヘーレスシュトゥルムトルップ》、さらに工兵小隊《ピオニーアツーク》を指揮する［敵陣地の深奥部まで突入し、兵站や通信の要点を占領することにより、敵部隊に混乱を引き起こし、戦果を拡大する「浸透戦術」の発展により、短機関銃や

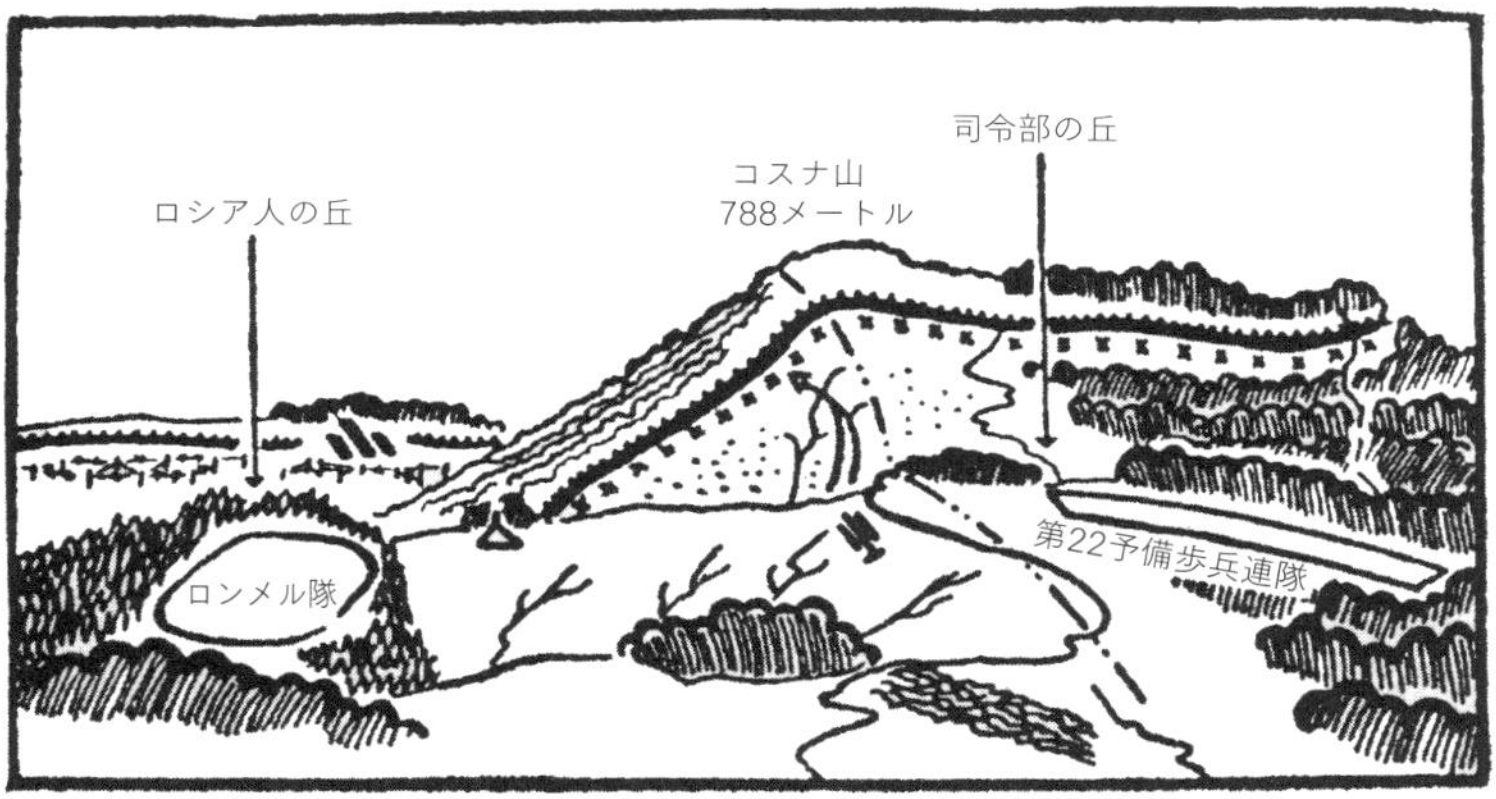

図37　1917年8月19日――西からの眺望

手榴弾で武装した「突撃隊」が、エリート部隊として編成されるようになった。ただし、通常部隊が突撃にあたる隊を編合した場合にも「突撃隊」と呼称するので、注意が必要である。この場合の「陸軍突撃隊」は専門部隊としてのそれを指しているものと思われる」。ゲスラー大尉は、第二、第六中隊、そして第一機関銃中隊を率い、第二線に続く。なお、これらに加えて、第一八歩兵連隊第一大隊がシュプレッサー集団の指揮下に置かれる。

わたしの部隊は、ロシア人の丘のすぐ西の茂みと森林地帯に、シュプレッサー集団の残りの部隊は、さらに西の地点にて待機する。われわれの攻撃目標の敵は、コスナ山山頂から北西、四九一高地方向に延びる尾根上に、連続した陣地を構築し、さらにその陣地前に障害物を設置している。双眼鏡を使って綿密に観察してみると、茂みのあいだから陣地と障害物の一部を見ることができる【図37参照】。

この陣地は師団命令により、一時間の準備砲撃ののちに奪取されることになる。コスナ山山頂東八〇〇メートルの、とくに強固に構築された陣地――われわれが八月一二日にいた地点である――についても、さらに一時間の追加の準備砲撃を行ったあとで、占拠されることになる。わたしが考えている作戦は、準備砲撃がなされている時点でコスナ山の敵陣地に侵入し、わずかではあれ、この陣地から頭一つ出し、次いで自軍の砲撃をルーマニア軍の第二陣地に移してもらうよう要請のうえ、この第二陣地を叩く、というものである。

さて、八月一九日はふたたびすばらしい夏の天気となる。早朝、コスナ山の作戦地区では、戦闘行為もなく、静かな状態である。攻撃部隊は茂みのなかに身を隠している。六時ごろわたしは、フリーデル上級伍長（第五中隊）に自分の攻撃計画を伝え、一〇名の兵と電話通信部隊一個を預けたうえで、次の任務を課す。「フリーデル斥候隊は、茂みや窪地を充分に利用しながら、身を隠せる経路を通り、ロシア人の丘から窪地東側の山峡（地面に図示）を経由して、計画された突入地点まで登ること。そしてそこで敵陣地前方の障害物を偵察すること。その際、鉄線挟を持参すること。また前進中も電話通信部隊を使って、部隊の戦闘指揮所と継続的な連絡を維持すること」。お互いに高倍率の双眼鏡を使いながら、わたしは身振りによって、フリーデルに突入地点と、そこに向かうために適した経路を示す。

半時間後、フリーデル斥候隊がコスナ山の西斜面を登っていくのが、わたしの地点から見える。この間、わたしは突入地点近くに、ルーマニア軍の塹壕哨所があるのを発見する。フリーデル斥候隊との電話回線は順調である。このためこちらからフリーデルに、彼の上方の敵陣地で生じているすべてのことを伝えることができる。敵陣までの距離がどの程度であるかについても同様である。われわれは、こうした方法で斥候隊を目標の突入地点まで誘導することが可能なのである。こうして、フリーデルと彼の率いる部隊は、素早く敵の障害物の地点まで接近する。

しかしこのとき、塹壕内にいるルーマニア軍の哨兵たちが騒がしくなる。おそらく彼らは、こちらの斥候隊を目撃したか、あるいはなんらかの物音を聞いたのだろう。わたしは斥候隊を、障害物から二〇〇メートル後退させる。そして後方にいるヴェーラー少尉のミーネンヴェルファー中隊に、この突入地点への砲撃を依頼する。ほどなくして、敵の哨所のすぐ近くに、砲弾が着弾する。敵の歩哨の一部は完全に遮蔽物の陰に隠れ、他の一部は危険な地域を脱出して左右に移動する。ヴェーラー中隊が効力射に移るあいだ、わたしはミーネンヴェルファーの着弾地点から五〇メートル離れたところで、敵の障害物を切断させる。そして、そこに小さな道を作らせる。この作業はつつがなく行われているようである。とくに妨害はされない。

準備砲撃は一一時から開始の予定である。九時、わたしは、フリーデルにより開かれ電話線が敷設された道を、部隊とともにコスナ山へ向けて降下する。ロシア人の丘から東の山峡へと続く斜面は、陽の当たる場所であり、茂みはあるものの、向こう側の斜面にある敵陣地から身を隠すには不充分である。そのためルーマニア兵は、こちらの動きを容易に察知してしまう。われわれは、兵と兵のあいだの距離を大きくとり、進み方も速めるが、それでもルーマニア軍の機関銃射撃が始まると、数名の軽傷者が発生してしまう。これとは対照的に、この直後、コスナ山西の丸くなった斜面を登攀する際には、敵火から隠れた状態になっており、視認されることもない。

わたしが縦隊の先頭に立ってフリーデル斥候隊に追いつくと、彼らは障害物をもう最後の数本の有刺鉄線まで切断しているところである。部隊の前進中、着弾観測のため後方に残っていたヴェーラー少尉は、敵の陣地内で起こっているすべての行動について、絶えずこちらに連絡を入れてくる。彼はこちらの依頼が入ると、擾乱射撃として数発の砲弾を撃ち込んでくれる。

さて、突入地点の約五〇メートル下方に、各中隊を集結させる。そしてその間にわたしは、突入地点にさらに近い場所で作戦準備を行い、攻撃に移ることができるか、その可能性を探るべく偵察を行う。このときわれわれ右手すぐ近くの窪地に、ゲスラーの部隊が登ってくる。時刻は約一〇時三〇分である。この時点で、第一八連隊第一大隊は、まだ登攀を続けているところである。

わたしは、敵陣地への攻撃準備射撃が開始されたら、その直後の段階で突入することを考えている。そのため準備のほうを急ぐ必要がある。

突入地点の上方にいる敵陣地守備隊を欺き、その注意を逸らし、さらには頭を上げさせないでおくことが必要である。このためにわたしは、第二機関銃中隊のすべてと、第五中隊から一個小隊を投入する。これらの部隊は、匍匐で配置に就き、そしてわたしの命令を待って発砲するものとする。この梯形配置から発砲を開始したら、その数秒後、フリーデル率いる突撃隊が、障害物に開けた細い道を通って敵陣地になだれ込み、突入地点を両側に向けて封鎖するものとする。わたし自身は、第五中隊の残りと、ロイツェ少尉率いる重機関銃小隊、そしてわたしの指揮下にある他のすべての部隊とともに、フリーデル突撃隊のすぐあとを追う。突入が成功したら、わたしは第五中隊を連れ、左右で起こることには一切気にかけず、一直線に北東方向のいちばん近い尾根まで突破する予定である。そしてわれわれのあとには、第三機関銃中隊、第一中隊、第四中隊、陸軍突撃隊、そして工兵小隊が続くものとする【図38参照】。

ロイツェ重機関銃小隊の任務は、突入地点から敵陣地に向けて、右手（山側）および左手（谷側）を機銃でくまなく掃討することである。残りのすべてはわたしが投入できるように手元に置いておく。射撃《フオイアー》梯《シユタツフエル》隊は、状況が許せば、奪取した陣地にあとから侵入するものとする。わたしはゲスラー大尉と協議のうえ、ゲスラー隊もこちらの後ろにぴったりと続くということで合意してある。第一八連隊第一大隊の任務は、コスナ山の敵陣地を、ロンメル部隊の突入地点から四九一高地方向へと、側面から攻撃することである。これは同大隊の一部が担当する。大隊の残りは、集団が自由に使えるように待機しておくものとする。

ロンメル隊が、すべての攻撃準備を完了する前に、また個々の部隊が、攻撃を素早く進めるために好適な場所（突入地点のやや上方）に移るより早く、こちらの砲兵隊はコスナ山の陣地へ砲撃を開始してしまう。二一センチメートル榴弾および三〇・五センチメートル榴弾が、われわれの前方に着弾し、地面が吹き飛

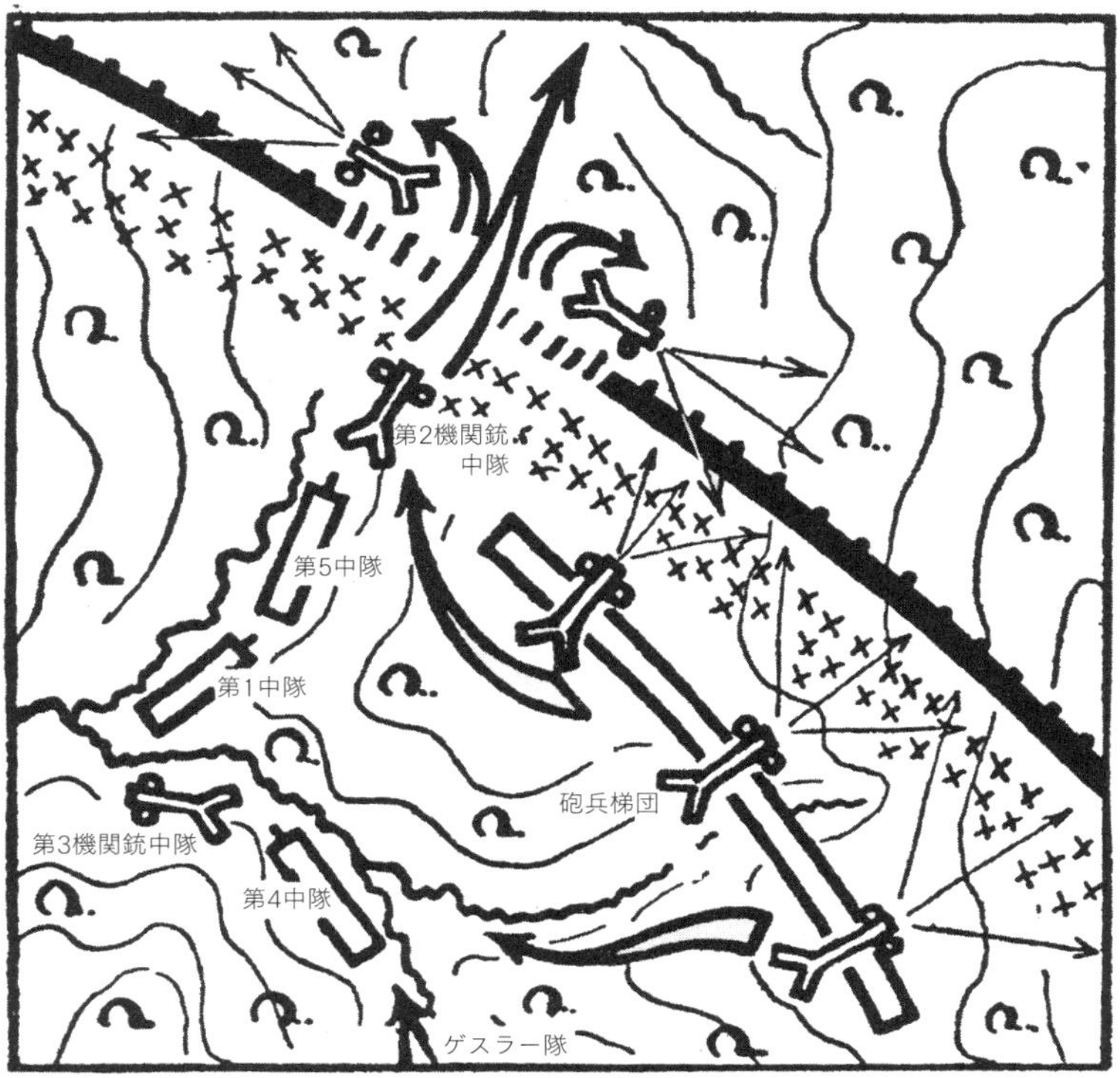

図38　コスナ山突入

び、塔の高さもあるような土柱となって、宙に巻き上げられる。土塊と木の枝がぱらぱらと降ってくる。この姉妹兵科《シュヴェスターヴァッフェ》の強力な助けに、山岳兵たちの心は踊る。

突入地点そのもの、すなわち方眼図でいうところの一四区画は、取り決めにもとづき、大砲による砲撃は行わないようにしている。そのかわりここでは、ミーネンヴェルファーが効果的な役割を果たしている。攻撃が始まって五分後、わたしは自分の部隊に攻撃の合図を出す。

上方にいる射撃梯隊が猛烈な勢いで発砲を開始する。数秒後、フリーデル突撃隊が障害物のあいだに作った小道を通って、敵陣地に殺到する。わたしの部隊の先頭集団が動き始める。手榴弾がわれわれの間近で炸裂し、その音で右手上方で行われている戦闘音が聞こえなくなる。もうもうと煙が舞うなか、われわれは少し前進し、敵の塹壕のなかに入る。フリーデル突撃隊は、この時点ですでに、塹壕内で大きな仕事を成し遂げる。突撃の際、部隊先頭にいた勇猛果敢なフリーデル上級伍長が、ルーマニア軍の騎兵大尉《リットマイスター》が放った拳銃弾により射殺されてしまうも、山岳兵たちは、その分だけいっそう勇敢に敵に飛び掛かり、近接戦で塹壕守備隊を圧倒してしまう。その結果、敵の騎兵大尉と一〇名の兵を捕虜にとる。次いで突撃隊は、封鎖のために左右に分かれる。

わたしは部隊の先頭集団とともに、敵の塹壕を獲得する。右手上方では、敵の塹壕守備隊が、正面方向からわれわれの突撃が来るものと想定して、依然、防御態勢をとっている。敵のこの守備隊は、われわれがすでに敵陣に突入していることに気づいていない。これは茂みのためでもあり、斜面が反っているためでもある。敵守備隊は、各中隊が間隔を詰めた状態で次々と駆け足で突入地点に殺到していることも確認することができていない。

大混乱が発生している。あたり一面では手榴弾が炸裂している。小銃弾、機関銃弾が茂みを抜けて、ピュン、ピシッと縦横に飛び交っている。重榴弾が、至近距離に着弾する。突撃隊は、斜面の敵陣地を突破し、約四〇メートルほどの穴を開け、左右両側に向けこれを封鎖している。斜面を下って敵陣地を切り裂くことも容易かもしれないが、わたしはあくまで自分の計画にこだわり、これを後方の部隊に委ねる。すでに第五中隊が、彼らのもとの任務にしたがい、茂みを抜けて北東方向に進み、いちばん近くの尾根を確保しようとしている。この直後、ロイツェ少尉は、封鎖地点から重機関銃により、斜面上方および下方の敵陣地守備隊に向けて銃撃を開始する。わたしはこのおかげで、憂いなく第五中隊とともに、敵の防御網の縦深後方に進出することができる。副官は、電話によって集団に突入成功を報告し、大口径の砲撃を、シュプレッサー集団の戦闘地域に当たるコスナ山東の陣地群に移すよう要請する。

われわれの部隊は、縦深地帯でルーマニア軍の予備隊を急襲し、一〇〇名以上を捕虜とする。残りの敵兵は逃げてしまう。この敵を猛追していると、われわれの左手のごく近くの地点に、三〇・五センチメートル榴弾数発が着弾する。榴弾は粘土質の地面を吹き飛ばし、全中隊がそこに楽に収容できてしまうほどの弾孔を作る。数秒間のあいだ、息を止めて身構える。しかし損害は発生していない。突入地点の北東四〇〇メートルの尾根に到着する。はるか下方、約六〇〇メートル離れたところに、八月一二日のときと同様、ルーマニア軍の次の陣地、すなわち第二攻撃目標がある。前方にある窪地を通って、いくつかのルーマニア軍の中隊がまったく無秩序に逃げていくが、その窪地にドイツ軍の榴弾が着弾する。

大急ぎでわたしは、重機関銃小隊に命じ、この逃げる敵に発砲させる。残りの部隊には窪地への降下を命じ、そこへ逃げ込んだ敵を追跡させる。わたしは電話で——前進のあいだ、電話線はつねにわたしのそばまで延ばしてある——七六、七五、七四、七三、七二、六二、五二、四二の各区画へ、大規模な砲撃を要請する。わたしは、自分の本来の計画に忠実に、短い砲撃のあとには、ルーマニア軍の第二陣地に突撃するつもりである。もっとも、状況は異なってきている。

わたしは部隊に短い指示を出し、電話での協議を行う。時間は数分もかからない。すでに最初のドイツ軍の榴弾が、下方の窪地に着弾している。ルーマニア軍はやぶのなかの細い小道を通り、自分たちの新陣地へと急いで戻ろうとしている。逃げる彼らのあいだに、こちらの重機関銃群の銃弾が飛んでいく。重機関銃の近距離での威力たるや、破壊的なものがある。敵のパニック状態にうまくつけ込み、迅速に後ろから追い込むことで、敵の第二陣地を制圧できないものだろうかと考える。たしかにその場合、自軍砲兵隊の砲撃のなかを掻い潜ることになるが、しかしまさに今しがたわれわれは、三〇・五センチメートル榴弾が飛び交い、着弾するなかでも、損害を出さずにすんだわけである。前方に進んでも、これよりさらに悪いことが待っているというわけでもなかろう。

足が続くかぎり、急いで斜面を下る。窪地では、前方の左右で、榴弾砲中隊の砲弾が炸裂している。依然として、こちらの重機関銃は、障害物のあいだの狭い道を通り陣地へと戻ろうと殺到している敵へ向けて発砲を続けている。まもなくわたしは、部隊の先頭集団とともに、敵の後ろへぴったりとつく。右手、左手、そして後方にもドイツ軍の榴弾が着弾しているが、われわれは一種の興奮状態にあるので、あまり気にもならない。自分たちの前にいる敵は、大慌てで逃げていく。おそらくこの敵は、こちらがどのくらいの近さまで来ているのか、まだ把握できていないのであろう。なぜなら敵のほうから撃ってきて、われわれの突撃を阻止するということがないからである。右を見ても左を見ても、おびただしい数の戦死あるいは負傷したルーマニア兵が横たわっている。われわれは重機関銃の射撃方向を左に移し、障害物のなかを急ぐ。そしてまもなく敵の陣地内に入る。短い時間の銃撃戦および手榴弾の応酬が行われたあと、陣地守備隊は左右に分かれて逃げていく。わたしは各中隊を、来た順に追跡に送る。すなわち、第一中隊は東、第五中隊は北、第四中隊は南である。各中隊は、敵陣地を一五〇メートルにわたり側面攻撃し、主力は停止し獲得した地帯を確保する。そのうえで突撃隊だけが、それまでとってきた方向にさらに前進し、偵察を行う。

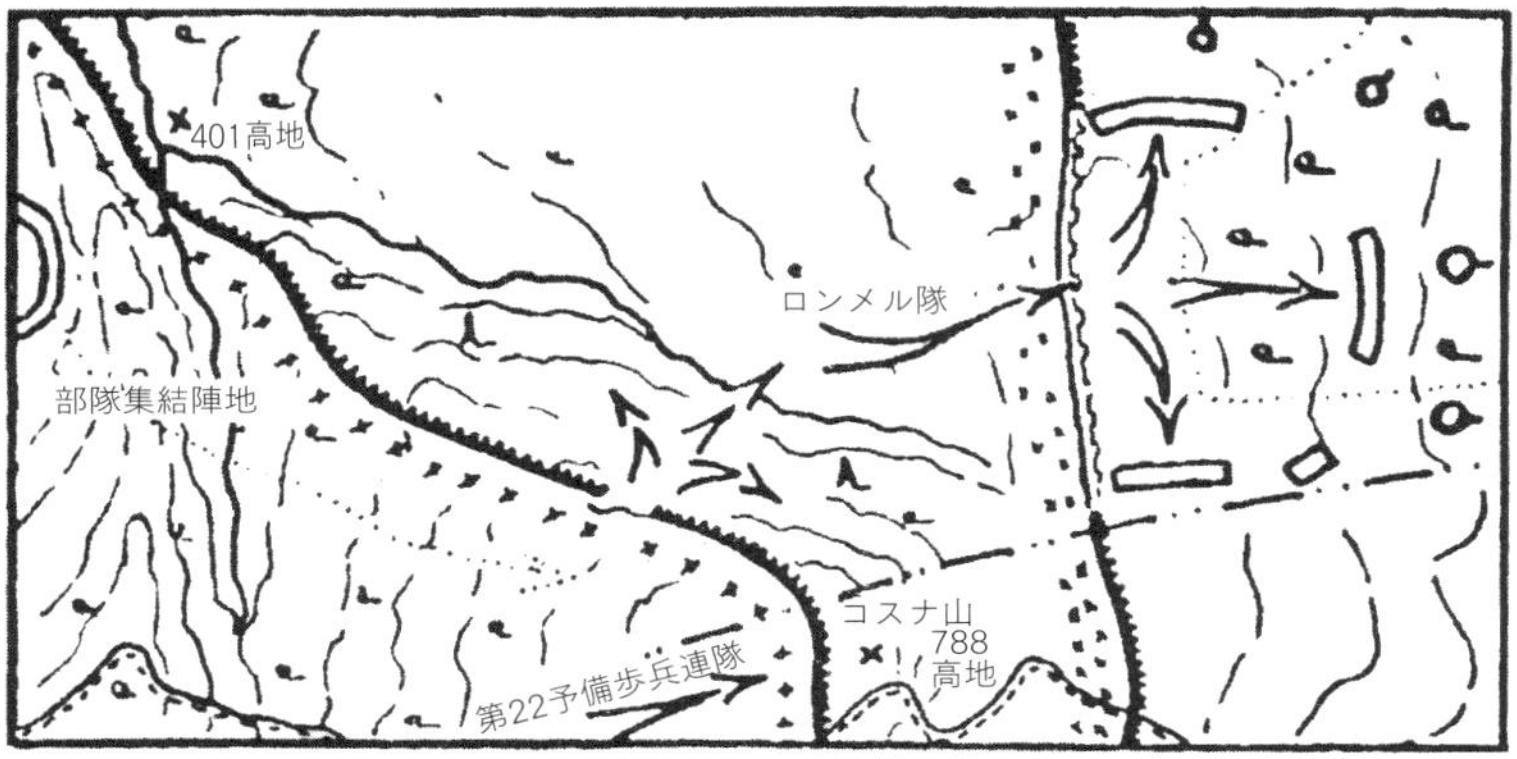

図39　1917年8月19日の攻撃（縮尺約1：15,000）

数分経ったところで、わたしは設定された目標が、全地点で達成されたとの報告を受ける。さて、右手の第四中隊と対峙する敵の陣地守備隊は、じつに粘り強い。彼らは反撃により、失われた陣地の一画を取り返そうとしさえする。しかし、こちらの山岳兵たちも、いったん奪取したものをやすやすと手放すことはないため、これは失敗に終わる。

東および北の方向で、ルーマニア軍は退却中である。陣地のすぐ後ろの砲兵隊も、急いで撤収をしている。右手後方では、コスナ山に設定されたマードルング集団の攻撃地帯において、敵がまだ抵抗を続けている。

このとき、右手向こうでは、敵が第二陣地を確保している。彼らは、われわれに対する最初の反撃が失敗すると、そのあとは陣地を守ることに専念している。正面および左手では、敵の防御網に大穴が空いている。今、すべての投入可能な予備兵力をつぎ込めば、突破は間違いなく成功するはずである【図39参照】。

すでに集団との電話回線接続は構築ずみである。通信兵たちはすばらしい働きを見せている。それは、突撃を担当している兵士たちに、いささかも引けを取るものではない。急いで集団に、前方の状況を説明し、そして投入可能なすべての予備隊の派遣と、シュプレッサー集団の戦闘地域である敵の第二陣地に対する砲撃を、適宜調整するよう要請する。わたしは、マードルング集団の右手では、コスナ山の敵陣地の奪取が、これまでのところ（一一時四五分現在）うまくいっていないと耳にする。ともかくも、ゲスラー隊と第一八連隊第一大隊を至急送る、ということで同意が取れる。

わたしは現在の兵力で、できるかぎりやりくりしなくてはならない。コスナ山の方向および南の方向からは、反撃もありうることを念頭に置いておく必要がある。第四中隊の戦区の陣地群を封鎖するために、工兵小隊が投入される。第四中隊は、前線を小さな森林がある丘のところまで東に拡張する。一個重機関銃小隊は、この丘から、ニコレスティの敵砲兵中隊めがけ連続射撃を行う。この射撃は敵を揺さぶり、大急ぎで陣地を撤収させるという結果を生む。第一中隊は斥候隊を連れて東に向かう。そして、まばらな森林地帯を抜け斜面を下って退却する敵の背中に、ぴったりとつく。北へは陸軍突撃隊が向かう。彼らは敵陣地を側面から攻撃して包囲する目的で、第五中隊が到達した線を越えて配置されるのである。同部隊は軽快に前進する。同じ北方向前方の、手が届くほどの距離（約三キロメートル）には、ティルグル・オクナの町がある。現在、われわれの砲兵隊は、この町を激しく砲撃している。駅には無限に続くかのように見えるほど長大な、複数の列車が停車しており、駅の近くには無数の大砲が置かれている。あと半時間もあれば、この町に到着することができるだろう。そして、ルーマニア軍前線部隊のかなりの割合が補給を受けている、この広い谷の一帯を封鎖することが可能だろう。わたしはじりじりしながら、ゲスラー隊と第一八連隊第一大隊が到着するのを待つ。一五分、また一五分と時間が過ぎていくが、誰もやってこない。右手後方、近隣の作戦地区では、依然としてコスナ山の確保をめぐって戦闘が行われている。この間に、ロンメル隊が抱える捕虜の数は五〇〇人にまで膨らむ。またルーマニア軍の機関銃数十挺も鹵獲される。第二陣地への突撃が成功してから、二時間以上が経過する。このとき、北のルーマニア軍はショック状態から立ち直りを見せ、こちらの陸軍突撃隊を押し戻し始める。時を同じくして、サトゥル・ノウ村一帯のルーマニア軍砲兵隊が、第四中隊めがけ、数百発の榴弾を放ってくる。幸い、大部分の砲弾は、飛び過ぎてコスナ山北東斜面で炸裂し、われわれに損害を出すことがなくてすむ。一方、南にいる敵は、進んで反撃に出るようなことはない。しかし、機関銃による銃撃は非常に激しく仕掛けてくる。そのためわれわれは、徹底的に陣地と交通壕を使っての慎重な行動を強いられる。第四中隊のところでは、しばしば手榴弾による小競り合いが発生するものの、敵がこれにより何かを獲得することはない。

一六時ごろ（すでに突撃成功から四時間一五分が経過している）、ゲスラー隊が到着する。だが、ちょうどこのとき、北からルーマニア軍の猛烈な反撃が行われ、第六中隊を、第一中隊と第五中隊の隙間に投入することが必要となる。東の谷へ進撃することは、もはや強力な予備隊抜きには考えられない。北からの敵の攻撃は、白兵戦で撃退する。

一八時三〇分、マードルング集団より、コスナ山（南側）を占領、現在は第二陣地を攻撃するべく山峡を抜け東に前進中、との報告が入ったと、集団より知らされる。

暗くなる直前、われわれは、ニコレスティおよびサトゥル・ノウで後退する動きを見せている強力なルーマニア軍歩兵部隊を確認する。同時に、ティルグル・オクナから複数の列車が、相次いで東の方面に発車する。第一一予備歩兵連隊の左翼は、六九二高地のルーマニア軍陣地をすでに占拠していたが、われわれは同連隊との連携を確立することに成功する。わたしは明日、平地へ突破しようと考えているため、部隊を東へ向け縦深になるように前哨の配置を行い、そのうえで、ニコレスティまで斥候隊を出す。もっとも、北においては、第六、第五中隊と対峙する強力な敵がいる。

夜中までわたしは、部隊の糧食の確保、弾薬の補給、戦闘詳報の作成というように動き続ける。それからようやくゲスラー大尉とともに、天幕で横になる。

考察

一九一七年八月一九日、鉄条網が張り巡らされ、要塞化された二つのルーマニア軍陣地は、ヴュルテンベルク山岳兵大隊に新たな任務を与えた。この両陣地は約八〇〇メートル間隔で並んでいた。一時間にわたる準備砲撃のあと、この陣地群を奪取するよう、命令が下された。準備砲撃が第一陣地に続けられるあいだ、山岳兵たちは若干の損害を出しつつも両陣地を突破した。そして、第二陣地に約六〇〇メートルにわたる裂け目を作った。この過程で、五〇〇名を超えるルーマニア兵を捕虜とした。これらの結果、東への突破口が開けた。なぜならば、ルーマニア軍がさらに、第三の要塞化され守備隊も置いた陣地を、コスナ山東の低地に用意しているとは考えられなかったからである。しかしながらわれわれは、この大成功を充分に活用することはできなかった。これは用意しておいた予備隊が第二陣地に来るのが遅すぎたためである。また、それらが戦力という点でも弱すぎたためでもある。

この戦いにおいては、地形の性格が、通常の方式から外れた攻撃方法を必要とした。コスナ山頂直下の敵陣地に浸透《アインドリンゲン》することが成功したとき、これに合わせて、北西へ下る急斜面上の敵の陣地に、裂け目を作ることはたやすかった。これはこの攻撃が、ロシア人の丘の重機関銃から掩護を受けることができたということも大きい。

最前線に配置されたロンメル隊が重要視していたのは、敵の防御区域《フェアタイディグングスツォーネ》に可能なかぎり深く、そして可能なかぎり迅速に突入することであった。ロンメル隊の戦力は、第一陣地を破ることで分散されてはならなかった。第二陣地を破り、裂け目を作った際にも、ロンメル隊の戦力はまとめておかれた。これは、予備隊の到着を待って、敵の地域へさらに打撃を加えるという作戦案が実際に行われる場合でも、投入可能な状態を保つためであった。

大砲、ミーネンヴェルファー、重機関銃の連携は、徹底的に準備された。機関銃中隊は、一斉に行われる準備砲撃に先立ち、敵を突入地点で押さえつけておいた。そしてそのことで、フリーデル突撃隊が敵の障害物を切断することを可能にした。ロンメル隊が突入を行うあいだ、敵の第一陣地についてては砲兵隊が押さえておいた。一個機関銃中隊および第五中隊の一個小隊が、敵を突入地点の上方から襲うあいだ、フリーデル突撃隊とロンメル隊の残りの戦力は突入を敢行した。

敵の第一陣地に対するドイツ軍の非常に激しい準備砲撃を前にして、第一陣地の後ろにいた強力なルーマニア軍予備隊は、急いで第二陣地に移動した。この後退の動きにロンメル隊は打撃を加えた。そして有利な状況を利用し、大砲と重機関銃に追い立てられ逃げる敵の背後にぴったりとついた。そしてそのまま、第二陣地へ突入したのである。その際山岳兵たちは、自軍の砲撃が続くなかを通過するという危険を冒さざるをえなかった。この砲撃は、迅速に方向を変えるというわけにはいかなかったからである。

ふたたびの防御

八月二〇日、午前三時ごろ、敵は多数の砲兵中隊による激しい急襲射撃とともに、コスナ連山をめぐる戦闘を再開する。多くの重榴弾が、わたしの戦闘指揮所や近くにいる予備隊のすぐそばに着弾する。この砲撃によりわれわれは、危険な区域を放棄して、七八八高地の北八〇〇メートルにある窪地に、身を隠せるところを探さざるをえなくなる。敵の砲撃はどんどんと勢いを増す。とくにそれは、われわれが奪取したコスナ山東の陣地で激しく、ルーマニア軍はそこにわれわれがまだいると考えているようである。しかし現在その地点に、わたしの隊はほとんど誰もいない。非常にほっとする。敵の砲撃は、この陣地をほぼ瓦礫の山に変えてしまったからである。

七時ごろ、非常に縦深に構えた前哨に配置されている第一中隊に対して、東から強力な敵が向かってくる。また、ニコレスティ近くの窪地も、ルーマニア兵で溢れかえっている。このとき、北西方向を警戒している第六中隊より、敵の攻撃準備に関する報告が入る。もはや疑念の余地はない。ルーマニア兵は、八月一九日にわれわれが奪った土地を、ふたたび取り返そうとしているのである。すみやかに防御に切り替えるときである。

起伏に富み樹木も立ち並ぶこの地形上に、連続した前線を構築しなければならない。開いてしまっている北翼については、特別に兵を配置する必要がある。午前中、こちらに激しい砲撃を浴びせ続けているルーマニア軍陣地を占領するという案が出るが、わたしは却下する。ルーマニア軍は、その陣地を砲撃しうる範囲内に侵入しており、同陣地については細部にいたるまで知り尽くしているのである。この陣地のなかで防御戦闘を行う場合、われわれは深刻な損害を出すこと必至である。わたしは斜面前面の陣地を、東の森のなかに移すことにする。それが余計に汗を流すことになり、また強力な敵と接触するまでに使える時間が非常に限られているとしても、この措置は必要である。

わたしは、作戦地域にて、急いで必要な命令を出す。第一中隊の歩哨は、強力な敵の進撃を遅らせるために、戦いながら後退するものとする。その間に各中隊は、塹壕を構築する。粘土質の地面には、ショベルがすぐに深いところまで入る。予備隊は、前線の各中隊が陣地を構築し、複数の交通壕を作るのを手伝う。さて、前哨は、敵に押されながらこちらの陣地まで戻るが、そのとき陣地の深さはすでに、人の高さほどになっている。まもなく敵の強力な戦力による攻撃が始まる。しかしこれは、至近距離でたやすく撃退することができる。するとルーマニア軍の側も塹壕構築に取りかかる。彼らは、われわれの陣地前方五〇メートルのところで塹壕を掘り始める。ルーマニア軍の砲兵隊は、森のなかにあるわれわれの斜面前面の陣地を狙うが、無駄に終わる。ルーマニア軍砲兵隊は、彼らの味方の部隊を危険にさらすことなしに、われわれの新陣地を砲撃することはできないので、高地の上方にある、元のルーマニア軍陣地を砲撃するにとどめている。

こうした理由から、東の前線（第四中隊および第一中隊）の戦闘については、あまり心配がいらない。しかし北と北西では事情が異なる。そこには大きな隙間が開いてしまっているのである。

左手への接続（第一八バイエルン予備歩兵連隊第一大隊）は、コスナ山の北東斜面、四九一高地から山頂へ延びる尾根のところでなされている。このため、北に配置されているルーマニア軍の勢力が、窪地のなかを通り、われわれの背後に回り込んで登ることに成功してしまう。これまで予備隊だった第三中隊は、第五中隊の左翼と、第一八連隊第一大隊のあいだの隙間を閉じねばならない。第三中隊は、数の点で圧倒的に優勢な敵に対し、見通しの利かないやぶの多い土地で、非常に厳しい状況に立たされるが、それでもなんとか持ちこたえる。

毎時間、戦闘は激しさを増す。日中、準備砲撃がくりかえしなされ、そのたびに、われわれの陣地に向けて敵の突撃が行われる。その回数はおそらく二〇回を数える。われわれの陣地は敵により半円状に包囲されている。われわれの少ない予備隊は、戦闘の一つの焦点から、別の焦点へと再三にわたり移動を強いられる。敵の砲撃は、われわれが押さえていた尾根をめちゃくちゃにする。しかし山岳兵たちが動揺することはない。敵が被っている損害に比べれば、こちらの脱落者数は少なく、合計で二〇名というところである。

さて、おそらくこれまでの数日間、心身を消耗させる活動が続いたためだろう、わたしは尋常ではない疲労を覚え、横になった姿勢でしか指示を出すことができなくなってしまう。午後には高熱が出る。熱にうなされ、わけの分からないうわ言を口走る。もういよいよこれでは、これ以上の指揮を執ることはできない。夕刻、ゲスラー大尉に指揮権を委任し、重要事項について申し送りを行う。夜の帳が下りてから、コスナ山を横切るかたちで尾根を下っていき、司令部の丘の南西四〇〇メートルにある集団の戦闘指揮所まで戻る。

ヴュルテンベルク山岳兵大隊は、八月二五日まで、ルーマニア軍の攻撃をすべて受け止め、陣地を維持する。この日以降、同大隊は、第一一予備歩兵連隊と交替し、師団予備として前線の後方に退く。

コスナ山をめぐる諸戦闘は、恐ろしいほど多数の若い兵たちの犠牲を要求した。二週間半で五〇〇名の兵が脱落したのである。六〇名の勇敢な山岳兵がルーマニアの地に倒れた。たしかに東部戦線南翼を瓦解させるという攻勢の目標は達成されなかった。しかし、それにもかかわらず山岳兵たちは、粘り強く勇敢な戦いぶりを見せた。装備の点で優勢であった敵に対しても、自分たちに与えられた任務を、つねに模範的なかたちで果たしてきたのだった。わたしは、自分がこうした部隊の指揮官であったということを、喜びとともに、一生誇りに思うのである。

コスナ山での困難な日々ののち、バルト海沿岸《オストゼー》で数週間の休暇が与えられ、わたしは健康を取り戻す。

考察

一九一七年八月二〇日の防御の際、主戦闘線は、斜面前面の深い森林地帯に移された。これは、予期されたルーマニア軍砲兵隊の猛烈な威力を無効にするためである。この措置は完全に報われるかたちとなった。なぜなら戦闘のあいだ、敵は、こちらのうまく隠された主戦線を、砲撃により捉えることができなかったからである。

戦闘前哨が戦闘を行いながら主戦場へ移動するあいだ、そこでは陣地が構築されていた。主戦場では、各予備中隊が、前線に向け、姿を隠して移動できる交通壕を構築するために投入された。敵火のなか、損害を出さずに、あるいは万が一損害が出ても、それをわずかなものにとどめて、あらゆる種類の補給を行い、また負傷者の搬出を実施するためには、こうした交通壕が重要だったのである。このあとも、予備隊は指定された場所に塹壕を掘った。

八月二〇日の防御戦では、目まぐるしく変わる戦闘の焦点に予備隊を投入することが必要となった。危険が迫っている場所では、予備隊が縦深区分で配置され主戦場を確保しなければならなかった。その際、最前線を予備隊で強化することは、できるかぎり回避された。

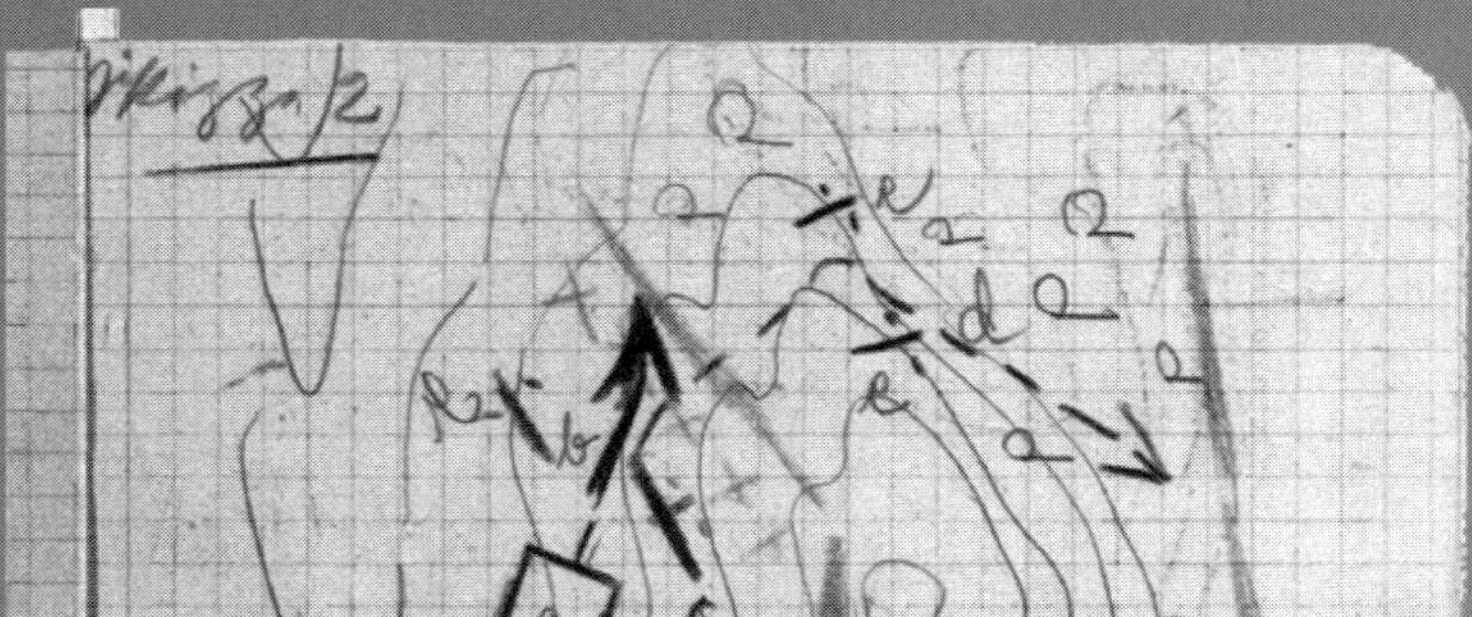

ルーマニア戦線、ロンメル直筆のメモ、その1

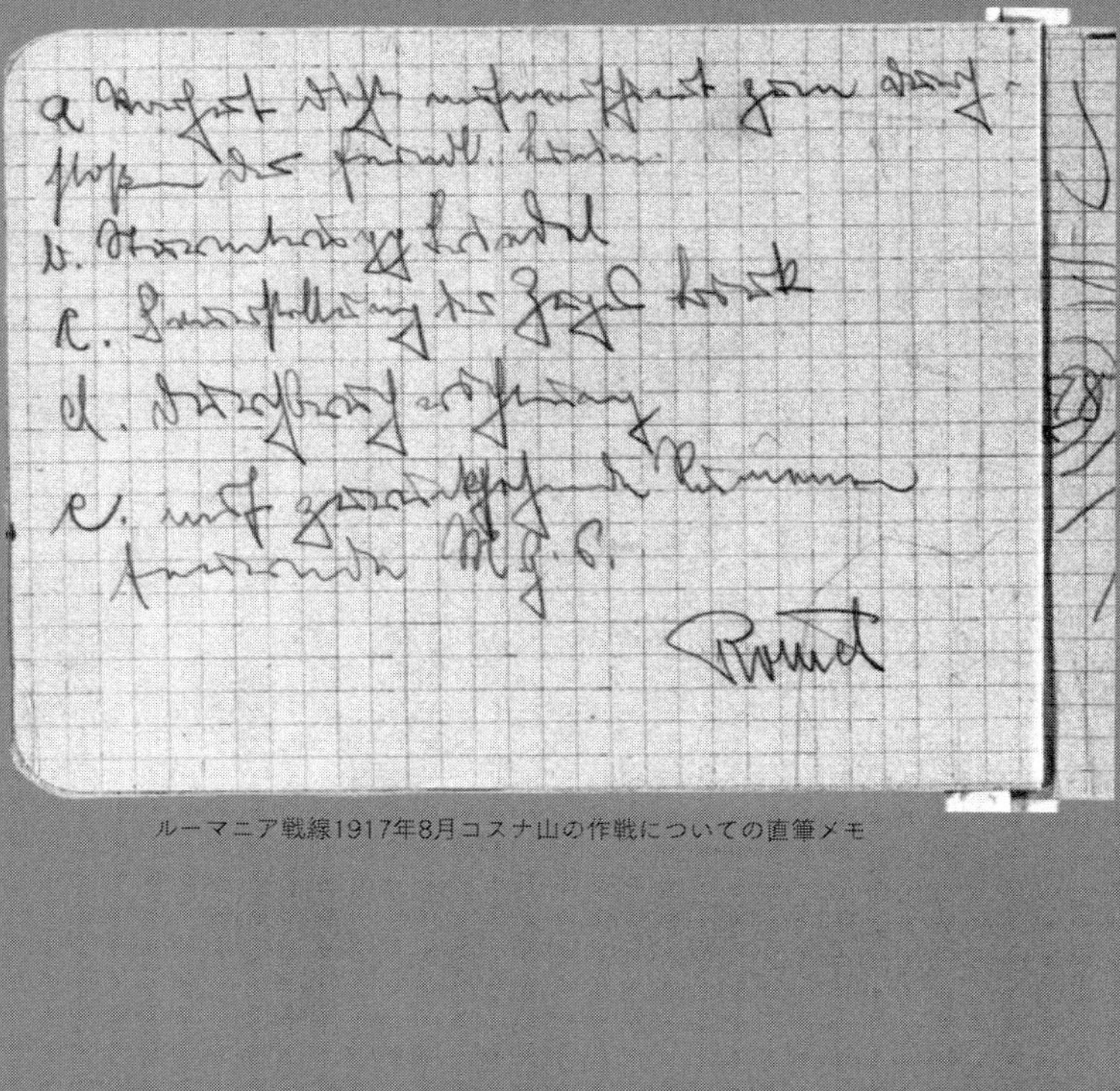

ルーマニア戦線1917年8月コスナ山の作戦についての直筆メモ

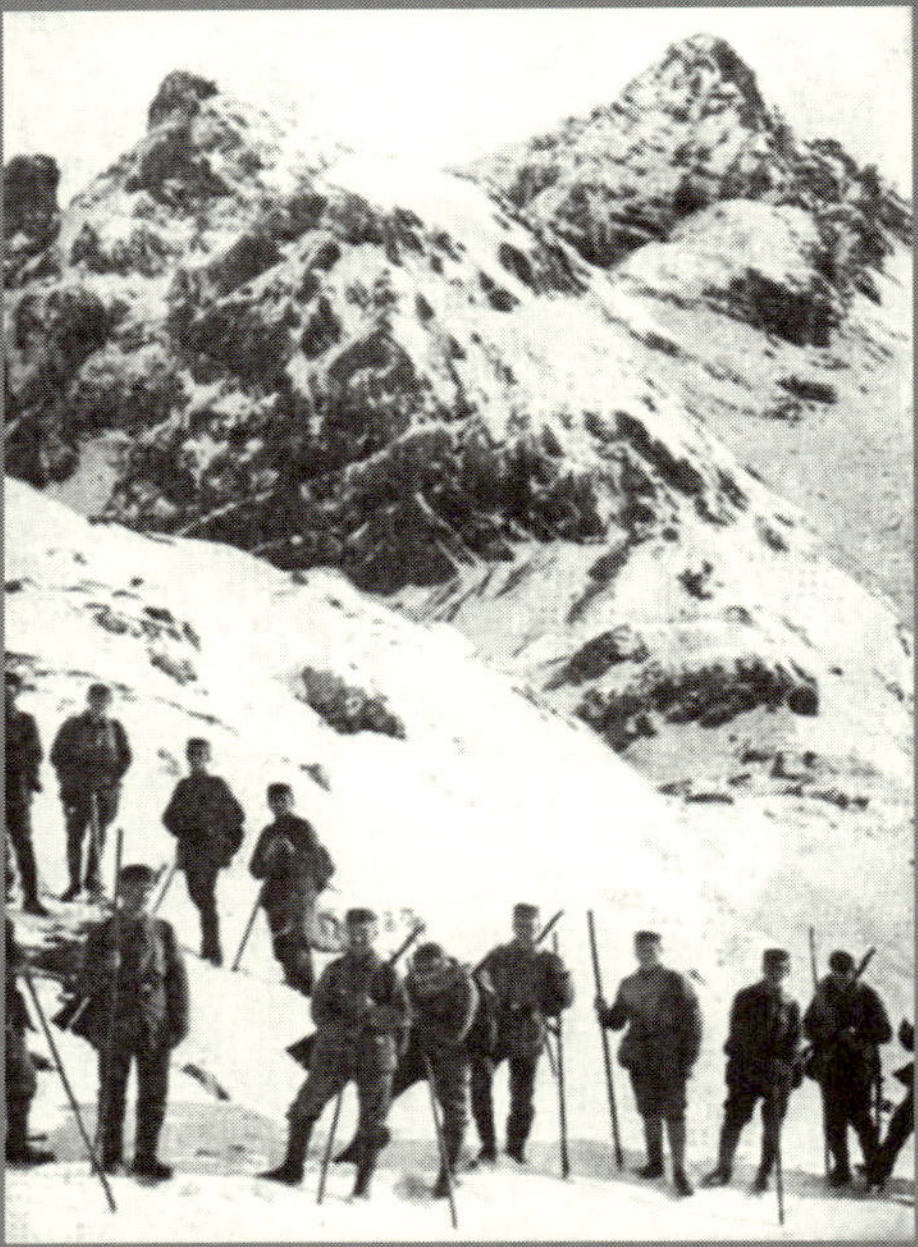

カルパチア山脈のオーストリア＝ハンガリー軍

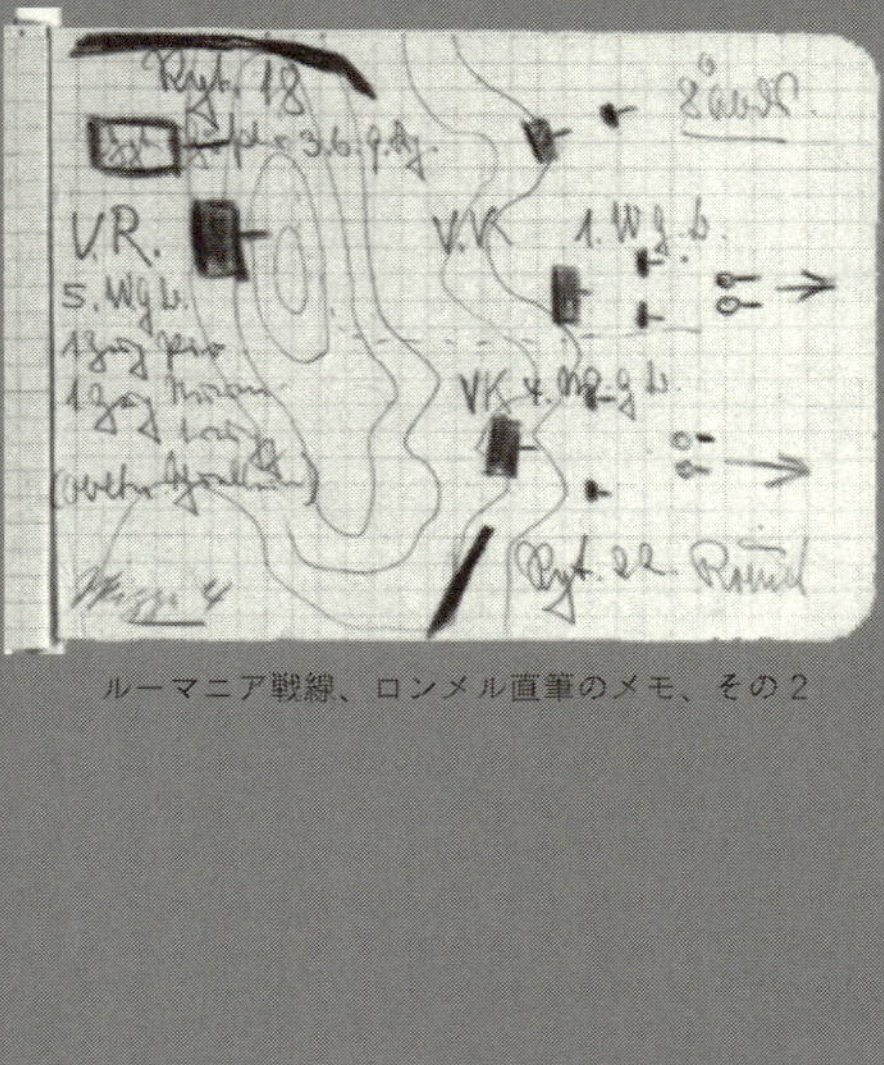

ルーマニア戦線、ロンメル直筆のメモ、その２

V. Angriffsschlacht bei Tolmein 1917

第五部　トールミン攻撃会戦、一九一七年

第一二次イゾンツォ攻勢への進発および戦闘準備

ケルンテンはすばらしく美しい土地である。ヴュルテンベルク山岳兵大隊は、マケドニアを経由して同地に送られた。一〇月初旬、わたしはここでふたたび自分の隊を引き受けることになったのである。コスナ山で発生した欠員のための補充兵がすでに到着している。さらに、各小銃中隊の戦闘力は、軽機関銃の配備により根本的に強化されることになる。短い休息の時間は、この新しい武器の徹底的な訓練のために費やされる。

それにしても、軍司令部が、われわれに何をさせようとしているのか、見当がつかない。イゾンツォ戦線とは、いったいどういうことなのか。

一九一五年五月の戦争勃発以来、イタリアで行われた各作戦の主要目標は、トリエステを獲得することであった。この戦争の二年間、イゾンツォ川の下流で行われた一〇次にわたる攻勢は、オーストリア軍をゆっくりと、しかし絶えず押し込んでいた。一九一六年八月の第六次イゾンツォ攻勢では、イタリア軍は、

ゲルツ［ゴリツィア］近郊、イゾンツォ川東岸で足場を固め、ゲルツの町を占拠することに成功した。

一九一七年八月に始まった第一一次イゾンツォ攻勢は、カドルナ［伊：ルイージ・カドルナ将軍］により、西部戦線での攻勢を手本として行われた。五〇個師団の歩兵部隊は、大砲五〇〇〇門の掩護を受けつつ、ゲルツと海に挟まれた狭い空間に攻撃を行った。勇敢なオーストリア軍部隊は、イタリア軍の最初の成功こそ、なんとか押し戻したが、しかし攻勢の第二の局面でイタリア軍は、イゾンツォ川中流を渡河し、バインジッツァ高原を獲得した。われわれの同盟諸国は、同地で最後の戦力を投入し、イタリア軍の攻撃を停止させることに成功した。九月上旬まで激しい戦闘は続き、その後沈静化した。さて、カドルナは、目下、第一二次イゾンツォ攻勢に向けた準備を行っている。イゾンツォ川中流東岸にイタリア軍が新しく獲得した土地は南東より高くなっているが、彼らはこの場所から、次の攻勢に向けた絶好の眺望を得ている。そして、イタリア軍の目標であるトリエステは、手が届くほどの近さになっているのである【図40参照】。

オーストリア軍は、予測されるこの新たな攻勢に、自分たちがもはや太刀打ちできるとは思っていなかった。そのためオーストリアは、ドイツに助けを求めてきたのである。ドイツ軍最高司令部は、西部戦線の諸攻勢（フランドル地方およびヴェルダン）で被った巨大な戦力の浪費にもかかわらず、歴戦の七個師団から成る一個軍を派遣した。同盟軍は、イゾンツォ川上流の戦線において攻勢をかけ、敵からの圧力を減じなければならなかった。作戦の目標は、イタリア軍を、［オーストリア＝ハンガリー］帝国国境の向こうまで、もし可能であれば、さらにタリアメント川の向こうまで撃退することであった。

さて、ヴュルテンベルク山岳兵大隊は、新しく編成された第一四軍に組み込まれ、アルペン軍団に配属される。一〇月一八日、われわれは、クラインブルク地方の集結地点から、前線への前進を開始する。真っ暗闇のなか、ときおり激しい土砂降りに襲われながら、シュプレッサー少佐の行軍に向けて区分された支隊（ヴュルテンベルク山岳兵大隊およびヴュルテンベルク第四山岳榴弾砲大隊）は、ビショフラック［シュコーフィ

図 40　第 11 次イゾンツォ攻勢（縮尺約 1：750,000）

ア・ロカ」、ザリローグ、ポッドボルドを経由し、一〇月二一日までに、クネーツァまで移動する。この移動の際、指定された行軍目標には、そのつど、夜明け前までに到達することが求められる。また、明るくなるまでの時間に、万が一の航空偵察の可能性が考えられる場合には、各部隊は、考えられるかぎり最悪の、不快で狭い宿営に隠れることも強いられる。この夜間行軍は、ひどい栄養状態の部隊にとっては、あまりにも要求が高い。

わたしの部隊は三個山岳兵中隊と一個機関銃中隊から成る。わたしは司令部要員とともに、長い縦隊の先頭に立ち、ほとんどの場合、徒歩で行軍する。クネーツァは、トールミンの火線の東八〇〇メートルに位置している。一〇月二一日の午後、シュプレッサー少佐は、部隊指揮官たちを連れて、割り当てられた攻撃への部隊集結地点を偵察する。ここは、トールミンの南一五〇〇メートル、イゾンツォ川に向けて急な下りとなっているブゼニカ山（標高五〇九メートル、五〇九高地）の北斜面である【図41参照】。

さて、他より抜きん出て高いところに設けられた敵陣地から、多数のイタリア軍砲兵隊が、非常に強力かつ活発な擾乱射撃を行う。これは、前線のはるか後方に着弾する。弾薬という点でイタリア軍は、相当な余裕があるようにも見える。一一個中隊の戦力から成る大隊が戦闘準備を行うには、この割り当てられた作戦地域では難しい。何箇所かのガレ場《ゲレルハルデ》の端と、イゾンツォ川へ下っている狭く急なごく少数のルンゼだけが、この斜面上での作戦準備を可能にしている。他の場所は、まず登りようがない。心配なのは、敵がトールミン北西にある、マーツリィ峰（標高一三六〇メートル、一三六〇高地）上の他より頭一つ高い陣地から、ブゼニカ山の北斜面を、側面から丸見えに観察することができてしまうということである。また砲撃により、急斜面上で落石が発生する恐れもある。われわれは、これについても計算に入れておかねばならない。大隊は、戦闘準備のあいだ、約三〇時間の待機を強いられる。はたして事はうまく運ぶだろうか。いずれにせよわれわれは、この不利なすべての状況に、折り合いをつけていかなければならない。他の

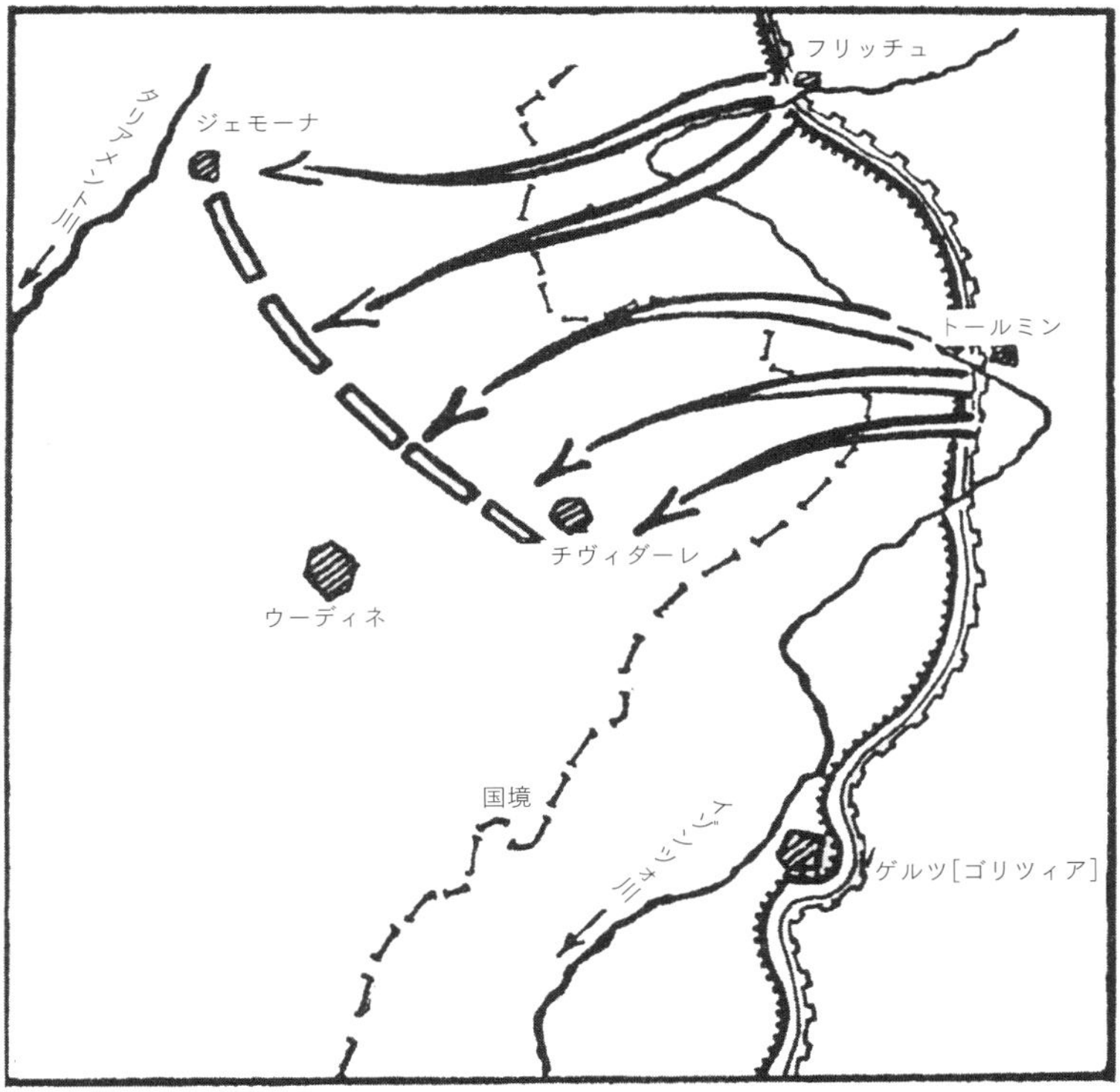

図41　第14軍攻撃図（縮尺約1：750,000）

可能性はないのである。トールミンの盆地で攻撃準備を行っている部隊の主力は、いかんせん規模として大きすぎるのである。イタリア軍の活発な砲撃が、とくにサンタ・ルチアとバーツァ・ディ・モドレージャ近辺の狭い山道に向けて行われている。そのなか、われわれは大隊へ戻る。さて、チェコ兵の裏切り者が出る。われわれが作戦計画全体について教えられていることは、このチェコ兵の裏切り者よりも、はるかに少ない。この日、この裏切り者は、トールミン北方への攻勢に関する命令書および地図一式を持って、イタリア軍へ寝返ってしまったのである。

一〇月二二日から二三日にかけての夜、大隊は、集結地点に移動する。その際、コロヴラートとイェーツァの高地上のイタリア軍陣地から、巨大なサーチライトが、進撃路を探るように照らし出す。ときどき強力な砲撃があり、われわれのただなかに着弾する。サーチライトの強くまばゆい円錐状の光のために、数分間、身動き一つせず、息を殺して地面に伏せざるをえなくなる。サーチライトの光がこちらをかすめて通り過ぎると、ただちにこの榴弾で危険な一帯を通過する。われわれは前進しながら、自分たちが、きわめて活発で装備も充実した敵の有効射程のなかに入ったのだという印象を持つ。

われわれはブゼニカ山の東斜面に、運搬用の駄畜を残さざるをえなくなる。ロンメル隊は、機関銃と弾薬の重い荷物を携えつつ、真夜中少し過ぎから、非常に苦労して斜面を登る。そしてようやく、自分たちに割り当てられたガレ場に到着し、荷物を地面に下ろす。損害を出すことなく危険地帯を通過し終えたことを、みなほっとして喜ぶ。しかし、休息をとることはとうてい考えられない。このわずかな夜の時間は、塹壕構築と偽装のために、すべて費やす必要がある。わたしは急いで各中隊に、それぞれの担当地区を割り当てる。幅二〇メートルから四〇メートルのガレ場西斜面上、前線に接続し北西に向けて下りとなっている細い道の両側に、司令部要員と二個中隊が陣取る。残りの二個中隊には、一〇〇メートル東の、幅の狭いルンゼが割り当てられる。全員が、それこそ将校までもが一兵卒のように、精力的に作業を進める。

あたりが明るくなるころ、斜面は死んだように静かになる。個人用掩体の上には、掩蓋として木の枝葉が被せられている。そのなかで兵士たちは、昨晩逃した睡眠を、少しでもとり戻すべく眠り込んでいる。

だがこの平和な静けさも、長くは続かない。斜面の上部にイタリア軍の榴弾数発が着弾する。落石が発生し、それが谷からイゾンツォ川に向け転がり、われわれのそばをかすめ、ガラガラと音を立てて落ちていく。もはや睡眠をとっているわけにはいかない。それにしても、敵は、われわれの部隊集結地点をすでに把握し、射程内に捉えているとでもいうのだろうか。こうした急斜面に重砲の榴弾の砲撃が続けば、壊滅的な結果をもたらすに違いない。

数分後、攻撃はまた次第に静かになる。しかしさらに一五分後には、こちらのすぐそばの別の場所で、榴弾の着弾がある。その後、しばらくのあいだ休憩をとる。このときイタリア軍の砲兵隊は、彼らの主要な活動をイゾンツォ渓谷のほうに転じている。日中、われわれは、下方のトールミン近辺の陣地施設および進入路に対する、大口径の砲の破壊的な威力を目にする。敵とは対照的に、こちらの砲兵隊はごくまれにしか砲撃を行わない。わたしが信頼している兵たちの状況がいったいどうなっているのか、その無事を心配しながら、丸一日が、無限にゆっくりと過ぎていく。

隠蔽が施された道を少し西に行けば、谷間にはっきりと、敵の最前線の陣地が見える。敵の最前線陣地は、トールミンの西、二・五キロメートルの地点でイゾンツォ川を横切り、そしてイゾンツォ川の南、ザンクト・ダーニエルのすぐ東を通り、ヴォルトシャッハの東端へ向かって延びている。陣地群、とりわけ鉄条網は、非常に巧みに構築されているように見える。この曇天では、残りの敵陣地について、あまりよく観察することができない【図42参照】。

敵の第二陣地は、トールミン北西九キロメートルのセリチェの周辺でイゾンツォ川を横切り、この川の南でヘヴニクを横切って、イェーツアに続いていく。第三陣地、おそらくこれはもっとも強固な陣地であ

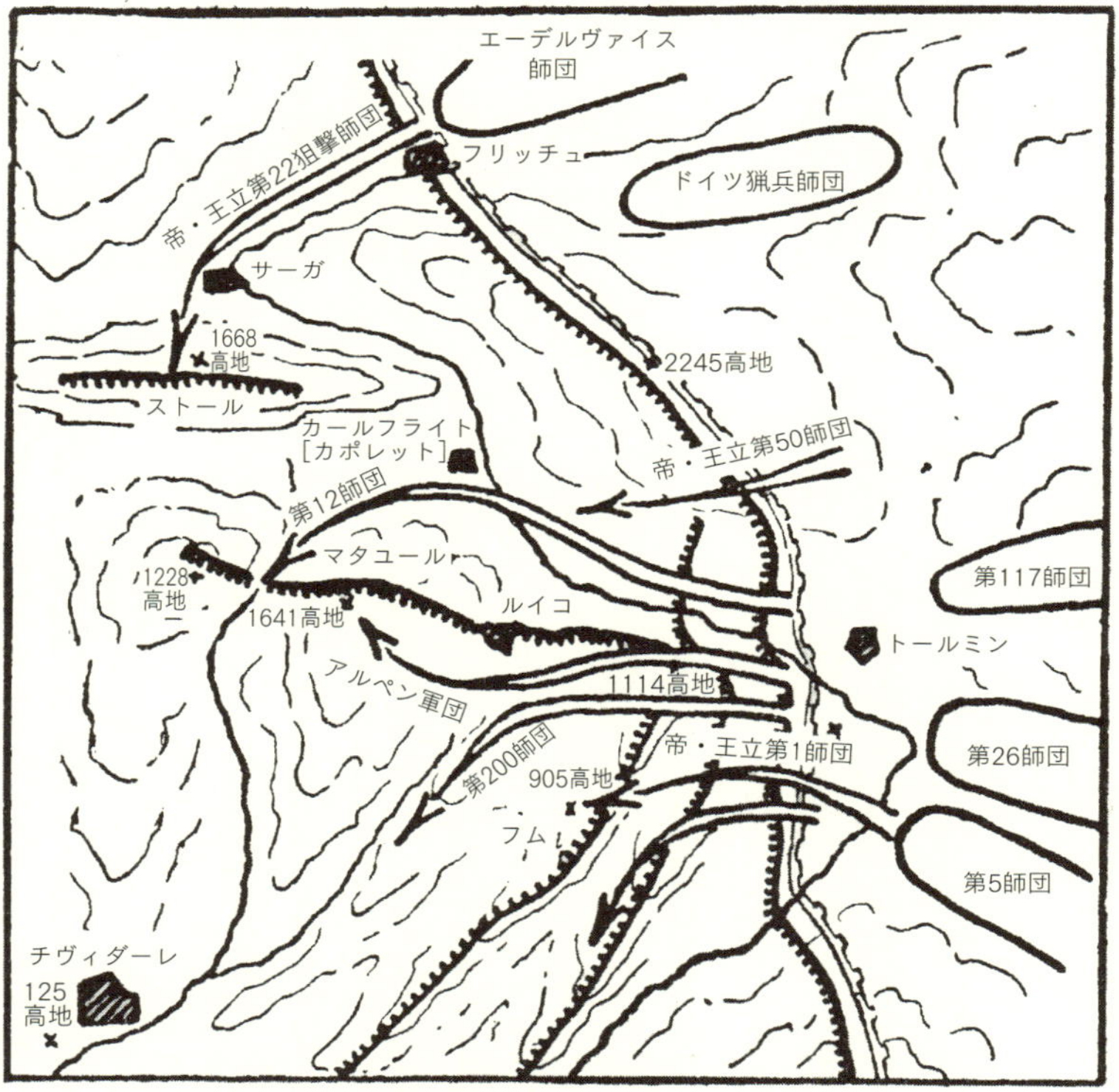

図 42　第 14 軍攻撃図（縮尺約 1：300,000）

るが、これをイタリア軍は、イゾンツォ川の南において、マタユール山（標高一六四三メートル）、マーツリィ峰（標高一三五六メートル）、ゴロービ村、クーク山（標高一二四三メートル）、一一九二高地、一一一四高地（ここで陣地は南西方向に鋭く曲がっている）から、クラブッツァロ村を経て、フム山にいたる稜線上に張り巡らせている。これは航空写真《フリーガービルト》で確認されている。なお、各陣地のあいだの一帯には、さらに独立した拠点があるとのことである。

さて、第一四軍の戦力は次のように配置される。

フリッチュ村にて戦闘配置を行っているのはクラウス集団であり（帝・王立第二二狙撃師団、エーデルヴァイス師団、帝・王立第五五師団、ドイツ猟兵師団）、焦点をサーガ村およびストール山に置いている。トールミン近隣およびトールミン南の橋頭堡陣地に戦闘配置を行っているのはシュタイン集団であり（第一二猟兵師団、アルペン軍団、第一一七猟兵師団）、主攻撃に備えている。この第一二猟兵師団は、谷を流れるイゾンツォ川の両岸から、カールフライト［伊：カポレット、スロヴェニア：コバリート］へ向けて前進せねばならない。アルペン軍団には、イゾンツォ川南に広がる高地の陣地、とくに一一一四高地、クーク山、マタユール山の奪取が任務として課される。

南には隣接して、ベラー集団が（第二〇〇猟兵師団、第二六猟兵師団）、イェーツァからザンクト・マルティーノを経由して、チヴィダーレに向けて配置される。

さらに南では、スコッティ集団が（帝・王立第一師団、第五猟兵師団）、イェーツァ南の陣地群を、さらにはグロボカクおよびフム山を占拠するように命ぜられている。

アルペン軍団の作戦地区では、イゾンツォ川南の橋頭堡陣地において、バイエルン近衛歩兵連隊および第一猟兵師団が、前線のオーストリア軍と交替を終えている。

近衛連隊の攻撃目標は、コヴァアク、ヘヴニク、一一一四高地、コロヴラートの尾根を経由して、ルイコ、ゴロービ、マタユールへ続く山道である。

第一猟兵連隊の攻撃目標は、ヴォルトシャッハ西の高地、七三二高地、および南東の一一一四高地である。

ヴュルテンベルク山岳兵大隊の任務は、近衛連隊の右側面を防御すること、フォーニーの敵砲兵隊陣地を占拠すること、そして近衛連隊のあとに続きマタユールに向かうことである。

さて、一〇月二三日の晩にかけて、どんよりとした天気となり、あたりには薄くもやが立ち込める。部隊集結地点に糧食を載せた駄畜が到着したのは、日が落ちてからとなる。空腹が満たされるや誰もが、目前に迫った攻撃実施日に備え、できるかぎり寝だめをしておこうと塹壕の壁の窪みのところに腰を落ち着ける。しかし、真夜中過ぎ、霧雨が降り、天幕用の布の下に頭を引っ込めることになる。ただし、攻撃にはまさにおあつらえ向きの天気である。

考察

トールミンでの攻撃戦へと進発すること、そして攻撃配置に就くこと自体が、すでに各部隊にとっては、過大な要求であった。それでもわれわれは、非常に苦労を強いる夜間行軍を、頻繁に土砂降りが続くなか実施し、カラヴァンケン山脈を踏破したわけである。その距離は直線距離で、およそ一〇〇キロメートルにも及ぶ。日中、部隊は、敵の飛行機から身を隠しながら、きわめて狭い宿営を使わねばならなかった。また、糧食は乏しく、内容も単調なものであった。しかしこうしたすべての悪い状況にもかかわらず、士気そのものは上々であった。部隊の面々は、この三年間の戦争で、困難な状況にあっても、気力を失うことなく、これを耐え忍ぶことを学んだのである。一九一七年一〇月二二日から二三日にかけての夜、部隊集結地点へと前進する際、機関銃中隊と山岳兵中隊の一部は、弾帯状になった機関銃の予備弾薬を携行していった。これもコスナ山の戦いにより、山中での弾薬補給の難しさが周知されていたがゆえの措置である。

部隊集結時点は、敵の強力な急襲射撃が予想されたので、部隊は夜間のうちに塹壕を掘った。そして夜が明ける前に、この新しくでき上がった陣地構築物に対し、注意深く偽装を施したのである。日中、部隊が集結地点で糧食をとることは不可能であった。駄畜は、周囲が暗くなるのを待たないと、部隊に温かい食事を届けることができなかったからである。

第一次攻撃実施日――ヘヴニク、一一一四高地

一九一七年一〇月二四日午前二時、真っ暗な雨の夜、これまで沈黙を守ってきたこちらの砲兵隊が攻撃準備射撃を開始する。まもなく、イゾンツォ川両岸に陣取る一〇〇〇門以上の大砲の砲口が火を吹く。敵陣地には絶え間なく、砲弾の炸裂音、爆発音が響き渡る。まるでひどい雷雨のように、巨大な音が山々にこだまする。われわれはこの恐るべき光景を、驚嘆しながら見つめている。

イタリア軍のサーチライトは、雨を貫こうとするがうまくいかない。われわれは、敵がトールミン一帯に集中射撃を仕掛けてくると予想し、恐れていたのだが、結局そうした攻撃は行われない。敵のうち、ドイツ軍の砲撃に応じることができているのは、ごく少数の砲兵隊だけである。これはこちらを非常に安心させることである。われわれは、ふたたび遮蔽物の陰に戻り、半分眠りながら、自軍の砲撃が次第に弱まっていくのを聞く。

夜が明けるころ、自軍の砲撃は、ふたたび激しく勢いを増す。このとき、下方のザンクト・ダーニエルでは、ミーネンヴェルファーの砲弾が敵の陣地と障害物群を破壊しているのが見える。しかし、もうもうと立ち昇る煙のために、一時的に敵の陣地施設はまったく見えなくなってしまう。こちらの大砲とミーネンヴェルファーが巻き起こす炎の渦が、いっそう激しさを増す。敵の反撃は弱いように見える。

夜が明けてすぐ、ヴュルテンベルク山岳兵大隊は、部隊集結地点を出て、前進を開始する。このとき雨が強くなり、極度に視界が利かなくなる。ロンメル隊は、先行して急ぐシュプレッサーの幕僚のあとを追いつつ、イゾンツォ川に向かうガレ場を下る。下に到着すると、われわれはイゾンツォ川の切り立った岸のすぐ上方、バイエルン近衛歩兵連隊の右翼後方に移動する。数発の榴弾が、長い複列縦隊の両側に着弾するが、損害は出ない。複列縦隊は、最前線のすぐ後方で停止する。雨が服に染み透り、全身濡れねずみとなる。みな震えながら、攻撃開始は今かと待ち焦がれている。しかし毎分は、ただゆっくり経過するのみである。

突撃開始前の最後の一五分間、砲撃は途方もないほどの激しさにまで達する。数百メートル前方にある敵陣地には砲弾が着弾し、煙がもうもうと渦を巻いている。谷には灰色の煙がゆらゆらと揺れて流れている。この煙は、数時間にわたる砲撃の結果である。谷に低く垂れこめた雨雲が、ヘヴニクとコロヴラートの円頂を覆っている。

八時になる直前、こちらの前方にいる突撃隊は、自分たちの陣地を去り、敵へと接近を開始する。大混乱状態にある敵は、この動きを確認することもできず、これに抵抗する動きも見せない。突撃隊の移動によって空いた場所を使い、われわれも突撃へ向けた戦闘準備を行う。

八時である。自軍の大砲およびミーネンヴェルファーの砲弾が、敵に向けて飛んでいく。前方では近衛連隊が突撃に打って出る。われわれは、近衛連隊の右翼にぴったりとついて、半ば右に移動し、ザンクト・ダーニエル周辺の敵陣地群を獲得する。瓦礫と化した陣地から、守備隊の残存兵力が、手を挙げてこちらに急いで向かってくる。不安に満ちた面持ちである。さて、われわれは、自分たちをヘヴニク北斜面から切り離している広い平地を横断し、前進を続ける。だがヘヴニクの東支脈からは、機関銃による銃撃があり、あちこちでこちらの前進は阻止される。しかし、この遮蔽物もない平地に対する攻撃は継続される。

近衛連隊は、ヘヴニク東斜面を目指して進もうとしている。目標は、その北東斜面である。シュプレッサー少佐は、彼の司令部要員とともに、その北東斜面に先乗りしている。一方、重い背嚢、機関銃、そして弾薬を持った兵たちは、このように素早く前進することはできない。

一七九高地に着くと、そこからは、樹木のあるヘヴニク山の上り斜面となり、これが左手の高地からの銃撃を防いでくれる【図43参照】。

このとき、すべてのロンメル隊が、この姿を隠すことのできる斜面に到着を果たす。シュプレッサー少佐の命令により、ロンメル隊はヴュルテンベルク山岳兵大隊の前衛として、ヘヴニクの北斜面、フォーニーへと通じる小道上に進撃する。第一中隊の一個分隊が、ザイツァー上級伍長の指揮のもと、前衛部隊を務める。この前衛部隊の後ろを、一五〇メートルの間隔を保ち、第一機関銃中隊一個小隊、司令部要員、第一中隊、第二中隊、そして第一機関銃中隊の残りが続いていく。わたしは、新しく自分の副官となったシュトライヒャー少尉とともに、前衛部隊の数メートル後ろで、縦隊の列に入る。

われわれが登っていくフォーニーへの小道は幅が狭く、やぶで厚く覆われている。おそらく敵は、この道をほとんど使っていないのだろう。小道の両側は、非常に切り立っていて、樹木が茂っている。秋の葉は、まだ木々に残っている。下草が鬱蒼と茂っているため、数メートルしか視界がない。谷への視界が開けることはまれである。山肌に刻み込まれた深いリンネは、イゾンツォ川に通じている。下の谷、そして

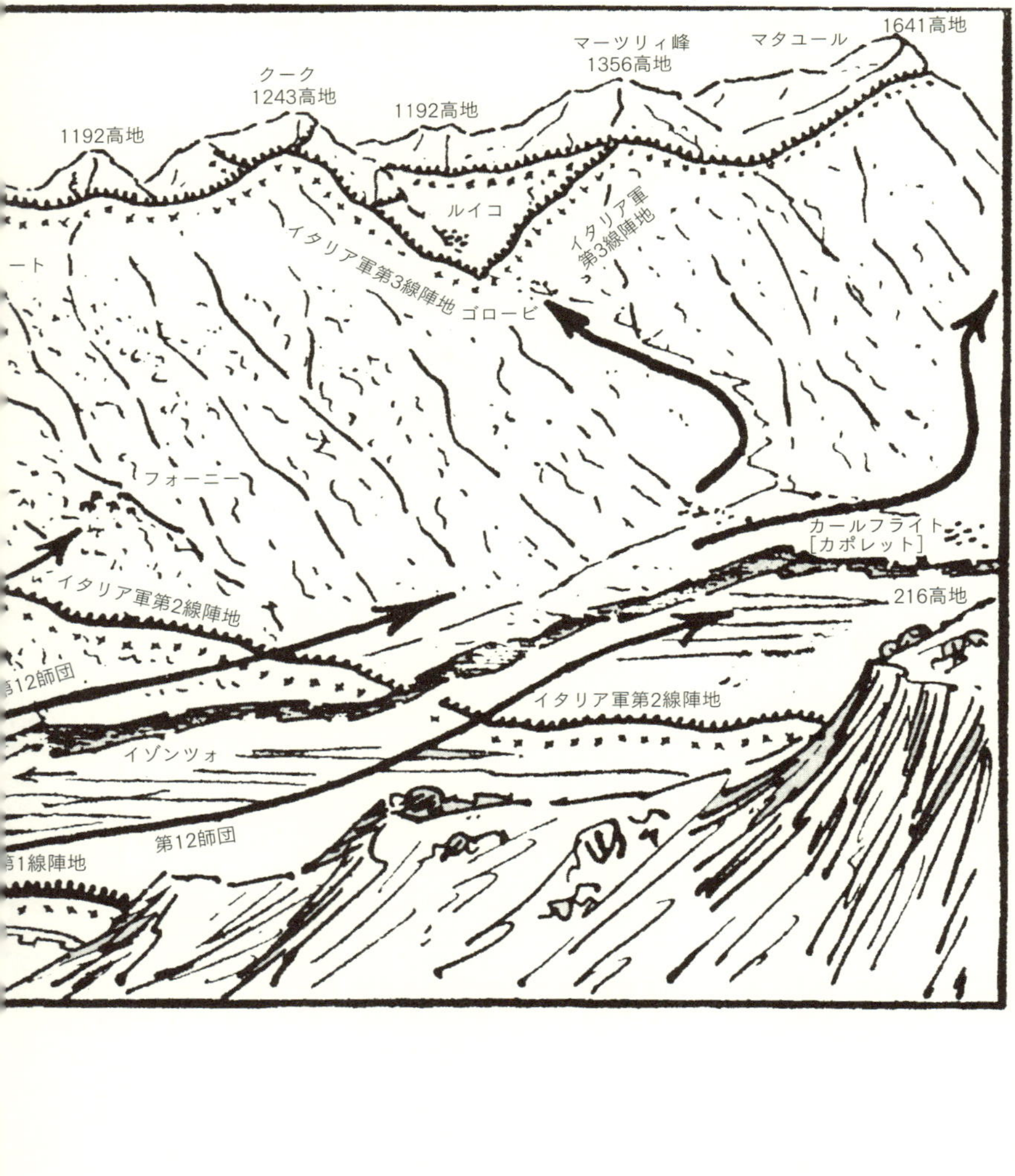

トールミン攻撃会戦、1917年

図43　第14軍の攻撃——北東からの眺望

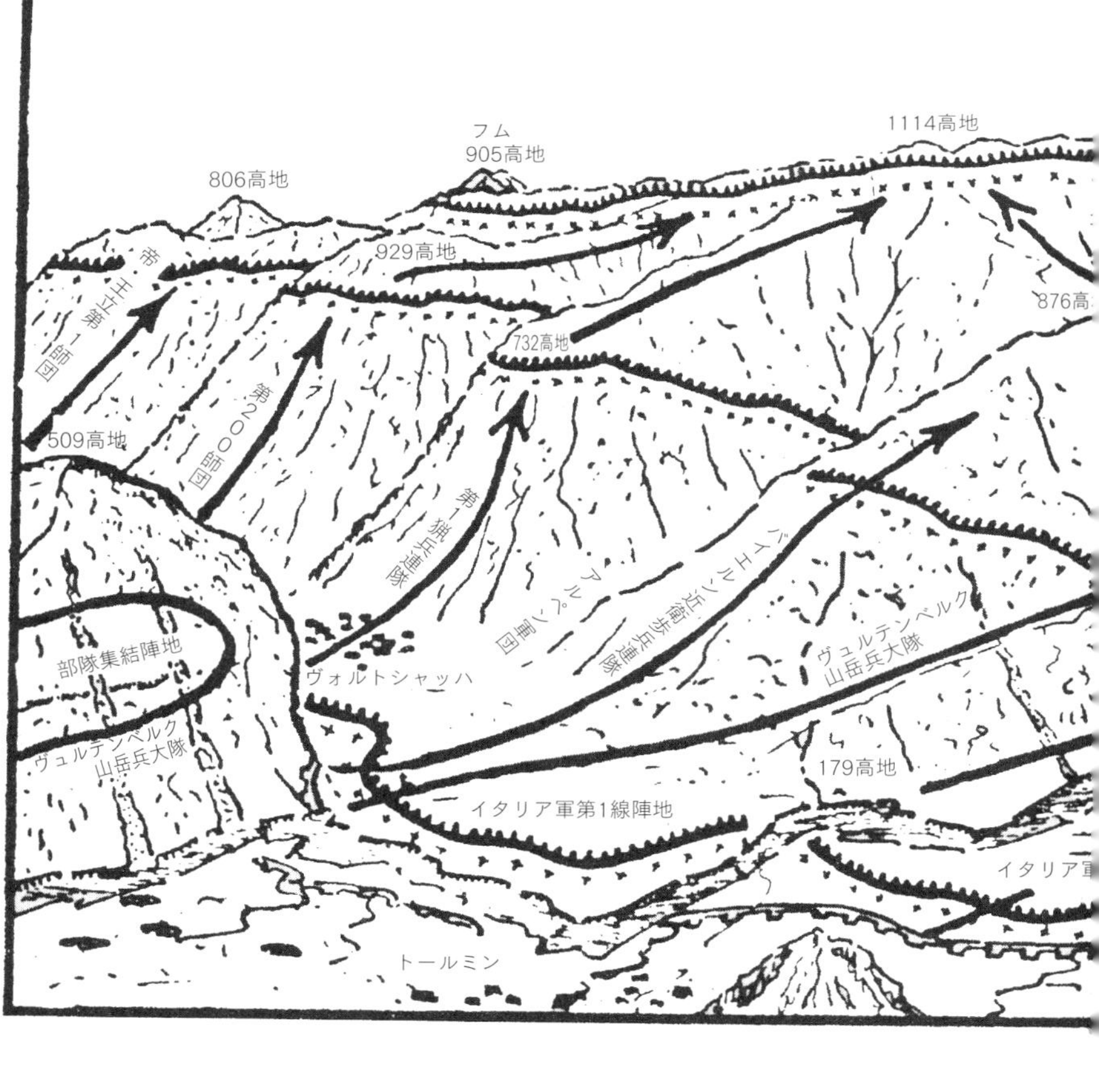

近衛連隊がいると思われる左手後方方向からは、ドイツ軍の重砲の榴弾が着弾し、鈍い響きを立てている。前方の斜面は、不気味なほど静かである。いずれにせよ、斜面上のどこかの地点で敵と接触することは間違いない。この山林では、自軍の砲兵隊に助けてもらうこともできない。われわれはまったく自力でやっていくしかない。

前衛部隊は、極度の注意を払いつつ前進し、しばしば停止しては、彼らの前方に広がる森に耳をすませる。そしてまた前進を再開する。しかしながら、こうした一切の用心が無駄に終わる。敵は待ち伏せをしていたのである。八一四高地の一キロメートル東で前衛部隊は、突然至近距離から機関銃により銃撃を受けてしまう。わたしのもとに、「敵は前方、鉄条網の後ろに構築された陣地内、前衛部隊五名負傷」との報告が届く【図44参照】。

それにしても、砲兵隊の支援を欠いた状態で、急斜面の道の両側に鬱蒼と茂る下草を抜け、障害物を通過し、さらに非常に注意深く巧みに陣地を構築している敵に対して攻撃を加えることなど、わたしには成功の見込みがないか、あるいは厳しい損害を覚悟のうえでのみ実行しうる作戦であるように思われる。このためわたしは、運試しは別の場所で行うことを決意する。

先に送っていた前衛部隊は、敵と接触した状態のままである。わたしは第一中隊の別の分隊を新しい前衛部隊とし、敵陣地の約二〇〇メートル前方のリンネを、南へ向けて登らせる。これは、対峙している敵を、左手上方から包囲することを狙っての措置である。この件につき、シュプレッサー少佐に報告を送る。

この間、現在の状況下で登攀を続けることが、大きな困難をともなうものであるということが見えてくる。わたしとシュトライヒャー少尉は、新しく設定された前衛部隊の約四〇メートル後方を進み、ルンゼにとりつく。われわれの後ろには、重機関銃の操作員がぴったりと続いている。彼らは、分解した武器を肩に担いだ状態である。

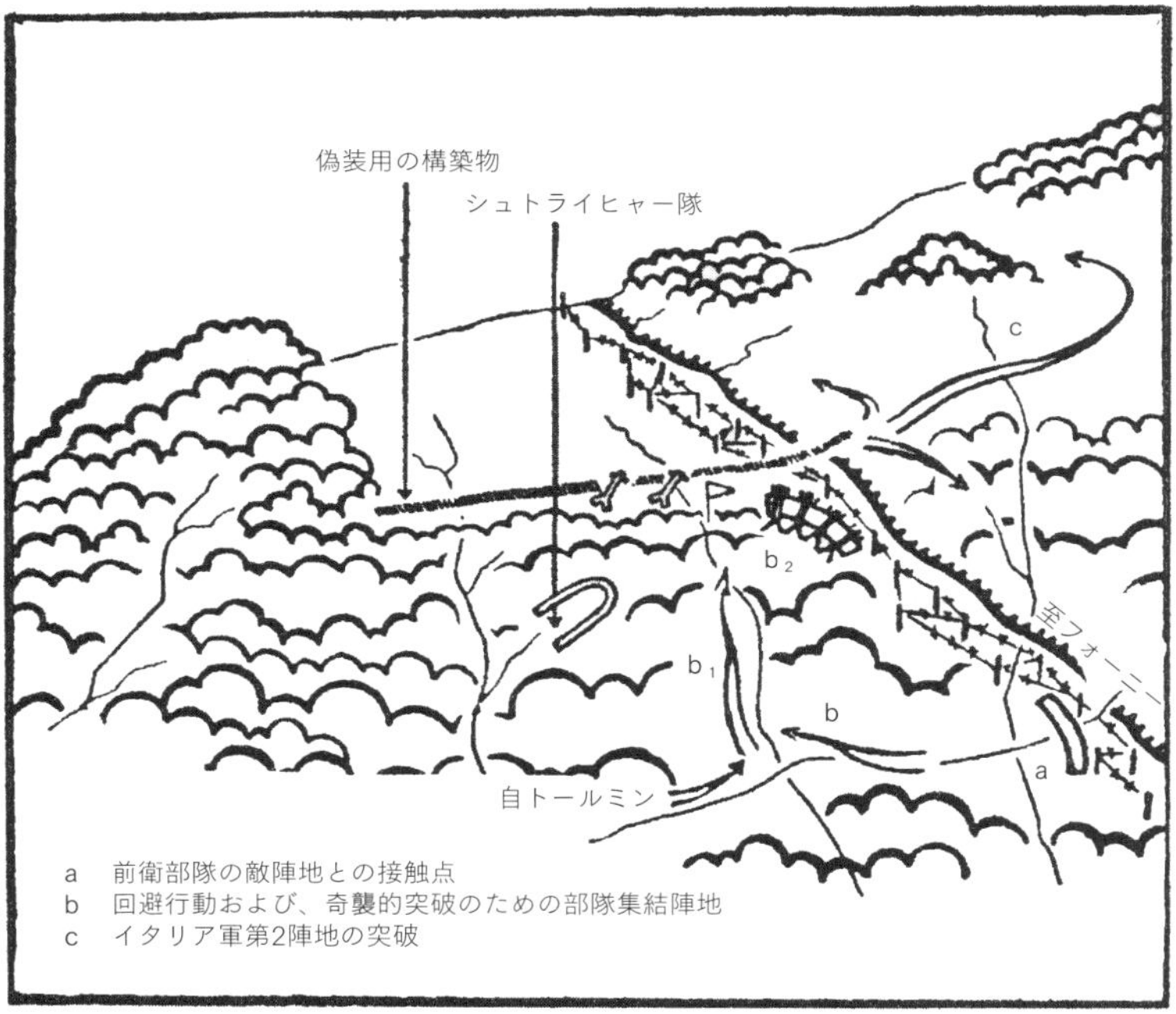

図44　1917年10月24日――北からの眺望

次の瞬間、上から一ツェントナーほどの重さの岩の塊が、ジグザグに動きながら、われわれの頭上に轟音を立てて落ちてくる。ルンゼの幅は三メートルほどしかない。脇に避けることは難しい。しかし後退することも、もはや不可能である。この巨大な岩が直撃した者は、木っ端微塵になってしまうにちがいない。一瞬でこれを悟る。全員、ルンゼの左の壁に体を押し付ける。岩の塊はジグザグの軌道を描きながら、われわれのあいだをすり抜け、谷の方向に落ちていく。結局、一人も擦り傷すら負わずにすむ。

　わたしは、イタリア軍がこちらの頭上に故意に岩を落としたのだろうかとも考える。しかしその推測は正しくないと判明し、ほっとする。この岩は、前衛部隊が踏み抜いたことで発生した落石であったのである。

さらにわれわれは登攀を続ける。しかし、落石により、わたしの右の長靴のかかとの紐が千切れてしまい、さらに挫傷まで負ってしまう。続く半時間、わたしは二名の兵の手を借り、相当な痛みに苦しみながらも、なんとか前進する。

こうしてようやく、険しいルンゼを踏破する。土砂降りの雨のなか、全身ずぶ濡れになったわれわれは、深い下草のなかを通り抜ける。そして全方向に目と耳を働かせ、周囲に注意を払いながら、斜面をさらに登っていく。

前方の森が次第にまばらになる。地図によると、自分たちがいるのは、八二四高地の東一〇〇メートルで間違いない。われわれは細心の注意を払いつつ、森の端に向けて静かに移動する。

ここで偽装された小道を発見する。これは東の方向に、斜面を下るかたちで延びている。その後ろには、樹木のない禿げた斜面に、念入りに鉄条網を張り巡らせた連続陣地が構築されているのを確認する。この陣地は、ライチェ峰の方向に上りとなって続いている。しかし、この敵陣地は、まだ死んだように静かである。また、ドイツ軍はこれまでのところ、この陣地に砲撃を行っていない。わたしの腹は固まる。すなわち、多数の重機関銃による短時間の急襲射撃のあと、森の端に沿って、左翼とともに奇襲的な突破を試みる、という案である。現在の状況は、一九一七年八月一二日および一九日に行われたコスナ山攻略の直前の状況を、はっきりと思い出させるものである。

茂みに隠れて配置に就いた重機関銃小隊の掩護を受けつつ、わたしは、敵が森のなかに構築した障害物の前方六〇メートルの地点にある窪みのところで、部隊に攻撃準備態勢をとらせる。山岳兵たちの戦闘規律は飛びぬけているので、土砂降りのなかであっても、一切の行動は物音を立てずに進められる。イゾンツォ渓谷の遠く離れたところで、戦闘音が響いている。後方左手のもう少し近い地点では、近衛連隊が尾根上にて戦闘を行っているようである。われわれの周囲および上方の草地は、深い平和に包まれているように見える。しばしば敵の陣地内、および陣地後方で、何人かの人間が動き回っているのが見える。これは、敵がまだこちらの接近状況を予期していないということの表れである。このとき、左手後方六〇メートルの地点に、ドイツ軍の榴弾が散発的に着弾する。前方に存在する陣地は、その延び具合からして、われわれが四五分前に突き当たった、フォーニーに通じる道の両側の陣地と繋がっているはずである。ということは、おそらくこれはイタリア軍の第二陣地に関連したものである。それにしても、このように鬱蒼とした下草の状態では、音を立てずにさらに接近するなどということは不可能である。部隊の準備はできているわけだが、わたしは攻撃を開始するべきなのか、あらためて考えてみる。まず六〇メートルにわたる下草の一帯、その次は敵の障害物が待っているわけである。もし敵が少数でも歩哨を設定しているならば、この戦闘をこちらの圧勝で終わらせるといったことは、とうてい計算できなくなる。

そのとき、森の左の端、われわれの横を走っている見事に偽装された小道が、わたしに新しいアイデアを与えてくれる。これまで、イタリア軍はこの小道を通るかたちで、より前方、すなわちザンクト・ダーニエル近くのイタリア軍戦線や、ヘヴニク東斜面の陣地守備隊、あるいは同所の着弾観測部隊詰所へと移動してきたのだと思われる。だが、われわれがこの場所にいるあいだは、イタリア兵はこの小道を利用することができない。この道は蛇行している。また南側の偽装は、斜面上方のイタリア軍陣地に向けて、うまく目隠しされたかたちになっている。そのため、上方の敵陣地からは、この道の上を動いているのが友軍なのか、それとも敵軍なのかを確認することがまず不可能である。敵の妨害がない場合、この道を通れば、敵陣地まで三〇秒である。もしわれわれが迅速に奇襲を行うならば、おそらく相手が一発も撃つ前に敵の守備隊を道の左右から拘束することができるだろう。まさに大胆不敵な男たち向けの任務といってよい。もし敵が抵抗するそぶりを見せれば、即座に機関銃中隊の掩護射撃のもと、全ロンメル隊により、前もって用意しておいた攻撃を開始するつもりである。

わたしは、堂々たる体軀の大男、キーフナー一等兵（第二中隊）に、八名の兵を預ける。そして、例の偽装された道を、あたかもイタリア兵が前方から戻ってきたかのように進んだうえで、敵の陣地に浸透《アインドリンゲン》し、可能なかぎり銃撃も手榴弾投擲も行わず、道の両側から敵守備隊を拘束するという困難な任務を与える。また、もし戦闘となってしまった場合には、全ロンメル隊により掩護射撃および支援を行うことを伝える。キーフナーはこちらの意図を理解し、一緒に連れていく仲間を選定する。

数分後、キーフナー斥候隊は、偽装された道を敵のいる方向に出発する。斥候隊の足音は一定のリズムを刻む。そして、その足音が消える。成功したのか、失敗か。われわれは緊張した状態で耳を澄ます。飛び掛かる準備はできている。また、いつでも連続射撃が可能な状態にもなっている。一発銃声があれば、三個中隊の突撃が始まる手はずである。ふたたび、長く不安な数分間が経過する。雨が立てる音以外には、森のなかで聞こえる物音は何もない。そのとき、足音がわれわれのほうに近づいてくる。一名の兵が小声で報告する。「キーフナー斥候隊は、敵の掩蔽部《ウンターシュタント》を一掃。イタリア兵一七名を捕虜にし、機関銃一挺を鹵獲。陣地内の敵は完全に虚をつかれた模様」。

これに続いてわたしは、全ロンメル隊を率いて、偽装された道の上を敵陣地に向けて進む。隊列は、第二中隊、第一中隊、第一機関銃中隊の順である。シールライン隊（第三、第六中隊、第二機関銃中隊）は、キーフナーの突入成功直前に、自分の指揮下に入っていたのだが、同隊もあとに続く。わたしは斥候隊を使って、音を立てぬように配慮しながら、各突入地点を両側に五〇メートルほど拡張させる。この間、歴戦の山岳兵たちは、土砂降りを避けようとして掩蔽部に逃れていたイタリア兵数十名を拘束する。斜面上方にいる敵は、分厚い偽装もあって、この六個中隊の動きにいまだ気が付いていない様子である。

わたしは、この敵陣地を、斜面を登る、ないしは下るかたちで側面から攻撃し制圧するか、それともへヴェニク山頂方向へ突破するか、選択を迫られる。わたしは後者を選ぶ。最初に頂上を確保してしまえば、斜面上のすべてのイタリア軍の陣地を側面攻撃し、包囲することは簡単である。われわれが敵の縦深地帯の奥に浸透すれば浸透するほど、その分、こちらの襲撃に対する敵の備えは弱いものであろう。したがって戦闘はより容易なものとなるはずである。左右との連携についてはあまり心配していない。ヴュルテンベルク山岳兵大隊の六個中隊は、自分たちの側面を防御することができるからである。ともかく、攻撃命令は次のようなものとなる。「この日の目標といった空間的、時間的な制約にはとらわれず、強力な予備隊が側面および後方に控えていることを意識して、ひたすら西へ猛進せよ」。

さて、第一機関銃中隊については、より前方に配置しておく。これは敵との接触の際、即座に強力な火力を使えるようにしておきたいからである。重機関銃手が背負っている装備は八〇ポンド［約四〇キログラム］に達し、彼らが全体の登攀の速度を決定する。この兵たちが実現している戦果がいかに巨大なものであるか、それを評価することができるのは、高山系の道のない地帯を、これと同じだけの荷物を背負い、同じような天候下で登ったことがある者だけである。依然として続く土砂降りのなか、われわれは一キロメートルほどの長さの複列縦隊を組み、やぶからやぶへと静かに前進する。そして窪地やリンネに身を隠しつつ、山を登り、次々と陣地を獲得する。しかしどの地点でも、戦闘にまで発展することはない。多くの場合、われわれは敵の陣地施設を後方から突いていく。われわれの突然の出現に、即座に降伏しないものもいるが、彼らは武器を置き去りに慌てふためいて、山の低い一帯に広がる森林地帯のなかに逃げ込んでしまう。われわれはこの逃げる敵の背に発砲することはしない。これは、上方にある陣地の守備隊を、いたずらに驚かさないためである。

この前進を続けるあいだ、われわれは何度も、自軍の強力な砲撃により危険にさらされる。しかし、この砲撃を前方に移動してもらうよう、発光信号を送ることはできない。なぜならそれは、敵守備隊の注意をわれわれに引きつけてしまうことになるからである。この間、ドイツ軍の重砲の榴弾が引き起こした落石により、部隊のうち一名の兵士が負傷する。

われわれはイタリア軍の、二一センチメートル砲台に浸透する。この陣地はガス砲撃《ガースベシュス》を受けていた場所である。掌砲員たちは忽然と姿を消している。榴弾の山が、巨大な大砲のすぐ脇に積まれている。岩を爆破して作られた待避壕《ウンターシュルブフ》と、弾薬貯蔵室は無傷である。一〇〇メートルほど上部のところで、中口径砲砲台のそばを通過する。念のため、そのなかも見ておく。この場所の大砲は、完全にこちらの砲撃を防ぐように、細く狭い射出口だけが穿たれた穹窖《きゆうこう》のなかに置かれている。ここでも掌砲員は、なんの痕跡も残さず、姿を消してしまっている。

一一時ごろ、われわれはヘヴニク山頂から東にかけて続いている尾根に到着し、そこで近衛連隊《ライバー》の第三大隊の各隊と連携する。しばらくのあいだ、彼らをともない、同一の高度で尾根に沿って進む。そして激しいドイツ軍の砲撃が行われているヘヴニク山頂へ向けて登っていく。近衛連隊は、自軍の砲撃が目標を別の地点に移すのを待つあいだ、休憩をとる。他方、わたしは、自分の各中隊を連れて、ヘヴニク北斜面と針路を変える。一二時ごろ、われわれは、戦う意思のある敵と接触することなく、ヘヴニク山頂（標高八七六メートル、八七六高地）へと登る。あたり一帯には敗走する多数のイタリア兵が見られる。その一部は捕虜として収容される。

雨はすでに上がっている。自分たちの上に重く垂れ込めている雲にも、動きが出る。ときおり一一一四高地およびコロヴラートの尾根への視界が開ける。しかしこのとき、これらの地点から、ヘヴニク山頂に対して、イタリア軍の激しい砲撃が開始される。おそらく山岳兵たちは、一一一四高地の前方にいるイタリア軍の着弾観測員に見つかってしまったらしい。わたしは、不必要な損害を避けるため、ヴュルテンベルク山岳兵大隊の両部隊を、北方向の危険な地域から退却させる。そして、これはヴュルテンベルク山岳兵大隊の任務に沿ったことであるが、この両部隊を使って、ヘヴニク山頂とフォーニーのあいだに広がる、敵砲兵隊の火網を掃討させる。わたしは、斥候隊を連れて、ヘヴニクの円頂南斜面とナーラード鞍部（標高八〇七メートル、八〇七高地、ヘヴニク山頂南西三〇〇メートル）を徹底的にパトロールする。われわれは、鹵獲した大砲にチョークを使って印をつけていく。その数は一七門にも達する。そのなかには、大口径の大砲も一二門ほど含まれる。イタリア軍が残した缶詰と、すでに調理された食事も発見する。これらが、こちらのひどい空腹を鎮めてくれる。

一五時三〇分、近衛連隊各隊のナーラード鞍部到着時、わたしは自分の両部隊を集結させ、鞍部に向け移動する。半時間後、近衛連隊第三大隊が、一〇六六高地《ナーラード》を経由し一一一四高地へいたる偽装された狭い山道を登ってくる。近衛連隊の右翼側面の防御を行うという、ヴュルテンベルク山岳兵大隊の任務を念頭に置きつつ、わたしは六個山岳兵中隊を率い、ぴったりと間隔を詰め、ロンメル隊、シールライン隊の順であとを追う【図43参照】。

わたしは、シュトライヒャー少尉を連れて、自分の縦隊の先頭を行く。天気は回復している。コルヴォラートの尾根、一一一四高地、さらに一一一四高地からイェーツァへいたる連山がくっきりと浮かび上がってくる。さしあたりわれわれが登ってくるのを妨げる敵はいない。

一七時ごろ、われわれは一〇六六高地の岩だらけの頂上に近づく。しかしそのとき、近衛連隊第三大隊の先頭を進んでいた中隊が銃撃を受ける。このため、近衛連隊第三大隊の二個中隊は、道の東、岩の下のところに身を隠す。

わたしは自分のロンメル隊を、道の右手から近衛連隊第三大隊の各中隊がいる第二線の高さまで、遮蔽物を利用した状態で移動させる。そして自分は、シュトライヒャー少尉とともに、一〇六六高地一帯の状況を偵察する。

この高地でわれわれは、近衛連隊第一二中隊の一部に遭遇する。同中隊は、一一一四高地および同高地北西五〇〇メートル上に設けられた陣地の強力な敵と、銃撃戦となっている。この敵の陣地は、他より高い地点に設けられ、また上下に階を成すように配置されている。また非常に背が高く強固な鉄条網も備えている。道の右手、近衛連隊第一二中隊の右翼がいる高地にも、イタリア兵が配置に就いている。

わたしは大急ぎでトリービッツヒ少尉の第一中隊を前方に出し、同中隊に、道の右手、一〇六六高地南西一帯の陣地群から、敵を掃討させる。第一中隊はこの任務を、迅速かつ巧みにこなす。そして自軍に損害を出すことなく、各陣地を奪取し、イタリア軍将校七名、兵一五〇名を捕虜とする。

この間、第二中隊および第一機関銃中隊は、こちらの指示どおりに動き、一〇六六高地西の塹壕、掩蔽部、監視所の掃討をすませる。シールライン隊は、わたしが自由に投入可能なように、一〇六六高地南西一〇〇メートル、すなわちわれわれにより掃討された岩がちの頂上の直下に移動する。

さて、シュトライヒャー少尉をともなって、近衛連隊第一二中隊の右翼に向かう。これは昼間の光の下で、一一一四高地前方の状況をより詳細に観察するためである。また近衛連隊第三大隊と連絡を取ることで、同隊の今後の方針について情報を得ることも目的である。われわれは近衛連隊第三大隊の将校数名と、一〇六六高地南五〇〇メートルの前線で出会う。彼らはこちらに、現在送っている斥候隊について説明する。一一一四高地と同高地北西五〇〇メートルの高地とのあいだには鞍部があるのだが、斥候隊はこの鞍部へと繋がる窪地におり、次の敵陣地まで匍匐で接近しようと試みているのである。もっともこの斥候隊の見通しはあまり明るいものではない。動揺の気配などまるで見せぬ敵は、彼らの設置した障害物の前に広がる木々のない斜面を、ときおりさまざまな方向から機関銃で掃射しているのである。見たところ、この場所の敵守備隊は、非常に用心深く、これ以上の陣地を譲り渡す気はさらさらないようである。

近衛連隊第三大隊の将校たち、シュトライヒャー少尉、そしてわたしは意見が一致する。すなわち、一一一四高地および同高地北西五〇〇メートルの高地（標高一一二〇メートルから一一三〇メートル）に存在する陣地群は、こちらの砲撃によってはまだ捕捉できておらず、また強力かつ好戦的な敵により防御されているわけだが、これを落とすためには、徹底した砲撃支援が不可欠である、という見方である。わたしは双眼鏡を用い、さらに時間をかけて、敵の陣地群を仔細にいたるまで観察する。その際、一一一四高地の方向から機関銃による銃撃があり、われわれはふたたび遮蔽物の陰に隠れることを強いられる。

次第にあたりは暗くなる。このときまでに、一一一四高地北西五〇〇メートルの高地上にある敵陣地をさらに獲得しようとする第一中隊の試みは失敗に終わる。ヴュルテンベルク山岳兵大隊の一部は、夜に向けての態勢をとる。第一中隊と第二中隊は、夜間威力偵察の任務を受け取る。イタリア軍の着弾観測所だったところを、ロンメル隊の戦闘指揮所として用いる。この場所は、第一中隊がいるところのすぐ後ろにあたる。ここで、シュトライヒャー少尉および近衛連隊第三大隊の将校数名と、一一一四高地およびコロヴラートの尾根に対する攻撃継続の是非について議論を交わす。近衛連隊第一〇中隊および第一一中隊は、現在まだ投入されていない。一一一四高地に対する近衛連隊第一二中隊の攻撃の可否については、まだ情報が入っていない【図45参照】。

一九時、近衛連隊第三大隊の戦闘指揮所にちょうど到着したところの、近衛連隊長少佐ボトマー伯に呼び出される。この戦闘指揮所は、ロンメル隊から一〇〇メートルほど離れた、一〇六六高地の掩蔽部にある。わたしは、自分の指揮下にある六個山岳中隊の投入状況について報告する。少佐ボトマー伯は、今後、自分が彼の指揮下に入ることを要求してくる。これに対しわたしは、自分がこれまでシュプレッサー少佐から指示を受け取ってきたこと、そして当の少佐はまもなく一一一四高地前方に到着する見込みであることを、あえて持ち出す。わたしの知るところでは、シュプレッサー少佐は、この近衛連隊長よりも先任のはずである。

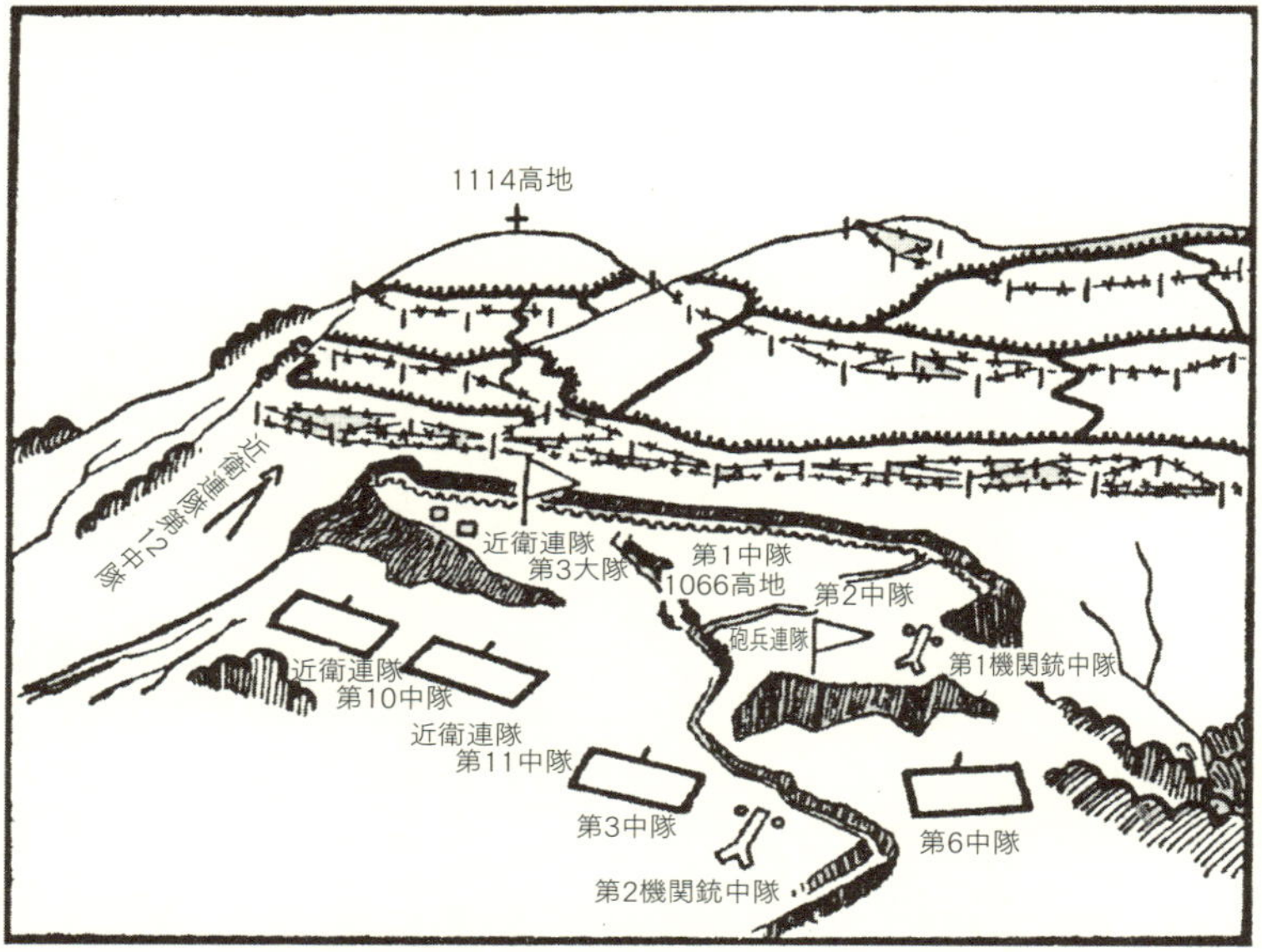

図45　1114高地前——北東からの眺望

しかし、この近衛連隊長はわたしに対し、一一一四高地の西、あるいは同高地に向かって、部隊がいかなる行動をとることも禁じてくる。理由は、これは近衛連隊の仕事だからだ、と言うのである。彼は、ヴュルテンベルク山岳兵大隊の各隊に対して、一〇月二五日に近衛連隊が一一一四高地を攻略したあと、この高地を確保することを選ぶか、それとも近衛連隊のあとに続き、そのまま西の第二線に向かうことを選ぶか、と尋ねてくる。わたしは、ともかくいったん、自分の上官に報告を行う予定であると返事をし、ようやく解放される。

自分の戦闘指揮所に戻る際、わたしの気持ちは重い。われわれ山岳兵にとって、第二線での戦闘というのでは、まったくお話にならない。わたしは自分の手持ちの戦力がふたたび完全な行動の自由を得るためには、どのような手段と方策があるだろうか、と思案する。はっきりとしているのは、シュプレッサー少佐の到着を待たないことには、事は進まないということである。

二一時ごろ、ヴュルテンベルク山岳兵大隊の糧食担当将校、アウテンリート少尉が、ロンメル隊の戦闘指揮所に到着する。彼はまず、近衛連隊第一二中隊、次いで近衛連隊第三大隊の戦闘指揮所を経由し、われわれのところに送られてきたのである。また彼はその第三大隊の戦闘指揮所において、砲兵隊の支援のもと一〇月二五日に予定されているコロヴラート陣地攻撃に関する協議に参加してきたのだった。わたしはアウテンリート少尉から、シュプレッサー少佐がヴァーレンベルガー隊とともに、フォーニーへの攻撃を行ったということ、そしてあたりが暗くなった直後に、同所で浸透に成功したということを聞く。さらに少尉は、イゾンツォ渓谷の第一二師団が、非常に順調に前進することができたということについても、説明してくれる。わたしは彼に、一一一四高地前の状況がいかなるものであるか、また近衛連隊との関係がどのようになっているのかを詳しく説明したうえで、これらの件について、できるかぎり迅速にシュプレッサー少佐へ報告を送るよう依頼する。またこれと合わせて少佐に対し、ヴァーレンベルガー隊とともに、あるいはこれを抜きにしてでも、夜明け前に一〇六六高地まで来てもらい、そこでロンメル隊にふたたび行動の自由を与えてもらえないか打診するよう少尉に頼む。アウテンリート少尉は、この暗闇のなか、休みなく敵から掃射を受けている一帯を行くという、実に困難な任務を喜んで引き受けてくれる。そして彼はこれをただちに実行に移す。

一九一七年一〇月二四日から二五日にかけての夜、一〇六六高地にいるヴュルテンベルク山岳兵大隊の各隊にとり、とても冷たい風の吹くなかを濡れた衣類のままいることは、想像を超えたひどいつらさである。前方に配置された各中隊は夜間パトロールを行い、敵の障害物の前で数十名を確保し、これを捕虜として収容する。しかしこれを除けば、パトロールを行っているいずれかの部隊が、鉄条網を突破して、敵の最前線陣地への前進に成功するといったこともない。イタリア軍の哨兵は、いたるところで相当な注意深さを見せており、手榴弾と機関銃をすぐに投入できる態勢を整えているのである。

さて、近衛連隊第三大隊からの情報によると、一〇六六高地の北で予備隊となっていた各中隊は、左手向こう、一一一四高地の北斜面に夕刻も遅くなってから投入されたが、これまでのところ、七三二高地を越えて攻撃を行っている第一猟兵連隊と連携するにはいたっていない、とのことである。また、一一一四高地の円頂をシェールナー少尉の中隊が奪取したのかどうかについても、なんの情報も入ってこない。

わたしは硬い板張りの寝台の上でまどろみながら、攻撃の継続について思案する。正面攻撃でいくべきだろうか。しかし砲兵隊の徹底した支援なしには――そしてこの砲兵隊は、早くとも一〇月二五日の早い時間にならないと砲撃を開始できない――これまで獲得した陣地群から、コロヴラートに設けられた敵の強固な陣地網に向けて攻撃を継続することは、不可能であるように思える。また、ヴュルテンベルク山岳兵大隊を、前線のこうした種類の戦闘に参加させることは、近衛連隊が望むところではないようである。

もしこの非常に時間を消費する砲撃支援を諦める場合、イタリア軍の第三陣地のうち、まだ攻撃を受けていない場所、すなわち一一一四高地の西および南東地点と、さらには一一一四高地の中心から一〇〇〇メートルほど離れた地点にて、奇襲的に侵入を試みるという案が、考慮の対象になる。一一一四高地の西には、クーク山に向けて登り坂になっているコロヴラートの尾根の丸い丘がある。そこは木々がなく、段々になっているのだが、その場所にイタリア軍の第三陣地が置かれている。一一一四高地の西で突入が成功すれば、それは一一一四高地周辺のより低い位置にある陣地群にも影響を及ぼすはずである。それゆえここには、打って出る気満々のヴュルテンベルク山岳兵大隊の指揮官および兵にとり、好機が存在するということになる。一方、一一一四高地南東には、一一一四高地よりも低い場所に敵の陣地群が置かれている。ただ、この南東の低い地点で突破が成功したとしても、それは一一一四高地全体の状況にはほとんど影響を与えないだろう。そもそもこうした突破は、近衛連隊の右手に配置されているヴュルテンベルク山岳兵大隊にとっては考慮の対象にならないはずである。しかしそれにもかかわらず、近衛連隊の指揮官は、わたしの各隊に、西の敵に対する行動一般を禁じてしまったのだろうか。

さて、手榴弾による短時間の小競り合いを除けば、一〇月二五日の夜は静かに過ぎていく。

早朝、敵陣地に向けて斥候隊が投入される。しかし、真夜中前に派遣された隊と同様、注意深いイタリア軍歩哨により撃退されてしまう。近衛連隊第三大隊について、夜間および早朝、状況に変化があったという気配は、ロンメル隊には察知できない。そうこうしているうちに、まだ真っ暗な五時ごろ、シュプレッサー少佐が、わたしの戦闘指揮所に到着する。少佐の後ろには、ぴったりと続いて、ヴュルテンベルク山岳兵大隊（第四中隊、第三機関銃中隊、通信中隊）がやってくる。わたしは、一一一四高地前方の状況、近衛連隊との関係状況、そして自分の攻撃計画について詳しく説明する。そして作戦の遂行のために、四個小銃中隊および、二個機関銃中隊を指揮下に置くことを要請する。

シュプレッサー少佐は、イタリア軍の第三陣地に対する作戦行動に同意を示してくれるが、しかしながら当面は、二個小銃中隊および一個機関銃中隊のみをわたしの指揮下に置くと言う。ただし、攻撃作戦の成功の折には、さらなる支援を行うと約束してくれる。こちらが新たに編成された自分の部隊の進発に向けて準備作業を行っているあいだ、シュプレッサー少佐は、わたしの戦闘指揮所に到着していた近衛連隊長と協議を行う。

考察

ザンクト・ダーニエルのイタリア軍第一陣地は、多数の掩蔽部と待避壕、そして強固な鉄条網を備えた前線の連続した塹壕から成り立っていた。第一陣地と第二陣地のあいだの縦深地帯には、いくつかの機関銃網と拠点が置かれていた。前線の偽装は不充分なものであった。これに対し、縦深地帯の陣地設備は、ほとんど確認できないようにされていた。

前線のイタリア軍陣地は、ドイツ軍の攻撃準備射撃により粉砕され、この陣地を守っていた守備隊は地面ごと文字どおり鋤き返された。ただ、集中砲火によっても破壊されなかった、若干の機関銃網が縦深地帯には残った。しかしこれらは、全面的に展開されたこちらの攻撃を停止させることはできなかった。もしイタリア軍が、第一陣地と第二陣地のあいだの縦深地帯で、多数の機関銃網を用いることができていれば、ドイツ軍の攻撃はおそらく途中で中断を余儀なくされていたであろう。今日のわれわれが構築するような、縦深に主戦場を設定した陣地を粉砕するためには、途方もない規模の砲撃が必要となる。

ロンメル隊の前衛部隊は、樹木が茂った急斜面の小道でイタリア軍の第二陣地と衝突した際に、五名の兵を失った。もし、兵と兵の間隔をもっと広くとっていたら、損害はこれよりも少なくてすんだだろう。ルーマニア軍では、遮るものがない地形の場合、騎乗したコサック兵《コザーケン》が前衛部隊を務め、二〇〇メートルずつ間隔をとって進んでいた。そのため、先頭の兵に何か起こった場合、次を行く兵はそのことを他の者に報告をすることができたのである。歩兵における前衛部隊も、こうした措置を見習うべきである。前衛部隊の指揮官は、間隔をどんどん詰めてしまうという、人間の群生本能《ヘアデントリーブ》と戦わねばならないのである。

フォーニーへの途中に設けられたイタリア軍第二陣地の守備隊が、際立った注意深さを示す一方、同じ第二陣地の守備隊でも南東に八〇〇メートルほど行った地点の部隊は、用心が不充分であった。陣地本体に注意深い歩哨を置くだけでは充分ではない。前方地帯《フォアゲレンデ》についても継続的にパトロールを行って、これを監視する必要があるのである。それはとくに悪天候のときや、起伏が多く、姿を隠せるところが多い地形のときに当てはまる。

一〇月二五日夜明け、攻撃戦に際しての状況は以下である。フリッチュ盆地にて攻撃を行っていたクラウス集団は、一〇月二四日の晩には、谷の合間にある放牧地《タールシュトース》、サーガ村に到達した。同集団は、一〇月二五日朝に、サーガ村を出発して、標高一六六八メートルのストール山へ攻撃に向かった。

一〇月二四日、第一二師団は、山から谷への射撃効果を遮断してくれる曇りがちで雨が多い天気に恵まれ、イゾンツォ峡谷のなかを、イデルスコおよびカールフライト〔カポレット〕経由で、クレダとロビックに近いナティゾーネの谷まで前進した。アイヒホルツ集団（二個大隊および一個砲兵小隊）とは、ルイコ峠に向かうところで分かれた。一〇月二五日朝、第一二師団のうち戦力の点で劣る部隊（シュニーバー中隊）は、マタユール連山の北支脈を登った。アイヒホルツ集団は、ゴロービ村付近で、頭一つ優勢なイタリア軍の兵力と激しい戦闘に入った。

バイエルン近衛歩兵連隊とヴュルテンベルク山岳兵大隊は、アルペン軍団の近くで、一一一四高地のイタリア軍第三陣地の隅柱と言える場所をめぐって戦闘に入っていた。確かにシェールナー中隊（近衛連隊第一二中隊）は、一一一四高地頂上の陣地を手中に収めていたが、イタリア軍は、周囲の陣地群をたいへんな粘り強さで確保し続けており、すでに喪失した陣地に関しても、反撃によってふたたびそれを取り戻そうと試みていた。イタリア軍はこのために相当な戦力を注ぎ込んできた。第一猟兵連隊は、七三二高地一帯で、イタリア軍第二陣地をめぐる戦闘を続けていた。

第二〇〇師団は、第三猟兵連隊とともに、イェーツァを占拠した。第四猟兵連隊は、四九七高地西のイタリア軍第二陣地をめぐって戦闘を行った。

スコッティ集団は、帝・王立第一師団とともに、イタリア軍第一、第二陣地を占領し、オストリィ、クラース、プスノ、スレドニェ村、アブスカを結んだ線に到達した。

要約すると次のとおりである。イゾンツォ川の南、樹林の茂る高地上のイタリア軍第三陣地（マタユール山、マーツリィ峰、ゴロービ村、クーク山、一一九二高地、一一一四高地、ラ・チーメ、フム山）は、一一一四高地上の陣地のわずかな地点を除けば、まだイタリア軍がしっかりと確保していた。この陣地の守備隊は、充分に休養をとった状態で活力に満ち、予備隊についても不足していなかった。この時点では、まだドイツ軍の砲撃も受けていなかった。

一九一七年一〇月二五日、第二次攻撃実施日――コロヴラート陣地への奇襲的突入

一九一七年一〇月二五日の夜が明け始めるころ、わたしは第二中隊および第一機関銃中隊とともに、一〇六六高地周辺の岩だらけの頂上の西を離れる。狭く険しいリンネを通って、われわれは北西に針路を取り、五〇メートルほど下にある鬱蒼としたやぶへと下っていく。しかし非常に注意深い敵は、この動きを察知し、機関銃の射撃を仕掛け、こちらには軽傷者が発生する。まもなく全員が姿を隠せるような茂みのところまで到達する。この場所で、第三中隊がロンメル隊に合流する。上方の一一一四高地では、激しい銃撃戦が行われている【図46参照】。

進撃に先立ち、各中隊長には、計画された作戦についての説明がなされる。わたしのもくろみは、北の急斜面上にある敵のコロヴラート陣地下方、二〇〇メートルから四〇〇メートルの地点まで西に移動し、一一一四高地上の戦闘にともなう混乱から、二〇〇メートルほど距離をとり、そのうえで、敵の第三陣地へ奇襲的な攻撃を仕掛ける好機を窺う、そして、もしそうした好機があればそれを徹底的に利用する、というものである。なにより肝心なのは、斜面でのこちらの全行動を、イタリア軍陣地から観察できない

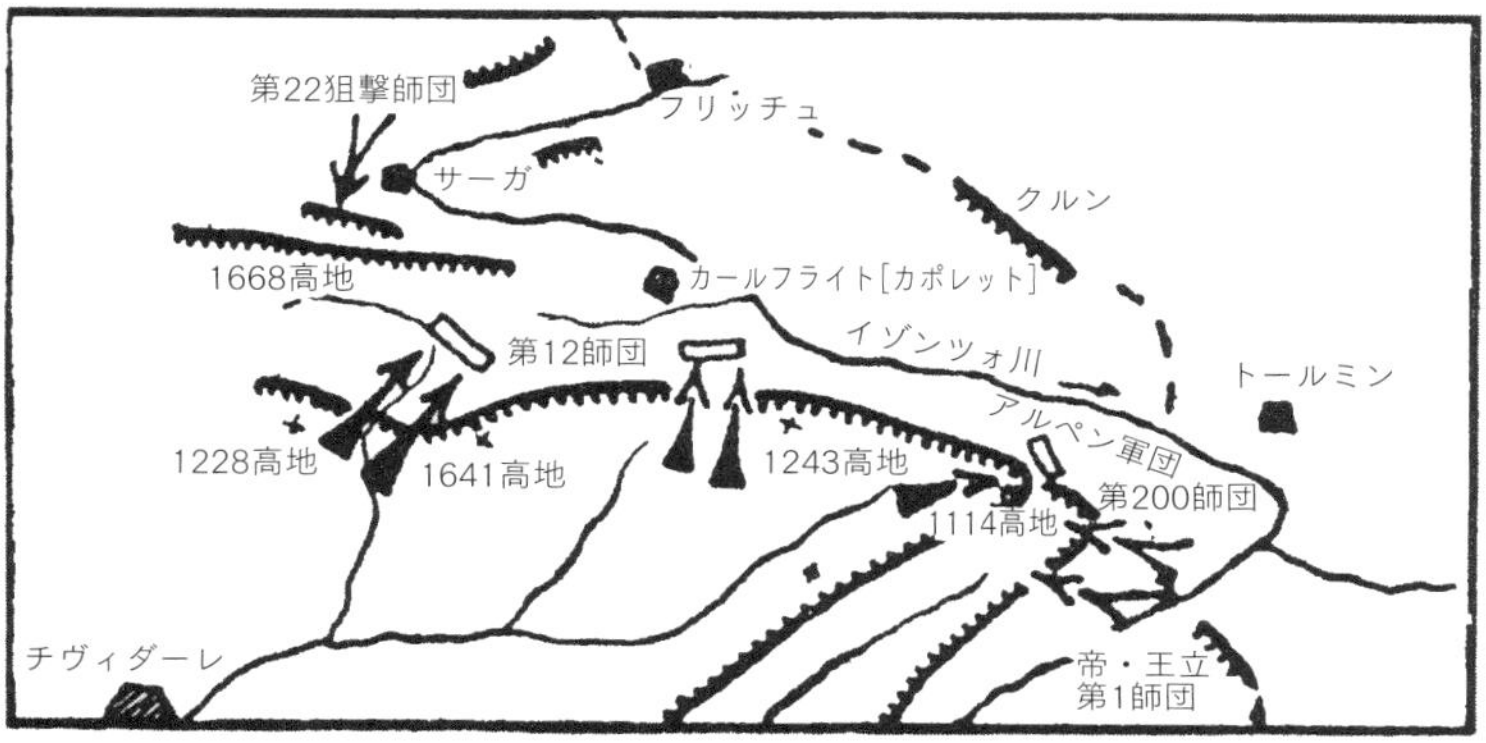

図46　1917年10月25日夜明け時点での状況（縮尺約1：500,000）

ようにしておくということである。

ルートヴィヒ少尉が指揮する第二中隊は、前衛部隊を前に出している。わたしはこの警戒部隊に合図を送り、これを誘導する。前衛部隊の三〇メートルほど後方には、部隊幕僚（副官、数名の伝令、電話通信部隊）が配置に就く。前進のあいだ、電話通信部隊は、一〇六六高地上のシュプレッサー少佐の戦闘指揮所とのあいだに、電話線を敷設していく。さらに五〇メートル後方では、第二中隊、第一機関銃中隊、第三中隊が隊列を組んでついていく。

濡れた衣服を着て過ごした肌寒い夜のあとである。体を動かすことが心地よく感じられる。イタリア軍の缶詰が、やむなく朝のコーヒーの代わりとなる。

左手後方、一〇六六高地および一一一四高地では、あたりが明るくなるにつれ、どんどん戦闘の騒音が大きくなっていく。われわれはこの音がする方向から距離をとるようにする。部隊は物音を立てぬよう注意して、茂みから茂み、斜面から斜面へと進んでいく。最初のうちは、地形そのものと一面に茂る草木のおかげで、敵の陣地下方二〇〇メートルほどの地点を行くことができる。しかし、コロヴラートの尾根の、樹木のない円頂上には、障害物が設けられているのが見えてくる。このためにわれわれは、谷の方向へ向けて、非常に時間と労力を必要とする回り道を強いられる。敵の障害物の上方、おそらくそれに加えて障害物の前面では、多数の歩哨の眼が、こちらの行動している斜面に向けて光っている。その歩哨のうち、たった一人でもわれわれの姿に気がついてしまえば、その者はただちに警報を発するだろう。そうなれば、わたしの作戦は、不可能とはいわないまでも、非常にその成功が疑わしいものになってしまう。

さて、敵への接近可能性について、自ら偵察を行う必要があると思われた場合には、絶えず部隊を停止させる。正しい道を見つけ出せるかどうかの成否は、こうした措置に掛かっている。われわれは細心の注意を払いつつ、深くえぐられた複数の山峡を横断する。それを抜けると、今度はまた草の生えた斜面を前進する。縦隊は、左手上方だけでなく、前後についても敵の視界を逃れるよう注意しなければならない。もっとも、上方の樹木のない禿げた高地群からはいったいどのように見えているのか、もっぱら推測するしかない。背の高く連続した障害物群は、強固な陣地が構築されていることをうかがわせるものである。茂みは、登れば登るほどまばらになっていく。このため、姿を隠して接近するためには、斜面に無数に走っている狭いリンネを通っていく以外、他に可能性はない【図47参照】。

一時間が過ぎるころ、われわれは目標への途中にあり、一〇六六高地からは直線距離にして約二〇〇〇メートル進んだ地点まで来ている。一〇六六高地を離れて以来、どの場所でも、敵から銃撃を受けることがない。一一一四高地の方向からは、再三にわたり、きわめて激しい機関銃の銃声が響いている。近衛連隊が攻撃を行っているのだろうか。

上のほうでは、要塞化されたコロヴラートの円頂が、暖かく美しい秋の日を予感させる朝日のなかに包まれている。われわれの周囲には深い静寂が広がっている。前衛部隊は、敵の障害物の約二〇〇メートル下を、何箇所かの茂みの脇を抜けて、窪地へと静かに前進する。わたしは、自分の前に広がる樹木のない

図47　1917年10月25日——北からの眺望

急斜面を一〇〇メートルほど横断できるか、そしてできるとすればそれはどこかと熟考する。

するとそのとき、後方で小さな物音が聞こえる。振り返ると、第二中隊の山岳兵数名が、前衛部隊の通った道の下にある大きな灌木の茂みのなかに体を沈め、姿を消すのが見える。

いったい何が起こっているのか。第二中隊の先頭を行く数名の兵が、斜面下部の茂みのところで、眠っているイタリア兵を発見したのである。またその後、数分のあいだに、兵四〇名と、機関銃二挺からなるイタリア軍前哨がひそんでいるのを狩り出す。その際、一発の銃声もなければ、大きな声を上げる者もいない。敵の歩哨のうち何名かは、谷の方向に、猛スピードで逃げてしまう。しかしわれわれにとり好都合だったのは、彼らが上にいる陣地守備隊に、一発撃つなり、呼びかけるなりして、警報を出すことを忘れてしまったことである。わたしはこちらから追撃の銃撃を仕掛けないよう気をつける。

おそらくこの敵の前哨は、コロヴラートの尾根にある陣地守備隊を、イゾンツォ渓谷の方向より行われる奇襲から守るという任務を受けていたものと思われる。またこの前哨は、一〇〇メートルほど下の茂みのところに、戦力の点で劣る複数の歩哨を立たせているらしい。この警戒部隊は、われわれがイゾンツォ渓谷側からのみ攻め込んでくるものと決めてかかって、こちらを待ち受けているようである。そのため、こちらが東の一〇六六高地方向から前進してくるという可能性については、考慮に入れていない様子である。

敵陣地前の主要警戒部隊を、音も無く排除することに成功したことから、わたしの計画しているコロヴラート陣地への奇襲的突入は、ここにきて成功の見通しが高くなったと言える。上方の障害物へ接近する可能性についても、状況はよい。とくに、現在、前衛部隊が停止中の窪地のいちばん深い部分は、両側に広がる尾根上の各陣地からは見ることができないのである。わたしはこの場所から突入を開始しようと腹を固める。

捕虜は隊列の最後に回される。わたしは、前衛部隊に命じ、敵の障害物まで、窪地のなかを一〇〇メートルほど登らせる。すると、ちょうどこのとき、障害物の杭のいちばん頭の部分まで見えるようになる。前衛部隊は、突入のための部隊集結地点の警戒を引き継ぐ。極限まで注意しながら、個々の中隊を、窪地の中で順番に登ってこさせる。そして、それらを敵陣地から隠れた状態に並べて戦闘配置に就ける。この空間は狭く、密集の具合は非常に激しい。指揮官たちに、急いで自分の作戦意図を説明する。それに続いてわれわれは、最大限の注意を払いつつ、集結地点を前衛部隊のすぐ後ろまで、すなわち敵の障害物に向けて一〇〇メートルほど前方まで移動させる。斜面は非常に険しく、また大きく弧を描くように湾曲している。

われわれの前方の陣地では、まだ何の動きもない。左手向こう、一一一四高地の付近では、依然として激しい戦闘音が響きわたっている。

このとき、副官のシュトライヒャー少尉が、前方にある障害物について、それがどの程度強固に構築されているか、そして場合によっては、隙間や穴のようなものが存在しないか、偵察することを提案してくる。また彼は、必要とあらば、障害物を切断して穴を開けてくると言う。そこでシュトライヒャーに、第二中隊所属の兵五名を預け、さらに一挺の軽機関銃を持たせる。斥候隊には、緊急の事態においてのみ、火器を使用すべしとの指示を与えておく。シュトライヒャーは、彼の手勢の兵とともに、匍匐で上へと移動する。ルートヴィヒ少尉には、数名の兵を使い、斥候隊との連絡を維持させる。

この間、電話通信部隊は、シュプレッサー少佐の戦闘指揮所（一〇六六高地）との連絡を確立する。わたしは、作戦のこれまでの経過を報告し、そしてまもなく一一九二高地の東方、約八〇〇メートルの地点にて、コロヴラートの敵陣地へ奇襲的な突入を敢行する、という自分の決断を報告する。さらに、作戦成功の場合には、増援部隊を大至急派遣してもらうこと、そしてその部隊をわたしの指揮下に置かせてもらうことを要請する。この増援は承認される。シュプレッサー少佐は、彼の戦闘指揮所から、双眼鏡を使い、われわれの進撃の様子をすべて見守っていたのである。彼がわたしに伝えるには、一一一四高地前の状況の変化は、イタリア軍が強力な戦力でこちらの近衛連隊を攻撃しているという点のみだという。こうした状況下、砲撃支援を受けながら近衛連隊が攻撃を行うという段階には、まだまったくいたっていない、とのことである。

電話を置き、イタリア軍の白パンでもかじろうか、という矢先、シュトライヒャー斥候隊の連絡要員を通じ、前方から短い報告が入る。「斥候隊、突入成功。大砲制圧。捕虜獲得」。上方の敵陣地では、今なお完全な沈黙が支配している。一発の銃声も聞こえない。わたしは折り返し全部隊を連れ、物音を立てずに同じ道を通り突入する、と決めていたわけだが、今こそこれをすみやかに実行に移すときである。一秒遅れるごとに、この手中に収めかけている成功が、手からこぼれ落ちることになる。

次の瞬間から全ロンメル隊は、全力を傾注して、険しい角度の窪地をよじ登っていく。瞬く間にわれわれは、敵の障害物のところに到達し、これを乗り越える。そしてそこで、敵の陣地を横切る。すると眼前には、イタリア軍重砲兵部隊の長い砲身が姿を現す。この周囲では、シュトライヒャーの兵たちが、いくつかの掩蔽部の掃討を行っている。大砲の近くには、捕虜となった数十名のイタリア兵が立っている。シュトライヒャー少尉の報告では、掌砲員たちは、洗濯中のところを奇襲されるかたちになったとのことである。

われわれがいるのは狭い鞍部である。両側の樹木のない円頂には、無数の土塁と、北斜面に連続して連なる、強固に構築された陣地への交通壕が見える。北斜面の陣地から一〇〇メートルだけ離れた鞍部の南斜面では、ルーチョ、クーク、一一一四高地、そしてクライへと繋がる山道が走っている。この山道は、地上視界、上空視界のどちらからも見えないように、うまく偽装されている。

このとき鞍部にいるのは、ロンメル隊の三分の一である。兵士たちは急斜面を登って前進するために全精力を使ったため、息が荒い。コロヴラート陣地の守備隊は、われわれが突入したことにまだ気づいていないようにも見える。敵守備隊は眠り込んでいるとでもいうのだろうか。幅わずか五〇メートルしかない鞍部で獲得した捕虜の数から考えるに、この陣地は密に確保されているのは間違いない。今は一秒一秒がわれわれの運命を決定する。

わたしの命令は以下である。

「ロンメル隊は、東へ向けては封鎖を行う。西に向けては敵の防御を破る。シュパーディンガー上級伍長は、第二中隊第一機関銃分隊とともに、北斜面の敵陣地を東に向けて封鎖し、また同方向の山道を遮断する。これらの措置により、西に向けて前進するロンメル隊の背後を掩護する。ルートヴィヒ少尉は、第二中隊とともに、北斜面の敵陣地を西に向けて崩す。発砲は可能なかぎり回避する。わたし自身は、第三中

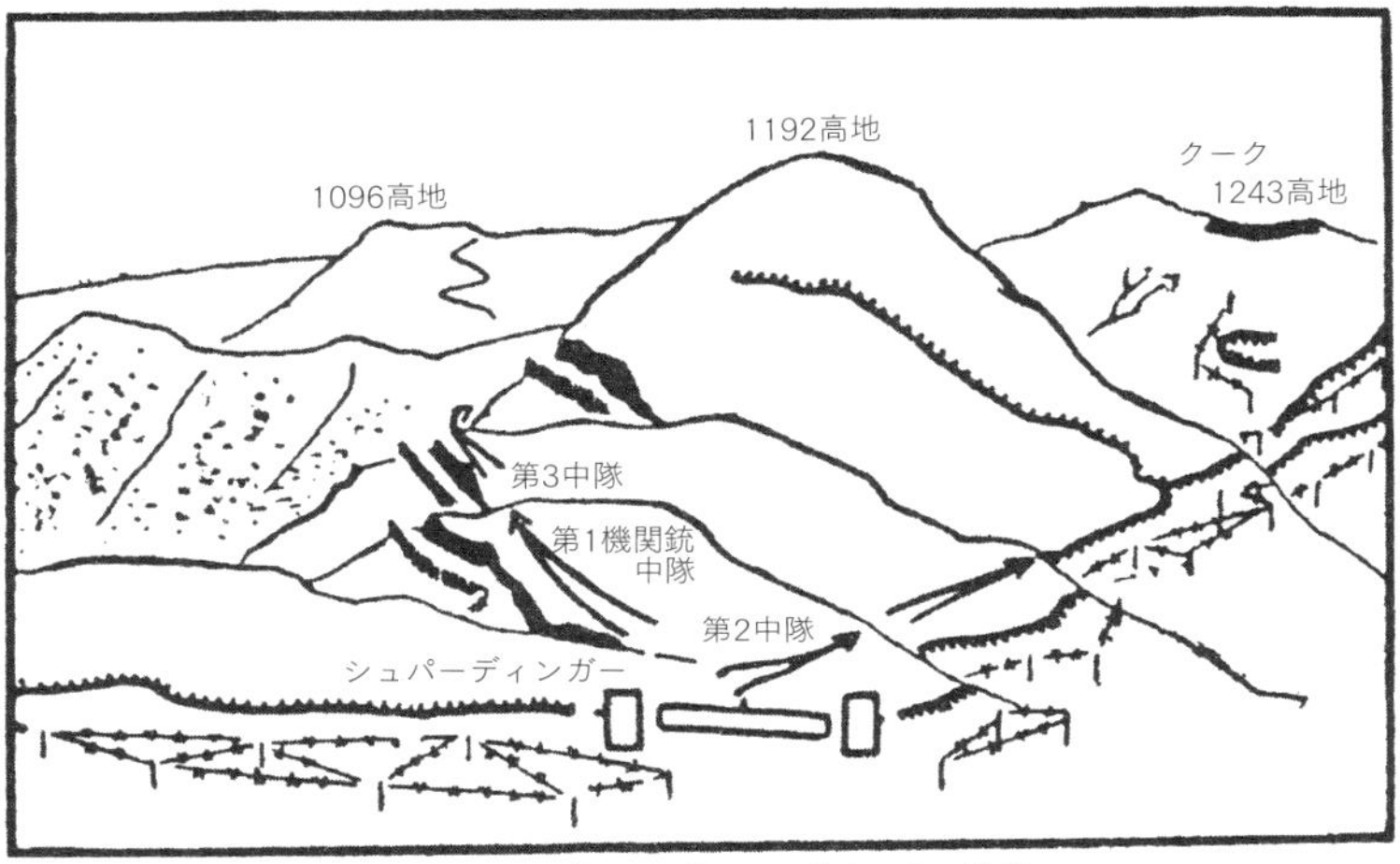

図48　コロヴラート突入――北東からの眺望

隊および第一機関銃中隊とともに、山道を西に向けて前進する。その際、シュトライヒャー少尉は、彼の斥候隊を率いて、警戒部隊の任務を引き受ける。各隊、大至急出発せよ」【図48参照】。

ロンメル隊の全部隊は、果敢さと繊細さを持って、各自の任務に取りかかる。

活力に満ちたルートヴィヒ少尉の指揮のもと、第二中隊の突撃隊は敵の陣地を、掩蔽部から掩蔽部、監視哨所から監視哨所へと進み、敵を追い払っていく。われわれは、敵守備隊の主力がまだ掩蔽部にいるのを見つける。敵掩蔽部の守備隊が、掩蔽部から出て、武装解除し、整列するまでを監視するには、一人の山岳兵で充分である。さて、各監視哨所では、少数の哨兵が谷の方向を観察したままである。彼らが見ている方向では、朝の光のなか、イゾンツォ渓谷が二〇〇〇メートル級の山々を背景にして輝いており、息を飲むような美しさである。

突然第二中隊の兵士たちが、この歩哨たちの背後に降って湧いたように現れると、敵は驚愕して麻痺状態におちいり、身動きが取れなくなる。そのため、この敵は、三〇分ほど前の陣地前の前哨がそうだったように、警報射撃を撃つこともほとんどできない。こうして、捕虜の数は、瞬く間に数百人に膨れ上がる。

山道のほうでも部隊主力は、快調に前進を続ける。ついているのは、偽装がうまくいっているために、東西の高地上にいる敵から、こちらが見えなくなっているということである。右側の岩壁のなかに点在する砲兵陣地を、いくつか奪取する。戦闘音が続く一一一四高地から遠く離れた朝の静けさのなか、われわれが突如出現したことにより、ここでも敵の守備隊は完全にうろたえる。さて、わたしは、この道を前進するにあたり、目標を密集して待っている可能性のある敵予備隊に定めてきたわけである。さらに、北斜面で敵が第二中隊に抵抗してくる場合には、その敵の首根っこを捕えようとも考えていたわけである。

ところが事態は、別の様相を呈してくる。

われわれがコロヴラート陣地に浸透してから、一〇分から一五分ほど経過したころ、山道を行く第三中隊の先頭は、一一九二高地東三〇〇メートルの鞍部に近づく。そのとき、突然いたるところで戦闘が始まる。

シュトライヒャー斥候隊は一一九二高地の東三〇〇メートルの鞍部に到達していたが、一一九二高地の南斜面から機関銃による銃撃を受ける。さらに、その直後、一一九二高地の南東斜面から尾根道を越えて北へ進撃してきたイタリア軍の歩兵部隊に、激しく押し込まれる。斥候隊は、一一九二高地の北東斜面へと逃れる。

山道上で前進を続けていた第三中隊と第一機関銃中隊は、一一九二高地の方向からの激しい機関銃の銃撃により、停止を余儀なくされる。機関銃中隊の各隊がただちに配置に就くが、優勢な敵に太刀打ちすることができない。道の側面方向、コロヴラート尾根の遮蔽物もない切り立った南斜面を越えて、一一九二高地へ攻撃を行うことは恐ろしく難しい。なぜならば、今、東からも、道の左わきに設けられた偽装用の構築物越しに、機関銃による銃撃がなされているからである。

われわれの前方の戦闘音は、数分間のうちに大きくなる。それはとくに半ば右で顕著である。わたしの推測だと、そこには第二中隊がいるものと思われる。手榴弾の炸裂音が響き、その合間合間には、騎兵銃で武装した山岳兵による銃撃も大きな音を立てている。おそらく最後の一人までが、火線に出ているように思われる。

しかし、わたしは何も見てとることができない。道の右手の禿げた円頂では、決して姿をさらすことなどできない。万が一そうしたことをすれば、ただちに一一九二高地の複数の機関銃が火を吹き、その者を蜂の巣にしてしまうだろう。第二中隊はなんとか敵を食い止めているのだろうか。同中隊にあるのは、騎兵銃八〇挺と、六挺の軽機関銃だけだというのに。同中隊が敵に圧倒されてしまえば、敵はただちに彼らが喪失していた北斜面の陣地群を奪い返し、こちらの部隊の残りの部分を遮断して、捕虜となっていたイタリア兵を救出してしまうだろう。われわれの前方にいる敵が非常に強力であることは、激烈な戦闘音を聞けば分かることである。このように、状況がわれわれにとって完全に不利なものと化し、深刻な事態になるまでには、ほんの数分間もあれば充分だったわけである。今や問題は、猪突猛進の結果、今しがた獲得したばかりのコロヴラート陣地を、優勢な敵に抗して維持することである。西に向かう道を封鎖することと、そして攻め込まれている第二中隊のところに、急げるかぎり急いで救援に向かうことが、とにかく喫緊の課題だと思われる。

しかし、草木のない円頂を抜けて北へ向かう最短距離の道は、東西両方向に陣取る敵の無数の機関銃からくり出される銃撃により、封鎖されてしまっている。一方、一一九二高地に向かって西へ延びる道の両側で攻撃を仕掛けたとしても、同様の敵火により捕捉されてしまうはずであり、突破の見込みはほとんどない。とにかく別の解決策を探らなくてはならない。

わたしは、すでに一一九二高地に対する銃撃に参加していた一個機関銃小隊と、第三中隊の兵士数名に、西に続く山道の遮断を命ずる。そして、自身は第三中隊の残りおよび機関銃中隊とともに、尾根道を通り、一一九二高地東八〇〇メートルの鞍部まで全速力で戻る。分厚い偽装用の構築物が仇となって、敵はこの動きを観察することも、きちんと照準を合わせた射撃で捉えることもできない。敵がときおり、偽装の設けられている地点に向けて、大ざっぱな掃射を行うが、こちらの行動を妨げることはほぼない。われわれは鞍部を確保する。

有能なシュパーディンガーは、八名の兵とともに、東にいるイタリア軍の陣地守備隊を押さえこむ。わたしは彼らの脇を通り過ぎる際に、さらに二個分隊を与え、これを強化する。そして、第二中隊により掃討された北斜面のイタリア軍陣地を、ふたたび西に向けて前進する。鞍部の一五〇メートル西では、二名の山岳兵が、陣地と有刺鉄線のあいだの地点で、約一〇〇〇人のイタリア軍捕虜を見張っている。わたしはこの二人に、ただちに捕虜たちを、有刺鉄線の下方にある陣地のところまで移動させるよう大声で呼びかける。この措置の実行の詳細については彼らに任せる。彼らは無事にこの任務をこなす。その際、東と西から高地をかすめるようにイタリア軍の機関銃の銃撃があるが、これがかえってイタリア兵捕虜の足を速めるのに役立つ。

前方一〇〇メートル足らずのところで、第二中隊の戦闘音が、いちじるしい激しさにまで達する。手榴弾が炸裂している。機関銃も絶え間なく火を吹いている。騎兵銃の速射が行われる。わたしは、自分の後ろに続く各中隊に、最大限まで速度を上げるよう要求する。われわれの救援行動は、遅れるというわけにはいかないのである。わたしは、自分の司令部の戦闘伝令数名を連れて先行する。そして、一一九二高地東三五〇メートルの円頂から、状況を見渡す。

第二中隊は、北東斜面上で複数の塹壕を守っている。同中隊は、西、南そして東から、五倍以上の戦力

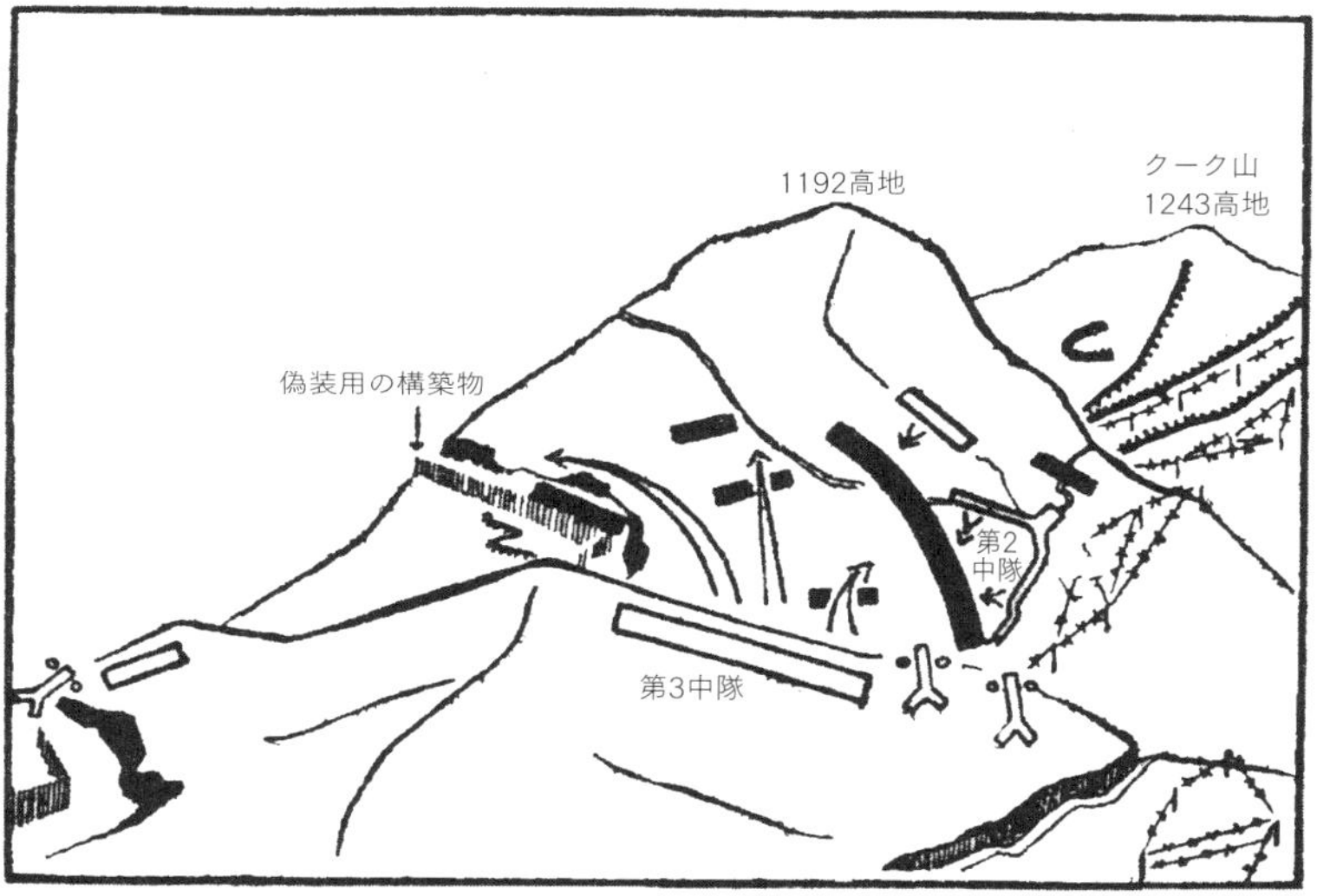

図49　1917年10月25日――東からの眺望

を持つ敵、すなわちイタリア軍一個大隊相当の兵によって包囲されている。敵の最前線部隊は密集し、五〇メートルの距離でこちらと対峙している。第二中隊の背後には、幅広く背の高いイタリア軍の障害物があり、それが北斜面に退くことを不可能にしている。兵士たちは、絶望的な状況で、必死に敵の圧倒的大群に対し防御を行っている。敵の突撃をなんとか食い止めているのは、間断ない速射だけである。もし敵が、この速射にもかかわらず、思い切って突撃する賭けに出てくれば、こちらの小部隊は圧殺されてしまうこと必至である。ではわれわれは、自分たちの後ろからきている兵士たちを、ただちにこの戦闘に投入するべきか。それはできないだろう【図49参照】。

すぐに分かってきたのは、第二中隊が血路を開くには、残りの部隊によって敵の側面および背後に、奇襲的な一撃を加えるしかない、ということである。そのうえで、この圧倒的に優勢な敵に白兵戦を仕掛ける。これが、山岳兵たちの勝敗を決するだろう。

息を殺した第三中隊の先頭集団が、深い塹壕のなかを這いながら進む。その後ろを、分解した機関銃を担いだ機関銃中隊の先頭の兵士たちが追う。各指揮官たちには、ここでいったい何が問題で、自分たちは何をなすべきなのかという点について、ごく簡単に説明する。さて、浅めの窪地のあいだを塹壕から出て左に向かう。そこで第三中隊の兵士たちは、われわれのすぐ目の前にいる敵に突撃を加えるべく、姿を隠した状態で待機する。窪地右では遮蔽物の陰で重機関銃の操作員たちが、大急ぎで射撃準備をしている。そして、それが完了したとの報告が入る。さらに別の重機関銃の操作員が息を切らしながらやってくる。左手には第三中隊の大部分が窪地に到着し、いつでも飛び出せる態勢をとる。

わたしは、この二つ目の重機関銃が射撃準備態勢に入るまで待っているわけにはいかない。われわれの前方一〇〇メートルのところでは、密集した敵が、将校たちの号令に急き立てられるようにして塹壕から這い上がり、包囲されている第二中隊に向けて突撃を行おうとしているところなのである。第三中隊と第一機関銃中隊に、攻撃開始の合図を送る。最初の重機関銃は、前方にある遮蔽物に銃撃を仕掛け、連続射撃により敵を駆り出す。他方、第二の重機関銃も、その直後から同様に攻撃を行う。山岳兵たちは、敵の側面と背後に決然となだれ込む。けたたましい万歳の声が響き渡る。

敵の側面と背後に、奇襲的な一撃が加えられる。イタリア軍は第二中隊への突撃をいったん停止し、第三中隊のほうに方向転換しようとする。しかしこのとき、第二中隊が現れて右手から突進してくる。二方向から攻め立てられた敵は、狭い空間に押し込まれてしまい、降伏を余儀なくされる。イタリア軍の将校たちだけは、数メートルの距離になっても、なお拳銃で抵抗を続けるが、結局は彼らも制圧されてしまう。山岳兵たちの激しい怒りから彼らを救うために、わたしの介入が必要になる。一一九二高地北東三〇〇メートルの鞍部では、一二名の将校と、五〇〇名超の兵からなる一個大隊すべてが降伏する。これによりわれわれがコロヴラート陣地で捕虜にした人数は、一五〇〇人を数える。一一九二高地の山頂および南斜面を獲得する。またそこで、さらに別のイタリア軍の重砲兵中隊の砲台も押さえる。

われわれは自分たちの成功を大いに喜ぶ。しかし、その喜びには、自軍に発生した手痛い損害の暗い影が差す。前日のヘヴニクでは、突撃隊の隊長としてすばらしい働きを見せていたキーフナー一等兵（第二中隊）、そしてクノイレ上級伍長（第三中隊）と、卓越した勇敢さを備えた二名の戦士が、白兵戦の際に、そのうら若き命を散らすことになってしまったのである。またこれ以外にも数名の負傷者が発生する。

九時一五分、ロンメル隊は、幅八〇〇メートルにわたるコロヴラート陣地の一角を、いかなる妨害もなしに占領する。これは、一一九二高地から、その東八〇〇メートルまでを含む一帯である。この一帯により、敵の主要陣地に対する幅広い突破口が開かれたかたちとなる。敵は最初、現地の予備隊による反撃を仕掛けてくるが、これは、こちらにより徹底的に叩かれて終わる。わたしは、失った陣地をふたたび取り戻そうとする敵の試みがまたあるかもしれないということについて、頭に入れておかねばならない。いずれにせよ、イタリア軍よ、来るなら来い、である。われわれ山岳兵は、激しい戦闘の末に手に入れたものをやすやすと明け渡すようなことには慣れていないのである【図50参照】。

現在、敵は、こちらが占拠した各高地を、西、南東、そして東から機関銃で掃射している。コロヴラートの突破も、一一九二高地の戦闘も、フム山およびその西に陣取るイタリア軍砲兵隊の眼を盗むことはできなかったのである。彼らの放つ重榴弾により、われわれは身を隠せるところを北斜面に探すよう、強いられる。

わたしは、手元にある戦力をもってしても、当面のところ、攻撃の継続を考えることはできない。重要なのは、増援部隊の到着まで、制圧した地点を確保することである。第二中隊および機関銃中隊の半分は、正面を西に取り一一九二高地を占拠する。シュパーディンガーは一個小隊を率いて、一一九二高地東八〇〇メートルの鞍部にて、東方向に封鎖を行う。わたしは、第三中隊および機関銃中隊の半分については、

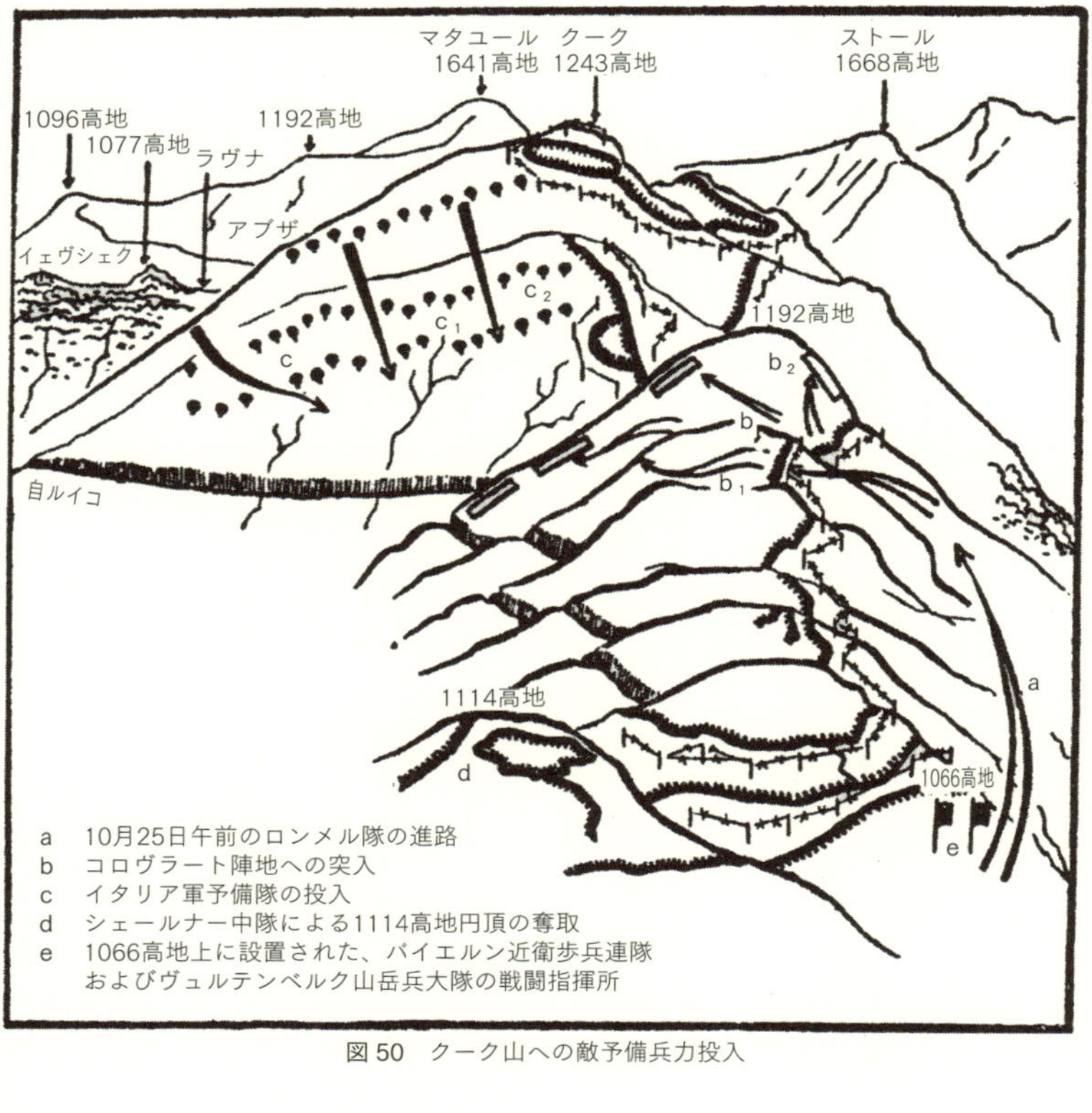

図 50　クーク山への敵予備兵力投入

一一九二高地東で獲得した陣地のうちに置き、自分が自由に投入できるようにしておく。

次いでわたしは、一一九二高地の頂上から、あたりの状況について確認する。クーク山（標高一二四三メートル、一二四三高地）方面の西の前線が、一見していちばん危険であるように見える。クーク山北東斜面に段々に配置され、大部分は他の地点より高くなっている陣地から、われわれに銃撃を仕掛けている数十挺の機関銃以外にも、いちばん高い地点および南東斜面には、強力な予備隊がいるのが見て取れるからである。まもなくいくつかの散兵線が、クーク山の幅が広い東斜面を横断して、われわれのほうに前進を始める。わたしはこの敵の戦力を、一個から二個大隊と見積もる。南では、フム山のところで、あたかも蟻の大群でもあるかのように、ひとがうごめいているのが見える。そこでは、敵の強力な砲兵隊の集団が砲撃を行っている。チヴィダーレからフム山へ続く山道では、自動車が列を作り、両方向に活発な往来を続けている。道の両側では、密集した敵の部隊が最前線を目指して進んでいる。東では、コロヴラートの尾根の全体を見渡すことができる。この尾根は、一一一四高地へ向けて、だんだんと下りになっている。一一一四高地の南斜面および南西斜面には、強力な敵の集団が集まっているのがはっきりと確認できる。ここでイタリア軍は攻撃を行っているようである。長い車列が組まれ、クライからイタリア軍の予備隊が運ばれてくる。彼らは、一一一四高地の西斜面で降ろされている。また尾根道沿いおよび円頂の上方には、敵の戦力が東からわれわれの方向に移動中であるのが見える。これらのことからして、おそらく敵は今、われわれに対して、同時に二方向から飛び掛かろうと考えているようである。

考察

一九一七年一〇月二五日、コロヴラート陣地への奇襲的な突入は、イタリア軍が彼らの第三陣地の前方地帯を、充分に注意深く監視していなかったため、成功を収めた。これは、コスナ山でルーマニア軍が再三にわたりくりかえした失敗と同様である。

また陣地守備隊自体も、戦闘準備ができていなかった。彼らは、戦闘の焦点となっていた一一一四高地から二キロメートル離れているので、自分たちが危険とは無縁であると思い込んでいたのである。

イタリア軍の後備大隊により、猛烈な勢いで行われた反撃は、弱小な第二中隊の攻撃の前に、立ち往生した。しかし仮に、密集したイタリア軍の大隊を、こちらが決定的な瞬間に側面および背後から捕捉することに失敗していたとすれば、この敵の反撃により、第二中隊は、おそらく全滅していただろう。また、もしこちらの攻撃が、ごく脆弱な戦力によるものだったり、あるいは側面からの銃撃にとどまっていたとすれば、やはり同様の結果となっていただろう。

このコロヴラート陣地への突入成功（一九一七年一〇月二五日九時一五分）のあと、攻撃戦は以下のように行われた。

クラウス集団は、サーガ村から、第一皇帝狙撃連隊と三列縦隊を組み、ストール山（一六六八高地）と一四五〇高地を結ぶ線を攻撃した。

シュタイン集団においては、前日夜と同様、第一二師団が第六三歩兵連隊とともに、ロビックおよびクレダで配置に就き、敵の前衛を撃退した。

シュニーバー中隊からは、マタユール山の山頂北一〇〇メートル（おそらくデラ・コロンナ山）にいるとの報告が入った。一方、アイヒホルツ集団は、ルイコ峠で、優勢な戦力のイタリア軍部隊から攻撃を受けるも、この敵と粘り強く戦い、ゴロービ村の北にある陣地群を保持し続けた。

アルペン軍団においては、ロンメル隊が、一一九二高地から八〇〇メートル東までのコロヴラート陣地への突入に成功した。ヴュルテンベルク山岳兵大隊主力は、一〇六六高地から一一九二高地へと

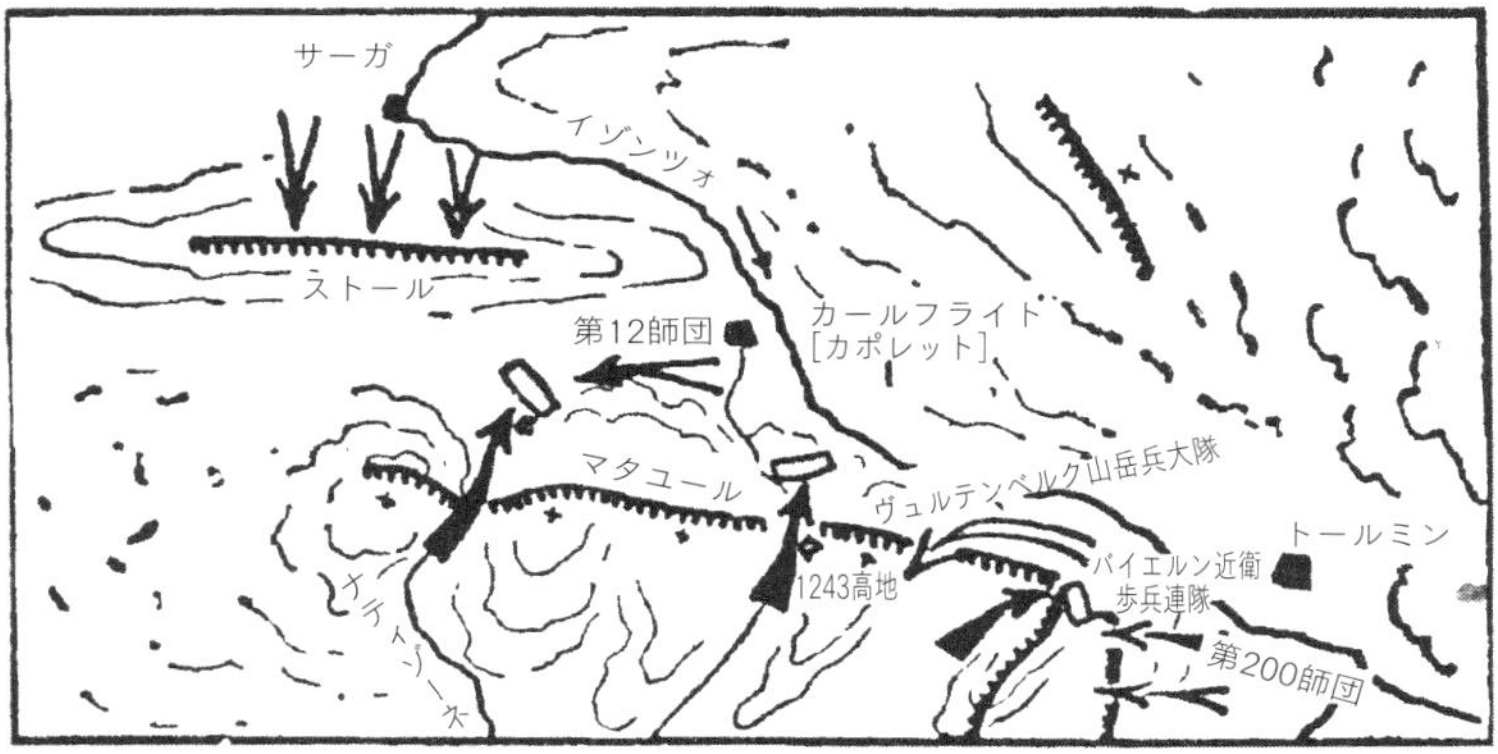

図51　1917年10月25日午前9時（縮尺約1：500,000）

進出した。近衛連隊は、イタリア軍の激しい攻撃に対して、二四日の夕刻に獲得した一一一四高地周辺の陣地群を維持した。第一猟兵連隊は、七三二高地を奪取したあと、スレーメンカペレ方面へ前進した。

第二〇〇師団においては、第三猟兵連隊が、イェーツァ西の九四二高地を占拠した。

スコッティ集団においては、帝・王立第一師団の第七山岳旅団が、グローボサックに攻撃を加えた【図51参照】。

クーク山攻撃、ルイコ＝サヴォーニャ遮断、ルイコ峠解放

敵は、クーク山東斜面を横断するかたちで数波にわたり行ってきた前進を停止してしまう。これは、まったくわたしの予想に反することである。敵はたんに封鎖だけを行おうとしているのか。それとも、もう一度新たに攻撃の準備を行っているのだろうか。この点、前者が正しいと分かる。なぜなら敵の兵士たちは、クーク山北斜面の陣地群と連携するかたちで、クーク山東斜面に三本の線を設定し、そこで塹壕を構築しているからである。もし、これらの敵戦力が、高い地点に

配置された多数の機関銃による掩護を受けながら、こちらに攻撃してきたとすれば、それはわたしに深刻な懸念を生じさせただろう。しかし、敵が防御に移行したこと、そしてそれにともない休戦状態が生じたことは、わたしにとってまさに渡りに船である。わたしの頭には、シュプレッサー少佐が、ヴュルテンベルク山岳兵大隊の主力を率いて、一一九二高地へ向かっている途中だということもある。

わたしは、さらなる戦力が一一九二高地に着き次第、クーク山の敵に攻撃を仕掛ける考えである。可能な限り敵には、塹壕構築のための時間を与えてはならない。なぜなら、敵がいったん地中深く塹壕を掘り、そこに根を下ろしてしまえば、これを撃退することは難しくなってしまうからである。時間は、計画された攻撃を徹底的に準備する方向に使わねばならない。

さて、わたしは奇襲という性格を保持するために、ショベルで塹壕構築中の敵を、銃撃によって妨げるようなことはしない。ヴュルテンベルク山岳兵大隊の幕僚は、すでに一一九二高地に向かってしまっているので、わたしは電話を使い、アルペン軍団に連絡を取り、これまでの作戦成功を報告する。そして、一一九二高地に増援の部隊が着き次第、クーク山を攻撃するというわたしの意図を伝える。さらに、アルペン軍団の幕僚、マイア大尉に、クーク山に対するわたしの攻撃計画を説明し、そしてこの攻撃に対して、二個重砲兵中隊の支援を要請する。わたしの希望は、折り返しすぐに叶えられる。数分のうちに、トールミン近くにいる砲兵隊の射撃指揮将校《フォイアーライトウングスオフィツィーア》と連絡がつく。わたしは彼と、一一時一五分から一一時四五分にかけて、クーク山の広い東斜面および北東斜面の陣地群に対して、両重砲兵中隊が効力射を行うことで合意する。これにより、攻撃に際して、砲撃支援を受けられることが確認されたわけである。またこの岩だらけの地形では、落石が多数発生することが考えられ、その点からも、重砲の榴弾の威力に期待する。

さて、わたしは歩兵の掩護射撃の配置に取りかかる。一一九二高地の北斜面および南斜面に、第二中隊の軽機関銃と第一機関銃中隊を置く。両部隊ともクーク山の敵から見えないようにしておく。当初、攻撃は非常に弱体な突撃隊のみを用いるということで計画されていたが、これらの射撃梯隊を追加で置くことになる。梯隊の任務は、クーク山の敵の頭を押さえつけておくことにより、攻撃を掩護することである。個々の小銃についても、目標地帯を指定する。

一〇時三〇分、一一九二高地のすぐ東にある鞍部に、シュプレッサー少佐が、第四、第六中隊および、第二、第三機関銃中隊を連れて到着する。わたしは彼に、現在の状況およびすでに実施したクーク山への攻撃準備について説明する。そのうえで、この攻撃のため必要な戦力を、自分の指揮下に加えてもらうよう要請する。シュプレッサー少佐は、一一九二高地から自分の目で敵情を視察したあと、ホール少尉率いる第六中隊をこちらに組み込んでくれる。その際、同中隊は、一一一四高地方向、コロヴラートの尾根上の敵陣地群を側面から攻撃して制圧するという任務を受ける。クーク山に対するわたしの攻撃計画は承認される。自分の指揮下には、第二、第三中隊および第一機関銃中隊に加えて、第四中隊および第二、第三機関銃中隊が置かれる。わたしは自分の戦力の攻撃準備をすみやかに済ませ、これを待機させる。

ルートヴィヒ少尉が指揮を執る梯隊（軽機関銃六挺、第二中隊、第一機関銃中隊）は、すでに一一時の段階で、クーク山守備隊に対する奇襲射撃のために、一一九二高地の北斜面および南斜面に身を隠しつつ待機をすませる。二個分隊規模の戦力である第二中隊の突撃隊は、一一九二高地の北斜面にある陣地群のところにいる。一方、第三中隊の突撃隊も、同程度の戦力から成り、南斜面の部隊集結地点で、突撃に備えている。これらの突撃隊に課せられた任務とは、銃撃の開始とともに、大砲と機関銃の強力な掩護射撃を受けつつ、クーク山と一一九二高地間の鞍部を獲得すること、そしてそれに続いて、北斜面上の陣地に沿って、あるいは南東斜面の窪地を抜けて、クーク山守備隊に向け可能な限り前進することである。わたしはこれらの突撃隊と行動をともにし、敵の陣地に探りを入れることを考える。第三、第四中隊と、第二、第三機関銃中隊については、姿を隠した状態で一一九二高地のすぐ東の鞍部に置き、自由に投入できるようにしておく。わたしは、これらの部隊を、突撃隊の作戦成功状況に応じて、北斜面、あるいは南斜面に投入するつもりである。

攻撃開始直前、一一九二高地東の鞍部に、近衛連隊の先頭部隊が到着する。これより先に、近衛連隊第二大隊は、一一一四高地からコロヴラートの尾根上の陣地に対して攻撃を試みていたのである。その際、同大隊は、砲兵隊の支援を待っていたのだか、これは空振りに終わる。一一一四高地北西五〇〇メートルのイタリア軍陣地からは、きわめて強烈な防御射撃が行われ、前進しようとするすべての動きは封じられてしまう。こののち、近衛連隊は、ヴュルテンベルク山岳兵大隊によりコロヴラートの尾根の北斜面に開かれた道を進んだわけだが、これは、一一一四高地と、一一九二高地東八〇〇メートルの鞍部のあいだにあり、強力な敵により粘り強く守られた陣地群の下部に当たる。その際、彼らは、ロンメル隊が捕らえた一五〇〇名の捕虜が、ごく少数の山岳兵によって輸送されているところに偶然出くわしたのである。

さて、一一時一五分、時間どおり正確に、トールミンの盆地からこちらに向けて、最初の重榴弾が、轟音を立てて飛んでくる。そしてそれは、クーク山の東斜面に新たに構築されたイタリア軍の前線のど真中に着弾する。落石が発生し、谷の方向に向けて転がっていく。上々の攻撃の立ち上がりである。このとき、一一九二高地上にいる機関銃梯隊が、同じく活動を開始する。さらに同高地の北斜面および南斜面では、突撃隊が行動に移る。張り詰めた緊張のなか、わたしは双眼鏡で部隊が前進する姿を追う【図52参照】。

クーク山の敵は、われわれの機関銃による攻撃に対し、非常に激しく応戦する。一一九二高地の守備隊とクーク山のあいだで、機関銃同士による本格的な銃撃戦が発生する。耳を劈《つんざ》くような轟音である。このとき、向こう側の敵のところで、相次いで榴弾が着弾する。榴弾の破片の威力と、着弾により引き起こされる落石は、敵の神経を大いに磨り減らすものとなる。このとき、左側面からは、フム山の敵砲兵隊が戦

図52　1917年10月24日──東からの眺望

闘に参加するが、彼らは一一九二高地の南斜面に目標を見つけることができないでいる。砲撃にさらされているこちらの機関銃は、きわめて巧みに陣地を構築ずみだからである。

右手下部、北斜面では手榴弾が炸裂している。ここは、ルートヴィヒ中隊の突撃隊が、敵陣地に沿って戦闘を行いながら前進しているところである。イタリア軍の陣地守備隊は、どの遮蔽物のところでもきわめて粘り強く抵抗を見せる。そのためわれわれの山岳兵は、斜面を下るかたちで進んでいるものの、非常にゆっくりとしたスピードでしか地域を獲得することができない。

一一九二高地の南斜面では状況が異なる。第三中隊の突撃隊は、道沿いの偽装された砲兵陣地を飛び出して、たちまちわれわれの視界から隠れてしまう。突撃隊の頭上を、両陣営の機関銃弾がヒュン、シュッと音を立てて飛び交う。突撃隊は、狙いの定まった銃撃を受けることなく、偽装用の構築物沿いに、一一九二高地とクーク山のあいだの鞍部に進出する。彼らは、自軍の榴弾や落石の危険に激しくさらされながらも、この鞍部からクーク山南東斜面の敵に向けて登っていく。この時点で、わたしの観測部隊が、この突撃隊を見つける。

これまでと同様、こちらの砲撃は、ここでも際立った働きを示す。イタリア軍の各前線に、次々と榴弾が着弾する。このとき、こちらの機関銃梯隊の銃撃は、第三中隊の突撃隊が敵にもっとも接近している地点で、濃密になる。まもなく突撃隊は、敵散兵線の最前線、手榴弾投擲射程まで前進する。ほとんど遮蔽物もない状態でわれわれの銃撃に身をさらしている敵の陣地守備隊に対して、こちらの数名の山岳兵が、布を振って合図をする。これがうまく機能する。上方の陣地から最初の投降者たちが離脱して下りてくる。

ここに、自分が使える四個中隊の打撃力を投入する瞬間が来たのである。わたしは集まった中隊長たちに、以下のとおり命令を下す。「南の突撃隊はクーク山を登り、捕虜を獲得する。これと同時にロンメル隊は、四個中隊でクーク山の南斜面を攻撃する。第三機関銃中隊、第四中隊、第三中隊、そして第二機関銃中隊は、偽装が施された山道で、司令部要員のあとに全速力で続く。このとき、一一九二高地上の梯隊は、強力な掩護射撃を行い、状況が許ししだい、ただちにあとを追う」。

われわれは擬装用の構築物に沿って縦隊で前進し、突撃する。もし仮に、クーク山の上にいる敵が注意を怠らずにいれば、この動きは、頭一つ高い彼らの陣地から丸見えとなってしまうに違いない。しかしながら、敵の注意は、すべて一一九二高地上の梯隊と、北斜面で発生している手榴弾戦に引きつけられている様子である。敵味方の両陣営が、莫大な弾薬を費やしつつ、機関銃同士による決闘を行っている。その弾が頭上を、轟音を立てて飛び交う。山道のほうに飛んでくる流れ弾はごく少数である。そしてこうした状況のなか、われわれは、一一九二高地とクーク山のあいだの鞍部にすみやかに到達する。この鞍部は、クーク山にいるイタリア軍の火力から、ちょうど姿を隠せる角度になっている。部隊は長い複列縦隊《ライエンコロンネ》を組み、駆け足であとに続く。

この間、第三中隊の突撃隊が、斜面上部で獲得した捕虜の数は、約一〇〇名にまで膨らんでいる。また前方からは、近衛連隊の各隊が、山道上で行われるロンメル隊の突撃に合流するとの報告が入る。これにより、部隊の戦力は連隊規模をはるかに超え、行軍の奥ゆきは、わたしの後方、二キロメートルから三キロメートルにまで及ぶことになる。このような状況下では、わたしはこれ以上目標を設定するべきではないのではないだろうか。

目下、クーク山東斜面では、敵がこちらの機関銃と砲撃によって釘づけにされている。この状態はさらに一五分間続く。この射撃効果によって、敵の本体から引き離されてしまったイタリア兵が出始め、これを第三中隊の突撃隊が回収していく。それにしても、クーク山南斜面を、守備隊ごとぐるりと取り囲んでいるこの偽装を施された山道を見ていると、迂回して前進したほうがよいのだろうか、という考えがちらつく。わたしの頭には、クーク山守備隊を封鎖するイメージが浮かぶ。もちろんその場合、さらなる強力な予備隊と、南斜面で一戦交えることを計算に入れねばならない。また相当な戦力を持つ守備側が、切り立った高地の側から、われわれの方向に突撃しながら下りてくることが可能であることも念頭に置かねばならない。しかし他方、これまでの多くの戦闘で、自分たちの実力をいかんなく発揮してきた山岳兵たちにとっては、どんな任務でも難しすぎるということはないということもわたしの知るところである。わたしは、長々と考えこむことを止めて、進撃するという道をあくまでも行くことにする。攻撃は途切れず進行していく。

わたしは目標地点として、ラヴナ一帯を設定する。これはクーク山南西斜面にある小さな山村である。部隊の先頭に立ち、駆け足で道を前進する。グラウ中隊の兵士たちは、少数の騎兵銃を持った兵からなる前衛部隊のすぐ後ろについて突撃する。彼らは山の肩での攻勢開始以来、重機関銃を担いでおり、そのため息は切れ、汗が滴り落ちている。彼らはみな、今こそ体がなしうる限界まで力を発揮すべきときがふたたび来たということを知っている。一方、敵の注意は、ますます一一九二高地をめぐる戦闘のほうに引きつけられている。

山道には、依然として巧みに偽装用の構築物が設置されている。道はラヴナ方面に向けて、下りになっている。これらの道は、ほとんど樹木のないクーク山の急斜面に点在して走っている。斜面上部の敵守備隊は、この道の上で何が起きているかを見ることができない。他方、道の上にいるわれわれのほうの視界も、非常に制限されている。あちこちで道が蛇行しているために、五〇メートルから一〇〇メートル程度しか見通すことができないのである。右方向へは垂直の岩山が、左方向および前方の斜面方向へは偽装用の構築物が、視界を遮っている。もっとも現在の場合、これらの状況はこちらの有利に働く。

われわれは道が鋭く曲がっている地点ではごく至近距離、しばしばわずか数メートルという距離で、何も予期せぬまま道に立っている敵、あるいはこちらに歩いてくる敵に遭遇する。敵が武器を手にするより早く、われわれは彼らの近くに迫り、すれ違いざまに一撃を喰らわせる。そして、武装解除を促す合図を送り、東の方向を指で示すだけで、イタリア兵に武器を捨てさせ、自分たちの隊列のあとにつくかたちで一一九二高地方面に歩かせることができる。イタリア兵たちはみな、こちらが突如として現れたことに、全身脱力し麻痺したような状態になっている【図53参照】。われわれは、砲兵陣地、貨物車両、密集した敵歩兵部隊の横を通過し、突撃を続けるが、止めるものは皆無である。どこにおいても一発の銃撃もない。右手後方の斜面上部では、一一九二高地とクーク山守備隊とのあいだで、依然として銃撃戦が展開されている。頭上高くを、流れ弾が散発的に、ピュッと高い音を立てて飛んでいく。おそらくクーク山のイタリア軍は、依然としてドイツ軍が、一一九二高地の各斜面を横断して、最終的には横に広がり通常の歩兵攻撃に打って出るものと予想しているのである。

さて、道の左側に続いていた偽装用の構築物は、ラヴナ直前のところで途切れている。このため視界が

図 53 「みな……全身脱力し麻痺したような状態になっている……」

開ける。このとき右には、ぱらぱらといくつかの茂みがある以外には、すべて禿山になってしまっている急斜面が延びているのが見える。イタリア軍の予備隊は、これらの茂みの背後に、あるいは茂みのなかにひそんでいるのであろうか。前方三〇〇メートルには、ラヴナ村の最初の家が数軒建っている。急斜面の左手下部には、いくつかの屋敷が存在し、その後ろには樹木に覆われた一〇七七高地の円頂がある。われわれはもう一度限界まで速度を上げる。そして、どこからも撃たれることなく、ラヴナに到達する。

時刻は一二時である。南斜面は、照りつける太陽で焼けるように暑い。ラヴナの守備隊は、われわれがまばらに建つ家々や納屋のあいだを抜けて突撃してくるときまで、こちらを発見できない。これは、彼らが自分たちは戦闘

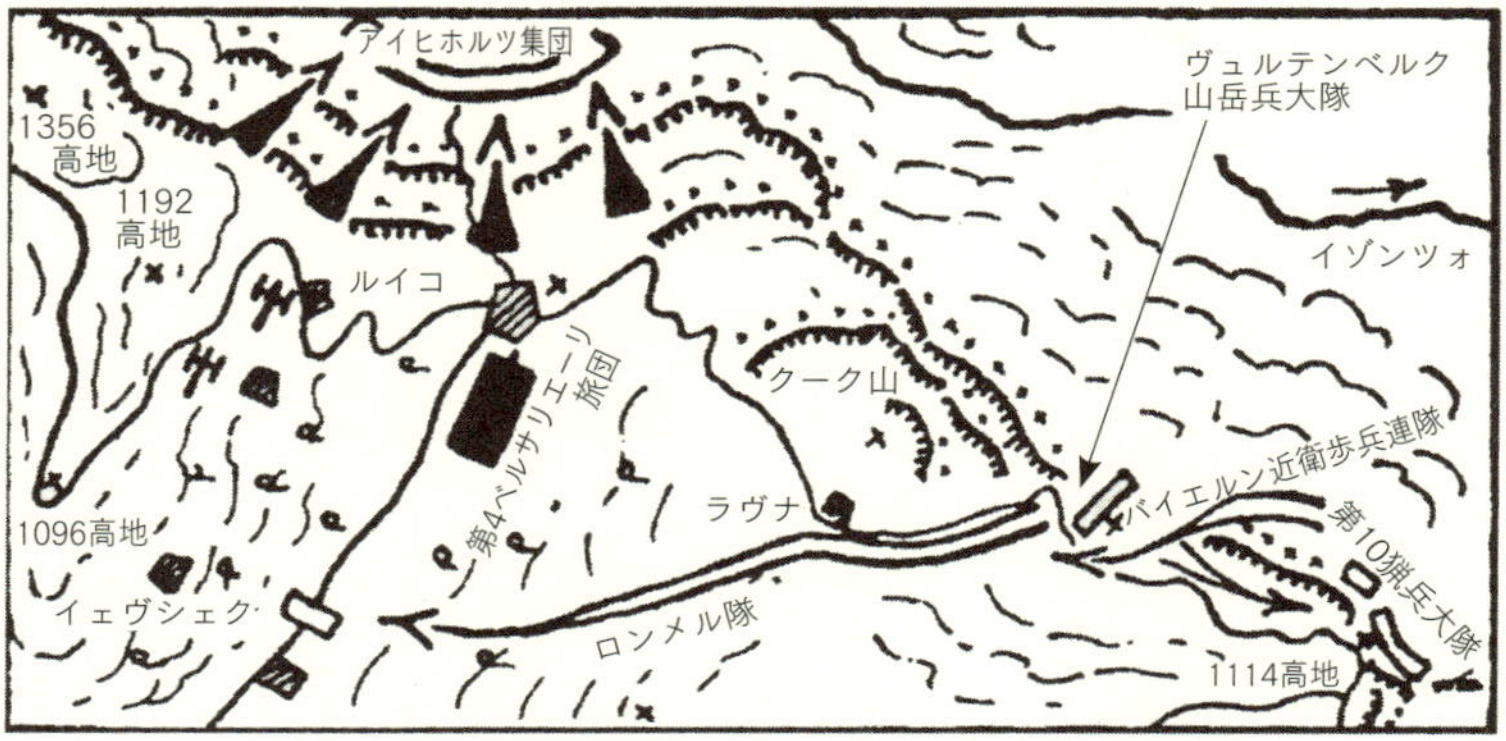

図54　1917年10月25日正午頃（縮尺約1：100,000）

から遠く離れている、と思い込んでいたためであり、無理からぬことである。イタリア兵は驚愕して四散し、慌てふためいて、ルイコおよびトポロの谷へ逃げていく。駄畜は、主人を失い、地面の上を、あちらこちらで跳ね回っている。それにしても、どの方向からも一切銃撃がないということに、われわれは非常に驚く。クーク山の南斜面は、まるで死んだように静かである。ここにいたと推測される敵守備隊は、すでに一一九二高地方面に移動してしまっているらしい。

ラヴナの守備隊の最後の部隊、おそらくは駄畜部隊だが、彼らは集落のすぐ西にある円頂を越えて、ルイコ方面に姿を消す。彼らのすぐ後ろをぴったりとつけつつ、わたしは部隊先頭の兵士たちとともに円頂に到達する。そこでは壮観な光景が、とりわけ西に向けて広がっている【図54参照】。

右手下部には、クーク山とマーツリィ峰のあいだの鞍部に、ルイコの山村がある。この集落とその近くにある大きな廠舎《バラッケンラーガー》の一帯は、イタリア軍の部隊がひしめき合っている。ルイコ村のなか、そしてそのまわりでは、前線の後方が通常そうであるように、平時の活動が行われている。ルイコ＝サヴォーニャ道では、両方向に向けて活発な往来があるのが観察できる。とくに、馬に砲をつないだ重砲兵部隊が常歩《なみあし》でルイコを出て、南へ移動しているのが見える。一方、ルイコの北の一帯からは、激しい戦闘音が響いている。わたしは、同所で、第一二師団が戦闘中であると推測する（これは三個大隊規模の戦力となっていたアイヒホルツ集団のことである。強力な兵力からなるイタリア軍は、イデルスロを越えてカールフライト［カポレット］に向かう計画を立て、マタユール北方の谷に前進していた第一二師団の側面および背後に一撃を加えようとしていたのだが、アイヒホルツ集団は、この敵の反撃に抵抗していたのである）。

ルイコ村の向こう側では、マタユール山道が、幾重にも曲がりくねりながら、ところどころ樹木の茂るマーツリィ峰東斜面とクラゴーンツァ山を越え、坂を下るかたちで延びている。この山道上には、ほとんど往来するものが見当たらない。アブザとペラーティの近くでは、イタリア軍の砲兵隊が、ゴロービ村にいる第一二師団の一部とのあいだで、砲撃戦を行っている。

わたしの後ろには、各中隊が急行軍《アイルマルシュ》で来ている。この攻撃への勢いを、ラヴナで弱めてしまうわけにはいかない。この勢いは、決定的な戦闘の方向に向けてやらねばならない。いずれにせよ、長々と思案に暮れる時間はない。わたしは戦力を投入するにあたり、ただちに三つの可能性を考える。

第一の可能性は、クーク山の南斜面を登り、同所の守備隊を排除するというものである。クーク山守備隊の主力は、正面を東に取り、ヴュルテンベルク山岳兵大隊の各隊と対峙するかたちで戦闘に入っている。また同守備隊の残りの各隊は、正面を北に取り、第一二師団と対峙している。ただわたしはこの守備隊を、もはや危険な敵とはみなしていないので、わたしはこれを、後方にいるヴュルテンベルク山岳兵大隊と近衛連隊の各隊に任せることができる。敵の守備隊の運命は、とっくに確定しているように見える。

第二の可能性は、ルイコの敵勢力に対して攻撃を加え、第一二師団のためにルイコ峠を開く、というものである。この攻撃は有望であるようにも思える。わたしの使える二個機関銃中隊は、まわりより高い地点の陣地から、非常に効果的な掩護射撃を行うことができるはずである。ルイコ周辺で密集する敵戦力に接近する可能性についても、有利な状況が存在する。この攻撃を実施する場合、奇襲的な性格を維持することができるだろう。しかしながらこの攻撃は、ルイコ周辺の敵を殲滅すること、あるいは捕虜とすることにはまずいたらないだろう。なぜならば、マーツリィ峰東斜面は起伏が多く、また森林の広がる地形となっているためである。これにより敵は、多大な犠牲を出す前に、峠を撤収することが可能である。このため、わたしはこの攻撃案も断念する。

結局わたしは、三番目の案に決定する。これは、ルイコ周辺の敵戦力を封鎖することを狙い、ルイコ＝サヴォーニャ渓谷の遮断、およびマタユール山道のうち、クラゴーンツァ（一〇九六高地）方面の山道の遮断を行う、というものである。

ルイコ＝サヴォーニャ渓谷の両側に広がる、樹木のある斜面は、この進軍に有利に働く。われわれは、ルイコ周辺の敵兵力がこちらの接近に感づくより先に、ポラヴァ近くの谷に入ってしまうことができる。そして、それに続いて、アルペン軍団の後方各隊が、東からルイコへと押し込んでくれれば、包囲された敵は、もう殲滅されるか、捕虜となる以外、選択肢がなくなるだろう。

それにしても、各部隊は間隔を詰めて進んでいるのであろうか。この点わたしは、クーク山南斜面の、偽装が施された尾根がどのような状態になっているのか、確認することができない。非常に早いテンポで進撃がなされたため、部隊間の連携が緩んでしまっているというのは、ありうる話である。しかしわたしはこれを待つわけにはいかない。一秒一秒が貴重であり、勝敗を決するものなのである。

わたしは部隊の先頭集団とともに、ラヴナから、南西へと鋭く方向を変え、一〇七七高地の樹木の茂る西斜面を通り、ポラヴァ方面のルイコ＝サヴォーニャ渓谷を目指して進む。伝令に対しては、部隊のすべての中隊をポラヴァ方面に送れ、という指示を持たせたうえで、ラヴナに残す【図55参照】。

われわれは急いでラヴナを通過しつつ、捕えた駄畜のかごから、卵とブドウを取っていく。ここから先

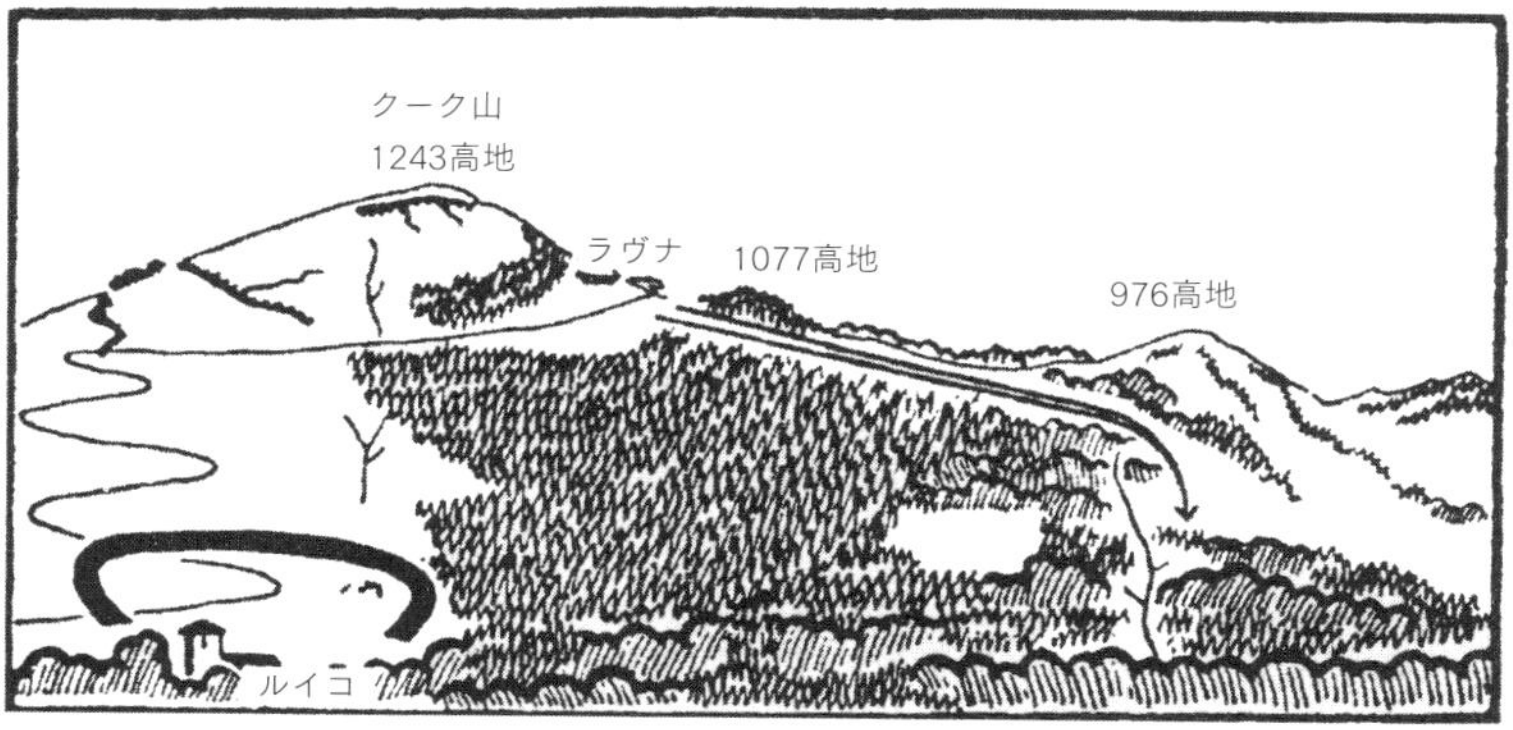

図 55　ルイコ＝サヴォーニャ道への進撃

は速足《はやあし》である。九七六高地の円頂については、そこが敵の勢力によって占拠されているのかどうか認識できていないので、念のために左手上部から向かわせる。とにかくわたしは、動けなくなってにっちもさっちもいかなくなるという事態だけは避けたいのである。数時間ほど前のコロヴラートの尾根のときのように、やぶと小規模な森林を抜ける道を選択する。ルイコからも九七六高地からも、敵に見られてしまうわけにはいかない。われわれは広めの足取りで、柔らかい牧草地の上を下っていく。ルイコからサヴォーニャ方面に移動中の重砲兵をなんとしても捕捉したい。われわれは急いで、谷底近くへ進む。

一二時三〇分、ルイコ村から二キロメートルほど南西の地点で、ロンメル隊の先頭が谷に到達する。先頭の将兵――グラウ少尉、シュトライヒャー少尉、ヴァーレンベルガー少尉、そしてわたしを含む――が、西側に通じる道の東一〇〇メートルのところで、やぶのなかから突然姿を現すと、それぞれ徒歩と車両で移動していたイタリア兵たちは、これをまったく予想もしていなかったらしく、たちまち恐怖に襲われた状態におちいる。イタリア兵たちは、ゴロービ村付近の火線から三キロメートルほど後方にあるこの平和な谷で、敵とぶつかる腹づもりがなかったのである。敵は、おそらく次の瞬間にこちらが撃ってくると思い、それを恐れたのか、全速力で道の脇にあるやぶのなかへ逃げ込む。しかし自分んたちの頭には、そうした考えはまるでない。

　われわれは道のところに到達する。そして、道が二度ほど急に曲がっている場所に陣取る。急いで敵のすべての電話回線を切断する。このとき到着した第四中隊と第三機関銃中隊は、谷の両側の斜面に広がる茂みや灌木のなかに見えないように配置し、そのうえで谷を北および南方面に向け、火力で制圧できる状態にしておく。

　だが残念なことに、一〇七七高地西斜面にあるラヴナ村を通過した直後、隊の残りの各中隊との連絡が途絶しているということが判明する。この事実はわたしにとって痛烈な打撃となる。というのも、少なくともあと二個から三個中隊がなければ、クラゴーンツァへの登攀も、マタユール山道の封鎖も考えようもないからである。

　わたしはヴァルツ少尉に対し、隊の残りの各中隊を呼び寄せ、そのうえで、シュプレッサー少佐に、これまでの作戦達成状況と今後の計画について報告するという任務を与え、送り出す。

　そうこうしているあいだに、ルイコ＝サヴォーニャ道では、イタリア軍部隊の交通が再開しており、われわれは非常に驚く。予期せぬかたちで、北から南から、数名の兵と車両がこちらに近づいてくる。われわれは少数の山岳兵により、この敵兵をこちらがひそんでいる急カーブのところで丁重に迎える。面白い。銃撃はあえて行わない。カーブのところで、車両が速度を落とさないようにしておくことが重視される。数名の山岳兵が、敵車両の操縦者と護衛に対峙する。別の山岳兵が、馬ないし騾馬《らば》の手綱を摑み、これをわたしが前もって定めておいた置き場まで誘導して走らせる。まもなく道の両側から、次々と敵が押し寄せる。これらをなんとかうまく収容するのに苦労する。場所を作るために、車両と馬を切り離す。そして相互に詰めて移動させる。捕虜と馬、そして騾馬は、われわれが設けた道路封鎖用の柵のすぐ下にある山

図56

峡のところへ運び、そこで収容する。ほどなくしてその数は、捕虜一〇〇名、車輌五〇輌を超える。「商売繁盛《ダス・ゲシエフト・ブリュート》」といったところである【図56参照】。

鹵獲した複数の車両は、われわれ飢えた兵士たちに、予想だにしていなかったおいしい品々を提供してくれる。チョコレートや卵、缶詰、瓶詰、ブドウ、ワイン、白パンが荷解きされ、兵に配られる。もちろん、両斜面で活躍した勇敢な兵士たちに、まず一番に分配がなされる。

ここまでの戦闘も、緊張も、みなたちまち頭から消えていく。敵前線の三キロメートル後方である。士気は高い。

この夢心地の状態も、歩哨から入った警報によって、水を差されてしまう。それによると南から、イタリア軍の自動車が猛スピードで接近中だというのである。われわれは、貨車を引き、道を横断して、それをわれわれの待ち伏せ場所のなかに急いで押し込む。しかし、獲物が通過していくのを見ていた機関銃手一名が、わたしの厳命に反して、距離五〇メートルのところで発砲してしまう。自動車は、不意に、ほこりがもうもうと立ち込めるなかに停車する。運転手と三名の将校が車から飛び出し、うち一名の将校を除いて投降する。この一名は道の下のやぶに入り込み、逃げてしまう。車内にはもう一人、四人目の将校がいるが、致命傷を負って横たわっている。彼らは、サヴォーニャの上級司令部の参謀将校たちであり、前線との電話回線接続が途切れたことが気がかりになり、自分たちで直接戦闘の状況を確かめようとしていたのである。自動車は無傷だと分かる。そのため自動車の運転手に命じて、この車を他の車両が停められている場所に移動させる。

こちらが道路を封鎖してから、一時間ほどが経過したかもしれない。隊の残りについては何の痕跡もない。ルイコ方面でも、クーク山方面でも、激しい戦闘行動の音はない。わたしは、われわれの後方で、敵の前線がふたたび閉じてしまっていなければよいのだが、と考える。そうした状況となっている場合、われわれはふたたび自分たちの戦線まで、敵のなかを突破しなければならないことになるからである。

谷の東側に出していた偵察前哨から新たな報告が入り、われわれの注意は北に向けられる。それによると、ルイコの方角から、きわめて長い敵歩兵部隊の行軍縦隊が接近中とのことである。彼らは、自分たちが前線のはるか後方にいると思い込んでいるのか、警戒部隊も付けず、さながら平時の行進という状態で進んでいるようである。そして、まもなくこの隊列の先頭がわれわれのところに近づく。

わたしは、警戒、戦闘準備態勢をとるよう命ずる。おそらく、ものの数分のうちに戦闘となるだろう。山岳兵一五〇名にすぎないこちらと、圧倒的に優勢な敵との対決である。しかし、われわれの陣地は強固に構築されている。またこちらの機関銃は、谷を広く支配している。敵を、道路の遮断物にできるだけ引きつけてから迎え撃たせれば、その分だけ相手は、手持ちの優勢な戦力を散開させることができなくなり、その結果、戦力を攻撃へ投入することが難しくなる。このため兵士たちには、号笛《ジグナールプファイフェ》によるわたしの合図を待って、発砲を開始するよう厳命する。

このとき、敵縦隊の先頭は、こちらが設置した障害物まで三〇〇メートルの距離に前進している。無用の流血を避けるため、シュタールを軍使《パルラメンテール》として立て、白い腕章を付けさせたうえで、敵に向かわせる。彼は、斜面の両側をこちらが占拠していることを示したうえで、戦わずに降伏するよう、敵に促すことを命ぜられている。シュタールが敵の隊列に向けて急ぐあいだ、グラウ少尉、ヴァーレンベルガー少尉、シュトライヒャー少尉、そしてわたしの四人は、カーブとなっている箇所から道の前に出る。わたしたちは、自分たちもハンカチを振ることで、シュタールの言葉をさらに裏付けしようと考えているのである。

　こうしてシュタールが、敵の縦列の先頭に到着する。しかし敵の将校たちは彼のところに突進してきたかと思うと、拳銃と双眼鏡を引ったくる。これらはシュタールがあまりに急いでいたために、捨て忘れてしまっていた装備である。イタリア軍の将校たちは、彼を捕虜にする。彼はほとんど何の弁明も許されないのか、われわれが合図を送ってもまったく役に立たない。

　イタリア軍の将校たちは、いちばん前の部隊に命令し、われわれに銃撃を加えさせる。われわれは急いで道の隅に姿を隠す。そしてわたしはピィーと号笛を吹く。すると、まだ路上に停止している敵の縦隊に向けて、道の両側から、銃弾が雨あられと降り注ぎ、路上を数秒のうちに薙ぎ払う。敵が遮蔽物の陰に完全に体を隠そうとするすきに、シュタールは敵を振り払い、われわれの陣営に急いで戻ってくる。

　われわれは弾薬を、極力倹約しなければならないので、数分経過したところで、撃ち方やめの合図を掛ける。敵からの反撃は比較的弱いものである。わたしはあらためて、ハンカチを使って合図を送り、降伏を促す。しかしこれは早すぎたと分かる。敵はこの発砲停止の時間を利用し、今度は道の両側に散開して、こちらに向かってくる。さらに時を同じくして、複数の機関銃が、道のすぐ西の斜面から、火を吹き始める。

　もうこうなれば、有利に銃撃を行っているのはどちらか、白黒はっきりさせねばならない。まわりより

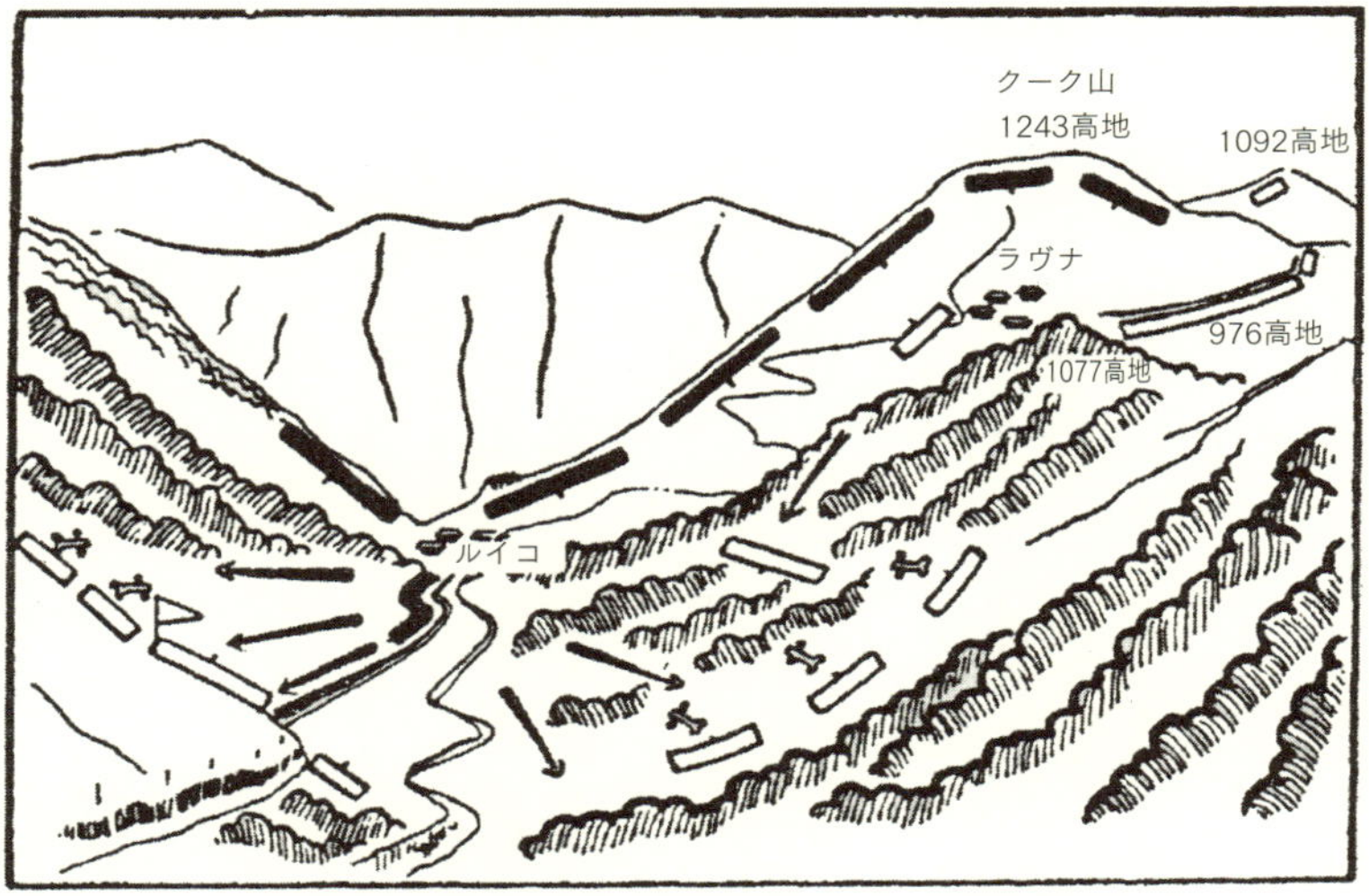

図57　ベルサリエーリ連隊との戦闘――南からの眺望

高い陣地から姿を隠して行われているこちらの銃撃は、依然として密集した状態にある敵に、圧倒的な威力を発揮している。銃撃戦が五分間続いたのち、わたしは再度敵に降伏を要求する。しかし今回も無駄である。またもや敵の先頭部隊は、発砲停止中にこちらに向けて前進してくる。このとき、敵との距離は八〇メートルとなる。

一〇分の激しい銃撃戦が行われたあと、敵はようやく自分たちの敗北を認め、降伏の合図を送ってくる。この合図を受けて、われわれは銃撃を停止する。谷を走る道の上で、第四ベルサリエーリ旅団の将校五〇名と、兵二〇〇〇名が武器を置き、降伏する［「ベルサリエーリ」は、イタリア語で「狙撃兵」の意。ドイツの猟兵同様の機能を果たす軽歩兵部隊で、イタリア軍の精鋭］。そしてわれわれのほうに移動する。わたしは有能な将校代理であるシュタールに捕虜の収容と、ラ・グラーヴァおよび一〇七七高地経由でのラヴナへの捕虜輸送を委任する。シュタールには、数名の兵だけが護衛として付けられる【図57参照】。

われわれは第三中隊により、戦力の強化を受ける。第三中隊は、ベルサリエーリとの戦闘の最終局面から、谷の東斜面よりこれに参加していたのである。ルイコの方角からは、すでに数時間来、激しい戦闘の騒音が響いている。そこでの状況をはっきりと把握するため、わたしは鹵獲した自動車を、重機関銃で武装したうえで、ルイコ方面に向けて前進する。われわれは数キロメートルにわたり、路上に転がるイタリア軍の武器と、装備品のかたわらを通り過ぎていく。だが、その速度は緩慢なものにとどまる。ルイコのすぐ南の地点で、わたしはラヴナから見えていたイタリア軍の重砲兵陣地に出くわす。砲を引くための駄畜は、銃砲撃によりめちゃくちゃに殺され、地面に転がっている。わたしが一五時三〇分ごろルイコに到着すると、ちょうどシュプレッサー少佐指揮下のヴュルテンベルク山岳兵中隊の残りの各隊と、近衛連隊第二大隊も、ラヴナから攻撃を終え、ルイコと南の谷へ着いたところである。わたしはシュプレッサー少佐と、集落の南の入口のところで会う。この間、近衛連隊第二大隊の各隊が、マタユール山道のアブザ方面で敵の後ろを追っている。

わたしはシュプレッサー少佐に、ヴュルテンベルク山岳兵大隊のうち、投入可能なすべての部隊を連れ、ポラヴァから原野を横断して最短距離を通り、イェヴシェク経由でクラゴーンツァ山を登攀し、この山を占拠する、という提案を行う。こちらがクラゴーンツァ山を押さえてしまえば、マーツリィ峰にいる敵は、南に向かう道が塞がれてしまうかたちになる。そして第一二師団とアルペン軍団の各隊が、北と北東からこの敵を拘束しているあいだに、これをその背後から攻撃することができる。さらにクラゴーンツァ山で、マタユール連山に通じる唯一の山道を押さえることができれば、それによりこの道の上を移動するすべてのイタリア軍砲兵隊、あるいは道の付近に陣を構えているそれを、他から切り離すことになる。これに対し、アブザおよびペラーティを経由し、マタユール山道に沿ってクラゴーンツァ山まで前進するというのは、わたしの目には、あまり賢明なものとは映らない。そもそも同地での敵の状況がどうなっているのか、という問題がある。強力なイタリア軍の部隊は、ルイコ峠を放棄したあと、ある程度の秩序を保ちながら、マタユール山道に沿い、マーツリィ峰からクラゴーンツァ山に伸びる尾根の東斜面へ向けて後退している。おそらく彼らは、そこに用意してある後方の各陣地を確保しようと考えているのであろう。マタユール山道であれば、敵はきっと比較的弱い後衛であっても、こちらの追撃部隊を振り切ることができるだろう。このことで敵は、部隊を再編成し、予備陣地を予定の時刻どおりに占拠するだけの時間を稼ぐことができる。また、マタユール山道の両側にある陣地群が、最初に占拠されるということも想定されうる。このように検討を重ねていくなかで、わたしはクラゴーンツァ山を登攀するという提案を行う方向に腹を決めたのである。

シュプレッサー少佐はこの提案に同意し、ルイコ村およびその南にいるヴュルテンベルク山岳兵大隊の各隊（第二、第三、第四中隊、第一、第二、第三機関銃中隊および通信中隊）をわたしの支配下に入れてくれる。これと同時にゲスラー隊（第一、第五、第六中隊、第二〇四、第二六五山岳機関銃隊）は、シュプレッサー少佐が自由に投入可能な部隊として、ルイコ方面に移動するという命令を受ける。シュプレッサー少佐自身は、ポラヴァ近くで鹵獲した自動車に乗り、旅団に向かう。これは、これまでの戦闘経過および攻撃継続計画についての報告、ならびに予定している戦闘に対する砲撃支援の確認が目的である。

考察

コロヴラート陣地に対するドイツ軍の侵入を、クーク山東斜面上、複数の前線に大量の予備部隊を投入することで阻止しようとした同山のイタリア軍指揮官の決断は、誤りであった。敵指揮官は、われわれロンメル隊が至急必要としていた（防御態勢の構築、部隊の再編成、支援要請のための）一呼吸を与えてしまったのである。この予備部隊は、一一九二高地の再占領のために投入したほうが、はるかに理に適っていたであろう。またその場合であれば、必要な掩護射撃についても、クーク山北斜面の多数の陣地から受けることができたであろう。もし仮に敵の指揮官が、同時に東からも、ロンメル隊への攻撃を展開することに成功していたら、同隊は非常に厳しい状況に追い込まれていただろう。

さらに言えば、樹木もなく岩だらけのクーク山東急斜面に、三つの陣地を構築したことも、適切な措置ではなかった。イタリアの兵たちは、こちらの銃砲撃による妨害を受けない状態で、数時間にわたる作業を行ったにもかかわらず、充分深く地面を掘り進めることができなかった。一一九二高地の西斜面において反斜面陣地を利用したほうが、敵にとってははるかに好都合であっただろう。われわれはこの反斜面陣地を、機関銃によっても、大砲によっても捕捉することができないということになったはずである。

また敵は、クーク山南斜面の尾根道を封鎖することを怠った。尾根道の下の禿げた各斜面を、火力を用いて監視しておくことも充分実施しなかった。

クーク山への攻撃開始の際、イタリア軍の二、三個の大隊が、多数の機関銃を携えてロンメル隊に対峙していた。高い地点に設けられたロンメル隊の陣地は、一部は充分に構築されていたものの、場所によってはやっつけ仕事で作られていた。ロンメル隊は、一個機関銃中隊、六挺の軽機関銃、そして二個重砲兵中隊の掩護射撃のもと、まずそれぞれ一六名の兵からなる二個の突撃隊のみを用い攻撃を仕掛け、敵へ接近することが可能であるか探りを入れた。そしてそのあとに主力を用いて、クーク山の全守備隊を包囲した。ヴュルテンベルク山岳兵大隊の突撃隊と、バイエルン近衛歩兵連隊の一個中隊は、この敵守備隊を、昼の早い時間に一掃した。

攻撃に際しては、間に合わせ程度に塹壕を掘っていた敵戦力に対し、こちらの機関銃および重砲の威力が絶大であることが証明された。多数の箇所で、敵はこの神経を磨り減らすような、たいへんな試練に耐え抜くことができなかった。これが深く塹壕を構築しているイタリア軍部隊であれば、こちらの火力が与える損害も少ないものになってしまっただろう。

一一九二高地からくり出されるこちらの機関銃の銃撃は、はるかに優勢を誇る敵の火力と、イタリア軍陣地守備隊のすべての注意を、まるで一つの磁石ででもあるかのように、一身に引きつけた。

こうして、最初に突撃隊が、あとからはこれに加えて全ロンメル隊が、偽装物が備え付けられているものの敵から丸見えの山道を通りながらも、損害を被ることなく、クークの東斜面へ移動することに成功した。

ラヴナでは、ロンメル隊内部で連絡が途絶えてしまった。これは機関銃中隊の指揮官が、駄畜の捕獲をさせていたからである。この結果わたしは、ポラヴァ近くの谷の時点で、自分の戦力の三分の一しか使えないということになってしまった。また、ルイコ＝サヴォーニャ渓谷しか封鎖することができず、クラゴーンツァ山の地域で、マタユール山道を封鎖することについては、当面断念せざるをえなかった。たしかにあとになって、ラヴナで切り離されてしまった各隊も、ルイコの敵への攻撃には加わったのだが、しかしながら、もしクラゴーンツァ山が一〇月二五日の時点で占拠できていれば、作戦はおそらくより大きな成功を収めていたであろう。ここから得られる戦訓とは、以下である。すなわち、防御陣地への突入、あるいは突破までが成功した場合には、予備隊は、いちばん前を行く部隊にぴったりと離れずついて行かねばならず、鹵獲やその他の行動によってぐずぐずと一箇所にとどまっていてはならない、ということである。すなわち、後方の各隊に関しても、こうした戦闘の際には、最高度の速度が求められねばならない、ということである。

第四ベルサリエーリ旅団に所属する一つの敵連隊は、行軍縦隊のまま予期せぬかたちで、狭い谷の合間にロンメル隊が設けた障害物のところに飛び込んでしまった。たとえ最前列の部隊が、こちらの山岳兵の銃撃により釘づけにされてしまっていたとしても、さらに後方にいる部隊が、東西の斜面に攻撃を仕掛けていれば、状況をなんとか打開することができたであろう。目標を明確に定めた厳格な指揮というものが、ここには欠けていた。

一九一七年一〇月二五日午後、攻撃戦に際して、各隊の位置は以下のとおりであった。

クラウス集団。第一皇帝狙撃連隊は、サーガ村からストール山に向けて行われる攻撃に参加した。第二大隊はフム山、第一大隊はプブリウム山に突撃を行い、これを奪取した。第四三旅団は、一四五〇高地に登った。第三皇帝猟兵連隊の突撃中隊はカール山を、第三皇帝猟兵第一三中隊はタナメア峠を占拠した。

シュタイン集団。第一二師団は、ナティゾーネの谷を第六三歩兵連隊とともにロビック南三キロメートルの国境まで前進し、そこでイタリア軍の増援部隊を撃退した。マタユール山北斜面のイタリア軍陣地に対しては、攻撃を行わなかった。ゴロービ村から一キロメートル北では、アイヒホルツ集団が、イタリア軍となお交戦していた。そのため同集団は、ごくゆっくりとした速度でしか前進できなかった。アイヒホルツ集団は一七時ごろゴロービ村を攻撃し、一八時ごろには、ルイコ村に到達した。この間ルイコ村には、バイエルン近衛歩兵連隊と、ヴュルテンベルク山岳兵大隊の後方部隊が侵入していた。一四時ごろ、アルペン軍団において、クーク山の守備隊が、ヴュルテンベルク山岳兵大隊の各隊および、近衛連隊の一個中隊によって一掃された。同時刻、ヴュルテンベルク山岳兵大隊第六中隊が、コロヴラートの尾根を、一一一〇高地から一一一四高地にかけて側面から攻撃し、これを制圧した。クーク山の包囲、およびルイコ＝サヴォーニャ渓谷の遮断が完了したのち、ロンメル隊は、ポラヴァ付近での戦闘を経て、第四ベルサリエーリ旅団の相当な部分を捕虜として押さえた。ヴュルテンベルク山岳兵大隊の主力および近衛連隊第二大隊は、ラヴナから攻撃を行い、ルイコ村を占領した。第一猟兵大隊と、第一〇猟兵大隊は、一一一四高地の南斜面の敵と戦闘を行い、午後のあいだに一〇四四高地と、一一一四高地全体を手中に収めた。第二〇〇師団においては、第三猟兵連隊がクライ地方、一一一四高地南の敵と戦った。また一八時ごろ、第四猟兵連隊は、一一一四高地南八〇〇メートルのラ・チーメを占拠した。

スコッティ集団。プスノからフム山へ攻撃を行っていた第八擲弾兵連隊は、ユドリオ川を渡渉した。第二山岳旅団はチーチェル峰を、第二二山岳師団はザンクト・パウルを確保した。

これらの戦闘から次のような結果がもたらされた。すなわち、一〇月二五日、イゾンツォ川の南、コロヴラートの尾根に設けられた、イタリア軍の強力な第三陣地は、とくにヴュルテンベルク山岳兵大隊の戦闘行動によってこじ開けられ、西はルイコ峠まで、東は一一一四高地まで切り裂かれた。これにより、アルペン軍団およびルイコ北にいる第一二師団の各隊は、ふたたび攻撃を継続することができるようになったのである。

クラゴーンツァ山奪取

わたしはルイコ近辺にいるヴュルテンベルク山岳兵大隊の各隊とともに、ポラヴァ北に設置した道路封鎖用の柵のところまで、できるかぎり急いで戻る。そこで、このとき七個中隊となっていた自分の戦力を再編成し、鹵獲した駄畜を、個々の中隊に分配する。そして、休憩をとることもなく、イェヴシェク＝クラゴーンツァ方面へ登っていく。素早く攻撃に移れば、それだけ戦闘の準備ができていない態勢の敵を撃つことになるはずだからである。

ここまでの数日、われわれは恐ろしいほど肉体の緊張を強いられ、またひどい欠乏に苛まされてきたわけである。しかし、それにもかかわらずこの日も、ある場所では、通り抜けできない茨の茂みに沿って、長い牧草地を行き、またある場所では、岩だらけのリンネのなかを登って、道なき急斜面を進み高度を上げていく。今回もまた、疲れ果てた各部隊にわたしが要求するのは、超人的な力を必要とする多大な任務である。いかんせん、攻勢が遅滞するわけにはいかないのである。

高度を上げれば上げるほど、登攀は厳しさを増していく。深い切り通しと茨の茂みにより、われわれは方向を転換し、これを回避するよう強いられる。しかし、そのような行動をとる場合、たいていは相当な高度の喪失と、体力の消耗を招くことになる。すでに数時間にわたり登り続けている。この間に日は沈み、あたりは完全に真っ暗になる。このとき、部隊は完全に疲労困憊の状態にある。わたしは自分の設定した目標をいったん見合わせるべきだろうか。いや、われわれはイェヴシェクまで、なんとしても到達せねばならない。そこには、クラゴーンツァ山攻撃のための気力をまだ備えた兵士たちがいるはずである。

大きな月の光の輪が、急斜面を明るく照らし、草地と茂みを銀色に輝かせている。そして木立の向こうには、黒く長い影が芝地の上に落ちている。前衛部隊は、ゆっくりとした足取りで、あたりに注意を払いながら登っていく。そして、やっとのことで、細い小道を見つける。各部隊はこの前衛部隊に、五〇メートルほどの間隔をとりながら、続いていく。ときどきわたしは停止を命じる。そして、夜に聞こえる物音がないか、耳を澄ます。そのあと、狭い小道のすぐ下、干草が置かれた納屋の陰となっているところで、再度停止する。前方には、背の高い鬱蒼とした茂みに覆われた山峡がある。そこには光が差さず、そのため不気味なほど暗くなっている。自分たちのいる小道は、この山峡を抜けて走っている。われわれは耳に全神経を集中させる。すると、山峡の向こうから、ざわざわという声、号令、行進する部隊が発する物音がはっきりと聞こえてくる。しかし敵が近づいてくる様子はない。彼らは山峡の横、向こう側の端へと移動していくようである。ひょっとしたら、敵はその向こうで配置に就いているのかもしれない。そこに近づくために使えるのは、ひとが通れるだけの細い道のみである。状況は気乗りのするものではない。イェヴシェクとクラゴーンツァ山は右手上方にあるに違いない。

こうした状況下にあって、わたしはむしろ道からいったん離れ、ふたたび右に曲ったほうがよいと考える。これを受け前衛部隊は、長く連なる茂みの陰を通り、急斜面を静かに登っていく。すると、われわれの前には、月の光に明るく輝く、かなり大きな芝地が広がっており、喬木林によって半円状に囲まれている。ここは敵が欺瞞を仕掛けようとしている場所ではないだろうか。上方の森の端前方には、障害物が置かれているようにも見える。そして障害物の後ろには、陣地群が森の端に沿って広がり、月の光を反射しているようにも映る。われわれは極度の注意を払って匍匐で前進し、自分たちが見ていたものが間違いではないということを確認する。さらにわれわれは、前方の喬木林のなかからイタリア兵の声がするのを耳にする。しかし残念ながら、敵がこの陣地群をすでに確保しているのかどうかを、ただちに確定することはできない。

この点について、状況を明確に把握するため、複数の将校斥候《オフィツィーアシュペートルップ》を送る。この間に部隊は集結し、休憩をとる。そして、まもなく報告が入る。それによれば、敵はちょうど今、われわれの前方にある陣地群を占領しようとしているところであり、また、陣地前の障害物は非常に高く構築されているとのことである。

さて、明るく照らされた平坦な場所を登りつつ横断し、この強固に要塞化された陣地を攻撃することは、充分に休養をとった部隊であっても大きな賭けであろう。これが消耗しきった山岳兵であっては——彼らは攻勢の開始以来、非常に大きな成果を挙げてきたわけだが——続く数時間にわたり、攻撃を継続するこ

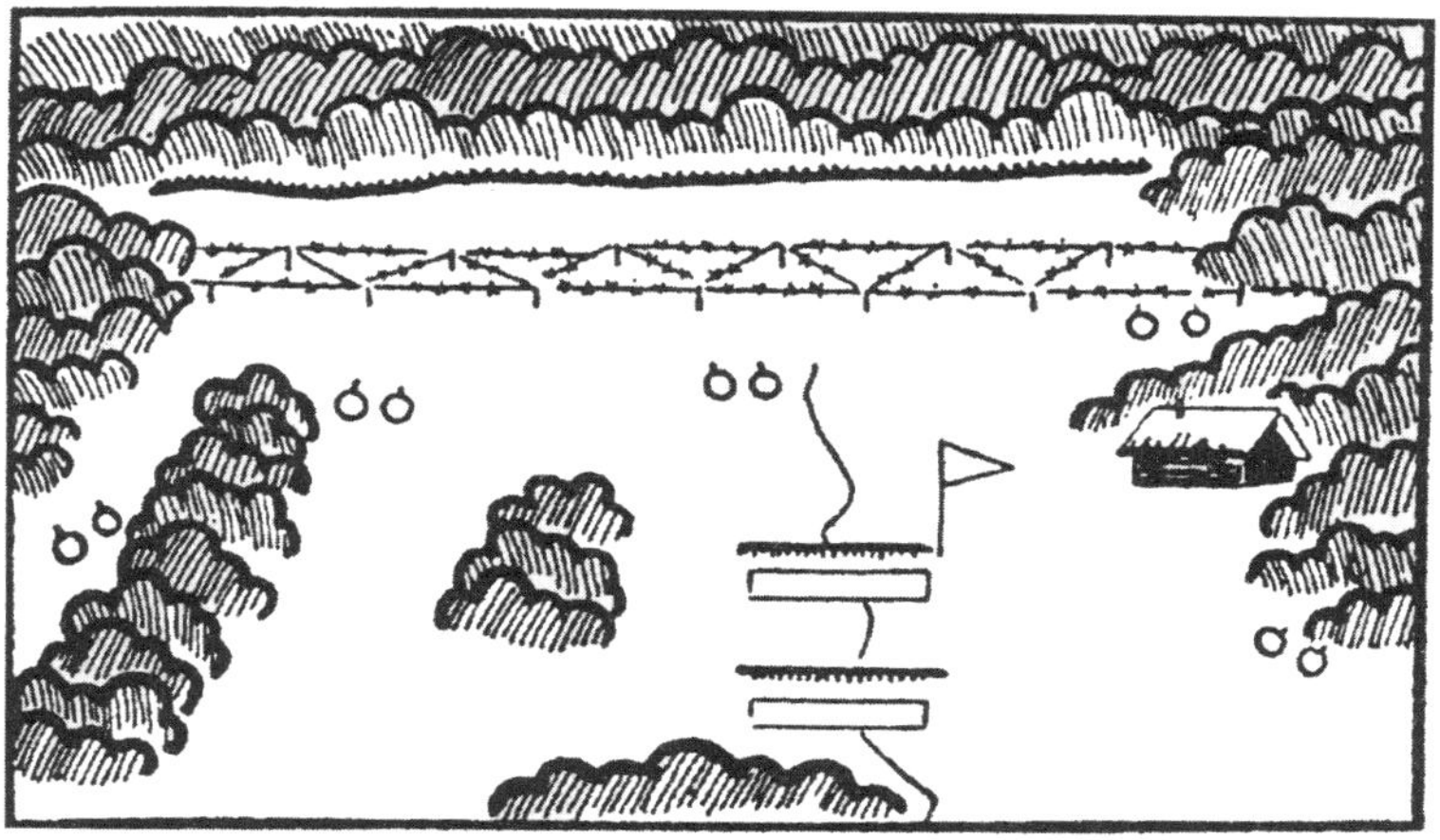

図58　イェヴシェク前での休憩

とは不可能である。さらに言えば、この地点を夜の早い時間に突破しようとすることが、そもそも理に適っているか、また突破が成功した場合に、それを充分に利用することが可能であるかは、いずれもまったく疑わしい。そこでわたしは、これを諦め、その代わりに数時間の休憩をとることを決断する。そのうえでわたしは、この時間を利用し、地形と敵を徹底的に偵察しようと考える【図58参照】。

わたしは部隊を、音を立てぬように注意しつつ、上方からの銃撃より姿を隠してくれる窪地まで移動させる。この窪地は、敵の陣地から二五〇メートルほど前方にある。部隊には夜中の一二時までの休息を命じる。第四中隊および第二中隊は、半円状に前哨を配置し、休憩する部隊の警戒にあたる。鹵獲した駄畜については、不意にいななくと非常にまずいかたちで敵の注意を引いてしまうので、西側のもっと高度の低い地点に置いておく。休息をとる地点に移動するあいだ、下方の谷、ポラヴァ近くでは、激烈な銃撃戦が勃発する。これは、すでに谷まで、ふたたび敵の戦力が戻っているということを意味する。

われわれは、さらに別の将校斥候を送る。偵察せねばならないのは、まず敵の陣地に接近するのに有望な経路の可能性であり、次に障害物の強度とその配置の奥ゆき、さらには、万が一存在すればだが、障害物のあいだの隙間の有無、そして敵の陣地確保の方式と、イェヴシェク村の位置である。斥候隊は遅くとも夜中の一二時までに、報告を持って帰還しなくてはならない。

非常に気が利くわたしの従卒、ライアーは、イタリア軍から鹵獲した寝袋を、ポラヴァ近くで騾馬に積んでおいてくれる。わたしは、この寝袋のなかで横になる。疲労困憊しているにもかかわらず、眠ることができない。神経が非常に高ぶっているのである。早くも二二時三〇分の時点で、アルディンガー少尉から次のようなすばらしい報告が入る。わたしは体を起こして立ち上がる。

「イェヴシェク村は、われわれの野営地から見て、北西方向に八〇〇メートルの地点。同集落は周囲を強固に要塞化。鉄条網設置。しかし敵によって確保されているようには見えず。イェヴシェク村すぐ西の斜面上、および同村南の区域にイタリア軍部隊。南東方向に斜面を下って進撃中」。

わたしは即座に決断を下し、イェヴシェク村に向けて前進せよと命令する。ひょっとしたら、イェヴシェクまで、この村のイタリア軍守備隊より先に到達できるかもしれない。わずか数分で休憩をとっていた場所の撤収を行い、警戒部隊を戻す。そして各中隊は、行軍準備態勢に入る。この間、月は姿を隠してしまっている。あたりは暗い夜となり、ただ星の瞬きだけが弱い光を恵んでくれる。

部隊は物音を立てぬように気をつけながら、アルディンガーが偵察しておいた道を、イェヴシェクに向けて登っていく。各隊の指揮官には、状況について簡単に説明をしておく。第四中隊と第三機関銃中隊が前衛を務める。それ以外の五個中隊は、少しの間隔をとって、このあとに続く。われわれは、まず幅の狭い小さな森を横切り、それから森林のなかの草地のところまで来ると、急勾配を上へと登っていく。まもなく前衛の先頭が、ひとの背丈ほどの高さの障害物のところに出る。アルディンガー少尉の報告にしたがえば、われわれは、現時点で、イェヴシェク村までもう三〇〇メートルほどの距離まで来ていることになる。そこでいったん停止し、数分間にわたり、全神経を集中して、前方の闇に耳を澄ます。至近距離には、動くものは何もない。しかし斜面上方二、三〇〇メートルの地点で、イタリア軍の歩兵が斜面を下っている足音が聞こえてくる。

アルディンガー少尉は、障害物のあいだを走る細い道を忍び足で潜り抜け、その背後にある陣地に到達する。そして、そこがもぬけの殻であることを確認する。これに前衛部隊が続く。その後ろでわたしは、先鋒部隊全体を動かし、それを敵の陣地構築物内で半円状に配置する。さらに、すぐ周囲の地域の警戒、および斜面上部の敵とイェヴシェク村の偵察のために、複数の斥候隊を派遣する。

これと時を同じくして、部隊の主力も（第二、第三中隊および第一、第二機関銃中隊）同様に、障害物を抜けて陣地に入る。通信中隊および駄畜部隊については、障害物の外側の斜面のところに残しておく。

わたしは斥候隊とともに、斜面上方の敵に向けて、息を殺して接近していく。暗闇のなか、視界は数メートルしかない。問題の斜面は、われわれのすぐ前に、真っ黒の不気味な塊のように存在している。こちらの前方、一〇〇メートルもないほどの距離のところで、イタリア軍の歩兵部隊が動いている。おそらくは右手上方から、左手のイェヴシェクに向けて下っているところである。われわれは静かに接近を続ける。そのとき突然、自分たちは敵の歩哨から誰何を受ける。これが意味するのは、敵は陣地に入っているということであり、縦隊はその後ろを行進しているということである。

われわれは匍匐で後退する。そして、左手のイェヴシェク方面に向かう。こちらが最初の家屋群に近づいたとき、斥候隊が報告をたずさえて戻ってくる。それによると、イェヴシェクの北の部分は敵によって占拠されておらず、敵は集落の南の部分を通って行進をしている、とのことである。これを受けてわたしは、村の南にいる敵の歩兵部隊を捕えるというもくろみのもと、イェヴシェクに侵入する腹を固める。

数分後、部隊はゆっくりと集落に向けて前進する。いくつかの屋敷の犬が吠え出す。このときいちばん先頭を行く部隊は、もう最初の家のところまで到達している。犬が吠え出した直後、一〇〇メートルほど離れた右手上方の斜面から、敵が発砲する。弾丸は幸いにも、おもにわれわれの左手、喬木林のほうに飛んでいく。遮蔽物を見つけることができない場所では、地面にぴったりと伏せるしかない。その際、機関銃および騎兵銃は、発射可能な状態にしておき、完全に静寂を保って行動する。こちらの側から発砲するとすれば、それは敵がこちらに本格的に攻撃してきた場合だけのことである。もし敵が、そうした攻撃をしてこないようであれば——わたしはそれを充分有りうることだと考えている——敵はほどなくして発砲を停止するということである。その場合、敵は、自分たちはなにか勘違いをしていたと考えていることになる。

敵の銃撃が続くあいだ、主力の各隊は、イェヴシェク東のまだ占拠されていない陣地群をうまく使い、そこで姿を隠しつつ、同村へと移動する。数分後、敵の銃撃は沈黙する。まもなく全ロンメル隊がイェヴシェク村に入る。幸いなことに、敵の奇襲射撃による損害は発生しない。

わたしは、イェヴシェクのすぐ北西の斜面にいる敵と、これ以上の衝突を回避するようにしつつ、村の北の区域を、半円状に確保させる。真夜中の一二時はとうに回っている。歩哨に就かない者、陣地に入らない者は、小銃を抱えたまま、まだスロヴァキア人の家族が住んでいる各家屋で休息をとる。強力な戦力で確保されたイタリア軍陣地と、自分たちのあいだには、手榴弾投擲範囲ほどの距離しかないということ、また、敵がイェヴシェク村に探りを入れてきた場合、次の瞬間にも白兵戦になりうることは、全員の頭にあることである。

イェヴシェク村の北西斜面上、および同村南区域を通過するかたちで続いていた敵兵力の行軍は、奇襲射撃以降、ぴたりと止んでしまう。また、敵はわれわれに対し、北西斜面からのみ銃撃を仕掛けてきたのであり、村の南の区域からは一発も撃ってこなかったわけである。とすれば、ポラヴァまで連続して延びていると思われた敵陣地には、この端のところで隙間ができてしまっているということなのだろうか。わたしは一軒の屋敷のなかで、ちらちらする暖炉の火を明かりとしつつ、地図を徹底的に読み込む。われわれの現在位置は、ポラヴァの北一キロメートル、標高約八三〇メートルのイェヴシェク村の北区域である。クラゴーンツァ山は西に五〇〇メートルの地点にあり、ここよりも二二六メートルほど高い。イェヴシェク村は東の端が要塞化されており、また同村北西斜面および、ポラヴァの南東では敵が陣地に入っているため、ここでわれわれが接触しているのは、おそらくルイコ峠の突破を阻止するべく、時間をかけて周到に用意されたイタリア軍の後方陣地であろう。夜になって察知した敵の動きは、イタリア軍が、この陣地を連続して確保しておこうと必死になっていることを推測させるものである。要塞化のしかたからして、イェヴシェク村自体も間違いなくこの陣地に組み込まれているはずである。イェヴシェクに割り当てられているはずの敵守備隊は、なんらかの理由でまだ到着していないのかもしれない。守備隊が来るのは夜のうちかもしれないし、早朝になってからかもしれない。われわれは、相手が来るのを待つべきだろうか。天佑神助《ゴッテスグリュック》が、大胆不敵な山岳兵たちに、今一度、手を差し伸べているのではなかろうか。敵の陣地は、クラゴーンツァ山、マーツリィ峰、そしてマタユール山へ繋がる道を、われわれおよびアルペン軍団に対し遮断することを任務としているはずだが、しかし、イェヴシェクを占拠したことにより、こちらは敵の陣地の一部をすでに得ているかたちになっているのではないか。

　こうした検討を続けたあと、わたしはロイツェ少尉に対し、まずイェヴシェクの南西区域に敵がいないかどうかを確認し、そしてもし敵が不在であるようならば、この集落のすぐ北西で配置に就いているイタリア軍の背後を走る、イェヴシェク北西五〇〇メートルの尾根道を偵察するという任務を課す。帰投は遅くとも二時間後までを見込む。ロイツェ少尉は護衛の兵をつけることを断り、単独で出発する。

さて、疲れ果てた部隊にとっては、休憩の時間が延長されたかたちとなる。敵からわずかな距離しか離れていない主力は、強固な造りの家々に入り、非常に友好的なスロヴェニア人たちが提供してくれるコーヒーと乾燥フルーツを手に、暖炉の火を囲んで座る。外ではときおり、散発的な銃声が響く。イタリア軍の投擲する手榴弾の炸裂音も聞こえる。しかし敵には、イェヴシェクへの偵察のために前進しようという意欲が、明らかに欠けている。われわれの側からは一発も撃たない。こうして、至近距離で対峙しているドイツ軍とイタリア軍の勢力を、完全な闇が包む。

午前四時三〇分ごろ、一名のイタリア兵を捕虜として連れたロイツェ少尉が、偵察から戻り、以下のとおり報告を行う。「イェヴシェク村の南西出入口に敵は不在。イェヴシェク北西五〇〇メートルの高地上の道を偵察。同高地にて、イタリア兵を捕虜として確保。それ以外のどの地点においても敵との接触なし」。このように彼は、課せられた任務を見事に果たしたわけである。

ロイツェの報告により、わたしを次のように決断を下す。すなわち、ロンメル隊に属する四個中隊を用いて、イェヴシェク北西五〇〇メートルの高地を占拠する。そして、残りの各隊については援隊《リュックハルト》としてイェヴシェクに残す。イェヴシェクのすぐ北西の敵に対する攻撃は、夜明けを待って行うものとする。

もちろん、この決定はたやすいものではない。もし仮に、敵が暗闇に紛れて行動し、われわれが到達した高地を夜明けとともに、クラゴーンツァ山の高い地点にある陣地群から制圧してしまうならば、われわれは二正面相手に戦わなければならなくなってしまうのである。そのため作戦は、容易に失敗してしまうことも考えられる。しかし、「虎穴に入らずんば虎子を得ず《ヴェーア・ニヒト・ヴァークト・ゲヴィント・ニヒト》」である。

五時である。第二、第四中隊および第一、第二機関銃中隊が、足音を忍ばせてイェヴシェクを離れ、ロイツェが偵察した道を行く。この時分にも、依然としてあたりは真っ暗である。ロイツェ少尉は、長く延びた複列縦隊の先頭に立ち、これを先導する。第三中隊、第三機関銃中隊については、信頼のおけるグラウ少尉の指揮のもと、援隊としてイェヴシェクに残す。その際、両中隊には、ロンメル隊が斜面上部で戦闘となった場合、ただちにイェヴシェク北西の敵陣地守備隊を火制し、ロンメル隊が東側から攻撃されないように敵を阻止することを命じておく【図59参照】。

この指示をわたしが出しているあいだ、部隊はすでに村を出発している。このすぐあと、わたしが第二機関銃中隊の縦隊に加わったところで、クラゴーンツァ山の高地に日が昇りはじめる。山岳では、夜と昼の入れ替わりが非常に急である。わたしは、半時間ほど予定が遅れていることに気を揉む。このとき、自分の各中隊が、前方の岩塊に挟まれた草木のない窪地を複列縦隊で進み、八三〇高地を抜けて登っていくのが見える。クラゴーンツァ山のいちばん上の急斜面は、すでに明るい光に包まれている。わたしは双眼鏡を用いて、この斜面を捜索する。そして仰天する。自分の隊の左手上部数百メートルの斜面には、敵の陣地があるが、そのなかに鉄兜がひしめき合って動いているのが見えたのである。今この瞬間、部隊が登攀を続けている窪地は遮蔽物がほとんどない。そのため、もし敵が銃撃を仕掛けてくれば、大きな損害が出ることと必至である。この瞬間、自分の抱える将校と兵の命に対する責任が、わたしの肩に重くのしかかる。彼らはこの危険にほとんど気がついていない。とにかく彼らをこの危険から引き離さなければならない。

まず、手が届く範囲の第二機関銃中隊を、至急、梯隊に組んで斜面右手上部に配置する。その際彼らには、左手上部斜面の敵が発砲してきた場合には、火力によってこの敵を押さえ、頭を上げさせないようにせよ、という指示を与えておく。わたしは伝令を連れて前方に急ぐ。そして各中隊の先頭部隊を、右手、イェヴシェク村北西五〇〇メートルの、小さなやぶが点在する高地の方角に針路変更させる。時は来た。朝の薄明かりは、昼の明るさに道を譲る。

中隊の最後部の部隊が窪地を離れるとき、敵がクラゴーンツァ山からこちらの部隊の頭上に急激な速射

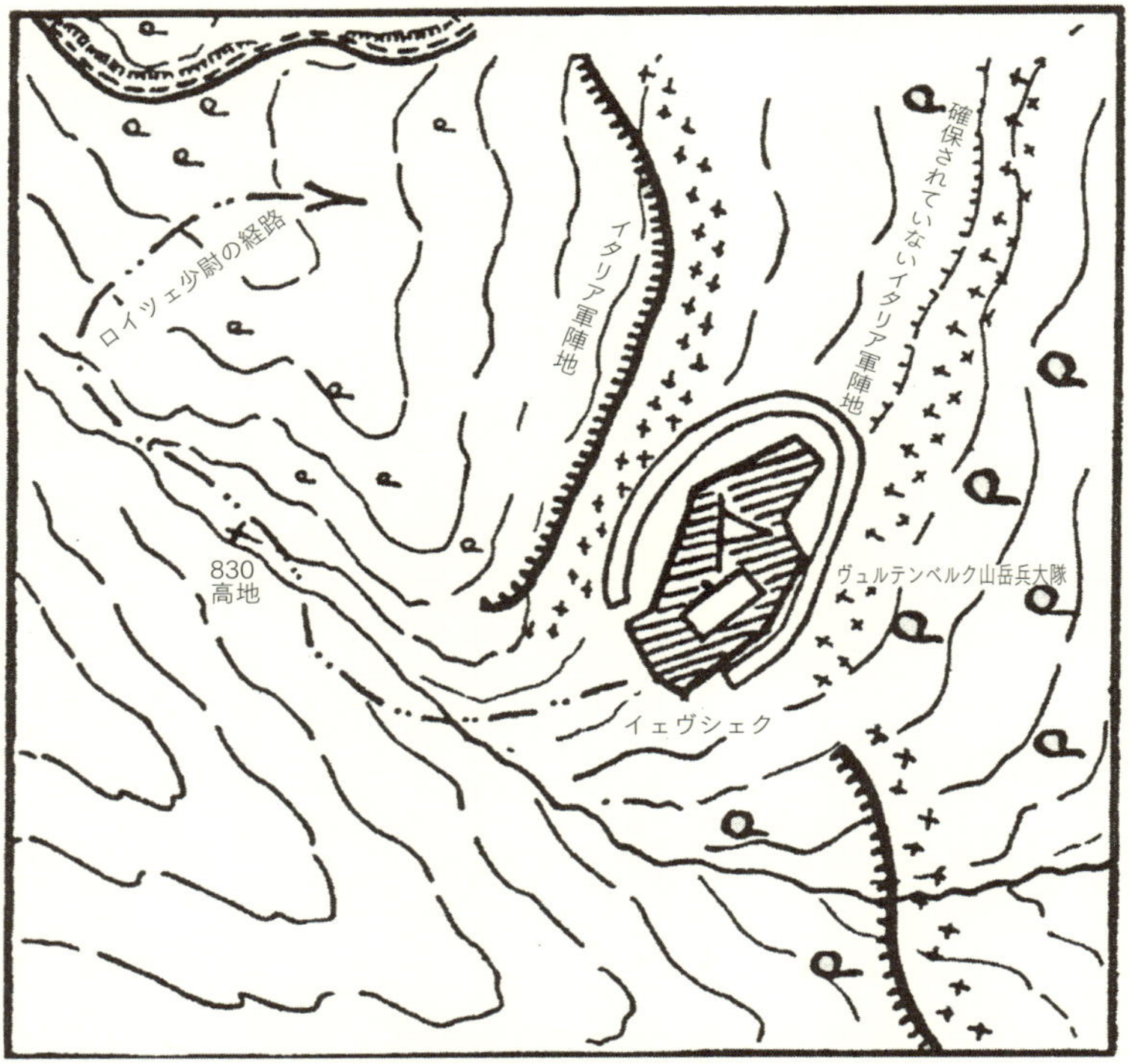

図 59　1917 年 10 月 26 日夜明け前（縮尺約 1：25,000）

を浴びせてくる。われわれは依然として敵のほうに向かう斜面上におり、また敵の銃撃はまわりより相当高くなった地点から行われているため、どこにも身を守れるような遮蔽物が見当たらない。点在する背の低い茨の茂みだけが、少なくとも敵の視界からはこちらを逃れさせてくれる。迅速に開始された第二機関銃中隊の掩護射撃のもと、個々の小隊は散開し、イェヴシェク北西五〇〇メートルの高地を獲得する。そしてこの場所から銃撃戦を開始する【図60参照】。

しかし、北西、西、南西からわれわれに向けて半円状に襲い掛かる敵の銃撃は、圧倒的に優勢であり、われわれはこれに対抗することができない。最前線で戦う第二、第四中隊の兵士たちは、這って横に移動したり、短い距離を突進したりすることでなんとか散開を試み、それにより敵の銃撃の威力を弱めようとする。しかし、損害は山のように増大していく。なかでも卓越した能力を持つ第二中隊長、ルートヴィヒ少尉が重傷を負う。

この間、われわれの背後では、イェヴシェク付近で激しい戦闘が起こっている。命令どおり、第三中隊と第三機関銃中隊は、グラウ少尉の指揮のもと、イェヴシェク北西の敵を銃撃で捉え、これを陣地内に釘づけにする。そして敵が、激烈な戦闘状態に入っているこちらの他の中隊を、背後から襲うことを阻止する。

少数の戦闘伝令を連れて、わたし自身もイェヴシェク北西五〇〇メートルの高地まで進出する。そして、敵の狙いを定めた銃撃から身を守ることができる遮蔽物を、小さな茂みのところに見つける。左右から機関銃の銃弾が斜面を越え、音を立てて飛んでいく。こちらにはもう自由に投入できる部隊が残っていない。全部隊が激しい戦闘に入っており、限界まで速度を上げて、銃撃を続けている。しかしともかくも迅速に決断を下さねばならない。さもなければ、山岳兵たちが大量の血を流すことになる。わたしは戦闘伝令を使って、三個軽機関銃分隊を、前線の第二中隊および第四中隊から、自分のところに集めさせる。そして

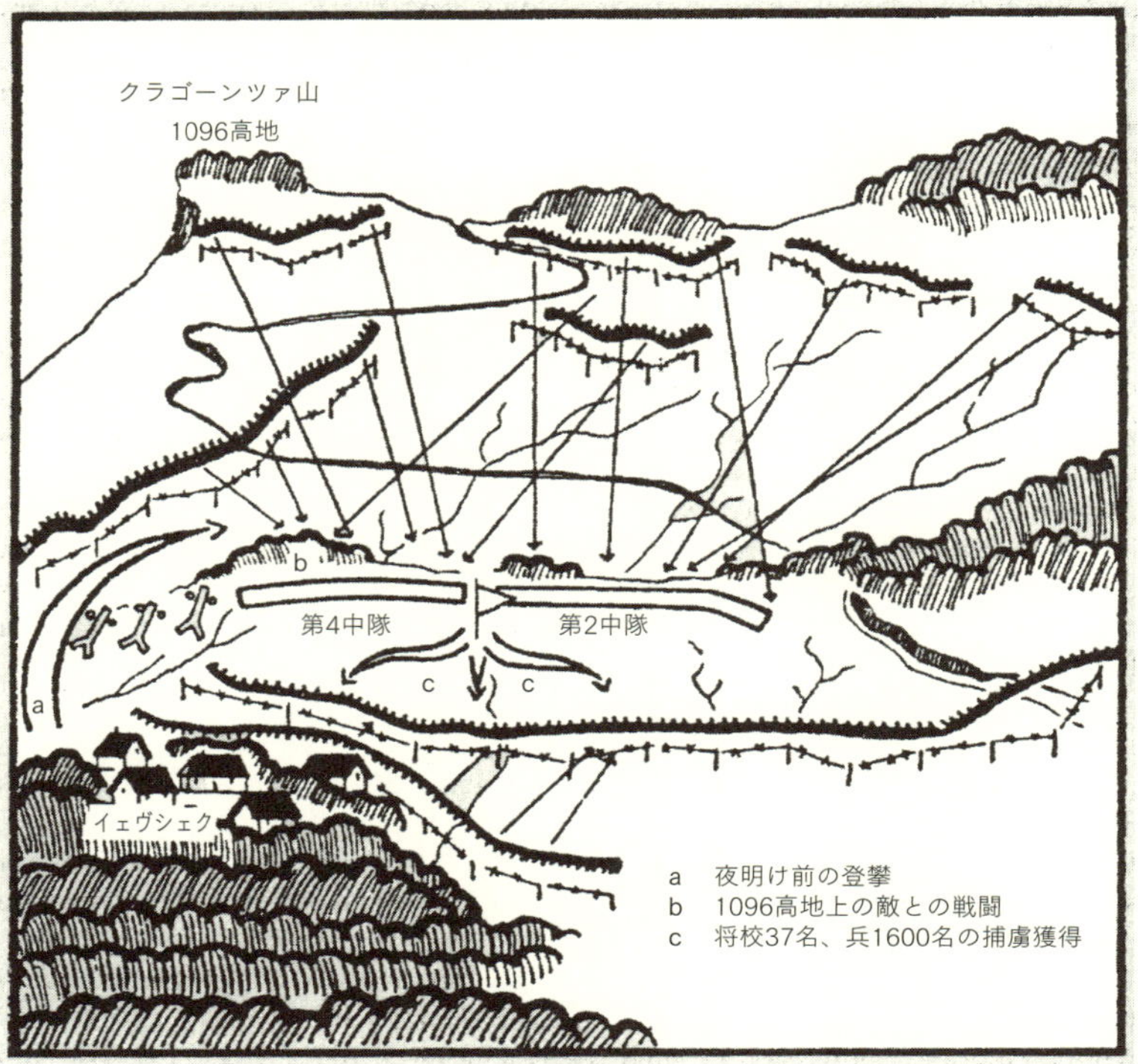

図60　1917年10月26日——東からの眺望

それらの部隊を、自分の戦闘指揮所がある地点から、身を隠すところのある東に五〇メートル行った斜面へと向かわせる。そして急いで彼らから選抜して複数の突撃隊を編成する。そしてこれを、イェヴシェクのすぐ北西の陣地で、正面を東に取り、われわれとの戦闘に入っている敵の後方へと移動させる。

われわれは、軽機関銃および騎兵銃を発射準備態勢にしつつ、幅の狭いガレ場の端にある茂みのなかを下っていく。するとまもなく、敵の陣地が眼下にあるのが見えてくる。この陣地は敵によりひそかに占拠されており、鉄兜がひしめき合っている。われわれは上方から下に、壕底まで見ることができる。もし今われわれが銃撃を仕掛ければ、敵はこちらから身を守れるような遮蔽物を陣地のなかに見つけることができないだろう。われわれの頭上を銃弾が音を立てて飛んでいく。これは、イェヴシェク北西五〇〇メートルの高地上にいる山岳兵を狙っているものである。下方のイェヴシェクでは、第三中隊と第三機関銃中隊が、われわれの下方一〇〇メートル足らずのところにいるイタリア兵と戦闘になっているのが見える。敵は自分たちに脅威が迫っていることに気づいていない。

突撃隊はいつでも発射できる状態に構える。そのうえで下にいる敵の守備隊に対し、降伏するよう声をかける。イタリア兵たちは驚愕した状態で振り返り、こちらを凝視する。彼らの手から武器が滑り落ちる。彼らは勝負に負けたことを悟り、降伏の合図を送ってくる。こちらの突撃隊は一発も撃つ必要がない。しかしこのとき戦闘を停止したのは、われわれのそばの地点、およびイェヴシェクのあいだの陣地にいる、約三個中隊規模の守備隊だけではない。さらに北方、マタユール山道を含む地点の塹壕守備隊までもが降伏してしまう。これはこちらにとって大きな驚きである。彼らは、背後で響いた激しい戦闘音や、イェヴシェク北西五〇〇メートルの高地北東斜面に出現した、実際には脆弱な戦力の突撃隊に驚き、完全に狼狽してしまったのである。この敵は、クラゴーンツァ山のイタリア軍守備隊とロンメル隊主力のあいだで銃撃戦が発生したこと、そして彼らの背後にわれわれが出現したことから、おそらくドイツ軍はクラゴーンツァ方面から攻撃を行い、その結果、他の地点より高く有利な位置にある高地はすでにドイツ軍の手に落ちてしまったものと解釈したのである。

イェヴシェクから六五〇メートル北にある窪地では、三七名の将校と一六〇〇名の兵からなるイタリア軍の一個連隊が降伏する。これにより、溢れんばかりの装備品と武器が集まる。わたしは武装解除を遂行するために充分な人員を用意するのに苦労する。この間も、上方一〇〇メートル足らずの距離では、これまでと変わらぬ激しさで戦闘が行われている。

イェヴシェクのすぐ北西および北におけるこうした一連の動向について、クラゴーンツァ山のイタリア軍守備隊は、何も見ていなかった。この守備隊は、これまでと同様、わたしの隊の前線を激しく攻め立てている。しかしこのとき、われわれの背後には、完全に敵がいない状態になっている。

イェヴシェクにおいて敵から自由になった各中隊は、すでに前進中である。まもなく各歩兵中隊は、クラゴーンツァ山への正面攻撃を始める。これは困難な戦闘となる。敵は、強固で地の利のある陣地に、粘り強くしがみついている。下から展開されるわれわれの銃撃は、ごくわずかな効果しか挙げることができない。こちらの山岳兵たちは、鉛の弾丸が雨あられと降り注ぐなか、禿げた急斜面の上を敵に向かって肉薄していく【図61参照】。

わたしにはもうこれ以上、投入可能な部隊がないため、第二中隊（中央）とともに前進する。このとき、同中隊の指揮は、重傷を負ったルートヴィヒ少尉に代わり、アルディンガー少尉が執っている。われわれはマタユール山道のいちばん下のカーブの地点に到達する。そこにはイタリア軍の野砲《フェルトゲシュッツ》一四門と、駄畜のついていない弾薬車二五輌が置かれている。これは、昨日の各戦闘を脱したアブザとペラーティの砲兵隊のものであろうか。いずれにせよ、ここにとどまっているわけにはいかない。北から機関銃による側面攻撃が、こちらに対して加えられる。われわれはさらに突撃を行う。しかしこの直後、第二中隊は新

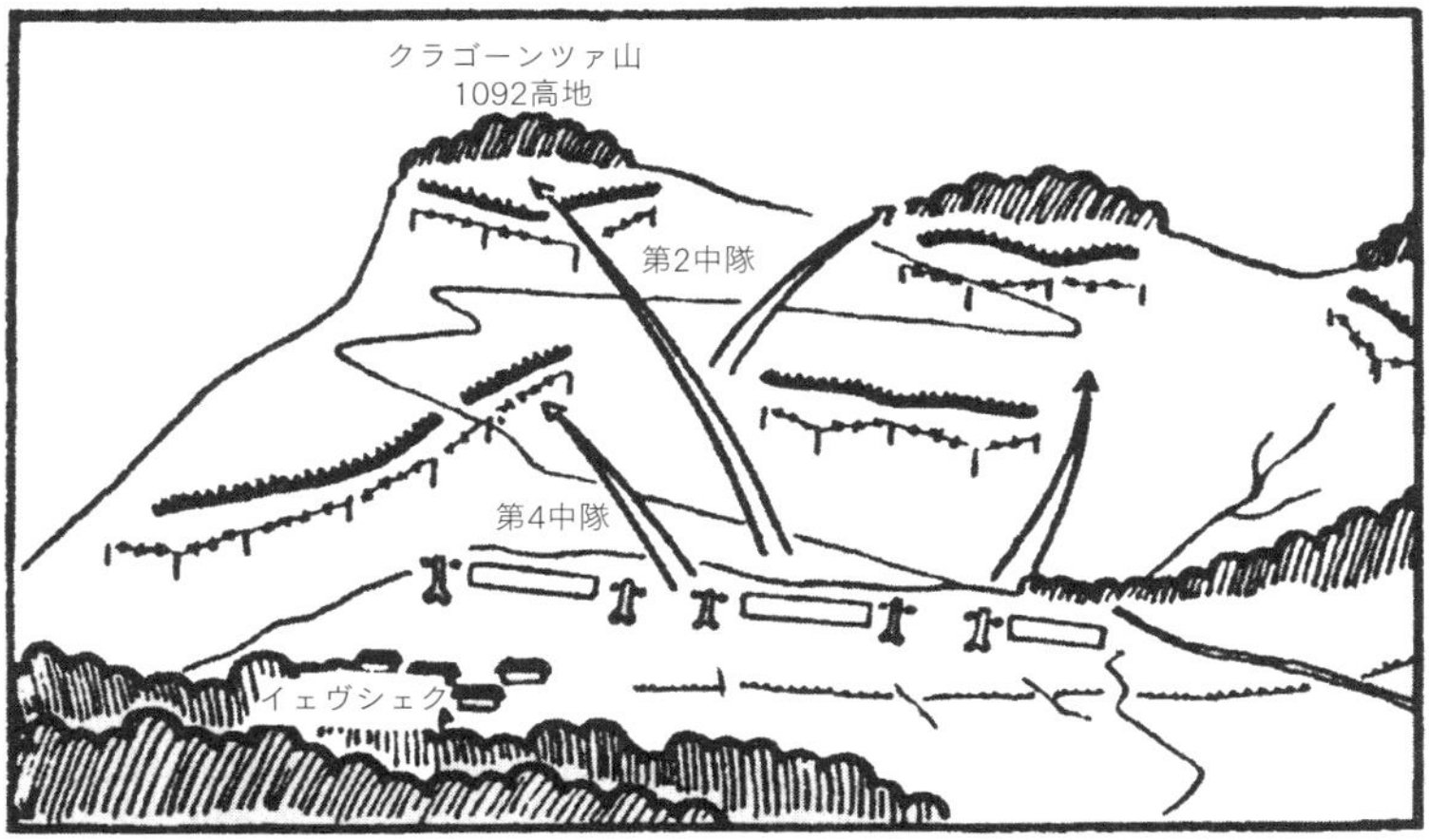

図61　クラゴーンツァ山攻撃――東からの眺望

しい指揮官を失う。アルディンガー少尉は、三発の銃弾を受け、重傷を負ってしまったのである。しばらくマタユール山道上では、わたし自身がイタリア軍の機関銃手の的となる。敵のこの機関銃から身を隠すための遮蔽物は、あたりに見当たらない。急いで斜面を駆け登り、六〇メートルほど離れたところにあるカーブのところで、敵の巧みに設定された射界を抜けだすことに成功する。

さて、損害の発生とともに、戦いへ臨む山岳兵たちの憤激は、ますます高まりを見せる。彼らは塹壕から塹壕、機関銃網から機関銃網へと、占拠を続けていく。七時一五分、困難な任務がついに達成される。勇猛果敢な第二中隊――現在指揮を執っているのはヒューゲル上級伍長である――が、クラゴーンツァ山の頂上を奪取したのである。これによって、マーツリィ峰北東斜面および東斜面の敵兵力の運命は、もはや時間の問題である。

それにしても、近隣部隊はどのような様子になっているのか。わたしはただ推測するしかない。夜明けからずっとわれわれの右手では戦闘音が響いている。次第にそれは大きくなっている。この音からすると、第一二師団およびアルペン軍団の各隊は、北東および東からマーツリィ峰へ攻撃を仕掛けているものと推測される。あるいは彼らは、場合によってはマタユール山道に沿って、アブザからクラゴーンツァへ登攀を続けているのかもしれない。

わたしはこの各隊の到着を待つべきだろうか。あるいはクラゴーンツァ山の東で自軍の戦力をいったん集結させ、あまりに入り乱れた状態になってしまった各部隊を再編成するべきだろうか。彼らは、常軌を逸した厳しい戦闘のあと、頂上で休憩に入ったのだろうか。他方でわたしは、自分の右側面にいる強力なイタリア軍の戦力が反撃に打って出る可能性や、また反転攻勢をこちらに仕掛け、クラゴーンツァ山の再奪取を試みてくる可能性を危惧せねばならないのではないか。

わたしは、敵が万が一にとるかもしれない対抗措置を前もって封殺するために、投入可能な戦力（中隊半分の規模）を使い、マーツリィ峰に向け上りになっている尾根に対して、遅滞なく攻撃を継続する。

考察

夜間、イェヴシェクに向けて登っていく際、イタリア軍の部隊は、叫び声を上げたり、騒がしく物音を立てて進んだりしたために、自分たちの存在を露見してしまった。このためわれわれは、敵のおかげで適切な道を進むかたちとなり、不意に敵と衝突してしまうことも回避できたのである。

消耗した部隊が休息をとっているあいだ、将校たちは、敵と地形について、より正確な情報を確認しようと、疲れを見せることなく働き続けた。真夜中過ぎになっても、彼らはイェヴシェクから偵察活動を継続した。この作業が、イェヴシェク北西での突破成功を可能にし、また、クラゴーンツァ山奪取のための前提条件を準備したのだった。

一〇月二五日から二六日にかけての夜の段階で、わたしには近隣部隊についてほとんど情報がなかった。彼らがいったいどこにいるのか、またなにをしているのか、そしてなにを企図しているのか、皆目見当がつかない状態だったのである。さらには、前方に出した歩哨との連絡も途絶していた。しかし、わたしにとってはっきりしていたのは、一〇月二六日の攻撃をふたたび進行させる目的で、全部隊が配置に就いているに違いない、ということである。

夜明けの時点で山岳兵たちは遮蔽物もないまま、強力な敵火のなか、相手の陣地群のあいだにおり、真に絶望的な状況であった。しかし最終的には、これもわれわれの有利な方向に傾いた。この状況の転換をもたらしたのは、勇敢な男たちから成る少数の分隊である。ヴュルテンベルクの山岳兵たちの攻撃力は、クラゴーンツァ山上、地の利を備えた有利な陣地にいるイタリア軍に対し、正面攻撃を行った際にも証明された。この攻撃力は、第二中隊で複数の指揮官が脱落したときにも弱まることがなかった。

一九一七年一〇月二六日七時一五分、クラゴーンツァ山攻略時点での攻撃戦の状況は、以下のとおりであった。

クラウス集団。ストール山（標高一六六八メートル）は、一〇月二五日から二六日にかけての夜、午前三時三〇分に、第一皇帝狙撃連隊第二大隊の働きにより陥落した。六時、第二大隊はベルゴーニャに到達した。同連隊第一、第二大隊および第四三旅団がこれに続き、八時初めにはベルゴーニャに到着した。

シュタイン集団。第一二師団は、第六三歩兵連隊とともに、数日前と同様、ナティゾーネの谷の国境沿いに位置していた。第六二歩兵連隊第二大隊および第二三歩兵連隊は、アブザ近郊の近衛連隊第二大隊の前哨との間隔を詰めて、進撃の準備を行っていた。

アルペン軍団。ヴュルテンベルク山岳兵大隊は、夜明け前に、マーツリィ峰、イェヴシェク、そしてイェヴシェク近隣ポラヴァの敵陣地に侵入し、北西に向けて一キロメートルほど裂け目を作った。そして七時一五分、クラゴーンツァ山を奪取した。ヴュルテンベルク山岳兵大隊の残りの部隊は、ルイコからアブザを経由し、クラゴーンツァ山まで進軍を開始した。近衛連隊第二大隊および第三大隊は行軍の準備を行い、その後、クラゴーンツァ山への前進のため、ヴュルテンベルク山岳兵大隊の第一、第三中隊の後方に合流した。近衛連隊第一大隊は、ポラヴァで前哨に就いた。第二猟兵連隊（第一〇猟兵大隊を除く）は、ラヴナからルイコへと前進した。第一猟兵連隊および第一〇猟兵大隊は、野営を行っていた一一一四高地上で進撃の準備を行った。第二〇〇師団では、第三猟兵連隊が、ドレンチアを経由して、トルズニェに前進した。このトルズニェには八時ごろに着いた。第四、第五猟兵連隊は、露営を行った一一一四高地を四時三〇分に離れ、ラヴナに移動した。そして同地にて八時まで休憩をとった。

スコッティ集団。五時、第八擲弾兵連隊は、第一大隊とともにラ・クラーヴァを占拠し、さらに三個大隊すべてにより、フム山に攻撃を仕掛けた。

以上のことから次のような結果が生まれた。マタユール山の北斜面、マーツリィ峰、イェヴシェク、ポラヴァ、そしてザンクト・マルティーノにあるイタリア軍陣地は、前日のコロヴラート陣地のときと同様、ヴュルテンベルク山岳兵大隊の最前線部隊により、早朝にイェヴシェク村のところで突破口が開かれた。さらにこれに続いて、マーツリィ峰とマタユール連山上の全イタリア軍陣地に対して鍵となるクラゴーンツァ山が奪取された【図62参照】。

一一九二高地、マーツリィ峰（一三五六高地）奪取、マタユール山突撃

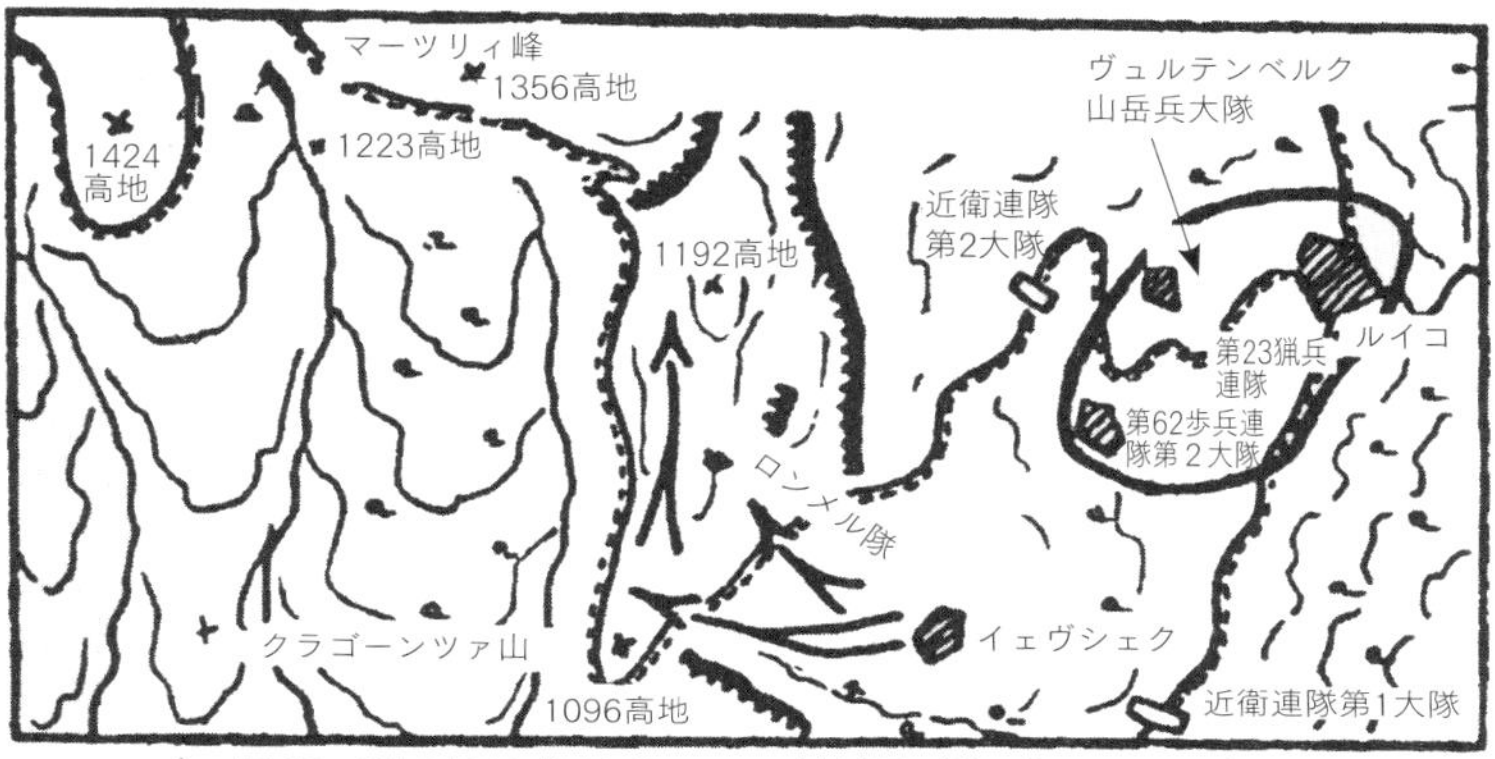

図62　1917年10月26日、1096高地奪取（縮尺約１：50,000）

クラゴーンツァ山奪取のあと、山岳兵たちは精根尽き果てた状態になっている。当然休憩を与えるべきである。しかしながらわたしは、山頂の彼らに、その当然の休憩を与えることができない。この間、卓越した能力を持つヒューゲル上級伍長は、彼に備わる旺盛な戦闘意欲でもって、新しい任務に取りかかる。彼は、脆弱な戦力でも太刀打ちできる地域に進出すべく、増援を待つことなく、一一九二高地およびマーツリィ峰に向けて上りとなっている尾根道に沿って攻撃を仕掛ける。

わたしは伝令を使って部隊に命令を送る。至急クラゴーンツァ山を越え、西側に延びるマタユール山道上を、マーツリィ峰方面に進むよう連絡する。自分自身は、第二中隊とともに行く。われわれは一〇〇メートル弱進んだところで、早くも敵に遭遇する。この敵は尾根上の、樹木で覆われた円頂のところに陣地を構築している。こちらの右手、東斜面では、戦闘音が相当大きくなっている。どうやら、銃撃を受けているのは、イェヴシェクからクラゴーンツァへ登ってきているロンメル隊の後方各隊らしい。あるいは、ルイコからマタユール山道を通り、クラゴーンツァ山に登ろうとしているアルペン軍団という可能性もなくはない。

ヒューゲル上級伍長は、数と装備に勝る敵を、正面から火力で拘束したうえで、突撃隊により側面と背後から捕捉する術を熟知している。この一連の動きは、わずか数分間のうちに行われる。この結果、敵は撃退されてしまうか、北東方向（斜面を下りルイコ方向）に退却するということになる。

われわれはどこでも敵と遭遇するたびに、ただちにこれに攻撃を加える。そのため、次第に後方との連絡が途絶えるようになる。このとき、部隊が、クラゴーンツァ北東のイタリア軍各陣地から、強力な機関銃射を受け、足止めを喰らい、こちらとほぼ一キロメートル切り離されてしまっているとの連絡が入る。わたしは第二中隊を停止させるべきだろうか。いや、ともかくわれわれは強力な敵にぶつかるまで、マーツリィ峰への攻撃を継続するしかない。

八時三〇分、損耗の果てに、二挺の軽機関銃を備える一個小隊規模にまでなっていた第二中隊が、アブザ西二キロメートルの一一九二高地を、敵から奪い取る。ただし、さらなる進出は強力な敵により阻止される。この敵はマーツリィ峰（標高一三五六メートル）の頂上から南東に八〇〇メートルのところで配置に就いており、われわれが獲得した円頂に対して、多数の機関銃により銃撃を加えてくる。右手斜面下部および右手後方のイェヴシェク方面では、激しい戦闘が行われている。現在、アルペン軍団の各隊は攻撃を行っているようである【図62参照】。

もしマーツリィ峰南東斜面の敵を攻撃しようとすれば、最低でも二個小銃小隊と一個機関銃小隊は必要となってくるだろう。わたしはこの戦力を急いで掻き集めるべく、マタユール山道を後方に向けて急ぐ。ヒューゲルには一一九二高地を確保しておくよう命じておく。しかし行けども行けども、ロンメル隊後方の連絡員に会うことができない。一一九二高地の南六〇〇メートルの地点でカーブを曲がると、突然わたしはイタリア軍の部隊のすぐ前に出てしまう。この部隊は、アブザ方面からやってきて、ちょうどマタユール山道を横断しているところであった。ベルサリエーリは小銃を肩から急いで外すと、こちらに発砲してくる。わたしは道の下の茂みに慌てて飛び込み、敵の銃撃の狙いから逃れる。数名の敵が、斜面を降り、やぶを抜けてこちらのあとを追ってくる。しかし敵が谷の方向へ急いでいるあいだに、自分はすでに一一九二高地への登りにふたたび入っている。一一九二高地に着いたところで、わたしは強力な斥候隊を用意する。そしてこの斥候隊に、ロンメル隊の残りの各隊と連絡を確立すること、また一一九二高地に至急集結せよという私の命令を各中隊長に伝達することを、任務として命ずる（この間、ベラティ、アブザ、ルイコを結ぶ地域にいたアルペン軍団と第一二師団の各隊は、マタユール山道上で、クラゴーンツァ山方向への進撃を開始する。前衛部隊として先を行く第六二歩兵連隊第二大隊は、アブザ南一・五キロメートル北のところで、強力な陣地にいる敵と遭遇し、これに攻撃を仕掛ける。この後ろに続く各隊、すなわちヴュルテンベルク山岳兵大隊司令部、同ゲスラー隊、第二三歩兵連隊、近衛連隊第二大隊および第三大隊は、マタユール山道に沿い、クラゴーンツァ山方向に前進することに成功する。近衛連隊第一大隊は、ポラヴァ付近で阻止を行うイタリア軍陣地を前に、足止めを食っている。これはイェヴシェク＝ポラヴァ＝ザンクト・マルティーノ山に広がる陣地の一部である）。

わたしが一一九二高地において、二個小銃中隊および一個機関銃中隊規模の戦力を集結させているあいだに、すでに時刻は一〇時となる。部隊は、ロンメル隊に属するすべての中隊から構成されている。一一九二高地への移動は非常に遅々としたものとなる。これはこちらの各隊が再三にわたり、クラゴーンツァ山を越え南西方向の同高地へ退却しようと試みていた敵との戦闘に巻き込まれたということもある。

この時点でわたしは、自分たちが、マーツリィ峰のイタリア軍守備隊と一戦を交えるのに充分な戦力になっているという感触を持つ。信号弾を使って、マーツリィ峰南東斜面に位置する敵陣地への砲撃を要請する。この措置は驚くべき成功を見せ、ドイツ軍の榴弾はただちに要請した地点に着弾する。これに続いて機関銃中隊が、敵守備隊に、一一九二高地のときより激しい銃撃を浴びせ、これを陣地に釘付けにする。その間に両小銃中隊は、わたしの指揮のもと、山道のすぐ下にある小さな森を通って、敵に肉薄する。われわれは敵の左翼を包囲することに成功する。そのあと敵陣地の側面および背後に向けて方向転換する。しかし敵は、こちらがその方向から攻撃してくるのを目にするや、慌てて陣地を撤収し、マーツリィ峰東斜面へ退いてしまう。われわれは数十名を捕虜とする。しかしマーツリィ峰の東斜面および北斜面に逃げる敵の追撃を行うつもりはないので、ここでいったん戦闘を中断し、山道をさらにマーツリィ峰の南斜面方向へ前進する。そしてそこに機関銃中隊を呼び寄せる。

われわれはすでに攻撃の最中から、マーツリィ峰のもっとも高い二つの円頂に挟まれた鞍部の地点に野営地が設けられており、そのそばでは数百名のイタリア兵がいるのを確認している。見たところ彼らは、断固たる調子でもなければ、活動的でもなく、それこそ呆然とした様子でわれわれの行動を傍観している様子である。彼らはドイツ兵が南の方角から、つまり彼らの背後の方向から現れるなどとは、予想だにしていなかったのである。現在、この敵部隊が集結している地点から、われわれのいるところまでは、もう一五〇〇メートルしか離れていない。マタユール山道は、何箇所もカーブしながら、ところどころ樹木があるマーツリィ峰南斜面を曲がりくねるかたちで上りになっている。この道は、敵の野営地のすぐ下部のところで、西のマタユール山へと延びている【図63参照】。

マーツリィ峰の鞍部にいる敵の集団は、どんどんと増えていく。鞍部上のイタリア兵は、おそらく二個ないし三個大隊規模になっているに違いないと思われる。しかし敵はこちらと戦闘を始めようとしてこない。そこでわたしは、縦深に部隊を展開したうえで、ハンカチを振りながら、道の上を近づいてみる。これまでの攻勢の三日間は、この新しい敵をどう扱うべきかを教えてくれている。われわれは一〇〇〇メートルの距離まで近づく。敵の側に変化はない。敵はまるで戦うことなど念頭にないとでもいうのだろうか。この点、敵の状況は、絶望的というわけではまったくないのである。もし仮に、敵が全戦力を投入してくれば、脆弱なロンメル隊をあっさりと押し潰してしまうことは必至であり、クラゴーンツァ山を再奪取で

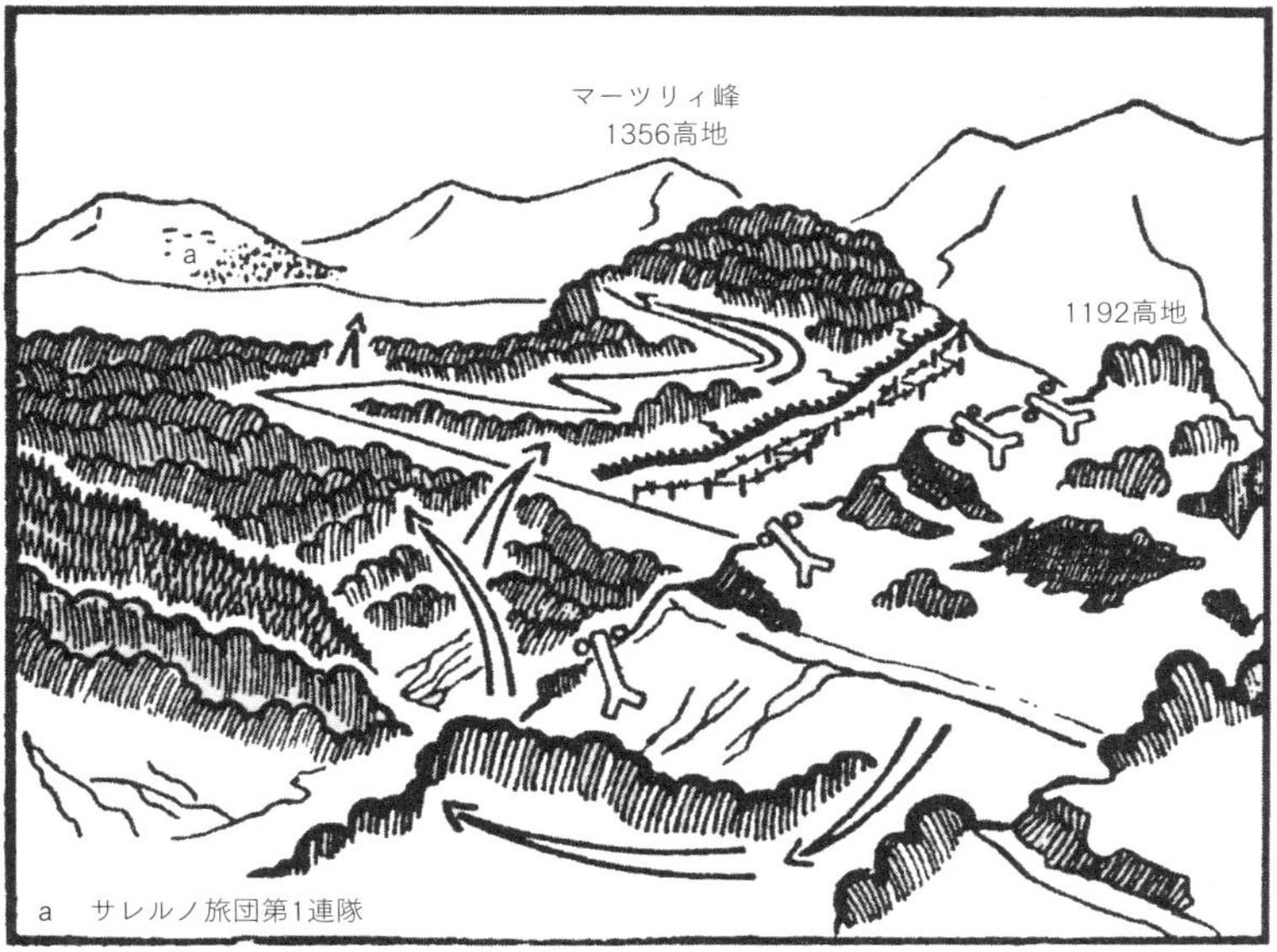

図 63　マーツリィ峰攻撃——南からの眺望

きる可能性すらありうるのである。あるいは敵は、少数の機関銃の掩護射撃であっても、こちらからほとんど見られることなく、マタユール連山まで移動することも可能であるかもしれない。しかし敵は、こうした可能性のいずれも選ぶことはない。敵の部隊は呆然としたまま、すし詰め状態で停止しており、その場から動き出さない。われわれがハンカチを使って合図を送っても、何の応答もしてこない。

そこで、われわれはさらに近づいてみる。敵から六〇〇メートル離れたところで、密集して茂る喬木林に入るかたちとなる。そのことにより、斜面上一〇〇メートルほど高い地点にいる敵の目を免れる。このとき、道は東に向けて鋭く曲がっている。敵はどう出てくるだろうか。やはり彼らは、戦闘へ打って出るという決断が、まだできていないのだろうか。もしこの瞬間、敵がわれわれのほうに斜面を駆け降り、雪崩込んでくれれば、森のなかで至近距離での戦闘、すなわち白兵戦が発生するだろう。敵は充分に休息をとっているはずである。また、数のうえでも圧倒的に優勢である。さらに地形という点でも、急斜面を上から下へと下るかたちで戦えるわけであり、有利である。こうした状況を鑑みると、わたしは急いで、敵野営地の下部にある森の端を押さえておくことが重要だと考える。しかし重機関銃を携え後方にいる山岳兵たちは、深い茂みを抜けて急な斜面を進むことを命令できないほど、憔悴しきっている。

それゆえわたしは、各部隊については、道を外れずあくまで道路上を行軍させることにする。一方、自分は、シュトライヒャー少尉およびレンツ軍医中尉と少数の山岳兵を連れ、森を抜ける最短距離を登り、敵へと近づくことにする。人員のあいだの間隔は、一〇〇メートルほどとし、広く展開しておく。

前進の際、シュトライヒャー少尉は敵機関銃の操作員の不意を突き、これを捕虜とする。われわれは敵から妨げられることなく、森の端に到達する。マタユール山道上部にいる敵の部隊と、われわれとの距離は、依然三〇〇メートル程度ある。相手はたいへんな軍勢である。上からは盛んに叫び声が聞こえてくる。また、身振りを交えて話す様子もうかがわれる。そして、敵は全員がまだ手に武器を持っている。前方には、多数の敵将校が集まっているようにも見える。一方、わたしの隊の先頭集団がこちらに来るには、まだ時間がかかるだろう。現時点で、彼らは、六〇〇メートルほど東の、山道が鋭く屈曲している地点まで到達しているという可能性もある。

敵が行動に打って出る前に、こちらから動かねばならないのではないかという考えを抱きつつ、わたしは森の端を離れる。そして前進を続けながら、われわれは呼びかけとハンカチの合図により、敵に対して武器を置き降伏するよう、勧告する。敵の集団はこちらをじっと見据えたまま、動こうとしない。わたしはすでに、森の端から五〇メートルないし一〇〇メートルの地点まで来てしまっている。もはや万が一敵が発砲してきても、退却することはできない。わたしは、ここに立ち止まっていてはいけない、さもなければすべては失敗に終わる、という感覚を抱く。

敵との距離は一五〇メートルしかない。すると突然、上方の敵の集団に動きがある。敵の集団は殺到するように斜面を降りてくる。これに抵抗しようとする敵の将校たちは、この勢いに押し流されてしまう。兵員たちの大部分は武器を捨てる。数百名がわたしのいる方向に急いで向かってくる。瞬く間にわたしはまわりを囲まれ、イタリア兵の肩の上に乗せられる。「ドイツ万歳《エッビーバ・ゲルマーニャ》！」の言葉が千の口から響き渡る。この間、降伏をためらっていた一人のイタリア軍将校が、味方のイタリア兵により射殺される。マーツリィ峰のイタリア兵にとって、戦争はすでに終結していた。彼らは歓喜の声を上げている。

するとこのとき、右側の森から、わたしの山岳兵の先頭集団が道に姿を現す。山岳兵たちはいつもどおりの静かな、しかしゆったりと間隔をとった山岳兵らしい足取りで、照りつける太陽も、重い装備もものともせず、前進してくる。わたしは、数名のドイツ語を解するイタリア兵を使って、捕虜たちをマタユール山道の下に、正面を東にして整列させる。これはサレルノ旅団第一連隊の兵、約一五〇〇名である。さて、わたしは自分の隊については停止させない。ただ将校一名と兵三名のみを隊列から引き抜いて、自分のところに呼ぶ。捕虜となったイタリア軍の連隊を、クラゴーンツァ山を越えルイコへと移送する任務については、二名の山岳兵に任せる。また、兵員と分けた四三名のイタリア軍将校の武装解除と移送については、下士官であるゲッピンガーに委ねる。この間、イタリア軍の将校たちは、ロンメル隊が弱体であることを知ると、とたんに好戦的になり、兵たちをもう一度自分たちの統制下に置こうと試みたが、時すでに遅し、である。ゲッピンガーは几帳面に、そして厳格に自分の職務を果たしていく。

武装解除された連隊が、隊列を組み、谷の方向へ移動させられる一方、ロンメル隊は、イタリア軍の宿営地のすぐ下の地点を通過していく。この直前、数名のイタリア軍捕虜がわたしに伝えたところでは、マタユール山の斜面には、サレルノ旅団第二連隊がいるとのことである。これは非常に有名なイタリアの連隊である。彼らは敵と対峙しての日々命令《ターゲスベフェール》を、卓越した働きにより果たし続け、カドルナ将軍から再三にわたる賞賛を受けてきた部隊である。捕虜たちの話からすれば、この連隊がわれわれに攻撃を仕掛けてくるのは確実である。われわれは用心しなければならない。

そして、このイタリア軍捕虜たちの予想は当たる。ロンメル隊の先頭がマーツリィ峰の西斜面に着くか着かないかのところで、一四六七高地および一四二四高地から、機関銃による激しい銃撃が開始される。敵の機関銃の弾道は、見事に山道上を捉え、瞬く間にそこを薙ぎ払っていく。われわれは道の下にある濃いやぶに潜りこみ、この照準の定まった銃撃からなんとか身を隠す。しかしわたしはほどなくして、ふたたび自分の兵を掌握する。わたしは彼らを連れ、今度は、マタユール山道の下を通って一四六七高地方面に進撃するのではなく、あえて南西方向に大きく曲がることにする。そして一二二三高地を越え、非常に速度を上げて、一四二四高地南にあるマタユール山道の屈曲部へと移動する。そこに着いてしまえば、サレルノ旅団第二連隊がわれわれの手から逃れることはもう難しくなり、半時間前の第一連隊のときと同様の状況となる。違いは、マーツリィ峰の場合には森林地帯を通ることで、姿を隠した移動が可能であったかもしれないが、今回は、われわれの火力によりマタユール山の禿げた斜面を越えて、南に逃れることができない、ということである【図64参照】。

わたしは敵の目を欺くため、マーツリィ峰の西斜面から、数挺の機関銃を使って銃撃をさせる。そして隊の残りとともに、敵の銃撃により妨害されることなく、一四二四高地南六〇〇メートルの山道の屈曲部に到達する。ここで一四二四高地守備隊への奇襲攻撃を準備する。この守備隊は依然として、ロンメル隊の後方部隊およびマーツリィ峰上のこちらの機関銃に銃撃を行っている。あらゆる苦労と疲労、歩き過ぎて痛む足、重い荷物で擦り傷だらけの肩。これらをすべて忘れさせてくれたのは、マーツリィ峰での攻撃成功である。

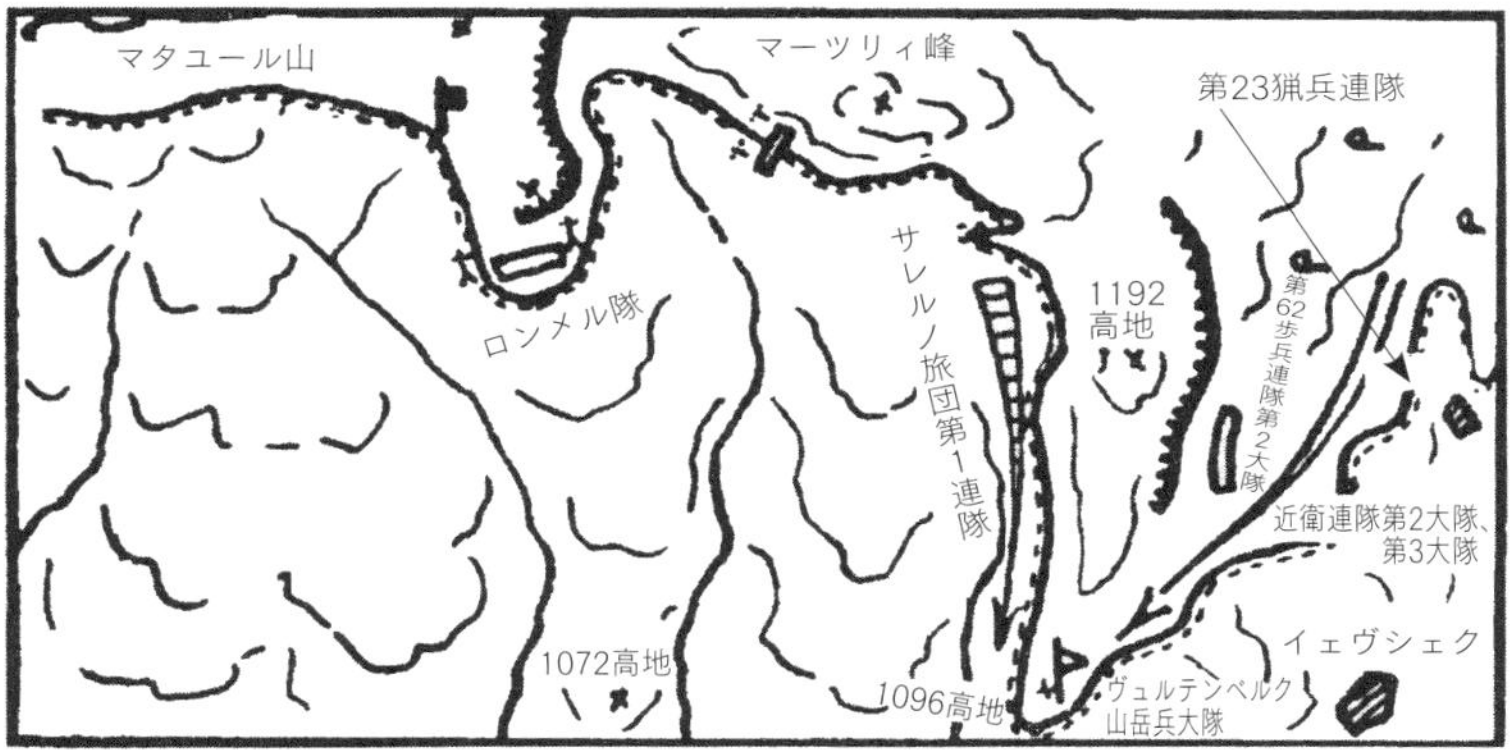

図64　1917年10月26日11時00分（縮尺約1：50,000）

わたしは懸命に攻撃の準備を進める。各機関銃小隊を配置に就かせ、突撃隊の用意をする。そこに後方より、「ヴュルテンベルク山岳兵大隊、回れ右《ケールト》、進め《マルシュ》」との命令が届く（このときシュプレッサー少佐は、クラゴーンツァ山に到着していた。ロンメル隊の獲得した多数の捕虜は、この時点で三二〇〇人を超える数になっており、これが少佐を迎えるかたちとなった。このことが彼に、マタユール連山での敵の抵抗がすでに制圧されてしまったかのような印象を与えることになったのであろう）。「回れ右、進め」というこの大隊命令により、ロンメル隊のほぼすべての部隊が、クラゴーンツァ山に向けて退却を始めることとなる。例外は、わたしの手元に置かれる騎兵銃を持った兵一〇〇名と、六挺の重機関銃の操作員だけである。わたし自身も同様に戦闘を中止し、クラゴーンツァへ向かうべきだろうか。

それはできない。この大隊命令は、マタユール南斜面の戦闘状況について何も把握していないまま出されている。ここにはまだ、やり遂げねばならない仕事が残っている。たしかに近いうちに、さらなる増援がくるといったことは、当てにできない。しかし地形は立案された攻撃にとって非常に好都合であり、またヴュルテンベルクの山岳兵たちは、どの兵一人をとっても、イタリア兵二〇名に匹敵する。われわれは、自分たちの頭数が、思わず笑ってしまうほど少なくなってしまったにもかかわらず、敢えて攻撃に打って出ることを選ぶ。

向こうに見える一四二四高地および一四六七高地には、敵の守備隊が、ごつごつした岩のあいだに、正面を東に取って待機している。敵の隊列に対し、われわれの機関銃が、南から不意を突くかたちで銃弾を浴びせると、敵は急いで遮蔽物の陰に完全に身を隠す。激しく飛び散る銃弾の大きな破片は、岩に当たり跳ね返ることで、銃弾一発一発の威力をいちじるしく高めているはずである。しかし敵の反応は薄い。こちらの機関銃は、背の高い深いやぶのなかに配備されている。敵がこれを見つけることは非常に難しい。

わたしは、こちらの銃撃のすばらしい威力を、双眼鏡で観察する。一四二四高地の北斜面に逃れようとする最初のイタリア兵が出たところで、わたしは騎兵銃の兵を引き連れ、マタユール山道の両側に展開し、一四二四高地の西斜面を行く。われわれは、重機関銃による強力な掩護射撃を受けながら、急いで前進する。このとき右手向こうでは、敵が一四二四高地東斜面の陣地群を撤収しているのが見える。敵の銃撃は聞こえなくなる。

われわれは攻撃を継続する。重機関銃を梯形に配置する。敵の大隊は一四六七高地から、スクリーロ経由で南西方向に移動しようとしている。しかし、こちらの機関銃が、敵の縦列の先頭から前方に五〇〇メートル離れた地点より、銃撃を浴びせる。すると、敵は停止を余儀なくされる。敵はこちらの意図を理解した様子である。数分後われわれは、一四六七高地の南五〇〇メートルにある岩だらけの丘陵を、ハンカチを振りながら敵に近づいていく。敵は銃撃を完全に停止している。こちらの二挺の重機関銃が、後方からわれわれの行動を見守っている。不気味なほどの静けさがあたりを支配している。イタリア軍の兵が、岩のあいだを抜けて移動しているのが、ときどき見える。道自体も岩のあいだで曲がりくねっている。われわれは前方について、数メートルしか見渡すことができない。しかし鋭角に道を曲がると、左方向への視界がふたたび開ける。すると、こちらの前方、三〇〇メートルもない距離に、サレルノ旅団第二連隊が集まっている。彼らは武器を置いて、こちらに降伏する。深く衝撃を受けた状態の連隊長は、将校たちに囲まれて道端に座り込んでいる。彼は自分の兵士たち、かつてあれほど誇りに思っていた自分の連隊が抗命したことに、激しい怒りと恥辱を覚え、涙を流している。わたしはイタリア軍の将兵が、こちらの手勢が少数であることに気づく前に、三五名の将校を兵から引き離す。兵は現在、一二〇〇名になっている。兵については、マタユール道を最大速度でルイコへと送る。捕虜となったイタリア軍の大佐は、われわれがほんの一握りの、少数のドイツ兵にすぎないことを目にするや、口から泡を吹くほど激昂する。

さて、小休止を挟むこともなく、マタユール山山頂への攻撃を継続する。マタユール山は現在の地点より一五〇〇メートル離れた場所にある。高度は二〇〇メートルほど高い。わたしは双眼鏡を使って、岩の多い頂上を観察する。そして、頂上において、敵の守備隊が配置に就いているのをはっきりと確認する。

この守備隊は、マタユール山南斜面で降伏しすでに移動中の仲間と、同じ轍を踏むつもりはないように見える。われわれは最短距離を通り、南からの攻撃を企図する。一方、ロイツェ少尉は、数挺の機関銃を用い、この攻撃に対する掩護射撃を行う。しかしこの地点の敵の防御射撃は、非常に厄介なものである。そのため、現在のやり方で接近できる可能性はあまり高くない。そのためわたしは、丸く湾曲した斜面を、山頂の守備隊から見られないように東へ曲り、そして一四六七高地のほうから山頂の陣地に襲い掛かるという選択肢を採ることにする。こうした動きのあいだにも、イタリア軍の小部隊は、武器を携行、あるいは携行せぬ状態で、サレルノ旅団第二連隊が一五分ほど前に降伏した地点へとなんとか向かおうとしている。

山頂東五〇〇メートルのマタユール山の険しい東稜線で、われわれはイタリア軍の一個中隊全体を急襲する。この中隊は、自分の後方の状況についてまったく知らないまま正面を北に向け、一四六七高地から一六四三高地にかけて走る稜線下部の北斜面に陣取っており、デラ・コロンナ山からマタユール山に向けて登攀していた第一二師団の斥候隊と銃撃戦を行っていた部隊である。しかし、われわれが発射準備態勢の武器を手に、背後の斜面上部に突然現れたことで、この敵も反撃できぬまま、即座に降伏に追い込まれる。

ロイツェ少尉が、数挺の機関銃により、南東方向から山頂守備隊に銃撃を浴びせているあいだに、わたしは自分の小部隊の残りの各隊とともに、西方向にて尾根を頂上に向け登る。頂上東四〇〇メートルの岩だらけの円頂では、追加の重機関銃が、南斜面に投入された突撃隊に対する掩護射撃のために配置に就く。しかし、われわれが発砲を開始する前に、山頂の守備隊は降伏の合図を送ってくる。一二〇名のイタリア兵は、マタユール山（標高一六四一メートル）の山頂の崩れ落ちた山小屋でこちらが彼らを収容するまで、辛抱強くこれを待っている。われわれは、北から登ってきた、下士官一名と兵六名からなる第二三歩兵連隊の斥候隊と出会う。

一九一七年一〇月二六日一一時四〇分、緑三発、白一発の信号弾が打ち上げられる。これは、マタユール連山が陥落したことを告知する合図である。わたしは自分の隊に、山頂での一時間の休憩を指示する。ここまでの功績を考えれば、この休憩は当然のものである。

太陽の光が照らすなか、あたり一面には壮大な山岳地帯が広がっているのが目に飛び込んでくる。眺望は遠くまで及ぶ。北西方向、九キロメートル離れた地点にあるのは、こちらより二七メートルほど高いストール山である。ここにはフリッチャー集団が配置されている。西の方向、われわれの眼下はるかには、ミーア山（標高一二二八メートル）が見える。ナティゾーネの谷についてのぞき込むことができない。谷は、たしかにここから三キロメートルしか離れていない。しかし高度に関しては、なにしろ一四〇〇メートルも下にあるのである。南西にはウーディネの町周辺に肥沃な野が広がっている。このウーディネに、カドルナ将軍の司令部が置かれている。南では、アドリア海が細長く伸び、ちらちらと光っている。南東

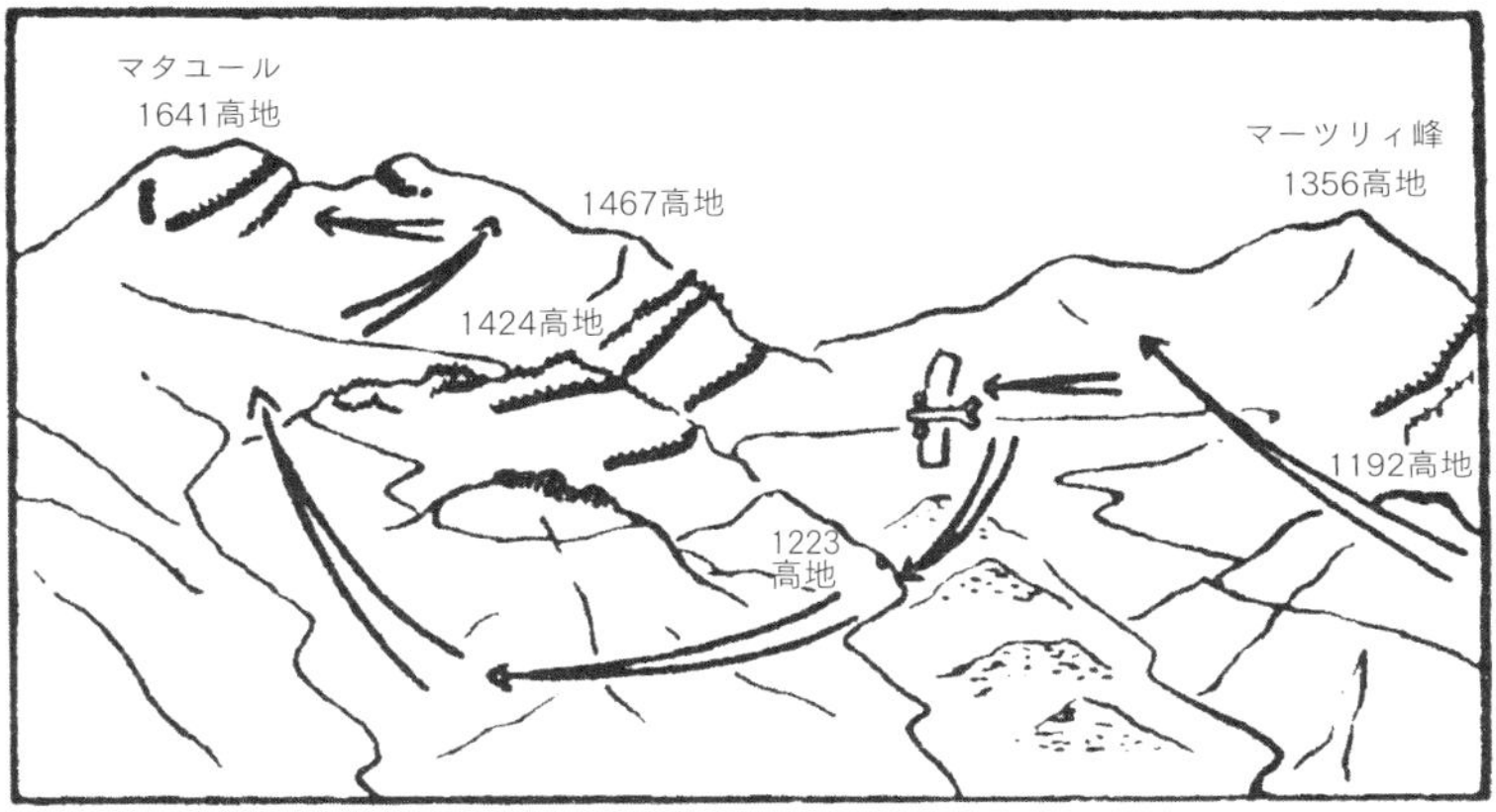

図65　マタユール山攻撃

および東には、お馴染のクラゴーンツァ山、ザンクト・マルティーノ山、フム山、クーク山、そして一一一四高地の頂が見える。

戦争だということを思い出させてくれるのは、われわれの近くに座り込む捕虜たち、弱々しく続く砲撃、そして空中戦《ルフトカンプフ》である。空中戦では、一機のイタリア軍航空機がずっと下まで墜落していくのが見える。近隣部隊については何も見ることができない。わたしはシュトライヒャー少尉に戦闘詳報を口述筆記させる。シュプレッサー少佐は、毎日戦闘詳報を要求するのである【図65参照】。

考察

マタユール山は、トールミン攻勢の開始後、五二時間で奪取された。この間、わたしの山岳兵たちは、ほとんど途切れなく最前線で戦闘を行い、アルペン軍団の前衛部隊を務めた。その際山岳兵たちは、重い機関銃を肩に担ぎつつ、高度差二四〇〇メートルの斜面を登り、八〇〇メートルを下って、敵の無類の山岳要塞を、直線距離にして一八キロメートル踏破したのだった。

充分に休息をとっていたはずのイタリア軍の五個連隊は、二八時間のうちに、相次いで弱体なロンメル隊と戦闘に入り、ことごとく撃破された。ロンメル隊により獲得された捕虜と戦利品の数は、将校一五〇名、下士官および兵九〇〇〇名、大砲八一門に上った。なお、こちらの攻撃により孤立させられたあと、クーク山、ルイコ村近郊、マーツリィ峰東斜面および北斜面の陣地群、そしてマタユール山にて武器を捨て、トールミンへ向かう捕虜の列に、自発的に加わった敵の部隊については、上記の数に含まれていない。

さて、敵に関し、とりわけ理解に苦しんだのが、マーツリィ峰におけるサレルノ旅団第一連隊の行動であった。この連隊の場合、このとき途方に暮れた状態におちいり、活動的であることを止めていたことが破滅を招いた。また集団の体制で行った作戦会議が、指揮官たちの権威を、土台から崩してしまっていた。敵の立場で考えれば、将校たちが操作するただ一挺の機関銃でもあれば、こうした状況を救うことができただろう。あるいは、少なくともこの連隊に、名誉ある敗北を用意することができただろう。また、もしこの連隊の将校たちが、彼らの一五〇〇名の兵をロンメル隊に対する攻撃に投入していたら、マタユール山が一〇月二六日に陥落するようなことは、まずなかっただろうと思われる。

一九一七年一〇月二四日から二六日にかけての戦闘において、イタリア軍の連隊は、自分たちが側面ないし背後から攻撃されているのを目の当たりにすると、ただちに置かれている状況を望みのないものと考え、早々と攻撃を放棄してしまった。イタリア軍の指揮官には、決断力が欠けていた。彼らは、われわれの機動的な攻撃戦術には慣れておらず、加えて自分たちの兵員についても、充分に掌握できていなかった。さらに言えば、われわれドイツ人との戦争は、そもそも国民的な人気を得られるものではなかったということも挙げておきたい。戦争の勃発前、多くのイタリア兵たちは、ドイツ国内で働き、生計を立てており、ドイツを第二の故郷と感じている者も多かったのである。普通のイタリア兵がドイツに対して抱いている感情と態度は、マーツリィ峰で巻き起こった「ドイツ万歳！」の声にはっきりと表れていた。

数週間後山岳兵たちは、グラッパ地方にて、非常に見事な戦果とともに連戦を続け、あらゆる点ですばらしい働きぶりを見せてきたイタリア軍の部隊と対峙した。ここではトールミンにおけるような成功を収めることができなかった。

今日、イタリア陸軍は、世界でも最高の陸軍の一つである。今日のイタリア陸軍は、新しい精神に満ちており、その高い能力は、きわめて厳しいアベシーニエン［エチオピア］戦役で証明された［この段落は英訳版では削除されている］。

この大会戦の最初の数日間における、ヴュルテンベルク山岳兵の活躍が、どのように評価されているかということは、アルペン軍団が作成した一九一七年一一月三日の日課報告にはっきりと記載されている。「コロヴラート尾根が攻略されたことは、敵の全防御網を崩壊させた。ヴュルテンベルク山岳兵大隊は、不退転の指揮官であるシュプレッサー少佐と、勇敢な将校たちの指揮のもと、この地点でとりわけ大きな貢献を果たしたのである。ロンメル隊によるクーク山奪取、そしてルイコ村占領、さらにはマタユール陣地突破は、こちらの兵による、とどまることを知らない大規模な追撃の引き金を引いた」。

この三日間の攻撃におけるロンメル隊の損害は、幸いなことに軽微なものであった。死亡六名、うち将校一名。負傷三〇名、うち将校一名である。

一九一七年一〇月二六日正午時点、フリッチュ＝トールミン間攻撃戦にあたり、各隊の配置状況は以下のとおりであった。

クラウス集団。最前列部隊はベルゴーニャにて小休止した。また、タナメア峠での敵の攻撃を撃退した。

シュタイン集団。第一二師団では、第六二、第六三歩兵連隊が、国境のナティゾーネの谷で、シュトゥピッツェを経由しロッホへの攻撃を行っていた。ロッホには一四時〇〇分に到達した。マタユール山＝マーツリィ峰線のイタリア軍陣地に対する攻撃のため、北から配置された戦力はなかった。クラゴーンツァ山を経由し、マタユール山に進出することを計画している第二三歩兵連隊は、正午ごろ、クラゴーンツァ山に到着した。アルペン軍団では、ヴュルテンベルク山岳兵大隊のロンメル隊が、マーツリィ峰およびマタユール山を奪取した。シュプレッサー少佐の指揮する、ヴュルテンベルク山岳兵大隊の主力は、クラゴーンツァ山からマッセリスへ降下中であった。これに近衛連隊の第二大隊、第三大隊が続いた。近衛連隊第一大隊および第一〇予備猟兵大隊は、敵がポラヴァの陣地を撤収したあと、一一時に同地に向けて前進を開始した。第二〇〇師団では、第四猟兵連隊が、九時半にザンクト・マルティーノ山を占拠し、その後、アッツィーダ方面にさらに前進した。

スコッティ集団。第八擲弾兵連隊は午前中のあいだにフム山を占拠した。帝・王立第一師団は、カンブレスコを経由し、ザンクト・ヤコブへの攻撃を継続した。

以上のことから次のような結果となった。ルイコ村周辺の第一二師団、およびアルペン軍団の戦力が、南西方向に進出できたのは、クラゴーンツァ山のイタリア軍陣地がこちらに占拠され、マーツリィ峰とマタユール山のサレルノ旅団が、ヴュルテンベルク山岳兵大隊の先頭部隊に一掃されてからのことであった。また、マタユール連山北西、ナティゾーネの谷での第一二師団の攻撃であるが、同地に師団が着いたのは一〇月二四日から二五日にかけての夜、そしてこの地域の一部を獲得することができたのは、マタユール山陣地の敵が排除されたあとのことであった【図66参照】。

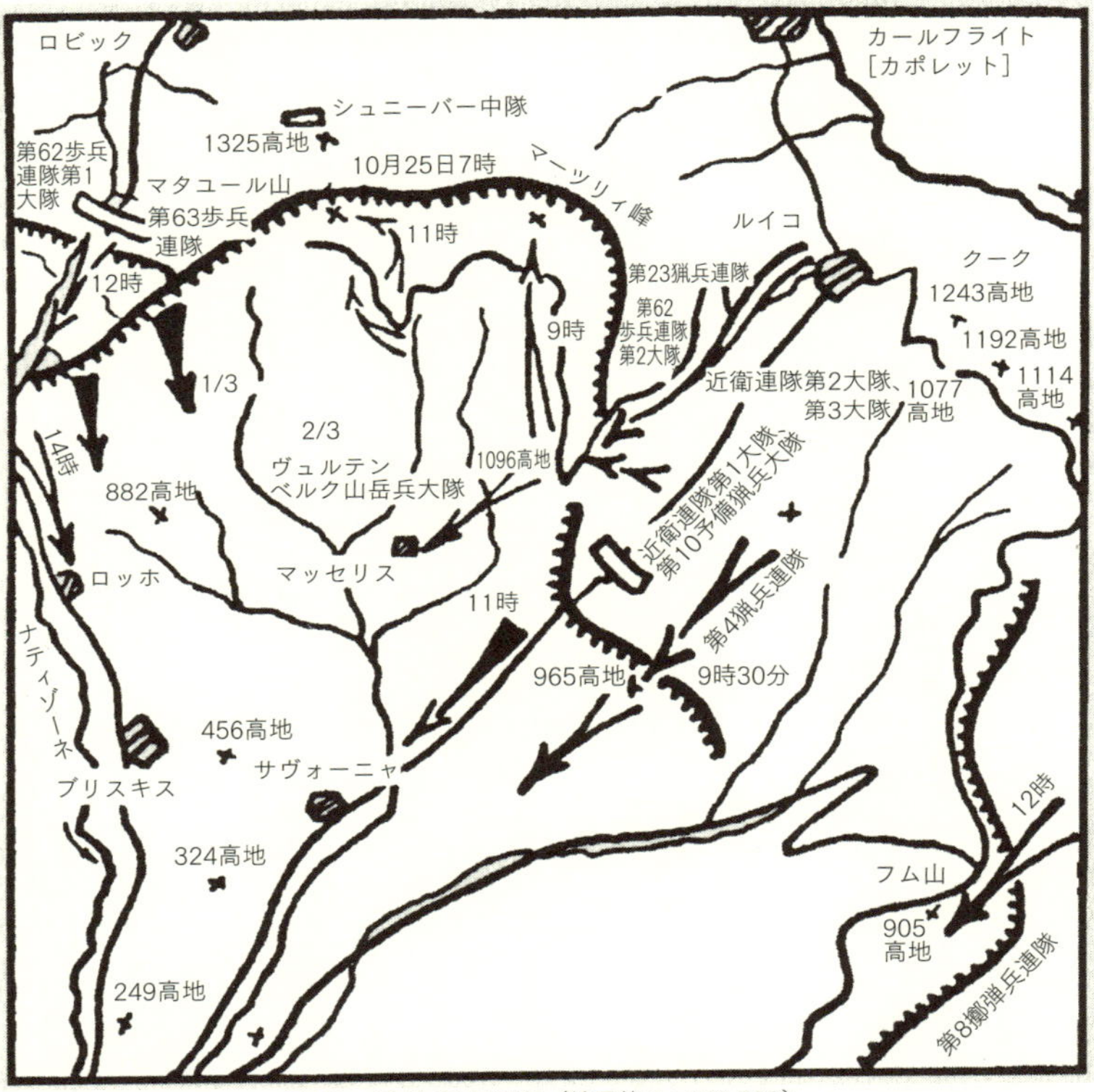

図66　10月26日正午（縮尺約1：200,000）

イゾンツォ攻勢時の中央同盟国軍

混み合うカポレットへの道

カポレットのドイツ軍突撃部隊

ゴリツィア市とイゾンツォ川の遠景

VI. Verfolgung über Tagliamento und Piave

第六部　タリアメント川、ピアーヴェ川追撃戦、一九一七年、一八年

マッセリス、カンペリオ、トッレ川、タリアメント川、クラウターナ峠

さて、アウテンリート少尉がマタユール山頂にやってくる。マッセリスへ向かうべし、とのシュプレッサー少佐の命令を伝達するためである。マッセリスは一〇〇メートルほど下方に位置している。しかし、そこへ下りていくことは、死ぬほど疲れているわたしの兵たちの最後の力を必要とするものである。われわれは、捕虜としたサレルノ旅団第二連隊の将校たちも一緒に連れていく。この捕虜たちは、どうも自分たちの置かれた新しい状況に納得できていないような印象を与える。このため、彼らを少数の護衛のみで、まだ放棄された武器があちこちに散らばっている戦場を抜け、ルイコ村に送るといった措置は危険であり、控えたほうがよい、という判断である。

われわれは敵に遭遇することなく細い小路を降り、午後の早い時間に、美しい小村、マッセリスに到着する。ただちに各中隊はわずかに点在する屋敷に分かれ、警戒のための措置をとる。また、すでにペキーニエ方面に進出しているヴュルテンベルク山岳兵大隊の部隊と連絡を取る作業を進める。それがすむと、

疲弊した各部隊は休息に入る。

わたしは捕虜となっている参謀将校たちを、簡素な夕食に招く。食事の際、われわれのあいだに会話はない。慎ましい食事にも、だれもほとんど手を付けない。将校たちは彼らが見舞われた運命、そして彼らが誇りとした連隊の運命に、深い衝撃を受けている様子である。わたしは彼らの心情を理解し、早々に会食をお開きとする。

一〇月二七日の夜明け前、ロンメル隊の位置はナティゾーネの谷への途上である。大隊の残りの各隊は、チヴィダーレへ向け前進しており、すでに相当の距離を進んでいる。ナティゾーネ西の高地では激しい戦闘が行われている。この間、ロンメル隊は、休息も食事もとらぬまま谷を下り、チヴィダーレへ向かう。自分は騎乗して先頭を進み、正午ごろ、ヴュルテンベルク山岳兵大隊の司令部要員およびゲスラー隊と、サン・クァルツォの近くで出会う。彼らは、プルジェッシモを依然として確保している敵と戦闘状態にある。わたしはシュトライヒャー少尉とともに馬に乗り、この戦場を横断する。ときおりイタリア軍の機関銃の弾丸が飛んでくるので、われわれはペースを早める。わたしはサン・クァルツォのすぐ東で、シュプレッサー少佐と会う。わたしの隊がここで投入されることはない。

プルジェッシモをめぐる戦闘は、一四時ごろ終わる。炎に包まれたチヴィダーレの北の端で数時間の休憩をとったあと、ロンメル隊は、真夜中の一二時ごろ、カンペリオに入る。ここではヴュルテンベルク山岳兵大隊の残りの各隊が、すでにフェディスおよびロンキス方面に向けて警戒体制をとっているところである。

一〇月二八日早朝、西への追撃が継続される。土砂降り雨が地面を激しく叩く。われわれは全身ずぶ濡れとなる。この間、機転の利く連中がどこからか調達してきたのか、この土砂降り雨対策として、傘を使って体を守ろうとする者が出てくる。しかしながら、この新装備は、上からの命令により禁止となる。われわれは滝のような雨が続くなか、行軍を続ける。だが、敵と前方で遭遇することはない。

午後、イタリア軍の後衛は、非常に増水したトッレ川沿いの道路を、プリムラッコ付近で封鎖する。普段は水の少ないトッレ川も、この止むことを知らぬ激しい雨により、五〇〇メートルもの幅の濁流になってしまっている。対岸の敵は、東の岸で何か動くものがあれば、そのすべてに銃弾を撃ち込んでくる。

われわれはプリムラッコに入り、イタリア軍の洗濯物置き場で、乾いている衣服を調達する。そして早々に横になって、休息をとる。ここ数日の昼夜にわたる行動により、みなひどく消耗している。しかし夜中の一二時の一時間ほど前になって、シュプレッサー少佐の命令が届く。「ロンメル隊は、山岳砲兵小隊一個により強化のうえ、夜のうちに、あるいは遅くとも夜明けまでに、トッレ川を強行横断すること」との内容である。わたしは警告を発令する。部隊は、夜の残りの時間を利用して、懸命に作業を行う。砲兵隊が、西岸のイタリア軍守備隊に対して数発の榴弾を撃ち込んでいるあいだ、徴発されたあらゆる種類の車両を材料として、トッレ川の多数の支流を架橋する渡り板が作られる。敵はこの作業をほとんど妨害してこない。敵の主力は、こちらが西岸に打ち込んだ最初の榴弾のために、後退してしまったようである。夜が明けると、われわれの構築している緊急用の渡り板が、西岸まで一〇〇メートルを切った距離まで延びている。一方、敵は撤収してしまっている。

馬に乗ったグラウ少尉は、トッレ川最後のたいへんな急流を、一番手として通過する。徴発した車両をつかうだけでは、西の岸まで緊急用の渡り板を通すのに足りないので、最後の区間は太い綱を張ることにする。兵たちは、この綱にしがみついて急流を渡る。いずれにせよこの流れでは、いったん事が起これば、数名の兵士が一気に押し流されてしまうこと必至である。渡河の際、衛生用品用の大きな背嚢を背負った一名のイタリア人捕虜が、急な流れに足を取られロープから引きちぎられてしまう。そして仰向けの状態で叫びながら流されていってしまう。この男は泳ぐことができない様子である。さらに彼は、重い背嚢のせいで、水のなかに引きずりこまれていく。わたしはこのあわれな男を気の毒に思い、自分の黒馬に拍車を掛け、流されていくイタリア兵のところまで全速力で走らせる。そして、急流のなかに飲み込まれる寸前の彼のそばにうまく出ることができる。イタリア兵は、死の恐怖のなか、馬のあぶみを掴む。そしてわたしの馬、この勇敢な動物は、われわれ二人を無事、陸に運んでくれる。

一五分後、部隊全体が渡河を完了する。われわれは、住民が非常に友好的にこちらを迎えてくれたリッツォーロ、そしてタヴァニャッコを経由して、フェレットに前進する。フェレットでは、サルト近くの橋を渡ってきた大隊の残りの各隊と出くわす。このあと大隊は、敵と接触することなく西へ向かい、タリアメント川に接近する。そして夜遅くになりファガーグアに到着する。わたしは自分の幕僚とともに、上々の宿営に入る。家々の主人たちは出てしまっていて、女中しか残っていない。われわれは食事をすませ、睡眠をとる。

一〇月三〇日、大隊はチステルナを経由して前進し、ディニャーノの近くでタリアメント川に到達する。同地に架かっていたはずの橋は破壊されてしまっている。強力な敵は、増水して広がった川の西岸をすでに確保している。数度にわたり渡河が試みられるが、みな失敗に終わる。北では、ザンクト・ダーニエルを経て、ピエトロの橋へと続く道路が、イタリア軍の隊列およびあらゆる車両によって隙間なく渋滞していることが分かる。そこでは、トラックの隊列、重砲の隊列に取り囲まれるかたちで、馬車および駄畜の隊列、さらには避難民の車両が立ち往生している。道の両側で、数キロメートルにわたりこうした車両が入り乱れているために、もはや前にも後ろにも進むことができない。イタリア兵についてはもう見当たらない。彼らは、道を外れて野を通り、安全なところに移動してしまったらしい。馬や駄畜は、数日来、こうした状況のなかで行く手を遮られたかたちとなっている。どこにも行けぬ馬や駄畜たちは、飢えのあまり、届く範囲のものはすべて食べてしまう。たとえば鞍敷《ヴォイラッハ》きだろうが、毛布だろうが、革でできた馬具だろうが、それこそなんでも貪り喰ってしまうのである。

すでに設定されていた計画、すなわち、夜間のあいだに野原を横切って、ピエトロ近くの橋まで進出するというロンメル隊の作戦案は、残念ながら上からの命令により、予定より早くふたたび中断となってしまう。われわれは緊張に満ちた経験をしてきただけに、これを残念に思いつつも、今晩ディニャーノで夜を明かすために移動する。

翌日、戦況報告のなかに、マタユール山を奪取したのが第一二師団の各隊であるとの記述が存在することを知る。軍上層部には、事実関係を正しく修正してもらう。

続く数日にわたり、タリアメント川を強引に渡河しようという試みが実施されるが、ことごとく失敗に終わる。さて、一九一七年一一月二日から三日の夜にかけて、第四ボスニア歩兵連隊のレドル大隊が、初めて西岸のコールニコ一帯の西岸に足場を築く。一一月三日、ヴュルテンベルク山岳兵大隊は、ドイツ・アルペン軍団から切り離され、そのうえで次のような任務を受けとる。すなわち、同大隊は、帝・王立第二二狙撃師団の前衛として、メドゥーノからクラウトを経由し、カルニッシュ・アルプスを突破する。そのあとは、ドロミーティ山地の前線にいるイタリア軍の勢力が、退路を南に変更するよう、すみやかにロンガローネ付近のピアーヴェ川上流に進出せよ、という任務である【図67参照】。

ヴュルテンベルク山岳兵大隊は、各大隊の先陣を切り、コールニコ付近でタリアメント川を渡河する。強力なパトロール部隊は、イタリア軍から鹵獲した折り畳み式自転車《クラッペンレーダー》に乗り、メドゥーノまで前進する。ヴュルテンベルク山岳兵大隊の前衛はさらに同地点を越え、レドナ付近で将校二〇名と兵三〇〇名を捕虜とすることに成功する。これに続いてわれわれは、地表の割れ目がむき出しになっているクラウターナ・アルプスを抜け、狭い道の上で弱体なイタリア軍の後衛の後ろにぴったりとつけつつ、クラウターナ峠方向に進む。わたしの隊は主力とともに進む。ゲスラー隊は前衛を務めている。ゲスラー隊は一一月六日夕

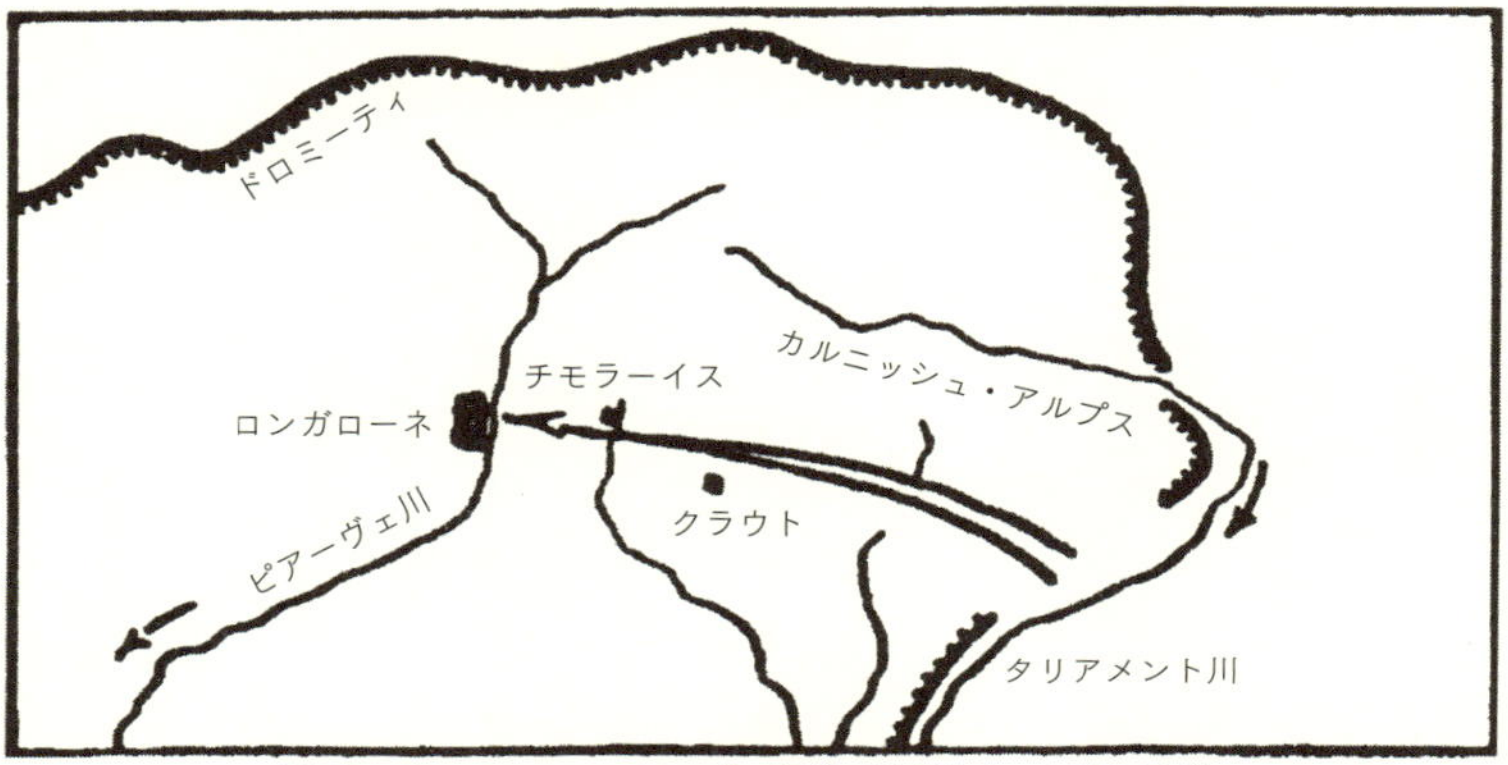

図 67　カルニッシュ・アルプス突破（縮尺約 1：1,500,000）

刻にペコラートに到達する。一一月七日早朝、ヴュルテンベルク山岳兵大隊は、これまでの編制を維持したまま、クラウターナ峠に向けて登っていく。前衛の先頭部隊が、標高一四三九メートルの峠の、短い鞍部に差しかかったとき、峠の両側の高地から攻撃を受ける。機関銃射と砲撃が、ペコラートと峠のあいだを走る、曲がりくねった細い車道上にいる前衛を苦しめる（高度差は九〇〇メートルに及ぶ）。ほどなくして、このイタリア軍の銃砲撃のために、峠道や岩場での行動は両方向ともに不可能になってしまう。敵は、ラ・ジャリーナ山（標高一六三四メートル）の切り立った垂直の岸壁のはるか上方と、ロッセーラン山（標高二〇六七メートル）の北東稜線上に、見事な陣地を構築している。この両者は、ちょうど峠を跨ぐように約二〇〇〇メートルの幅で広がっている。これらの陣地は、攻略不可能であるように映る。

シュプレッサー少佐は、主力のところにいるロンメル隊（第一、第二、第三中隊および第一機関銃中隊）に命じ、峠道を南からロッセーラン山経由で包囲させる。しかしシーリジアを登っていく時点からすでに、敵の機関銃と榴弾により激しく妨害を受ける。それゆえわれわれは、一人ひとり岩から岩へと飛び移るように進むことを余儀なくされる。そうしてようやく、横方向、

図68　クラウターナ峠夜襲――東からの眺望

九四二高地へ続く谷のところで、敵火から姿を隠せる場所を見つけることに成功する。しかし、すぐにロッセーラン山の、高さ数百メートルにもなろうかという垂直な壁がわれわれの目の前に立ちはだかる。これ以上登っていくことは無理である。これにより、南に回り込んで敵を包囲することは不可能だということが明らかとなる。残るは、峠の敵に正面から襲い掛かる選択肢しかない。

峠道の南を行き、敵に接近するため、数時間にわたり、岩山のなかを登ることになる。その際、卓越した技能を持つ兵士たちは、わたしが荷物を持たぬ空身でも苦労した難所を、肩に重機関銃を担いだまま通過してしまう。ロンメル隊は、峠の南東六〇〇メートルに位置する円頂に、夜明け直前になってようやく到着する。そこは雪で覆われている。みな疲れ切った状態である。しかしわれわれは、同じ高度で、峠道の北、数百メートルのところにいるゲスラー隊の各隊と連絡を確立する作業を行う。前方では、敵が岩からなる高地を占拠しているが、ハイマツの茂みが、敵の眼からわたしの兵士たちを隠してくれる【図68参照】。

わたしはぐったりしている各部隊に、いくばくかの休憩を与える。そしてこの間、自分はシュトライヒャー少尉と二、三個の斥候隊を引き連れて、峠へ奇襲的な夜襲を行いうるか、その可能性を探りに行く。夜はとっぷりと暗くなっている。空は雲に覆われている。低いやぶのあいだでは、雪がちらちらと反射して光っている。これも決して悪いことではない。たしかに、われわれの靴の下で、雪がギシギシと音を立てれば、ただちに敵守備側は、その地点に銃弾を撃ちこんでくるだろう。しかし、まさにそのことによって、敵陣地がどのように延びているのか、はっきりと知ることができるからである。

わたしは機関銃陣地に適した場所を、峠の短い鞍部から一〇〇メートル足らず離れ、またそこより数メートル高い地点に見つけ出す。われわれは数時間にわたる作業のあいだ、細心の注意を払いつつ、入念に夜襲の準備を組み上げていく。この作戦には、全機関銃中隊が投入される予定である。第一中隊と第三中隊も峠から約三〇〇メートル距離をとり、上方の敵火から身を隠しつつ、攻撃の準備に入る。

さて、二四時ちょうどに各機関銃中隊の全機関銃は、峠の短い鞍部にいる敵に二分間にわたり銃撃を加え、この頭を押さえつけておくものとする。その後、鞍部の両側にいる敵に狙いを移す。第一中隊および第三中隊は、重機関銃の発砲が始まったらただちに峠に通じるリンネの左右から突撃を開始し、手榴弾と銃剣で峠を奪取するものとする。

しかし、わたし自身が、掩護射撃のために配置した各小隊のところに長くとどまりすぎるというへまをやらかす。掩護射撃の部隊が、機関銃により連続射撃を開始するが、わたしはまだ、両突撃中隊から数百メートルも離れた岩の斜面上にいる。たしかに両突撃中隊には、独立して攻撃を行うよう命じてはいたが、それでもわたしは、この両中隊とともに自分も進もうと考えていたのである。とにかくできるだけ急いで前進するが、両中隊がまだ攻撃発起陣地にいるのを見て、絶句する。中隊長がしくじったのか。それとも部隊そのもののほうに、何か問題が生じて、うまくいかなかったのか。すでに機関銃中隊は、二分間の効力射を終えてしまっている。各突撃隊が、今から前進を始めたところで、もう機関銃の銃撃と呼吸を合わせることはできない。峠の敵は、もはや頭を押さえつけられていないのである。山岳兵たちの攻撃は激しい手榴弾戦となるが、結果的にこちらの部隊は、損害を出しながら退けられてしまう。しかしこれも前記のような状況を考えれば、なんの不思議もない。こうしてこの攻撃が失敗に帰したあと、わたしは両中隊を、突撃の開始地点まで後退させるはめになる。

わたしはこの夜襲の結果に、大いに憤慨する。これは戦争の勃発以来、自分が失敗した初めての攻撃である。何時間にもわたる困難を極めた作業は、まったくの無駄に終わったことになる。夜のうちにふたたび攻撃を仕掛けたところで、成功の見通しは立たないだろう。また疲労の極致にある各部隊には、もはやそうしたことを要求できそうにもない。昼夜を問わず力のかぎりを費やしてきた兵たちが、もう一度戦えるだけの状態を取り戻すためには、何より休息と食事が必要である。だが、ここは氷と雪に囲まれた一四〇〇メートルの高地である。しかも敵の目と鼻の先である。このため、休息と食事のどちらも望むべくもない。また強力な戦力を、日中に峠の近くに集結させるというやり方も、わたしの目には大いに疑問符がつく。こうしたことを熟考した結果、わたしは戦闘の中止を決断する。ロンメル隊の攻撃参加前から峠の警戒にあたっている第五中隊は、継続してこの任務を行う。四個中隊を連れ、ペコラートの谷に退却する。この途中で、山の中腹に開いた岩の割れ目に戦闘指揮所を構えているシュプレッサー少佐に、夜間突撃の失敗を報告する。

夜明け直前になり、ようやく隊はペコラートに到着する。ごく少数建っているみすぼらしい小屋は、各部隊により満杯となっている。このためわれわれは、野営を行うことにする。駄畜部隊を呼びよせる。そして保温箱《コツホキステ》に入れられたコーヒーを受領する。温かい飲み物が、染みわたるように旨く感じる。二時間が経過し、夜が明ける。太陽が、その日の最初の光を狭い谷に投げかける。そのときわたしは、電話口に呼び出される。大隊からの連絡である。「クラウターナ峠の敵は撤収している。ロンメル隊はただちに進撃の準備を行い、ゲスラー隊に追いつくこと。大隊はクラウト経由であとに続く」。

夜明けの直前、第五中隊の各斥候隊は、敵が峠を撤収してしまったことを確認する。敵が、あの非常によくできた陣地を、戦わずしてみすみすわれわれに譲ってくれることは喜びとなり、新しい力を与えてくれるものである。まもなくロンメル隊は、行軍を再開する。数時間後、今度は車両用の道路《ファールシュトラーセ》を登って行き、道路の最高地点となる峠に出る。この地点からだと、峠に構築された敵陣地に対するこちらの第一機関銃中隊の火力の威力を、自分の目で見て確かめることができる。機関銃のうちのあるものは、峠のすぐ北西の道を、距離にしておよそ数百メートルにわたり掃射し、その結果、多数の損害を与えたのである。こうした機関銃の威力は、道路の両側に散らばる無数の血濡れた包帯が、雄弁に語るところである。

考察

クラウターナ峠で実施されたロンメル隊の夜襲が不首尾に終わったのは、機関銃中隊の統合された火力と、各突撃中隊の突撃が、時間的に一致を見なかったためである。

チモラーイス追撃

山岳兵たちが、ごく当たり前のように、重い装備を運んでいくさまは驚くべきものがある。彼らは、長い休憩をとることもなく、この時点でもう、二八時間も連続して行動を続け、戦闘を行っている。さらにこの間、クラウターナ峠に二度も登っているのである。じつにその高度差は、合算すると計一八〇〇メートルにもなる。さて、われわれは大きな足取りで山を下っていく。一一月八日に前衛を務めたゲスラー隊は、今回も先行する役割を引き受ける。

正午ごろ、われわれはクラウト村で、前衛を務めるゲスラー隊と合流する。そしてさらに先に進む。ゲスラー隊はイル・ポールトで敵と接触し、これに攻撃を仕掛ける。しかし敵は北に向けて転進するところであったため、本格的な戦闘にはならない。ゲスラー隊（第五中隊、第三機関銃中隊）はイル・ポールトに入る。一方、ロンメル隊（第一、第二、第三中隊および第一機関銃中隊）は、サン・ゴッタルドを出発する。この間、ヴュルテンベルク山岳兵大隊は、帝・王立第二六狙撃連隊第一大隊により強化されていたが、われわれはその先遣隊《フォアアトルツプ》として、チモラーイスに配置される。

ロンメル隊は散開した隊形をとり、谷の西の端を抜けて、チモラーイスへ後退する敵のあとを追う。この谷は最初のうちは幅が広いが、チモラーイスに向けてだんだんと狭くなる。谷の左右には、高さが二〇〇〇メートルにもなろうかという岩山が、まさに壁のようにそびえている。道の両側に広がるやぶの多い地形は、われわれの行動を敵の視界から隠してくれる。散開した各中隊の前方には、シェッフェル少尉指揮下の数名の自転車兵《ラートファーラー》と、騎馬に乗った部隊幕僚が、警戒線として配置されている。

われわれがチモラーイスのすぐ東を流れるチェリーナ川の東岸に着いた時分には、あたりはすでに暗くなっている。幅数百メートルの砂の川床は、ほとんど干上がっている。敵はロンガローネ方面にすでに移動しているようである。またチモラーイスの集落は、占領されていないようにも見える。わたしは自転車兵とともに、広く展開して急流を渡渉する。一発の銃声も聞こえない。続いてわたしとシュトライヒャー少尉は、馬に乗ったままチモラーイスに入る。村長はわれわれに、非常に丁重な態度であいさつをする。彼の言うところでは、ドイツの部隊のために、すべて準備が整えられているとのことであり、またわたしには、村役場の鍵を是非持っていてもらいたいと、これを手に握らせてくる。われわれはこの男の言葉を信用できるだろうか。ひょっとしたら、敵が仕掛けた罠ではないだろうか。

わたしは、警戒部隊として自転車兵を送る。場所は西に気持ち一つ先、ロンガローネに通じる道の地点である。このあと、死ぬほど疲弊しきったロンメル隊は移動を開始し、町の南の非常用の宿営《アラルムクヴアルティーア》に入る。ロンメル隊はロンガローネにいたる道路と、フォルナーチェ競技場に向かう道の警戒を担当する。われわれの宿舎はなかなか上等であり、糧食も豊富にある。ロンメル隊の兵士たちは多大な功績を果たしてきた。なにしろ三二時間にわたり、大休止をとることもなく、戦闘ないし行軍を続けてきているのである。こうしたあとでも、数時間も眠れば、兵士たちにはまた戦うための力が湧いてくるはずである。もうピアーヴェの谷とは一〇キロメートルほどしか離れていない。そこではなにがわれわれを待ち受けているのか、それを誰が知るだろうか。

ヴュルテンベルク山岳兵大隊司令部、通信中隊、シールライン隊（第四、第六中隊、第二機関銃中隊）および帝・王立第二六狙撃連隊第一大隊は、チモラーイスの北区域に入る。帝・王立第二六狙撃連隊の第一大隊が、北に向けての警戒に当たる。その間に、あたりは完全な夜になる。シェッフェル少尉の指揮下で動いているロンメル隊の自転車兵から報告が入り、ロディーナ山（標高一九九六メートル）およびコルネット山（標高一七九三メートル）の各斜面では、敵が配置に就いており、懸命に陣地構築作業に取りかかっているとのことである。この報告は大隊本部に送られる。

真夜中ごろになって大隊命令が届く。その要点は以下である。「第三中隊は一一月九日朝、チモラーイスの西の端から、チモラーイス西の敵を攻撃する。チモラーイス山西の敵陣地に関しては、ロンメル隊（第一、第二中隊および第一機関銃中隊）はロディーナ山を経由（空が白む前に登攀）、一方、シールライン隊（第四、第六中隊、第二機関銃中隊）は、コルネット山（一七九三高地）からチェルテン山（一八八二高地）、そしてエルトを経由、そしてゲスラー隊（第五中隊、第三機関銃中隊）は九九五高地、一四八三高地、エルトを経由し、それぞれ包囲を行うものとする」【図69参照】。

割れ目が多数存在し、歩行そのものが困難な二〇〇〇メートル級の標高の山岳を（高度差は一四〇〇メートルに及ぶ）、しかも夜間に、この消耗し尽くしたロンメル隊が登攀するというのは、自分の目には実行不可能であるように見える。そのため、真夜中を少し過ぎたところで、わたしはシュプレッサー少佐のところに出向き、命令の変更をはかる。わたしの代替案は、一一月九日朝、全ロンメル隊により、チモラーイス西の敵に正面攻撃を仕掛けるというものである。シュプレッサー少佐は、渋りながらも作戦の変更を承諾する。ロンメル隊のうち、一個中隊のみがロディーナ山を経由し、包囲に加わる。残りの各中隊は正面攻撃用に、わたしの手元に置いたままにしてもらう。

チモラーイス西イタリア軍陣地への攻撃

夜があける三時間前、パイアー少尉指揮下の有能な第二中隊は、現地住民の案内のもと、ロディーナ山北部陣地の包囲に出発する。五時ごろ、シェッフェル少尉は、チモラーイス西の敵の行動が、完全に静かなものになっていることを確認する。少尉は前日同様、各陣地が完全に空になっていると推測する。これに関し、わたしは、各中隊に戦闘準備をさせたうえで、騎乗した各中隊長をチモラーイスの南口に集める。わたしは、敵が本当に撤退しているのかを確認し、また峠道の両側と敵陣地前の戦場の状況を調べるため、自転車兵の護衛をつけ、馬で偵察に向かう。われわれが馬を速足で走らせ、チモラーイス南の出口を去ろうとするとき、ちょうど空が白んでくる。山道は緩やかな上りとなっている。自転車兵たちは、五〇メー

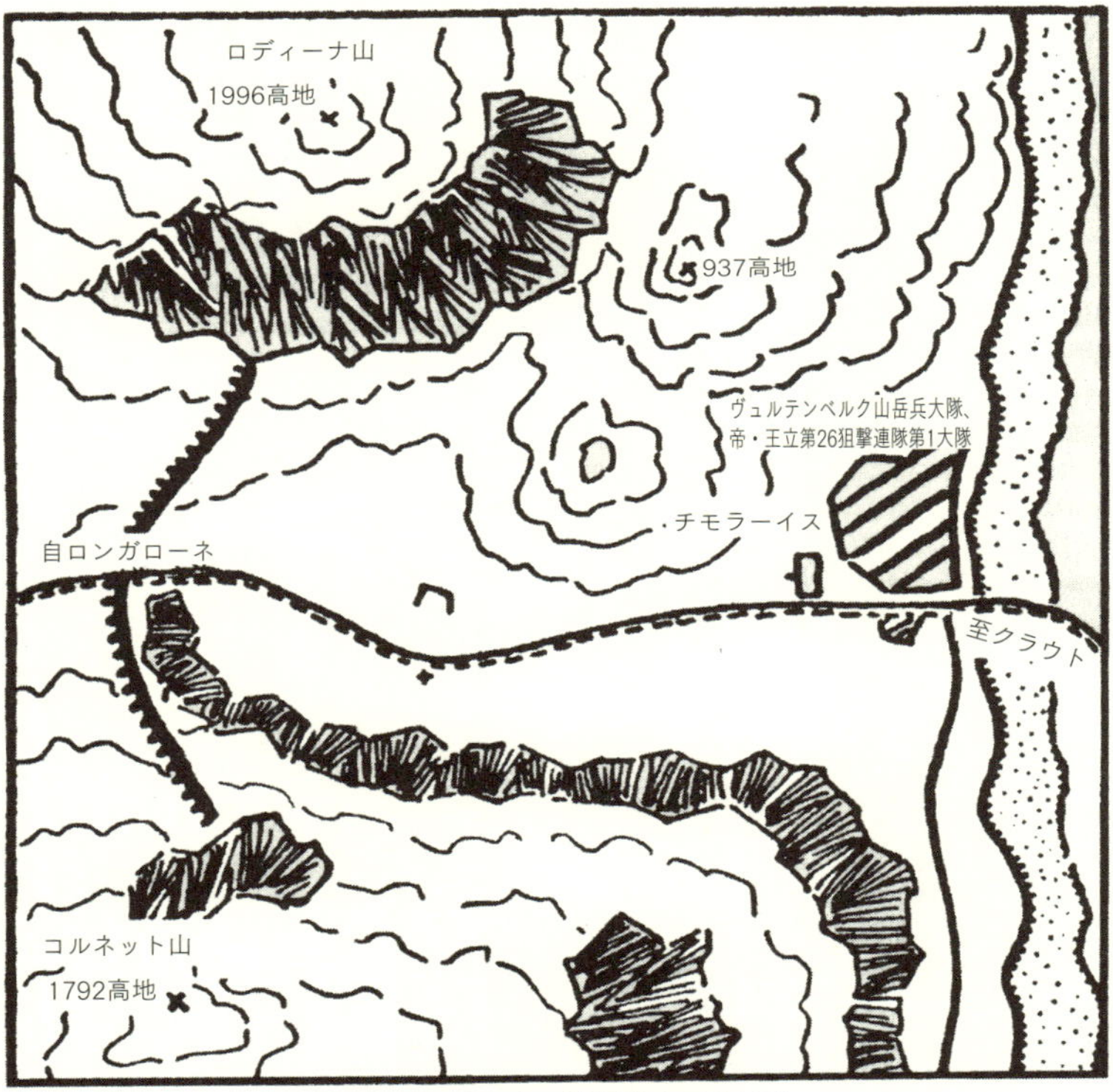

図 69　チモラーイス（縮尺約 1：20,000）

トルから一〇〇メートル先を行く。

チモラーイス西一五〇メートルのラ・クロセット礼拝堂に差しかかると、前方斜面上、ちょうど半円を描くように複数の箇所から、チカッと光が瞬く。そうかと思えば、次の瞬間、機関銃と小銃の銃弾が山道上に音を立てて降り注ぎ、耳のそばをピュンとかすめていく。自転車兵は自転車から飛び降りる。騎乗していた者も、同様に馬から飛び降りる。乗り手を失った馬は、チモラーイスの方面に戻るように、全力で駆けていってしまう。ただちに斥候隊の人員は、ラ・クロセット礼拝堂に全員集結する。撃たれた者はいない。この小さな礼拝堂の壁が、激しい敵火からわれわれを守ってくれている。現在、敵火は、われわれの隠れているこの場所に、完全に集中している。ほどなくして、イタリア軍の機関銃射により、屋根板が粉々に砕けていく。そして、その破片が頭上に降り注ぐ。一分毎に敵からの視界は良好となっていく。いちばん近い位置の敵は、もう二〇〇メートルほどしか離れていない場所に陣取っている。われわれ全員をあの世送りにするには、敵の榴弾一発もあれば充分である。ぐずぐずしていれば、確実にそうした運命が待っている【図70参照】。

小銃および機関銃の銃撃がいくぶん弱まってきたところで、わたしは個々の兵が、遮蔽物から遮蔽物へと飛び移りながら、チモラーイスまで戻るための手筈を整える。まずブリュックナー軍曹が先陣を切る。わたしは二番手として合流する。こちらの兵一人ひとりに対して、敵は非常に激しい銃撃を浴びせてくるが、われわれは複数の方向に四散し、いったん遮蔽物の陰に入ったらそこを離れないようにする。このような手順も用いて、全員が無事チモラーイスに戻ることに成功する。ただ、騎馬偵察に参加した馬数頭が、数発の銃弾を喰らってしまう。もしイタリア兵が、こちらをあと一〇〇メートルでも彼らの陣地に近いところまで引きつけていれば、おそらくわれわれは一人残らず死んでいただろう。

この間、完全に陽が昇る。急襲射撃が行われているあいだ、ドーベルマン上級伍長が指揮を執る司令部

図70　偵察隊に対する急襲射撃

の観測部隊は、隊の所有する観測鏡《ベオーバハトウングスグラース》を使って（タリアメントの戦闘で鹵獲した四〇倍の倍率のもの）、チモラーイス西の敵陣地で行われた戦闘の全経過を確認していたのである。夜明け前の薄明かりのなかではあったが、発砲の際に、光がパッと上がるため、観測鏡を使った偵察活動は容易なものであったはずである。ドーベルマンはチモラーイスに建つ教会の塔から、観測鏡を使って敵の様子を見せてくれる。

　敵は大隊規模であり、チモラーイス＝エルト道の両側に、強固で巧みな陣地を構築している。敵はその陣地に入っている。陣地は、チモラーイス北西八〇〇メートルのところで、ロディーナ南斜面の垂直に切り立った、高さ数百メートルの岩壁に沿うかたちになっている。そして、チモラーイス西五〇〇メートルの地点で、大きな道を横切るところまで、険しいガレ場のなかにも延びている。その道の南側では、東に向かって急激に落ち込んでいる岩場の尾根上に陣地が構築されている。強化拡充された連続陣地は、この道の一五〇メートル南のところで終わっている。ここからはコルネット山の北東斜面である。ここは、およそ中隊規模の敵散兵線と、数挺の機関銃により確保されている。もっとも左翼に位置している敵の兵は、谷底から上方に約五〇〇メートルの地点にいる。個々の兵士たちは、正面をチモラーイスに向けて、巧みに陣地を構築している。しかし、底のほうまで岩が多い地面の性格に邪魔されて、充分に深く掘ることができない。そのため敵の各陣地は、主として、まわりに石や岩の塊を積み上げることで構築されている。ロディーナ山斜面および山道両側の陣地は、鉄条網により守られている。コルネット山斜面の各陣地は、こうした防御を必要としない。なぜならば、垂直に切り立った岩壁、あるいは急角度のリンネにより、この陣地群への接近はほとんど不可能だからである。

夜、わたしはシュプレッサー少佐に、この陣地群を正面攻撃で奪取することを自ら申し出る。しかしわたしは、この自分の約束を果たせるだろうか。以前、自分は、この任務をかなり容易なものと想像していたわけだが、今や、厳しい諸条件、諸状況のなかで、これを完遂せねばならないことが見えてきている。もし広く展開して正面攻撃を行うならば、われわれは、ロディーナ山と、道の両側の鉄条網が張り巡らされた陣地に向かうことになるだろう。その場合自分たちは、コルネット山守備隊の、側面からの銃撃に身をさらすことになる。たしかにこの守備隊を、これより高い地点、すなわちチモラーイス北七〇〇メートルにあるロディーナ山の前山に機関銃を配置することで排除するという目がないわけではない。敵はこのロディーナ山の前山を、彼らの陣地のなかに組み込んでいないわけである。しかしながら、鉄条網が張り巡らされた敵陣地群に対し、こちらの攻撃を行う場合に、この前山の地点から掩護射撃が可能であるかというと、それは非常に難しいだろう。一方、コルネット山の陣地群に向けて前進するというのは絶望的である。ロディーナ山陣地からの側面射撃を完全に度外視するとしても、守備側が故意に崖崩れを発生させれば、それだけでこちらの攻撃縦隊を全滅させるのに充分である。一方、陽が昇った今こそはっきりしたことだが、ロディーナ山を越えて、敵陣地の両翼から後方に回るというのも、極度に困難であろう。またこれは、非常に多くの時間を食うだろう。他方、コルネット山を越えて同様の作戦を遂行するというのも、成功の見込みはない。なにしろコルネット山の東斜面は、おそらくまだ登頂したことのある人間がいないような、垂直の岩壁から成っているのである。

夜のうちにロディーナ山を登っていたはずの第二中隊については、何も見えない。同中隊は北に向けて大きく移動したのかもしれない。いずれにせよ、同中隊が攻撃に参加するころには、夜になってしまうだろう。これと同様に、迂回および包囲を行っているシールライン隊、ゲスラー隊の攻撃参加についても計算に入れることはできないということになる。チモラーイス西の敵陣地へ正面攻撃を実施する際、これに対する掩護ができる場所として唯一適しているのは、チモラーイス北七〇〇メートルの高地である。この場所は、標高九三七メートルほどのロディーナ山の前山であり、上部が低木の茂みで覆われているのである。わたしはチモラーイスの教会の塔から観測鏡を使い、攻撃対象の作戦地域を徹底的に観察したあと、次のような決定を下す。「チモラーイス北七〇〇メートルの高地上、まわりより高い陣地群から、複数の軽機関銃の火力をコルネット山の敵守備隊に集中させ、これを急襲、排除する。そのうえで、谷を走る道の両側に攻撃を加える」【図71参照】。

続く数時間のあいだ、わたしはトリービッヒ少尉指揮下の第一中隊の軽機関銃を、チモラーイス北七〇〇メートルの円頂上の茂みのなかへ、敵から見られぬよう移す。そして第一中隊の機関銃操作員に、われわれの攻撃計画と、彼らの任務について説明をする。隊の残りの部隊（第一中隊の残り、第二中隊、第一機関銃中隊）については、チモラーイスのすぐ北西の身を隠せる斜面上で攻撃準備をさせる。そして各部隊に、それぞれの予想される任務を伝達する。そのうえで当面は誰も出撃させないでおく。隊の戦闘指揮所は第一機関銃中隊のところに併設する。通信部隊は軽機関銃中隊の梯隊および第一、第三中隊とのあいだに電

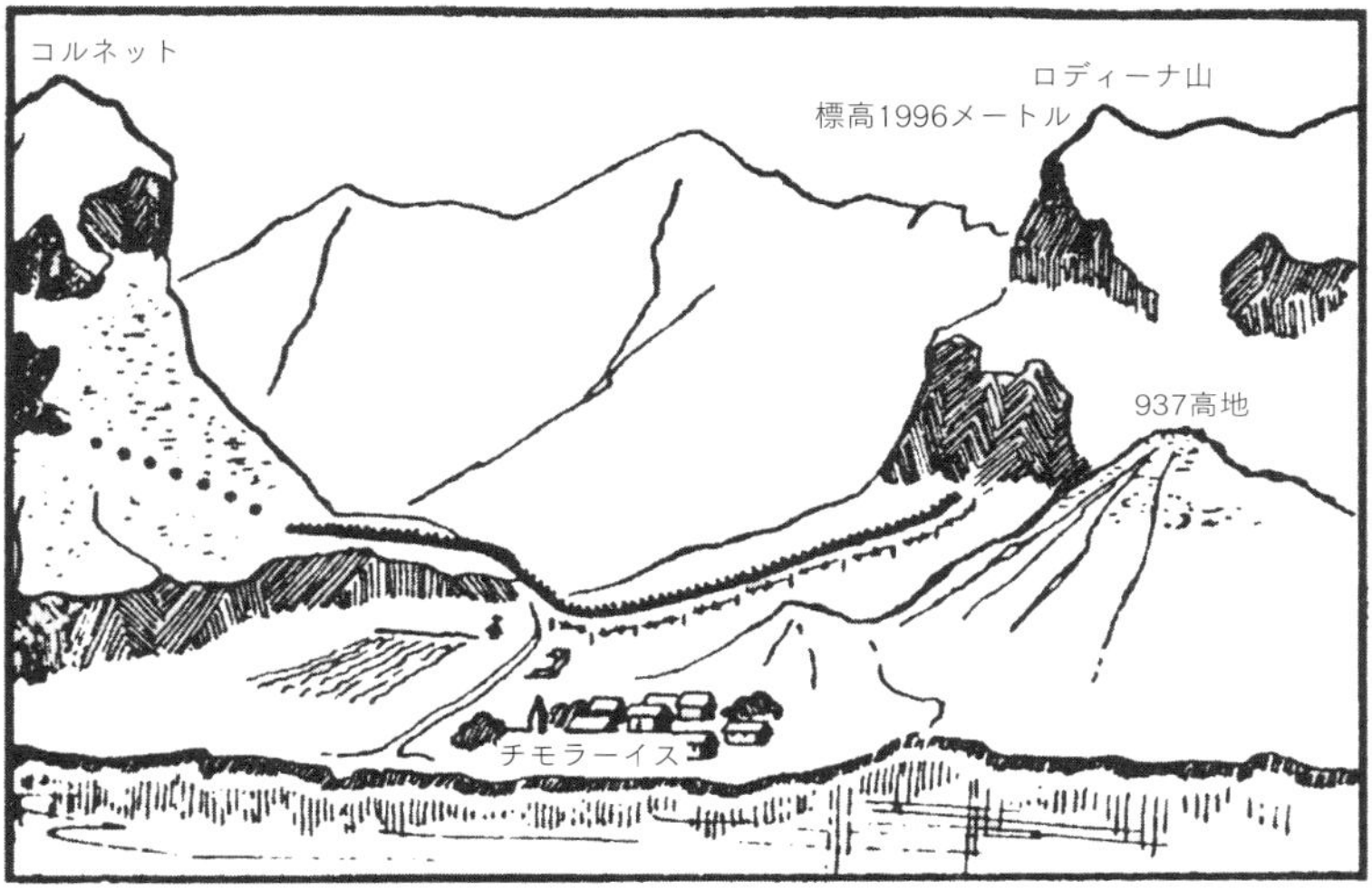

図71　チモラーイス西の陣地――東からの眺望

話接続回線を敷設する。

だが、こうした準備を進めているあいだに、四名の山岳兵と、帝・王立第二六狙撃連隊第一大隊の数挺の機関銃が、発砲を開始してしまう。銃撃は、チモラーイスの教会およびその塔の地域から、峠のイタリア軍陣地に向けてである。この攻撃については、ロンメル隊への連絡もなければ、事前のなんらかの打ち合わせもない。独自に開始されたこの戦闘行為は、わたしのそもそもの攻撃計画には合致しない。そこでわたしは、チモラーイスに設置されたシュプレッサー少佐の戦闘指揮所におもむき、この銃撃をふたたび停止させてもらう。

九時、わたしは第一中隊の梯隊に命じ、発砲を開始させる。命令どおり、四挺の軽機関銃が、まずコルネット山斜面最左翼の敵兵に銃撃を浴びせる。他方では、別の軽機関銃二挺が、残りのコルネット山守備隊の頭を押さえつける。たしかに軽機関銃にとって、距離はありすぎる（一四〇〇メートル超）のだが、それでも期待したとおり、効果は非常に大きなものがある。われわれは軽機関銃のこの効果を、複数の異なる場所から双眼鏡で観測する。南東翼に遮蔽物もないままとどまっているイタリア兵たちに対し、こちらの高い地点からの銃撃は、たしかに命中しないのだが、それでもこの攻撃は敵を揺さぶり、散兵線を形成している窪地を慌てて撤収させることになる。敵は、これまでまだ危険な状態になっていない左手の近隣地帯に身を隠せるところを探そうとする。しかし、こちらの山岳兵の軽機関銃は、この逃げる敵の後ろを追っていき、新しい個人用掩体が広がる一帯も、たちまち危険地帯に変えてしまう。そのため敵は、峠道の南に構築しておいた陣地群にすぐさま移動し、そこでなんとかわれわれの銃撃の威力から身を守ろうとする。

最初はイタリア兵のうち、少数のものだけが移動するが、すぐに全小隊が移動し始める。これこそわたしが待ち望んでいた状況である。このとき、第一機関銃中隊は、チモラーイスすぐ西の高地から戦闘に参加せよとの命令を受け取る。これまでこの低い丘は、コルネット山のイタリア軍守備隊が、高い位置からこれを銃撃によって捕捉可能であったため、まったく足を踏み入れることができなかった地点である。それが今や、コルネット山守備隊は、ほぼ一掃された状態になっている。

最初の重機関銃が戦闘に参加を始めると、約六〇〇メートル離れたコルネットでは、少なく見積もっても中隊規模の多数のイタリア兵が、峠道の南一五〇メートルにある岩山上部に構築された陣地の南端に向けて、パニック状態で殺到する。こちらの武器の威力はいよいよ増していく。重機関銃が次から次へと戦闘に加わる。さらには、六挺の軽機関銃が、まわりより高く、地の利のある場所から攻撃を開始する。向こうでは、敵兵が狭い塹壕に慌てて殺到し、押し合いへし合いの状態になっている。しかし、こちらの軽機関銃の銃弾は、急角度で襲い掛かってくるので、この陣地も身を守るには不充分な力しか発揮できない。

このとき、第三中隊は、峠道の両側からただちに突撃を行うという任務を受けている。第三中隊はもはやコルネット山斜面のことを心配する必要はない。残りのイタリア陣地群については、機関銃中隊が頭を押さえつけている。第三中隊はロディーナ山斜面のイタリア軍守備隊の銃撃から身を守りつつ、縦長区分で静かに前進を続ける。一方、機関銃を担当する各隊は、その他のすべての仕事を引き受けている。すなわち、各機関銃は、兵で溢れかえっている道路南の敵陣地を、正面および上方から捕捉している。また、道路北の敵についてもこれを押さえつけ、針路変更を余儀なくさせている。今や道路南のイタリア軍陣地は、後方へ向けて人員が移動してしまい、空になりつつある。しかし距離五〇〇メートルから銃撃しているドイツ軍の濃密な機関銃の火網を、敵が突破することは困難である。数分間のうちに、逃亡を図る敵兵がばたばたと薙ぎ倒されていく。わたしはこれらの射撃を、完全に自分で統制できている。これは自分自身が、機関銃中隊の配置地点にいるためでもあるが、斜面上部および左手後方の軽機関銃梯隊とのあいだに、電話回線を敷設ずみであるということも大きい。

すでに敵の障害物の地点まで到達していた第三中隊は、このとき、自軍の重機関銃および軽機関銃の圧倒的な掩護射撃を受けつつ、峠の敵陣地へ侵入する。これはわれわれの勝利を意味する。

梯隊の一部については、なお銃撃を継続させておく。わたしは残りの部隊とともに、全速力で、奪取した峠の陣地に向かう。その際、第三中隊が通ったのと同じ道を行くようにする。ロディーナの敵守備隊はまだ粘りを見せているからである。わたしは大隊に、突撃成功の報告を送ると同時に、自転車兵、騎馬伝令および乗用馬を前方に移動させる。そして、第三中隊が占拠した峠の陣地に到着する。二名の将校と二〇〇名の兵からなるロディーナ山守備隊は、武器を置き、降伏する。こちらの損害が軽微であり、若干名の軽傷者のみですんだことが、なによりうれしい。これらの敵陣地をこのような代償だけで手に入れることができたということは、自分自身予期していなかったところである【図72参照】。

図72　チモラーイス西の攻撃

考察

一一月八日から九日の夜にかけて、チモラーイス西の敵に対し、威力偵察が行われた。もし仮に、この偵察が、より徹底的なものであったならば、こちらの斥候隊に対する敵の奇襲射撃は避けることができたであろう。他方、敵の急襲射撃は、ただちに相手の配置状況を、こちらにはっきりと教えてくれることに繋がった。その際、隊のなかで独立して動くことを許されていた着弾観測員、ドーベルマン上級伍長が熟練の技を発揮した。

戦闘技術的に見た場合、チモラーイスでの攻撃は、最良の解決策が発見されるまで非常に頭の痛いものであった。この戦いに際しては、軽機関銃が士気に与える効果というものが考慮された。もちろん軽機関銃の射程という点では、距離が遠すぎるという問題はあった。しかしそれでも、この軽機関銃の銃撃は、イタリア軍の一部に撤退をさせることにつながった。最初にコルネット山を撤退したイタリアの兵士たちは、そのことで、彼らの陣営にパニックをひき起こしてしまったわけである。

チモラーイス西の敵に対する攻撃に際しては、各兵器間の連携がまさに模範的なかたちで遂行された。第三中隊が浸透を開始する直前に、その突入地点目掛けて、強力な火力を集中することができたのである。この攻撃を、きちんと事前の計画どおり実行することを可能にしたのは、前もって充分に準備された電話回線網であった。

エルト、ヴァイオント山峡追撃

部隊再編成のための時間はない。もし逃げる敵に対する追撃の手をわずか数分間でも緩めれば、イタリア軍の指揮官は、ふたたび自分の兵士たちを掌握してしまうだろう。わたしは自分の手が届く範囲の部隊を、すべて追撃に回す。梯隊の後方各隊に対しては、最高速度で道をあとからついてくるよう命令する。

しかし奪取した峠の陣地の西三〇〇メートルの地点で、ロディーナ山斜面から機関銃による銃撃を受ける。われわれは行く手を阻まれる。これは自軍の第二中隊の一部が撃っているものだと分かる。彼らは相当の高さにいるため、敵と味方の区別がつかず、こちらをイタリア兵と勘違いしているのである。この銃撃に対して身を隠せる場所はどこにも見当たらない。非常に憤りを覚える。しかし、幸いなことに、少し時間が経ったところで、彼らは自分たちの誤りに気がつく。しかし、ここで足止めを食ったことによって、後退していく敵との接触が難しくなってしまう。その分、イタリア軍を追う速度を速めるしかない。イタリア軍に、ふたたびロンガローネ手前で押しとどめられるわけにはいかない。一〇時一〇分、シュトライヒャー少尉とわたしは、第三中隊の先頭部隊とともに、ザンクト・マルティーノに到着する。同時刻、チモラーイスから、自転車兵たちと騎馬伝令が、司令部の馬を引き連れて到着する。

道は北に向けて大きく曲がっており、ザンクト・マルティーノの西八〇〇メートルのところで、エルト・エ・カッソ村に通じている。山はここで左右方向ともに、後ろに広く下がったかたちになっている。われわれの前方五〇〇メートルの路上では、間隔を詰め、密集したイタリア軍の小部隊が急いで後退している。わたしは大至急、軽機関銃を掩護射撃に投入する。ただし発砲については、戦闘になった場合にのみ、ということを命じておく。そしてわれわれは、この敵の後ろを追い立てるように道路上を進む。馬と自転車に乗ったわれわれは、まもなく逃げるイタリア兵のいちばん後ろの部隊に追いつく。戦闘にはならない。降伏の呼び掛け、武装解除を要求する合図、捕虜となった場合の後退方向の指示、それで充分である。われわれは馬を全力で駆けさせ、エルトに着き、そしてエルトを通過する。あちこちにイタリア軍の駄畜がまだ繋がれたままになっている。ここでも一発の銃声もしない。こちらが追いついた敵は、みな反撃することもなく自ら捕虜となる。

先を行く前衛部隊のところでは、追跡は、まるで馬と自転車の競走のような様相になっている。後方では軍用物資を運ぶ隊列間の一大決戦のようなありさまである。兵士たちは、息を切らして、ハアハアと喘ぎながら、荷物、軽機関銃、重機関銃を引きずるように運んでいる。ロンメル隊は、現在、数キロメートルの長さに延びてしまっている。しかし今、重要なのは、敵を完全に蹂躙することであり、そしてその成否を握っているのは追撃の速度であるということを、どの兵士も理解している。

谷の幅はエルトに向けて狭くなっている。また道はヴァイオント山峡の方向へ下りになっている。われわれの目標地点であるピアーヴェの谷間までは、まだ四キロメートル離れている。われわれ現在地の前方には、地形の点で一番の難所が存在しており、それがヴァイオント山峡である。この山峡は長さ三キロメートル半にわたり、極端に幅が狭く、そして深い。

道は、二〇〇メートルから三〇〇メートルほどの高さの岩壁に、ところどころ走るようなかたちになっている。それは差し当たり北側に延びている。山峡の中心では、サラサラと流れる渓流の一五〇メートルほど上に、長さ約四〇メートルの橋が架かっている。この橋の地点から、山道は山峡の南側を走ることになる。さらに複数の山峡が横に延び、そこにも橋が架かっている。しばしば道は長いトンネルを通り抜ける。適当な場所が一発爆破されてしまえば、ロンガローネへの道は数日間にわたり封鎖されてしまうことになるだろう。いや、それどころか、機関銃を一挺、トンネルの入口に設置すれば、それだけでわれわれは長時間足止めを喰らうこと請け合いである。これらすべてのことは地図から読み取れることだったのだろうが、いかんせんこれまでわたしには、じっくりそれを検討するための時間がなかったのである。

エルトを通過すると、道の傾斜がきつくなっていることもあって、自転車兵が騎兵にかなり先行するかたちとなる。山道の急な曲がり角のところで、自転車兵たちはさらに別のイタリア軍部隊に追いつく。そこで自転車兵はわれわれの視界から消えてしまう。直後、複数の銃声が響く。さらに前方には、山峡のあいだを、イタリア軍の自動車が西に向かって走っていくのが見える。わたしたちは、急斜面となっている道を利用して、馬の能力を最大限まで引き出し、急いで真っ暗な最初のトンネルのなか、敵を追っていく。そのときである。強烈な爆発が前方一〇〇メートル足らずの距離で起こり、危うく馬から振り落とされそうになる。われわれは暗いトンネルのなか、出口を目指しなんとか手探りで進む。このトンネルはイタリア兵でいっぱいであったことが、このあと分かる。五〇メートルほどさらに西に進んだところで、この爆発の結果を目の当たりにする。われわれの前には、深い大穴が口を開けている。敵は、ヴァイオント山峡から横に延びる峡谷上の橋を爆破することに成功したのである【図73参照】。

しかしいったい、わたしの自転車兵たちはどこにいってしまったのか。この疑問に答えるかのように、さらに西に進んだ方向から、銃撃戦の音が聞こえる。そこで即座に馬から降りる。そして騎馬伝令ヴェルンに、ロンメル隊のうち、こちらに向かうことが可能なすべての部隊を大急ぎで前方へ移動させるよう命

図 73　爆破された橋

ずる。このあとわれわれは、横に延びる峡谷を右手に見て登り、爆破された橋の残骸を越えて、反対側へ回り、そこでふたたび道に出る。依然として銃声が響いている場所へと急いで前進する。

ヴァイオント山峡を一張りでまたいでいる橋の北側、橋の建物の裏のところで自転車兵を見つける。彼らは、橋の向こうのトンネルを今しがた抜けたばかりのイタリア軍トラックの乗組員と、銃撃戦になっている。おそらく今、自転車兵の相手となっているのは、イタリア軍の爆破作業班《シュプレングコマンド》である。彼らは、すでに爆破準備をすませてあった、ヴァイオント山峡沿いの複数の構築物の起爆を任務としていたものと思われる。自転車兵が手短に伝えたところでは、この爆破

図 74　爆破準備がなされた橋

作業班は、上方の橋に爆薬を仕掛け、爆破数秒前に走り去るところだったとのことである。これに対しフィッシャー伍長が、煙を上げる導火線を爆薬から引き抜こうと試みたのだが間に合わず、橋もろとも爆発に巻き込まれ、吹き飛んでしまった、とのことである。

われわれの前にはまた橋が現れる。長さは四〇メートルにわたる。下を走る急流の一五〇メートル上に架けられた、イタリアでももっとも高い地点にある橋である。橋の両側では、車道の中央に四角形の深めの穴が掘られ、そこに爆薬が設置されているのがはっきりと見える。爆薬はもう点火されているのだろうか。橋の向こうの敵は銃撃戦を中断している。またトンネル入口に姿を見せることもない。だとすれば、敵は後退したのだろうか。仮にわれわれの目の前にあるこの橋が吹き飛ぶようなことになれば、ピアーヴェの谷はこんなに近くであるのに、そこまで到達するのにさらに数日という話にもなってくる。今こちらから仕掛けるなら、急いで行う必要がある【図74参照】。

第二中隊のブリュックナー伍長といえば、思い切りがよく大胆な兵としてわたしがよく知る男であるが、彼に、次のような命令を下す。「手斧を持って橋を渡り、橋へと通じる向こう側のすべての導線《ドラートライトゥング》を切断せよ。これが実行に移され次第、われわれは全員で密集してあとに続き、途中で導火線《ツンドシュヌール》を引き抜くものとする」。

橋には何本ものケーブルが低く垂れ下がっており、電気起爆の可能性を心配する。卓越した能力をもつブリュックナー伍長は、命令をただちに実行に移す。最後のケーブルが落下したところで、わたしは自転車兵とともに、大急ぎであとに続き、その途中で爆薬から導火線をもぎ取る。これらの作業により、われわれは橋を無傷のまま手中に収めることに成功する。

引き続き全力で急ぎながら、ピアーヴェの谷へ接近を続ける。とにかく防がねばならないのは、どこか別の場所で、敵の爆破作業班が爆破に成功してしまう、という事態である。ブリュックナー伍長を数名の自転車兵とともに先行させる。また、隊の後方には、進撃の速度を最大にまで上げるよう命令する。われわれはまた複数のトンネルをくぐる。道路は山峡出口に向けて下りになっている。垂直な岩壁には、道がところどころ点在するかたちで走っている。この岩壁は、このとき高さ四五〇メートルにまで達する。われわれの前方を進むブリュックナー斥候隊のところからは、銃声は聞こえてこない。斥候隊は山峡の出口にとっくに着いているはずである。

一一時〇〇分、わたしは、第三中隊の自転車兵およびその他の兵数名、そして司令部要員数名といった、騎兵銃で数えると一〇挺ほどの戦力で、ロンガローネ東一キロメートルのヴァイオント山峡出口に到達する。眼前にはこちらを圧倒するような、美しい光景が広がっている。ピアーヴェの谷は、昼の太陽の、じりじりと照りつける光のなかに包まれている。一五〇メートルほど下では、浅緑色の谷川が、多数の支流を持つ広い石質の川床を、サラサラと音を立てて流れている。

向こう側にはロンガローネがある。長く延びた、小さな町である。町の後ろには、二〇〇〇メートルもの高さにもなる岩山が高くそびえている。ちょうどこのとき、ピアーヴェ橋の上を、イタリア軍の爆破作業班と思しき自動車が横断しているのが見える。ピアーヴェ西岸の谷を走る道路上では、あらゆる兵科から成る際限なく長い敵の隊列が、北のドロミーティ山地からロンガローネを通過し、南に向けて移動中である。ロンガローネの町と駅、そしてリヴァルタでは、部隊の人員と停車中の車列が、ひしめくように溢れかえっている。

ロンガローネの戦い

この世界大戦において、われわれがピアーヴェの谷で経験したものと同じような状況を目の当たりにした兵士は、ごくわずかしかいないだろう。狭い谷を整然と退却している数千の敵は、左右を標高二〇〇〇メートル級の山に塞がれている。なかには足を踏み入れることがそもそも不可能なほどの高山も含まれている。このため、側面から迫る危険にも、敵は感づいていない。

われわれ山岳兵の心は踊っている。向こうの敵は、もう戻ることが許されない。これは確実である。わたしは、騎兵銃を持った兵一〇名を連れて、道路の南一〇〇メートルにある深い茂みのなかに入り、そこに陣取る。そしておよそ一二〇〇メートル離れた、リヴァルタ＝ピラゴ道上の隊列に銃撃を浴びせる。われわれは敵が逃げられない場所に火力を集中させる。右手は岩壁、左手はピアーヴェ川である。第三中隊の先頭を来た兵たちが、息を切らしながら峠の出口に到着し、火線を強化する【図75参照】。

数分後、こちらの速射が、長蛇の列となっている敵の縦隊を二つに引き裂く。二つに分かれた隊列のうち、北側の半分はロンガローネに向けて後退し、南の半分はそのまま進撃の速度を速める。数分後、敵は

図75　ロンガローネの戦い――東からの眺望

大量の機関銃を投入してくる。もっとも敵は、こちらを見つけることができない。われわれは前方斜面の茂みのなかに、非常にうまい具合に陣取っており、またヴァイオント山峡から出て道が広くなる地点から距離をとっているために、敵の銃撃は、ことごとく道路上とヴァイオント山峡に向かっていく。しかしこの攻撃によって、ロンメル隊の進撃は相当程度遅れてしまう【図76参照】。

ロンガローネの敵は、小部隊を形成し、南に向かおうとしている。しかしこの敵の進撃も、このときヴァイオント山峡の南で配置に就いていた、二挺の軽機関銃を有する第三中隊一個小隊の働きによって、非常に困難なものとなる。

そのとき突然、わたしの伝令の一人が、われわれの背後（八五四高地方向）の岩壁で、中隊規模のイタリア軍歩兵部隊が降ってきていることに気づく。わたしは西に向けられた火線から、数名の兵と軽機関銃一挺を引き抜き、

図 76

それを反対側の正面、この新しい敵に向けて配置する。敵はこの瞬間も、一人また一人と、次々に急角度の岩壁をわれわれのほうに這い降りている。その距離は三〇〇メートルとなっている。もしここでわれわれが銃撃を仕掛ければ、当たった敵は急な岩壁上で墜落し、彼らの仲間も巻き込みながら落ちていくだろう。これは確実に成功するはずである。しかしわたしはすぐには発砲の命令を出さず、敵に呼びかけて降伏を促すほうを選ぶ。敵はすぐに自分たちの負けを悟り、降伏する。もしわれわれがこの敵を発見したのがあと五分遅ければ、敵は急な岩壁の後ろに回り、こちらを危険な状態に追い込んでいただろう。

　このとき、ロンガローネの東に架かる橋を、敵が爆破する。一方、ムードゥ方面に密集した隊形で移動しようとする敵の試みは、われわれの銃撃により阻止される。ごく小規模の集団でしか、敵はムードゥおよびベルーノへ向かう道路、また南に向かう線路の上を行くことができない。ここでロンガローネ南の小さな丘から、敵の複数の砲兵隊が戦闘に参加してくる。だが、戦況に変化はない。この砲兵隊も、ヴァイオント南にあるわれわれの陣地群を見つけることができない。代わりに、ヴァイオント山峡やその手前の峠道、さらには峠道上方の岩山のところに多数の榴弾が着弾する。敵の機関銃弾と砲弾は、大小の落石を生んで、そのいやらしい効果を数段高める。しかし、それをものともせず、第三中隊の残りの各小隊、第一中隊、および第一機関銃中隊一個小隊は、一一時四五分までに、ヴァイオント山峡への道路の入口から一〇〇メートル南の高地を確保する。

わたしは重機関銃小隊で強化した第一中隊を、ドーニャ経由でピアーヴェ西岸、ピラゴ周辺に送る。これは、ピアーヴェ西岸で、ベルーノに向かう道路および線路を封鎖し、また北から来る敵の部隊を迎撃するためである。この進撃の掩護射撃は、第三中隊全体が担当する。また同中隊は、敵が密集した隊形で出発するのを阻止するという任務も受け持つ【図77参照】。

第一中隊はかなりの間隔をとって隊列を組み、草の生えた急斜面をドーニャ方面へ急ぐ。この斜面上には、敵から視界を遮ってくれるような茂みはごくわずかしか存在しない。イタリア軍の機関銃と大砲は、こちらの中隊のほうに、すみやかに銃砲撃の方向を変えてくる。しかしそれにもかかわらず、同中隊はほとんど損害を出すことなく、ドーニャに建つ防御用の建物の地点まで到達する。このとき、敵の機関銃および大砲の火力は、目に見えて激しくなってくる。これらはヴァイオント山峡に集中して着弾している。

現在、第一中隊が、ドーニャ西で、ピアーヴェ川の川床を前進しているのが見える。だがこの川床は、敵の視界に入っており、相手の銃砲撃に対して遮蔽物となるようなものは、まるでない。ほとんど間を置かず、ロンガローネ近郊のイタリア軍は、第一中隊に重砲弾の雨を降らせる。これは、急いでドーニャに退却しないことには、深刻な損害が発生することが避けられないほどの勢いである。こうした戦況のなか、わたし自身は司令部要員とともにドーニャへ急いで移動する。さらに、上方の陣地にまだとどまっている

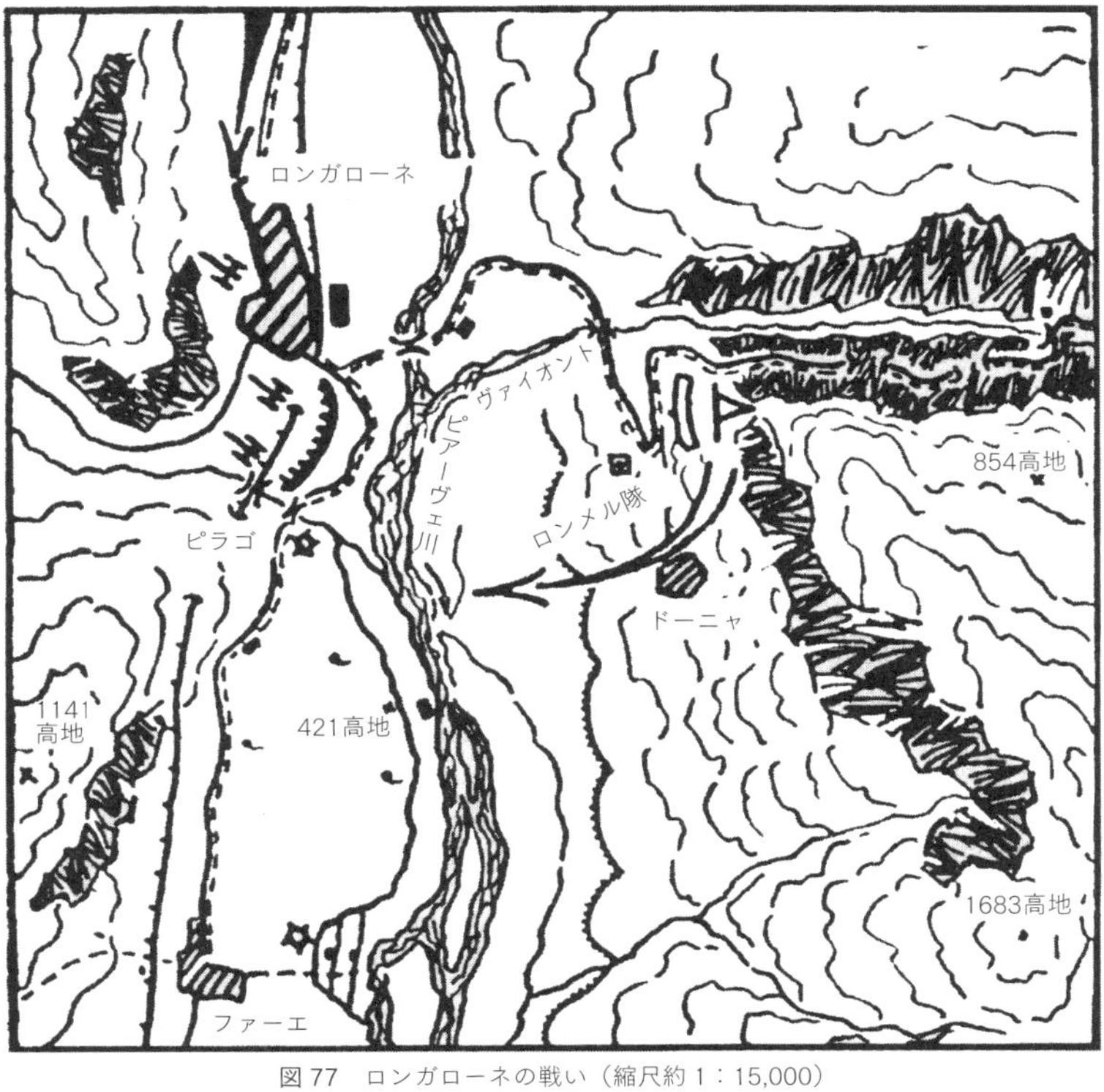

図 77　ロンガローネの戦い（縮尺約 1：15,000）

第三中隊へ向けて、電話回線を延ばす。敵の榴弾および機関銃弾のために、われわれも進撃の速度をかなり速めている。敵は、現在、こちらの兵一人ひとりに狙いを定めて撃ってきている。

わたしは、今しがたピアーヴェの川床から戻ったばかりの第一中隊と、ドーニャで会う。われわれはこの失敗に意気消沈しているわけにはいかない。もし中隊全兵力を投入しても敵の射撃区域を突破できないのだとすれば、いっそ人数を減らし、勇猛な兵士数名でいけばうまくいくかもしれない。そうした若干名であれば、地形をもっと上手に使い、南側へもう少し曲がるかたちで、敵を回避できるかもしれない。

わたしははじめに重機関銃小隊を建物の上の階に移し、複数の部屋に一列に並べる。そして、九〇〇メートル先、イタリア軍の小部隊がひっきりなしにそこを通って南へ移動しているピラゴ周辺の道路橋、鉄道橋を捕捉させるようにする。この機関銃小隊の任務は、敵の大部隊が密集して南に進撃することを阻止することである。弾薬の残りは少なくなってきており、一〇〇〇発ほどである。これでなんとか、うまくやりくりせねばならない。

これに続いてわたしは、とくに信頼できる指揮官をつけた複数の斥候隊に、ピアーヴェ川を渡河させる。各斥候隊は、大きな間隔をとった隊形で、ピアーヴェ川を渡る必要がある。そして川の西岸に着いたら、ピラゴ一帯まで進む。そこで両方の橋を渡っているイタリア軍の小部隊からこぼれてくる兵を、すべて迎え撃たねばならない。また、この結果多数の捕虜が発生したら、これを集め、ピアーヴェ川東岸、ドーニャ方面に移送しなくてはならない。これらの任務はきわめて困難なものであり、部隊指揮官および兵に、並外れた度胸と、熟練の術を要求するものである。

敵の強力な射撃が効果を上げるなか、全部で五個からなる斥候隊はそれぞれゆっくりと前進していく。こうした状況下では、一個斥候隊ですら、ピアーヴェ川の西岸に到達できるものだろうかと、わたしは内心、疑いの念を抱く。

この間にシュプレッサー少佐は、通信中隊および帝・王立第二六狙撃連隊第一大隊とともに、峠の入口の地点に到着する。わたしの依頼により、この通信中隊は、峠の入口にいる第三中隊の任務を引き継ぐ。第三中隊は、ごく小規模の部隊に分かれて、なんとかドーニャに到達する。

このとき、ピアーヴェ川の川床にいる各斥候隊の姿は、もはや見えなくなってしまう。しかしながら、敵の機関銃は、八〇〇メートルの幅の川床に沿って、小石の転がる草木のない河原を掃射している。一四時ごろ、第一、第三中隊を連れてドーニャを出発し、広く正面を取ってピラゴ方面に攻撃を仕掛ける。わたしが狙っているのは、こうしたしかたで最低限、複数の部隊を川の向こう岸に送り、そして西側の谷のあいだを通る道路を、すべての火力を使って封鎖することである。さて、ドーニャの両側にある部隊集結地点から、奇襲的に攻撃が開始される。ところが数百メートルも行かないところで、敵が機関銃と大砲により強力な反撃を仕掛けてくる。われわれは地面に伏せる。この遮蔽物もないところで、敵の攻撃の威力に兵たちをさらしておくわけにもいかないので、ショベルを取って塹壕を掘る作業に入らざるをえなくなる。現在われわれは、広く正面を取り、敵の後退路まで五〇〇メートルの地点に来ている。また敵の銃撃を、さらに南に投入したこちらの斥候隊から逸らすことには成功している。

わたしは五個の斥候隊のうち、一つでもピアーヴェ川の西岸に到達できたかどうか疑問に感じていたので、シュトライヒャー少尉とトリービッチ少尉の指揮による追加の斥候隊を送る。しかしその直後、シュトライヒャー少尉は、ピアーヴェ川の主要支流付近に着弾したイタリア軍の榴弾の爆風により、戦闘からの離脱を強いられる。またトリービッヒ少尉も機関銃弾により負傷してしまう。こうした戦況から、ただの一名でもこの川を渡河させるのは不可能なのではないか、とすら思えてくる。イタリア軍の砲兵隊は、われわれのいる一帯を、二方向から砲撃し、地面をめちゃくちゃに鋤きかえす。この砲兵隊は、ロンガローネのすぐ南の陣地、およびデニョン山方向（すなわち南西）の陣地から攻撃している。敵は砲弾の不足など無縁な様子である。

司令部は、ピアーヴェ川床にある小さな岩壁の裏に、陣地を構築ずみである。この場所はイタリア軍砲兵隊にとって、格好の標的である。岩壁には複数の穴ができており、これは敵が充分に夾叉《きょうさ》射撃《しゃげき》（アインガーベルン）をすませてきたことを意味する。それゆえわれわれのほうとしても、ショベルを使ってすでに掩体を構築しておいたのは妥当な策だったということになる。

ドーベルマン上級伍長は、高性能の観測鏡を使って、ロンガローネ南の一帯をくまなく観察する。わたしは副官が斥候に出てしまったため、隊付書記《アプタイルングスシュライバー》として訓練中のブラットマン伍長にチモラーイスの戦闘詳報を口述筆記させる。敵の銃撃は、一向に弱まることを知らない激しさで続いている。とくに第三中隊がこの猛撃に耐えることを強いられている。向こう側の敵のところでは、われわれの射撃によって危険地帯となっている箇所を、敵の人員および車両が速度を上げて通過していくのが何度も見える。

一四時三〇分、第三中隊および帝・王立第二六狙撃連隊第一機関銃中隊が、わたしの隊の増援のためドーニャに到着する。各隊の指揮官は、戦闘指揮所で報告を行う。わたしは、これ以上多くの部隊をピアーヴェ川の川床で敵火にさらしたくはなかったので、これらの増援部隊はドーニャの自分の手元に置いておく。そして、これまでヴュルテンベルク山岳兵大隊が担当していた、ロンガローネ＝ベルーノ間の道路と線路の火制封鎖《フォイアーリーゲル》を強化するにあたっては、一個重機関銃小隊のみを投入する。遅くとも日没までには、全部隊を向こう岸に到達させたいと考えている。

ピアーヴェ川渡河のために七個斥候隊が出発してから、すでに数時間になる。彼らからの報告は入ってこない。はたして一部隊でも川を渡れたのだろうか。向こうでは、これまでと同様、敵が分隊規模に分かれて南に向かい移動を続けているのが見える。しかし残念ながら、これを阻止することができない。こちらの弾薬は乏しくなってきているのである。とくに機関銃の弾薬が問題である。われわれはなんとかやりくりをせねばならない。こうして数分間が、のろのろと過ぎる。この間、敵の銃弾はさらに荒れ狂い、こちらのそこかしこで犠牲が発生する。

一五時ごろ、ドーベルマン上級伍長から、南西方向斜面に、山岳兵がいるのを確認したとの報告が入る。それによると、西のファーエの高地からやってきたイタリア兵を、こちらの兵士が、線路のそばに建つ家の裏で拘束した模様であるとのことである。わたしもこれを自分の目で見て確認する。すべては順調に進んでいる。またわたしは、こちらの銃撃をくぐり抜けて南へ移動してきたイタリア軍の各分隊も、ファーエを越えて進むことはできないということを把握する。

われわれは取り決めのとおり、ピアーヴェ川の東岸に捕虜が送られてくるのを待つ。しかしいっこうにその様子はない。このことからわたしは、川床西では、緊迫した状況が緩和しているのではないかと期待する。ひょっとしたら、各部隊により、捕虜にピアーヴェ川を渡河させる際、合わせて向こう岸を獲ることもできるかもしれない。

一五時三〇分、現在地点から三キロメートル南で、密集したイタリア軍の捕虜の集団がピアーヴェ川の川床を進んでいるのが見える。しかもその大多数はすでに東側でドーニャ方面に向けて移動している。しかしわたしは、これでは岸を自分たちの有利になるように転換することができないと腹を立てる。そのとき、ロンガローネ周辺にいるイタリア軍砲兵隊が、彼らの仲間であるはずのイタリア軍捕虜の集団に向けて、激しい砲撃を開始する。どうやら敵の砲兵隊は、この捕虜たちをこちらの兵と誤認しているらしい。この砲撃の結果、捕虜たちは、ふたたびピアーヴェ川西岸に戻らざるをえなくなる。この突発事によって、状況は息が抜けないものとなる。相変わらず敵の機関銃と榴弾は、われわれの頭を押さえつけている。

イタリア軍捕虜は、日没直前になりようやく大人数で姿を見せる。ファーエ一キロメートル北の四三一地区、古い堰がピアーヴェ川のもっとも西の支流を堰き止めている地点である。捕虜たちはそこでピアーヴェ川の渡河を始める。ようやくわたしが日中ずっと思い描いていた状況が実現されていく。ロンメル隊の手が届く範囲の者については、みな堰のほうに送る。敵火はわれわれの旧陣地とドーニャ西端に向けられている。今これを気にかける必要はない。

ピアーヴェ川の主要支流近辺では、今しがた渡河したところの数百名の捕虜たちが、イタリア軍のさらなる銃撃から身を守ろうとしている。一方、部隊間では、岸を転換する作業が急いで行われる。さて、この多くの支流を持つ暴れ川は、一部で急激に流れが速い。また胸までの深さになっている箇所もある。これに対し捕虜たちは、どのようにすればこの暴れ川を渡河できるのか、そのお手本を見せてくれる。この川の場合、泳ぎの名人であっても、一人ひとりばらばらの状態では、向こう岸まで辿り着くことは容易ではない。おそらく急流に簡単にさらわれてしまうだろう。そこでイタリア軍の捕虜たちは、お互いに相手の手首をしっかりと摑み、流れに対して斜めに入っていく。顔は水が流れてくる方向に向ける。体は流れの強さに応じて、前方に傾ける角度を増やしたり減らしたりと調整する。このやり方を真似ることで、自分たちも比較的容易に、複数の支流を横断することに成功する。われわれは、ファーエへ向けて急いで進撃する。ピアーヴェ川は、上流である高所の山中では、まだ雪が残っているところを流れている。このため、その水は氷のように冷たい。もっとも、そのおかげというべきか、われわれの歩みは自然と速くなる。

ファーエには隊の斥候隊が着いており、再会を果たす。この喜びは大きい。斥候隊はこの数時間に起こった全出来事をすみやかに報告する。それによると、将校勤務のフーバーと、上級伍長ホーネッカーは、第一中隊の兵一六名を連れ、ロンガローネの敵から機関銃によるきわめて激しい銃撃を受けながらも、一人ひとり充分な間隔をとって急ぎ、ピラゴ南一・五キロメートルの地点に進出した。そして同地点にて、ピアーヴェ川を渡渉、あるいは泳いで渡ることに成功し、さらにファーエ城占拠にいたったとのことである。ただしその際、ヒルデブラント二等兵が戦死した。ファーエではこちらの少規模の兵が、ベルーノへの道路と線路を遮断し、そしてロンガローネからやってきたイタリア軍の小部隊を迎え撃ち、これを捕えた。このイタリア兵たちは、同所がすでにふたたび安全な状態になっていると思っていた模様である。このあと、シェッフェル少尉が到着した。午後のあいだを通して、ファーエの第一中隊各隊は、五〇名のイタリア軍将校、兵および下士官七五〇名を捕え、また大量の車両を鹵獲した。報告は以上である。

斥候隊の面々は増援の到着を非常に喜ぶ。彼らは一時的にではあれ、少人数で大人数の捕虜を扱わねばならず、状況は異様な雰囲気になっていたのである。なかでも、イタリアの将校たちは厳重な監視を必要とし、これを後方に移送することは、ここまで不可能だったのである。現在、彼らは城の二階に集められ、山岳兵二名を見張りとして張りつけてある。さて、目下わたしには、この将校たちの面倒を見るよりもやらねばならない重要なことがある。

ロンガローネ＝ベルーノ間の電話回線は、すでにこちらの斥候隊により徹底的に切断ずみである。だが、それにもかかわらず、包囲されたロンガローネの敵兵力を解囲するための救援部隊《エントザッツ》が、南方向から接近してくるという可能性は排除できないように思われる。少なくともデニョン山の敵砲兵隊は、ロンガローネ周辺の状況を正確に把握している。このためわたしは、ヴュルテンベルク山岳兵大隊の重機関銃小隊で強化した帝・王立第二六狙撃連隊第三大隊に、南方向に対する警戒、偵察にあたらせる。最前線の前哨は、ファーエの南八〇〇メートルに置き、さらにファーエ周辺の中隊により強化する。

わたしは、さらに麾下に置けるような戦力が来てくれることを計算できない。ヴュルテンベルク山岳兵大隊の包囲部隊（ゲスラー隊、シールライン隊、第二中隊）は、たとえ敵との衝突がなくても、真夜中の一二時前にロンガローネ東一〇〇〇メートルのヴァイオント山峡入口に到着できないだろう。同所にはシュプレッサー少佐がおり、目下、手持ちの部隊として、帝・王立第二六狙撃連隊第一大隊の残り、ヴュルテンベルク山岳兵大隊の通信中隊、そして第三七七山岳榴弾砲大隊を抱えている。もっとも、この山岳榴弾砲大隊はすでに弾薬切れである。
わたしは、ファーエ近辺にて、ピアーヴェ渓谷西岸を南北方向に遮断したことでよしとするべきなのか。また、敵がこちらに攻撃を仕掛けてくるまで待つべきなのか。いや、それは自分の趣味ではない。ロンガローネで一刻も早く決着をつけるためにも、自分の戦力のうち、まだ投入可能な部隊（ヴュルテンベルク山岳兵大隊第一中隊、同第三中隊および帝・王立第二六狙撃連隊第一機関銃中隊）を使って、ロンガローネに夜襲をかけることを決断する。

このあいだに日は落ち、あたりは真っ暗になる。われわれが渡河してからというもの、ロンガローネからの敵の移動は途絶えている。われわれが渡河した付近のピアーヴェ川床には、イタリア軍砲兵隊の速射が行われている。ベルーノに向かう道が封鎖されているということを、敵はおそらくはっきりと認識しているようである。それどころか、敵は薄暮のなか、八〇〇名のイタリア軍捕虜とロンメル隊が岸の転換を済ませたところを目撃していたのだろう。それにしても、相手はいったい何を企んでいるというのか。夜間突破を企図しているのだろうか。いずれにせよ、わたしは敵の先手を打たねばならない。

ドーニャ近くにいる各重機関銃小隊は、ピラゴ付近の道路橋、鉄道橋および、ピラゴ北数百メートルの岩山に点々と走る道路に向けて、依然として散発的に擾乱射撃を続けている。わたしは彼らに電話で連絡を取り、ロンメル隊がロンガローネへ前進を企図しているので、今は発砲を停止するよう命令する。

これをすませると、われわれはファーエから出発して、北に進撃を開始する。前衛部隊はわたし自身が率いる。配置は以下のとおりである。道路右には、連続射撃に備えて装塡ずみの軽機関銃手、道路左脇の溝には、一〇メートルの間隔をとって小銃兵の分隊を並べる。この五〇メートル後方を、各中隊が縦隊で続き、司令部はその先頭を行く。われわれは極力、物音を立てないように注意し、隠密裏に前進を続ける。こうした静かな夜であると、敵の歩哨は遠くまで物音をはっきりと聞くことができるからである。

しかし、このようにあらゆる方面に注意を払ったにもかかわらず、前衛部隊は、ピラゴ南三〇〇メートルの地点で敵の前哨から銃撃を受けてしまう。真っ暗な闇夜のなか、見えるのは、瞬間的に数か所で瞬く発砲の光だけである。その光った場所を、右手にいるこちらの軽機関銃が叩く。銃弾は、道路上や右手の建物の壁、道路左の急な岩壁に当たっては火花を飛ばす。しかし、敵からは一発の銃弾も返ってこない。彼らは忽然と姿を消してしまう。

進撃を続け、さらなる敵と衝突することなしにピラゴに到着する。そしてそこで、日中、自分たちが銃撃で封鎖していた橋を渡る。その際、ドーニャに配置されているこちらの機関銃は沈黙している。彼らは、電話で伝達した命令にしたがって行動しているのだろう。

最大限の注意を払いつつ、忍び足で路上を前進していく。すると道路左手の岩山の上部、直線距離にして一〇〇メートル足らずの地点にイタリア軍砲兵隊がいるのを発見する。彼らはこちらの頭越しに、ピアーヴェ川の渡河地点の方向へと砲撃を行っている。榴弾の信管は、夜の闇のなかに、独特な光の軌跡を残していく。それはまるで綺麗な花火のようにも見える。

今、ロンガローネの最初の建物とこちらとの距離は、もう一〇〇メートルを切っている。ゆっくりと前進する。そのときである。砲撃の生みだすまるで花火のような光のなか、前方一〇〇メートルもない距離のところで、黒い壁のようなものが、明るく照らされた路上を斜めに横切っているのが見える。これは、道が左に曲がっているために、そのように見えるのだろうか。それとも前方には、道路封鎖用の障害物でも置かれているのだろうか。ともかく、七〇メートルの距離まで前進してみる。すると、それが障害物であるということがはっきり見えてくる。ということは、われわれが来ることはおそらく予想ずみということである【図78参照】。

わたしは部隊に停止を命じる。そのうえで、機関銃中隊を前方に出す。そして、中隊長の中尉に対し、

図78　バリケード前

複数の重機関銃を音を出さぬよう道路側に並べて配置し、バリケードに対する急襲射撃の準備をするよう伝える。この重機関銃により短時間の効力射を実施し、続いて第一中隊と第三中隊により突撃を敢行することで、ロンガローネの南出口を確保しようという考えである。

この作戦に必要な諸々の準備が、着々と進行していく。しかし、四名の重機関銃操作員が、バリケードの七〇メートル手前のところに機関銃を設置しようとしているまさにそのとき、突然側面からわれわれを機関銃弾が捕捉する。なんと撃ってきているのは、ドーニャに配置しておいたこちらの重機関銃小隊ではないか。どうも発砲中止命令が、彼らにうまく伝わっていなかったらしい。

右手の壁や道路上、また左の岩の急斜面上には銃弾が飛んでくる。そして火花が上がる。われわれは全速力でこの銃撃から身を隠そうとする。しかしその際、あろうことか機関銃一式がガチャガチャと音を立ててしまう。さらには、弾薬箱が地面に激しくぶつかってしまう。するとその瞬間、前方のバリケードのところで発砲炎がチカッと光り、敵の複数の機関銃がわれわれのいる一帯を掃射し始める。身を隠せるところもない状態で、距離七〇メートルから機関銃弾を浴びるというのは、まさしく狂気の沙汰である。この瞬間、死はすぐ隣り合わせにある。われわれのほうは、まったく撃つ態勢に入れない。重機関銃の設置もまだすんでいないのである。数分間のあいだ、この最悪の十字砲火のなかで伏せていることを余儀なくされる。手榴弾でバリケードの向こうにいる敵をなんとかしようとするものの、失敗に終わる。いかんせん距離が遠すぎるのである。かといって、敵の複数の機関銃が銃撃を加えてきているなか、狭い路上で突撃を仕掛けるというのも無謀である。このためわたしは、道路横の壁が半円状に窪んだところでなんとか身を守ろうとする。しかしそこにも側面から銃弾が飛んでくるので、今度は左の道路脇の溝に転がりこむ。われわれは手榴弾を投げる。しかし障害物の向こうからの銃撃は、激しさを増すだけである。この間、損害が著しく増大していく。そうしたなか、左手の道路側溝では、第二六狙撃連隊の機関銃中隊長が重傷を負う。不幸中の幸いと言えるのは、夜間であるため、イタリア軍兵士の銃撃の命中率がかなり低い点だけである。

作戦は完全に絶望的な状況におちいっている。今重要なのは、できるかぎり迅速に、戦闘から離脱することである。とはいえ、現在自分自身、敵の銃弾に釘づけされた状態になっているので、わたしは、兵から兵へ、伝言のように口頭で転送するかたちで、ピラゴにかかる橋のところまで退却することを命令する。後方各隊が敵から離脱することは、比較的容易である。難しいのは、路上を塞いでいる障害物のすぐ前方にいる隊主力のほうである。非常にまれに敵の銃撃がいくぶん緩くなる瞬間がある。われわれは、そのすきにごく短距離を全速力で走る。それでも進めるのは、わずか数メートルにとどまることがほとんどである。するとまたそこには敵の機関銃弾が降り注ぎ、こちらは地面に伏せることを強いられる。

何度かこうした短距離での移動をくりかえす。そしてわたしは、なんとか損害を出さずに、いちばん近いカーブのところまで進み、少なくとも敵の銃撃からは身を守れる状態に入る。しかし残念なことに、ドーニャに配置されている自軍の重機関銃小隊が、この場所に対してもときおり銃撃をくりかえし、われわれの命を危うくする。自分の指揮下の山岳兵のうち、わたしの周囲にいるのは、ほんの数名にすぎない。一部はピラゴ方面にすでに退き、そして大部分は、道路を封鎖している障害物の前で、依然として立ち往生を余儀なくされている。

しかし驚くべきことに、このとき障害物のところの敵が発砲を停止する。その直後、この方向からざわざわとした声が聞こえてきたかと思うと、それはすぐにこちらに近づいてくる。山岳兵たちではない。また不思議なことに、隊のうち、戻ってくる兵が一人もいない。わたしは全力で急ぎ、ピラゴへ引き返す。その途中で、数名の山岳兵に出会う。そのうち一名の兵が、照明弾用の信号拳銃《ロイヒトピストーレ》を持っている。いずれにせよ、彼らを除けば、ピラゴの橋のところで、隊の誰とも会うことができない。この場所で停止しているように指示したわたしの命令は、届いていなかったようである。

このとき、わたしの後ろでは、大声を上げた集団が、足早に近づいてくるのが聞こえる。これは突破をもくろんでいる敵なのか。それとも、すでに降伏ずみの者たちなのか。それにしても、前方にいるはずのロンメル隊の各部隊（第三中隊および第二六狙撃連隊機関銃中隊）はいったいどうなってしまったのか。わたしは数発の照明弾を打ち上げ、状況を解明しようと考える。

水車小屋に通じる低い壁のところには道路橋が架かっており、わたしはそのすぐ右手のところで照明弾を発射する。すると、この光により、密集してかたまった集団が、ハンカチを振りながら、こちらのいるピラゴへ向けて押し寄せてくるのが見える。その先頭までの距離は、一〇〇メートルを切っている。照明弾の光があるので、この距離で間違いないはずである。イタリア軍の側からは一発の銃弾も飛んでこない。彼らは急ぎ足で、大声を出しながら接近してくる。自分の目の前にいる者が、はたして突破を図る敵なのか、それとも降伏したイタリア兵なのか、依然としてわたしには正確な判断がつかない。

まわりには四名、ないし五名の兵がいる。だが、これではこの集団を停止させることは不可能である。隊の残りはファーエ方面に戻っているはずである。そこで、自分も急いでこの道を戻ることにする。そして、隊の主力に追いつき、彼らとともに敵を停止させようと考える。

数分後、わたしはピラゴ南三〇〇メートルから五〇〇メートルのところに建つ、数軒の家のそばまで移動し、そこに約五〇名からなるこちらの兵を集結させる。シュトライヒャー少尉には道路右の家を急いで確保させる。また兵の半分は、道路自体の遮断作業に投入する。そして遮断した地点に、発砲できる状態の騎兵銃を持った兵士を並べる。シェッフェル少尉は、左の岩壁の地点、ドーベルマン上級伍長とわたしは、右の家の地点に陣取る。兵士たちには、わたしの命令を待って発砲を開始するように指示しておく。なお、信号拳銃も信号弾もこちらの手元にはない。さて、敵の集団が左に曲がることはできない。右手の様子がどうなっているのかは、あたりが暗すぎ、また時間もないために、確認が取れていない。右手向こうのどこかで、ピアーヴェ川が音を立てて流れていること自体は間違いない。しかしこの時点で、これらの準備作業のために残された時間は、数十秒を切ってしまう。すでに叫びながら、イタリア兵が近づいてきているのである【図79参照】。

夜の暗闇のなか、道路上の視界は五〇メートルもない。一帯は、右も左も漆黒に包まれている。敵が五〇メートルの距離まで近づいたところで、わたしは命令を出し、そしてできるかぎりの大声で「止まれっ」と叫び、ただちに降伏を要求する。すると、相手の集団からは、何事かを叫ぶような喚くような声が聞こえる。だが、これが降伏を受け入れるものなのか、拒絶するものなのか、判然としない。もっとも発砲する者もいない。しかし、この集団は叫び声を上げながら、依然として接近を続けている。わたしはこちらの降伏要求をくりかえすが、結果に変化はない。とうとう一〇メートルまで近づく。するとそこで突

図79

然、イタリア兵が発砲を開始する。同時にわれわれの側でも、耳を劈《つんざ》くような一斉射撃を開始する。ところが、こちらが銃の再装塡をすませるより先に——残念なことに軽機関銃も重機関銃も手元にない——多勢に無勢で押し寄せる敵の集団の前に、われわれは圧倒され、蹂躙されてしまう。路上にいる者は、ほぼことごとく敵の手に落ちる。一部は負傷する。他方、道路右手の家に陣取っているこちらの守備隊だが、なにぶん二階は窓を黒く塗りつぶしてあるだけであり、急いでいたこともあって防御のための準備が整えられているわけではない。そのため、彼らの大部分は、暗闇のなか、ピアーヴェ川を渡って逃れようとするしかない。イタリア軍は、駆け足で道路上を南へ突撃する。

さて、わたしは、道路脇の壁を跳び越え、すんでのところで、イタリア軍の捕虜となることから逃れる。そして暗闇のなか、道路上を突撃してくるイタリア兵とまさに競走状態になる。鋤き返された畑の上を斜めに急ぎ、いくつかの小川を飛び越え、やぶや柵を乗り越える。ファーエまではまだ一四〇〇メートルも離れている。そこには帝・王立第二六狙撃連隊第三大隊とヴュルテンベルク山岳兵大隊の一個重機関銃小隊が、正面を南に向けて配置されているはずである。そして、彼らは迫りくる危険に気づいていないと思われる。自分に残された最後の戦力まで失うわけにはいかない。そう考えると、自分のなかにそれこそ超人的な力が湧いてくる。わたしは自分の足の下の野道を感じる。そしてファーエへと疾走する。

　こうして、わたしは敵より先にファーエに入ることに成功する。自分の手の届く範囲にいるすべての者を掻き集めて、大急ぎで北に向けた新しい前線を構築する。そしてここを死地と定めて防戦する腹を決める。さて、第二六狙撃連隊第三大隊が、ファーエの北端を確保するかしないかの時点で、イタリア兵が叫び声を上げながら接近してくるのが聞こえてくる。敵が、距離二〇〇メートルから三〇〇メートルまで来たところで、発砲を開始させる。これにより敵の突撃は一時的に停止する。まもなくイタリア軍の機関銃がタタタタと音を立て銃撃を始める。シュタイアーマルク州《シュタイアーメルカー》編成の部隊が身を隠している壁に銃弾が降り注ぐ。敵は道路の左右から攻撃を仕掛けているようである。「前　進《アヴァンティ》、前進《アヴァンティ》っ！」という叫び声が、無数の敵兵から発せられる。

　もしわたしが、南方向への敵の突破を阻止しようとするならば、総計で六〇〇メートルに及ぶ前線を増強中隊によって維持しなければならないことになる。すなわち、ファーエ城の東三五〇メートルを流れるピアーヴェ川の畔に建つ製材所から始まり、ファーエの集落の北端を経由し、ファーエ西二五〇メートルのデニョンの岩山まで延びる線である。この防御区域の中央では、すでに第二六狙撃連隊第三大隊が、道の両側で戦闘準備態勢に入っている。ファーエからピアーヴェ川、またファーエからデニョン山という両翼間は、まだ相当の区間が確保できていない状態になっている。わたしの最後の予備隊を形成しているのは、第一中隊の二個ないし三個分隊である。これは夜間、ロンガローネに進出していた戦力の残りである【図80参照】。

　敵の包囲行動の察知を可能にし、また戦闘のための良好な視界を確保するため、わたしは山岳兵一個分隊に命じ、ピアーヴェ川からデニョン山までの全前線の前に、明かりを用意させる。兵士たちは、今ここ

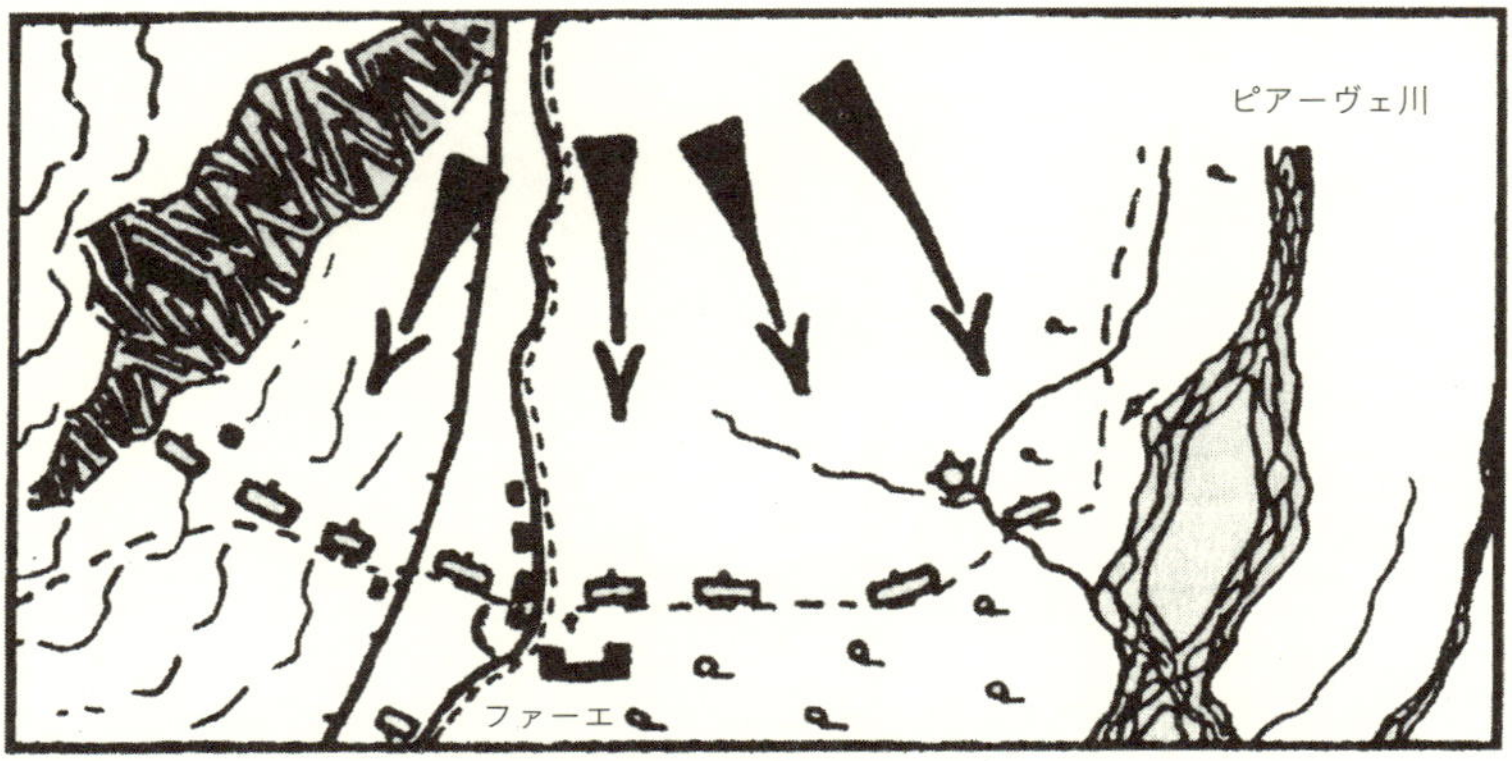

図80　敵の夜襲（約1：10,000）

が決戦のときであるということを自覚している。まもなく、ピアーヴェ川の近くの製材所が炎上する。さらに、道路の五〇メートル右にある大きな干しワラの山と、道路左手上方の複数の家屋、そして納屋が炎に包まれる。

第二六狙撃連隊第三大隊の各隊は、戦線から引き抜かれ、防御区域において、薄くはあるが、それでも連続した守備隊を形成するため用いられる。狂ったような敵火が降り注ぐなか、それでも前線のすべての隙間を埋めることに成功する。そのとき、勇敢なわたしの従卒ウンガーが一つの提案を申し出る。なんと、ピアーヴェ川の東岸から掩護を行うというのである。彼は泳ぎの名人であり、この大胆な行動が可能であるという自信を持っている。この間、数十挺の敵機関銃が、城の壁を銃弾の雨で激しく叩く。敵の歩兵部隊はわれわれより一〇〇メートルほど前方の溝や畑の畝に身を隠し、密集した状態で突撃準備態勢に入っている。小銃、機関銃がダダダダと轟音を立てるなか、再三にわたり、それを突き破るように「前進、前進」の叫びが響く。敵は、勇敢なシュタイアーマルク兵とヴュルテンベルク山岳兵大隊の速射のために、一気に立ち上がり、突撃を仕掛ける勇気を見いだせずにいる。そして、敵の前線は、どんどん横に横にと広がっていく。

この戦闘が行われているあいだに、重傷を負ったドーベルマン曹長が、体を引きずりながら、畑を抜け、製材所のある地帯にやってきて、われわれの戦列に加わる。この卓越した能力を持つ男は、ファーェ北一四〇〇メートルの道路上で発生した夜戦の際に、胸に銃弾を一発喰らったが、それでも暗闇のなか、敵の捕虜になることなく、われわれのところまで辿り着くことができたのである。

わたしは優勢な敵が、万が一どこかの地点で、われわれの薄い前線を突破することに成功してしまった場合に備えて、若干名の山岳兵を手元に置き、準備をさせておく。城の二階では、依然として二名の兵士が、五〇名のイタリア軍将校を監視している。しかし、この将校たちは、今や自軍の部隊がすぐ近くまで来ていることを知り、好戦的になっている。もっとも、監視をしている両山岳兵に襲い掛かるようなことはしてこない。

銃弾が城の北正面に当たり、雹のようにパラパラと音を立てる。シュタイアーマルク兵の大部分は、ファーェ北端にある壁のところで配置に就いている。そして、狙いは定まっていなくとも、とにかく壁越しに敵へ向けて撃ちまくっている。イタリア兵から突撃の叫び声が聞こえると、こちらは銃撃の勢いを強めることになる。だが、こうしたやり方での戦闘は、当然のことながら莫大な弾薬量を消費することになる。もしわれわれが、城の中庭に置いた大量の武器と弾薬の備蓄分――午後、フーバーとホーネッカーの斥候隊が鹵獲してきたものである――を使うことができなかったら、中隊は、とっくに全弾を撃ち尽くしていただろう。戦闘中、わたしは数名の山岳兵を使い、こちらの前線の武装をイタリア軍の武器と弾薬に取り換える。しかし困ったことに、道路の両側に配置した重機関銃小隊には、機関銃一挺当たり五〇発しか残っていない。

さて、自分のところにいる将校は、第二六狙撃連隊の第三大隊長と将校勤務のフーバーだけである。他の将校は、全員敵の手に落ちてしまったらしい。わたしは、シュトライヒャー少尉がここにいれば、と思

図81　イタリア軍の夜襲

う。
　ファーエをめぐる戦闘は、数時間にわたり変わらぬ激しさで続く。ピアーヴェ川からデニョン山までの前線はますます兵でいっぱいになっていく。敵は、密集した集団でここを突破しようと、こちらに再三突撃を試みてくる。これに対し、あらゆる場所では、こちらの絶え間ない速射が敵の突破を阻止している。南の方面に対しては、第二六狙撃連隊第三大隊の六名の兵が警戒に当たっている。これ以上の人数を投入できる状態ではない。時刻はもう真夜中になるところである。前線の前方では新しい火が付けられる。これは古いものが今にも消えてしまいそうになったからである。わたしは要求した増援を待つが、空振りに終わる。それでもピアーヴェ川東岸には、帝・王立第二二狙撃師団の強力な各隊が到着しているに違いない。また、ヴュルテンベルク山岳兵大隊の残りの各隊が接近を続けているという可能性もなくはない。いかんせん、シュプレッサー少佐の戦闘指揮所と電話回線の接続がない【図81参照】。
　真夜中を過ぎて、ようやく敵の銃撃の勢いが目に見えて弱くなる。われわれは深く息をつく。わずかに存在する遮蔽物を巧みに使うことで、こちらの損害はまだ耐えられる程度で収まる。とにかく精力的に陣地の補強作業を行う。敵の側には後退する動きが見られる。銃撃がほぼ停止したところで、第二六狙撃連隊第三大隊の斥候隊が前進する。しかし、このパトロール部隊の一つが、至近距離からの数発により有能な隊長を失う。他方、別の部隊は、午前一時に六〇〇名のイタリア兵を捕らえて戻ってくる。この捕虜は、われわれの前線のすぐ前の溝や畑の畝にいた者たちである。敵の主力はロンガローネに退却したものと見られる。

二時、ようやく増援がやってくる。パイアー少尉指揮下の第二中隊全体である。彼らは迂回してロディーナ山を越えて来たのである。また、第三中隊と第一中隊が到着する。この両中隊は、ピラゴ南での夜戦ののち、ふたたびピアーヴェ川の東岸に逃れてきたのである。続いて第一機関銃中隊の残りの部隊が、豊富な弾薬を抱えて到着する。最後に、帝・王立第二六狙撃連隊第一大隊、第二大隊が、クレームリング大尉の指揮のもと、ここに加わる。さて、これらにより、全防御網は新たに再編成され、城自体も防御拠点として整備される。また弾薬も大量に準備される。南への警戒活動は、第二六狙撃連隊の一個中隊が引き継ぐ。そして、ファーエでの戦いに居合わせていたものの、沈黙の証人と化していた五〇名のイタリア軍将校を、ピアーヴェ川の東岸に連行する。この将校たちは、一一月の夜（一一月九日から一〇日にかけての夜）の凍てつく急流のなかを、渋りに渋りながらも渡る。

午前三時、新たな敵の攻撃が非常に激しい勢いで始まる。しかし、こちらからすれば、奇襲的な意味は薄い。またこれに対する準備もできていないわけではない。敵は複数の火砲により、この攻撃を支援する。われわれの前線には多数の榴弾が着弾し炸裂している。壁は粉々に崩れ落ち、切妻屋根《ギーベル》も崩壊する。この直後、敵は突撃縦隊を組み、複数地点から突撃を開始する。これにより戦闘は、極度の接近戦となる。しかしこちらの前線は、各戦力が増強されたことにより、根本的に強化されているため、この敵の攻撃にも持ちこたえることができる。その結果、予備隊を投入する必要はまったく生じない。一五分ほどの時間が経過したところで、敵の攻撃は完全に撃退される。はたして敵は、この攻撃をまたくりかえすつもりなのだろうか。

しかしこのとき、イタリア軍の指揮官は、この単発の攻撃で満足してしまう。彼らには、多数の損害が発生しており、攻撃は完全に失敗に終わる。そのため、そこで戦闘を中止し、ロンガローネまで各部隊を後退させてしまう。しかしこちらの側でも、イタリア軍の砲撃により、少なくない人数が犠牲となる。

われわれは、濡れそぼった衣服に包まれながら朝を待つ。体を温めるため、シュタイアーマルク兵とキャンティの赤ワイン数瓶を空ける。これは戦友の関係になったことの記念でもある。第一中隊は、まだ夜が明ける前に、線路の上方を走る道をピラゴの鉄道橋のところまで捜索する。他方、第二中隊、第三中隊の斥候隊は、ピアーヴェ川とロンガローネ道のあいだに広がる一帯に敵がいないことを報告し、合せて数十名の捕虜を連れて戻ってくる。

午前六時三〇分、帝・王立第二六狙撃連隊のさらに別の大隊が到着する。これにより南への警戒部隊が強化される。同時刻、ロンメル隊はロンガローネに向け、新たに進撃を開始する。その際、第二、第三中隊と第一機関銃中隊は道路上を行く。これに対し、第一中隊は線路の上方を走る偵察ずみの斜面上の道を進む。われわれは、ロンガローネにいる敵を囲む、いわば鎖の輪を、ジワジワと締めていこうという腹なのである。途中でわれわれは、シュトライヒャー少尉とばったりと遭遇する。彼もこちらと同様、ピラゴ南での戦闘の際に、イタリア軍の捕虜となることは免れたのだが、ピアーヴェ川渡河を企図した際に、数キロメートルにもわたり流されてしまい、気づけば失神した状態で岸に打ち上げられていたのだと言う。

さて、われわれはピラゴの橋に接近する。しかし敵は、なんとこれを爆破して吹き飛ばしてしまう。ともかく、斜面左手上部に配置された第一中隊が警戒に当たるなか、橋が架かっていた地点まで到達する。そこには爆破により瓦礫と化した橋があり、そしてその下敷きとなった重傷の山岳兵たちが見つかる。しかし、橋の反対側に、敵の姿を発見することができない。
われわれは、橋のすぐ南の急斜面に配置された重機関銃の掩護を受けながら、爆破された鉄橋の残骸の上をよじ登っていく。夜にバリケードが設置されていた場所の反対側までわれわれがやってくると、ロンガローネの方向から、騾馬に乗ったシェッフェル少尉が近づいてくる。そして彼のあとからは、ハンカチを振りながら数百名のイタリア兵がやってくる。シェッフェルはピラゴ南で発生した夜戦の際に、いったんは敵の捕虜となっていたのである。そしてこの彼が、ロンガローネ全イタリア軍兵力の降伏という、うれしい一報をもたらしてくれる。この降伏はイタリア軍の命令権者により、次のように書面で記録される。

ロンガローネ要塞司令部
オーストリア軍、ドイツ軍司令部宛

在ロンガローネ部隊ハコレ以上ノ抵抗可能ナ状況ニナシ。当司令部ハ当方ノ処遇ヲ貴司令部に一任シコレヲ待ツ。

レイ少佐

激戦がこのような結果を迎えたこと、そして何より、夜のあいだいったんは敵の手に落ちてしまった戦友たちが、ふたたび自由の身になったということ、これらに対するわれわれの喜びは、名状しがたいほど大きなものがある。高らかな「ドイツ万歳!」の叫び、そして道の両側で人垣を作るイタリア軍の歓声が響くなか、われわれはロンガローネの町に続く道を進軍する。第二六狙撃連隊第一機関銃中隊の隊長は、夜のあいだにロンガローネのすぐ手前の地点で重傷を負い、中隊の大部分ごと、イタリア軍の捕虜となっていたのだが、その中隊長がこのときちょうど救急自動車《ザニテーツアウト》でわれわれのほうにやってくる。道路を埋める数千のイタリア兵のあいだを通り、われわれはただゆっくりと前進を続けていく。わたし自分も、この救急自動車に乗って先行する。そしてロンガローネの中央広場で、捕虜となっていた各隊を、もう一度完全な武装状態に戻す。

この数分後、ロンメル隊は最初の部隊としてロンガローネに入城する。そして教会南に立ち並ぶ家屋群を宿営として確保する。雨がぱらつき出す。数千人規模になっているイタリア兵の大集団を、ロンガローネから東のピアーヴェ川岸の低地に移動させる作業は、遅々として進まない。このとき、ヴァイオント山峡から、ヴュルテンベルク山岳兵大隊の残りの各隊と、それに続いて帝・王立第二二狙撃師団が前進してくる。

さて、チモラーイスからはじまり、エルトを経由してロンガローネへと続く追撃が行われ、ロンメル隊がピアーヴェの谷で戦闘をくり広げているあいだ、シュプレッサー集団の残りの各隊も戦闘に参加しようと試みていた。チモラーイス西のイタリア軍陣地占拠直後、ただちにシュプレッサー少佐は、ヴュルテンベルク山岳兵大隊の通信中隊と、帝・王立第二六狙撃連隊第一大隊を連れて追撃戦を開始していた。もっとも、これは第四三狙撃旅団の命令に反していた。ただ、地形上非常に窮屈なかたちで敵との接触を余儀なくされるという事情、またここで採られている戦闘の方式を鑑みれば、ヴュルテンベルク山岳兵大隊長シュプレッサーにとり、他の部隊と交替することは不可能だったのである。ザンクト・マルティーノの一帯に到着したところで、シュプレッサー少佐は、第四三狙撃旅団より、「ヴュルテンベルク山岳兵大隊は停止し、エルトの各水車小屋に分かれて食事をとり、同所にて夜を明かすこと、また第二六狙撃連隊は前衛を引き継ぐこと」との命令を新たに拝した。これに対して、ヴュルテンベルク山岳兵大隊から旅団へは、次のような報告がなされた。「強化されたヴュルテンベルク山岳兵大隊は、ロンガローネでの戦闘に参加中。峠道への歩兵連隊の増援、および帝・王立第三七山岳榴弾砲大隊の派遣を要請する」。

帝・王立第二六狙撃連隊第一大隊長のクレームリング大尉は、シュプレッサー少佐が、自分の役目を堅持しようとする際に発揮した粘り強さ、そして自分の任務が第四三旅団の命令によって中止に追い込まれそうになったときに見せた拒絶の態度を目の当りにして、次のような言葉を残したのだった。「あなたが敵を前にして見せる勇気と、上官を前にして見せる勇気。わたしはどちらに感嘆の念を抱くべきなのか、分かりません」。

昼ごろ、シュプレッサー少佐は、ロンガローネ東一〇〇〇メートルに位置するヴァイオント山峡の出口に到達した。通信中隊および第二六狙撃連隊第一大隊が、激しい敵火にさらされているこの山峡を抜けるには、かなりの時間を要した。これがすんだのち、通信中隊は、このときドーニャに向けて前進ずみであった第三中隊の代わりを務めた。通信中隊は、ヴァイオント山峡の、道がちょうど広くなるところのすぐ南にある高地から、撤退する敵に銃撃を加えた。

一四時、第二六連隊第一大隊の先頭各中隊は、ヴァイオント山峡を通過した。そこでシュプレッサー少佐から命令が入り、今度はロンメル隊の増援としてドーニャ方面に送られることになった。シュプレッサー少佐の手元には、当面投入可能な戦力が他になかったのである。一方、ゲスラー隊（第五中隊、第三機関銃中隊）は、イル・ポールトからクラ・フェローナ（標高九九五メートル、九九五高地）を登って行き、これを越えてシモーヌ鞍部（標高一四八三メートル、一四八三高地）へ到達した。その際、同隊の卓越した指揮官であり、山岳に精通した将校ゲスラー大尉は、凍結した斜面を隊の先頭に立って急ぐなか滑落し死亡した。他方、シールライン隊（第四、第六中隊および第二機関銃中隊）は、フォルナーチェ競技場からガッリヌート山（標高一三〇三メートル、一三〇三高地）へと登り、クラ・フェローナを経由して、ヴァイオントの谷に到達していた。このとき、パイアー少尉指揮下の第二中隊は、ロディーナ山からエルト方面に降り続けていた。ピアーヴェ川西岸でのロンメル隊の夜間突撃失敗後、峠の出口に設けられた戦闘指揮所にいたシュプレッサー少佐のもとには、まったく信じがたい情報が飛びこんできた。すなわち、ロンメル隊の大部分が、指揮官も含めて捕虜になってしまったというのである。もっともこの噂は、ファーエ付近での戦闘音と、焚かれた炎の存在によってただちにかき消された。

わたしたちのファーエからの報告は、兵士ウンガーによりシュプレッサー少佐へ届けられた。少佐はこの報告にもとづいて、第二六狙撃連隊から追加の部隊をドーニャ経由でファーエと派遣した。またロディーナ山の包囲から戻った第二中隊もファーエに送った。ドーニャの西では、第二六連隊第一大隊の各部隊により、小さな橋が架けられた。

一一月一〇日朝、シュプレッサー少佐は、このとき到着したシールライン隊（第四、第六中隊、第二機関銃中隊）、ヴュルテンベルク山岳兵大隊の通信中隊に加え、第二六連隊第一大隊の歩兵砲四門、そして帝・王立第三七七山岳榴弾砲大隊を引き連れ、リヴァルタの東九〇〇メートルの各高地上で戦闘準備態勢に入った。グラウ隊（第五中隊、第三機関銃中隊）はエルトから進撃中であった。

夜、シュプレッサー少佐は、軍医中尉シュテマー博士に、「ロンガローネはドイツ・オーストリアの各師団により包囲されている、すべての抵抗は無駄である」と、イタリア語で書面を書かせ、これを一名のイタリア軍捕虜にもたせてロンガローネに送った。

明け方、シュプレッサー少佐は、ロンメル隊が新たにロンガローネに向けて前進を果たしたこと、また同所の敵が降伏したことを確認すると、自分自身もリヴァルタ東九〇〇メートルにいたヴュルテンベルク山岳兵大隊の各部隊とともにロンガローネへの進軍を開始した。また、日中、この各隊のあとを、帝・王立第二二狙撃師団第四三旅団が追ったのであった。

さて、一一月一〇日は午前中から雨となる。ロンガローネを走る各道路からは、次第にイタリア軍兵士の姿が消えていく。中央広場には武器が山のように積み上げられている。また、イタリア軍の大砲も、ここで引き渡しが行われている。ロンガローネ東、ピアーヴェ川辺の低地は、捕虜でいっぱいになっている。全部で一万人超——これはイタリア軍一個師団規模である——が武器を捨てて降伏したのである。われわれの鹵獲品は、機関銃二〇〇挺、山砲一八門、レヴォルベルカノーネ二門、駄畜二五〇頭、運搬用車輌二五〇輌、トラック一〇輌、衛生隊用車輌二輌である。

チモラーイス、ヴァイオント山峡、ドーニャ、ピラゴ、ファーエで行われた戦闘での損害は、ロンメル隊においては、死亡六名、重傷二名、軽傷一九名、行方不明一名である。帝・王立第二六狙撃連隊第一大隊の損害については、わたしは承知していない。

イタリア軍をリヴァルタ南で阻止しようとした際には、シェッフェル少尉までもが捕虜となる結果となった。イタリア兵は、最初、彼を殴りつけた。そこでシェッフェルが苦情を言ったところ、彼は敵の中隊長の前に呼び出されることとなった。この中隊長は、シェッフェルが受けたひどい扱いについては決して詫びず、それどころか、このドイツ軍士官に「土産」までも要求した。この結果、シェッフェルは、ファーエまで敵と一緒に最前列で行軍することを余儀なくされたのである。戦闘が発生するたび、シェッフェルは道の端、イタリア軍将校のすぐ隣で地面に伏せることとされた。これは逃亡の試みを将校が阻止できるようにするためであった。シェッフェルにとって、とりわけつらく感じられたのは、この自軍の銃撃であった。イタリア軍がファーエ前での戦闘を真夜中に中断すると、彼もロンガローネに後送された。その場所でシェッフェルは、捕虜となった他の山岳兵やシュタイアーマルク隊と出会った。朝、捕虜たちは護衛による厳重な警戒のなか、ふたたび南へ行進するよう命じられた。イタリア軍は、このときもファーエの地点で突破に成功しなかったため、すぐにまた立ち往生を余儀なくされてしまった。結局捕虜たちは、ふたたびロンガローネに戻されてしまった。しかしこの朝、イタリア軍の将校たちがシェッフェルに見せる態度は、一転して非常に友好的なものとなった。これは彼が敵に、こちらの戦力を過大な数字で伝えていたためである。最終的に彼は、ロンガローネのイタリア軍部隊の降伏に関する書類を持たされ、こちらに送られてきたのであった。

考察

一一月一〇日正午ごろ、ロンガローネはドイツ軍とイタリア軍の部隊で溢れかえる。ロンメル隊は、着剣した歩哨を立て、宿営を防衛するよう強いられるが、兵士の主力はずぶ濡れになった衣類を脱ぎ捨て、食糧も豊富で快適な宿舎にて休息をむさぼる。その働きからして、当然与えられるべき休息である。夕刻、山岳兵たちは、彼らの指揮官に対し、松明の列を設置することを強く進言する。

チモラーイス西での敵陣地の突破成功後、最初に後退する敵の追撃を引き受けたのは、ロンメル隊の快速部隊（騎兵および自転車兵）であった。快速部隊はこの敵に追いつくことができた。また、一つの橋の例を除いて、敵の工兵特殊作業班によるヴァイオント山峡内の構築物爆破を阻止することにも成功した。もし、これらの機動的戦力を欠いていれば、追撃は瞬く間に立ち往生していただろう。

ヴァイオント山峡の西出口には、わずかな数の山岳兵が配置されていただけだったが、彼らは、敵の師団の退却を停止に追い込んだ。こちらの少数の山岳兵に対して、イタリア軍は、多数の機関銃部隊と砲兵隊を投入していた。しかし、山岳兵たちは巧みに陣地を構築していたので、敵の大規模な砲撃も成果を挙げることはできなかったのである。かつてのクーク山のときと同様、ここでも敵の防御行動には誤りがあった。もし、敵が戦力の一部を使い、ヴァイオント山峡の西出口に攻撃を仕掛けていれば、状況を打開することは可能だったかもしれない。

ドーニャ西、遮蔽物のないピアーヴェの谷を横断して行われたロンメル隊の攻撃は、非常に激しい敵火のなかで行われた。部隊は、急いでショベルによる作業に取りかからねばならなかった。この間、西岸にいた弱小の戦力の斥候各隊は、ロンメル隊の銃撃を潜り抜け谷を南に逃れてきた敵を迎撃していた。

ファーエでの夜間防御戦闘に際しては、松明を設置したことで、正面に対して狙いをつけるのに必要なだけの明るさを確保することができた。一方、弾薬不足の兆しも現れていたが、これは鹵獲したイタリア軍の武器と弾薬に装備を交換することで克服することができた。以上の行動は、非常に激しい敵火のなかで行われたものであり、山岳兵たちの果たした戦績のなかでも、特筆すべきものである。

モンテ・グラッパ地方での諸戦闘

ヴュルテンベルク山岳兵大隊は、帝・王立第二二狙撃師団の命令により、今度は第二線に移ることになる。そして一九一七年一一月一一日、ロンガローネにて休息日に入る。この日同大隊は、死亡した者たちをロンガローネの墓地に埋葬する。

攻撃の勢いは失われ始めている。今のところ、敵の本格的な抵抗はどこにも発生していない。しかしそれにもかかわらず、こちらの追撃の速度は次第に緩慢なものとなっていく。

翌日、山岳兵たちはベルーノを経由して、フェルトレへ進軍し、同地にてドイツ猟兵師団の所属となる。

一一月一七日、フェルトレを発って、ピアーヴェ川沿いに下っていく。クエーロおよびトンバ山方面からは、激しい戦闘の響きが聞こえる。幅が狭く、部隊で溢れかえるピアーヴェの谷は、たちまち前進するのも困難な状態になる。われわれは、ときおり谷の山道を薙ぎ払うように砲撃を行っているイタリア軍砲兵隊の射程内に入る。このとき、オーストリア軍の先頭部隊が、トンバ山付近で強力な敵と衝突したとの情報が入る。

ヴュルテンベルク山岳兵大隊は、チラードン付近で、ドイツ猟兵師団の師団長より、モンテ・グラッパを越えてバッサーノへ突破せよとの下命を拝する。

午後、大隊は、クエーロすぐ北の、イタリア軍のもっとも激しい砲撃が続いている地域に散開した状態で移動する。強力なイタリア軍砲兵隊は、パッローネおよびトンバ山にある、非常に地の利に恵まれた監視所を使うことができている。このため敵砲兵隊が、クエーロ近郊の狭い区画、そしてその地域にある重要拠点を狙い撃ちしてきたことは、なんら不思議なことではない。

シュプレッサー少佐は、ロンメル隊（第二、第四中隊、第三機関銃中隊、通信中隊の三分の一、さらに二個山岳砲

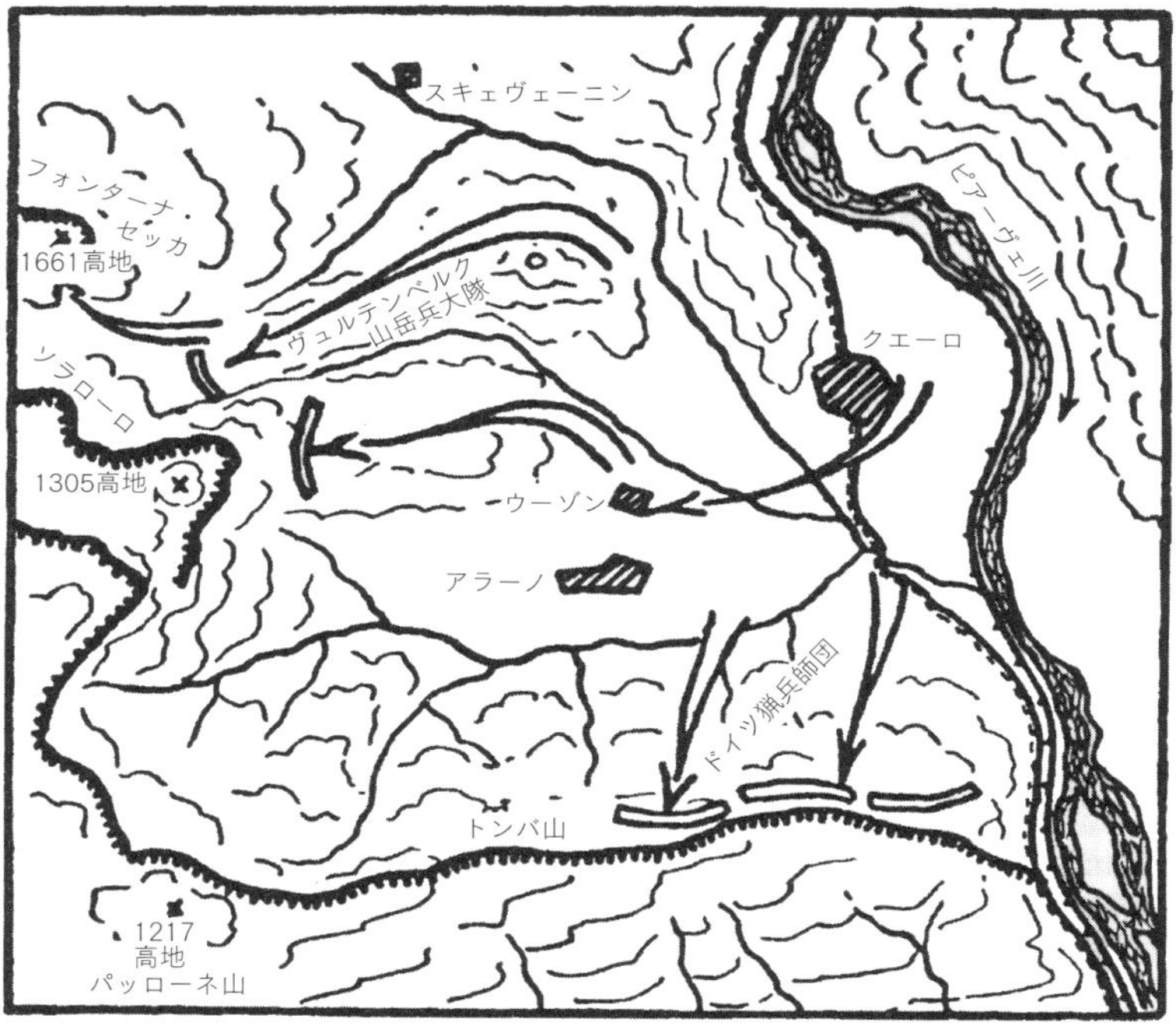

図82　スピヌーチャ―フォンターナ・セッカ―トンバ

兵中隊、そして一個無線局）を、クエーロ、カンポ、ウーゾン、スピヌーチャ山、一二〇八高地、一一九三高地を経由して一三〇六高地に配置する。一方、ヴュルテンブルク山岳兵大隊の主力については、スキェヴェニーン、ロッカ・チーザ、一一九三高地を経て、一三〇六高地に配置する【図82参照】。

われわれは日が沈むとともに、間隔を空けた複列縦隊を組み、敵の激しい砲撃が続くなか、破壊し尽くされ瓦礫の山と化したクエーロの集落を、急行軍で通過していく。直径五メートルから一〇メートルの弾孔も珍しくはない。われわれの行く手の路上には、死亡した、あるいは重傷を負った多数の猟兵が転がっている。先ほどからイタリア軍の多数のサーチライトが、あたりを夜から昼に変えている。このとき、敵の持つ大砲のうち、最大の口径のものがクエーロ、カンポ、ウーゾン、アラーノの周辺地域に着弾する。スピヌーチャ、パッローネ、トンバの方向からは、絶えず谷を索敵するためのサーチライトが光り、また遠くからは重榴弾が轟音を立てて飛んでくる。このため、敵の方向に一挙に移動するにしても、ごく短い一瞬を狙うしかない。だが、そうこうしているうちに、両山岳砲兵中隊との連絡が途絶してしまう。ヴィントビューラー伍長は、この連絡線を再構築し、同時に、両砲兵隊にウーゾンへの移動を伝えるよう、下命を拝する。一方、ロンメル隊の残りは、損害を出さず、この小村ウーゾンまで到達することに成功する。この集落からは、クエーロやカンポと同様、住民が立ち退かされている。家々には、幽霊が出てもおかしくないような不気味な空虚さが広がっている。このとき、スピヌーチャおよびパッローネのサーチライトは、ほとんどひっきりなしに、われわれが獲得した地域を照らしている。こちらの戦力は、分隊規模に散らばり、家や木々の陰で休憩をとる。ところが、重砲の榴弾が相当な近さに着弾する。破片が大きな爆音とともに空中に巻き上がる。そして、土塊や石が頭上に落下してくる。砲撃は、われわれの神経をひどく磨り減らす試練である。

パトロール部隊に電話通信部隊を付けて、放射線状に送り出す。ヴァルツ少尉指揮下の部隊は、スピヌーチャに向かう。この時点ではっきり見えてきたことは、モンテ・グラッパを越えてバッサーノへ突破しようといった調子のいい案は、もはや問題にもならないということである。さて、敵の前線は、密集しているうえに強固であり、われわれは予定より遅れてしまう（この間、フランス軍六個師団およびイギリス軍五個師団が、イタリア軍の救出のため駆けつけていた）。

真夜中の一二時ごろ、複数の報告が届く。これは、アラーノ近くの近隣部隊と連絡が取れているためである。報告によると、状況は以下である。ヴァルツ少尉は、敵と衝突することなく、スピヌーチャ山の西の山脚を登った。また、ヴィントビューラー伍長は、両山岳砲兵部隊をウーゾンまで移動させるため、彼らとともに、当初ウーゾン＝ポンテ・デラ・トゥーア間の谷を進撃していたのだが、そこで明かりのついた廠舎に突き当たった。彼は、両砲兵中隊をいったん停止させ、単独でこの建物へ静かに接近した。そして室内で眠っているイタリア兵を発見した。ヴィントビューラーは怖いもの知らずの男であり、ピストルを引き抜くと、敵を叩き起こし、一五〇名を捕虜としてしまった。さらに二挺の機関銃がこちらの手に渡った。報告は以上である。

一九一七年一一月一七日から一八日にかけての夜も半ばを過ぎてから、ロンメル隊は、スピヌーチャ山の東の山脚を登る。一一月一八日早朝、ロンメル隊の先頭部隊は、東の方向よりスピヌーチャ山の最高地点へ向けて延びている峻厳な尾根のうち、もっとも高いところから東に七〇〇メートルほどの地点で、岩山のあいだに巧みに陣地を構築した敵と接触する。しかし、これまでのことから、大砲、ミーネンヴェルファーによる掩護なしに正面から攻撃を仕掛けることは成功の見込みがないものとすでに証明されている。敵はこの険しい岩の稜線を、フォンターナ・セッカとパッローネから、縦深に配置した機関銃および山岳砲兵部隊により、完全に支配下に置いている。以上のことから、ここを包囲攻撃できる可能性はわれわれにはない。結局、われわれは動けなくなってしまったということである。スピヌーチャ山各斜面での攻撃を進める努力は、一九一七年一一月二三日まで継続されるが、自軍の砲兵の支援もなく、またミーネンヴェルファーも投入可能な状態で手元にないので、攻撃の成功は見込めないままである。この最中の一一月二一日、前方に出していた観測所に、イタリア軍の榴弾が着弾する。その鋭利な破片によって、わたしの隣にいたパウル・マルティン伍長（第六中隊）が死亡する。またこのとき、ハンガリー人の砲兵中尉一名も重傷を負う。さて、一九一七年一一月二三日、ロンメル隊はロッカ・チーザへ向けて大隊を前進させる。この間に、フュヒトナー隊は一二二二高地を奪取し、一一月二一日には皇帝狙撃兵《カイザーシュッツェ》およびボスニア兵《ボスニアーク》と協力して、フォンターナ・セッカのイタリア軍陣地を獲得する。

一九一七年一一月二四日夜明け、わたしの指揮下にある全ヴュルテンブルク山岳兵大隊は、フォンターナ・セッカの北東斜面において、最前線に投入されている皇帝第一狙撃連隊のすぐ後ろにつき、シュプレッサー集団の予備として控える。ヴュルテンベルク山岳兵大隊は、ソラローロ山に対する皇帝狙撃兵の攻撃成功を待ち、モンテ・グラッパ方面への突破を命ぜられる。ヴュルテンベルク山岳兵大隊は、フォンターナ・セッカの雪と氷の凍てつくような寒さのなか、数時間にわたり、イタリア軍山岳砲兵中隊のしつこい砲撃に苛まれつつ、ひたすら皇帝狙撃兵たちの成功を待ち続ける。しかし、彼らのソラローロ攻撃は進展をみせない。味方の支援砲撃はあまりに貧弱であり、これに対して、敵の砲兵は非常に強力である。正午ごろ、シュプレッサー集団から、帝・王立第二五山岳旅団が西からソラローロ山を落としたとの一報が入る。一方、フォンターナ・セッカ南斜面の状況にまったく変化はない。皇帝狙撃連隊は、本格的な前進を行うことができず、また日中、この状況が変化するという見通しもまったく立っていない。わたしはこれらのことを理由に、第二五山岳旅団の右翼に付けソラローロ山へ向かい、そこからグラッパ方面へ攻撃を行う許可をシュプレッサー集団に要請する。シュプレッサー少佐は、これを了承する。ただちに全ヴュルテンベルク山岳兵大隊は進撃を始める。ただ、最短の道、すなわちフォンターナ・セッカ西斜面の垂直に近い岩壁を突破するという方針は不可能だということがはっきりしてくる。そうとなれば、残るのはスティッツォーネの谷へ降下するという案しかない。われわれは相当な速度を出して前進するも、ダーイ・シルヴェストリに差しかかったところで日没となり、周囲は暗闇に包まれてしまう。わたしは、疲弊したヴュルテンベルク山岳兵大隊にここで休憩をとらせる。そのうえで、アンマン少尉（第六中隊）に命令し、ソラローロ山の自軍部隊がどのような状況に置かれているか、見に行かせる。自分の頭にあるのは、充分休息をとったヴュルテンベルク山岳兵大隊により、早めに進撃を再開し、一一月二五日の夜明けにはソラローロ山の上で攻撃継続準備をすませた態勢にしておく、という案である。しかしアンマン少尉が詳細な偵察から帰ってくると、状況は一変してしまっている。ヴュルテンベルク山岳兵大隊が、多くの成功を収めていた近隣旅団の戦闘地帯に入り込んでしまったため、大いに怒りを買うという事態が生じていたのである。この件に関する憤慨は激しく、シュプレッサー少佐には、ただちに帝・王立第二二狙撃師団からの離脱を要請する以外の選択肢が残っていなかったほどである。この要請は認められる。大隊は数日間、フェルトレ東に設けられた休息用の営舎に入る。そして一二月一〇日、ふたたびピアーヴェの谷を下り、フォンターナ・セッカ連山の前線へと向かう。

一二月一五日から一六日にかけての夜、わたしの隊は、雪と氷に包まれた高度一三〇〇メートルほどの地点で露営することになる。翌一二月一六日、ピラミッド小丘《ピュラミーデンクッペ》、ソラローロ（標高一六七二メートル、一六七二高地）、およびシュテルン小丘《シュテルンクッペ》の偵察を行う。敵は依然として、他よりも高く有利なこの高地上の最重要箇所を、粘り強く維持している。一二月一六日から一七日にかけての夜、積もる雪は、われわれの張った天幕のなかにまで入り込んでくる。翌日、シュプレッサー集団が攻撃を開始する。シュテルン小丘の各陣地に対する浸透は成功し、ラヴェンナ旅団のベルサリエーリ一二〇名を捕虜とする。その際、非常に強力な敵の反撃にあうも、これを撃退する。しかしこちらの損害も相当なものとなる。第二中隊の優れた戦士であったクヴァント伍長が、パトロール任務から帰ってこない。彼はおそらくどこかで負傷し、滑落してしまったものと思われる。

凍てつくような寒さに耐え、イタリア軍の激しい砲撃にさらされながらも、われわれはシュテルン小丘の切り立った斜面を、一九一七年一二月一八日まで確保し続ける。その後、ヴュルテンベルク山岳兵大隊は、谷をスキヴェニンの方向へ進撃する。そこに着くと、野戦郵便で二つの小さな小包が届いている。そのなかにはシュプレッサー少佐の分と、わたしの分のプール・ル・メリット勲章が収められていた。一個の大隊に、このように二つものプール・ル・メリットが授与され、その戦功が顕彰されるなどということは、前代未聞のことである。

われわれは、クリスマス・イブをフェルトレ北東の小さな村落で過ごす。二五日のクリスマス当日、山岳兵たちは彼らの老山岳兵《アルター・アルピーノ》――シュプレッサー少佐はこのあだ名で呼ばれていた――に率いられ、フェルトレ南の地点であらためて狭いピアーヴェの谷を通り、前線へと移動する。わたしの隊は、トンバ山の左翼、パッローネに配置され、そこでプロイセン猟兵と交替する。しかし陣地と言っても名ばかりで、実際にはなんの陣地設備も存在していないような状態である。機関銃数挺と小銃からなる火網が、遮蔽物もろくにない禿げた急斜面の窪みに設定されているだけである。あたり一面は雪である。もっとも寒さはまだ耐えられる水準である。日中、兵士たちは、自分たちの天幕を使い、うまく偽装した状態で地面に伏せていなければならない。というのも敵は、すべての地帯を見渡すことができる状態にあるからである。火を起こしてはならない。また糧食は夜のみである。雪上の足跡も、そのつど注意深く消さねばならない。とにかく、イタリア軍の大砲や、ミーネンヴェルファーが、こちらの火網を目標として定めるようなことになれば、大打撃となる。中隊の一部は、二五名から三五名というところまで損耗している。それにもかかわらず彼らは、自分たちに課された、危険で困難な仕事を、ごく当然のものとして受け止めている。

一九一七年一二月二八日、イタリア軍の攻撃は、ヴュルテンベルク山岳兵大隊の前線前にて撃退される。この翌日、大隊の作戦地区には、猛砲撃が行われる。とくに、三キロメートル離れた地点から発射されている重ミーネンヴェルファーが、非常にいやらしい働きをしている。この日、敵の砲兵隊は、シュプレッサー少佐の幕僚がいるアラーノ近隣の後方地区にも砲撃を仕掛けてくる。また、くりかえしガス砲撃《ガースベシュス》も行われる。

一九一七年一二月三〇日、敵のトンバ山への砲撃は激しさを増す。敵の航空機の編隊が、われわれおよび近隣部隊の陣地上空、数メートルの距離まで急降下し、機関銃によりこちらの守備隊に銃撃を浴びせる。

数時間にわたる戦闘ののち、フランス軍アルペン猟兵が、左手の帝・王立第三山岳旅団の陣地を奪取することに成功してしまう。われわれはなんとか持ちこたえようとするが、いかんせん、左翼が目下、完全に宙に浮いてしまっている。仮に、敵がトンバ山からさらにアラーノの方向へ突撃すれば、われわれはまわりから遮断されたかたちになってしまい、その場合、夜のあいだに、自軍の戦列まで敵中を突破することが必要となってしまう。雪が降り始め、冷え込みは厳しくなる。

一二月三一日早朝、複数の予備隊が、われわれの左翼に空いてしまった一帯に入る。しかし彼らは、パッローネ方面から放たれるイタリア軍砲兵隊の砲撃により、非常に厳しい状態に置かれる。そのため軍上層部は、前線を二キロメートルほど北へと下げることを決断する。山岳兵たちは一九一八年一月一日深夜まで、身を切るような寒さのなか、パッローネおよびトンバの陣地群を死守する。最後の数分という土壇場のところで、前方に出しておいた機関銃哨所の勇敢な二名が戦死する。一人はモルロック伍長、もう一人はシャイデル二等兵である。戦死時の状況は以下のようなものであった。哨所には三〇名ほどの規模の敵斥候隊が接近してきた。守備隊はこの敵を排除しようとしたのだが、その際、重機関銃が作動不良を起こしてしまった。状況は白兵戦になり、哨所の守備隊の一部はこの圧倒的に優勢な敵を、拳銃と手榴弾で撃退しようとした。そのあいだ、モルロックとシャイデルは、凍結してしまった重機関銃を、ふたたび射撃可能な正常の状態に戻そうと必死に作業を行っていた。そこに、イタリア軍の一発の卵型手榴弾《アイアーハントグラナーテ》が飛んできて、この二人に致命的な重傷を負わせたのである。敵は撃退された。

さて、真夜中の一二時少し前、ヴュルテンブルク山岳兵大隊の後衛を務めていたロンメル隊は、先の二名の戦死者とともに、アラーノに到着する。そして、死体が一面に散らばるカンポとクェーロの死者の原《トーテンフェルト》を抜けて、ピアーヴェ川沿いを緩やかに登っていく。

八日後、わたしはシュプレッサー少佐とともに、トリエントを経由して休暇のため故郷に戻る。もう山岳兵たちのところに戻るよう、命じられてはいない。そのことが、自分の心を深く苛む。勅令により、自分は最高司令部第六四特務部隊に転属となり、そこで指揮官補佐《フューラーゲヒルフェ》として上級幕僚の任務に編入されたのである。そこからわたしは、重い気持ちのまま、大戦の最後の一年、ヴュルテンベルク山岳兵大隊および同連隊の辿った運命を見届けたのである。フランスでの大規模な会戦、ダーメンヴェーク［シュマン・デ・ダーム］強襲、コンデ要塞攻撃、シャゼルおよびパリの陣地への攻撃、ヴィレ・コトレの森での戦闘、マルヌ渡河、マルヌ渡河撤退、そしてヴェルダンの戦い。これらの戦いは、コスナ、コロヴラート、マタユール、チモラーイス、そしてロンガローネを勝ち抜いてきた勝利者の列に、暴力的なほどの勢いで欠員を作っていった。彼らのうちで、ふたたび故郷の地を見ることが許された者は、ほんの一握りしかいなかったのである。

　西の地にも、東の地にも、南の地にも、ドイツの兵士たち、どこまでも民衆と故郷《フォルク・ウント・ハイマート》のために、その義務を果たす忠義の道を行き、その果てに痛ましい終わりを迎えることになったドイツの兵士たちが眠っている。彼らは、われわれ生き残りの者、そして次の世代の者に、つねに警告している。ドイツのために犠牲を払うことが問題となる場合には、彼らの後塵を拝することなかれ、と。

（了）

本書に描かれた戦功によりプール・ル・メリット勲章を身に帯びたロンメル

本書に関わる第一次大戦の各戦線・武器・編制・戦術

田《た》村《むら》尚《なお》也《や》（軍事ライター）

第一次世界大戦中の各戦線の状況

はじめに、第一次世界大戦の主要各国の参戦状況やおもな戦線の戦況をロンメルが戦った頃を中心に、ざっと見てみよう。

第一次世界大戦の勃発

一九一四年六月二十八日、当時はオーストリア＝ハンガリー（以下、オーストリアと記す）領だったサラエボで、オーストリアの皇太子夫妻が、バルカン半島の中小国であるセルビアの青年に暗殺された。有名な「サラエボ事件」である。

オーストリアは、セルビアに厳しい非難を浴びせて七月二十三日に最後通牒を突きつけると、同月二十八日に宣戦を布告。まずオーストリアとセルビアの間で戦争が始まった。

これに対してロシアは、セルビアを支援してオーストリアを威嚇するため、同月三十一日に軍隊の動員を開始した。これに対抗してドイツも戦時態勢に入り、翌八月一日にロシアに宣戦を布告。続いてドイツは、先にフランス軍を撃破したのちにロシア軍と本格的に戦う、という開戦前から準備していた作戦計画(詳しくは後述)に沿って、同月三日にフランスに宣戦を布告した。そして翌四日にドイツ軍がフランス北部を目指してベルギーに侵入すると、今度はイギリスがドイツに対して宣戦を布告。その一週間後にはフランスが、続いてイギリスが、ドイツの同盟国であるオーストリアに相次いで宣戦を布告した(日本も八月二十三日にドイツに宣戦布告)。

このように各国の動員と宣戦布告がまたたく間に連鎖して、フランス、イギリス、ロシアを中心とする協商(連合国)側と、ドイツ、オーストリアを中心とする同盟側の二大陣営による大戦争へと発展していったのである。

その背景には、一八六六年の普墺戦争や一八七〇年に始まった普仏戦争で、プロイセン軍が鉄道のダイヤと連動した動員計画によって大兵力を迅速に動員して展開させ、大きな勝利を収めたという戦例があった(この普仏戦争の勝利によりプロイセン王国を中心とするドイツ帝国が成立した)。これを見た主要各国は、プロイセン軍を真似て同様の動員計画を作成するようになったのである。

ドイツ軍に代表される緻密な動員計画は、動員された各部隊をどの列車にどのように組み合わせて乗車させるか、まで考慮されていた。具体例をあげると、ドイツ軍の歩兵二個師団を基幹とする一個軍団の輸送に必要な車両は六〇一〇両とされており、事前に作成された鉄道ダイヤに従って四四両編成の列車が一〇分間隔で発車することになっていた(本文中にも短い運転間隔で延々と連なる軍用列車の描写がある)。戦時編制の一個歩兵大隊は騎兵および砲兵各一個中隊とともに一本の列車に乗車し、車両を乗り換えることも長時間停車することもなく輸送されるのである。

こうした動員計画によって、各国の軍人たちは、敵国よりも先に動員を開始すれば開戦初頭から敵軍より大きな兵力を投入できる、と考えるようになった。もっと簡単にいうと、戦争は先に動員を始めた方が有利、と思っていたのである。

主要各国の軍隊の動員と宣戦布告が連鎖した背景には、このような軍事上の要因が存在していたのだ。

ヴュルテンベルクの参戦

ところで、当時のドイツ帝国は、プロイセン王国を中心として多くの邦国や自由都市で構成されていた。その中でも、とくにバイエルン王国、ザクセン王国、ヴュルテンベルク王国は、プロイセン王国に次ぐ規模の軍隊を保有しており、それぞれ独自の国防省や参謀本部を持っていた。そして、ロンメルが所属するヴュルテンベルク軍は、ドイツ帝国軍の一部として第一次世界大戦に参戦することになる。

ちなみに、開戦時のドイツ軍では、第三軍司令官はザクセン前国防大臣のマックス・フォン・ハウゼン大将、第四軍司令官はヴュルテンベルク公アルブレヒト大将、第六軍の司令官はバイエルン公ルプレヒト大将であった。また、第三軍に所属する第一二軍団は旧ザクセン第一軍団、同第一九軍団は旧ザクセン第二軍団、同第一二予備軍団は旧ザクセン予備軍団であり、第六軍にはバイエルン第一〜三軍団やバイエルン第一予備軍団が所属していた。

そして、ロンメルの原隊である第一二四ヴィルヘルム一世王歩兵連隊（ヴュルテンベルク第六歩兵連隊）は、ドイツ皇太子フリードリヒ・ヴィルヘルム中将率いる第五軍の第一三軍団（旧ヴュルテンベルク軍団）に所属

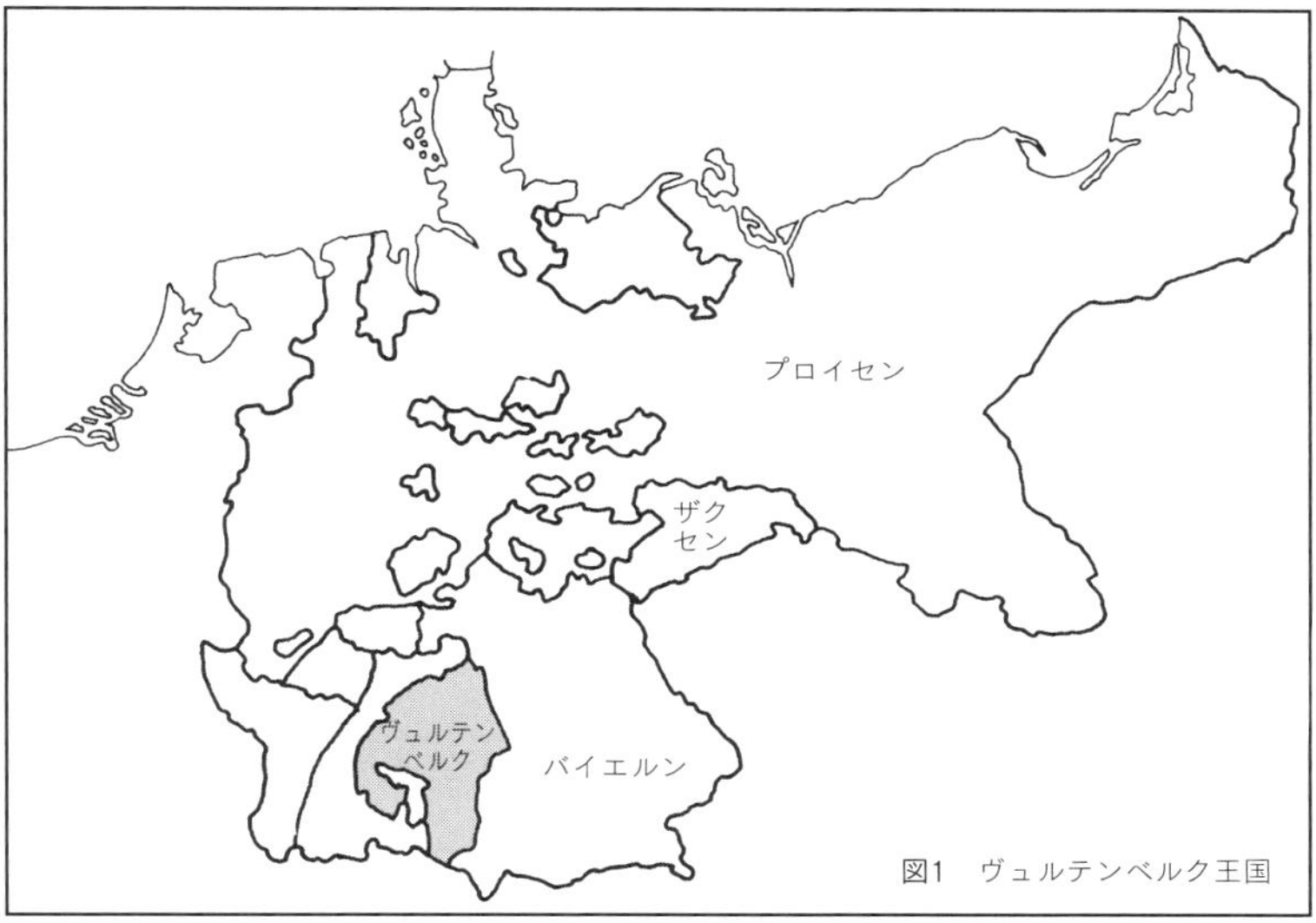

図1　ヴュルテンベルク王国

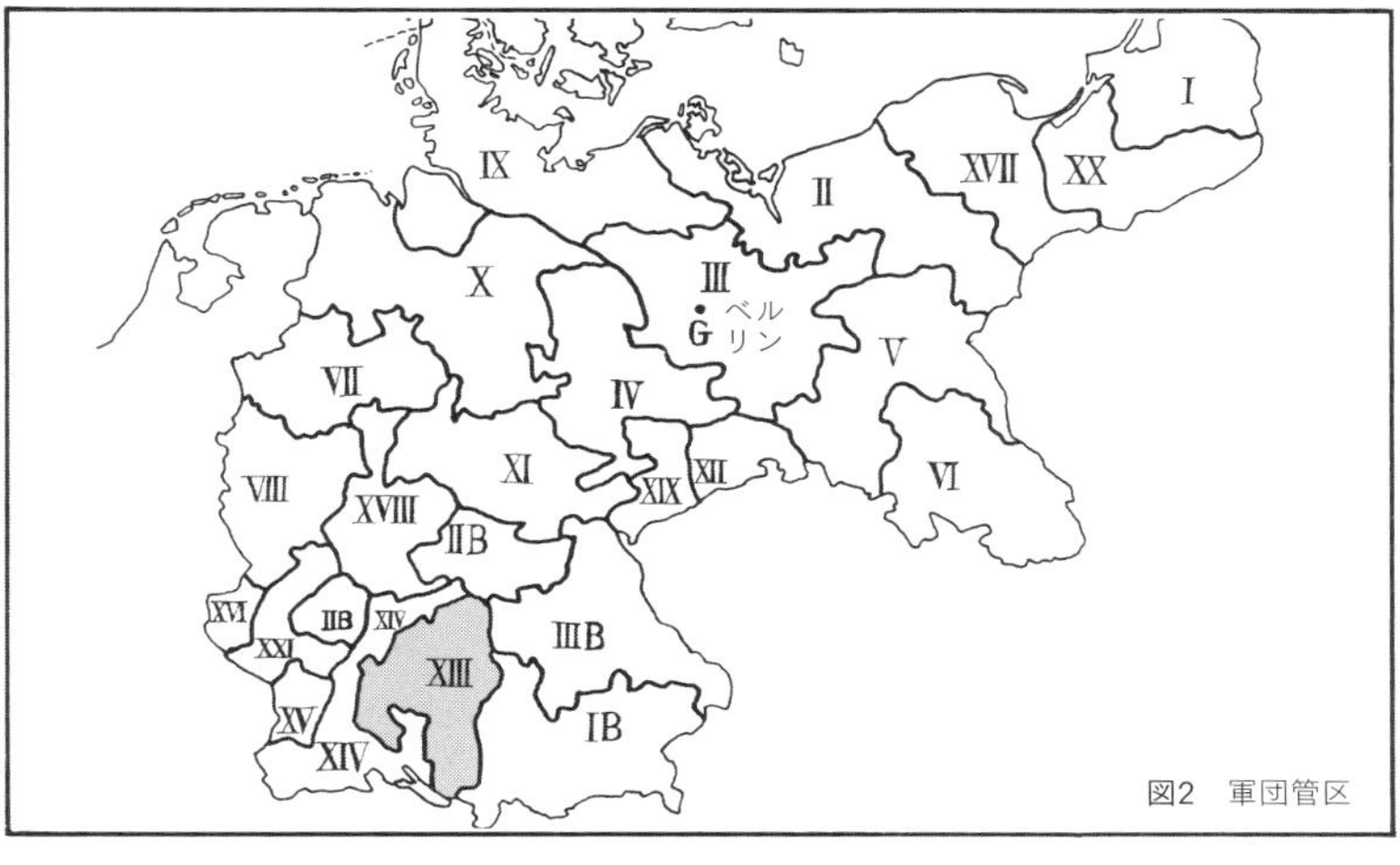

図2　軍団管区

する第二七歩兵師団隷下の第五三歩兵旅団に所属していた。

このように第一次世界大戦時のドイツ帝国軍は、君主制国家の合同軍という性格を色濃く残していたのである。

開戦時の作戦計画

さて、ここで開戦時の主要各国の作戦計画の概要を見ておこう。まずはドイツ軍からだ。

ドイツ軍の作戦計画は、もともとの立案者である参謀総長のアルフレート・フォン・シュリーフェン元帥にちなんで、一般に「シュリーフェン計画」として知られている。

この計画の基本方針は、ドイツ軍が東部戦線のロシア軍と西部戦線のフランス軍と同時に戦う「二正面作戦」を避けるため、国土が広く動員テンポが遅いと見ていたロシア軍よりも先にフランス軍を六週間で撃破し、次いでロシア軍と本格的に戦うというものだった。具体的な作戦としては、西部戦線では右翼に兵力を集中し、ベルギーを通過してフランス北部に侵入。次いで大きく左に旋回してパリごとフランス軍主力を包囲して殲滅する。その間、東部戦線では、全軍の八分の一ほどの兵力でロシア軍に対して防戦する、というものだ（実際に行われた作戦は、シュリーフェン作成の原計画とはかなり異なる）。

対するフランス軍の作戦計画は「第一七号計画」と名付けられており、ドイツ軍のベルギーを経由する主攻勢軸よりも南方の、独仏国境方面に主攻勢軸を置いていた。この計画では、ドイツ軍の翼側に回り込むためベルギーに侵入することも考慮されていたが、ごく小規模なものに過ぎなかった。

一方、オーストリア軍は、全軍の半分以上を対ロシア戦に、およそ八分の一を対セルビア戦に投入し、残りを予備兵力とする計画だった。そしてロシア軍に対しては、南西部で防御しつつ北部で当時はロシア領のポーランドに進攻することになっていた。だが、最初にセルビアとの戦争が始まると、予備兵力の大

図3　シュリーフェン計画

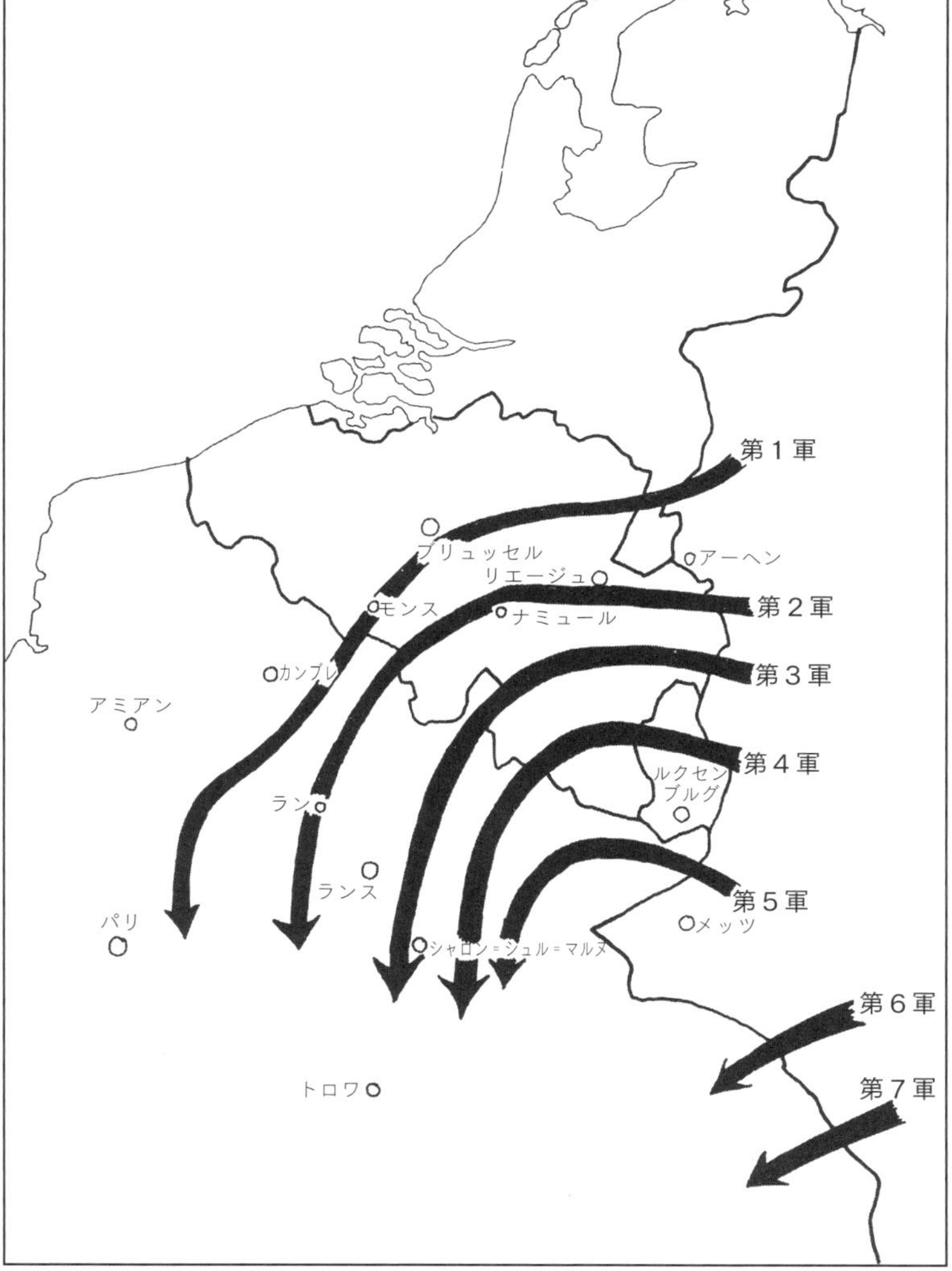

部分がこちらに投入されることになる。

対するロシア軍の作戦計画は、ドイツ軍が対ロシア戦に重点を置いた場合の「G計画」と対フランス戦に置いた場合の「A計画」の二つがあった。このうち「G計画」では、ポーランド方面ではブレスト・リトフスク以東にいったん後退し、動員完了後に攻勢に転じることになっていた。また「A計画」では、南西方面でオーストリア軍に対して攻勢をかけることになっていた。ドイツ軍に対しては動員完了まで攻勢に出ないことを望んでいたが、実際にはフランスからの要求に応じてドイツ領の東プロイセンで攻勢に出ることになる。

西部戦線

開戦初頭の西部戦線では、ドイツが中立国のベルギーに対して軍隊の通過を打診したが断られたため、ドイツ軍はベルギーのリエージュ要塞を歩兵部隊等で急襲したが失敗。大口径の攻城砲を投入してようやく陥落させると、フランス北部に向かって進撃していった。本文の第一部でも、ドイツ軍主力の旋回軸に近い第五軍に所属するロンメルの部隊が、ドイツからルクセンブルク国境を通過してベルギーに侵入し、フランスへと進撃したことが記されている。

対するフランス軍は、その南方の独仏国境方面で攻勢に出たが、無謀な歩兵突撃をくりかえしてドイツ軍の機関銃などに無残に粉砕され、開戦初頭の四日間でおよそ一四万人もの損害を出した（ちなみに「二〇三高地の戦い」で知られる日露戦争中の旅順攻防戦における日本軍の損害はおよそ五万人であり、フランス軍の損害の大きさがお分かりいただけるだろう）。

その間もドイツ軍右翼の主力は進撃を続けており、ベルギー西部のモンス付近でフランスに派遣されていたイギリス欧州遠征軍（BEF）と激突。練度の高いBEFは善戦したが、東に隣接するフランス第五軍が無謀な攻撃に失敗して後退を開始したため、ガラ空きとなる側面を放置できずに後退せざるを得なくなった。

これを見たドイツ軍最右翼の第一軍は、眼前で後退しつつある英仏軍の側面に回り込もうとパリの手前で左に旋回した。こうして、フランス軍の主力をパリごと包囲するという「シュリーフェン計画」の目論見は崩れたのである。

実は、この時点でドイツ第一軍とその東隣りの第二軍の間には危険な間隙が空いていたうえに、それまでの急進撃に補給部隊が追随できず前線部隊では物資が不足していた。言い換えると、当時のドイツ軍には、フランス軍の主力をパリごと包囲できるだけの充分な兵力も補給能力もなかったと言える。

対する英仏連合軍は、パリ市内のタクシーを集めて前線に増援部隊を輸送するなどして兵力を集中し、九月半ばにはパリ前面のマルヌ河付近でドイツ軍の進撃を阻止することに成功する。

その後、両軍は敵の側面に回り込もうとして味方部隊を翼側の先へ先へと展開させる「延翼競争」を続けて、ついにスイス国境から英仏海峡まで切れ目のない戦線が出来上がった。そして、まずドイツ軍が、次いで連合軍が塹壕を掘り始めた。やがて、それらの塹壕は敵の砲撃に耐えるため地中深くまで掘られるようになり、敵に突破された場合に備えて当初の一線陣地から二線、三線陣地となり、さらに陣前には鉄条網などの障害物が設置された。その結果、両軍とも敵戦線の大突破はほとんど不可能になり、大戦末期まで膠着した塹壕戦が続くことになる。

本文の第一部や第二部でも、ロンメルの所属部隊が、当初は後退するフランス軍部隊を追って快進撃を続けるが、やがて敵の砲火に対して個人用掩体《たこつぼ》や塹壕をたびたび構築するようになっていく。対するフランス軍も、村落などを利用した一時的な抵抗から、「これまで一度も見たことがないほど大規模な鉄条網」と塹壕や土塁などを組み合わせた強固な陣地を構築するようになるなど、戦闘の様相の変化が明確に読み取れる。

こうした塹壕戦では、例えば本文中にも登場するフランス軍のヴェルダン要塞を巡って、一九一六年二月から繰り広げられた消耗戦では、フランス軍が三七万人、ドイツ軍が三三万人弱という莫大な損害を出すことになる（両軍ともその半数近くが戦死。ただし数字は戦闘期間の捉え方により多少変動する）。

東部戦線

一方、東部戦線北部の東プロイセンでは、ドイツ軍の予想よりも早く、ロシア軍の二個軍が進撃を開始。対するドイツ軍は一個軍のみだったが、八月末から九月初めにかけて、タンネンベルク付近でロシア軍の一個軍を包囲撃滅し、続いて残る一個軍も撃退した。これが「タンネンベルク会戦」である。

東部戦線の南部では、オーストリア軍がロシア軍に対して果敢な攻勢に出たものの、大損害を出して九月下旬にはカルパチア山脈付近まで後退。ドイツ軍はあわてて新編の一個軍を増援し、オーストリア軍とともに、大兵力を動員したロシア軍との押し合いを続けることになった。

その後、一九一五年五月にはガリチアのゴルリッツ付近でのドイツ軍の攻勢が成功。次いで同年七月に始められた同盟軍が南北からワルシャワを目指す大攻勢も成功し、翌八月にはワルシャワを占領。ロシア軍はポーランドの戦線突出部から全面的に撤退し、この戦果に満足したドイツ軍は西部戦線に兵力を引き抜いて東部戦線では守勢に転じた。

セルビア戦線（サロニカ戦線）

バルカン半島では、開戦から程なくしてオーストリア軍がセルビアの首都ベオグラードを占領したが、セルビア軍はいったん後退したのちに反撃に出てベオグラードを奪回。さらにオーストリア軍が再占領し、セルビア軍が再度奪回するなど、激戦が続いた。

その後、一九一五年十月にオーストリア軍にドイツ軍が加わった攻勢が始まると、隣国のブルガリアも同盟側で参戦してセルビアに進攻を開始。同盟軍は、同年十二月までにセルビアのほぼ全土を占領し、翌一九一六年一月にはセルビアと結んでいた小国モンテネグロの首都セチンジェに迫ると同国政府は降伏を受諾。セルビア軍は政府や避難民とともに無政府状態になっていたアルバニアに追い込まれ、さらにアドリア海に脱出してコルフ島で抵抗を続けることになる。

この間の一九一五年十月から、英仏連合軍はトルコのガリポリに上陸していた（詳しくは後述）部隊をギリシャのサロニカ港に送り込んでセルビア救援に向かわせたが、ブルガリア軍に撃退されて失敗。連合軍はサロニカ付近で同盟軍と対峙することになり、サロニカ戦線と呼ばれることになる。

カフカス戦線、中東戦線、イラク戦線

開戦からほど無くして、地中海に配備されていたドイツ海軍の巡洋戦艦「ゲーベン」と軽巡洋艦（小型巡洋艦）「ブレスラウ」が、協商国海軍の追撃を逃れてトルコに向かうと、ドイツはこれらの艦艇を乗員ごとトルコに移管した。

有力な艦艇を手に入れたトルコは、十月二十八日にドイツ人提督の指揮する艦隊で黒海沿岸のロシアの諸港を砲撃し、同盟側に立って参戦。これに対してロシア、セルビア、モンテネグロ、さらに英仏が相次いでトルコに宣戦を布告した。これにより、トルコ＝ロシア国境方面のカフカス戦線、エジプトやシリア等の中東戦線、さらにイラク戦線（メソポタミア戦線）と、中近東の各地にも戦いが広がることになった。

一九一五年四月には、英連邦のオーストラリア軍やニュージランド軍を含む英仏連合軍が、地中海と黒海を結ぶダーダネルス海峡に隣接するトルコ領のガリポリ半島付近に上陸を開始。次いで同年八月にも増援を送ったがうまく行かず、同年十二月から翌一九一六年一月にかけて撤退することになる。

イタリア戦線とルーマニア戦線

イタリアは、オーストリア領の南チロルやトリエステ一帯など「未回収のイタリア」と呼ばれるイタリア人居住地域の獲得を目指して、一九一五年五月二十三日にオーストリアに宣戦を布告（ただし利害が直接衝突しないドイツへの宣戦布告は翌年八月まで遅らせた）。イタリア＝オーストリア国境方面に、新たに「イタリア戦線」が形成されることになった。

以後、イタリア軍は、もっぱら戦線東部のイゾンツォ河付近で、一九一七年九月まで実に一一度にわたって攻勢を実施する。「第一～一一次イゾンツォ攻勢」である。

対するオーストリア軍は、「第五次イゾンツォ攻勢」後の一九一六年五月に南チロルのトレンチーノ方面で始められた「トレンチーノ攻勢」を除いて、ほぼ防戦一方に立たされた。

その間の一九一六年六月四日、東部戦線でブルシーロフ将軍指揮するロシア軍がオーストリア軍に対して広正面で奇襲攻撃を開始。不意を突かれたオーストリア軍はパニック状態に陥り、ロシア軍はわずか六日で八〇キロも前進した。翌月に西部戦線で始まる連合軍の大攻勢（「ソンム会戦」）に連動した「ブルシーロフ攻勢」である。

この成功を見たルーマニアは、同年八月二十七日に協商側について参戦し、西方のオーストリア領トランシルヴァニアに侵攻を開始した。

ところが、九月にはブルガリア軍にドイツ軍やトルコ軍も加わった多国籍軍が、ルーマニア南東部のドブルージャ地方に侵攻。さらにオーストリア軍を助けるためにドイツ第九軍が到着し、ルーマニア軍主力への反撃を開始した。対するルーマニア軍は、十二月六日には首都ブカレストを失い、ロシア国境近くまで後退してロシア軍の援助を受けることになる。

本文の第三部にもあるように、この同盟軍の反撃にはロンメルが転属したヴュルテンベルク山岳兵大隊も参加しており、アルプス軍団（実質は大型の山岳師団に近い）に編入されてルーマニア軍相手に大きな活躍を見せている。

ロシアの単独講和とアメリカの参戦

一九一七年三月、ロシアで革命（ユリウス暦では「二月革命」、グレゴリウス暦では「三月革命」となる）が勃発し、ロマノフ王朝が倒れてケレンスキー政権が成立。同政権は協商国からの要請を受けて、同年七月にロシア軍は「ケレンスキー攻勢」を発動し、オーストリア軍の戦線を崩壊させた。

ところが、ロシア軍の兵士の間では厭戦気分が広がっており、勝っていたはずなのに戦場を離脱し始めた。そして十月にはケレンスキー政権が倒されて、レーニン率いるボルシェビキが政権を掌握。一九一八年三月三日にポーランドのブレスト＝リトフスクでボルシェビキ政権とドイツの間で講和条約が結ばれると、二日後には支えを失ったルーマニアも降伏する。

本文の第四部に記されているように、ヴュルテンベルク山岳兵大隊は、これに先立つ八月にカルパチア方面に鉄道で移動し、弱体化したルーマニア軍と戦っている。

一方、イタリア戦線では、ドイツ軍が増援を送り込んで第一四軍を新編すると、十月からオーストリア軍とともに攻勢に出た。同盟軍は、小規模の部隊に分かれて敵戦線の後方に浸透していく「浸透戦術」や、険しい山地も移動できる山岳部隊を活用。イタリア軍の戦線は崩壊し、八日間で六〇キロも後退したうえに一八万人もの捕虜を出した。

この「カポレットの戦い」には、第一四軍に編入されたヴュルテンベルク山岳兵大隊も参加しており、本書のハイライトと言える第五部以降でその活躍が活き活きと描かれている。そしてロンメル個人も、カポレット近くのマタユール山やクーク山の攻略を指揮して大きな戦果を挙げると、もっとも名誉あるプール・ル・メリット勲章を授与されるのである。

なお、この間の一九一七年四月六日には、ドイツ海軍のUボートによる無制限潜水艦戦でドイツとの関係が決定的に悪化したアメリカが、ドイツに対して宣戦を布告。加えて、同年七月二日には、ギリシャも協商側で参戦している。

第一次世界大戦の終結

その後、ドイツ軍は講和の成立した東部戦線から西部戦線に戦力を転用し、一九一八年三月から最後の大攻勢「カイザーシュラハト」を開始するが、失敗に終わった。

一方、バルカン半島では、同年九月二十九日にブルガリアが降伏。次いで十月三十日にトルコが連合軍と休戦して同盟側から脱落し、続いて十一月四日にはオーストリアも休戦した。さらに十一月四日にドイツのキール軍港で起きた水兵の反乱をきっかけに「ドイツ革命」の火の手があがり、同月十一日にはドイツも休戦に応じて、第一次世界大戦は終わりを告げたのである。

第一次世界大戦中の歩兵火器の発達

第一次世界大戦では、潜水艦や航空機、戦車や毒ガスといった新しい兵器が大きな発達を見せた。また、本書の主題である歩兵部隊の装備する火器も大きく発達している。その一方で、現代ではほとんど見かけなくなった歩兵火器もある。こうした歩兵火器を見てみよう。

小銃、機関銃、短機関銃

第一次世界大戦が始まった時、主要各国の歩兵部隊に配備されていた火器は、基本的に小銃と重機関銃だけで、これ以外の迫撃砲や歩兵砲などの支援火器はほとんど配備されていなかった。

このうち、歩兵用の小銃（歩兵銃）は、遊底《ボルト》に取り付けられた槓桿《ハンドル》を手で操作して弾倉内の弾薬を装塡する連発式のボルト・アクション・ライフルが主力で、口径は六・五ミリから八ミリ程度だった。一部の小国軍は口径一〇ミリ台から一一ミリの小銃を装備していたが、これは無煙火薬（一八八五年にフランスで最初に開発された）が普及する以前の旧式銃だ。

当時の軍用ライフルの多くは銃身の尾部に箱型の尾筒弾倉を備えており、その容量は五発が多かったが、イギリス軍のリー・エンフィールドＭｋ．Ⅲは一〇発だった。フランス軍のレベルＭｌｅ１８８６／９３は、銃身の下にある前部銃床内にチューブ状の前床弾倉を備えており、弾倉容量は八発だった。

これらの小銃が弾倉内の弾薬をすべて撃ち尽くした場合、前床弾倉（チューブ弾倉）のものは尾部から弾薬を一発ずつ装塡するので弾倉を満たすのに時間がかかるのに対して、尾筒弾倉のものは弾倉の上部から装弾子《チャージング・クリップ》を使って五発程度の弾薬を一挙に押し込むので、短時間で弾倉を満たすことができた。

一方、引き金を引き続けるだけで弾薬が自動的に装塡されて連射できる機関銃は、口径七・六二ミリから八ミリで、発射速度は毎分三〇〇〜四五〇発程度のものが多かった。

連続射撃を続けると銃身が過熱するので、大戦初期の主要各国の主力機関銃は水を使って銃身を冷却する水冷式が多かった。例えば、ドイツ軍のＭＧ０８、オーストリア軍のシュワルツローゼＭ．０７／１２、イギリス軍のヴィッカーズＭｋ．Ｉ、ロシア軍のＰＭ１９１０は、いずれも水冷式だ。ただし、フランス軍のオチキス（ホチキス）Ｍｌｅ１９１４や、同系列の日本軍の三年式機関銃などは、空気で銃身を冷却する空冷式だった。

給弾方式は、一連二五〇発の布製の弾薬ベルトによるものが主流だったが、オチキスＭｌｅ１９１４は一連二四発、三年式機関銃は一連三〇発の保弾板（弾薬を保持する板）を使用し、イタリア軍のフィアット・レベリＭ１９１４は五〇発（のちに一〇〇発）入り弾倉を備えていた（オチキスＭｌｅ１９１４では一連二四九発の非分離式金属ベルト・リンクも使用された）。

これらの重機関銃は、陣前に鉄条網などの障害物を備えた塹壕陣地に据え付けられて敵の歩兵部隊による突撃を幾度となく粉砕し、とくに大戦中頃に西部戦線で戦線が膠着する大きな要因となったのである。

その一方で、重機関銃（とくに水冷式）は重量が大きく、兵士一人で持ち運ぶことが困難だったため、味方の小銃兵とともに前進して支援射撃を行うような攻撃的な運用には向いていなかった。そこで大戦の半ば頃から、小銃兵の攻撃前進に随伴可能な軽機関銃が配備されるようになった。

ドイツ軍では、水冷式のＭＧ０８重機関銃を軽量化したＭＧ０８／１５軽機関銃を、次いでこれを空冷化したＭＧ０８／１８軽機関銃を開発した。

対するイギリス軍は、空冷式で比較的軽量のルイスＭｋ．Ｉ軽機関銃を配備。また、フランス軍は、歩兵小隊を分割した半小隊《デミエスクワード》の火力の根幹となりうる軽機関銃Ｃ．Ｓ．Ｒ．Ｇ．Ｍｌｅ１９１５を開発したが、弾倉の構造などに問題があったために故障が多く、兵士の評判は最悪だった。アメリカ軍は、これら英仏製の軽機関銃に加えて、軽機関銃と自動小銃の中間的な性格を持つ自国製のブローニング・オートマティック・ライフル（Browning Automatic Rifle 略してＢＡＲ）Ｍ１９１８を採用している。

本文中では、開戦三年目の一九一七年八月に初めて軽機関銃を装備するドイツ軍部隊が登場し、同年十月にはヴュルテンベルク山岳兵大隊の各小銃中隊にも軽機関銃が配備されているが、既述のように軽機関

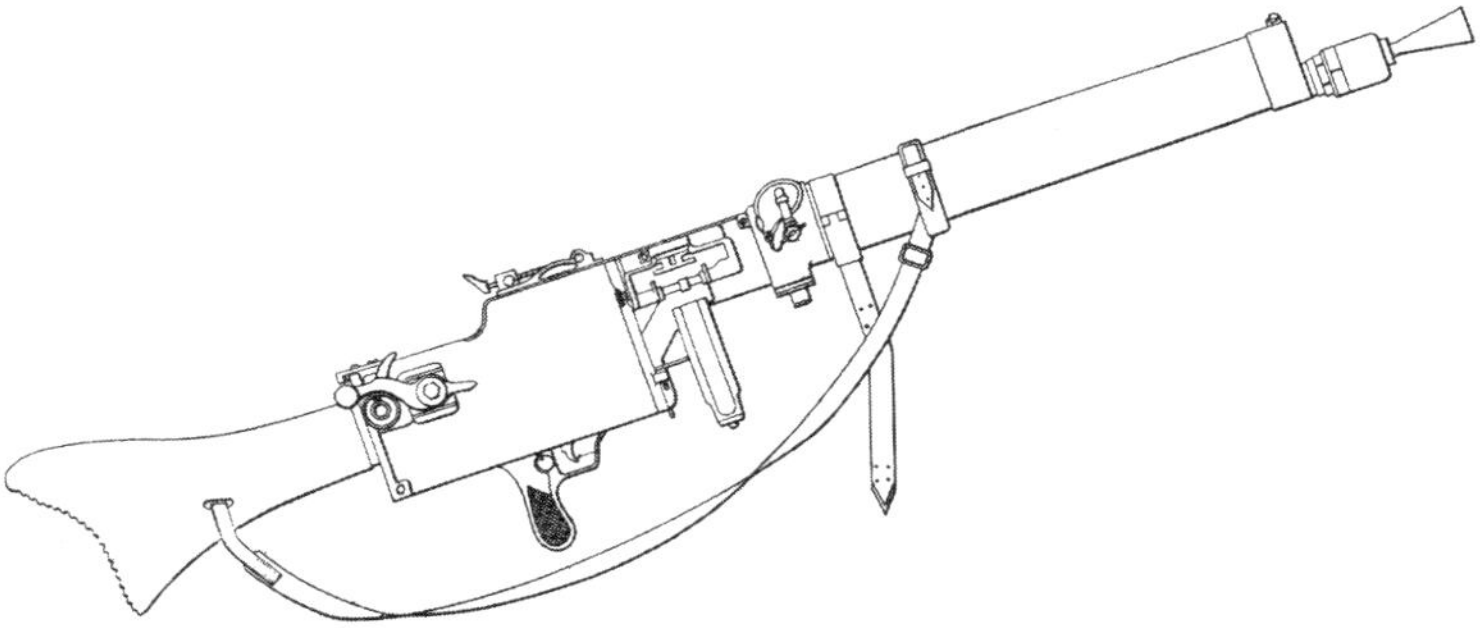

図4　MG08/15 軽機関銃

銃の配備がとくに遅かったというわけではない。

　山地戦では、重機関銃よりもさらに重量が大きい榴弾砲を運用することは困難であり、山地戦用に軽量化した山岳榴弾砲（山砲という名称も別に存在していた）でも大量に投入することは難しかった。そのため、山地戦では、小銃兵の支援火器として機関銃が大きな役割を果たしていたことが、本文の第三部以降を読んでもよく分かる。

　第一次世界大戦の中頃になると、機関銃《マシンガン》のように小銃弾を使用するのではなく、拳銃弾を使用する短機関銃《サブマシンガン》が配備され始めた。拳銃弾は小銃弾よりも発射薬の燃焼ガスの圧力が低いので、射程が短くなる反面、構造を簡単にして軽量化しやすい。

　イタリア軍は、双連銃身で二脚架を持つ短機関銃ヴィラール・ペロサＭ１９１５を軽機関銃の代用として山地戦などに投入。次いで、小銃のような本格的な銃床を持つ短機関銃ベレッタＭ１９１８を採用した。

　またドイツ軍では、ルガーＰ０８やマウザーＣ９６（いわゆる「モーゼル・ミリタリー」として知られる）といった自動拳銃、大容量の弾倉や銃床を取り付けて、短機関銃代わりに使用した。

　また、同じく拳銃弾を使用する銃床付きの本格的な短機関銃ＭＰ１８を採用した。

軽量ながら機関銃のような連射が可能な短機関銃は、後述する突撃部隊の兵士の重要な装備となる。

ミーネンヴェルファー、迫撃砲

ドイツ軍では、有翼式の擲弾を小銃擲弾よりも正確に照準、発射できるように発射器本体が頑丈な専用台座に据え付けられた擲弾発射器を配備した。

次いでドイツ軍は、弾殻が薄く炸薬量の多い砲弾を比較的短い肉薄の砲身の砲口から装填し、砲身に大きな角度をかけて少量の発射薬（砲弾を撃ち出すための火薬）で山なりの弾道（曲射弾道）を描くように発射する「ミーネンヴェルファー（爆雷投射器）」と呼ばれる火器を配備した。

図5　ミーネンヴェルファー

ミーネンヴェルファーには、七・五八センチ、一七センチ、二四センチなど各種の口径があった。構造を見ると、砲弾の発射時に砲身を後退させて反動を吸収したあとに元の位置に復帰させる駐退復座装置を備えていたり、砲身の内側には砲弾に旋転《スピン》を与えて弾道を安定させるための螺旋状の溝、すなわち腔綫《ライフリング》が施されていたりして、砲手が手動で撃発して砲弾を発射するなど、通常の火砲に近い構造を持っていた。

一方、イギリス軍は、大戦中にウィルフレッド・ストークスが開発した近代的な迫撃砲、すなわちストークス式迫撃砲（ストークス・モーター）を導入した。最初に開発されたのは口径三インチ

図6　ミーネンヴェルファー

（七六・二ミリ）と四インチ（一〇一・六ミリ）のもので、腔綫のない滑腔砲身を底板の上に載せて二脚で支える構造になっていた。閉鎖された砲尾の内側には撃針が備えられており、砲口から砲弾を落とし込むだけで撃発されて発射される。つまり、現代の多くの迫撃砲と基本的に同じ構造を持っていたのだ。

さらに第一次世界大戦では、それまで砲兵の持ち物であった火砲のうち比較的小口径のものが歩兵部隊に配備されるようになり、一般に「歩兵砲」と呼ばれるようになった。

ドイツ軍部隊の編制や戦術

ロンメルが所属していたドイツ軍の歩兵師団とヴュルテンベルク軍の山岳兵大隊の編制、それにドイツ軍の突撃部隊の装備や戦術についても簡単に触れておこう。

ドイツ歩兵師団

大戦初期、ドイツ軍の一般的な歩兵師団には、歩兵二個連隊からなる歩兵旅団二個、砲兵二個連隊からなる砲兵旅団一個、騎兵三～四個中隊からなる騎兵連隊一個、工兵中隊一～二個などが所属していた。この師団には、主力の歩兵連隊が計四個所属しており「四単位師団」とも呼ばれる。

歩兵旅団に所属する各歩兵連隊は、歩兵三個大隊と機関銃一個中隊（重機関銃）からなっていた。したがって、師団全体では、歩兵一二個大隊、機関銃四個中隊が所属していたわけだ。

各歩兵大隊には歩兵中隊が四個所属しており、各大隊の戦力は一一〇〇名弱であった。各中隊の番号は連隊全体で通し番号になっており、第一大隊には第一～四中隊が、第二大隊には第五～八中隊が、第三大隊には第九～一二中隊が所属していた。したがって、第一二四ヴィルヘルム一世王歩兵連隊（ヴュルテンベルク第六歩兵連隊）で、ロンメルが当初所属していた第七中隊は第二大隊の所属、次に指揮を任せられた第九中隊は第三大隊の所属だ。

その後、主要各国軍では、将兵の損害が増大する中で部隊の単位数を増大させるため、歩兵師団内の歩兵旅団を廃止して歩兵連隊を四個から三個に減らした「三単位師団」が登場。ドイツ軍では、各歩兵大隊に機関銃一個中隊が配属され、各小銃中隊に軽機関銃が配備されるようになるなど、支援火器の増備が続けられていく一方で、各歩兵大隊の戦力は約六五〇名まで縮小されることになる。

ヴュルテンベルク山岳兵大隊

ヴュルテンベルク軍の山岳兵大隊は、本文中にもあるように歩兵六個中隊を基幹としており、ドイツ軍の一般的な歩兵大隊に比べると大柄な大隊であった。この部隊は、もともとスキー中隊として編成されたが、一九一五年三月末に山岳兵中隊に改称され、本文にも記されているように一九一五年十月に大隊に拡張されたのだった。

本文の第三部冒頭でも、ロンメルが指揮する第二中隊が早朝から暗くなるまで急斜面をスキーで滑る訓練を行っていたことが記されている。つまり、同部隊は、山地戦だけでなく、雪上のスキー移動も可能な部隊だったのである。

そして同部隊は、一九一五年末から独仏国境南部に近いヴォージュ山脈近辺でフランス軍と対峙することになる。ちなみに、その一年前の「シャンパーニュ冬季戦」では「青い悪魔」の異名をとるフランス軍の山岳師団がヴォージュ山脈のいくつかの山頂を攻略している。つまり、この付近は独仏両軍の山岳部隊の活躍の場となったのである。

ドイツ軍の突撃部隊

突撃部隊の編成が公式に認められたのは、一九一五年三月のことである。当初は、膠着した西部戦線の戦況を打破するための新しい戦術と、それに適した新兵器をテストするための実験部隊であった。母体となったのは、戦前から唯一、手榴弾を使った近接戦闘や包囲攻撃の訓練を積んでいた工兵部隊である。

その後、他部隊への訓練活動も行われるようになり、一九一五年十二月には第一二後備（ラントヴェーア）師団に所属する数百名に対して、小隊や分隊、班といった、ごく小規模な部隊単位での戦術教育が始められた。訓練では、縮尺五〇〇〇分の一の精密な地図で敵部隊の配置を教え込まれ、フランス軍の塹壕陣地の実物大模型を使ってくりかえしリハーサルが行われた。

突撃部隊は、一九一六年二月にヴェルダン戦で初めて実戦に参加し、その戦術の有効性を実証すると、同年四月には大隊規模に拡張された。翌五月には、敵の塹壕線を突破する新戦術を教育するため、西部戦線に展開する各軍に対して二名の将校と四名の下士官を突撃部隊に送り出すよう命ぜられた。さらに一九一六年十月には、西部戦線配備の一個軍につき各一個大隊の突撃部隊を編成するよう命令が下されるまでになった。

突撃部隊の将兵は、敵陣前の鉄条網の上にのせる踏み板や切断のためのワイヤーカッター、塹壕陣地内での戦闘に備えた短機関銃や大量の手榴弾、白兵戦用に刃を付けた大型スコップなどを持っていた。また突撃部隊には、支援火器として、砲身を短く切り詰めて軽量化した野砲やミーネンヴェルファー、火炎放射機なども配備された。

突撃部隊は、ごく小規模な部隊に分かれて、敵の強力な防御拠点を強襲せずに迂回し、迂回できない場合には敵の弱点に攻撃を集中して戦線に隙間をこじ開け、その隙間から敵戦線の後方奥深くに浸透していく。残された敵拠点の攻撃は、より規模の大きい後続部隊の仕事である。

突撃部隊によって後方を遮断された敵の防御拠点は、後方の上級司令部との連絡を絶たれて混乱し、後続部隊の包囲攻撃にさらされると、士気を喪失してしばしばあっさりと降伏した。その結果、敵の戦線により大きな穴があき、さらに多くの部隊の滲透が可能になる。

こうして、小規模な突撃部隊の浸透によって敵戦線に穿たれた小さな穴は、徐々に大きな浸透へと拡大していき、最後は広い範囲で敵戦線が崩壊するのだ。これが「浸透戦術」である。

本文中でも、突撃部隊の兵士が敵陣前の鉄条網を切断したり、比較的小規模の部隊で敵の後方に浸透したり、といった描写がたびたび見られる。

ロンメルの戦歴が与えた影響

ロンメルの戦歴を見ると、西部戦線で大砲の火力や塹壕陣地の防御力が大きな地位を占める、長期にわたる膠着した塹壕戦を経験していないことがわかる。

とくにヴュルテンベルク山岳兵大隊に転属となったあとは、イギリス軍やフランス軍に比べると装備が悪く弱体なルーマニア軍やイタリア軍相手に、山あいを抜けて敵戦線後方に浸透するような、機動力を活かした戦い方で戦功を重ねている。大戦中頃の西部戦線のように、数千門の火砲が一〇〇万発を超える弾薬を消費して数日間にわたる徹底的な準備砲撃を行ってから歩兵部隊が前進し、それでも撲滅しきれなかった敵の重機関銃に撃たれて大損害を出す、といった苛烈な火力戦を体験していないのだ。

こうした戦歴が、のちの第二次世界大戦で「砂漠の狐」の異名を取ることになる、北アフリカ戦線での装甲部隊による大胆な機動戦など、その後のロンメルの戦い方にも大きな影響を与えているように感じられる。

ロンメル像の変遷

大木《おおき》毅《たけし》（現代史研究者）

のちに「砂漠の狐」の異名を取ることになるドイツ軍人、エルヴィン・ヨハネス・オイゲン・ロンメルは、一八九一年十一月十五日に南独ハイデンハイムに生まれた。陸軍に入隊したロンメルは第一次世界大戦で数々の戦功をあげ、ヴェルサイユ条約によりドイツ軍の兵力量が縮小制限されたのちも、将校として軍に残ることができたのである。その後、第一次世界大戦における自らの経験を描いた手記である本書『歩兵は攻撃する』がベストセラーになった。それがやがて、政権を握って独裁者となったヒトラーにも注目され、いちやく抜擢されることになる。

第二次世界大戦開戦時には総統大本営警護隊長を務めていたが、一九四〇年に第七装甲師団長を拝命した。対仏戦役で同師団は「幽霊師団」と称されるほどの神出鬼没の猛進撃をみせ、ロンメルの名声はいやが上にも高まる。翌一九四一年、イギリス軍に押されて敗走したイタリア軍を支えるために派遣されたドイツ・アフリカ軍団の指揮官に任ぜられ、北アフリカの砂漠で巧妙な作戦を展開、一九四二年六月には要衝トブルクを陥落させ、当時五〇歳だったロンメルはドイツ国防軍最年少の元帥となった。

しかし、枢軸軍の戦略的な力は限られており、エル・アラメインでイギリス軍が反撃に転じ、連合軍がモロッコとアルジェリアに上陸すると、戦勢は逆転する。枢軸軍はチュニジアに撤退を強いられ、一九四三年には降伏に追い込まれてしまう。が、ロンメルはその直前にドイツ本国に召還されていた。ついで、一九四三年八月、イタリア等を担当するB軍集団司令官に任命され、翌九月にイタリア軍武装解除作戦「枢軸」を実行している。同年一一月にB軍集団の担当地区が北フランスに変更。西方総軍の指揮下に入った。ロンメルは連合軍の上陸作戦に対応する役割を負ったのである。同年六月六日、連合軍のノルマンディ上陸が敢行されると、ロンメルは防衛戦の指揮にあたったが、圧倒的な戦力の差はいかんともしがたく、ドイツ軍は敗北、ロンメル自身も空襲により負傷する。この間に勃発したヒトラー暗殺未遂事件（七月二十日）に関与したとの疑いをかけられたロンメルは、ヒトラーの命により、十月十四日、ウルム近郊ヘルリンゲンで毒をあおいだ。

ロンメルの人生を要約すると、このようになる。だが、その解釈については、さまざまな要素が影響し、しかも、時代によって大きく移り変わってきた。ゆえに、ロンメル評は「ナチス・ドイツの英雄」、「騎士道精神を有する名将」から「反ヒトラー抵抗運動家」、あるいは「猪突猛進の愚将」にいたるまで多様なスペクトルに分岐することになったのである。本稿では、そうしたロンメル像の変遷を追い、『歩兵は攻撃する』を理解する一助としたい。

ドイツにおける神格化

ロンメルに接した人物たちの多くが、その欠点としてあげることに功名心過剰がある。陸軍参謀総長だったフランツ・ハルダー上級大将は、戦時日誌の一九四一年七月六日の条に、ロンメルは「病的な野心」を持っており、「性格的な欠陥」があると決めつけている。ドイツ装甲部隊の司令官として功績をあげたハインツ・グデーリアン上級大将も、ロンメルの自己宣伝を苦々しく思っていた。彼が一九四一年秋に夫人に宛てた手紙には、こう記されている。「どんなことがあろうと、ロンメルをめぐるプロパガンダのようなことを、私に関してやらせるつもりはない」。

実のところ、このようなロンメルの性格は、『歩兵は攻撃する』にも反映されており、おのが功績を実際以上に誇張している部分もあると思われる（手記や回想録においては当然のことであるが）。たとえば、そのバイエルン近衛歩兵連隊のコロヴラート山における戦いぶりに関する記述にはかなりの過小評価があり、同連隊の将兵を憤激させた。結果として、バイエルン近衛歩兵連隊出身者が構成する在郷軍人会とロンメルは、長年にわたり、新聞紙上を賑わすような論戦をくりひろげることになったのである。

また、ロンメルは一九四三年から四四年にかけて回想録を執筆していたが、自死により未定稿となった。戦後、この遺稿は、ロンメル夫人と彼の参謀長だったフリッツ・バイエルライン中将の編纂により、『憎悪なき戦い』として出版されたが（Erwin Rommel, *Krieg ohne Hass*, hrsg. von Lucie-Marie Rommel und Fritz Bayerlein, Heldenheim / Brenz, 1955［『「砂漠の狐」回想録——アフリカ戦線 1941~43』拙訳、作品社、二〇一七年］）、書名からすでにあきらかなとおり、この回想録には自らをフェアな戦いぶりをした名将と印象づける企図があった。

このように、ロンメルの書いたものには相当の自己宣伝が含まれており、戦中から戦後初期にかけてのイメージ形成に大きな影響を与えたものと思われる。加えて、ナチス・ドイツのプロパガンダが、徹底的にロンメルを礼賛していたことも見逃せない。宣伝大臣ヨゼフ・ゲッベルスにとって、ロンメルは総統に忠実なナチにして、勇猛で聡明な軍人であり、おおいにプロパガンダに利用できる素材だったのだ。有名なゲッベルス日記には、ロンメルが貴重な存在であるとする記述が多数みられる。「ロンメルが北アフリカで勇猛果敢に遂行している攻撃は、まったく喜ばしい」（一九四二年一月二十三日）。「［イギリス側がロンメルを捕らえそこねたとする発表を出したことについて］もし彼がイギリス人の捕虜になったとしたら、国民の不幸がいかばかりのものとなるかわからない。もう少し慎重に行動するよう、ロンメルに勧めるべきだろう。いずれにせよ、そうした可能性については、ドイツ国民にいっさい知らせないように配慮するつもりだ。そんなことがあれば、たいへんな不安が拡がることは間違いない」（一九四二年五月六日）。ここにみられるように、ゲッベルスはロンメルを国民の英雄にまつりあげるべく、最大限の努力をしていた（Louis P. Lochner (Hrsg.), *Goebbels Tagebücher*, Zürich, 1948 より引用）。

さらに、偶然の要素も、ロンメル神格化をうながしていた。一九四一年にソ連に侵攻したドイツ軍は、短期決戦のもくろみが外れ、いつ果てるともしれない泥沼の闘争に突入していたのである。当然のことながら、かかる陰鬱な戦争を対象とするプロパガンダの効果は薄い。従って、北アフリカで華々しい戦闘が展開されたことは、ゲッベルスにしてみれば、またとない好機であった。砂漠というエキゾチックな背景のもと、名将ロンメルが英軍をきりきり舞いさせるという情景は、国民にアピールせずにはおかないであろう。そのため、北アフリカの戦いは、ドイツのプロパガンダにおいて、不釣り合いなほど強調された。解説子も、当時の『ドイツ週刊ニュース』で残存するものを全巻ＤＶＤソフトで観通したことがあるが、北アフリカ戦線に関する報道は過剰だとの感想を抱いたものである。

もっとも、ロンメルが、ゲッベルスが理解していたような熱烈なナチであったかということになると、それは疑わしい。なるほど、「総統崇拝」や「民族共同体」といったナチのイデオロギーに共鳴していた節はあるものの、ロンメルが反ユダヤ的な言動をなした例はまったく伝わっていないのである。何よりも、彼はナチス党員ではなかった。しかしながら、戦争中のプロパガンダは、名将ロンメルというイメージをドイツ国民に植え付けていたし、ロンメルの自己宣伝もそれに拍車をかけた。

戦後、ドイツで刊行された、さまざまなロンメル伝や北アフリカ戦記も基本的には、かかる像を継承するもので、その真実性を検証するものはなかったといってよい。本稿後段でみるごとく、そうしたロンメル・イメージは、現実政治における影響力さえも得ていくのである。

連合国側におけるロンメル伝説形成

一方、連合国側においても、戦争中すでに、ロンメルがおよぼした脅威ゆえの「伝説」形成がはじまっていた。たとえば、北アフリカのイギリス軍にロンメル畏怖が蔓延することを憂えた中東方面最高司令官クロード・オーキンレック大将は、以下の通達を出している。「われらが戦友ロンメルを過大に評価するのあまり、彼をわが軍に対する魔術師あるいは呪術師のごとく見なしつつあることは、まことに危険である。彼は疑いもなく勇敢にして有能ではあるけれども、けっして超人ではない。たとえ超人であるとしても、わが将兵が彼に超自然的な能力を付与することは断じて望ましくない」。ウィンストン・チャーチル首相も、一九四二年一月、英下院における演説で、ロンメルは「大胆で有能な敵手……優れた将軍である」と評して、物議をかもした。

戦争に勝ったあとなら、往々にして敵もまた称賛されるものである。決着がついてしまったのだから、安心して強敵であったと対手を褒め、それに勝利した自分たちはもっと優れていると間接的な自己顕彰にひたることができるからだ。しかし、このオーキンレックやチャーチルの発言は、いまだ戦争の帰趨さだかならぬ時期のものであり、それだけに、ロンメル崇拝が芽吹いていたことを示す、貴重な証言だと言える。

戦後、このようなロンメル「伝説」の形成は、オーストラリアのジャーナリスト、アラン・ムーアヘッドの作品（Alan Moorehead, *The Desert War*, London et al., 1965.『砂漠の戦争』平井イサク訳、ハヤカワ文庫、一九七六年）をはじめとする、数々の北アフリカ戦記やロンメル伝により促進されていった。なかでも特筆すべきは、自身北アフリカ戦線に従軍し、捕虜となった際にロンメルに直接あいまみえた経験を持つデズモンド・ヤングの著作（Desmond Young, *Rommel: The Desert Fox*, New York, 1950.『ロンメル将軍』清水政二訳、ハヤカワ文庫、一九七八年）であろう。この伝記は、軍事的才能にあふれ、かつ人間性豊かな、愛すべき人物として、ロンメルを描きだした。しかも、このノンフィクションは、一九五一年にジェームズ・メイソン主演で映画化され（*The Desert Fox: The Story of Rommel.* 邦題『砂漠の鬼将軍』）、好評を博したから、その影響はいや増したのである。

一方、イギリスのバジル・リデル＝ハートも、ロンメル伝説の流布に力を貸している。第一次世界大戦後、英陸軍を大尉で退役したリデル＝ハートは、民間軍事評論家として活躍していたが、彼が提唱した機甲戦理論は英本国よりもむしろドイツで認められ、第二次世界大戦でその実現をみた。ゆえに、リデル＝ハートは第二次世界大戦後、グデーリアンをはじめとする何人かのドイツ軍人は、自分の理論を応用して多くの勝利を得たのだと喧伝、むろんロンメルもその一人だとした。リデル＝ハートは、ロンメルの遺族らと連絡を取り、彼の文書を編纂して、英訳出版した（Basil Henry Liddell Hart with Lucie Maria Rommel, Manfred Rommel and Fritz Bayerlein (eds.), *The Rommel Papers*, London, 1953. リデル・ハート編『ドキュメント・ロンメル戦記』小城正訳、読売新聞社、一九七一年）。その序文の冒頭には、「ロンメルはその剣をもって世界に衝撃を与えたが、そのペンによって、より一層大きな衝撃をもたらした。その描写の生々しさとその記録の価値の点において、ロンメルの作戦の記録に匹敵するほどのものを残した指揮官は世界に一人もない」とあり、リデル＝ハートの意図したところをおのずからうかがわせる。

かくのごとく、ロンメルを稀代《きたい》の名将として神格化する傾向は、ドイツにも英米ほかの諸国にもみられ、一九七〇年代までのロンメル像の底流となっていったし、部分的には、イギリス軍の将官だったデイヴィッド・フレイザーによるロンメル伝（David Fraser, *Knight's Cross: A Life of Field Marshal Erwin Rommel*, London, 1993）のような、かなりあとの書物まで影響を及ぼしている。

批判と反批判――「名将ロンメル」論への疑問

ところが一九七〇年代末になると、そうしたロンメル礼賛への反動からか、ロンメルの軍事指導に対する批判や疑念が噴出するようになった。いわく、参謀教程を受けていないため、高級統帥能力に欠けるところがあり、その資質は師団長どまりのものでしかない。いわく、兵站に対する配慮がなく、補給能力を無視した作戦計画を実行した……。

かかるロンメル批判のなかでも、もっとも激烈だったのは、今やネオナチのイデオローグとして悪名高いイギリスのデイヴィッド・アーヴィングが一九七七年に刊行したロンメル伝だった（David Irving, *The Trail of the Fox*, London, 1977.『狐の足跡』小城正訳、上下巻、早川書房、一九八四年）。アーヴィングは、同じ一九七七年に出版した第二次世界大戦史（D. Irving, *Hitler's War*, London, 1977.『ヒトラーの戦争』上下巻、赤羽龍夫訳、早川書房、一九八三年）で、ユダヤ人絶滅政策はヒトラーが命令したものではないとのテーゼを打ち出し、猛烈な批判を浴びて、歴史家としての信用を失った人物だけれども、この当時は、精力的に史料を博捜することで知られていた。そのアーヴィングが、ロンメルは名誉欲に駆られ、ある種無謀な作戦を遂行したのであり、彼の栄光は不必要な損害の上に成り立つものだったとして、その能力を否定したばかりか、人間像までも批判したのだから、センセーションを巻き起こしたのも当然だった。また、アーヴィングは、ロンメルはヒトラー暗殺計画について、関与どころか、存在も知らなかったと主張している。これについては、次節で触れよう。

ただし、一足先に結論を述べておくと、これらのアーヴィングの主張は定説とはなり得なかったし、出版された時点で、ロンメルの息子マンフレート（当時シュトゥットガルト市長。ルチー夫人はすでに死去していた）をはじめとする関係者や歴史家から厳しく批判された。アーヴィングの著作に共通することだが、引用にあたっての史料の歪曲、典拠を明記しない等の根本的欠陥があり、歴史研究書としては問題が多すぎたのである。今日では『狐の足跡』は歴史書ではなく、通俗的な読み物という扱いをされているといってよい。

もっとも、ロンメルの「偶像破壊」に乗り出したのはアーヴィングだけではなかった。たとえば、一九四一年春の最初のトブルク奪取の試みなどがクローズ・アップされ、ロンメルには、不充分な攻撃準備しかせず、結果的に大損害を出す傾向があったなどとする指摘が、ドイツ連邦国防軍による戦史などでなされたのである（Bernd Stegemann, Die Italienische-deutschen Kriegführung im Mittelmeer und in Afrika, in: *Das deutsche Reich und der Zweite Weltkrieg*, hrsg. von *Militärgeschichtlichem Forschungsamt*, Bd. 3, Stuttgart, 1984）。また、イスラエルの軍事史家マーチン・ファン・クレフェルトも、北アフリカ戦役におけるロンメルの兵站軽視を鋭く批判した（Martin van Creveld, *Supplying War*, Cambridge et al., 1977.『補給戦』佐藤佐三郎訳、中公文庫、二〇〇六年）。

とはいえ、これらのロンメル批判には、偶像破壊の狙いからやや過激になったきらいがあり、最近のロンメル伝では（Maurice Philip Remy, *Mythos Rommel*, München, 2002; Rolf Georg Reuth, *Rommel: Das Ende einer Regende*, München / Zürich, 2004 など）、さすがに「愚将」論はみられなくなっている。戦略的視野や高級統帥能力に欠けるところがあるものの、作戦・戦術次元では優秀な将軍。おそらく、今日、軍人としてのロンメル評価は、そのあたりが平均的なところだろう（Vgl. Peter Lieb, Erwin Rommel: Widerstandkämpfer oder Nationalsozialist, in: *Vierteljahrshefte für Zeitgeschichte* 61, 2013）。あるいは、戦後七〇年を経て、ロンメルは等身大の姿を取り戻したと言えるかもしれない。

ヒトラー暗殺を支持したのか

最後に、ロンメル評価において欠かせない一側面について解説しておく。一九四四年七月二十日のヒトラー暗殺未遂事件に関するロンメルの態度だ。ロンメルは、あらかじめ暗殺計画の存在を知っていたのだろうか。もし知っていたとするなら、それを支持していたのかどうか。

この問いかけに対して、然《しか》り、彼は承知していて、反ヒトラー抵抗運動を支持していたと、戦後唱えたのは、ノルマンディでロンメルの参謀長だったハンス・シュパイデル中将である。シュパイデルは、ヒトラー暗殺計画の首謀者の一人であったが、ゲシュタポの追及に対し、自分は関与していなかったの一点張りで押し通し、死刑をまぬがれた。戦後は、連邦国防軍に奉職し、NATO中欧方面地上軍総司令官を務めた人物である。シュパイデルは、その回想録（Hans Speidel, *Invasion 1944*, Frankfurt a.M., 1949.『戦力なき戦い』石井正美訳、読売新聞社、一九五四年）に、一九四四年七月九日、フランス占領軍司令部に勤務していた同志のチェザール・フォン・ホーファッカー空軍中佐から計画の詳細を知らされていたと記した。この記述が本当なら、ロンメルは「ナチの名将」ではなく、犯罪的な体制を排除しようとする市民の勇気《ツィビルクラージュ》を持っていた人物ということになる。前述した戦中および戦後初期のロンメル・イメージにより、当時の西ドイツ国民の多くは彼を敬愛しており、後者の評価を歓迎したし、歴史家もロンメルを反ヒトラー抵抗運動家として認めた。今や、「砂漠の狐」は、反ナチ抵抗運動の英雄となったのである。

これに対し、ロンメルはヒトラー暗殺計画も知らず、むろん参加してもいない、最後までヒトラーに忠実だったとするテーゼを出したのは、前掲の『狐の足跡』だった。ただ、同書を一読すればわかるとおり、アーヴィングの記述はヒトラー暗殺計画参加者に対する敵意にみちみちており、「ナチの英雄」であるロンメルはそんな陰謀に関与していないと彼が主張する動機は、容易に見て取れる。とはいえ、フレイザー（*Knight's Cross*）やロイト（*Rommel*）のようなロンメル伝（いずれも前掲）の著者もロンメル関与を否定している。このように意見が分かれた理由は、ことの性質によるものだった。ヒトラー暗殺などという危険な計画であるから、会議や指示などが記録に残るはずもなく、信頼できる一次史料が存在しない。すべて、関係者の証言もしくは回想に頼るしかないという史料状況の制限があったのだ。

しかしながら、二〇〇四年に、ドキュメンタリー映像作家のレミィが著したロンメル伝（*Mythos Rommel*）が出版されると、ロンメル非関与説の説得力は少なくなっていった。紙幅の都合上、詳述はできないが、レミィは、現存する関係者に徹底的なインタビューを行い、それらをもとに、ロンメルはヒトラー暗殺計画を支持していたと結論づけたのである。

さらに、二〇〇五年には、重要な史料が発掘された。イギリス軍は、捕虜にしたドイツ軍の高級将校を、盗聴装置をほどこした収容所に集め、彼らの日常会話を傍受して情報源にしていた。この記録が、ドイツの歴史家ゼーンケ・ナイツェルによって翻刻、出版されたのである（Sonke Neitzel, *Abgehört: Deutsche Generale in britischer Kriegsgefangenschaft 1942–1945*, Berlin, 2005）。そこには、ノルマンディで第七軍司令官だったハインリヒ・エーベルバッハ装甲兵大将が、捕虜になる直前にロンメルと交わした会話について語ったことが記されている。そのなかには、「ロンメルは私に言った。『総統は殺されねばならない。ほかに手段がない。あの男こそが、すべてを推進している源なのだ』」というものもあった。盗聴されているとは知らず、同じく捕虜となっていた息子や戦友に述べた言葉である。その信憑《しんぴょう》性はきわめて高い。

ドイツの歴史家リープは、最新のロンメルに関する論文（Erwin Rommel, in: *VfZG.*）で、「ロンメルは、七月二十日のクーデターを知っていたのみならず、これを支持し、暗殺計画者たちの陣営に身を投じた」と解釈するのが自然であるとしている。現時点での史料状況からして、適切な主張であると言えよう。

二〇一九年八月追記　筆者はその後、ロンメルの小伝『「砂漠の狐」ロンメル』（角川新書、二〇一九年）を上梓した。こちらも参照していただければ幸いである。

訳者あとがき

本訳書は、エルヴィン・ロンメル（Erwin Johannes Eugen Rommel, 1891–1944）の一九三七年の著作、“*Infanterie greift an: Erlebnis und Erfahrung*”の翻訳である。副題は直訳すれば、「体験と経験」となる。なお、本書では各国語版を参照のうえ、副題は割愛した。

ロンメルの文体は、いわゆる「歴史的現在」、すなわち現在形を使って過去のことを表すスタイルを基本としている。関係詞を重ねたような複雑な文構造は少なく、短文を巧みに用い、簡潔かつ臨場感のある名文となっている。本訳書が基本的に現在形を採用しているのは、このロンメルが狙っている文体上の効果を殺したくなかったためである。

底本としたのは、原書であるフォッゲンライター社版（Erwin Rommel, *Infanterie greift an: Erlebnis und Erfahrung*, Potsdam: Voggenreiter, 1937）である。なお、同書には複数のリプリント版が存在し、本訳書はデルフラー社版（Eggolsheim: Dörfler, 2010）も参照している。

同書には、各国語の翻訳が存在する。

英訳としては、第二次世界大戦中に、アメリカ陸軍中佐ギュスターブ・E・キッデによる翻訳がなされている（Erwin Rommel, Gustave E. Kiddé Lieutenant Colonel (trans.), *Infantry attacks*, Washington, D.C.: Infantry Journal, 1944）。ただし当時のドイツとアメリカは戦争中であり、また翻訳権取得の有無、後述する恣意的な削除など、このキッデ英訳版は少なからぬ問題点がある。なお同訳書には戦後に出された第二版も存在する（Washington, D.C.: Combat Forces Press, 1956）。

キッデ英訳版のリプリントは複数存在するが、たとえばゼニス社のリプリント（Minneapolis, MN: Zenith Press, 2009）なども底本の問題をそのまま引き継いでいる。なおこのリプリントには戦後、シュトゥットガルト市長を務めたロンメルの息子、マンフレート・ロンメルの序文が収められている。また英訳版の成立に関する簡単な説明もある。

上記英訳版は章の構成や、段落を切る位置などについて、かなりの変更を試みている。原書は、ベルギーおよび北フランスでの戦闘を扱った第一部から始まり、タリアメント川およびピアーヴェ川での追撃戦をまとめた第六部で終わる。これに対して英訳版は、全体が三部に区分されたうえで、全一三章構成になっている。

フランス語訳にも諸版が存在するが、本訳書が参照したのはマルク・アロラン大佐訳（Erwin Rommel, le colonel ER Marc Allorant (trans.), *L'infanterie attaque: Enseignements et expérience vécue*, Nancy: Polmarque, 2012: Avec une préface du colonel Michel Goya）である。

イタリア語版について本書が参照したのは、ＬＥＧ社版である（Erwin Rommel, G. Cuzzelli (trans.), *Fanteria all'attacco: Dal fronte occidentale a Caporetto*, Gorizia: Libreria Editrice Goriziana, 2014）。副題は、扱われている戦場に応じて、「西部戦線からカポレットまで」に変更されている。イタリア人にとって「カポレット」という地名が持つ響きの重さを考えれば、こうしたタイトルの修正は自然なものだったのだろう。このイタリア語版は非常に凝った造りになっており、各部の最後に監訳者の長い考察が置かれている。これにより当時の戦闘をロンメルの記述、それに対するロンメルの考察、そして監訳者の考察と、三重に検討することができる構成になっている。

なお二〇一一年には、中国語版も出版されている（艾爾溫・隆美爾『歩兵攻撃――經驗與教訓』黃竣民譯、台湾：白象文化、二〇一一年）。ただこれに関しては入手できていない。


さてキッデ英訳版での削除箇所の問題について指摘しておく。

細かい点は別として、少なくとも以下の五箇所で内容的に大きく関わる削除がなされている。

第一に、第一部「出撃、モンブランヴィル――ブゾンの森攻略戦」節で、フランス軍の兵士がドイツ軍の負傷者を射殺する場面は、段落ごと削除されている（本書八四頁）。

第二に、同節の後続箇所で、フランス軍の上述の行為に対するドイツ軍の報復の場面は、一部削除されている（本書八八頁）。ドイツ軍による報復の場面の記述があると、それに先立つフランス軍による虐殺の場面についても触れないわけにはいかなくなるので、連動して削除されてしまったのだろう。

第三に、第一部「ローマ街道沿いの森林戦」節で、ドイツ軍の衛生兵がフランス軍の負傷兵を偶然発見して手当てをしてやる場面は、段落ごと削除されている（本書九三頁）。

第四に、ヴォージュ山脈の陣地戦からルーマニアの機動戦を扱った第三部「一〇〇一高地、マグラ・オドベスティ」節で、ドイツ軍が味方を埋葬する場面は、一部削除されている（本書一八九頁）。

第五に、第五部「一一九二高地、マーツリィ峰（一三五六高地）奪取、マタユール山突撃」節のイタリア戦線に関する「考察」内の削除である（本書四一五頁）。ロンメルは各節ごとに当該の戦闘を振り返り客観的に分析する「考察」を付しているのだが、イタリア軍についてその失敗と原因を指摘したあとで、原書刊行当時の新しいイタリア陸軍は、かつてとは異なっていると肯定的に述べている。しかし、こうしたドイツとイタリアを結びつける記述が、段落ごと削除されている。
翻訳は、たんに逐語的な語句の置き換え作業ではない以上、つねになんらかの語句や文言の補足、あるいは削除、または意訳といったことを伴う。しかし、この英訳での一連の削除は明らかに意図的なものである。

もちろんこうした削除の背景にある意図は、推測するしかない。ただそれは比較的容易に察しがつく。すなわち、残虐行為の被害者であるドイツ兵や、敵の負傷兵を助ける人道的精神を備えたドイツ兵は、訳出にあたり不要であり、存在してはならないということである。これは第二次世界大戦中、ドイツの敵国であったアメリカの軍部により作成された翻訳という成立背景を考えてみれば不思議なことではない。卓越した指揮官としてのロンメルの戦術分析が、訳出にあたっての第一の関心なのであって、それ以外の要素、とくにドイツ兵の人道的な面が前に出るような場面は、いわばノイズとして慎重に取り除かれているのである。これはたんに当時の翻訳環境をめぐる時間的制約や、作業の拙速といったことには還元できないと思われる。

こうした問題を受け、一九七九年に、アティーナ社からリーおよびドリスコルらの編集により『攻撃（*Attacks*）』というタイトルの改訳版が刊行された（Erwin Rommel, Lee Allen & J. R. Driscoll (eds.), *Attacks*, US: Athena Press, 1979）。彼らは削除箇所を補完し、キッデ版で脱落したいくつかの図も収めた完全版であるとしている。本訳書とあわせて参照されたい。

浜野喬士

著者略歴

エルヴィン・ヨハネス・オイゲン・ロンメル（Erwin Johannes Eugen Rommel）

一八九一年一一月一五日－一九四四年一〇月一四日。ドイツ国防軍の軍人。第二次大戦時、最年少の五〇歳で、元帥。フランス「電撃戦」での神出鬼没な猛進撃、北アフリカでは、巧みな戦略・戦術によって圧倒的に優勢な敵をたびたび壊滅させ、敵は、畏敬を込めて「砂漠の狐」と呼んだ。数々の戦功や、騎士道精神溢れる人格、指揮官としての卓越した天才的な能力などで、今も、「ナポレオン以来の」名将として世界中で人気がある。

*

訳者略歴

浜野喬士（はまの・たかし）

一九七七年茨城県生。早稲田大学文学研究科人文科学専攻哲学コース博士課程単位取得満期退学。早稲田大学博士（文学）。早稲田大学文化構想学部助教を経て、現在、明星大学教育学部准教授、早稲田大学政治経済学部・文化構想学部非常勤講師。専門は哲学、環境思想。

解説・軍事用語校閲者略歴

田村尚也（たむら・なおや）

軍事ライター。雑誌『歴史群像』（学研パブリッシング）、『軍事研究』（ジャパン・ミリタリー・レビュー）などに執筆。

大木毅（おおき・たけし）

現代史研究者。主な論文に"Clausewitz in the 21st Century Japan," in Reiner Pommerin (ed.), *Clausewitz goes Global. Carl von Clausewitz in the 21st Century*, Berlin: Miles-Verlag, 2011 など。

Infanterie greift an: Erlebnis und Erfahrung
by Erwin Rommel

歩兵は攻撃する

二〇一五年八月一五日　第一刷発行
二〇二四年二月一五日　第八刷発行

著者　エルヴィン・ロンメル
訳者　浜野喬士
解説・軍事用語校閲　田村尚也、大木　毅
発行者　青木誠也
発行所　株式会社作品社
〒一〇二-〇〇七二　東京都千代田区飯田橋二-七-四
電話　〇三-三二六二-九七五三
ファクス　〇三-三二六二-九七五七
振替口座　〇〇一六〇-三-二七一八三
ホームページ　http://www.sakuhinsha.com

本文組版　大友哲郎
装丁　伊勢功治
印刷・製本　シナノ印刷株式会社

ISBN978-4-86182-483-8　C0098